ワープする宇宙
5次元時空の謎を解く

リサ・ランドール Lisa Randall
向山信治 監訳　塩原通緒 訳

LISA RANDALL

Warped Passages

NHK出版

ワープする宇宙　5次元時空の謎を解く

Warped Passages
Unraveling the Mysteries of the Universe's Hidden Dimensions

リサ・ランドール 著　Lisa Randall
向山信治 監訳　Shinji Mukohyama
塩原通緒 訳　Michio Shiobara

Warped Passages
Unraveling the Mysteries of the Universe's Hidden Dimensions
by Lisa Randall

タイトル・レタリング………リサ・ランドール
ブックデザイン………福田和雄（FUKUDA DESIGN）

ワープする宇宙　5次元時空の謎を解く……【目次】

II部 20世紀初頭の進展

III部 素粒子物理学

Ⅳ部　ひも理論とブレーン

V部 余剰次元宇宙の提案

本文および脚注中の（　）は原注、〔　〕は訳注を表す。＊は左頁末の脚注を、脚注番号は巻末の数学ノートを参照のこと。

前書きと謝辞

子供のころ、私は頭を使う遊びが好きだった。数学の問題を解くのも楽しかったし、『不思議の国のアリス』のような本にも夢中になった。ただ、読書は大好きだったのだが、科学の本にはあまり心をひかれなかった。どうも自分に合わないというか、とにかく夢中になって取り組む気にはなれなかった。科学者をやたらと褒めちぎって、読者を見下しているような感じがしたし、そうでなければ、ただ退屈だった。著者は答えをぼかし、その答えを見つけた人を称えるばかりで、科学そのものや、科学者がどうやってその答えにたどりついたかを書くのは二の次にしているように思えた。私が知りたいのはそちらの部分だったのに。

でも科学を学んでいくうちに、やがて大好きになった。当時はよくわかっていなかったけれど、実際に自分が物理学者になってみて、いまはこんなふうに思うのだ――私が子供のころに接したものは結局のところ科学ではなかったのだと。未知のものに取り組むのは、ぞくぞくするほどおもしろい。一見まったく関係なさそうな現象のあいだに意外なつながりを見つけたり、問題を解いて、この世界の驚くべき特徴を予言したりするのは、とても刺激的なことだった。そして物理学者になったいま、私はあらためて思う。科学はまさに生き物で、つねに発展しつづけているのだと。科学の魅力は、答えだけではない。そこにいたるまでのゲームやなぞなぞに参加すること自体も楽しいのだ。

この本を書くことが決まったときに、まず思ったのは、自分がこの仕事に感じているわくわくする楽しさを伝えながら、なおかつ科学についての妥協をしない本をつくりたいということだった。読者に誤解を与えずに、理論物理学の魅力を伝えたかった。だから各テーマをいかにも簡単そうに単純化したり、すでに評価の定まった、ただありがたく拝聴するだけの歴史的偉業のように見せたりしてはいけないと思った。物理学は、一般に思われているよりずっとクリエイティブで、楽しいものだ。なかなか自分からはその事実に気づく機会がない人にも、そういった物理学の一面を知ってもらいたいと思った。

いま、私たちのまえには、無視できない新しい世界観が現れている。余剰次元によって、物理学者はこの宇宙に関する考え方を変えさせられた。そして余剰次元をこの世界に結びつけようとすると、必然的に、すでに確立されているさまざまな物理学の考えが関わってくる。だから余剰次元というのは、興味をそそられる新しい見方を通じて、すでに正しいと証明されている旧来の宇宙についての事実を見直させるものでもあるのだ。

この本に含まれているアイデアのいくつかは、抽象的で、純理論的なものだ。しかし、興味のある人にとっては決して理解できないものではない。だから私としては、理論物理学の魅力そのものに語らせることを第一として、歴史や人物が過度に目立つことのないようにした。物理学者がみな型にはまったような人物で、ある特定のタイプの人間しか物理学に興味をもたないような、そんな誤った印象を与えたくなかった。これは私自身の経験から言うのだが、読者の多くはきっと賢く、前向きな関心があって、先入観にとらわれずに、本当のことを知りたがっているものと確信する。

この本には、興味をそそる最新の理論上の考えもふんだんに盛り込まれているが、それが自然に理解されるような書き方をできるだけ心がけた。概念上の重要な発展とともに、それが実際にどういう物理現象に当てはまるかも記してある。また、各章は、読者がそれぞれの予備知識や関心に応じて読み進められるように並べてある。各章の最後に箇条書きでまとめてある事柄は、本書の後半部分で余剰次元についての最新のアイデアを見ていくときに必要となるものだ。その余剰次元宇宙のさまざまな可能性についての章でも、各モデルの特徴となるポイントは、やはり章の最後に箇条書きでまとめておいた。

多くの読者にとって、余剰次元はまだ聞き慣れないアイデアだと思うので、まず最初の数章で、この言葉が何を意味しているのか、なぜ目にも見えず指先でも感じられない余剰次元が存在していると言えるのかを説明した。そのあとは、素粒子物理学の研究に用いられている理論上の手法を一通りまとめ、この多分に思索的な研究に入ってくる考え方をできるだけ明瞭にするように努めた。

近年の余剰次元についての研究は、現代の理論物理学の概念と、それ以前からある概念の両方にもとづいて、答えるべき疑問を定め、それに答える手法を編みだしている。そうした研究のもとになっているものを説明するために、二〇世紀物理学の概説にかなりのページを費やした。この部分は、面倒なら飛ばしてもらってもかまわない。ただ、飛ばしてしまうのはもったいないとだけは言っておこう。

概説は一般相対性理論と量子力学から始まり、それから素粒子物理学に移って、もっか素粒子物理学が採用している最も重要な概念を説明する。いくつかの概念はかなり抽象的で、そのせいもあって、しばしば無視されがちなのだが、現在ではすでに実験で確認されて、今日のあらゆる研究に取り入れられている。それらがすべて、あとで見る余剰次元についての考えを理解するのに必須なわけではないが、たぶん多くの読者は、より全体的な理解が得られるのを嫌がることはないと思う。

そのつぎに、この三〇年で研究されてきた新しい、より思索的な概念について述べた。すなわち超対称性とひも理論である。伝統的に、物理学は理論と実験の相互作用によって進んできた。超対称性は、既知の素粒子物理学の概念から発展したもので、今後の実験で検証される見込みがかなり高い。だが、ひも理論は違う。これは純粋に理論上の疑問と着想にもとづいていて、まだ数学的に完全に定式化されてもいないから、その予言についても、確たることは何も言えない。私自身、これについては、わからないとしか言いようがない。なにしろひも理論が最終的にどういうものになるかも不明だし、この理論が解決するという量子力学と重力の問題が本当に解決されるかどうかもわからない。ただ、ひも理論はたしかに新しいアイデアをいろいろと生みだしてきたし、そのいくつかは、私も自分の余剰次元研究に利用させてもらった。それらのアイデアはひも理論とは別個に存在しているが、その根底にあるいくつかの仮定が正しいと思わせるだけの充分な理由を、ひも理論は提供している。

背景を一通り確認したところで、最後にふたたび余剰次元に戻って、その新しい刺激的な発展の数々を見ていく。余剰次元は大きくてもやはり見えないとか、私たちは高次元宇宙の三次元空間のくぼみに住んでいるのだとか、驚くような見方がいろいろと出てくる。私たちの世界とは別に、まったく違う性質をもつ見えない並行世界があってもおかしくはなく、いまではその理由もわかっている。

この本では、最初から最後までいっさい方程式を使わずに物理の概念を説明している。だが、なかには数学的な詳細に興味のある人もいるだろうから、巻末に数学的な補注をつけてある。本文では、科学的概念を説明するのに使われるたとえをできるだけ幅広く活用した。ものを言い表すのに日常的に使われている言葉のなかにも空間をイメージさせる語彙は多々あるが、それらの言葉では素粒子の微小な世界や、余剰次元を含んだ絵に描けない空間は表現しにくい。むしろ、芸術作品や食べ物や人間関係といった、物理の本ではほとんど見かけない比喩のほうが、抽象的な考えを説明するにはかえって役に立つかもしれないと思った。

各章の冒頭には、その章で紹介する新しい考えをすんなり受けとめてもらえるように、もっと身近な状況設定と比喩を使って重要な概念をきわだたせる短い物語を置いた。この部分は楽しい遊びなので、各章を読み終えた段階で、気になったら戻って確認してみてほしい。そういうことが書かれていたのかと笑ってもらえるかもしれない。この物語はある意味で、その章を「垂直に」貫くと同時に、この本全体を「水平に」貫いてもいる二次元の語りだ。あるいは一種の楽しい宿題のようなものだと思ってもらってもいい。その章の内容を消化したところで、あらためて話の意味がわかると思う。


この本は、多くの友人と同僚に支えてもらって完成した。私は自分の方向性をだいたい把握していたつもりだが、言いたいことをきちんと伝えられているかどうかは、わからないことも多かった。じつに多くの人びとが惜しみなく時間を割いて、私を励まし、私の書いている考えに好奇心と興奮を示してくれたことに、心から感謝したい。

とくにお礼を言いたいのは、原稿のさまざまな段階で貴重な意見を寄せてくれた才能あふれる友人たちだ。すばらしい著述家であるアンナ・クリスティーナ・バックマンは、私が書いていた物語に関して、物理学の面からも一般的な面からも的確で詳細な助言をくれた。彼女からは貴重な執筆上のコツを、たくさんの励ましとともに伝授してもらった。もう一人の非常に才能ある友人、ポリー・シャルマンは、すべての章をていねいに読んで意見を述べてくれた。彼女の論理的な頭と遊び心は感嘆するほどで、そんな彼女に手伝ってもらえたのは本当に幸運なことだと思う。優れた物理学者で、献身的に科学を伝えてもいるルボシュ・モトルは（彼の女性科学者に対するもっともらしい意見は無視するとして）、まだ読めるレベルにもなっていなかった原稿を最初からすべて読んで、各段階で非常に有益な意見と励ましをくれた。トム・レヴェンソンからは、有能な科学者ならではの貴重なアドバイスに加え、いくつかの非常に重要な指摘をもらった。マイケル・ゴーディンからは、この種の文献に詳しい科学史の専門家としての視点を教えてもらった。ジェイミー・ロビンズからは、原稿を推敲するたびに鋭い意見をもらった。エスター・スンからは、科学を専門とはしないが、こうしたテーマに関心をもつ一般の賢い読者としての非常に有益な視点を示してもらった。そして嬉しいことにコーマック・マッカーシーからも、この本の最終段階で貴重な励ましと助言をいただいた。

何人かの仲間から聞いた興味深い話や発見は、執筆の最初の段階で大いに参考になった。マッシモ・ポラッティは驚嘆すべき事実の宝庫で、そのいくつかは本書でも紹介している。ジェラルド・ホルトンの二〇世紀初期の物理学に対する見識は、私の量子力学と相対性理論に対する考え方を幅広いものにしてくれた。ヨッヘン・ブロックスの科学読み物の良し悪しに関する鋭い意見はとても有益で、執筆上のアイデアを刺激するものでもあった。クリス・ハスケットとアンディ・シングルトンとの対話では、科学の専門家でない人が何を知りたがるものかを教えてもらった。アルビオン・ローレンスからは、やや行き詰まっていた章をなんとかうまく書き終えるための貴重な助言をもらった。そしてジョン・スウェインからは、素材のすてきな料理法をいくつか伝授してもらった。

多くの研究者仲間も貴重な意見や助言を寄せてくれた。感謝したい人は挙げきれないが、とくにボブ・カーン、チャバ・チャキ、ズサンナ・チャキ、パオロ・クレミネッリ、ジョシュア・アーリック、エイミー・カッツ、ニール・ウェイナーには、この本の中身をすべて読んで鋭い意見を述べてもらった。アラン・アダムズ、ニーマ・アルカニ＝ハメド、マーティン・グレム、ジョナサン・フリン、メリッサ・フランクリン、デイヴィッド・カプラン、アンドレアス・カーチ、ジョー・リッケン、ピーター・ルー、アン・ネルソン、アマンダ・ピート、リッカルド・ラタッツィ、ダン・シュラグ、リー・スモーリン、ダリエン・ウッドにも感謝したい。みなそれぞれに有益な意見や助言を寄せてくれた。ハワード・ジョージアイは私だけでなく、いま挙げた科学者たちの多くにも、この本に取り入れられている有効理論の考え方について教えてくれた。それからピーター・ボアチェク、ウェンディ・チュン、ポール・グレアム、ヴィクトリア・グレー、ポール・ムアハウス、カート・マクマレン、リアム・マーフィー、ジェフ・ムルガン、セシャ・プレタップ、ダナ・ランドール、エンリケ・ロドリゲス、ネッド・サヒン、ジュディス・サーキスにも、有益な批評や助言や励ましをいただいたことに感謝したい。そしてマージョリー・キャロン、トニー・キャロン、バリー・エザースキー、ジョシュ・フェルドマン、マーシャ・ローゼンバーグら、親戚たちにもお礼を言いたい。おかげで私は自分の読者のことがよくわかった。

グレッグ・エリオットとジョナサン・フリンは、この本のためにすてきな絵を描いてくれた。これらの絵が果たしている役割はとても大きなもので、彼らには心から感謝している。それから、私に代わって本書に出てくる多くの引用の使用許可を取りつけてくれたロブ・マイヤーとローラ・ヴァン・ワイクにもお礼を言う。これらの引用にはすべて出典を記したつもりだ。万が一、出典に誤りや漏れがあったら、ぜひお知らせいただきたい。

本書に出てくる私の共同研究者、とくにラマン・サンドラムとアンドレアス・カーチにも感謝したい。二人ともすばらしい仕事相手だった。また、それらのテーマや関連するアイデアを考えてきた多くの物理学者たちも、この本を支えてくれている。本書では語りきれなかったものも含めて、彼らの仕事には深く敬意を払いたい。

本書の出版を取りはからってくれたエコ・プレス編集部のダン・ハルパーン、ロバート・グローヴァー、ペンギン編集部のステファン・マグラアとウィル・グッドラード、アメリカ版とイギリス版の編集を担当してくれたライマン・ライオンズとジョン・ウッドラフにも、有益な助言と数々の支援をいただいた。あらためてお礼を申し上げたい。私の著作権代理人であるジョン・ブロックマンと、カティンカ・マトソンにも、ありがたい意見や助言に加え、この本を出すにあたっての貴重な支援をいただいたことを感謝したい。それからハーバード大学とラドクリフ研究所には、本書の執筆に専念するための時間をいただけたことを感謝したい。MIT、プリンストン、ハーバード、全米科学財団、エネルギー省、アルフレッド・P・スローン財団にも、私の研究に対する支援にお礼を申し上げる。

最後に、私の家族にもお礼を言いたい。両親のリチャード・ランドールとグラディス・ランドール、姉妹のバーバラ・ランドールとダナ・ランドールは、私が科学者になってから何年ものあいだ、そのユーモアと思いやりと励ましで私を支えつづけてくれた。リン・フェスタ、ベス・ライマン、ジーン・ライマン、ジェン・サックスの惜しみない支援と数々のすばらしいアドバイスにも昔から感謝している。そしてスチュアート・ホールの鋭い視点と有益な意見、無私の支援には心からお礼を述べたい。

私を支えてくれたすべての人に感謝するとともに、ここでみなさんの貢献が報いられたと思っていただけることを祈るばかりだ。

二〇〇五年四月

マサチューセッツ州ケンブリッジにて　リサ・ランドール

Ⅰ部 空間の次元と思考の広がり

序章

宇宙にはいくつもの秘密がある。空間の余剰次元も、その一つかもしれない。もしそうなら、宇宙はその別の次元を人目に触れさせないように、そっと包み隠してきたわけだ。ふつうに眺めるかぎり、まさかそんなものがあるとは誰も思わない。

この不正確な情報の刷り込みは、思えばベビーベッドから始まっていた。人が最初に三次元空間を認識するところである。赤ん坊は、はいはいしているあいだに二つの次元を認識し、やがてベビーベッドをよじ登れるようになると、もう一つの次元があることに気づく。このときから、物理法則は——もちろん常識も——人に「次元は三つだ」と信じこませ、それ以上の次元があるとは夢にも思わせなくする。

だが、時空はそうして思い描いてきた姿とは驚くほど違っている可能性がある。これまでにわかっている物理法則のなかで、空間に三つしか次元がないと断定できるものはない。別の次元——余剰次元——が存在している可能性を検討もしないうちに切り捨ててしまうのは、性急にすぎると言えるかもしれない。「上下」が「左右」や「前後」とは別の方向であるように、まったく新しい別の次元が私たちの宇宙に存在していたとしてもおかしくはない。実際に目で見たり、指先で感じたりはできないけれども、空間の別の次元は論理的には存在しうるのである。

こうした仮説上の見えない次元には、まだ名前がついていない。だが、仮に存在するとすれば、それは、そちらへ移動することが可能な新しい方向ということになる。したがって本書では、ある余剰次元に名前が必要なとき、それを場合に応じて「パッセージ」[*]と呼ぶことにする（および余剰次元が明らかな主題であるときも、その章のタイトルに「パッセージ」をつけることにする）。

これらのパッセージは、私たちが慣れ親しんでいる次元と同じように平坦な可能性もあるし、あるいは「びっくりハウス」の鏡に映る世界のように、歪曲している可能性もある。大きさも、余剰次元の存在を信じる人のあいだではつい最近まで微小だと――原子よりもずっと小さいと――考えられていたのだが、最新の研究によって、余剰次元は大きいかもしれず、ことによると無限大の可能性さえあるとわかってきた。しかしそれでも、やはり見ることはかなわない。私たちの感覚で捉えられるのは三つの大きな次元だけだから、別の

＊〔訳注　パッセージ（Passage）という言葉は、通行、横断、その経路、経過、通路、導管といった意味をもつ。また文章や音楽、美術作品の「一部」という意味でも用いられる〕

【図1】赤ちゃんの3次元世界

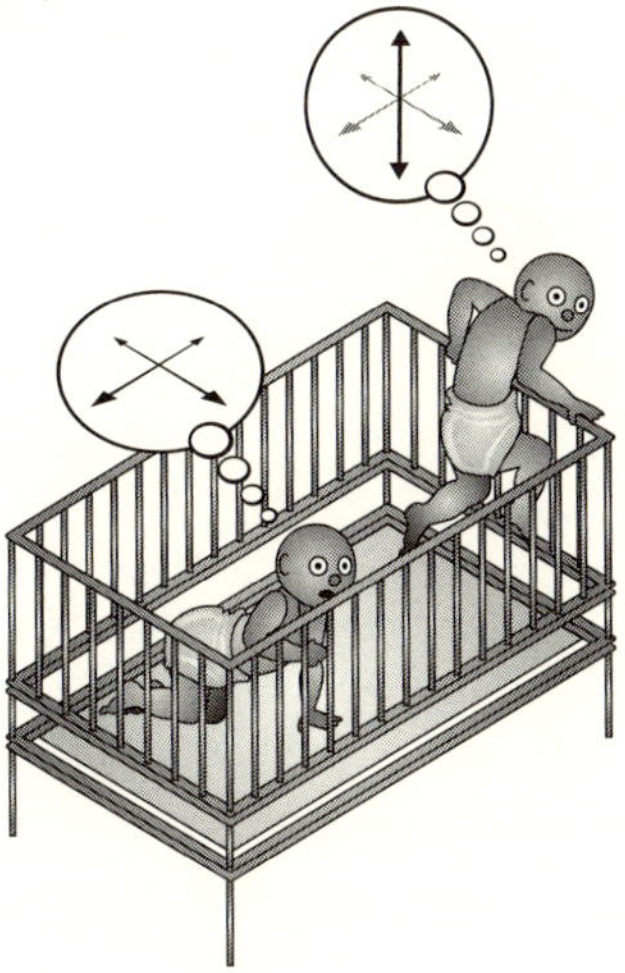

無限大の次元があるとはにわかには信じがたい。だが現実に、無限大の見えない次元は、宇宙に存在するかもしれない多くの奇妙な可能性の一つなのであり、その理由をこれから探っていくわけである。

余剰次元についての研究が進むにつれて、別の驚異的な――ＳＦマニアがうっとりするような――概念も生まれてきた。並行宇宙、歪曲《ワープ》した幾何、三次元のくぼみ、といったものである。そういうのは小説家や夢想家の領域であって、現実の科学的な探究の対象ではないのでは、と思う人もいるかもしれない。たしかに現時点では、いかにもとっぴな考えに聞こえるだろう。しかし、これらは正真正銘の科学的なシナリオであり、余剰次元の世界では、そういうことが現実に生じるかもしれないのである（これらの用語や概念になじみがなかったとしても心配はいらない。あとで詳しく紹介する）。

なぜ見えない次元を考えるのか

別の空間次元があるならば、そうした魅惑的なシナリオが物理学的に可能になるというのはわかるとしても、観測可能な現象についての予言に関心をもつはずの物理学者が、なぜわざわざそうしたことを真剣に考えるのか、と疑問に思う人もいるだろう。その答えは、余剰次元という概念そのものと同じぐらい衝撃的なものである。近年の研究の進歩によって、余剰次元は――まだ感知されてもいないし、完全に理解されてもいないのだが――私たちの宇宙の最も基本的な謎のいくつかを解明するかもしれないとわかってきたのだ。余剰次元は私たちが見ている宇宙について何かを物語っているのかもしれない。さらには、余剰次元についてのさまざまなアイデアによって、三次元空間からは想像もつかないような秘密の関係を暴くことができるかもしれないのである。

たとえば私たちが時間の次元を見落としていたなら、イヌイットと中国人が同じような身体的特徴を備えている理由もわかっていなかっただろう。時間の次元を知っているからこそ、両者の祖先が共通であることに気づくのだ。同じように、空間に別の次元があることによって生じうる関係は、素粒子物理学の厄介な側面に光をあてて、数十年来の謎を解き明かしてくれるかもしれない。空間が三次元に限定されていたときには不可解でしかなかった粒子の性質と力との関係も、もっと多くの空間次元がある世界では、きれいに調和して見えるのである。

いかにも余剰次元の存在を信じているように聞こえるだろうか？　じつは、そうなのだ。私はこれまで、きちんと測定されていない物理の推論に関しては——自分自身のアイデアも含めて——もちろん魅力を感じながらも、同時にある程度の疑念をもって見てきた。そのおかげで、興味はもっても妄信はしないでいられるのだと、自分では思っている。だが、ときにこうした概念には、真実の芽生えのようなものがあるに違いない。五年ほど前のことだ。ある日、私はケンブリッジの研究室に向かってチャールズ川を渡っている最中に、ふと自分の本当の気持ちに気づいた。私は余剰次元が何らかのかたちで存在しているに違いないと信じているのである。私は周囲を見回し、目に見えないいくつもの次元を凝視した。自分の世界観がいつのまにか一変していたことに対する驚きは相当なものだった。自分が生粋のニューヨーカーであるにもかかわらず、ヤンキースとのプレーオフでひそかにレッドソックスを応援しているのに気づいたときと同じぐらいの衝撃だった——まさか自分がそんなふうになるなんて。

余剰次元について知れば知るほど、その存在についての確信は深まる一方だった。これを否定する論拠には、あまりにも多くの穴がある。そして、これを含めない物理理論には、あまりにも多くの疑問が解決されないままに残ってしまう。さらに言えば、ここ数年の余剰次元についての探究で、私たちの宇宙とそっくりに見える余剰次元宇宙の可能性の幅はいっそう広がってきた。現時点でわかっていることは、どうやら氷山の一角にすぎないらしい。この余剰次元の実像が、たとえ私がこれから提示する像と正確に一致するものではないとしても、余剰次元が何らかのかたちで存在する可能性はきわめて高いと思う。そしておそらく、それは思いもよらない驚異的な影響をどこかに及ぼしているだろう。

この余剰次元の痕跡が、あなたの台所にも隠れているかもしれない——と言ったら驚くだろうか。それは「準結晶」でコーティングした焦げつかないフライパンである。準結晶というのは不思議な構造で、その根本的な秩序は余剰次元でしか解明されない。ふつうの結晶は、原子や分子がきわめて対称的な格子状になって一定の基本配列で繰り返し並んでいる。三次元で結晶がどんな構造を形成するかはわかっているし、どんな並びがありうるかもわかっている。しかし準結晶における原子と分子の配列は、その並びのいずれとも合致しないのだ。

準結晶の並びの一例が、図2である。ここには結晶に見られる厳密な規則性が欠けている。ふつうの結晶ならば、もっと方眼紙のマス目のようなものに見えるはずだ。この奇妙な物質の分子の並びを説明する最もエレガントな方法は、これを高次元の結晶構造の射影——三次元の影のようなもの——と見ることである。つまり、その並びは高次元空間での対称性をうちに秘めているのである。三次元においてはまったく不可解に見えた配列も、高次元世界においては秩序のとれた構造になる。準結晶でコーティングされたフライパンは、そのコーティングのなかの高次元結晶の射影と、もっとありふれた通常の三次元の食材との構造的な違いを利用しているわけだ。原子の配列が違うから、それぞれの原子が互いに結合することがない。これは余剰次元が実際に存在していて、いくつかの観測可能な物理現象を説明できることを強く示唆するものである。

本書のあらまし

余剰次元があると考えれば準結晶の不可解な分子配列が理解しやすくなるのと同じように、余剰次元という仮説は素粒子物理学と宇宙論の関係、すなわち三次元だけで考えていたのでは理解しがたい関係についても新たな光をあててくれるのではないか、と今日の物理学者は期待している。

この三〇年間、物理学者はずっと素粒子物理学の「標準モデル」*に頼ってきた。この仮説は、物質の基本的な性質、および物質の基本的な構成要素が相互作用する際に働く力を説明するものである。物理学者は、宇宙の最初の数秒を過ぎてからこのかた私たちの世界には存在してこなかった素粒子を生成することによって、標準モデルを検証してきた。そして、標準モデルがそれらの素粒子の性質の多くを非常によく説明できることを確認

＊標準モデルについては第7章で詳述する。

【図2】5次元の結晶構造を2次元に射影した「ペンローズ・タイル」

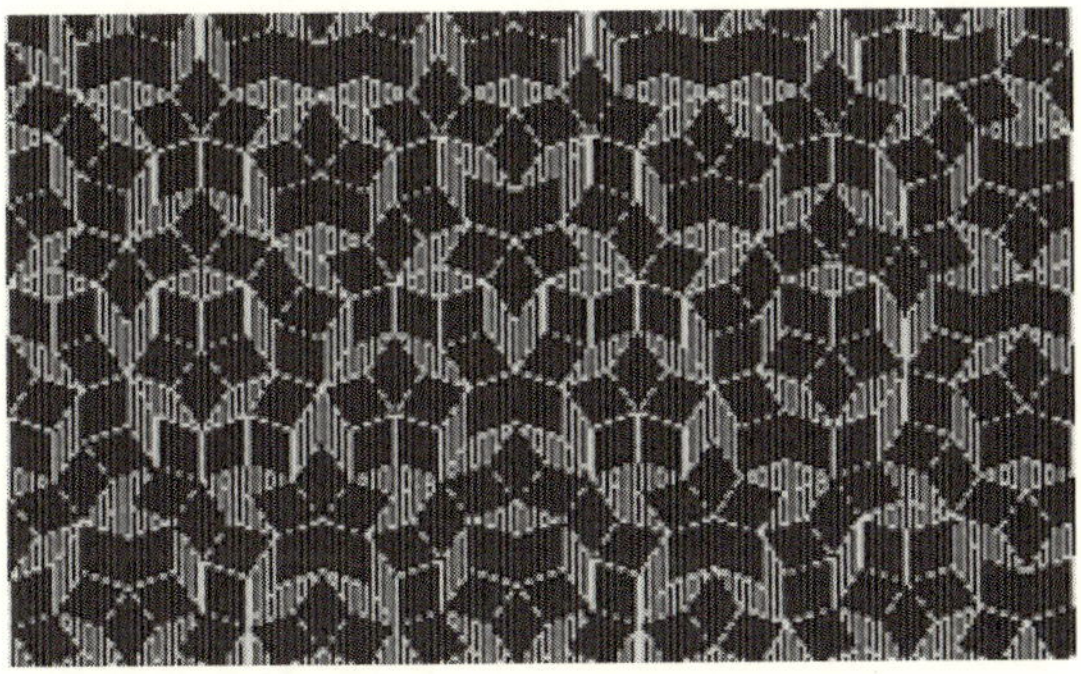

してきた。それでも、標準モデルにはいくつかの根本的な疑問が解決されないまま残っている。それらはきわめて基本的な疑問であり、それらが解明されれば、この世界をなりたたせている基本要素と、その相互作用に関して、新たな理解が得られるはずなのだ。

この本は、私やほかの研究者がどのようにして標準モデルの謎に対する答えを探してきたか、そしてその結果、どのようにして私たちが余剰次元のある世界にいると考えるにいたったかを伝えるものである。余剰次元に関する新たな発展が最終的には本書の主役となるが、まずは脇役たち、すなわち二〇世紀の革新的な物理学の進歩について紹介したい。あとで述べる最新の考えも、これらのすばらしい躍進のうえになりたったものなのだ。

これから見ていく各主題は、大きく三つのカテゴリーに分類される。二〇世紀初頭の物理学と、素粒子物理学と、ひも理論である。まずは相対性理論と量子力学の主要なポイントを押さえたのち、素粒子物理学の現状と、余剰次元によって解決されるかもしれない問題点を探っていく。そのあと、ひも理論の基本にある概念を考えていく。多くの物理学者は、これこそが量子力学と一般相対性理論を統合する理論の最有力候補ではないかと期待している。この理論の前提には、自然界の最も基本的な単位は粒子ではなく、万物のもととなる振動するひもであるという考えがある。余剰次元についての研究も、そもそもは、このひも理論から派生したものだ。なぜならひも理論では、空間の次元が三つより多く存在しなくてはならないからである。さらにブレーンの役割についても説明がいる。ブレーンというのは、ひも理論のなかに含まれる膜のような物体で、ひも理論にとっては、ひも自体と同じぐらい不可欠なものである。これらを再考しながら、それぞれの理論の成功した点と、現在の研究の動機となっている未解決なままの疑問点を見ていくことにしよう。

まだ解明されていない大きな謎の一つは、重力がほかの既知の力に比べてなぜこんなにも弱いかということだ。山道を登っている人には重力が弱いとは思えないかもしれないが、それは地球全体がその人を引っぱっているからである。たった一つの小さな磁石がペーパークリップをもちあげられることを考えてみればいい。地球の全質量が反対方向に引っぱっているにもかかわらず、クリップは磁石に吸い寄せられる。小さな磁石のわずかな引力に対して、なぜ重力はそんなにも無力なのだろう？標準的な三次元の素粒子物理学では、重力の弱さは大きな謎だ。しかし余剰次元は、これに解答を与えてくれるかもしれない。一九九八年に、私はラマン・サンドラムと共同で、その理由を説明できるかもしれない一つの可能性を示した。

私たちの出した仮説は、アインシュタインの一般相対性理論から派生する「歪曲した幾何《ワープ》」という概念にもとづいている。一般相対性理論によれば、空間と時間は単一の時空構造に統合される。この時空構造は、物質とエネルギーによってねじれ、歪められる。ラマンと私は、これを余剰次元という新たな見方に当てはめた。その結果、ある配置の時空構造では時空の歪曲がひどく大きいために、空間のある領域では重力が強くても、ほかのところでは一様に弱くなってしまうことを発見したのである。

そして、私たちはさらに驚異的なことも発見した。物理学者はこれまで八〇年間、余剰次元は微小なものでなければならない、さもなければ私たちの目に見えないことが説明できないと考えてきたが、ラマンと私は一九九九年に、空間の歪曲によって重力の弱さが説明できるだけでなく、目に見えない余剰次元が曲がった時空のなかでちょうど適切に歪曲しているならば、その広がりは無限になる可能性もあることを発見したのだ。余剰次元は無限大であるかもしれない——にもかかわらず、やはり目には見えないのである（すべての物理学者がただちに私たちの説を受け入れたわけではない。だが、物理学者ではない私の友人たちは、私が何かをつかんだのだろうとあっさり納得してくれた。もちろん、その物理を完璧に理解したからではない。私がある会議で自分の研究を発表したとき、その後の懇親会でスティーヴン・ホーキングが私に席をとっておいてくれたからである）。

こうした理論上の進展や、空間についての新しい考え方を一つの可能性となしうる根本的な物理原理を、これから説明していこう。そのあとで、さらに奇妙な可能性についても見ていくことにする。それは物理学者のアンドレアス・カーチと私が一年後に発見したことで、私たちは空間の三次元ポケットに住んでいるだけであり、宇宙のほかの部分はあたかも高次元世界のようにふるまっている、という可能性である。そうだとすれば、時空構造についての新しい可能性がたくさん開けてくる。時空はいくつもの異なる領域からなり、それぞれの領域によって次元の数も異なっているかもしれない。私たちは宇宙の中心にいるのではないとコペルニクスが言って世界を揺るがせたのは五〇〇年前のことだが、じつは私たちは宇宙の中心にいないだけでなく、宇宙のほかの部分と隔絶した三次元空間に住んでいるにすぎず、その隣には高次元宇宙が広がっているのかもしれない。

新たに研究されているブレーンと呼ばれる膜のような物体は、複雑な高次元風景の重要な要素である。余剰次元が物理学者の遊び場だとすれば、「ブレーンワールド」——そこの一枚のブレーンに私たちが住んでいると見なされる仮説上の宇宙——は非常に興味深い多層多面のジャングルジムだ。この本はあなたをブレーンワールドと、巻き上げられた次元、歪曲した次元、大きな次元、無限大の次元をもった宇宙へといざなう。ブレーンが一枚だけの宇宙もあれば、複数のブレーンが目に見えない世界を内包している宇宙もある。そのいずれもが、決してありえないことではないのだ。

このように想定されるブレーンワールドは、私たちの信念からの理論的飛躍であり、含まれるアイデアの多くは推論にすぎないかもしれない。とはいえ、株式市場においてと同様に、リスクの大きい投機は失敗するかもしれないが、成功すれば見返りも大きい。

嵐のあとの晴れた日にスキーリフトに乗ったときの足元の眺めを想像してもらいたい。まだ誰も滑っていないまっさらな雪面にぞくぞくすることだろう。何があろうと、その雪に触れたとたん、最高の一日になることはまちがいない。急斜面でたくさんのこぶにぶつかるかもしれないし、楽なコースもあれば、木々のあいだを滑り抜ける難しいルートもあるだろう。しかし、ときどき方向を誤ったとしても、その日の大半はすばらしい報いとなるはずだ。

私にとって、モデル構築――現在の観察結果の根拠となりうる理論を探究すること――は同じような抗いがたい魅力をもっている。モデル構築は、いわばコンセプトとアイデアをめぐる冒険旅行だ。新しいアイデアは、明白に見えるときもあるけれど、見つけにくく、折り合いをつけにくいときもある。だがいずれにしても、興味深い新しいモデルは、最終的にどこへ向かうのか見当もつかないながら、たいてい魅惑的な未踏の地を探ることになる。

私たちがこの宇宙のなかでどういう場所にいるのかを正しく教えてくれる理論がどれなのか、そう簡単にはわからないだろう。いくつかの理論に関しては、永遠にわからない可能性もある。だがありがたいことに、すべての余剰次元理論がそうだというわけではない。重力の弱さを説明する余剰次元理論の最も刺激的な特徴は、もしそれが正しければ、近いうちに証明されるだろうということだ。非常に高いエネルギーを帯びた粒子を調べる実験が可能になれば、これらの仮説や、そこに含まれる余剰次元の存在を裏づける証拠が発見できる。そして、それが今後五年以内に実現されそうなのだ。もつかジュネーブ近郊に建設中の超高エネルギーの粒子衝突型加速器、大型ハドロン加速器（ＬＨＣ）

が稼動すれば、その実験が可能になるのである。

二〇〇七年に稼動する予定のLHCは、きわめてエネルギーの高い粒子を互いに衝突させる。そしてうまくいけば、その衝突した粒子が、私たちがこれまで見たことのない新しいタイプの物質に変換される。数々の余剰次元理論のどれかが正しければ、LHCに目に見える痕跡が残されるはずだ。その証拠となりうるのが、たとえばカルツァ－クライン・モードと呼ばれる粒子である。この粒子は余剰次元のなかを移動しているが、その存在の痕跡を、このおなじみの三次元世界に残していく。いわばカルツァ－クライン・モードは、この三次元世界につけられた余剰次元の指紋なのである。さらに、もっともっと運がよければ、実験はほかの手がかりも記録するだろう。ひょっとしたら高次元のブラックホールのようなものまで見つかるかもしれない。

これらの物体を記録する検出器は、びっくりするほど大きなものになる。ハーネスやヘルメットのような登山用具がないと作業ができないほどの規模である。私も以前、このLHCを擁するスイスの欧州合同原子核研究機構（CERN《セルン》）の近くに氷河ハイキングに行ったとき、そうした登山用具を利用したものだ。これらの巨大な検出器が粒子の特徴を記録してくれれば、物理学者はその記録を使って、何がそこを通過したのかを再現できる。

もちろん、余剰次元の証拠はいくぶん間接的なものになるだろうから、発見された種々の手がかりをつなぎあわせる必要は出てくる。だが、それは近年の物理学の発見のほぼすべてに関しても同じことだ。二〇世紀の物理学の発展とともに、観測の対象は裸眼で直接見られるものから、理論上の論理の流れに応じた測定を通じてしか「見る」ことのできないものへと変わったのである。たとえばクォークだ。この高校物理からおなじみの陽子と中性子の構成要素は、決して単独では現れない。クォークは、これがほかの粒子に影響を及ぼすときに残していく一連の証拠を追うことによって発見される。

ダークエネルギーやダークマターと呼ばれる不思議なものについても同様だ。私たちは宇宙のエネルギーの大半がどこからやってくるかも知らないし、宇宙に含まれている大半の物質がどんな性質のものなのかも知らない。にもかかわらず、私たちはダークマターやダークエネルギーが宇宙に存在していることを知っている。それは私たちがそれらを直接的に検出したからではなく、その周囲の物質にそれとわかる効果を及ぼしているからだ。クォークにしろ、あるいはダークマターやダークエネルギーにしろ、私たちはその存在を間接的に確認しているだけであり、それと同じように、余剰次元も直接的には私たちの前に現れてこない。それでも余剰次元の痕跡が、間接的ではあるにせよ、究極的に余剰次元の存在を明かしてくれる。

最初に言っておきたいのは、新しいアイデアのすべてが正しいことはありえないし、多くの物理学者は総じて新しい理論に対して懐疑的だということだ。これから紹介する数々の理論についても例外ではない。だが、推論は私たちの理解を進展させる唯一の道である。結局は細かい部分が現実と一致しなかったことがわかるとしても、新しい理論上のアイデアは、宇宙の真の理論に働いている物理法則に光を当てられる。これから見ていく余剰次元のアイデアにも、少なからぬ真実が含まれているのはまちがいないと確信する。

未知のものを探ったり、推論上のアイデアを突きつめていくときには、どうしても不安がつきまとう。だが、これまでも基礎的な構造の発見はつねに意外なところからやってきて、疑念や抵抗にさらされてきたことを思い出せば、多少は心が軽くなる。妙な話だが、基礎的な構造というのは世間一般の人だけでなく、それを考えついた本人でさえ、最初はどうも信じられないように思えるときがある。

たとえばジェームズ・クラーク・マクスウェルは、電気と磁気の古典理論を自分で考えだしておきながら、電子のような電荷の基本単位が存在するとは信じていなかった。一九世紀末に電子が電荷の基本単位であると提唱したジョージ・ストーニーも、科学者が原子の構成要素である電子を原子から切り離せるようになるとは思っていなかった（それに必要なのは熱か電場だけだったのだが）。周期表を発明したドミートリイ・メンデレーエフも、自分のつくった表が導く原子価という考えに抵抗した。光の帯びるエネルギーは不連続であると提唱したマックス・プランクも、自分のアイデアに潜在する光量子（光子）が現実に存在するとは思わなかった。そして、その光量子を提唱したアルベルト・アインシュタインも、その力学的性質によって光量子が粒子と見なされるようになるとは思ってもいなかった。だが実際、これは現在、光子という粒子として認められている。もちろん、正しい考えをもっていた人すべてが自分の考えを非現実的だと思っていたわけではない。ともあれ多くの考えが、信じられるにせよ疑われるにせよ、最終的には真実だとわかったのである。

いまもなお、発見されるのを待っているものがあるだろうか？　その答えを考えるとき、私はジョージ・ガモフが発したあまりにも致命的な言葉を思い出す。この一流の原子核物理学者にして、科学を一般に広めた功労者でもあったガモフは、『古典物理学では膨大な数の『分割できない原子』があるとされていたが、いまや私たちには、本質的に異なる三つの存在物があるだけだ。核子と、電子と、ニュートリノである……こうして、物質を形成する基本的な要素を探す私たちの旅は、ついに終点に行き当たったものと思われる」と一九四五年に書いている。ガモフはこのとき、じつは核子がクォークの合成物であり、そのクォークが三〇年以内に見つかることになるとは知るよしもなかった！

より根本的な構造を探す旅はもうおしまいで、これ以上続けても無駄だなんて、そんなことがありうるだろうか？　それはどう考えてもおかしなことで、とうてい信用できない。なにしろ既存の理論には数々の矛盾があって、それが最終解答ではありえないことを明らかに示している。私たちより前の世代の物理学者には、この本で述べる余剰次元の領域を探る手だてもなければ、探る理由もなかった。余剰次元が素粒子物理学の標準モデルを支える基盤であるのかどうかはまだ不明だが、その基盤を発見するのは非常に意味のあることなのだ。

私たちを取り巻くこの世界——これを探索しないでいられようか?

第1章

入り口のパッセージ——次元の神秘的なベールをはぐ

きみは自分の道を進めばいい
自分の道を進めばいい
——フリートウッド・マック

「アイク、いま書いてる物語のことで悩んでるの。もっと別の次元を加えようと考えているんだけど、どう思う？」

「アシーナ、お話づくりのことなんかきかれたって兄さんはわからないよ。だけど、そうだな、べつに新しい次元を加えたっていいんじゃないか。新しい登場人物を加えるつもりなのかい、それとも、すでにいる人物をもっと肉づけするの？」

「どっちも違うわ。そういうことじゃないの。新しい次元を導入したいのよ——たとえば新しい空間次元のような」

「おいおい、冗談だろう？　そうか、もう一つの現実のことを書くつもりなんだな――ことは違う霊的体験をする世界とか、人が死ぬときや臨死体験をしたときに行くような場所のことだろう？＊　おまえがそういうことに興味をもってるとは知らなかったな」

「やめてよ、アイク。そんなわけないでしょ。わたしが言ってるのは、別の空間次元のこと――別の精神次元のことじゃないわよ！」

「しかし、別の空間次元《ディメンション》があったとして、だからなんだと言うんだい？　別の寸法《ディメンション》の紙を使ったところで――たとえば12×9インチの代わりに11×8インチを使ったって――なんの変わりもないいじゃないか」

「からかうのはやめてよ。そういうことを言ってるんじゃないの。わたしは本気で新しい空間次元を導入しようと考えてるの。わたしたちが見てる次元とそっくりでありながら、まったく新しい方向に沿った次元をね」

「見えない次元だって？　ぼくはてっきり次元は三つしかないものと思っていたが」

「まあ見てなさい、アイク。いまにわかるから」

「次元《ディメンション》」という言葉には、空間や空間内の運動を示す多くの言葉と同じく、多様な解釈がある。これは私もうんざりするほど経験してきた。私たちは空間的な広がりのなかでものを見ているため、時間や思考なども含めたさまざまな概念を、空間に関わる用語で表現することが多い。したがって、

＊私は実際にこうきかれたことがある。

空間に適用される言葉の多くに複数の意味がもたされる。そうした言葉を専門的な意味で用いようとすると、その言葉に別の意味があるために、言葉の定義が紛らわしくなってしまう。「余剰次元《エクストラ・ディメンション》」という表現はとくに紛らわしい。この言葉を空間に適用する場合でも、その空間は私たちに知覚できるものではないからだ。視覚化しにくいものは、概して表現もしにくい。そもそも私たちは生理学的に、三つより多くの空間次元を処理できるようにつくられていない。光でも重力でも、既存のどの観測手段を用いても、この世界には空間の次元が三つしかないように見えるのだ。

　余剰次元を直接的に感知することは——たとえ存在しているとしても——できないから、そういうものを理解しようとしても頭が痛くなるだけだと恐れをなす人もいる。少なくとも、ＢＢＣのあるニュースキャスターは私へのインタビューのなかでそう言っていた。だが、じつのところ人を落ち着かなくさせるのは余剰次元について考えることではなく、余剰次元を視覚的に描写しようとすることだ。高次元の世界を描きだそうとすれば、たしかに面倒なことになるのはまちがいない。

　だが、余剰次元について考えることはまったく別の話だ。その存在を頭で考えることなら完璧にできる。実際、私たち科学者が「次元」や「余剰次元」という言葉を用いるとき、私たちはその意味するところを正確に把握している。そこでまずは、新しい概念が私たちの宇宙像——これも空間的な表現だ——にどう組み込まれるかを探っていくまえに、「次元」や「余剰次元」という言葉について説明しておこう。また、これらの言葉が本書でどういう意味をもって使われるかについても触れておく。

　三つより多くの次元がある場合、それを表現する言葉（および方程式）の効力は一〇〇〇枚の画像にも匹敵することが、このあとを読めばわかってもらえると思う。

次元とは何か

多くの次元をもつ空間を扱うことは、じつを言えば、誰もが日常的にやっていることだ。ただ、ほとんどの人はそうと意識していないだけである。しかし考えてみてほしい。何か重要な決断を下すとき、たとえば家を購入するときなどに、あなたの計算に入ってくる次元はいくつあるだろう。まず家の大きさを考えるだろうし、近くにどんな学校があるかとか、興味のある場所にどれだけ近いかなども考慮の対象になるかもしれない。さらに建築工法や、騒音についても——と数えていけばきりがない。自分の要望をすべて列挙して、複数の次元を考えあわせながら最適なものを見つけださなくてはならないわけだ。

次元の数とは、ある空間のある一点を正確に特定するのに知らなくてはならない量の数である。多次元空間と一口に言っても、それはあなたが家に求めている特徴全体のように抽象的なものかもしれないし、これから見ていく現実の物理空間のように具体的なものかもしれない。しかし家を買うときであれば、次元の数はデータベースの各項目に記録する量の数、すなわち、あなたにとって調べるに値する量の数というふうに考えられる。

もっと卑近な例で、次元を人に当てはめてもいい。誰かをさして、あの人は一次元的だと言うとき、あなたの意図するところは明確であるはずだ。つまり、その人は一つのことにしか関心がないと言っている。たとえばサムが家でスポーツ番組を見る以外に何もしない人なら、サムはたった一つの情報で描写できる。お望みなら、この情報を一次元のグラフのなかの一点として表すこともできる。つまり、サムのスポーツを見る傾向という点だ。このグラフを描くにあたっては、その一本の軸上の距離

【図3】１次元のサムの図

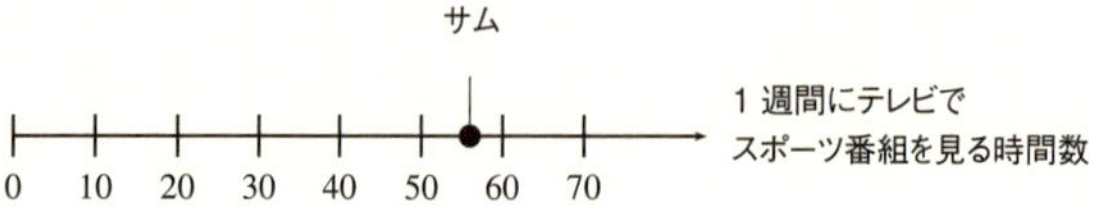

【図4】３次元のアイクの図

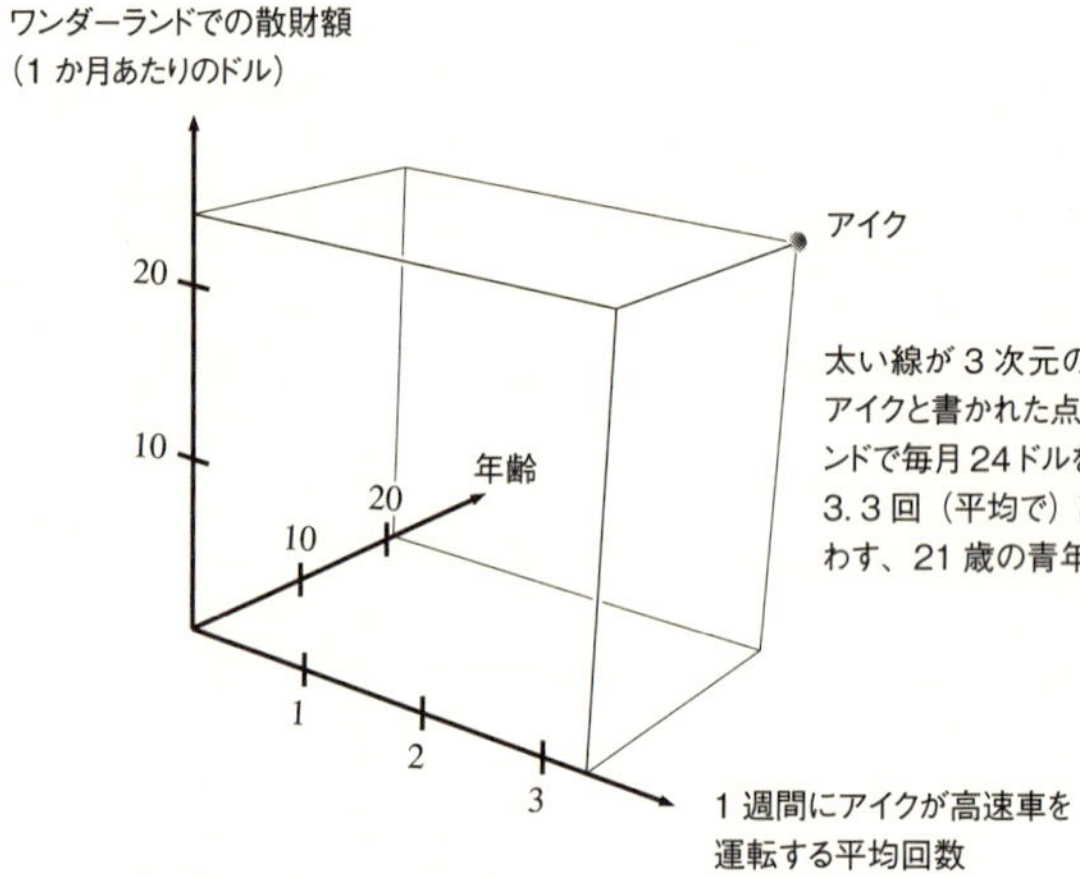

太い線が３次元の図の座標軸。アイクと書かれた点は、ワンダーランドで毎月 24 ドルを散財し、週に 3.3 回（平均で）高速車を乗りまわす、21 歳の青年に相当する。

が何を意味しているかが誰にでもわかるように、単位を特定する必要がある。サムを水平軸の一点として描いたものが図3だ。この図は、サムが一週間にテレビでスポーツを見る時間の数を表している(幸い、サムはこんなところで例に出されても気分を害したりしない。この本を読むような多元的な人ではないからだ)。

この考え方をもうすこし押し広げてみよう。ボストンに住むイカルス・ラシュモア三世(冒頭の物語に「アイク」の愛称で出てきた青年)は、サムよりも複雑な人物である。彼には次元が三つもあるのだ。アイクは二一歳で、高速車を乗りまわし、ドッグレース場があるボストン近郊のワンダーランドという街で散財している。このアイクを描いたのが図4だ。二次元の紙面上に描いてはあるが、軸が三本あることからわかるように、アイクはまちがいなく三次元的である。*

しかし大半の人を描写する場合、その人は一つどころか、三つよりも多くの特徴をもっていると考えるのがふつうである。たとえばアイクの妹のアシーナは、読書の大好きな一一歳の女の子で、数学がよくできて、時事問題にも敏感で、ペットにフクロウを飼っている。あなたはこれも図にしたいと思うかもしれない(その理由はよくわからないが)。その場合、アシーナを表す点は、五本の軸をもった五次元の空間上に描かれなくてはならない。それぞれの軸は、年齢、一週間に読む本の冊数、数学の試験の平均点、一日に新聞を読む時間、飼っているフクロウの数に相当する。だが、そうした図を実際に描いてくれと言われると困ってしまう。それには五次元の空間を描かなければならないが、これが非常に難しい。コンピュータプログラムでも3D画像が限界だ。

*細かい人は、サムにだって年齢があるのだから別の次元をもっていることになるだろうと反論するかもしれない。しかし、おそらくサムは何年間も同じような生活をしてきただろうから、彼の場合、年齢は関係ないのだ。

とはいえ、抽象的には、五種類の数をそろえた五次元空間はたしかに存在する。たとえば（11、3、100、45、4）という数字をそろえれば、アシーナが一一歳で、一週間に平均三冊の本を読み、数学の試験では一度も誤答したことがなく、一日に四五分間新聞を読み、現在フクロウを四羽飼っていることを示せる。これらの五つの数字によって、私はアシーナを描写したことになる。アシーナを知る人なら、この五次元のなかの一点から彼女を認識できるだろう。

　右記の三人それぞれに対応する次元の数は、それぞれを特定するのに用いた特徴の数に等しかった。サムなら一つで、アイクなら三つ、アシーナなら五つだ。もちろん本物の人間は、こんな少ない種類の情報で把握できるほど単純ではない。

　このあとの章では、どういう人かを知るために次元を用いるのではなく、次元を用いて空間そのものを探っていく。私の言う「空間」とは、物質が存在し、物理過程が生じる領域のことである。「ある一定数の次元の空間」とは、ある一点を特定するのに一定数の量が必要となる空間ということだ。一次元なら、一本のx軸をもつ図上の一点であるし、二次元ならx軸とy軸がある図上の一点、そして三次元なら、x軸とy軸とz軸がある図上の一点になる。[1] これらの軸を示したのが図5だ。

　三次元空間では、あなたの正確な位置を知るのに三種類の数字が

【図5】3次元空間を記述するのに用いる3本の座標軸

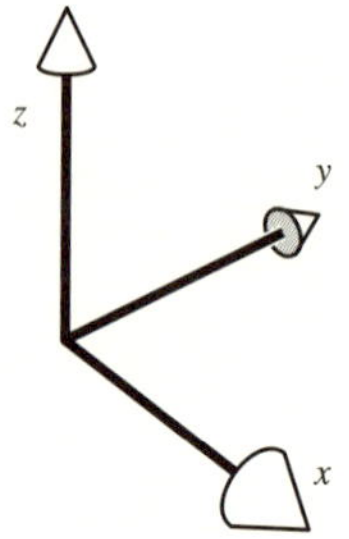

あれば事足りる。そこで特定される数字は、緯度と経度と標高かもしれないし、幅と奥行きと高さかもしれない。あるいはほかの種類の数字三つを使える場合もあるかもしれない。いずれにしても大事なことは、三次元には三つの数字が必要であり、それ以上もそれ以下もありえないということだ。二次元空間であれば必要な数字は二つになるし、もっと高次元の空間であれば、必要な数もそれだけ多くなる。

次元の数が多ければ多いほど、自由に動ける方向の数が増えていく。四次元空間の一点を示すには、軸を一本増やせばいいだけだが、その軸はまったく別の方向に伸びているわけだから、やはり図に描くのは難しい。とはいえ、その存在を思い描くのはそう難しいことではないはずだ。言葉と数学用語を使って考えていこう。

ひも理論によれば、次元の数はさらに多い。この理論は六つか七つの余剰空間次元があることを前提にしている。つまり、ある一点を示すのに、座標が六つか七つ余計に必要になるわけだ。しかも最近のひも理論研究で、次元の数はそれよりさらに多い可能性もあるとわかってきた。本書では、余剰次元の数がいくつになろうと、その可能性を柔軟な姿勢で探っていきたいと思う。この宇宙が実際にいくつの次元を含んでいるかを断言するのはまだ早い。これから説明する余剰次元についての考えの多くは、余剰次元の数がいくつであっても適用できるのだ。ごくたまに、そうでないケースも出てくるが、その場合はそれとわかるように明記しよう。

ただし物理空間は、点を特定するだけでは説明されない。「メトリック（計量）」を特定することも必要だ。これは測定のスケール、すなわち二点間の物理的な距離を定める基準である。グラフの軸に沿って刻まれている目盛りがこれにあたる。たとえば二点間の距離が一七であるとわかっても、それが一七センチメートルなのか一七マイルなのか一七光年なのかがわからなければ意味がない。メトリックがあってこそ、距離をどう測定したかがわかる。すなわちグラフ上の二点間の距離が、そのグラフで表されている世界の何に対応しているかがわかるわけだ。メトリックの与える物差しにより、どういう単位でスケールが定められているかが明らかになる。たとえば地図上では、半インチが一マイルを表すし、メートル法は、誰でも知っているメートル尺にしたがっている。

だが、メトリックからわかるのは、それだけではない。メトリックは空間が曲がっているのかどうか、あるいは球状に膨らんだ風船の表面のように丸くなっているのかどうかも教えてくれる。メトリックには空間の形状についてのあらゆる情報が含まれている。曲がった空間を示すメトリックは、距離と角度の両方についての情報を与えてくれる。一インチでさまざまな距離が表せるように、一度という角度もメトリックに応じてさまざまな形状を表せる。これについては、あとで曲がった空間と重力の関係を探るときに詳述する。さしあたり、球の表面は一枚の平坦な紙の表面と同じではないと言うにとどめておこう。片方の表面に描かれた三角形は、もう片方の表面では三角形に見えなくなり、この同じ二次元空間のあいだの違いは、そのメトリックに表れるのである。[2]

物理学の発展とともに、メトリックに盛りこまれる情報量も増えてきた。アインシュタインは相対性理論を考えだしたとき、四番めの次元——時間——が空間の三つの次元と不可分であることに気づいた。時間にもやはりスケールが必要なので、アインシュタインは重力を定式化するさいに、空間の三つの次元に時間の次元を加えた四次元時空を表すメトリックを用いた。

そして最近の進展により、従来の三つの空間次元に加え、別の空間次元も存在するかもしれないとわかってきた。その場合、真の時空を表すメトリックは、空間次元を三つよりも多く含むことになる。このように多次元空間は、次元の数と、それらの次元を表すメトリックによって記述される。しかしメトリックや多次元空間のメトリックを追究するまえに、まずは「多次元空間」という言葉の意味をもうすこし考えてみよう。

愉快なパッセージを通って余剰次元へ

ロアルド・ダールの『チョコレート工場の秘密』で、主人公のウィリー・ウォンカが客人たちに「ウォンカベーター」なるものを紹介する。ウォンカの説明によれば、「エレベーターは上下にしか動けないが、ウォンカベーターは横にも斜めにも縦にも前後にも直角にも動く。およそ考えられるかぎりのあらゆる方向に行けるんだ……」*という。たしかにそれは、私たちの知る三つの次元に限ってならば、どんな方向にも移動できる装置だった。想像力にあふれた、じつにすてきなアイデアだ。

しかし厳密に言えば、ウォンカベーターは「考えられるかぎりの」あらゆる方向に行けたわけではない。ウィリー・ウォンカは怠慢にも、余剰次元のことを無視していた。余剰次元はまったく別の方向である。これを描写するのは難しいが、たとえを使うとわかりやすくなるかもしれない。

一八八四年、余剰次元の概念を説明するために、イギリスの数学者エドウィン・A・アボットが『フラットランド』という小説を書いた。** 舞台となるのは架空の二次元宇宙――つまり題名のフラットランド（平面の国）――で、二次元の（さまざまな幾何学的形状をした）生き物が住んでいる。二次元の

* Roald Dahl, *Charlie and the Chocolate Factory* (London : Puffin Books, 1998).

** 正式なタイトルは *Flatland : A Romance of Many Dimensions* という〔訳注　邦訳に『多次元★平面国　ペチャンコ世界の住人たち』（石崎阿砂子、江頭満寿子訳、東京図書）、『二次元の世界　平面の国の不思議な物語』（高木茂男訳、講談社）がある。ともに絶版〕。

世界——たとえばテーブル面のようなところ——で生活しているフラットランドの住人にとって、三次元は不可解きわまりない世界として描かれている。三次元世界にいる私たちが四次元という考えに頭を悩ますのとそっくりだ。

私たちの場合は三つより多くの次元を思い描くのに相当の想像力を働かせないといけないが、フラットランドでは三次元が住人の理解を超えたものになっている。宇宙には知覚される二つの次元以外に次元はないものと、誰もが思い込んでいる。私たちの世界のほとんどの人が三つより多くの次元を受け入れられないように、フラットランドの住人は二つより多くの次元を受け入れられない。

この本の語り手、A・スクエア氏（直訳すれば「A二乗」、つまり著者のエドウィン・A・Aのもじりになっている）は、あるとき目の前に現実の三次元を突きつけられる。学習の第一段階として、まだフラットランドに閉じ込められているA・スクエアは、三次元の球がいきなりやってきて自分のいる二次元世界を垂直に突っ切るのを見る。A・スクエアはフラットランドに閉じ込められているので、彼から見れば、一枚の円盤がだんだん大きく広がっていき、また小さく縮まっていくようにしか見えない。しかしもちろん、それは球がA・スクエアのいる平面を通過するときの断面である（図6を参照）。

二次元の語り手にすれば、最初はわけがわからない。なにしろ二つより多くの次元があるとは思いもよらず、球のような三次元の物体など考えたこともなかったのだ。フラットランドから持ち上げられて自分を取り囲む三次元世界に入ったとき、初めてA・スクエアは球を本当に想像できるようになる。その新しい視点から見れば、球というのは、まえに見た二次元の断面を重ね合わせてできる形状なのだ。こうして二次元世界にいながらでも、A・スクエアは自分の見た円盤が時間の経過とともに（図6のように）球をなしていく図を思い描けた。だがそれも、彼が三番めの次元に入り込む旅をして目を開かれたからであり、そこでようやく彼は球というものを、そして球の存在する三番めの空間次元を完全に理解したのである。

　同じように考えると、たとえば「超球」（四つの空間次元をもった球）が私たちの宇宙を突っ切ったとした場合、私たちにとっては三次元の球が時間とともにだんだん大きくなって、また小さくなっていくように見えるはずだと類推できる。[3] 残念ながら、私たちが余剰次元に入り込む旅に出られるチャンスはない。したがって静止した超球の全体を見ることはかなわない。しかし、異なる次元の空間で物体がどう見えるかを推論することなら――実際にその次元が見えなくても――できる。三次元を通過する超球が、私たちにとっては三次元の球の連なりのように認知されるはずだと自信をもって推論できる。

　別の例として、超立方体――立方体を三次元より高次元に一般化したもの――のなりたちを想像してみよう。一本の線分は、一次元の直線で結ばれた二つの点からなっている。これを二次元に一般化すると、一次元の線分の上方にもう一本同じ線分を引いて、その二本をさらに二本の線分でつ

【図6】球が平面を通過するときの断面

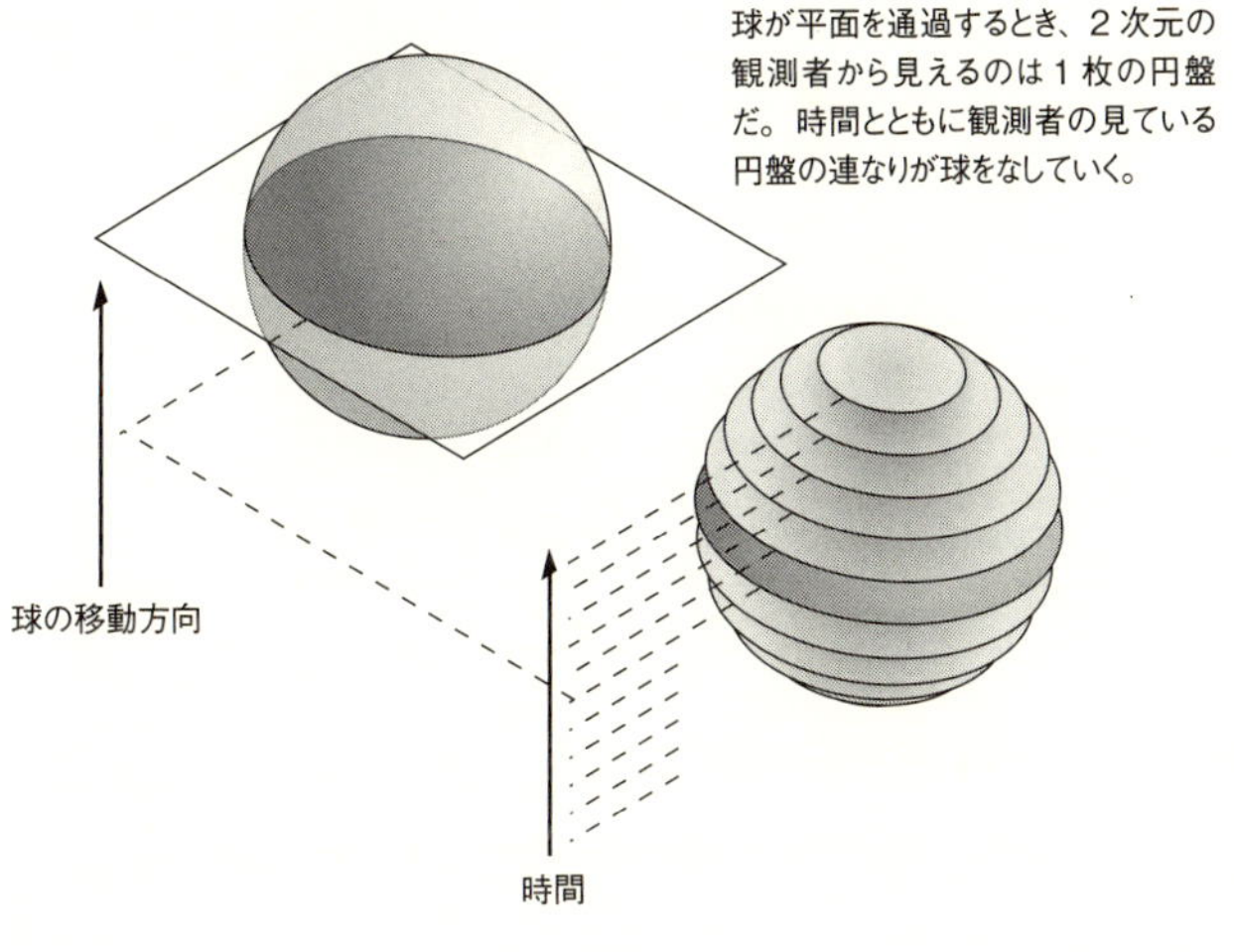

球が平面を通過するとき、２次元の観測者から見えるのは１枚の円盤だ。時間とともに観測者の見ている円盤の連なりが球をなしていく。

ないだ正方形ができあがる。これをさらに三次元に一般化すると、立方体ができあがる。二次元の正方形の上方にもう一つ同じ正方形をおき、その二つの正方形の各辺に沿って、さらに四つの正方形でつなげばいい（図7を参照）。

これを四次元に一般化すれば超立方体ができあがるし、さらに五次元にも一般化できる。ただ、そこでできあがる物体には名前がついていないだけだ。三次元の生き物である私たちは、そのどちらも見たことがない。しかし、低次元で成功した手順を一般化することはできる。超立方体（四次元立方体ともいう）をつくるには、立方体の上にもう一つ同じ立方体をおき、その二つの立方体の各面に沿って、さらに六つの立方体でつなげばいい。こうしてできあがるものは抽象的で描けないが、だからといって超立方体の実在性を損なうものではない。

私は高校生のときに参加した夏の数学キャンプで（一般に想像されるよりはるかにおもしろかった）、映画化された『フラットランド』を見た。* 最後の場面で、語り手がフラットランドの住人には決して指させない三番めの次元を必死に指さそうとしながら、みごとなイギリスなまりで「北じゃなく、上なんだ」と訴える。残念ながら、私たちも四番めの空間次元、すなわち別のパッセージをさそうとすれば、同じような挫折感に見舞われる。だが、フラットランド

【図7】低次元の物体をつなぎあわせて高次元の物体をつくる方法

2つの点をつなげば1つの線分ができあがり、2つの線分をつなげば1つの正方形ができあがり、2つの正方形をつなげば立方体ができあがる。同じようにして（描けないので図にはしていないが）2つの立方体をつなげば1つの超立方体ができあがる。

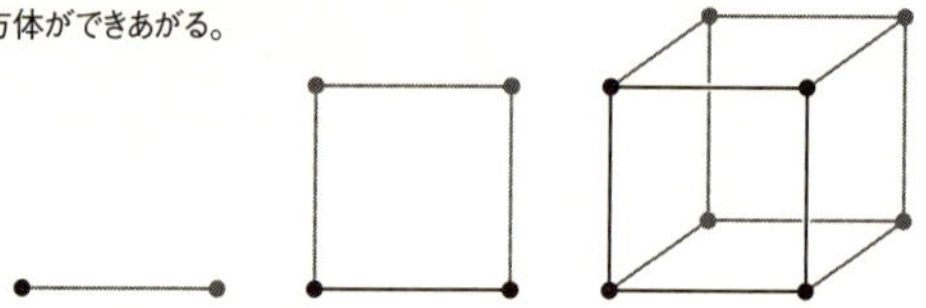

の住人が三番めの次元を見ることも旅することもなかったにもかかわらず、アボットの物語では確実にそれが存在していたように、私たちが別の次元を見ていないからといって、それが存在しないことにはならない。したがって、私たちはそのような次元をいまだ観測しても旅してもいないが、この本では一貫してこう訴えたい――「北じゃなく、パッセージに沿って前進しよう」と。その先には、私たちがいまだ見たことのないものがある。

二次元から見る三次元

ここでひとまず、三つより多くの次元をもつ空間について考えるのはやめにして、私たちが限られた視覚能力でどうやって二次元の画像から三次元を思い描こうとするかを話すことにしよう。私たちの頭のなかで、二次元の画像がどのように三次元の実像に転換されているかを理解しておけば、このあと高次元の世界が低次元に「画像」化されたものを解釈するときに役立つだろう。この節は、余剰次元を頭で理解するための準備運動と考えてほしい。気後れすることはない。おそらくあなたも、日常生活でつねに次元の問題をうまくこなしているはずだ。次元は決してなじみのない問題ではないのである。

たいていの場合、私たちに見えるのは物体の表面の一部だ。その表面は外層部でしかない。外層部は二次元である。実際には奥行きがあって、三次元空間に広がっているとしても、外面上では二つの

＊エリック・マーティンが監督したアニメ映画で、ダドリー・ムーアをはじめとするイギリスのコメディ演劇集団「ビヨンド・ザ・フリンジ」の面々が声の出演をしている。とても楽しい映画だった。

数さえあれば、どの点でも特定できるからだ。したがって、外面は奥行きがないのだから三次元ではないと演繹される。

絵や写真を見るときでも、映画やコンピューター画面、あるいはこの本のなかの図を見るときでも、ふつう私たちは三次元ではなく二次元で表されたものを見ている。にもかかわらず、私たちはそこに三次元の実像が描かれていると推論できる。

私たちは二次元の情報を使って三次元を構築できるのだ。そのためには、二次元で表現できるように情報を抑制しておきながら、オリジナルの物体の本質的な要素を再現できるだけの情報は備えておく必要がある。そこで、ふだん私たちが高次元の物体を低次元に還元するのに用いている手法を見直してみよう。たとえば断面化《スライシング》、射影、ホログラフィーといった手法があり、ときには高次元をあっさり無視することで対処される場合もある。そこで表されている三次元の物体を推論するのに、私たちはどのような逆算をしているのだろう。

外面の奥を見る方法のなかで最も複雑でないのは、ものを断面化することだ。各断面は二次元だが、断面を重ねあわせれば実際の三次元の物体になる。たとえば惣菜店でハムを注文したとしよう。三次元のハムのかたまりは、簡単に何枚もの二次元のスライスに置き替えられる。[*] そのスライスハムをすべて積み重ねれば、もとの三次元の形状がまるまる再構築できる。

この本は三次元だ。しかし、なかのページは二次元でしかない。二次元のページが集まって、この本を構成している。[**] このページの集まりはいろいろな方法で表現できる。たとえば図8は、この本を真横から見たところだ。それぞれの線はページを表しているので、この絵でも私たちは次元を相手にしていることになる。つまり、それぞれの線が二次元のページを表しているのは誰でもわかるわけだから、この絵が示すところも明らかになる。これと同じような簡略表現を、あとで多次元世界の物体を描くときにも用いるとしよう。

断面化のほかにも高次元を低次元に置き換える方法はある。射影もそのひとつだ。これはもともと幾何学の用語だが、射影は明確な規定によって対象を低次元で表現してみせる。壁に映った影は、三次元の対象物を二次元に射影した一例だ。図9は、私たちが（あるいはウサギが）射影をしたときに情報がどう失われるかを示している。影のうえの各点は、二つの座標軸で特定できる。壁の左右の方向と、上下の方向の二つである。しかし、射影されている対象物には、それ以外に三番めの空間次元がある。これが射影では失われてしまう。

最も単純な射影方法は、一つの次元をあっさり無視してしまうことだ。たとえば図10は、三次元の立方体が二次元に射影されたところを示している。射影された像はさまざまな形状をとる。最も単純なのが正方形だ。

前述したアイクとアシーナのグラフの例で言えば、アイクが高速車を運転する部分を無視すると、アイクは二次元の図で表せる。アシーナがフクロウを何羽飼っていようとどうでもよければ、アシーナを五次元の図にする代わりに四次元にしてもいい。アシーナのフクロウを切り捨てることが、すなわち射影である。

＊ハムのスライスにも多少の厚みはあるから、いくら薄くても、実際には三次元だ。ただし、この三番めの次元での大きさがきわめて小さく、二次元と考えても差し支えないぐらいの数字になっている。二次元と仮に見なされたものではあっても、その薄いスライスを重ねあわせれば三次元の物体になると想像できる。

＊＊この場合も、各ページが本当に二次元であるためには、それぞれが無限に薄い、三番めの次元での厚みがまったくない状態でなければならない。しかし、ここではページを二次元と見なして差し支えないぐらい薄いものとして考えている。

【図 8】 断面化

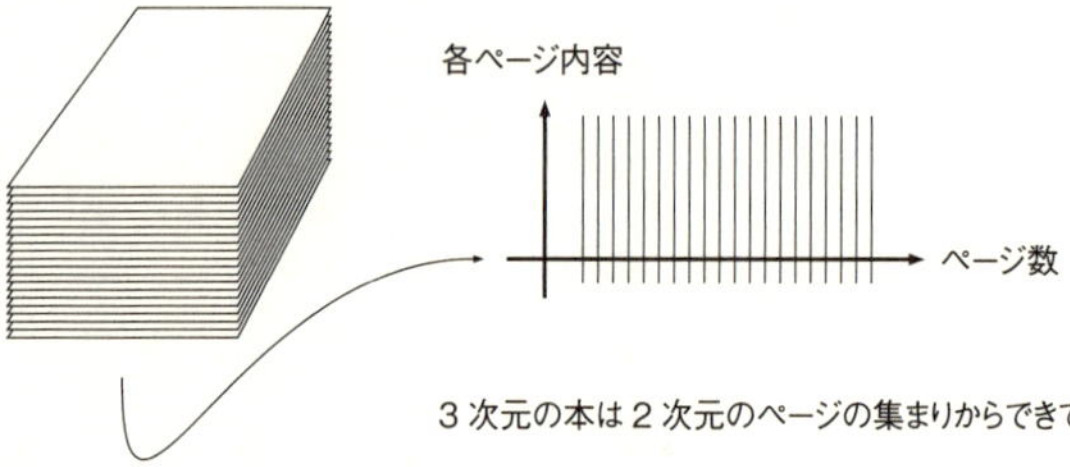

3 次元の本は 2 次元のページの集まりからできている。

【図 9】 射影

射影は高次元の対象物の情報をすべては伝えられない。

射影はオリジナルの高次元の対象物から情報を切り捨てる（図9を参照）。とはいえ、射影を用いて対象より低次元の図を描く場合、たいてい私たちは失われた部分を補完できるように情報を付加している。付加される情報とは、たとえば陰や色である。これを使っているのが絵や写真だ。あるいは地勢図で高さを示すのに使われているように、数字が補足されることもある。もちろん、標識がいっさい付加されない場合もあるだろう。そのときは、二次元の描写の伝える情報が単純に少なくなる。

私たちの目は、左右二つで三次元を再構成するようにできている。したがって両目がないと、私たちの見るものはすべて射影になる。片目をつぶれば奥行きが認識しにくくなる。一個の目が映すのは、三次元の実像を二次元に射影したものだ。三次元を再現するには二つの目が必要なのである。

私は片方の目が近視で、もう片方の目が遠視なので、眼鏡をかけていないと両方の目から入ってくる画像を正しく組み合わせられない。しかし、私はめったに眼鏡をかけない。それでは三次元をうまく再現できていないはずなのだが、ふだんは何も問題を感じない。世界はきちんと三次元に見える。これは私が陰影と遠近法（および、この世界への慣れ）を利用して三次元画像を再構成しているからだ。

だが、ある日、砂漠で友人といっしょに遠くの岩山に行こうとし

【図10】立方体の射影

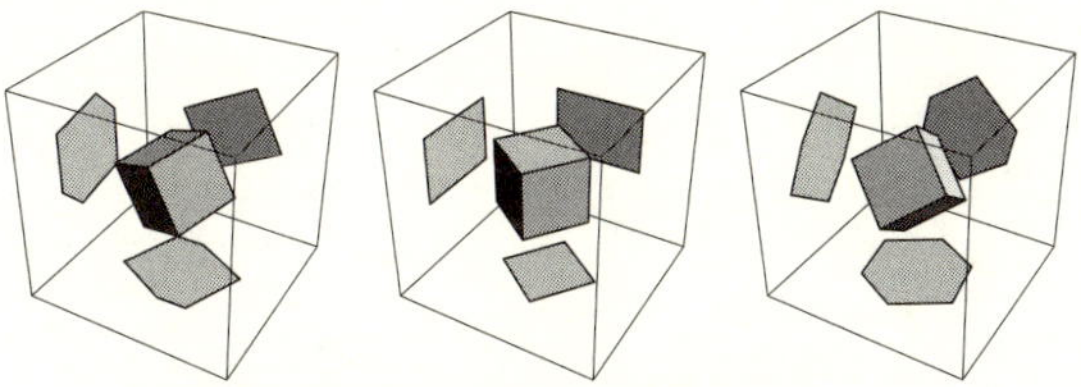

射影は中央の図のように正方形になることもあるが、
別の形状にもなりうる。

たときのことだ。友人はまっすぐ歩いていけば着くと言いつづけていたが、私にはその言い分が理解できなかった。あいだに岩があるのに、なぜ彼はまっすぐ歩いていけばいいと言い張るのか？　私の目には、その岩は山の壁面からまっすぐ突き出ており、したがって完全に私たちの前途をふさいでいた。だが、じつのところ、岩は山のずっと手前にあった。私が前途をさえぎっていると思っていた岩は、実際はまったく山に接していなかった。この誤解が生じたのは、私たちが崖に向かったのが正午ごろで、まったく影がなかったため、私には三次元を構成しようがなく、遠い山と岩がどのように並んでいるかを把握できなかったからだ。この失敗で、自分が視界を補完するのにいかに陰影と遠近法に頼っていたかを初めて痛感した。

絵を描くとき、画家はつねに自分の見たものを射影画像に還元しなくてはならない。中世の美術はこれを最も単純な方法で行なった。図11は、二次元に射影された都市のモザイク画だ。この絵は三次元について何も伝えていない。その存在を示

【図11】中世の2次元モザイク画

【図 12】キュービズムの手法を用いたピカソの『ドラ・マールの肖像』

【図 13】ダリの『磔刑（超立方体的人体）』

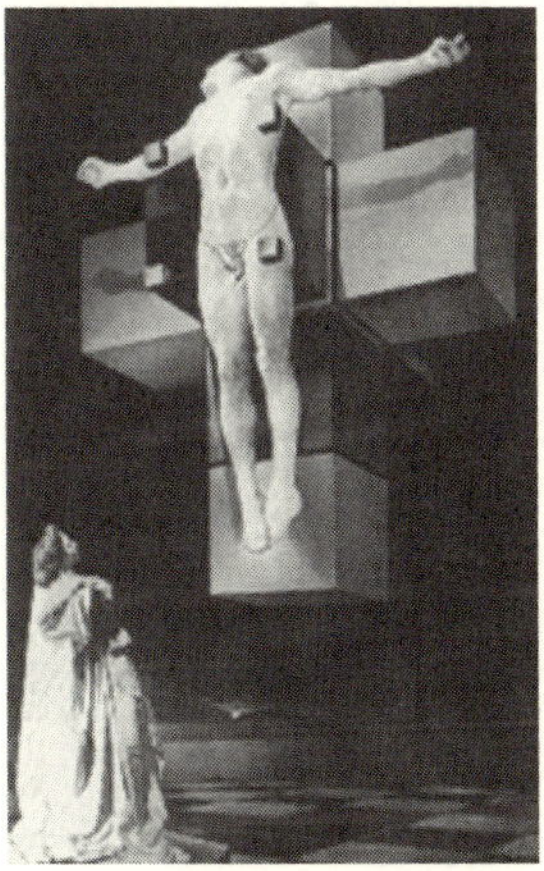

唆する標識はいっさい描かれていない。

中世以降の画家は、絵に表現される情報の喪失を部分的に補正する射影方法を発達させてきた。そのひとつが、二〇世紀のキュービズム（立体派）という手法だ。空間を平板化する中世の手法とは逆に、キュービズムの絵（たとえば図12に示したピカソの『ドラ・マールの肖像』）では、一枚の絵のなかに違った角度からの複数の射影が同時に描かれる。それによって対象物の三次元性を伝えているわけだ。

だが、これはむしろ特殊な例で、ルネサンス以降の西洋の画家のほとんどは、遠近法と陰影を用いて三番めの次元の幻影を生みだす手法をとってきた。絵を描くのに不可欠な技能のひとつは、三次元世界を二次元で表現できることだ。これがきちんと表現されていれば、見る人はプロセスを逆にさかのぼり、描かれる前の三次元の風景や物体を再構築できる。私たちは文化的な理解にもとづいて、三次元情報のすべてが表現されていなくても画像を解読できるようになっているからだ。

なかには三次元よりも高次元の対象を、二次元の面のうえに表現しようとした画家もいる。たとえばサルバドール・ダリの『磔刑（超立方体的人体）』（図13を参照）で描かれている十字架は、超立方体の展開図である。超立方体は、四次元空間のなかで接着した八つの立方体からなっている。それがダリの描いた立方体だ。超立方体のいくつかの射影を示したのが図14である。

この物理の例はすでに述べてある。準結晶だ。これは高次元の結晶を私たちの三次元世界に射影したもののように見える。射影は芸術作品に利用されるだけでなく、実際的な目的にも使われる。たとえば医療の分野には、三次元の物体が二次元に射影される例が数多くある。ＣＴ（コンピュータ断層撮影法）スキャンは、複数のＸ線画像を組み合わせて、より情報量の多い三次元表示に再構成する。多くの角度から撮影したＸ線写真があれば、補間法を用いて各写真をつなぎあわせ、完全な三次元の画像に変換できるのだ。一方、ＭＲＩ（磁気共鳴映像法）スキャンは断層から三次元の物体を再構成する。

ホログラフィー像も、二次元の面のうえで三次元を記録する方法のひとつだ。ホログラフィー像は低次元の面のうえに記録されるが、実際にはもとの高次元空間の情報をあまさず伝えている。この技術の一例は、あなたの財布にも入っているかもしれない。クレジットカードに3D《スリーディー》画像がついていたら、それがホログラムだ。

ホログラフィー像は異なる場所での光の関係を記録することで、高次元の画像が完全に復元されるようにしている。この原理は、高級ステレオに使われている原理とまったく同じだ。ステレオは各楽器の互いの配置関係を、演奏が記録されたときの状態のままで再生できる。ホログラムにも同じように情報が蓄積されているから、そこに表されている三次元の物体を目がしっかりと再構成できる。

これらの手法に見られるように、私たちは低次元の画像から、より多くの情報を得ることができる。だが、実際にはそれほど多くの情報を必要としないこともある。三次元の情報がすべて得られなくても、いっこうにかまわない場合も多い。たとえば三番めの次元での奥行きがほとんどなくて、その方向では興味深いことが何も起こらない場合だ。この紙の上のインクは実際には三次元だが、これを二次元と見なしても、なんら損失はない。このページを顕微鏡で見ないかぎり、インクに厚みがあることさえ気づかないだろう。針金

【図14】超立方体の射影

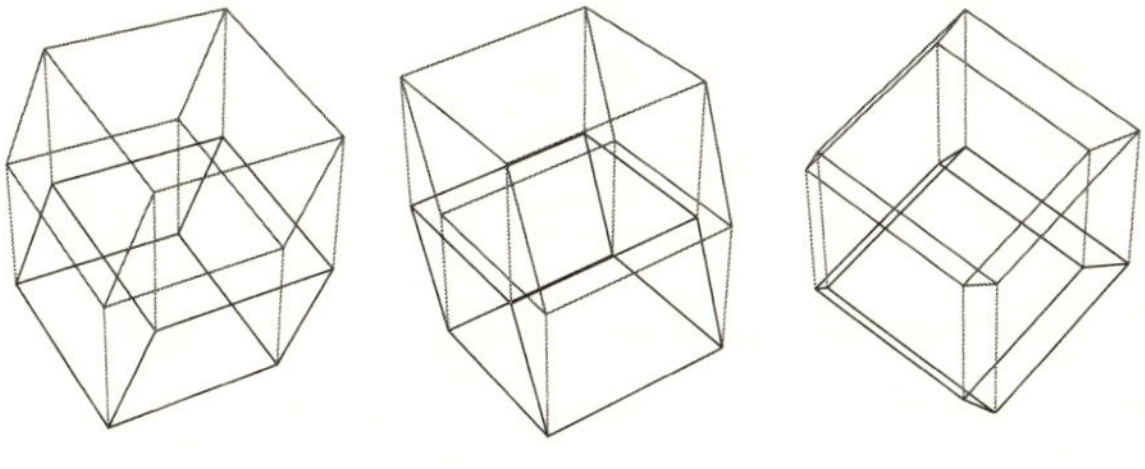

も、一見したかぎりでは一次元だ。しかし、よく見れば二次元の断面があり、したがって全体では三次元なのである。

有効理論

小さすぎて見えないような余剰次元を無視するのは何も悪いことではない。視覚効果にかぎらず、検出できない微小なプロセスの場合は、物理的な効果も無視されるのがふつうである。科学者は理論を定式化するときや計算を組み立てるとき、計測できないぐらい小さい規模で生じる物理過程については、たいてい平均したり無視したりする(知らずにそうすることも多い)。ニュートンの運動法則も、彼が観測できた距離や速度においては有効に機能する。ニュートンは一般相対性理論の細部を知らなくても正しい予言ができたわけだ。生物学者が細胞を研究するときも、べつに陽子のなかのクォークについて知っている必要はない。

関連のある情報だけを選びとり、細部をないものとすることは、誰もが日常的にやっている一種の実際的なごまかしだ。これは多すぎる情報に対処するための一つの方策である。人は何かを見たり、聞いたり、匂いをかいだり、味わったり、触ったりするとき、そのほとんどすべての対象に関して、丹念に検分して細部を突きつめるか、それとも「全体像」を見るだけにして別の目的を優先するかを選択する。絵を描くときも、ワインを味見するときも、哲学書を読むときも、次の旅行の計画を立てるときも、つねに自分の思考を関心のある対象——それが大きさであれ味であれアイデアであれ——と、さしあたり無関係と見なす対象とに自動的に分類する。そしてかまわない場合には、細部を無視する。それによって余計な細部に惑わされることなく、関心のある問題だけに集中できるからだ。

些細な情報をこのように無視するやり方は、とくに珍しいものではない。実際、人はいつも頭のなかでこうした省略をやっているはずだ。たとえばニューヨーカーを例にとろうか。ニューヨークの住人である彼らには、マンハッタンの内部のさまざまな細かい差異が見えるだろう。ダウンタウンは活気のある先鋭的な区域で、歴史が古く、曲がりくねった狭い道が多い。一方、アップタウンは人間が実際に生活する場所として設計された不動産が多く、セントラルパークも、博物館や美術館のほとんどもこちらにある。これらの特徴は、遠くからではよくわからないが、そこにいる人にとっては非常にリアルな特徴だ。

だが、ずっと遠くにいる人は果たしてニューヨークをどう見るだろう。彼らからすると、ニューヨークはただの地図上の一点だ。おそらく重要な、独特の個性をもった点ではあるだろう。しかしニューヨークの外から見れば、ただの点であることには変わりない。いくら中身が多種多様でも、アメリカ中西部やカザフスタンから見れば、ニューヨーカーはすべて一つのカテゴリーに入れられる。私がこのたとえを従兄弟に話すと、ダウンタウン（厳密に言えばウェストビレッジ）に住んでいる彼は、案の定、アップタウンに住むニューヨーカーとダウンタウンに住むニューヨーカーをひとまとめにするなんて納得いかないという顔をした。だが、ニューヨーカーでない人なら誰でもこう言うと思うのだが、それらの違いはそこに住んでいない人にとってはどうでもいいぐらいに小さい問題なのだ。

この洞察を様式化して、関係する距離やエネルギーの観点から分類をするのは、物理学ではあたりまえの習慣である。物理学者はこの習慣を受け入れているし、それに名前をつけてもいる。これを「有効理論」という。有効理論は、問題とされる距離において「有効」となる粒子や力だけに着目する。超高エネルギーのふるまいを記述するような測定不能なパラメーターの観点から粒子や相互作用を記述する代わりに、実際に検出が可能となるスケールのものに関して観測結果を定式化する。有効理論はどのような距離スケールにおいても、その根底にある短い距離の物理理論の細部には踏み込まない。計測や観測が期待できるものについてだけ考える。自分が用いているスケールでは分析できないものであれば、その詳細な構造を知る必要はない。この習慣は科学上のごまかしではなく、紛らわしい余分な情報を消し去るための一手段だ。これは正確な答えを効率よく得るための「有効」な方法なのである。

高次元の細部が私たちの分解能を超えているときは、物理学者も喜んで三次元宇宙に戻ってくる。物理学者がしばしば針金を一次元として扱うように、私たちも余剰次元がきわめて小さく、高次元の細部がどうなっていてもかまわない場合には、高次元宇宙を低次元の観点から記述することにする。余剰次元が小さすぎて見えないとする高次元理論はいろいろ考えられるが、低次元からの記述はそうした理論の観測可能な効果を要約することになる。そのような低次元での記述は余剰次元の数にも大きさにも形状にもかかわりなく、多くの面で充分な目的を果たせる。

低次元での物理量からは根本的な記述はできないが、観測結果と予言を系統立てるのに便利な方法ではある。ある理論の短距離での詳細、つまり微細構造を知っていれば、それを使って低エネルギー記述に現れる量を導きだせる。さもなければ、それらの量は実験によって確定される未知数にすぎない。

つぎの章では、これらの考えを詳しく述べ、巻き上げられた微小な次元の影響を考えていく。第一に考えるのは、あまりにも小さくて、何の影響力ももたないような次元だ。そのあと余剰次元の話に戻ったところで、近年この見方を劇的に修正した、大きくて無限でもある次元を探っていくことにしよう。

第2章
秘密のパッセージ――巻き上げられた余剰次元

出口はない
どこにもない
――ジェファーソン・スターシップ

アシーナははっとして目を覚ました。その前日、彼女は次元についての新たなひらめきを求めて『不思議の国のアリス』と『フラットランド』を読んでいた。だが、その晩、彼女はとても奇妙な夢を見た。目が覚めて冷静に考えてみると、その二冊を同じ日に続けて読んだせいでこんな夢を見たのだろう。*

*あるいはこの物語ができたのも、私が最初に通ったクイーンズの公立小学校、PS179に、「ルイス・キャロル・スクール」などという名前がついていたからかもしれない。

アシーナは夢のなかでアリスになっていた。足を滑らせてウサギの穴に落ち、そこの住人であるウサギに出会って、見慣れない世界に押しやられる。そんなふうにお客を案内するのはすこし失礼じゃないかしら、とアシーナは思った。それでも、このあと待ち受けている「不思議の国」での冒険が楽しみでならなかった。

だが、アシーナを待ち受けていたのは失望だった。だじゃれ好きのウサギは彼女を「不思議の国《ワンダーランド》」に送りだす代わりに、あまり心躍らない奇妙な「一次元の国《ワンディーランド》」に連れていったのだ。アシーナはあたりを見回して——といっても、厳密には右と左でしかないのだが——見えるものが二つの点しかないのに気づく。一つは自分の右側の点で、もう一つは自分の左側の点である（でも色はきれい、と彼女は思った）。

1Dランド《ワンディー》では、一次元の人間が一次元の持ち物といっしょにずらりと一直線に並んでいる。まるで細長いビーズのひものようだ。しかし、視界こそ限られていたものの、この1Dランドには目に見えている以上に多くの人がいるに違いないとわかった。やけにやかましい音が耳に届いてくるからだ。赤の女王はどこかの点のうしろに隠れているらしいが、その耳障りな叫び声は聞き落としようもない。「こんなばかげたチェスのゲームは見たことがない！　城はおろか、どこにも駒を動かせないのだぞ！」アシーナは、自分も一次元になっているおかげで赤の女王の激怒に触れることはないと気づいてほっとした。

だが、アシーナの平和な宇宙は長くは続かなかった。つい足をすべらせて1Dランドの溝に落ち込んでしまったアシーナは、また夢の世界のウサギの穴に戻ってきた。そこにはエレベーターがあって、彼女を仮説上の、別の次元の宇宙に連れていく。ほとんど間をおかずにウサギの声が聞こえ、「次の階は、2Dランド《ツーディー》——二次元の国です」と告げた。「2Dランド」なんて、あまりいい名前じゃないわね、とアシーナは思ったが、やはり慎重に足を踏み入れた。

だが、それほど尻込みする必要はなかった。2Dランドにあるものは1Dランドにあるものとほとんど変わりないように見えた。ただ一つ気づいた違いは——「わたしを飲んで」と書いてある薬の瓶だった。一次元に飽き飽きしていたアシーナは、その言葉にすぐさましたがった。すると彼女はたちまち縮んでいって、体が小さくなるあいだに、二番めの次元を目にした。この二番めの次元はそれほど大きくはなかった——というか、ぐるりと巻きついてかなり小さい円になっていた。いまや彼女の周囲は、極端に長いチューブの表面のようになっていた。ドードーがこの環状の次元をぐるぐる走り回っている。しかし、いいかげん止まりたかったドードーは、アシーナが腹をすかせているように見えるのを幸いに、優しく彼女にケーキを差し出した。

ドードーの魔法のケーキを一口食べると、アシーナは大きくなりはじめた。ほんの二口ほど食べただけで（まだお腹がすいていたので食べるのをやめられなかったのだ）ケーキはあっというまに見えなくなってしまい、ごく小さなかけらだけが残った。少なくともアシーナはそう思ったのだが、そのかけらも、うんと目を細めなければ見えなかった。しかも、視界から消えてしまったのはケーキだけではなかった。アシーナがいつもの大きさに戻ると、二つめの次元そのものまで、そっくり消えていた。

「2Dランドって本当に奇妙だわ。もうおうちに帰ったほうがよさそう」とアシーナはひとりごちた。しかし帰還の旅はすんなりとはいかず、また新たな冒険が加わったのだが、その話は別の機会にとっておこう。

三つの空間次元がなぜ特別なのかはわからなくても、どう特別なのかを考えることはできる。根本の時空にもっと多くの次元が含まれているのなら、この宇宙に空間次元が三つしかないように見えるのはどういうわけなのか？　アシーナは二次元世界にいたはずなのに、なぜ場合によっては一次元しか見えないのか？　ひも理論が本当に自然を正しく記述するもので、空間の次元が九つ（加えて時間の次元が一つ）あるのなら、失われている六つの空間次元はどうなったのか？　なぜ見えないのか？　それらの次元は私たちが見ている世界に何らかの認識できる影響を及ぼしているのか？

後半の三つの疑問が、この本の中心をなしている。しかし順番として、そのまえにやっておくべきことがある。アシーナの二次元世界が一次元に見えたように、余剰次元の証拠はなんらかのしくみで隠れてしまうことがあるのか、あるいは、余剰次元をもった宇宙も私たちに見えているような空間次元が三つの構造に見えるものなのかを、まず確認しておかなくてはならない。余剰次元をもった世界という考えを受け入れるのであれば、その余剰次元がどのような理論から導かれるのであれ、存在の痕跡をわずかでも検出できていない理由には何らかの妥当な説明があるに違いない。

この章では、極端に小さく「コンパクト化」された、すなわち巻き上げられた次元について説明しよう。この次元はどこにも伸びない。私たちのよく知る三次元のように広がってはいかず、糸巻きに固く巻きついた糸のように、すぐに巻き戻ってしまう。コンパクト化された次元では二つの物質の距離が長くあくことはありえない。長い距離を動こうとすれば、ドードーのように何周も何周も同じところを回るしかなくなる。このようなコンパクト化された次元なら、たしかに小さすぎて存在に気づかなくても不思議はない。実際、たとえ巻き上げられた極小の次元が存在しているとしても、これを検出するのは至難の業だろう。

物理学における巻き上げられた次元

量子力学と重力を結びつける理論の最有力候補と目されるひも理論は、余剰次元について考えるべき具体的な理由を示している。これまでに出てきた数種類のひも理論のなかで、論理的な整合性のあるものだけに、この驚くべき付属物が搭載されているのだ。とはいえ、ひも理論が物理学の世界に現れたことで余剰次元の社会的地位が向上したのは事実だが、余剰次元という考え自体はもっとまえから存在していた。

そもそもは二〇世紀の初めに、アインシュタインの相対性理論が空間の余剰次元の可能性に扉を開いた。相対性理論は重力を記述するものだが、なぜ私たちがこの特定の重力を経験するのかは説明していない。アインシュタインの理論はどれか特定の空間次元の数を優遇するものではない。三次元でも四次元でも、一〇次元でも同じように通用する理論なのだ。それならなぜ、実際には三つしか次元がないように見えるのか？

一九一九年、ポーランドの数学者テオドール・カルツァは、アインシュタインの一般相対性理論（一九一五年に完成していた）を熱心に研究するうちに、その可能性がアインシュタインの理論のなかにあることに気づき、目に見えない新しい空間次元、すなわち四番めの空間次元があるという大胆な説を提示した。[*] この余剰次元はおなじみの果てしない三つの次元とは何らかの点で区別されるだろうと

＊空間次元については、この章と次章で詳しく説明する。相対性理論をざっと見たあと、時空の問題に話を移して、時間をもう一つの次元として考えていくことにしよう。

カルツァは述べたが、どう区別されるかを明確には示さなかった。カルツァの最終的な目標は、この余剰次元を使って重力と電磁気力を統一することだった。その試みが失敗した細かい経緯はここでは関係のない話だが、カルツァが無謀にも導入した余剰次元は、まさしくここでの話に直結する。

カルツァは一九一九年にその論文を書いた。これを科学専門誌に掲載するかどうかを決める審査員をしていたアインシュタインは、このアイデアを賞賛すべきかどうか迷った。結局、アインシュタインはカルツァの論文の出版を二年間遅らせたが、最後にはその独創性を認めた。それでもなおアインシュタインは、この次元が何であるかを知りたがった。それはどこにあって、なぜほかの次元とは違うのか？　それはどこまで広がっているのか？

そう疑問に思うのは当然だ。あなたを悩ませているのもまったく同じ疑問かもしれない。アインシュタインの問いに答えてくれる人は誰もいなかったが、ついに一九二六年、スウェーデンの数学者オスカー・クラインがその疑問に取り組んだ。クラインの説によれば、余剰次元は円状に巻かれていて、その大きさはきわめて小さく、10^{-33}センチメートル*、すなわち一センチメートルの一兆分の一の一兆分の一の一〇億分の一しかない。この巻き上げられた極小の次元はあらゆるところにあって、空間のどの点も10^{-33}センチメートルの微小な円をもっている。

この小さな物理量をプランク長さという。この量は、あとで重力をもっと詳しく見ていくときに関係してくる。ともあれ、クラインがこのプランク長さを引っぱってきたのは、これが重力の量子論に自然に現れてくる唯一の長さで、重力は空間の形状に関連しているからだ。とりあえずプランク長さについては、これが計り知れないほど小さいことを知っておくだけでいい。実際、この量は、私たちが検出できる可能性のあるどんなものよりはるかに小さい。原子よりも約二四桁**小さく、陽子よりも約一九桁小さい。見過ごされて当然の小ささだ。

おなじみの三つの次元のうちのどれか一つの範囲が非常に小さくて、その次元があることに気づかれないような物体の例は、日常生活にいくらでもある。壁にかかった絵や物干し用のロープは、遠くから見ると三次元より少ない次元で広がっているように見えるものの代表例だ。私たちは絵の奥行きを見逃してしまうし、物干しロープの太さも見逃してしまう。もちろん、どちらも三次元であることは誰でも知っているのだが、ちらりと見たかぎりでは、絵は二次元しかないように見えるし、物干しロープは一次元しかないように見える。このような物体の三次元構造を見るには、よくよく目を凝らすか、充分な解像度のある装置を使うしかない。一本のホースをフットボールのグラウンドに伸ばして上空のヘリコプターから見れば、図15に示したように、ホースは一次元に見える。しかし近寄って見れば、ホースの表面の二次元と、表面に取り囲まれた三次元の立体が見えてくる。

だが、クラインの考えた識別できないほど小さいものとは、物体の厚みではなく、空間そのものだった。しかし空間が小さいとはどういうことなのか？　巻き上げられた次元をもつ宇宙とは、その内部にいる生き物からはどう見えるのか？　この疑問に対する答えも、やはり巻き上げられた次元の大きさしだいだ。意識をもった生物が巻き上げられた余剰次元の大きさに対して小さい場合、あるいは

＊本書では、きわめて大きな数字やきわめて小さな数字については、場合によって科学的記数法を用いる。10^{-33}のように10の累乗が負の指数になるときは、その数字が小数であることを示している。たとえば10^{-33}とは、0.000000000000000000000000000000001のことだ。これは非常に小さい数字であり、出てくるたびにフルに表記していたら煩わしくなる。正の指数がつく数字の場合は、たとえば10^{33}であれば、1のあとにゼロが三三個ついた、1,000,000,000,000,000,000,000,000,000,000,000のことだが、これも出てくるたびにフルで書くのは面倒だ。そこで本書では、おおむね科学的記数法を用いるとともに、最初に出てきたときは言葉での記述も書き添える。

＊＊一桁は一〇倍なので、二四桁は1,000,000,000,000,000,000,000,000、すなわち一兆の一兆倍に相当する。

【図 15】グラウンド上に伸ばされたホース

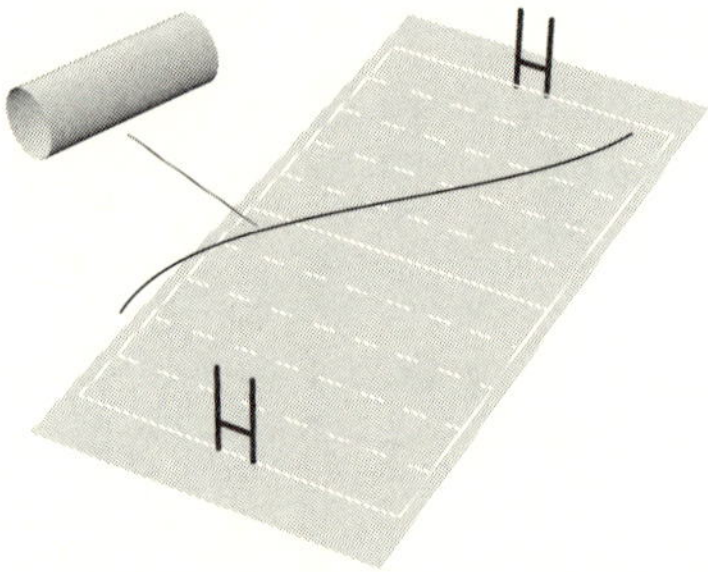

フットボールのグラウンド上に伸ばされたホースを上空から見れば、ホースは 1 次元しかないように見える。しかし間近で見れば、ホースの表面に 2 つの次元があり、表面に囲まれた立体に 3 つの次元があるとわかる。

【図 16】1 つの次元がコンパクト化された 2 次元宇宙

1 つの次元が巻き上げられていると、2 次元宇宙が 1 次元に見える。

大きい場合に、その生物から世界がどう見えるかを、たとえを使って考えてみよう。四つ以上の空間次元を描くのは不可能なので、小さくコンパクト化された次元をもつ宇宙の姿を、まずは次元が二つだけの宇宙で考えてみる。二つのうちの一つの次元がきつく巻き上げられて、非常に小さい大きさになっている（図16を参照）。

ここでふたたびホースを思い返そう。ホースは長いゴムシートが巻き上げられて、小さい円の断面をもつ管になったものと考えられる。今回は、このホースを宇宙そのもの（宇宙のなかにある物体ではなく）として考えてみる。* 宇宙がこのホースのような形状をしていたなら、そこには非常に長い次元が一つと、非常に小さい巻き上げられた次元があることになる――まさに望んでいる状況だ。

ホース宇宙に住んでいる小さな生き物――たとえば平坦な虫――にとって、宇宙は二次元に見える（このシナリオでは、虫はホースの表面に張りついていなくてはならない。二次元宇宙に内層はないからで、それがあったら三次元になってしまう）。虫は二つの方向に這っていくことができる。ホースの長さに沿った方向と、ホースの円周に沿った方向だ。二次元宇宙をぐるぐる走り回っていたドードーと同じように、ホースのある一点から這いはじめた虫は、最終的にスタート地点に戻ってくることができる。二つめの次元は小さいので、そう長く移動しないうちに戻ってこられるだろう。

ホースに住んでいる虫たちが電気力や重力などの力の作用を受けるとすれば、その力はホースの表

＊ホースは巻き上げられた次元を説明するたとえとして以前からよく使われてきた。私は数学キャンプでこれを習ったし、最近では、ブライアン・グリーンの『エレガントな宇宙　超ひも理論がすべてを解明する』（林一、林大訳、草思社）でも使われていた。本書でもこれを採用したのは、これが非常にわかりやすいたとえだからで、また、次節（および、あとの章）で余剰次元の重力を説明するのにスプリンクラーの例とあわせて使いたいからでもある。

面のどの方向にも虫たちを引いたり押したりできる。虫どうしは、ホースの長さの方向に距離をおくこともできるし、ホースの円周の方向に距離をおくこともできる。だから、虫たちにはホース上に存在するあらゆる力がかかってくる。このホースの直径ぐらい小さな距離を識別できる解像度があれば、ここに存在する二つの次元が力にも物体にも表れているのがわかる。

ただし、ここにいる虫が自分の周囲を観測できたなら、二つの次元が大きく異なっているのに気づくだろう。ホースの長さに沿った次元はとてつもなく大きい。ひょっとしたら無限に長いかもしれない。一方、もう一つの次元はとてつもなく小さい。このホースの円周に沿った方向では、二匹の虫が大きく離れることはありえない。この方向に沿って長い旅に出ようとしても、すぐに出発した地点に戻ってしまう。遠くまで出かけようとした虫にそこそこの頭があれば、この宇宙が二次元であり、一つの次元は長く伸びているのに、もう一つの次元はとても小さくて、円状に巻き上げられているのだと気づくだろう。

だが、虫の視界は、私たちのような生き物がクラインの宇宙に置かれたときの視界とはまったく違う。その宇宙では、余剰次元が10^{-33}センチメートルという極端に小さなサイズに巻き上げられているわけだが、私たちは虫のように小さくはないから、そのような微小なサイズの次元を発見するのは——ましてや移動するのは——とうてい不可能だ。

そこで、このたとえを補完するために、虫よりもずっと大きく、粗い解像しかできないために小さな物体や構造は突きとめられない生き物がホース宇宙に住んでいると仮定しよう。この大きな生き物が世界を見るときのレンズは、ホースの直径のような小さいものの細部をぼやかしてしまうので、この生き物の視点から見れば、余剰次元はまったく見えない。たった一つの次元が見えるだけだ。ホースの幅のような小さいものが見えるだけの鋭い視覚をもっていないかぎり、ホース宇宙に一つより多くの次元があることは決してわからない。視界があいまいで、その幅が記録できなければ、認識されるのは一本の線だけとなる。

しかも、物理効果が余剰次元の存在を暴くこともない。ホース宇宙に住む大きな生き物は二つめの小さな次元をまるごと占めてしまうから、そんな次元があるとは気づきようもない。余剰次元上の構造はもちろん、物質やエネルギーの小刻みな揺れなど、ちょっとした変動も感知できないのであれば、余剰次元の存在はどんなかたちでも記録されない。二つめの次元にどんな変動があっても、完全に無視されてしまう。一枚の紙の厚さに原子構造のスケールでどんな変動があったとしても、ふつうの人はまったく気づかないのと同じことだ。

アシーナが夢のなかで訪れた二次元世界は、まさにこのホース宇宙のようなものだ。アシーナはたまたま2Dランドより大きくも小さくもなったので、その宇宙を両方の視点、すなわち二番めの次元より大きいものの視点と小さいものの視点の両方から眺められた。大きいアシーナからすると、2Dランドと1Dランドはまったく同じように見える。その違いに気づけるのは小さいアシーナだけだ。同じようにホース宇宙でも、もう一つの空間次元が自分に比べて小さすぎて見えない場合には、その次元に決して気づかない。

さて、あらためてカルツァ－クライン宇宙に話を戻そう。この宇宙には、私たちの知っている三つの空間次元があるが、加えて目に見えない空間次元がもう一つある。この状況も、前述の図16を使って考えられる。四つの空間次元が描ければ申し分ないのだが、残念ながら、それは不可能だ（飛びだす絵本でも無理がある）。とはいえ、私たちの空間を構成している三つの無限の次元はすべて質的に等しいので、実質的には、その代表となる一つの次元を描けば事足りる。あとは別の次元を自由に使って見えない余剰次元を表せばいい。その別の次元が、巻き上げられた次元、つまりほかの三つとは根本的に異なる次元だ。
二次元のホース宇宙の場合と同じように、巻き上げられた小さな次元を一つ含む四次元のカルツァ－クライン宇宙も、私たちから見れば次元の数が実際の四つよりも一つ少なく見える。巻き上げられ、コンパクト化された余剰次元は、その大きさがあまりにも小さければ決して発見されない。これがどのぐらい小さいかはあとで詳しく探るとして、とりあえずプランク長さがとうてい見きわめられない小ささであるのは確実だ。

日常生活においても、そして物理学においても、私たちは実際に自分たちに影響が及ぶものに関してしか細かい部分を記録しない。詳しい構造が観測できないなら、それはないものと見なしたほうがいい。物理学でも、こうした局所的な細部の無視は、前章で述べた有効理論という考え方に表れている。有効理論では、実際に感知できるものだけが重要となる。今回の例で言えば、余剰次元についての情報を無視した三次元有効理論が使われているわけだ。

カルツァ－クライン宇宙の巻き上げられた次元ははるか遠いところにあるわけではないが、あまりにも小さいため、そのなかで変動があっても感知できない。ちょうどニューヨーカーにとっての細かい差異が、外部の人にとってはどうでもいいことであるのと同じように、この宇宙の余剰次元のなかの構造も、細かい部分がそんな微小なスケールで違っていたのでは何の関係もない。突きつめれば私たちが日常生活で認識しているより多くの次元があるのだとしても、私たちに見えるすべてのものは、やはり私たちの見ている次元だけの観点から記述できる。あまりにも小さな余剰次元は私たちの見る世界に何も変化を及ぼさないし、私たちの物理計算のしかたについてさえ、ほとんど影響を及ぼさない。たとえ新たな次元が存在していたとしても、見ることも経験することもできないなら、それは無視できるし、無視しても私たちの見ているものは正しく記述できる。あとで見るように、この単純な見方をもうすこし複雑にすればそういうわけにもいかなくなるが、その場合は、また別の仮定が入ることになる。

　巻き上げられた次元について、もう一つ重要なことを示しているのが図17だ。この図で描かれているのは、ホースであり、一つの次元が円状に巻き上げられている宇宙である。無限に伸びた次元上のどこか一点に注目してみよう。すべての各点に、コンパクトな空間がまるごと円のかたちになって乗っているのがわかる。第一章で述べたスライスのように、これらの円があわさってホースを成り立たせている。

　図18は、別の例を示したものだ。ここでは無限に伸びる次元が一つではなく二つあり、加えてもう一つの次元が円状に巻き上げられている。この場合は、二次元空間のそれぞれの点すべてに円がある。そして、無限に伸びる次元が三つあった場合には、三次元空間すべての点に巻き上げられた次元が存在する。余剰次元空間のなかの点は、言うなれば人体のなかの細胞のようなものだ。各細胞には、その人のDNA配列がそっくり乗っかっている。同じように、三次元空間の各点にも、コンパクト化された円がそっくり乗せられる。

　ここまでは、一つの余剰次元が巻き上げられて円状になっている場合だけを考えてきた。しかし、そこで述べてきたことはすべて、巻き上げられた次元が別の形状をしている場合にも当てはまる。つまり、巻き上げられた次元がどんな形状をしていようと同じだということだ。さらに、巻き上げられた微小な次元が二つ以上あっても同じである。それらがどんな形状になっていてもかまわない。充分に小さい次元なら、どんなものであろうと私たちにはまったく見えないのである。

　例として、巻き上げられた次元が二つある場合を考えてみよう。この巻き上げられた次元がとりうる形状はいくつもある。ここではトーラスというドーナツ型の形状を取り上げてみる。図19に示した

【図 17】1 つの次元が巻き上げられている 2 次元宇宙

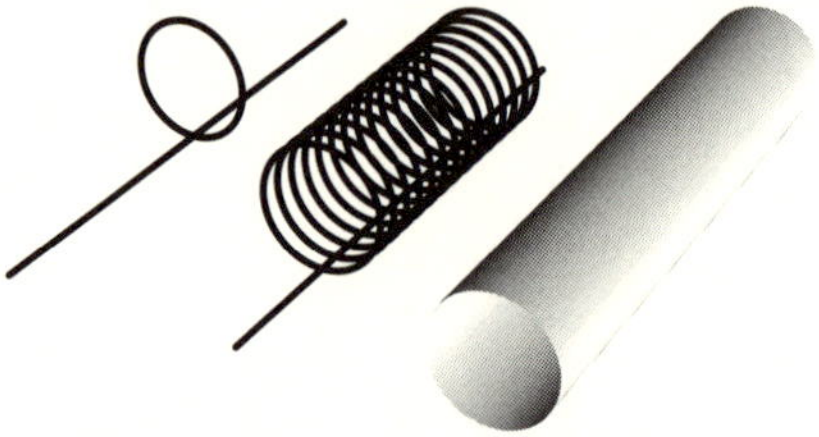

2 次元宇宙では、1 つの次元が巻き上げられている場合、無限に伸びた空間次元上の各点すべてに円がある。

【図 18】1 つの次元が巻き上げられている 3 次元宇宙

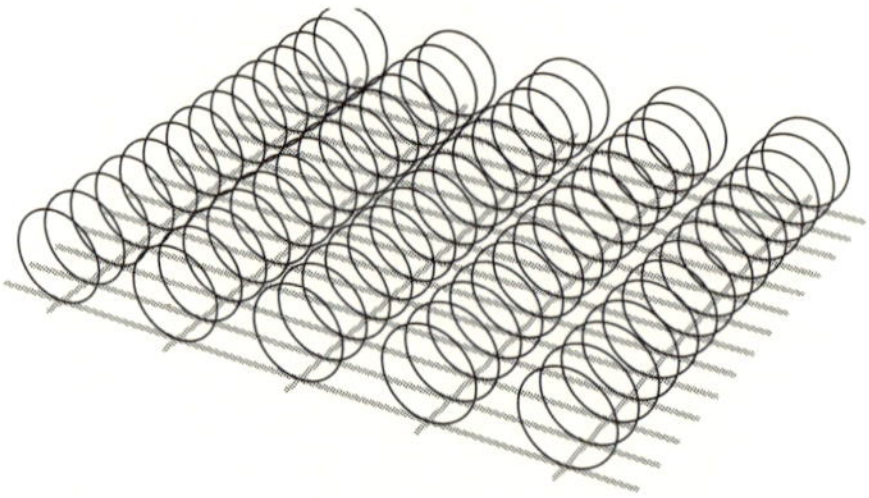

3 次元宇宙では、3 つの次元のうちの 1 つが巻き上げられている場合、平面上の各点すべてに円がある。

ように、二つの余剰次元が同時に円状に巻き上げられているものだ。二つの円――ドーナツの穴のまわりを回る円と、ドーナツそのものを回る円――がどちらも充分に小さければ、巻き上げられた二つの余剰次元は決して見えない。

ただし、これは一例にすぎない。次元の数が多ければ、それこそ膨大な数の「コンパクトな空間」が考えられる。それらの空間ごとに、次元はそれぞれ厳密に違ったかたちで巻き上げられている。さまざまな種類のコンパクトな空間のうち、ひも理論にとって重要なのが、カラビ－ヤウ多様体である。この名称は、この特殊な図形を最初に提唱したイタリアの数学者、エウゲニオ・カラビと、それが数学的になりたちうることを証明した中国生まれのハーバード大学の数学者、シントゥン・ヤウからとられている。この幾何学図形は、複数の余剰次元をきわめて特殊なかたちで巻き上げ、絡みあわせたものだ。次元が微小なサイズに丸め込まれているのはほかのあらゆるコンパクト化された次元と同じだが、ほかよりも複雑に絡みあっていて、描くのがいっそう難しい。[4]

いずれにしても、巻き上げられた次元がいくつあって、どういう形状をしていようと、無限に伸びた次元上の各点には、巻かれた次元をすべて内包した小さいコンパクトな空間がつねに存在する。したがって、たとえば仮にひも理論が正しいとすれば、目に見える空

【図 19】2 つの次元が巻き上げられた場合

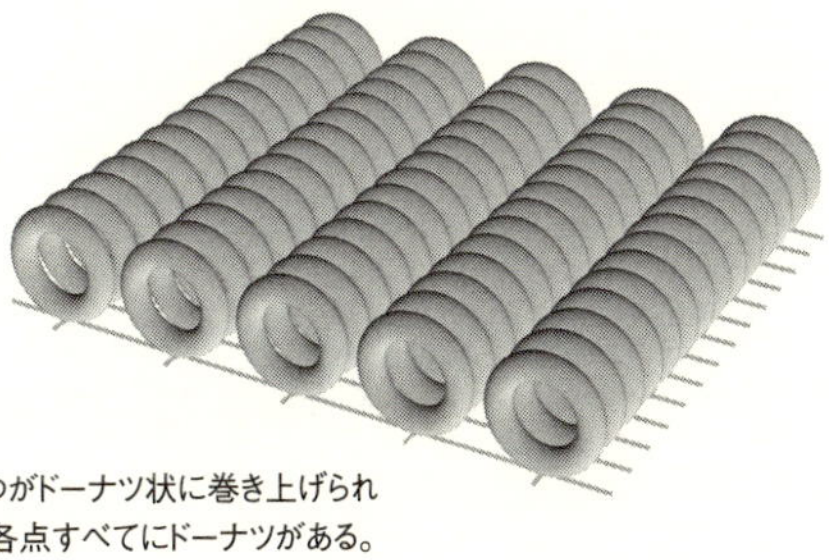

4 つの次元のうちの 2 つがドーナツ状に巻き上げられている場合、空間上の各点すべてにドーナツがある。

間のあらゆるところに――あなたの鼻先にも、金星の北極にも、テニスコート上でサーブを打ったときにラケットがボールをとらえたその場所にも――目に見えないほど微小な六次元のカラビ－ヤウ多様体が存在していることになる。高次元の幾何学図形が、空間のすべての点に存在しているわけだ。

ひも理論では、たいてい――クラインが言ったように――巻き上げられた次元の長さは非常に短く、プランク長さ、すなわち10^{-33}センチメートル程度とされる。たしかにプランク長さほどのコンパクトな次元なら、しっかり隠れていて当然だ。そんな小さいものを私たちが発見するのは、ほぼ確実に不可能である。したがって、プランク長さの余剰次元は決して目に見える存在の痕跡を残さないと考えられる。私たちの住む宇宙に本当にプランク長さの余剰次元があったとしても、私たちはやはりおなじみの三つの次元しか記録しないだろう。この宇宙にはそうした微小な次元がたくさんあるのかもしれないが、私たちがそれを発見できるだけの解像力をもつことは永遠にないかもしれない。

ニュートンの重力の法則と余剰次元

余剰次元が見えない理由を、それがきわめて小さいサイズにコンパクト化され、巻き上げられているからだと図解で説明できるのは嬉しいことだ。しかし、この直観的な理解が物理法則とも一致しているのを確認しておいて損はないだろう。

ここで見るのは、ニュートンの重力の法則だ。一七世紀にニュートンが提唱して以来、しっかりと定着している重力法則である。この法則は、重力が質量のある二つの物体間の距離に依存することを示している。一般には「逆二乗法則」と呼ばれ、重力の強さは距離が長くなるとともに、距離の二乗に逆比例して弱まっていく。たとえば二つの物体間の距離を二倍にすれば、重力の引く強さは四分の一になる。距離が三倍に増えれば、重力の引く強さは九分の一に落ちる。重力の逆二乗法則は、物理法則のなかで最も古く、最も重要なものの一つである。さまざまな惑星がそれぞれの決まった軌道を描いているのも、この法則にしたがっているためだ。重力の物理理論がなりたつためには、この逆二乗法則を再現しなくてはならず、さもなければどこかで失敗する。

ニュートンの逆二乗法則というかたちで定式化されている重力法則の距離依存は、空間次元の数と密接に関連している。なぜかといえば、重力が空間に広がるときにどれだけ急速に拡散するかを、次元の数が決めるからだ。

この関係は、あとで余剰次元について考えるときに非常に重要になってくる。まずはこれを見るにあたって、花に水をやるのにホースを使う場面と、スプリンクラーを使う場面とを想像してみよう。ホースでもスプリンクラーでも水の量は同じで、どちらも庭に咲いている特定の花に水をやれると仮定する（図20を参照）。ホースを使って水をやった場合、花はホースから出てきた水をすべて受けられる。ホースをつないだ蛇口から、花に向けられたホースの出口までの距離はいっさい関係ない。水はすべて最終的にその花に注がれるからで、ホースがどれだけ長かろうと変わりはない。

一方、同じ量の水がスプリンクラーを通じて注がれたらどうなるか。スプリンクラーは、多くの花に同時に水をやる。つまり、スプリンクラーは円形に水を出して、ある一定の距離にある花すべてに水を注ぐのだ。この場合、その距離にあるすべての花のあいだで水が分配されるわけだから、前述の花はまえと違って水をすべては受けられなくなる。しかも、その花が水の噴出口から遠くにあればあるほど、スプリンクラーが水をやる相手は多くなり、水はそれだけ広く分配される（図21を参照）。外周が一メートルしかない円よりも、外周三メートルの円のほうが多くの植物が植わっているからだ。水がそれだけ広く散らばるため、花は遠くにあればあるほど、受けられる水が少なくなる。

【図 20】 スプリンクラーとホースによる水まき

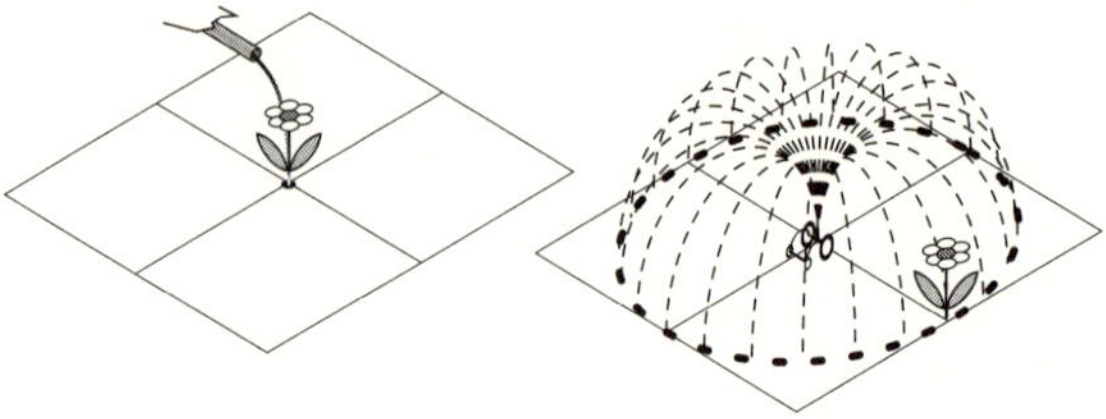

円形に水をまくスプリンクラーから一輪の花に注がれる水の量は、ホースからまっすぐ注がれる水の量よりも少ない。

【図 21】 大きさの違うスプリンクラーによる水まき

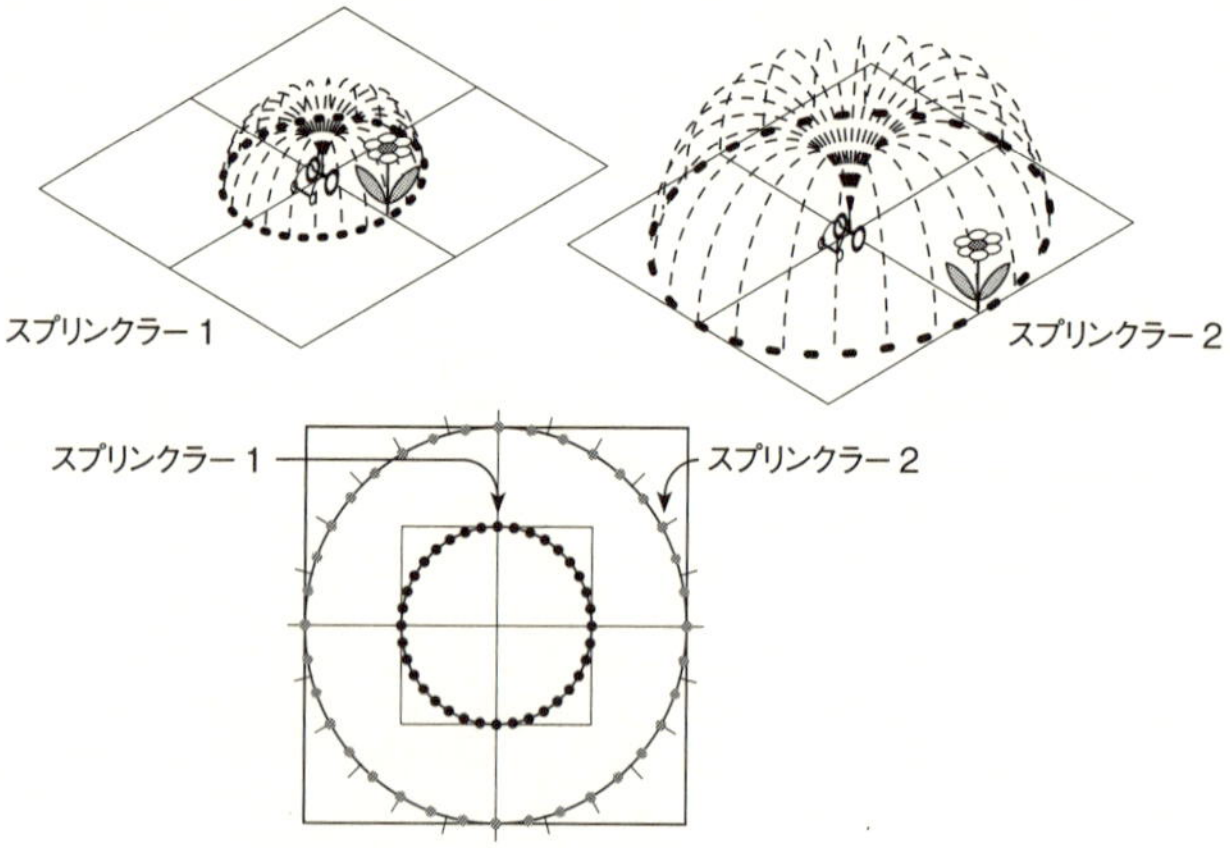

スプリンクラーが半径の大きな円に沿って水をやるときは、水がそれだけ広く分散するので、一輪の花が受ける水の量が少なくなる。

同じように、二つ以上の次元に均一に分散されるものが特定の対象に及ぼす影響力は、その対象が遠くにあればあるほど小さくなる。その対象が花であっても、あるいはこのあと見るように、重力を受ける物体であっても同じことだ。水と同じく、重力も遠ければ遠いほど広く分配される。

この例から、分配量が水の（あるいは重力の）広がる次元の数に大きく左右される理由もわかる。二次元のスプリンクラーから出る水は、距離とともに広がっていく。ここが一次元のホースとは違うところで、ホースから出る水はどこにも広がらない。ここで、スプリンクラーのまく水がただの円形に広がるのではなく、球面に広がると想像してみよう（そのようなスプリンクラーはタンポポの綿毛のように見えるだろう）。この場合、水が距離とともに拡散するペースは前に比べてずっと急速になる。

この理屈を重力に当てはめて、三次元における重力の正確な距離依存度を導きだしてみよう。ニュートンの重力の法則は、二つの事実から得られる。重力がどの方向にも等しく作用すること、および、空間次元が三つあることだ。ここで、ある惑星を想像してみる。その惑星は、近傍の質量のあるものすべてを引っぱっている。重力はどの方向でも等しいから、その惑星が別の質量のある物体——たとえば衛星——に及ぼす重力の引く強さは、方向によって変わるのではなく、お互いの距離によって変わる。

この重力の強さを絵で表すと、図22のようになる。左側の絵は、放射状の直線が惑星の中心から外に向かって広がっているところで、ちょうどスプリンクラーから水が広がるところに似ている。この直線の密度が、惑星が近傍の物質に及ぼす重力の引く強さを決定する。物体を突き抜ける力線が多ければ、それだけ重力による引力が強く、力線が少なければ、それだけ引力が弱い。

ここで注意したいのは、どの距離にある球殻（惑星のまわりに仮想的に描いた球）にも一定の数の力線が交差していることだ（図22の中央と右）。遠かろうと近かろうと、力線の数はつねに変わらない。

しかし、力線は球面のすべての点に散らばるため、遠いところにかかる力は必然的に弱くなる。正確な希釈係数は、ある距離で力線がどれだけ広く分配されるかの定量指標によって決まる。

球面を通過する力線の数はつねに一定で、その球面が中央の物体からどれだけ離れていようと変わらない。その球の面積は、半径の二乗に比例する。面積はある定数に半径の二乗をかけた数に等しいからだ。一定の重力線の数が球面全体に散らばるので、重力は半径の二乗にしたがって低下せざるをえない。この重力場の拡散が、重力の逆二乗法則の起源である。

ニュートンの法則とコンパクトな次元

さて、これで三次元において重力が逆二乗法則にしたがう理由がわかった。ただし、それは空間次元が三つだという前提があって初めてなりたつ話だろう。次元が二つしかなかったら、重力は円形に散らばるだけだから、重力が距離とともに弱まる比率はもっと緩やかになる。逆に次元が四つ以上あったなら、超球の面積は惑星と月の距離が離れるにつれてずっと急速に増えていくから、重力もいっそう急速に弱まっていくはずだ。したがって、距離との逆二乗の関係が出てくるのは空間次元が三つのときだけのように思える。だが、

【図22】惑星のような質量のある物体から放射される重力線

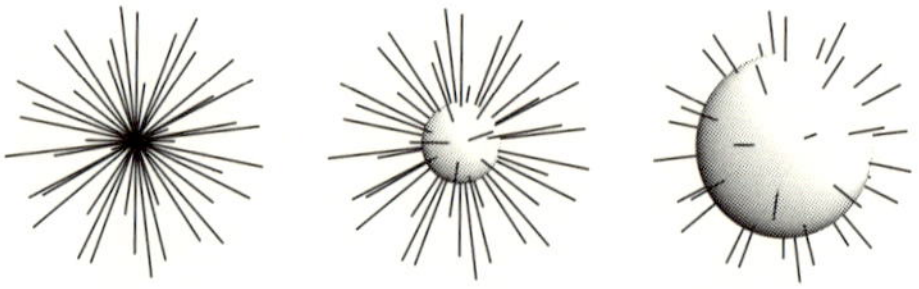

重力線がさまざまな半径の大きさの球を横切る。重力線の数は一定なので、中央の物体から離れれば離れるほど、力線が拡散し、重力が弱くなる。

もし本当にそうなら、余剰次元を含めた理論からニュートンの重力の逆二乗法則が出てくるのはなぜなのか？

じつは、コンパクト化された次元はこの潜在的な矛盾をとてもうまいやり方で解決している。この論理の重点は、力線がコンパクトな次元には勝手にどこまでも広がっていかれないところにある。コンパクトな次元の大きさは有限だからだ。力線は最初こそ全次元に広がるが、余剰次元の大きさを超えて広がった時点で、無限の次元の方向だけに広がるしか選択肢がなくなる。

これもホースの例で図解できる。ホースの片方の先に取りつけたキャップの小さい針穴から、水がホースのなかに入っていくと考えてみよう（図23を参照）。穴を通り抜けた水は、すぐにホースの出口に向かってまっすぐ進んでいくのではなく、最初はホースの断面いっぱいに拡散する。しかし、ホースの出口から出てきた水が花に注がれるところを見ている人にとっては、水がどのような入り方をしていようとまったく関係なく、つねに同じに見えるはずだ。水は最初こそ一方向ではなく全方向に広がるが、すぐにホースの内側の面に突き当たり、そのあとは方向が一つしかないようにまっすぐ流れていく。言ってみれば、これが小さいコンパクト化された次元で重力線に起こっていることだ。

前述したように、質量のある球から一定の数の力線が放射されて

【図23】小さな穴からホースに入ってきた水の流れ

入り口の針穴を通ってホースに入ってきた水は、最初は３次元に広がるが、そのあとはホースの唯一の長い次元だけに沿って進んでいく。

いるところを想像すればいい。余剰次元の大きさより距離が短いところでは、それらの力線も全方向に拡散する。その小さなスケールでの重力が測定できたなら、高次元重力のふるまいが測定されたことになる。このときの力線の広がり方は、ちょうど水が針穴を抜けてホースに入ったあと、ホースの内部いっぱいに広がっていくときの状態と同じになるだろう。

しかし、余剰次元の大きさよりも長い距離のところでは、力線は無限の方向にしか広がれない（図24を参照）。小さいコンパクトな次元では、力線は空間の端に突き当たってしまうため、そこから先へはもう広がれなくなる。やむなく方向を変え、進んでいける唯一の道、すなわち大きな次元の方向へと曲がるしかない。したがって、余剰次元の大きさより距離が長いところでは、そもそも余剰次元など存在しなかったかのように、重力の法則がニュートンの逆二乗法則に戻る――すなわち私たちが見ているとおりの姿となる。つまり巻き上げられた次元の大きさよりも長い距離で離れた物体間の重力を測っている限りにおいては、量的な観点からでさえ、余剰次元の存在は知りえないのだ。余剰次元が重力の距離依存に関係してくるのは、コンパクトな空間内のほんのわずかな領域においてだけなのである。

【図24】1つの次元が巻き上げられた空間の重力線

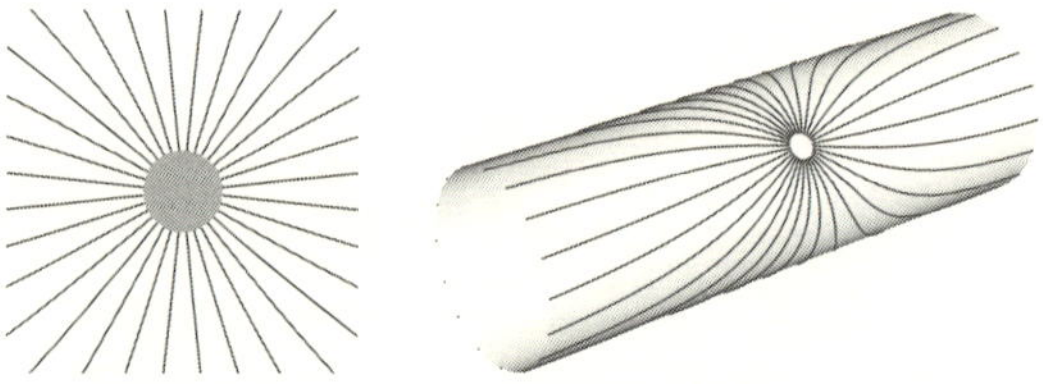

1つの次元が巻き上げられているとき、質量のある物体から放出される重力線はこのようになる。力線は短い距離までは放射状に拡散するが、距離が長くなると無限の方向にしか広がれない。

次元に別の境界はありうるか

ここまでの話をまとめておくと、余剰次元が充分に小さければ、それは目にも見えず、私たちの観測できる距離スケールにおいては存在の影響さえ見せない。ひも理論の研究者たちは長いこと、余剰次元をプランク長さの次元と仮定してきた。しかし最近、一部の研究者がこの仮定に疑問を投げている。

余剰次元が最終的にどれだけの大きさであるかを断言できるほど、ひも理論を深く理解している人はいない。プランク長さに相当する大きさというのも一つの候補だが、小さすぎて観測できないような次元はどれもすべて候補に入る。なにしろプランク長さは非常に小さいので、巻き上げられた次元がそれよりかなり大きくても、充分に発見を逃れられる。余剰次元の研究にとって重要な疑問は、これらの次元がどれだけの大きさだったら私たちに見えないままでいられるか、ということだ。

この本では、余剰次元がどれだけの大きさでありうるか、その次元は素粒子に認識できる影響を及ぼすのか、どうすれば実験でそれを調べられるか、といった疑問に取り組んでいく。そのなかで、余剰次元の存在が現在の素粒子物理学研究のルールを大きく変える可能性をもっていることがわかるだろう。しかも、それらの変更のいくつかは、実験で観測できる影響をもたらすのである。

このあと探る疑問のなかには、さらに過激なものもある。余剰次元は本当に小さくなければならないのか、ということだ。たしかに私たちには微小な次元は見えないが、目で見えない次元は小さくなければならないのか？　余剰次元が私たちの目に見えないまま広がりつづけている可能性はないのか？　もしそうなら、余剰次元は私たちが見ている次元とはまったく違ったものであるはずだ。これまでのところ、私は最も単純な可能性しか示してこなかった。しかし、無限の余剰次元という過激な可能性でさえ、その次元がおなじみの三つの無限の次元とはまったく違っているなら、ありえない話ではない。その理由をこれから見ていくことにしよう。

つぎの章で考えるのは、ひょっとしたらあなたも感じたことがあるかもしれない、また別の疑問だ。なぜ小さい余剰次元はただの区間ではありえないのか？　つまりボール状に丸まっているのではなく、二つの「壁」を境界としてはさまれている可能性はないのだろうか？　この可能性をすぐに思いついた人はいなかった――が、なぜだろう？　空間の終点を想像するには、そこでどうなるかを知っていなくてはならないからだ。かつて地球が平らだと思われていたときのイメージのように、ものは宇宙の果てを過ぎると落っこちてしまうのか？　それとも撥ね返されるのか？　あるいは、そこへは決して到達しないのか？　終点で何が起こるかを具体的に述べるには、科学者が言うところの「境界条件」を知っている必要がある。もし空間に終わりがあるなら、それはどこで、何にぶつかって終わるのか？

ブレーン――高次元空間にある膜のような物体――は、世界が「終わる」のに必要な境界条件を与える。つぎの章で見るように、ブレーンは世界（あるいは多くの世界）全体にかかわる大きな違いをもたらすのだ。

第3章

閉鎖的なパッセージ――ブレーン、ブレーンワールド、バルク

にかわみたいにくっついてやる
俺はおまえにべったりだから
――エルヴィス・プレスリー

勉強家のアシーナと違って、アイクはめったに本を読まない。彼はたいてい、ゲームをしたり、目新しい小道具で遊んだり、車を乗り回したりするほうを好む。そんなアイクも、ボストンで車を運転するのは大嫌いだった。無謀な運転をする奴ばかりだし、道路の案内標識はわかりにくいし、幹線道路はいつだって工事中。アイクは毎度、交通渋滞に巻き込まれた。頭上にがらがらの高速道路が見えたりすると、いらだちはいっそう募った。がらがらの道路がいくら羨ましくても、さっさとそっちに移るわけにはいかない。アシーナのフクロウと違って、アイクは空を飛べないからだ。いっこうに進まないボストンの道路渋滞につかまっているアイクにとって、三番めの次

元はまったく役に立たなかった。

　つい最近まで、まっとうな研究をしている物理学者の大半にとって、余剰次元は考えるに値するようなものではなかった。あまりにも理論上の推測が多すぎるし、あまりにもこの世界からかけ離れている。余剰次元について確固としたことを言える者は誰もいなかった。だが、この数年間に、余剰次元の運勢はにわかに上昇してきた。それまで招かれざる客のように敬遠されていたのが嘘のように、刺激的な客人として引っぱりだこになった。余剰次元がかくも立派に認められるようになったのは、ブレーンのおかげであり、この魅惑的な構成概念が導入した、まったく新しい多くの理論上の可能性のおかげだった。

　ブレーンが物理学の世界を席巻したのは一九九五年、カリフォルニア大学サンタバーバラ校のカヴリ理論物理学研究所（ＫＩＴＰ）の物理学者ジョー・ポルチンスキーによって、ひも理論に不可欠なものと立証されたときだった。しかし、それ以前から、すでに物理学者はブレーンのような物体の存在を示唆していた。その一例が、ｐブレーン（遊び好きの［p-layful］物理学者［p-hysicists］がそう称した）という一部の次元においてだけ無限に伸びる物体で、物理学者はこれをアインシュタインの一般相対性理論を使って数学的に導きだした。また、素粒子物理学からも、やはりブレーンのような面に粒子を閉じ込めるメカニズムが提案されていた。しかし、ひも理論のブレーンは、粒子といっしょに力までつかまえるという初めてのタイプのブレーンで、このあと見るように、そこがこのブレーンの非常に興味深いところとなっている。アイクが三次元空間にいながら二次元の道路にべったり張りついていたように、粒子と力も、探せばほかにいくつも次元があるかもしれない宇宙のなかで、ブレーンという低次元の面にとらわれている可能性がある。ひも理論が私たちの住む世界を正確に記述しているとすれば、物理学者はそうしたブレーンが存在する可能性を認めるしかなくなる。

ブレーン世界の心躍る新しい風景は、重力や、素粒子物理学や、宇宙論についての従来の理解に大変革を起こしてきた。この宇宙にブレーンは本当に存在しているのかもしれず、私たちがその一枚に住んでいないとは決して言いきれない。ひょっとしたらブレーンは私たちの宇宙の物理的特性を決定するのに重要な役割を果たしていて、観測される現象を最終的に説明する可能性さえある。もしそうなら、今後、ブレーンと余剰次元はもはやあたりまえのものとなっていくだろう。

スライスとしてのブレーン

第一章で、フラットランドの二次元世界についての一つの見方を示した。あれを三次元空間の二次元スライスと考える見方だ。アボットの小説で、主人公のA・スクエアは二次元のフラットランドを抜け、三次元の世界へ旅をする。そして、自分のいたフラットランドが、もっと大きい三次元世界のスライスにすぎなかったことに気づく。

もとの世界に帰ってきたA・スクエアは、自分が見てきた三次元世界もただのスライスなのかもしれない、という――論理的に充分ありえる――見方を示す。つまり、さらに高次元の空間の三次元スライスではないかということだ。もちろん、ここで言う「スライス」とは、紙のように薄い二次元の膜のことではない。そうしたものの論理的な延長、言うなれば、一般化された膜のことだ。A・スクエアの言う三次元スライスも、四次元空間のなかの三次元のかたまりと考えればいいだろう。

だが、A・スクエアを案内したガイドは、すぐにその三次元スライスという見方を否定する。私たちの世界のほぼ全員がそうであるように、この想像力に乏しい三次元世界の住人も、自分に見える三つの空間次元がすべてだと信じていた。四番めの次元など考えることすらできなかった。

ブレーンは、一〇〇年以上前に『フラットランド』で描かれたのと同じような数学的考えを物理学にもたらした。いまやふたたび物理学は、私たちを取り巻く三次元世界が高次元世界の三次元スライスでありうるという考えに戻ってきている。ブレーンは、空間の一枚の（おそらくは多次元の）スライスに沿った方向だけに広がっている、時空の特殊な領域である。「ブレーン」という言葉が「膜（メンブレーン）」という言葉から来ているのも当然で、膜もブレーンと同じように、物質を取り囲む、あるいは物質のあいだに広がる層だからだ。あるブレーンは空間の内部にある「スライス」だが、別のブレーンは、ちょうどサンドイッチのパンきれのように、空間の境界をなす「スライス」である。

いずれにしてもブレーンという領域では、それを取り巻く、あるいはそれが境界をなす全体の高次元空間よりも次元の数が少ない。[5] ただし、膜の次元は二つだが、ブレーンの次元の数はいくつにもなりうる。私たちにとって最も重要なブレーンの空間次元は三つだが、「ブレーン」という言葉はこの種の「スライス」すべてを指している。つまり、あるブレーンの空間次元は三つだが、別のブレーンにはもっと多くの（あるいは少ない）次元がある。[6] 次元が三つあるブレーンならば「3ブレーン」、四つあるブレーンならば「4ブレーン」というふうに称される。

境界をなすブレーンと埋め込まれたブレーン

前章で、私たちには余剰次元が見えないと思われる理由を説明した。その存在の証拠がまったく表れないぐらいに小さく余剰次元が丸まってしまうからだ。ここで重要なのは、余剰次元が小さいということである。余剰次元が丸まっているということは、余剰次元が見えない理由にはなっていなかった。

　ということは、別の可能性も考えられる。ひょっとしたら次元は丸まってはいずに、ある有限の範囲内で終わっているだけではないのか。虚空に消えてしまう次元などというのは潜在的に危険だから——誰だって宇宙の一部が端っこで落っこちてしまうのは嫌だろう——有限の範囲には、それがどこでどのようにして終わるかを告げる境界がなくてはならない。そこで問題は、その境界に達した粒子やエネルギーがどうなるのか、ということだ。

　答えを言えば、それらはブレーンにぶつかる。高次元世界では、ブレーンが高次元空間全体の境界になっている。この全体の空間を「バルク」という。ブレーンと違って、バルクは全方向に伸びている。バルクはあらゆる次元に及び、ブレーン上にもブレーン外にも広がっている（図25を参照）。したがってバルクは文字どおり「バルキー」、つ

【図 25】高次元空間全体の境界となるブレーン

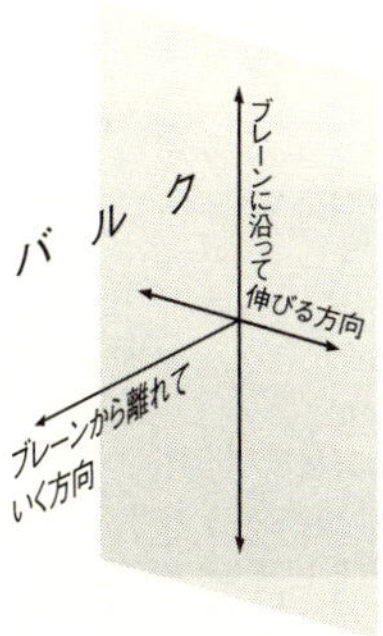

ブレーンは低次元の面で、ブレーンに沿って伸びる方向と、ブレーンから飛び出て高次元のバルクのほうに伸びる方向をもつ。

まり「かさがある」が、その点ブレーンは（ある次元では）パンケーキのように平らである。ブレーンがバルクのある方向での境界をなしているとすれば、そのバルクのいくつかの次元はブレーンと平行で、別の次元はブレーンから飛び出している。ブレーンが境界であるなら、ブレーンから離れていく方向の次元は片側だけに伸びていく。

ブレーンを終点とする有限の範囲がどういうものかを理解するために、非常に細長いパイプを例にとって考えてみよう。このパイプの内部には、三つの次元がある。長い次元が一つと、短い次元が二つだ。平らなブレーンとの類推をできるだけわかりやすくするために、パイプの断面は正方形になっているとしよう。このような無限に細長いパイプは、まっすぐ伸びた無限に長い壁を四つもっている。これを一つの宇宙と考えると、そこには三つの次元がある。そのうち二つは両側の壁が境界になっていて、もう一つは無限に長く伸びている。

もちろん、細長いパイプは遠くから見れば（あるいは不充分な解像度で見れば）一次元に見える。ちょうど前章で見たホースの場合と同じことだ。しかし、ここでもホース宇宙のときのように、別の見方を考えてみることができる。このパイプ宇宙——パイプとその内部からなる世界——は、内部に住んでいる生き物からすると、いったいどのように見えるのだろうか。

当然ながら、答えはその生き物の解像力によって違ってくる。例えば角パイプのなかを自由に動ける小さなハエなら、そこを三次元ととらえるだろう。二次元のホースで考えたときと違って、このハエはパイプの表面に張りついているのではなく、パイプのなかを移動できるからだ。とはいえ、やはりホースの場合と同じように、ハエは一つの長い次元と、ほかの二つの次元との違いを認めるだろう。一つの方向にはどこまでも進んでいける（このパイプは非常に長いか、無限に長いと仮定されている）が、ほかの二つの方向にはすこししか進めない——パイプの断面の正方形の各辺の長さしか進めないのだ。

だが、次元の数をべつにしても、ホース宇宙とパイプ宇宙には一つ大きな違いがある。前章で見た虫と違って、パイプにいるハエは、その内部を移動している。したがって、ハエはときどき壁にぶつかる。前後にも上下にも進めるが、進んでいくと境界に突き当たる。それに対して、ホース上の虫はそのような境界に突き当たることがない。ただぐるぐると回りつづけるだけだ。

ハエがパイプ宇宙の境界に突き当たるときには、そのハエがどうなるかをつかさどるルールがあるはずだ。パイプの壁がそのふるまいを決定する。ハエは壁にぶつかってベチャッとつぶれるかもしれないし、あるいは壁に反発性があるため、跳ね返されるかもしれない。このパイプがブレーンを境界とする本物の宇宙だとすると、ブレーンは二次元で、粒子などのエネルギーを帯びられるものがそこに突き当たったときに、そのふるまいを決定するものだということになる。

ものが境界をなすブレーンに到達すると、それは跳ね返ってくる。ちょうどビリヤードのボールが台の端から跳ね返り、光が鏡から跳ね返るのと同じである。これは、物理学用語で言う「反射境界条件」の一例だ。ものがブレーンから跳ね返っても、エネルギーは失われない。ブレーンに吸収されもしなければ、漏れ出しもしない。なにものもブレーンの先へは進まない。境界をなすブレーンは、文字どおり「世界の終わり」なのだ。

多次元宇宙では、パイプ宇宙の境界をなしていた壁の役割をブレーンが果たしている。壁と同じように、この種のブレーンも全体の空間より次元の数が少ない。境界はつねに、それが境界をなすものより次元の数が少ないのだ。これは空間の境界についても、パンのかたまりの境界をなしている皮についても等しく言えることだ。あなたの家の壁についても同じである。壁は、その壁に囲まれている部屋よりも次元の数が少ないではないか。部屋は三次元だが、個々の壁は（厚みを無視すれば）二つの次元にしか広がっていない。

この節では境界をなすブレーンだけを説明してきたが、ブレーンはつねにバルクの端にあるわけではない。ブレーンは空間のどこにでも存在しうると考えられている。むしろ境界から離れ、空間の内部のどこかにブレーンが存在している可能性もある。境界をなすブレーンがパンのかたまりのふちにある薄い皮のようなものだとすれば、境界をなさないブレーンは、パンのかたまりの内側の一部をなす薄いスライスのようなものだ。こちらのブレーンも、すでに見てきたブレーンと同じく、やはり低次元の物体である。しかし境界をなさないブレーンは、その両側に高次元のバルク空間を伴っている。

つぎの節では、バルクやブレーンの次元がいくつであろうと、また、ブレーンが空間の内部にあろうと境界にあろうと、ブレーンはつねに粒子や力をそのブレーン上につかまえておけることを説明しよう。そこがブレーンの占める空間領域のきわめて特殊なところなのである。

ブレーンにとらわれて

あなたが行ける空間すべてを探索することはまずありえないだろう。行ってみたいとは思うものの、おそらくは絶対に行かないところがきっとあるはずだ。たとえば大気圏外とか、海の底とか。あなたはそうした場所に行ったことはないだろうが、原理的には、行けないわけではない。そこへ行くのを不可能とする物理法則はないのだから。

しかし、たとえばあなたがブラックホールの内側に住んでいたとしたら、あなたが旅行できる可能性はさらに厳しく制限される。それに比べれば、まだサウジアラビアの女性のほうがよほど自由だろう。ブラックホールは（それが崩壊して消滅するまで）あなたを（というか、ばらばらに分断されてブラックホールと化したあなたを）永遠にその内部に押しとどめる。あなたは絶対にそこから逃れられない。

移動の自由が制限されていて、ある領域の空間には決して行かれないものの例は、身近にいくらでもある。ワイヤーの電荷も、そろばんの玉も、ともに三次元の世界に住んではいるが、そのうちの一つの次元にしか移動できない。やはりおなじみの例で、二次元の面にとらわれているものもある。シャワーカーテンについた水滴は、カーテンの二次元の面に沿ってしか移動できない（図26を参照）。顕微鏡のスライドにはさまれたバクテリアも、同じく二次元の動きしかできない。もう一つの例は、サム・ロイドの「15パズル」だ。この厄介なパズルは、文字の書かれたタイルを小さなプラスチックのトレーに並べたもので、そのタイルを動かして正方形のなかで正しい配置にし、「LOOK/YOUF/INIS/HED」（＝look you finished、できあがり）といった文章になるようにする（図27を参照）。あなたがずるをしないかぎり、この文字もプラスチックの囲いに閉じ込められたまま、決して三番めの次元には行かれない。

シャワーカーテンやロイドの15パズルと同じく、ブレーンも、ものを低次元の面につかまえたまま放さない。つまりブレーンがあると考えると、世界のなかに別の次元があったとしても、すべての物質が自由にどこへでも移動できるわけではない可能性が出てくる。カーテン上の水滴が二次元の面に拘束されているように、粒子やひもも、高次元世界の内部にある三次元ブレーンに閉じ込められているのかもしれない。しかしカーテン上の水滴と違って、こちらは完全にとらわれている。さらに15パズルと違って、ブレーンは恣意的なものではない。こちらは高次元世界の自然法則にしたがっている。

ブレーンに閉じ込められた粒子は、物理法則によって完全にそのブレーンにとらわれている。ブレーンに拘束された物体は、そのブレーンの外に伸びる余剰次元には絶対に飛び出していかない。すべての粒子がブレーンにとらわれるわけではなく、一部の粒子は自由にバルク内を移動できているのか

【図 26】2 次元の面にとらわれた水滴

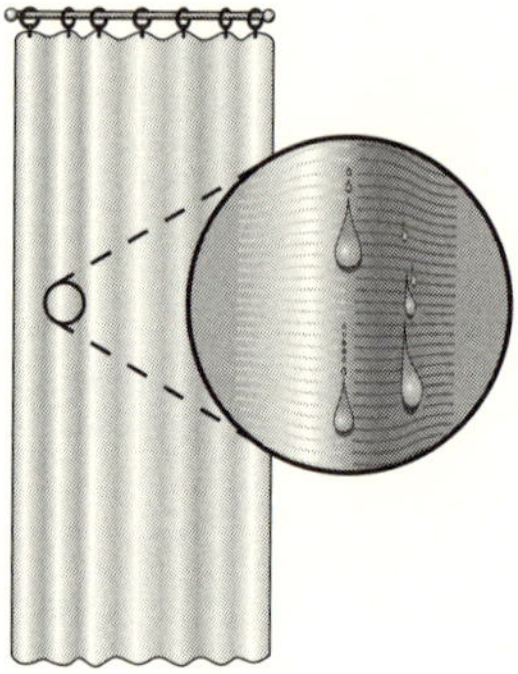

水滴は、3 次元の部屋のなかの 2 次元の
シャワーカーテンにくっついている。

【図 27】サム・ロイドの「15 パズル」

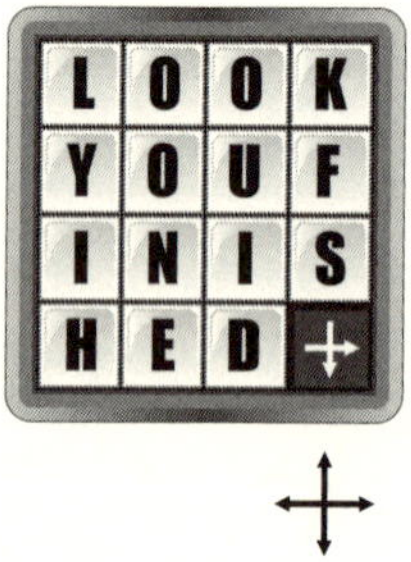

もしれないが、いずれにしてもブレーンを含めた理論では、それ以外の多次元理論にはない、ブレーン上の粒子という概念が重要となる。ブレーン上の粒子はあらゆる次元を動き回ることはないのである。

原則として、ブレーンとバルクの次元の数はいくつにもなりうる。ただし、ブレーンがバルクより多くの次元をもつことは決してない。ブレーンに閉じ込められた粒子が移動できる次元の数が「ブレーンの次元」だ。これにはいくつもの数が考えられるが、あとで私たちにとって最も重要となるのは、三次元のブレーンである。三次元がどうしてそんなに特別なのか、その理由はわからない。しかし空間次元が三つのブレーンは、私たちの知る三つの空間次元に沿って広がることができる。だから私たちの世界に関係してくるのかもしれない。このブレーンは、四つでも五つでも、とにかく三つより多くの次元をもったバルク空間に現れることができる。

この宇宙にたくさんの次元があったとしても、私たちにおなじみの粒子や力が三次元ブレーンにとらわれているのなら、次元が三つだけの宇宙にいるのとまったく変わらないふるまいをするだろう。ブレーンに閉じ込められた粒子は、そのブレーンに沿った移動しかしないのである。そして光までもがブレーンに拘束されていたなら、光線もブレーンに沿ってしか広がらない。三次元ブレーンのなかでは、光も本当の三次元宇宙にいる場合とまったく同じふるまいをする。

さらに言えば、ブレーンにとらわれた力は、同じブレーン上に閉じ込められた粒子にしか影響を及ぼさない。私たちを構成している原子核や電子などの物質も、それらの構成単位を相互作用させる電気力などの力も、ともに三次元のブレーンに閉じ込められているのかもしれない。ブレーンに縛りつけられた力はそのブレーンに沿ってしか広がらないし、ブレーンに縛りつけられた粒子もそのブレーンの次元上でしか受け渡しされず、ほかの次元に移動することもない。

したがって、もしあなたがそのような三次元ブレーンに住んでいたとすれば、あなたはそのブレーン上の次元を自由に移動できる——まさに現在、あなたが三次元を自由に移動できているように。三次元ブレーンに閉じ込められているものはすべて、本当の三次元世界にいるときとまったく同じように見える。別の次元がこのブレーンのすぐ隣に存在していても、三次元ブレーンに張りついているものは決して高次元のバルクに進出しない。

しかし、力と物質がブレーンに張りついているとしても、すべてのものが一枚のブレーンに閉じ込められているわけではないというのがブレーンワールドの興味深いところだ。たとえば重力は、決してブレーンに閉じ込められない。一般相対性理論によれば、重力は時空構造に織り込まれている。したがって重力は空間のいたるところで、どの方向にでも働くはずだ。もし重力が一枚のブレーンに閉じ込められているのなら、私たちは一般相対性理論を捨てなければならなくなる。

幸い、事実はそうではない。たとえブレーンが存在しているとしても、重力はブレーン上でもブレーン外でも、どこでも自由にふるまえる。これは重要なことだ。というのも、そうだとすればブレーンワールドは少なくとも重力を唯一の媒介として、バルクと相互作用を果たしていることになるからだ。重力がバルクに伸び、すべてのものが重力を通じて相互作用を果たすのだから、ブレーンワールドはつねに余剰次元とつながっていることになる。ブレーンワールドは孤立して存在するのではなく、もっと大きな全体の一部として、そこと相互作用を果たしているのだ。重力に加えて、おそらくバルクには別の粒子や力が存在している。もしそうなら、それらの粒子もブレーン上に閉じ込められた粒子と相互作用を果たし、ブレーンにとらわれた粒子を高次元のバルクに結びつけるだろう。

ひも理論のブレーンについては追って簡単に触れるが、このブレーンには、これまで見てきたものとは別の独特な性質がある。ひも理論のブレーンは特定の荷量をもっていて、何かの抵抗を受けると特定の反応をする。ただし、あとでブレーンについて述べるときに、そのような細かい性質に深く踏み込むつもりはない。この章で見てきたような性質を知っておけば充分だ。ブレーンは力と粒子をとどめておける低次元の面であり、高次元空間の境界をなす——これだけを押さえておけばいい。

ブレーンワールド——ブレーンのジャングルジムの青写真

ブレーンはほとんどの粒子と力を閉じ込めておけるわけだから、私たちの住む宇宙は余剰次元の海に浮かぶ三次元ブレーンに収容されている可能性がある。重力は余剰次元に伸びていけるが、恒星や惑星や人間、そのほか私たちが知覚するすべてのものは、三次元のブレーンに拘束されているのかもしれない。だとすると、私たちはブレーン上に住んでいることになる。ブレーンが私たちの住環境なのだ。ブレーンワールドという概念は、この仮定の上になりたっている（図28を参照）。

【図28】ブレーンワールド

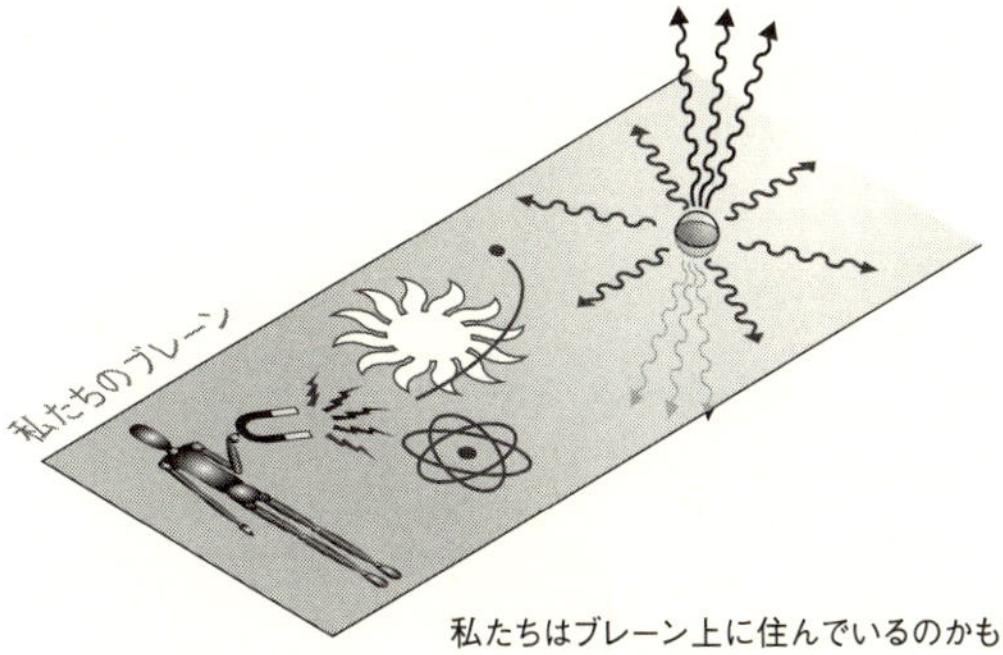

私たちはブレーン上に住んでいるのかもしれない。つまり私たちを構成している物質も、光子も、そのほかさまざまな標準モデルの粒子も、すべてブレーン上にあるのかもしれない。ただし、重力はつねにどこにでもある。図の波線のように、ブレーン上にもバルク内にも伸びられる。

一枚のブレーンが高次元の時空に浮かんでいられるのなら、もっと多くのブレーンがあったとしてもおかしくはない。むしろブレーンワールドのシナリオには、たいてい二枚以上のブレーンが含まれる。この宇宙にどのような種類のいくつのブレーンがありうるのかは、まだわかっていない。そうした二枚以上のブレーンを想定する理論をさして「マルチバース（多重宇宙）」という呼び方をすることがある（図29を参照）。この言葉は一般には、ある部分と別の部分が相互作用をしない、あるいは弱くしか相互作用しない宇宙をさすのに用いられる。

この「マルチバース」というのは、いささか奇妙な言葉だと思う。通常は各部分が統合された全体を一つのユニバース（宇宙）と呼ぶのに、それが複数あるかのような印象を与えるからだ。とはいえ、複数の異なるブレーンがありながら互いに離れすぎていて交流できない、あるいは両者間を行き来する仲介粒子を通じての弱い交流しかできないという可能性は充分に考えられる。その場合、遠く離れたブレーン上の粒子はそれぞれまったく違った力の受け方をするだろうし、ブレーンに束縛されている粒子が別のブレーンに束縛されている粒子とじかに接触することもありえない。したがって本書では、二枚以上あるブレーンのあいだに重力以外に共通する力が何もない状況で、その両方を収容している宇宙をマルチバースと呼ぶこ

【図29】マルチバース（多重宇宙）

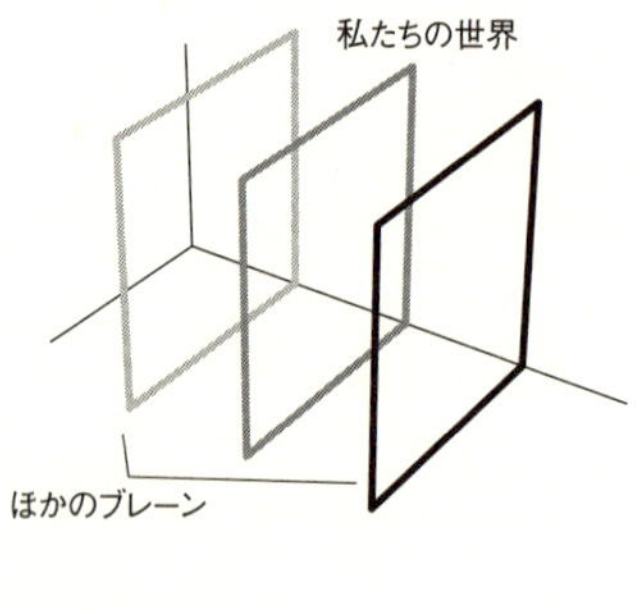

宇宙のなかには、重力だけを通じて相互作用をする、あるいは相互作用をまったくしない複数のブレーンがあるのかもしれない。そのような状況を「マルチバース」と呼ぶことがある。

とにする。

ブレーンについて考えると、私たちが自分の住む空間をいかに知らないかにあらためて気づく。この宇宙は断続的なブレーンをみごとにつなぎあわせた構成になっているのかもしれない。しかし、たとえ基本的な構成要素がわかっていたとしても、二枚以上のブレーンを内包するマルチバースでは、風変わりな新しい空間配置のシナリオがいろいろと考えられるし、そこに私たちの知る粒子と知らない粒子がどのようにちりばめられているかについても、無数の可能性が考えられる。一組のトランプからいくつもの違った手が出せるように、可能性はいくらでもある。

あるブレーンは私たちのブレーンと平行になっていて、パラレルワールド（並行世界）を内包しているかもしれない。しかし、それとは違った別のブレーンワールドがたくさん存在している可能性もある。ブレーンとブレーンが交差して、その交差点に粒子がとらわれていることだって考えられる。ブレーンによって次元の数も違うだろう。湾曲したブレーン、動くブレーン、目に見えない次元を取り巻いているブレーンもあるかもしれない。想像力を大いに発揮して、好きなようにイメージを思い描いてもらってかまわない。そのような形状がこの宇宙に存在していないとは決して言いきれないのだから。

ブレーンが高次元のバルクに埋め込まれている世界では、一部の粒子は高次元を飛びまわることができるが、ほかの粒子はブレーンにとらわれたままであると考えられる。バルクがあるブレーンと別のブレーンを隔てているとすれば、ある粒子はいちばん端のブレーンにいて、別の粒子は反対側のブレーンにいて、また別の粒子は中央のブレーンにいる。粒子と力がさまざまなブレーンとバルクにどう分散しているかについては、理論上いろいろな考え方ができる。ひも理論から導かれるブレーンに関してでさえ、ひも理論が粒子と力の特定の配置を選ぶ理由はまだわかっていない。ブレーンワールドが導入する新しい物理のシナリオは、私たちが知っていると思っている世界と、私たちの世界から隔てられた見えない次元のなかにある、知らないブレーン上の知らない世界との両方を記述するものかもしれない。

私たちの知らない新しい力が、遠いブレーンに閉じ込められたまま存在している可能性もある。あるいは私たちと直接的な相互作用をすることのない新しい粒子が、そうした別のブレーンいっぱいに広がっている可能性もある。ダークマターとダークエネルギー――重力効果から推測されるが、その正体は不明な物質とエネルギー――を説明できる新たなものが別のブレーンに、あるいはバルクとブレーンの両方に広がっている可能性もある。さらに重力でさえ、あるブレーンと別のブレーンでは、粒子に対する影響の及ぼし方が違ってくるだろう。

もし別のブレーンに生命体がいたとしても、その生き物はまったく別の環境に閉じ込められているわけだから、まったく違った力をまったく違った感覚で感知しているに違いない。私たちの感覚は、私たちを取り巻く化学反応と、光と、音を拾うように調整されている。別のブレーンでは基本的な力と粒子が違うはずだから、そこに生き物がいたとしても、私たちのブレーンの生き物とはほとんど共通点がないだろう。必然的に共有される唯一の力は重力だが、その重力でさえ、影響の及ぼし方が違うはずだ。

ブレーンワールドがどういうものになるかは、ブレーンの数とタイプと配置によって変わってくる。好奇心旺盛な人にとっては残念なことに、遠いブレーンに閉じ込められたままの力と粒子は、私たちに対して強く影響を及ぼすとは限らない。バルク内を伝わるものの境界条件を決めているだけで、私たちのもとに届きさえしない弱いシグナルしか発していないかもしれない。したがって、考えられるいくつものブレーンワールドは、たとえ存在していても突きとめるのは非常に難しい。結局のところ、私たちのブレーン上のものと別のブレーン上のものが共有していると確実に言える相互作用は重力だけであり、その重力もきわめて弱い力なのである。直接的な証拠がなければ、別のブレーンは永遠に理論と推測の域を出ない。

しかし、これから述べるいくつかのブレーンワールドについては、ひょっとしたらシグナルを発見できるかもしれない。発見可能なブレーンワールドとは、私たちの世界の物理的な特徴との関連性をもっているブレーンワールドだ。ブレーンワールドの可能性がまた増えるのは、ある意味では煩わしいかもしれないが、じつにエキサイティングであることには変わりない。ブレーンが素粒子物理学の長年の問題を解決する鍵となるかもしれないだけでなく、運がよければ、そしてこのあと述べるシナリオの一つが正しければ、ブレーンワールドの証拠はまもなく素粒子物理の実験に現れてくるはずなのだ。私たちは本当にブレーン上に住んでいるのかもしれない――そして、それが一〇年以内に実際にわかるかもしれないのである。

いまのところ、多くの可能性のうちのどれが本当に正しい宇宙の記述なのかは――あったとしても――わかっていない。したがって、興味深い可能性を落としてしまわないように、ここではすべての候補にチャンスを残しておこうと思う。どのシナリオが最終的に私たちの世界を記述するにせよ、本書が提示するシナリオは、これまで誰も可能だとは思わなかった新しい魅惑的な考えをもたらしているのだ。

第4章 理論物理学へのアプローチ

彼女はモデルで、すてきに見える
――クラフトワーク

「おや、アシーナ、『カサブランカ』を見てるのかい」
「そうよ。いっしょに見る？　すてきな場面よ」

これを忘れちゃいけない
キスはやっぱりキス
ため息はまさにため息
時が流れても基礎的なことは変わらない

「ねえアイク、この最後のフレーズ、ちょっとへんだと思わない？　ロマンチックな詞ってことになってるんだろうけど、まるで物理のことを言ってるみたい」
「アシーナ、これが気になるんなら、オリジナルの歌詞のさわりを聞くといいぜ。こういうんだ……」

われわれが生きているこの時代は
不安の種ばかりもたらす
めまぐるしい速さに新しい発明
第四の次元のようなものまで出てきたが
アインシュタイン氏の理論には
すこしばかり疲れてしまったよ……

「アイクったら、わたしがそんなこと信じるなんて思ってもいないくせに。どうせつぎには、リックとイルザが七番めの次元に逃げるとでも言うんでしょ！　もうわたしの言ったことなんかどうでもいいから、落ち着いて映画を見ましょう」

アインシュタインが一般相対性理論を発表したのは二〇世紀の初めで、一九三一年にはルディ・ヴァリーがアイクの言っていた（本当の）ハーマン・ハプフェルド作の歌をレコーディングしていた。しかし『カサブランカ』のなかでピアニストのサムがこの「アズ・タイム・ゴーズ・バイ」を演奏したころには、省略された部分の歌詞は――時空の科学とともに――大衆文化ではすっかり忘れ去られていた。そしてテオドール・カルツァも一九一九年*から余剰次元という考えを提出していたが、つい最近まで、物理学者からはほとんどまともに取りあわれなかった。

さて、次元とは何か、次元がどのようにして私たちの知覚から漏れてしまうかを見てきたところで、あらためてこの問題を考えてみよう。余剰次元に対する関心がいまになって高まってきたのはどういうわけなのか。なぜ物理学者は現実の物理世界に本当に余剰次元があると考えるようになったのか。これに答えるには、少々長い説明が必要だ――前世紀のきわめて重要な物理学上の進展を知っておかなくてはならない。どういう余剰次元宇宙が考えられるかを見ていくまえに、このあとの数章でそれらの進展をおさらいし、そこから最新の理論にどうつながっていったかを説明しておこう。具体的に言えば、二〇世紀の初めに起こった大きなパラダイムシフト（量子力学、一般相対性理論）、今日の素粒子物理学の基本（標準モデル、対称性、対称性の破れ、階層性問題）、および、現在もまだ解決されていない問題に対する新しい考え方（超対称性、ひも理論、余剰次元、ブレーン）についてである。

だが、いきなりこれらのテーマに入るまえに、まずは準備段階として、物理学の世界がどういうものであるかを簡単にこの章で見ていくことにする。また、この先に進むためには今日の研究者が採用している理論の立て方に慣れておく必要もあるから、ここであらかじめ、昨今の理論の進展に欠かせない重要な考え方を押さえておきたい。

私は最初、ここでの引用にぴったりだと思って「基礎的なことは変わらない」という歌詞を引っぱってきた。だが、このフレーズは考えれば考えるほど物理学のことを言っているようなので、ひょっとして自分の記憶違いではなかろうかと不安になってきた。思い込みで歌詞を間違えるのはよくあることだ――たとえ頭に焼きついていると思っているような歌詞であっても。そこで確認してみると、驚いたことに（そして笑ってしまったことに）、この歌は私が思っていたよりずっと物理学に根ざしていた。まさか「流れる時」が第四の次元のことを言っていたなんて！

物理学上の真実は、まさにこの発見のようにして得られることがある。ちょっとした手がかりが、ときに思いもよらなかった関連性を明らかにするのだ。運がよければ、探していたものよりすばらしいものが見つかる――が、それにはあらかじめ正しい場所を探していなくてはならない。物理学では、いったん関係性が見つかれば、たとえ最初の手がかりがあいまいでも、あとは最も適切だと思われる方法で意味を探せばいい。すでにわかっている事柄から結論を推測してもいいし、自分が正しいと信じる理論の数学的帰結を演繹してもいい。

こうした手がかりを追いかけるのに用いられている現在の二つの手法を、つぎの節で説明する。それはモデル構築――私の得意とする方式――と、基礎的な高エネルギー物理へのもう一つのアプローチ、すなわち、ひも理論である。ひも理論がある一定の理論から普遍的な予言を導こうとするものであるのに対し、モデル構築は物理学上の特定の問題を解決する方法をまず見つけ、そこを出発点として理論を組み立てようとするものだ。モデル構築にしろひも理論にしろ、より説得力のある、より包括的な理論を探し求めているという点では同じである。どちらも同じような疑問に答えを見つけようとしているのだが、そのアプローチのしかたが異なっている。研究には、モデル構築の場合のように経験的知識にもとづいた推論が必要なときもあれば、ひも理論のアプローチのように、あらかじめ正しいと確信している究極の理論から論理的な帰結を演繹することが必要なときもある。このあと見るように、余剰次元についての近年の研究は、この二つの手法の要素をうまく併用しているのである。

＊レッドソックスが二〇〇四年以前にワールドシリーズで最後に優勝した年の翌年だ――はるか昔のことである。

モデル構築

そもそも私が数学や科学を好きになったのは、これらの学問が保証する確実性に引かれたからだったが、いまでは答えの出ていない疑問や思いもよらなかった関連性も、これはこれでおもしろいと思っている。量子力学や相対性理論や標準モデルに含まれている原理は想像力をかきたてる。だが、それでも今日の物理学者を夢中にさせている驚異的な考えに比べれば、せいぜいその外面をなでている程度にすぎない。既存の考えには欠陥があって、何か新しいものが必要であることはわかっている。もっと正確な実験ができるようになって、そこでまったく新しい物理現象が現れてくれれば、これらの欠陥は埋められるはずなのだ。

素粒子物理学は、素粒子のふるまいを説明する自然法則を見つけようとするものである。これらの粒子そのものも、粒子をつかさどっている物理法則も、物理の「理論」の一要素をなしている。物理学者の言う「理論」とは、これらの粒子がどう相互作用するかを予言する一定の規則と方程式を伴った明確な原理原則のことだ。この本で理論について言及するときも、この言葉はそのような意味で使われる。つまり、ふだんの会話で使われているような「大まかな推論」の意味ではないということだ。

物理学者からすれば、できるだけ簡素な規則とできるだけ少ない基礎的な要素であらゆる観測結果を説明できるような理論が見つかれば申し分ない。一部の物理学者にとっての究極の目標は、シンプルでエレガントな統一理論——それを用いればどんな素粒子物理学実験の結果でも予言できる理論なのである。

そのような統一理論を見つけようとするのは、あまりにも大胆な——無謀とも言える——試みだ。

しかし見方によっては、これは大昔からあった単純性への希求を反映したものと言えなくもない。たとえば古代ギリシャのプラトンは、幾何学的図形でも理想的な存在でも、本当は何かしらの完璧なかたちがあるはずで、地上の物体はそれに近いだけでしかないと考えていた。アリストテレスも同じく理想的なかたちがあると信じていたが、ただし観測によってしか、その物理的な物体が近似する理想は明らかにされないと考えた。そして多くの宗教も、現実とは別物でありながら、しかし現実と何らかの意味でつながっている、より完璧で統一された境地を想定している。エデンの園からの追放の話も、この世界のまえに理想的な世界があったという考えを示すものだ。近代物理学が研究する問題と手法は先達たちのそれとはまったく違うが、もっと単純な宇宙を探し求めているのは物理学者も同じである。ただ哲学的な意味や宗教的な意味ではなく、私たちの世界を形成する基礎的な要素のなかに、その単純な宇宙が見つかると考えているのだ。

とはいえ、実際に私たちの世界に結びつけられるエレガントな理論を見つけるには明らかな障害がある。周囲を見渡せば、そのような理論から現れてくるはずの単純性はほとんど見当たらない。悩ましいことに、この世界は複雑なのである。現実の入り組んだ世界に、すっきりした無駄のない説明を結びつけるには相当の苦労がいる。統一理論はシンプルでエレガントでありながら、なおかつ観測結果に見合うような構造を備えていなければならない。すべてがエレガントで予測可能になるような視点がきっとあるはずだと信じたい。しかし実際の宇宙は、理論上で理想的に記述されるほど純粋で単純で秩序正しくはないのである。

素粒子物理学者はこの問題を打開するために、二種類の方法論を用いて理論を観測結果に結びつけている。一つは「トップダウン」方式で、まず自分が正しいと信じる理論を——ひも理論の研究者ならひも理論を——出発点として、そこから実際に観測される乱雑な世界に見合うような帰結を演繹しようとする。これに対して、モデル構築がとるのは「ボトムアップ」方式だ。観測された素粒子とその相互作用のあいだの関連性を見つけることによって、その根本にある理論を導きだそうとするもので、こちらは物理現象のなかに手がかりを求める。そしてモデルをつくるわけだが、それは試論であって、最終的に正しいかどうかはわからない。いずれの手法にもそれぞれの長所と短所があり、どちらが進展につながるかは時と場合による。

二つの科学的手法がこのように正反対になっているのはおもしろいことだが、これは科学に対するそもそもの基本姿勢に二つの種類があるからだ。このように手法が真っ二つに分かれているのは、科学における昔からの論争を発端としている。根本的な真理から洞察を得ようとするプラトン的なアプローチをとるのか、それとも経験的な観測にもとづくアリストテレス的なアプローチをとるのか。トップダウン方式をとるのか、それともボトムアップ方式をとるのか。

この選択は「年とったアインシュタイン対若いアインシュタイン」と言い換えることもできる。若いころのアインシュタインは、実験と物理的現実にもとづいて研究を進めていた。しかし一般相対性理論を組み立てるさいに数学の重要性を知ってから、アインシュタインは方式を変えた。数学的なアプローチが自分の理論を完成させるのに不可欠だったため、後年は理論的な手法を多く用いるようになったのだ。とはいえ、アインシュタインにならっても問題は解決しない。たしかにアインシュタインは数学を用いることで一般相対性理論を完成させられたが、数学的手法で統一理論を求めようとした晩年の試みはついに実を結ばなかったのである。

アインシュタインの研究からもわかるように、科学的事実は一種類ではないし、それを発見する方法も一つではない。まず観測にもとづいた方法があり、これを用いてわかったのがクエーサーやパルサーだ。一方、抽象的な原則と論理を基盤とする方法もあり、たとえばカール・シュヴァルツシルトは一般相対性理論の数学的な帰結としてブラックホールを導きだした。最終的には、この二つが一つに集約されればいいのだが――ブラックホールがいまでは観測の数学的記述からも純粋な理論からも導かれるように――、研究の最初の段階では、二種類の進め方が同じ結果にいたることはめったにない。そしてひも理論の場合、原理と方程式が一般相対性理論ほどはきれいに展開されていないため、その帰結を導くのがいっそう難しくなっている。

ひも理論が初めて表舞台に出てきたとき、素粒子物理学の世界はみごとに二つに割れた。当時の私はまだ大学院生だったが、「ひも革命」が最初に素粒子物理学の世界を分断させた一九八〇年代半ば、一部の物理学者はひも理論のきわめて優美な数学的領域に全身全霊を捧げようと決意したものだ。

ひも理論の基本的な前提は、ひも――粒子ではなく――が自然界の最も基礎となる物体であるというものだ。私たちの周囲の世界で観測される粒子は、ひもの振動によって生じる結果にすぎない。ひものさまざまな振動のしかたに応じて、さまざまな粒子が現れてくるのであって、ちょうどバイオリンの弦の振動からさまざまな音符が生まれるのと同じである。ひも理論ががぜん注目を浴びたのは、物理学者が量子力学と一般相対性理論を矛盾なく包括できて、考えられるかぎりの最も微小な距離スケールまで予言ができる理論を探し求めていたからだった。多くの人にとって、ひも理論は最も有望な候補に見えたのだ。

ただし、物理学者がこぞってひも理論に飛びついたわけではない。実験で調べられる比較的低エネルギーの世界にあえてとどまることを選んだ研究者もいた。私のいたハーバード大学の素粒子物理学者――モデル構築の第一人者であるハワード・ジョージアイやシェルダン・グラショウをはじめ、多くの才能ある博士研究員や学生たち――も、それまでの姿勢を変えずにモデル構築によるアプローチを続けた。

当初、対立する二つの視点――ひも理論とモデル構築――のどちらが優れているかをめぐるバトルはすさまじく、どちらも自分たちのやり方のほうが真実にいたる立脚点としてふさわしいと主張した。モデル構築側はひも理論を数学上の夢想だと考え、一方、ひも理論側はモデル構築を時間の無駄と見なし、真実に目をつぶっているだけだと考えた。

優秀なモデル構築の専門家がハーバードに大勢いたせいもあり、また、自分自身がモデル構築の難しさを楽しんでいたせいもあって、ちょうど素粒子物理学の世界に入ったところだった私はモデル構築側の陣営にとどまった。ひも理論はたしかにすばらしい理論で、すでに数学的にも物理的にも深い洞察を生んでいるし、最終的に自然を記述する正しい内容を含んでいるのかもしれない。しかし、ひも理論と現実世界とのつながりを見つけるのは気の遠くなるような作業だ。なにしろひも理論は、現在の装置を使って実験的に調べられるエネルギースケールの一兆倍の一万倍（＝一京倍）ものスケールで定義される理論なのである。粒子加速器のエネルギーが一〇倍になったときの結果でさえまだわかっていないのに！

現在わかっているかぎりでは、ひも理論から私たちの世界を記述する予言を導くには非常に深い理論上の溝がある。ひも理論の方程式が記述する対象は、信じられないほど小さな物体と、とてつもなく高エネルギーのプロセスであるため、現在のテクノロジーを駆使してどのような検出器をつくったとしても、それを見ることはおそらくかなわない。ひも理論の帰結と予言を導きだすのが数学的にも恐ろしく難しいうえに、ひも理論の構成要素をどう配列し、それによってどの数学的問題を解決できるかさえ、まだはっきりとはわかっていない。出口を見つけようとしても、すぐに細部の茂みに迷い込んでしまう。

ひも理論を突きつめると、実際に見える距離での予言が必要以上に数多く考えられてしまう。この理論の基本的な構成要素をどう配列するかがまだ確定されていないため、その配列によって予言される粒子も変わってくるからだ。理論上の仮定をぬきにすれば、ひも理論では実際にこの世界で見られるよりも多くの粒子、多くの力、多くの次元があることになる。目に見える粒子や力や次元のほかに、どうして余分な粒子や力や次元があるのかを突きとめなくてはならない。ある特定の配列を好むような物理的特性があるのかどうかもまだわかっていないし、この世界に合致するようなひも理論の証拠はいまのところ一つも見つけられそうにない。よほど運がよくなければ、推論から正しい物理原則をすべて抽出して、ひも理論の予言を実際に見えるものと合致させるのは非常に難しいだろう。

たとえば、ひも理論の推論する目に見えない余剰次元は、私たちに見える三つの次元とは違ったものでなければならない。ひも理論の重力も、私たちのまわりで見られる重力より複雑だ。ニュートンのリンゴを頭上に落とさせた重力と違って、ひも理論の重力は空間の余剰次元が六つも七つもあるところで働くのである。ひも理論は魅力的で驚異的な理論だが、余剰次元のような悩ましい特性が、この目に見える宇宙とのつながりを見えにくくさせている。それらの余剰次元は目に見える次元とどう違うのか？　どうしてすべてが同じような次元にならないのか？　自然がひも理論の余剰次元をなぜ、どのようにして隠しているかを突きとめられれば、これはたいへんな達成であり、そのようなことが起こりうる可能性をすべて探りあてようとするだけの価値はある。

とはいえ、これまでのところ、ひも理論を現実的なものにする試みはことごとく美容整形のようなものでしかなかった。理論から導かれる予言を現実の世界と合致させるため、理論研究者はあってはならないピースをなんとかして除去しなければならなくて、こそっと粒子を取り払ったり、次元をしまいこんだりしている。そうして出てくる一連の粒子はかなり真相に近く見えるだろうが、それでも本当に正しいとは言いきれない。整合性のある美しさは正しい理論の証明だが、それにかかわる事柄をあますところなく完全に理解するまでは、理論の美しさを本当に判断することはできない。ひも理論は一見するとたいそう魅力的だが、最終的にはこれらの根本的な問題をきちんと解決しなくてはならない。

地図をもたずに険しい山地を探索するときに、目的地への最短ルートが最初からわかることはめったにない。思索の世界でも、複雑な地形を進むときと同じように、とるべき最善のルートはなかなか最初からはわからない。ひも理論はひょっとしたら最終的に既知のあらゆる力と粒子を統合するのかもしれないが、そこにめざすべき山頂――ある特定の粒子と力と相互作用――が一つだけあるのか、それとももっと多くの可能性を含んだ複雑な地形になっているのかは、現段階ではまだわからない。道が平坦で、分岐点にきちんと標識があるならば、迷わず進路を選べるだろう。だが、現実はまずそうなってはいない。

だから私は標準モデルの先に進むための方法として、モデル構築に期待をかける。「モデル（＝模型）」と聞くと、子供のころにつくった小さな戦艦やお城が思い出されるかもしれない。あるいは人口変遷や海上の波の動きのような動態を再現するコンピュータ上の数値シミュレーションを連想するだろうか。素粒子物理学におけるモデル化は、そのどちらとも違っている。しかし、雑誌やファッションショーなどで使われる意味とまったく違っているわけでもない。モデルはショーの舞台においても物理学においても、想像力豊かな作品を身にまとい、さまざまな姿になって現れる。そして、美しいモデルは満場の注目を集める。

もちろん、共通点はそこまでだ。素粒子物理学のモデルは、標準モデルの根底にあるかもしれない別の物理理論を推測したものである。統一理論を山の頂点とするなら、モデル構築の研究者は、麓から山頂にいたる道を見つけようとしている開拓者のようなものだ。既存の物理理論からなる固い地盤から出発して、最後に新しいアイデアをすべて統合できればいい。モデル構築の研究者もひも理論の魅力は認めているし、ひも理論が最終的に正しい可能性もありうると思っているが、いざ頂点に立ったときにどんな理論が見つかるかを、ひも理論の研究者のように最初から確信してはいないのである。

あとの第7章で見るように、標準モデルは四次元世界に属する一定の粒子と力を説明した確かな物理理論である。その先を行くモデルにも、標準モデルの構成要素はしっかり組み込まれ、すでに調べられてきたエネルギースケールでの結果が同じように再現されるが、新モデルにはもっと短い距離でしか見られない新しい力と新しい粒子、新しい相互作用も内包される。こうしたモデルが現在の問題を解決するだろうというのが物理学者の考えだ。モデルによっては、すでにわかっている粒子や推測されている粒子がするのとは異なるふるまい、つまり、モデルの仮定から導かれる新しい一連の方程式によって決定される別のふるまいが提示されるかもしれない。あるいは、あとで余剰次元やブレーンの話をするときに出てくるような、まったく新しい空間環境が提唱されるかもしれない。

ある理論とそこから派生する影響が完全に理解されている場合でも、その理論が実際にどうなりたつかは一定ではなく、それによって私たちの住む現実の世界での物理的な結果が異なってくる可能性もある。たとえば粒子と力が原則としてどう作用するかがわかっていても、具体的にどの粒子と力が現実の世界にあるかを知らなくてはならない。それらの可能性を抽出できるようにするのがモデルである。

理論によって前提や物理的概念が違うように、理論の原則が適用される距離やエネルギースケールもさまざまだ。モデルは、そうした各理論の違いを識別する特徴の核心に迫る一手段となる。理論をケーキづくりの全般的な手引きとするなら、モデルは個々の詳細なレシピである。理論は砂糖を加えろと指示するだけだが、モデルはカップ半杯なのか二杯なのかを限定する。レーズンはお好みでとしか理論は言わないが、モデルは常識で考えてレーズンは入れるなと教えてくれる。

モデル構築者は、標準モデルの未解決の面に焦点を絞り、既存の理論の構成要素を使って不備な部分を埋めていこうとする。ひも理論では、おそらく私たちが観測できる領域をはるかに超えたエネルギースケールでしか明確な予言ができないことを考えると、モデル構築のアプローチは決して無駄ではない。モデル構築者がめざしているのは全体像をつかむことで、そこから実際の世界に関係するピースを見つけようとしているのである。

私たちモデル構築の研究者は、すべてをいっぺんに導きだすのは現実的に無理だと考えている。だから、ひも理論の帰結を無理に導きだそうとはせず、基盤となる物理理論のどの部分が既存の観測結果を説明し、実験でわかった事柄のあいだの関係性を明らかにするかを突きとめようとしている。モデルの仮定はひょっとしたら究極の基礎理論の一部をなしているかもしれないし、私たちのまだ知らない関係性を、その理論的基盤はわからないながらも言い当てているかもしれない。

物理学者はできるだけ少ない仮定からできるだけ多くの物理量を予言することをつねに目標としているが、だからといって究極の根本理論をすぐに突きとめられるわけではない。少しずつ進歩が重ねられ、最後にすべてが最も根本的なレベルで理解される場合がほとんどだ。たとえば物理学者は温度と圧力の概念を理解したうえで、それを熱力学とエンジン設計に応用したが、これらの概念がもっと基礎的なミクロレベルで説明されるようになったのはずっとあとで、当時はそれが多数の原子と分子のランダムな動きによる結果だとは誰もわかっていなかった。

モデルは物理的な「現象」（つまり実験の観測結果）と不可分なため、実験を重視するモデル構築者は「現象学者」と称されることがある。しかし、ここで「現象学」という言葉を用いるのは不適切だろう。それではデータ分析の立場がない。今日の複雑な科学の世界において、データ分析は理論に深く組み込まれている。モデル構築は哲学的な意味での「現象学」という言葉から連想されるより、もっとはるかに数学的な分析と解釈に結びついたものだ。

むしろ、優れたモデルには貴重な特質がある。物理現象について明確な予言をするから、実験によってモデルの主張が正しいか正しくないかを検証できる。高エネルギー実験は新しい粒子を探しだす実験ではあるが、それだけでなく、モデルを検証し、よりよいモデルをつくる手がかりを見つけるための実験でもある。素粒子物理学で提唱されるモデルに含まれる新しい物理の原理と法則は、つねに測定可能なエネルギーの範囲に適用される。したがって、モデルは新しい粒子とともに、その粒子間の検証可能な関係性を予言する。それらの粒子を見つけだし、その特性を測定すれば、提唱された仮説を受け入れるべきか排除するべきかが判定できる。高エネルギー実験の目的は、根底にある物理法則と、その法則に説得力をもたせる概念構成を明らかにすることなのだ。

最終的に正しいと証明されるモデルはごくわずかだが、数々の可能性を吟味し、妥当な構成要素を蓄積していくための手段として、やはりモデルは最善の方法である。ひも理論が本当に正しければ、熱力学の根拠が結局は原子論にあったように、モデルのどれかがひも理論の帰結と同じだったことが最終的にわかるかもしれない。ただ、両陣営はこの一〇年ほどのあいだ、きっぱりと分裂したままだった。この断絶の問題について、先日ひも理論の若手研究者の一人であるブランダイス大学のアルビオン・ローレンスと討議したとき、彼はこんなふうに言っていた。「惜しむらくは、ひも理論とモデル構築が別個の研究テーマだったことです。モデル構築の研究者とひも理論の研究者は、互いに交流のないままずっと過ごしてきてしまった。私はまえまえから、ひも理論はあらゆるモデルの先駆者だと考えているのですが」

ひも理論の研究者もモデル構築の研究者も、ともに理論を目に見える世界につなげる無理のないエレガントなルートを探している。理論が明らかな説得力をもち、これでおそらく正しいだろうと見なされるためには、頂上からの眺めだけでなく、この経路そのものがエレガントになっていなければならない。麓から出発するモデル構築には、出発点を誤る可能性が高いという危険があるが、頂上から出発するひも理論には、いつのまにか切り立った断崖絶壁に迷い込んでいてベースキャンプに帰る道がわからなくなるという危険性がある。

宇宙を記述する言語を探している点ではどちらも同じだろうと思うかもしれないが、ひも理論が文法の内的論理に目を向けているのに対し、モデル構築は最も役に立ちそうな名詞や言い回しに目を向けている。素粒子物理学者がフィレンツェでイタリア語を学んでいる外国人だとすると、モデル構築のやり方をとる人は、宿を探すときの聞き方を覚えるなど、そこで暮らしていくのに必須のボキャブラリーを蓄えるようにはなるだろうが、いつまでも片言で、永遠にダンテの『地獄編』を完璧に読みこなせるようにはならないかもしれない。一方、ひも理論のやり方をとる人は、イタリア文学の微妙なニュアンスまでわかるようになりたいのだろうが、そうこうするうち、食事を注文するときの言い回しを覚えないせいで飢え死にしてしまうかもしれない！

幸い、状況は変わった。昨今では、理論と低エネルギー現象がお互いの進歩を支えあい、いまや大半の研究者がひも理論と実験物理学を同時に考えるようになっている。私も自分の研究ではあいかわらずモデル構築のアプローチをとるものの、いまではそこにひも理論からの着想も組み入れている。おそらく最終的には、二つの手法の長所を組み合わせることで解明が進んでいくようになるだろう。「余剰次元の研究が大きなきっかけとなって、両者の差はふたたびあいまいになっている。双方が互いに話をするようにもなった」とアルビオンも指摘する。もはや両陣営は以前ほど明確に分かれてはおらず、多くの共通基盤をもつようになった。目的と着想があらためて収束されてきている。科学的にも社会的にも、モデル構築とひも理論のあいだには明らかに重なりあう部分が増えてきた。

本書で述べる余剰次元理論の美点の一つは、両陣営の考えが合わさって、これらの理論を生んだところだ。ひも理論の導く余剰次元は厄介なものかもしれないが、これこそが従来の問題に答えを出すための新たな糸口となる可能性もある。余剰次元は、それがどこにあるのか、なぜ私たちに見えないのかという疑問はもちろんのこと、この見えない次元が私たちの世界に何らかの意味をもつのかということまで考えさせる。余剰次元はひょっとしたら、観測される現象に結びつく根本的な関係性を説明する鍵になるのかもしれない。モデル構築の研究者は、余剰次元のような概念を粒子の質量間の関係のような観測可能な量に結びつける難題に取り組んでいる。運がよければ、余剰次元モデルにもとづいた洞察が、ひも理論の抱える最大の問題の一つ、すなわち実験で確かめることができないという問題をうまく解決できるかもしれない。モデル構築の研究者は、ひも理論から導かれる理論的要素を用いて素粒子物理学の難問に挑んできた。それらのモデルは、余剰次元を想定したモデルも含めて、結論を検証することができるのだ。

あとで余剰次元モデルを検討するときに見るように、ひも理論と連動したモデル構築のアプローチは、素粒子物理学、宇宙の進化、重力、ひも理論に、重要な新発見を生みだしてきた。ひも理論の文法知識とモデル構築のボキャブラリーを併用することで、両者はきわめて妥当な会話表現集をつくりはじめているのである。

物質の中核

このあと見ていく考えは、究極的には宇宙全体を包含する。しかし、そのルーツは素粒子物理学とひも理論という、物質の最小構成単位を記述しようとする理論にある。そこで、これらの理論が扱うきわめて理論的な領域に踏み込むまえに、ここで物質のなりたちを最小単位までさかのぼって見ておくことにしよう。この原子を探るツアーガイドでとくに意識するようにしてほしいのは、これから見ていく各種の物理理論で着目されている物質の基本的な構成要素と、その大きさである。それらはツアーの先々で自分の位置を確認するための数少ない道しるべとなり、それぞれの物理現象がどの構成単位にかかわっているかに気づかせてくれるだろう。

ほとんどの物理の基本的な前提は、素粒子が物質の基本的な構成要素になっているということだ。外側の層をはがしていけば、最終的にはかならず素粒子に突き当たる。素粒子物理学者は、これらの物質が最小構成単位となる宇宙を研究しているのである。ひも理論はこの仮定をさらに一歩進めて、これらの素粒子を最も基本的なひもの振動と考える。だが、そのひも理論でも、物質が素粒子でなりたっているという考え自体は同じである。物質の中核にあって、それ以上分解できないものが素粒子である。

あらゆるものが素粒子からできているといっても、にわかには信じがたいかもしれない。なにしろ裸眼ではまったく見えないものなのだ。しかし、それは私たちの知覚の解像力がお粗末で、何かの助けを借りないかぎり、原子のように微小なものはいっさい検出できないからである。とはいえ、私たちの目には見えないだけで、素粒子はやはり物質の基本構成単位である。コンピュータやテレビの画像がいくら滑らかに見えようと、実際は小さな多数のドットで構成されているように、物質は原子で構成されており、その原子は素粒子で構成されている。私たちのまわりにある物理的な物体はみな滑らかで継ぎ目なく見えるけれども、実際は決してそうではない。

いまでこそ物理学者は物質の内側を探って構成単位を推定できるようになったが、そのためには、技術を進歩させて高感度の計測器をつくれるようにしなければならなかった。だが、より精密な技術装置を開発するたびに、より基本的な構成単位となる「構造」が現れた。そして、物理学者がさらに小さいものを調べられる装置を手にするたびに、さらに基礎的な構成要素が発見された。それまでにわかっていた構造も、また別の「基礎構造」からなっていたのである。

素粒子物理学の最終目標は、物質の最も基本的な構成要素と、その構成要素をつかさどる最も基礎的な物理法則を発見することである。私たちが微小な距離スケールを研究するのは、素粒子がこのスケールで相互作用を果たしていて、自然界の基本的な力を整理しやすいからである。大きな距離スケールだと、基本構成要素が合体して合成物となるために、基礎となる物理法則が絡みあって見えにくくなってしまう。小さな距離スケールが興味深いのは、新しい原理や関係性がこのスケールで適用されるからだ。

物質はマトリョーシカ人形のように同じものが小さくなって入れ子になっているわけではない。距離が縮まるごとに、まったく新しいものが現れてくる。人体のしくみ——心臓と血液の循環など——もかつてはひどく誤解されていたが、一六〇〇年代にウィリアム・ハーヴェイなどの科学者が人体を解剖して内部を調べてみて、やっと実態がわかった。近年の実験はそれと同じことを物質に関してやってきた。調べる距離スケールをどんどん小さくしていくと、そのたびに、より基礎となる物理法則にもとづいて動いている新しい世界が開けてくるのである。そして血液の循環が人間のあらゆる活動に重要な影響を及ぼしているように、基礎的な物理法則はもっと大きなスケールにおいて私たちに重要な影響を及ぼしている。

すでにわかっているとおり、すべての物質は原子からできており、原子と原子が化学作用によって結びついて分子となる。原子はとても小さく、一オングストロームの大きさしかない。一センチメートルの一億分の一だ。しかし、この原子も基礎的な構成単位ではない。原子は中心部にある正の電荷を帯びた原子核と、その周囲を回る負の電荷を帯びた電子からなる（図30を参照）。原子核は原子よりはるかに小さく、原子の約一〇万分の一の大きさしかない。そして正の電荷を帯びた原子核そのものも、やはり合成物である。原子核は、正の電荷を帯びた陽子と、電気的に中性の（電荷を帯びていない）中性子からなっている。この陽子と中性子を総称して核子という。原子核との大きさの差はそれほどない。これが一九六〇年代以前の科学者が考えていた物質の図で、いまでも多くの学校ではそのように教えられているだろう。

これよりさらに興味深い、とても絵に描けないような電子軌道の図も量子力学の分野では出てくるのだが、それはあとの話として、基本的にこの原子の図は正しい。しかし、いまではこの陽子と中性子でさえ、基礎的な単位ではないとわかっている。序章で引用したガモフの言葉に反して、陽子と中性子にはそれぞれ下部構造がある。これらのさらに基礎的な構成単位をクォークという。陽子には二つのアップクォークと一つのダウンクォークが含まれ、中性子には二つのダウンクォークと一つのアップクォークが含まれている（図31を参照）。これらのクォークを結びつけている力が、「強い力」と呼ばれる核力である。ただ、原子のもう一つの構成要素である電子はそうではない。現在わかっているかぎりでは、電子は基礎的な単位である。それ以上小さい粒子に分割されることはなく、内部にいかなる下部構造も含まれていない。

ノーベル物理学賞受賞者のスティーヴン・ワインバーグは、このような物質の基本構成単位——電子、アップクォーク、ダウンクォーク——と、それ以外の一時的に現れる基本素粒子の相互作用を記述する従来の素粒子物理理論をさして、「標準モデル」と名づけた。標準モデルでは、素粒子に相互作用を果たさせる四つの力のうちの三つ、すなわち電磁気力と、弱い力と、強い力についても説明さ

【図 30】 原子の構造

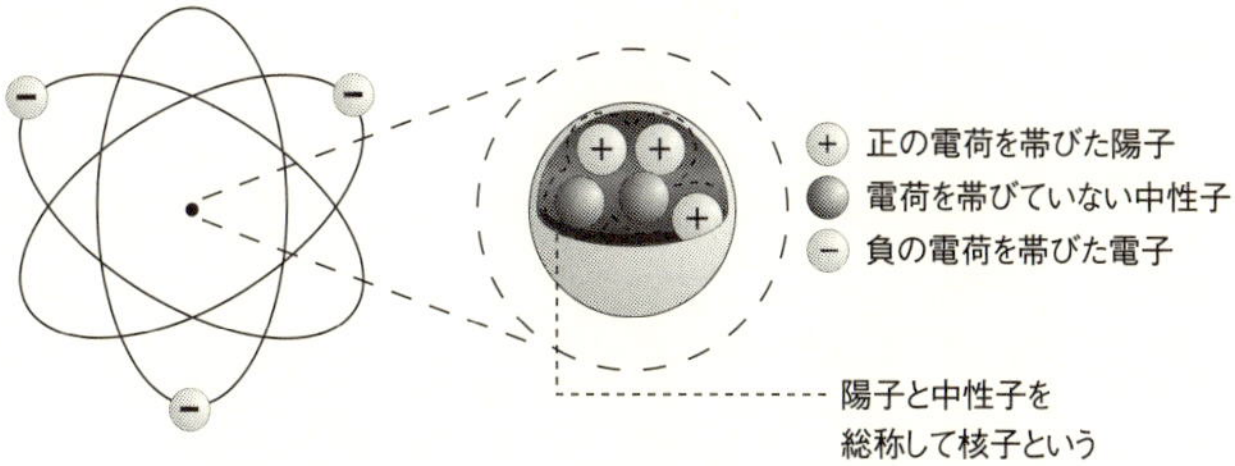

原子は微小な原子核とその周囲を回る電子からなる。
原子核は正の電荷を帯びた陽子と電荷を帯びていない中性子で構成されている。

【図 31】 核子の構造

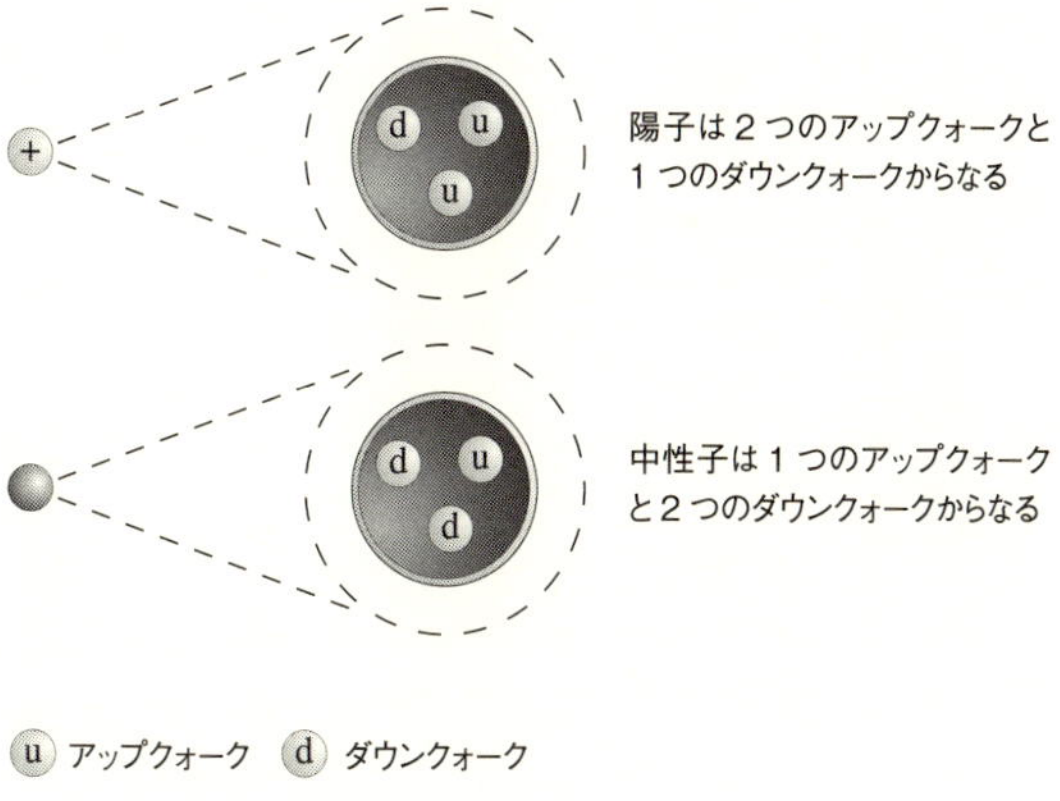

陽子と中性子はさらに基本的な単位であるクォークからなり、そのクォークを結びつけているのが強い力である。

れる（通常、重力は省かれる）。

重力と電磁気力については数百年前から知られていたが、あとの聞き慣れない二つの力については、二〇世紀後半になるまでまったく理解されていなかった。この弱い力と強い力は基本素粒子に働いて、核過程に重要な役割を果たす。これらの力がクォークを結合させたり、原子核を崩壊させたりする。

標準モデルに重力を含めることもできないわけではない。しかし、通常これを含めないのは、重力が力としてあまりに弱く、実験で到達できるエネルギーにおいては、素粒子物理学の扱う距離スケールで何ら影響を及ぼさないからである。きわめて高いエネルギーと、きわめて小さい距離においては、重力に対する私たちの通常の概念は崩れてしまう。だが、これはひも理論の扱うスケールであって、測定可能な距離スケールでは起こらない。素粒子を研究するにあたって重力が重要な意味をもつのは、たとえばあとで見る余剰次元モデルなど、標準モデルを延長した一部のモデルにおいてだけである。素粒子に関するほかのあらゆる予言に関しては、重力を度外視してもまったく差し支えない。

さて、基本素粒子の世界に入ったところで、軽く周囲を見回して隣人たちを検分してみよう。アップクォークとダウンクォークと電子が物質の中核にいる。しかし、いまではそれらに加え、普通の物質のなかには見られない、もっと重いクォークや電子に似た粒子があることもわかっている。

たとえば電子の質量は陽子の約二〇〇〇分の一だが、電子とまったく同じ電荷を帯びたミューオンという素粒子は、質量が電子の二〇〇倍ある。やはり同じ電荷を帯びたタウという素粒子は、さらにミューオンの一〇倍の質量をもつ。ここ三〇年の高エネルギー加速器での実験によって、いちだんと重い粒子まで発見されている。そうした重い粒子を生みだすには、高度に凝縮されたエネルギーが大量に必要で、それを今日の高エネルギー粒子加速器が実現させてくれたのだ。

この節が物質の内部を探るツアーだと言ったのは嘘ではないが、いま述べたような素粒子は、物質世界に安定して存在する物質の内部にはない。私たちの知る物質はすべて素粒子からできているが、それより重い素粒子は物質の構成要素にはなっていない。靴ひもであろうがテーブル面であろうが火星であろうが、私たちの知る物理的な物体に、これらの素粒子はいっさい含まれていない。だが、今日では高エネルギー加速器での実験によってこれらの素粒子を生みだすことができる。そしてこれらの素粒子は、ビッグバン直後の初期宇宙の一部をなしていたのだ。

今日の物質世界には存在しなくても、これらの重い素粒子は標準モデルの不可欠な一部である。おなじみの素粒子に相互作用を働かせるのと同じ力によって、相互作用を果たしており、物質の最も基本的な物理法則をより深いレベルで理解するにあたって欠かせない役割を果たすと考えられるからだ。標準モデルの素粒子を一覧にしたのが、図32と図33だ。このうちのニュートリノと力を伝えるゲージボソンについては、第7章で標準モデルの中身を詳しく見ていくときに説明する。

標準モデルに含まれる重い素粒子がなぜ存在するかは誰にもわからない。その目的は何か、究極的な根本理論にどんな役割を果たすのか、普通の物質を構成している素粒子となぜこれほど質量が違うのか――。これらは標準モデルが抱える大きな謎の一つだ。このほかに、標準モデルが未解決のままにしている数少ない謎にはこんなものがある。なぜ四つの力があってそれ以外はないのか？　まだ検出されていない別の力がある可能性はないのか？　重力はなぜほかの力に比べてこんなにも弱いのか？

さらに、標準モデルにはもっと思弁的な問題も残っている。それは、ひも理論での解決が期待されている疑問だが、どうしたら量子力学と重力をどの距離スケールでも矛盾なく両立させられるかということだ。これはほかの疑問と違って、もっか目に見える範囲の現象とは関係ないが、素粒子物理学の本質的な限界にかかわる問題である。

【図 32】標準モデルの物質構成素粒子とその質量

第一世代	アップクォーク up 3 MeV	ダウンクォーク down 7 MeV	電子型ニュートリノ electron neutrino ~0	電子 electron 0.5 MeV
第二世代	チャームクォーク charm 1.2 GeV	ストレンジクォーク strange 120 MeV	ミュー型ニュートリノ muon neutrino ~0	ミューオン muon 106 MeV
第三世代	トップクォーク top 174 GeV	ボトムクォーク bottom 4.3 GeV	タウ型ニュートリノ tau neutrino ~0	タウ粒子 tau 1.8 GeV

MeV：メガ電子ボルト　GeV：ギガ電子ボルト

縦に並ぶ各世代の素粒子は、電荷は同じだが質量が異なる。

【図 33】標準モデルにおける力を伝えるゲージボソン

	電磁気力	弱い力	強い力
力を伝える ゲージボソン	光子 photon 0	ウィークボソン weak gauge bosons W±　Z 80GeV　91GeV	グルーオン gluons 0

標準モデルにおける力を伝えるゲージボソンと、
その質量と、伝える力の種類。

この二種類の問題——目に見える現象にかかわる問題と、純粋に理論上の現象にかかわる問題——がともに未解決のまま残っているので、私たちは標準モデルの先を考えざるをえない。標準モデルは優れた理論で、数々の難問を解決したが、さらに基礎的な構造が発見を待っているのは明らかであり、より基礎的な原理を探す試みは決して徒労には終わらない。作曲家のスティーヴ・ライヒが『ニューヨーク・タイムズ』で(自分の書く作品のたとえとして)語っていたとおり、「最初は原子があるだけだったが、それから陽子と中性子が出てきて、さらにクォークが出てきて、いまやひもも理論が語られている。二〇年、三〇年、四〇年、五〇年と経つごとに、落とし戸が開いて別のレベルの現実が現れてくる」*。

もはや、粒子加速器による実験で標準モデルの素粒子が探されることはない。それはもうすべて見つかった。標準モデルはそれらの素粒子を相互作用のしかたに応じてきれいに整理した。そこに含まれる素粒子はすべて完璧に出そろっている。今後の実験で探されるのは、さらに興味深いと期待される素粒子だ。現行の理論モデルは標準モデルの構成要素を含むと同時に、新たな要素をつけくわえ、標準モデルで解決されない問題をそれによって解き明かそうとしている。その新たな要素を識別し、物質の根本的な性質を見つけるための手がかりが得られるかどうか、今後の実験に期待が寄せられている。

これまでの実験と理論から、より基礎的な理論がどういうものになりそうかという心当たりはついているが、高エネルギー実験で答えが出るまでは(つまり、もっと微小な距離が探られるまでは)本当

*二〇〇五年一月二八日付『ニューヨーク・タイムズ』の記事、Anne Midgette, "At 3 score and 10, the music deepens" より。

に正しい自然の記述はわからないだろう。あとで見るように、今後数年の実験で新しいものが発見されるのは理論上の手がかりから見てほぼ確実である。おそらくそれは、ひも理論の明確な証拠とはならないだろう――そんなものが発見できるとは思えない――が、時空における新たな関係のような奇妙なものが出てくることは考えられる。あるいはそれこそ、まだ見つかっていない新しい余剰次元が出てくるかもしれない。この新たな現象は、ひも理論だけでなくほかの素粒子物理理論においても重要な要素になっているのだ。人間の想像力がいかに広範囲に及ぶといっても、まだ誰も考えたことのないようなものが今後の実験で明らかにされる可能性は大いにある。いったいどんなものが出てくるのか、私たち研究者は非常にわくわくしているのだ。

今後の展開

いま見てきたような物質の構造がわかったのは、前世紀に起こった決定的な物理学の進展のおかげである。今後どのような包括理論が考えだされるにしろ、そのすべての土台となるのがこれらの進展であり、当時としても、それは画期的な偉業だった。

次章から、これらの進展を一つずつ見ていくことにしよう。理論は観測と、そのまえの理論の欠陥を埋めることから生まれる。したがって、過去の驚異的な理論の発展を知っていれば、近年の進展がもつ意味もより深く理解できるだろう。図34は、これから見ていく理論がどうつながっているかを示している。いずれの理論も、過去の理論からの知識を活用して組み立てられたものであり、まえの理論の完成後に初めてわかった穴を新しい理論が埋めてきたのである。

最初に見るのは、二〇世紀の初めに生まれた革命的な二つの考え、相対性理論と量子力学である。

これらを通じて、私たちは宇宙とそこに含まれる物体の姿を知り、原子の組成と構造を知った。そのつぎに見るのが、素粒子物理学の標準モデルだ。これは一九六〇年代から七〇年代にかけて発展したもので、いま見てきたような素粒子の相互作用を予言するのを目的としていた。ここであわせて、素粒子物理学の最も重要な原理と概念、すなわち対称性と、対称性の破れと、物理量のスケール依存についても説明しよう。これらの進展が、物質の最も基本的な構成要素がどのようにして私たちの見ているさまざまな構造を生みだすかについて、多くを明らかにしてきたのである。

しかし、大成功を収めたとはいえ、素粒子物理学の標準モデルはいくつかの根本的な疑問を未解決のままに残している。それらのきわめて基本的な疑問に答えが出れば、この世界の構成要素に関して新たな真実が見えてくるだろう。第10章では、標準モデルの最も興味深い、最も不可思議な側面の一つを取りあげる。それは素粒子の質量の起源だ。既知の粒子の質量と重力の弱さを説明しようとすれば、標準モデルよりもさらに深い物理理論がどうしても必要になる。

こうした素粒子物理学の問題に答えようとするのが余剰次元モデルだが、このモデルにはひも理論からの考えも取り入れられている。素粒子物理学の基本について説明したあと、そのひも理論のそもそもの発端と基本的な概念を紹介しよう。ひも理論から直接モデルが

【図 34】物理学の各分野と、それぞれのつながり

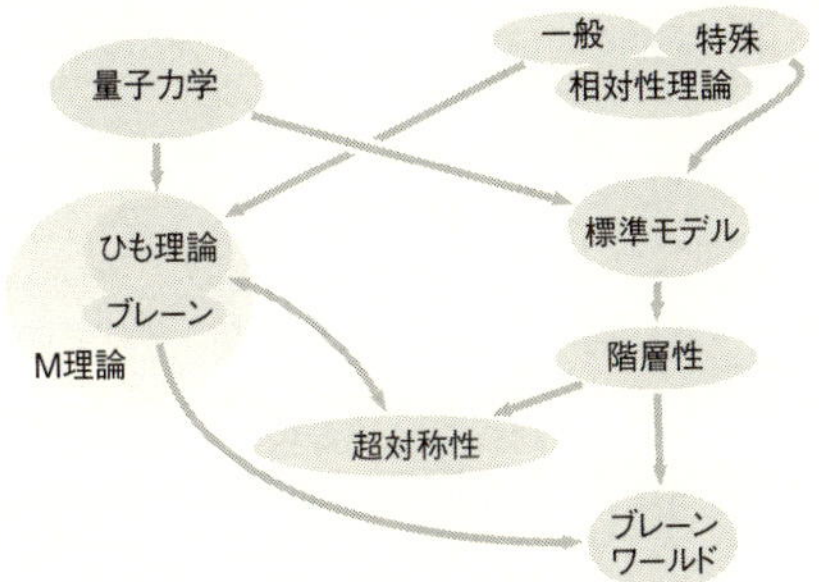

導かれるわけではないが、ひも理論のいくつかの要素が余剰次元モデルの組み立てに使われている。

余剰次元についての研究は、素粒子物理学の二大潮流であるモデル構築とひも理論のさまざまな理論的発展を束ねあわせているので、そこでの説明はおのずと多方面にまたがる。各分野における近年のきわめて興味深い進展に多少なじんでおけば、余剰次元モデルの出てきた理由とその手法がいっそう理解しやすくなるだろう。

とはいえ、その部分を飛ばしたい読者もいるかもしれないから、あとで余剰次元モデルの構築の話に戻ったときに必要となる重要なポイントを各章の最後に箇条書きにしておく。ある章を読み飛ばしたい場合や、後述するテーマのほうに関心がある場合は、この箇条書きにした項目をその章のまとめとして利用してもらえばいい。章のなかで箇条書きにない点に触れることもあるが、本書の後半部分の主要な結論に欠かせない重要な考えは、この箇条書きで押さえておく。

第17章からは、いよいよ余剰次元のブレーンワールドの探索に入る。これは、私たちの宇宙を構成する物質がブレーンに閉じ込められていると考える理論である。ブレーンワールドという発想は、一般相対性理論、素粒子物理学、ひも理論に、新しい洞察を導入してきた。私の考えでは、さまざまなブレーンワールドがそれぞれ別の仮定にもとづいて、別の現象を説明する。各モデルの特徴についても、やはり各章の最後に箇条書きでまとめておく。これらの仮説のなかに、はたして自然を正しく記述するものがあるのかどうか、あるとしたらどれなのかは、いまのところわからない。だが、ブレーンが宇宙の一部であって、私たちがそこに——別の並行宇宙とともに——拘束されていることが最終的にわかる可能性は決してゼロではない。

この研究から私が学んだことの一つは、ともすると私たちより宇宙のほうがよほど想像力豊かだということだ。たまたま遭遇しなければとうてい気づかないような、思いもよらない性質をもっていることもある。そうした驚きが発見できれば、なんと楽しいことだろう。ずっと知っていた物理法則が、じつはどこかにとんでもない影響を及ぼしていたりするのだから。

では、それらの法則がどういうものなのかを探りに行くことにしよう。

II部 20世紀初頭の進展

第5章 相対性理論——アインシュタインが発展させた重力理論

重力の法則はとてもとても厳密なのに
きみは自分の都合のいいように曲げちゃってる
——ビリー・ブラッグ

イカルス（アイク）・ラシュモア三世は、新しく買ったポルシェを早く友達のディーターに見せたくてたまらなかった。新車が自慢だったのはもちろんだが、それ以上に、自分で設計して取りつけたばかりのGPS（衛星利用測位）システムに夢中になっていたのだ。

アイクはディーターを感心させたくて、彼を地元のレースコースまでドライブに誘った。二人で車に乗ると、アイクは目的地をセットして出発した。だが、情けないことに、車は違う場所に着いてしまった。アイクの予想に反して、GPSがちっともうまく働かなかったのだ。ディーターは最初、アイクがばからしいミスをしたのだろうと思った。たとえばメートルとフィートをまちがって入力したとか。しかしアイクとしては、自分がそんなくだらないミスをするはずがないと思い、絶対に原因はそうじゃないとディーターに断言した。

翌日、アイクとディーターは不具合の修正を試みた。しかし残念ながら、ふたたびドライブに出てみると、GPSはまえよりさらにおかしくなっていた。アイクとディーターは、再度、問題の原因を調べた。わけがわからないまま一週間が過ぎたところで、ついにディーターがはっと気づいた。さっそく簡単な計算をしてみると、意外な真相が明らかになった。一般相対性理論を考慮していなかったため、アイクのGPSシステムは毎日一〇キロメートル以上の割合でエラーを重ねてしまっていたのだ。アイクは自分のポルシェが相対性理論の計算を必要とするほど速いとは思わなかったが、ディーターの説明を聞いて納得した。車ではなく、GPS信号が光速で伝わるのだ。ディーターはGPS信号が通過する重力場の変動を計算に入れてソフトウェアを修正した。するとアイクのシステムは、市販の製品とまったく遜色なく機能した。アイクとディーターは安心してドライブ旅行の計画を立てはじめた。

前世紀の初めに、イギリスの物理学者ケルヴィン卿はこう言った。「今後、物理学で新たに発見されるものは何もない。あとは計測をより精密にしていくだけだ」[*]——もちろん、ケルヴィン卿はまちがっていた。この発言からほどなくして、相対性理論と量子力学が物理学に革命をもたらし、今日まで続く物理学のさまざまな分野に発展したのである。一方、ケルヴィン卿はもっと深遠な言葉も残し

＊一九〇〇年の英国科学振興協会での物理学者に向けた演説より。

ている。「科学の財産は複利式に殖えていく」* ――こちらはまちがいなく正しい。とくに先の二つの革命的な進展は、まさにこの言葉のとおりだろう。

この章では、重力の科学について探っていく。ニュートンの法則という偉業から、さらにその先のアインシュタインの相対性理論へと、重力の考え方がどう発展していったかを見ていこう。ニュートンの運動の法則は、重力によって生じる運動も含めて、機械的な運動を計算するのに何世紀にもわたって使われてきた古典的な物理法則である。ニュートンの法則はたいへんすばらしく、これを用いれば、さまざまな運動の予言がじつに正確に行なえる。そのおかげで人間を月に送ったり衛星を軌道に乗せたりすることもできるし、ヨーロッパの超高速列車は脱線せずにカーブを曲がることができ、天王星の奇妙な軌道から海王星という八番めの惑星が発見されることにもなった。しかし悲しいかな、これだけではGPSシステムを正確に働かせることはできなかった。

現在使われているGPSシステムが一メートルの狂いもなく働くには、アインシュタインの一般相対性理論が必要となる。周回軌道探査機からのレーザー測距データを使って火星の積雪量のばらつきを測定するのにも、やはり一般相対性理論が用いられ、それによって一〇センチメートル単位での恐ろしく正確な数値が得られる。ただし、一般相対性理論の発展初期には、誰も――当のアインシュタインでさえ――このような抽象的理論がそこまで実際的な目的に応用されるとは思ってもいなかった。

この章の主題となるアインシュタインの重力理論は、驚くほど正確な理論として、さまざまなシステムに応用されている。だが、それを論じるまえに、まずはニュートンの重力理論をざっと見ておこう。日常生活で遭遇するエネルギーや速さについてなら、このニュートンの理論ですべて説明がつく。そのあとで、ニュートンの理論が成立しなくなる極限の状況、すなわち非常に速い速さ（光速に近い速さ）と非常に大きい質量やエネルギーがかかわってくる場合に話を移そう。これらの極限状況では、ニュートンの重力理論がアインシュタインの相対性理論に取って代わられる。アインシュタインの一般相対性理論によって、空間（そして時空）は静止した状態から、自らが生命をもって動いたり曲がったりできる動的な存在へと変化した。この理論がどういうものか、何をきっかけにこの理論が生まれたか、どのような実験検証を経て科学者がこれを正しいと確信するにいたったかを、順を追って見ていくことにする。

ニュートンの万有引力の法則

重力は、あなたの足を地面につけさせている力であり、投げ上げたボールが地球に戻ってくるときの加速の原因である。一六世紀の末に、ガリレオはこの加速が地球上のあらゆる物体に、その物体の質量の違いに関係なく、一定して働くことを証明した。

ただし、その物体が地球の中心からどれだけ離れているかによって、加速度は変わってくる。もっと一般的な言い方をするならば、重力の強さは二つの質量のあいだの距離に依存し、物体間の距離が長ければ長いほど重力は弱くなる。そして重力の引く力を生んでいる原因が地球ではなく、ほかの物体である場合、重力の強さはその物体の質量によっても変わってくる。

アイザック・ニュートンが発見した万有引力の法則は、重力がこのように質量と距離によって決まることを要約したものだ。ニュートンの法則では、二つの物体のあいだに働く重力の強さはそれぞれの物体の質量の積に比例する。この二つの物体は何でもいい。地球とボールでもいいし、太陽と木星

＊一八七一年の英国科学振興協会での会長演説より。

でも、バスケットボールとサッカーボールでも同じだ。二つの物体の質量が大きければ大きいほど、重力は大きくなる。

さらにニュートンの万有引力の法則では、二つの物体間の距離によっても重力が変わってくる。第2章で述べたように、この法則では、二つの物体間に働く力が距離の二乗に逆比例する。かの有名なリンゴの話も、この逆二乗法則の一部だった。[*] ニュートンは、地球が地表近くのリンゴを引っぱることによって生じる加速度を算出し、それを地球の中心から地表までの距離の六〇倍のところにある月の加速度と比較した。地球の重力によって生じる月の加速度は、リンゴの加速度の三六〇〇分の一である（三六〇〇は六〇の二乗）。このように、たしかに重力の強さは地球の中心からの距離の二乗に比例して小さくなっている。[7]

ただし、重力が質量と距離によって決まることはわかっていても、それだけでは重力そのものの強さを特定できない。ここで必要となるもう一つの数値が、いわゆるニュートンの万有引力（重力）定数で、あらゆる古典的重力の計算の要素に入れられるものだ。重力は非常に弱い力なので、ニュートン定数もおのずと微小な数字になる。そして、重力効果はすべてこの定数に比例する。

地球の重力にしろ、太陽と惑星のあいだに働く重力にしろ、その数値は非常に大きいかもしれないが、それは地球や太陽や惑星の質量がとてつもなく大きいからにすぎない。ニュートン定数はきわめて小さい数字であり、素粒子間に働く重力などはきわめて弱い。この重力の弱さはそれ自体が大きな謎なのだが、これについては追って触れることにしよう。

ニュートンの理論は正しかったが、ニュートンはその発表を二〇年後の一六八七年まで待たなければならなかった。自分の理論のきわめて重要となる前提に納得のいく説明を与える必要があったからだ。この理論上での地球の重力は、地球の全質量があたかも地球の中心部に凝縮されているかのように働くのである。ニュートンがこの問題を解決するための計算法を必死になって考えていたあいだに、エドマンド・ハレー、クリストファー・レン、ロバート・フック、それに当のニュートン自身によって、この問題は大きく前進した。すでにヨハネス・ケプラーによって軌道が測定され、楕円軌道を描いていると判明していた惑星の運動を分析することで、万有引力の法則の正しさが確認されたのである。

これらの科学者たちは、みなそれぞれ惑星運動の問題解明に大きな貢献を果たしたが、逆二乗法則についての功績はやはりニュートンにある。逆二乗法則が正しい場合においてのみ、楕円軌道が中心部の力（太陽の力）の影響によって生じることを最終的に証明したのはニュートンであり、天体の質量がたしかに中心部に凝縮しているかのように作用することを微分積分学を用いて証明したのもニュートンだった。とはいえ、ほかの科学者たちが果たした役割の大きさはニュートンも認めていたようで、「私が人より遠くまで先を見通せていたとしたら、それは私が巨人たちの肩の上に乗っていたから」だと述べている[**]（ただし一説には、これはニュートンが毛嫌いしていたフックに対する嫌味だとも言われている。フックはたいそう背が低かったので）。

私も高校の物理の授業でニュートンの法則を学び、興味深い（いささか不自然な気もする）系のふるまいの計算をした。ところが私の学校のボーメル先生は、いま教わったばかりの重力理論がまちがっていると言う。私はそれを聞いて、ひどく頭にきたものだ。正しくないとわかっている理論をどうして教えるの？　高校生だった私の世界観では、科学の真価はそれが確かな真実であり、事実にもとづく正確な予言ができるということだった。

*あの逸話は作り話かもしれないが、論法そのものは正しい。
**アイザック・ニュートンからロバート・フックへの一六七五年二月五日付の手紙より。

しかしおそらく、ボーメル先生はそういう反応を狙ってわざと端的な言い方をしたのだろう。ニュートンの理論はまちがっているわけではない。それは近似であるだけで、大半の状況ではみごとにそのとおりに当てはまる。各パラメーター（速さ、距離、質量など）の相当に広い範囲まで、重力の強さをきわめて正確に予言できる。これ以上に厳密で根本的な理論は相対性理論だが、ニュートン理論と相対性理論とで予言に測定できるだけの差が生じるのは、きわめて速い速さか、きわめて大きなエネルギーや質量を相手にするときだけだ。ただのボールの動きなら、そのどちらもが含まれないわけだから、ニュートンの法則でなんら問題なく予言できる。相対性理論でボールの動きを予言するほうがばかげているというものだ。

なにしろ当のアインシュタインですら、最初は特殊相対性理論をニュートン物理学の改良としか考えていなかった。まさかそれが抜本的なパラダイムシフトになるとは思ってもいなかった。しかしもちろん、そんな言葉ではまったく足りないほどの重要性がアインシュタインの理論には秘められていた。

特殊相対性理論

物理法則から当然期待されるのは、その法則が誰にでも等しく当てはまるということだ。別の国にいる人や、走っている列車の乗客、上空を飛ぶ飛行機の乗客がそれぞれ別の物理法則のもとにあるのなら、法則の正当性や有用性が疑われてしかるべきである。物理法則は根本的なものであるはずで、どの観測者にとっても真理でなければならない。計算に差が出るとしても、それは環境の違いによって生じる差であって、物理法則の違いによるものではない。実際、普遍的な物理法則が特定の視点を必要とするなんて、こんなおかしな話はないだろう。その人のいる「基準系（基準となる座標系）」によって測定される量が変わってくることはあるかもしれないが、その量をつかさどる法則はつねに一定であるはずだ。アインシュタインが定式化した特殊相対性理論も、まさにそのとおりのことを示している。

実際、アインシュタインの重力理論に「相対性理論」という名がついているのは、いささか皮肉な感じがする。特殊相対性理論にしろ一般相対性理論にしろ、それをなりたたせている重要なポイントは、物理法則がすべての人に、基準系に依存せずに当てはまるということだからだ。アインシュタイン自身、じつは「不変理論（Invariantentheorie）」[*]とでも命名すればよかったと考えていて、一九二一年には、名称を再考したらどうかという提案に対する返信のなかで「相対性理論」という名称はあまり適切ではなかったと認めている。[**]しかし、そのころには「相対性理論」の名がすっかり定着していたため、いまさら変える気にもなれなかった。

アインシュタインが基準系と相対性理論に関する最初のひらめきを得たのは、電磁気について考えていたときだった。一九世紀から一般に知られるようになっていた電磁気理論は、電磁気と電磁波のふるまいを記述したマクスウェルの法則にもとづいていた。この法則は正しい答えを出していたが、最初は誰もがその予言を「エーテル」の運動と誤って解釈していた。エーテルというのは目に見えない仮説上の物質で、その振動が電磁波だと考えられていたのだ。そのエーテルが本当にあるなら、望ましい観測地点、つまりエーテルが静止した基準系もあることにアインシュタインは気づいた。互い

* Gerald Holton, *Einstein, History, and Other Passions* (Cambridge, MA : Harvard University Press, 2000) より。

** 一九二一年九月三〇日付のE・チンマーへの手紙より。

に一定の速度[*]で、そして静止している人に対しても一定の速度で運動している――つまり物理学でいうところの「慣性系」にいる――人びとには、同じ物理法則が適用されるはずである。電磁気の法則も含めたすべての物理法則がどの慣性系にいる観測者にとっても当てはまると仮定することで、アインシュタインは必然的にエーテルの概念を捨て去り、最終的に特殊相対性理論を定式化するにいたった。

アインシュタインの特殊相対性理論は、時間と空間の概念をも一変させる飛躍的な前進だった。物理学者で科学史家のピーター・ギャリソンの見方によれば、[**]エーテル説がきっかけとなってアインシュタインが正しい方向を見つけたのは確かだが、当時のアインシュタインの職業も一つの要因になっていたかもしれない。というのも、ドイツで生まれ育ち、スイスのベルンの特許局で働いていたアインシュタインの頭には、時間と時間調整の概念が染みついていたはずだというのである。ヨーロッパを旅したことのある人ならご存じだろうが、スイスやドイツのような国では、正確さが非常に重んじられており、おかげで乗客は当然のように列車が時間どおりに運行するものと思っていられる。アインシュタインが特許局で働いていたのは一九〇二年から一九〇五年までだが、ちょうどその時期、鉄道は移動手段としてますます重要性を増し、時間調整には新しいテクノロジーがどんどん注ぎ込まれていた。一九〇〇年代初頭のアインシュタインが、ある鉄道駅での時間と別の駅での時間をどう合わせるかといったことを現実問題として考えていた可能性は大いにありうる。

もちろん、アインシュタインは現実の列車運行調整の問題を解決するために相対性理論を考案したわけではない（しょっちゅう遅れるアメリカの列車に慣れきった人には、そもそも時間調整が必要だという考えすら浮かばないだろうが）。[***]とはいえ、時間調整は考えるに値する問題を提起していた。相対論的に動いている列車の時間を調整するのは簡単なことではない。たとえば静止中の私の腕時計を走行中の列車に乗っている誰かの時計と合わせようとすれば、私は自分とその人のあいだを移動する信号の時間遅延を計算に入れなくてはならない。なぜなら光の速さは有限だからだ。自分の時計を隣に座っている人の時計と合わせるのと、ずっと離れたところにいる人の時計と合わせるのとでは違うのである。****

アインシュタインが特殊相対性理論を構築するにいたった最大の要因は、時間についての概念を再定式化する必要を認めたからだった。アインシュタインの考えでは、もはや空間と時間をそれぞれ単独で考えることはできなかった。もちろん、その二つは同じものではない——時間と空間は明らかに違う——が、観測する側の運動している速度によって、測定される量は変わってくる。この発見の結果が、特殊相対性理論だった。

意外なことに、アインシュタインの特殊相対性理論の奇妙な帰結はすべて二つの仮定から導きだせ

*この「速度」は速さと進行方向を含めた概念。
** Peter Galison, *Einstein's Clocks, Poincaré's Maps : Empires of Time* (New York : W. W. Norton, 2003) より。
*** 誤解しないでほしいのだが、私は鉄道が好きだ。ただ、アメリカの鉄道についてはもうすこし考えてもらいたいと思う。
**** アメリカの鉄道は時間調整をしっかり行なっているとは言いがたいが、アムトラック（全米鉄道旅客輸送公社）がボストンからワシントンまでの北東回廊線を走るアセラ特急の宣伝に「時間と、時間を活用する空間」というキャッチフレーズをつけているところからすると、いちおう特殊相対性理論はわかっているのかもしれない。とはいえ、厳密に言えば「時間」と「空間」は互いに置き換えられるものではない。このキャッチフレーズが「空間と、空間を活用する時間」なら、私の言う列車移動でのさらなる遅れをまさしく言い表すことになるが、それでは高速列車の宣伝にはならないだろう。

る。ただし、これを説明するには基準系の一種である「慣性系」の意味を理解しておかなくてはならない。まず、一定の速度（速さと方向）で運動する基準系を想定してみよう。静止している基準系を考えるとわかりやすいかもしれない。そして慣性系というのは、その基準系に対して等速運動をしているもののことである。たとえば一定の速さで走っている人や車も、ひとつの慣性系と言える。

そこで、アインシュタインの仮定に戻ろう。

物理法則はあらゆる慣性系において等しい。
光の速さ（c）はどの慣性系においても等しい。

この二つの仮定は、ニュートンの法則が完全でなかったことを示している。アインシュタインの仮定を受け入れるなら、ニュートンの法則に代えて、この原則に見合った新しい物理法則を採用するしかない。[8] そこから導かれる特殊相対性理論の法則が、時間の遅れ、同時性の観測者依存、運動している物体のローレンツ収縮といった、聞き覚えのあるかもしれない奇妙な現象のすべてに行き着くのである。この新しい法則は、光速よりも充分遅い速さで運動している物体に適用した場合には、古典的な法則と非常によく似て見える。だが、光速に近い速さで運動しているものに適用すれば、ニュートンの公式と特殊相対性理論の公式には歴然とした違いが生じる。

たとえばニュートン力学では、速さが単純に加算される。高速道路上で対向車が走ってくるときの速さは、その車のスピードとこちらの車のスピードを足した速さだ。同じように、駅に入ってくる列車に向かってホーム上から誰かがボールを投げつければ、その列車に乗っている人にとってのボールの速さは、ボールそのものの速さに列車の走行速度を足したものとなるだろう（私のクラスの学生だったウィテク・スキバなら、これを事実だと断言できる。彼の乗っていた列車が駅に入ろうとしたとき、それに向かって誰かが投げたボールに当たって危うく気絶させられそうになったからだ)。

ニュートン物理学にしたがえば、動いている列車に向かってくる光線の速さは、光速と列車の動きの速さを足したものになる。しかし、光速が一定であるとしたら、これは真理とはならない。アインシュタインの二つめの仮説が言っているのはまさにそのことである。光速がつねに同じなら、走行中の列車に向かってくる光線の速さは、地上で静止している人に対してやってくる光線の速さと同一であることになる。ふだんの生活で遭遇するような遅いスピードに慣れていると、これは一見、直観に反しているように思われるかもしれないが、光速は一定であり、ニュートン物理学と違って速さは単純に加算されるものではないとするのが特殊相対性理論の考え方だ。つまり、アインシュタインの仮定から導かれる相対論的な原則にしたがって速さは加算されるべきなのである。

特殊相対性理論が意味するところの多くは、私たちが慣れ親しんでいる時間と空間についての概念に一致しない。特殊相対性理論における時間と空間の扱い方は、それまでのニュートン力学での扱い方とは異なるもので、そのために直観に反する数々の結論が出てくる。時間と空間の測定値は速さしだいであり、相対的に運動している系においては、それらが混ざり合うというのだから。しかし不思議なもので、この二つの仮説をいったん受け入れてしまうと、もはや時間と空間について別の考え方をとるしかなくなる。

なぜそうなるかの実例を一つ挙げてみよう。まったく同じ帆を備えた、まったく同じ船が二つあるとする。一艘は岸につなぎとめられており、もう一艘は沖に向かって進んでいく。その船が岸を離れるときに、それぞれの船長がお互いの腕時計の時刻を合わせたとする。

ここで、二人の船長がすこし変わったことを始める。帆の最上部に鏡を一つ取りつけ、帆柱の根元にもう一つ鏡を取りつけて、下の鏡から上の鏡に光を当てさせ、光が鏡にぶつかって返ってくる回数を数えることによって、それぞれの船上での時間を計測することにしたのである。もちろん現実的に考えれば、こんなばかげた方法はないだろう。光は猛スピードで絶え間なく上下するのだから、実際に数えられるわけがない。しかし、そこはひとつ我慢していただいて、その異様な速さを二人の船長が数えられるものと仮定して話を進めたい。動いている船のうえでの時間の伸びを説明するのに、この多少わざとらしい例がうってつけだと思うからだ。

さて、光が一回上下するのにかかる所要時間がわかっていれば、その光の上下する時間に回数を掛け合わせることで、二人の船長はそれぞれ自分の船上での時間の経過を計算できる。しかしここで、停泊しているほうの船の船長が自分の船上にある鏡を時計として使う代わりに、動いている船のほうにある鏡のあいだで光が上下する回数を数えることで時間を計測したと考えてみる。

動いている船のほうの船長から見れば、光は単純に鏡のあいだを上下しているだけだ。しかし、泊まっている船のほうの船長から見ると、光はもっと長い距離を移動しなければならない（図35に示したように、動いている船が移動した距離を埋めなければならないからだ）。ところが——ここが直観に反するところで——光速はつねに一定で

【図35】静止した船と動いている船の時間の刻み方

静止した船と、動いている船とで、それぞれの帆の上にぶつかって跳ね返る光線の経路はこのようになる。静止した観測者（岸につながれた船や灯台にいる人）から見ると、動いている船のほうでは光線の経路が長くなる。

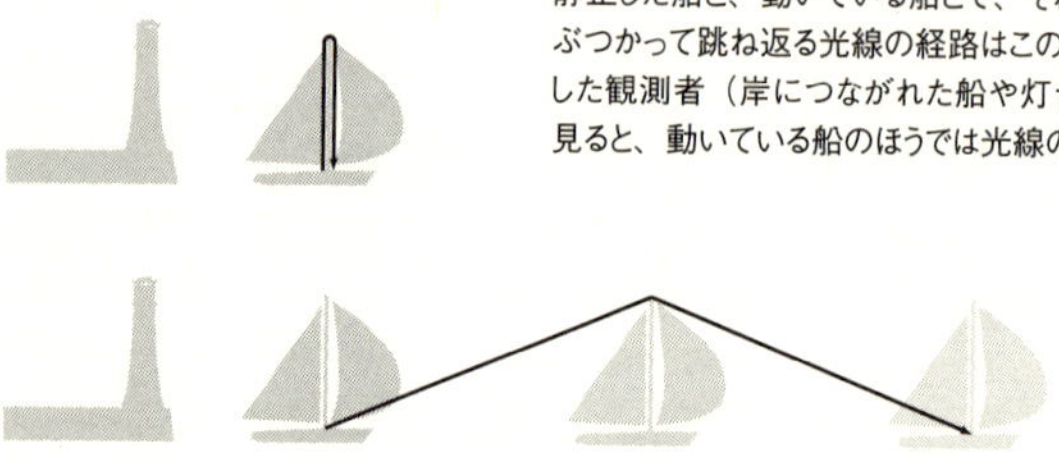

ある。泊まっている船の帆のうえに送られる光の速さと、動いている船の帆のうえに送られる光の速さはまったく同じだ。光の移動した距離を光速で割って時間が測られ、なおかつ動いているほうの船での光の速さが静止したほうの船での光の速さと同じというのなら、動いている船の鏡時計は、光が移動しなければならない余分な距離を埋めるぶん、必然的に遅く時間を刻んでいることになる。この直観では捉えがたい――運動している時計と静止している時計とで時間の刻まれるペースが異なるという――結論は、運動している基準系での光の速さと静止している基準系での光の速さが同じであることから導かれる。実際にこんなふうに時間を計測することはありえないかもしれないが、どんな方法をとったとしても、この結論――運動している時計は遅く時を刻む――はつねに同じとなる。もし二人の船長が腕時計をつけていたとしても、やはり同じ結果を観測することになるだろう（もちろん、ふつうのスピードの場合はその効果が非常に小さくなるわけだが）。

この例はあくまでも人工的なたとえだが、ここに示された現象は確実に計測可能な効果を生む。たとえば特殊相対性理論から生じる別の時間は、高速で運動する物体が実際に経験するもので、この現象を時間の遅れという。

物理学者が時間の遅れを計測するのは、加速器や大気圏内で生みだされた素粒子を研究するときだ。そこでは素粒子が相対論的な速さ、つまり光速に近い速さで動いているのである。たとえばミューオンという素粒子は、電子と同じ電荷を帯びているが、電子よりも重く、電子とはちがって崩壊できる（つまり、もっと軽い別の粒子に変われる）。ミューオンの寿命、すなわち崩壊するまでの所要時間は、わずか一〇〇万分の二秒だ。運動しているミューオンの寿命が静止しているミューオンと同じだとすれば、ミューオンは消滅するまでに六〇〇メートルしか移動できないことになる。にもかかわらず、ミューオンはなぜか地球の大気圏をぐんぐん突き進んでしまうし、加速器のなかでは、巨大な検出器の端まで行き着いてしまう。これは、ミューオンが光速に近い速度で動いているため、私たちから見れば通常よりはるかに長生きしていることになるからだ。大気圏内のミューオンは、ニュートンの原理にもとづいた宇宙にいるときと比べて、少なくとも一〇倍の距離を移動している。私たちはまさにそういうミューオンを目にしているのだから、時間の遅れ（および特殊相対性理論）は実際の物理効果を生みだしているわけだ。

特殊相対性理論は、これが古典物理学からの劇的な転換であったという意味でも重要だが、近年の発展に重要な役割を果たす二つの理論、すなわち一般相対性理論と場の量子論を生むのに不可欠であったということも忘れてはならない。あとで素粒子物理学と余剰次元モデルについて述べるとき、特殊相対性理論の具体的な予言については触れないつもりだが、できれば語りたいことはいっぱいある。たとえば、なぜ同時性は観測者が運動しているかどうかに左右されるのか、運動している物体の大きさが静止しているときとどのように変わるのかなど、特殊相対性理論にはとても興味深い結論がいろいろあるのだ。しかし、ともあれここでは別の劇的な発展、すなわち一般相対性理論について掘り下げることにしよう。この理論は、あとで見るひも理論と余剰次元を理解するのにも欠かせない主題である。

等価原理——一般相対性理論の始まり

アインシュタインが特殊相対性理論のアイデアを論文にしたのは一九〇五年のことだった。一九〇七年には、このテーマについての最新の研究をまとめた論文を執筆中だったが、すでにこのときから、アインシュタインは自分の理論がすべての状況に適用できるわけではないことに気づきはじめていた。

この理論には二つの重要な漏れがあった。一つには、慣性系という特殊な状況、すなわち互いに対して等速度で運動している場合にしか、物理法則が普遍にならないのだ。

特殊相対性理論では、この慣性系が大きな前提となる。したがって、加速している基準系はすべてこの理論の適用外となる。自動車を運転しているときにアクセルを踏めば、その時点で、もはや特殊相対性理論が適用される特殊な基準系にはいないことになる。だから特殊相対性理論は「特殊」なのだ。「特殊」な慣性系は、存在しうるあらゆる基準系のほんの一部でしかない。誰かの基準系だけが特別であってはならないと考えると、この理論が慣性系だけを対象にしているのは大きな問題だった。

アインシュタインの二つめの疑念は、重力に関係していた。ある状況で物体が重力にどう反応するかはわかっていたが、そもそも重力場を規定する公式がまだ見つかっていなかったのだ。ある単純な状況で重力の法則がどういう形式になるかはわかっていても、物質のどのような配置にも応用できる場は、まだ導きだせていなかった。

一九〇五年から一九一五年まで、ときにくたくたに疲れ果てながら、アインシュタインはこの二つの問題の解決に取り組んだ。その結果、できあがったのが一般相対性理論である。この新しい理論の中心となったのが、等価原理だ。つまり、加速による効果と重力による効果は区別ができないということである。加速度運動している観測者から見ても、代わりに重力場中の静止観測者から見ても、物理法則はすべて同じに見えるはずである。ただし、静止した座標系のなかのすべてが最初の観測者と同じ加速度で——しかし方向は反対に——加速度運動しているような重力場を考えるとする。言い換えれば、均一な加速度運動を重力場における静止状態と区別することはどうしたってできないのである。等価原理にしたがえば、この二つの状態を区別する手段は一つもない。観測者は自分がどちらの状態にいるのか決してわからない。

等価原理は、原則的には異なる量であるはずの「慣性質量」と「重力質量」という二つの量が等価であることから導かれる。慣性質量は、物体がさまざまな力にどう反応するか、言い換えれば、その力が加えられたときに物体がどれだけ加速するかを規定する。慣性質量の役割は、ニュートンの運動の第二法則、$F=ma$ に要約される。これは、F の大きさの力が m の質量をもつ物体にかけられると、a の加速度が生じるということだ。つまりニュートンの有名な第二法則は、任意の力が物体にかけられるとき、その物体の慣性質量が大きいほど加速度が小さくなることを示している。おそらくこれは誰でも経験から思い当たるところだろう（スツールとグランドピアノを同じ力で押せば、スツールを押したときのほうが速く遠くに動かせるはずだ）。ここで注意したいのは、この法則がどのような種類の力にも——たとえば電磁気力にも——当てはまるということだ。重力とまったく関係のない状況においても、この法則は適用できる。

一方、重力質量は、重力の法則において重力の強さを規定する質量である。まえに述べたように、ニュートン理論における重力の強さは、互いに引きあう二つの物質の質量それぞれに比例する。この質量が重力質量だ。重力質量と、ニュートンの第二法則に適用される慣性質量は、結果的に等価であり、だからこの二つをともに「質量」と称して差し支えないことになっている。しかし原則として、この二つは違っていてもおかしくなく、ひょっとしたら片方だけを「質量」と称し、もう片方を「量質」とでも称する必要があったかもしれない。幸い、その必要がなかっただけだ。

二つの質量がまったく同じだという不思議な事実には、非常に奥深い意味があって、アインシュタインのような天才がいなかったらこれを認識して解明するのはかなわなかったかもしれない。重力の法則によれば、重力の強さは質量に比例する。そしてニュートンの法則にしたがえば、その力（重力に限らずすべての力）によってどれだけの加速が生じるかが決まる。重力の強さは、加速の大きさを規定するのと同じ質量に比例するわけだから、この二つの法則をあわせると、たとえ力が質量に依存する（$F=ma$）としても、重力が生む加速度は加速した質量とはまったく無関係ということになる。

　あらゆる物体が経験する重力加速度は、重力の原因となる別の物体から等距離にあるものにとって、つねに同じでなくてはならない。ガリレオはまさにこれを証明したのだと言われている。故事によると、彼はピサの斜塔から物体を落とすことによって、[*]その物体の質量に関係なく、地球があらゆる物質に同じ加速度を生じさせていることを実証したという。ただし、この事実——加速度は加速した物体の質量と無関係である——は重力だけに当てはまる。加速度と力の強さの関係——ニュートンの第二法則——はつねに質量に依存するのに、重力以外の力の強さはすべて質量に依存していないからだ。そして重力の法則とニュートンの運動の法則は同じように質量に依存しているので、重力による加速度を計算するときには質量が相殺される。したがって重力加速度は質量に依存しない。

　この比較的単純な結論には、じつは非常に深い意味がある。一様な重力場においてはすべての物質が同じ加速度になるわけだから、この単一の加速度が相殺されるなら、重力の証拠も相殺されてしまう。まさにこの状況を表しているのが自由落下している物体だ。このときの物体は、重力の証拠をぴったり相殺するだけ加速しているのである。

　あなたとあなたの周囲のすべてのものが自由落下しているなら、あなたはもはや重力場を感じない——これが等価原理の言っていることだ。あなたが加速していることにより、本来ならば重力場が生んでいるはずの加速が帳消しにされてしまう。この無重力状態は、軌道を周回する宇宙船から送られてくる写真でおなじみのものだ。そこに写っている宇宙飛行士とその周囲の物体は、まったく重力を

＊ガリレオが実際に行った実験は、物体が斜面を転がり落ちる時間を計測するというものだった。

経験していない。

物理の教科書では、重力効果がない状態（自由落下している観測者の視点から見て）を説明するのに、自由落下中のエレベーターのなかでボールを落としている人の絵がよく使われる。この絵のなかでは、人間とボールがいっしょに落っこちている。エレベーターのなかの人間から見ると、ボールはつねにエレベーターの床から同じ高さにあって、決して床に落下することがない（図36を参照）。

教科書に描かれる自由落下エレベーターの図では、なぜかエレベーター内の観測者がいつも完全な平常心で、自分の行く末などまったく心配していないかのように、落ち着き払って落ちないボールを見ている。しかし、似たような状況が映画で描かれたなら、絶対にそんなふうにはならない。エレベーターのケーブルが切れて、地面に向かって突っこんでいくときの俳優の顔は、つねに恐怖におののいている。なぜこんなにも反応が違うのか？　基本的に、すべてが自由落下しているなら、心配する理由は何もない。この状況は無重力状態

【図36】自由落下するエレベーター

観測者が自由落下しているエレベーターのなかでボールを落としても、ボールが落ちるのを見ることはない。しかし、自由落下しているエレベーターがいずれ静止している地球にぶつかったとき、観測者はあまり嬉しくないことに出会う。

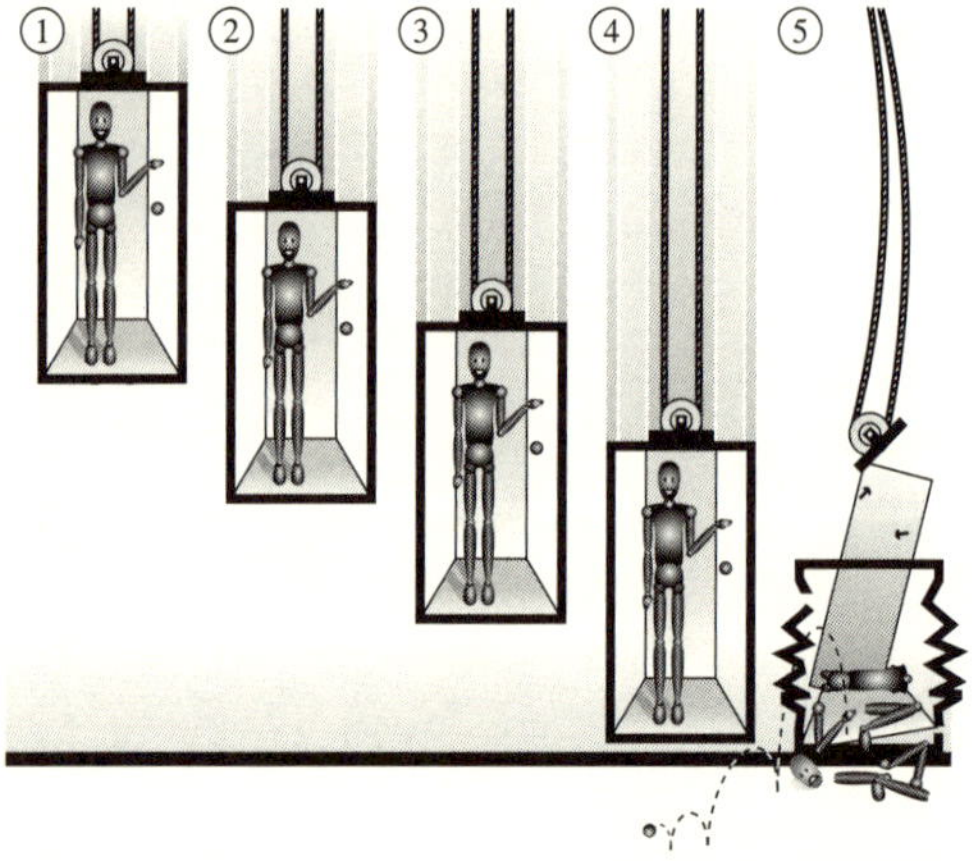

ではあっても、すべてが静止している状態とまったく区別がつかないからだ。しかし映画の場合のように、人が落ちている一方、下にある地面が頑として同じところにとどまっているなら、身が凍るのは当然である。誰かが自由落下しているエレベーターのなかにいたとして、その落ちた先に固い地面が待っていれば、確実にその人は自由落下が終わったときに重力効果に気づくだろう(図36の最後の絵のように)。

アインシュタインの結論がとても奇妙で不思議に思えるのは、私たちが地球に生まれ育っていて、足元に固定した惑星があるために、頭に先入観がしみついているからだ。地球の力によって地上に固定されているときに、人は重力効果に気づく。重力に導かれるままに地球の中心部に向かってはいかないからだ。私たちは地球上で、重力がものを落下させるのをあたりまえのように見ているが、この「落下」は実際のところ、「私たちに比べての落下」である。もし私たちが自由落下するエレベーターのなかにいるときと同様に、落としたボールといっしょに落ちていたなら、ボールが私たちより速く落ちることはありえない。したがって、私たちがボールの落下を見ることもない。

自由落下している基準系のなかでは、すべての物理法則が、あなたとあなたの周囲のすべてが静止状態にあって重力もまったくないときにしたがうべき物理法則と一致する。自由落下している観測者は、重力がない状況で加速度運動のない慣性系にいる観測者に適用されるのと同じ方程式で記述される——すなわち特殊相対性理論と一致する——運動を観測することになる。アインシュタインは一九〇七年に書いた相対性理論についての論文で、重力場が相対的にしか存在しない理由をつぎのように説明している。「家の屋根から自由落下している観測者にとっては、重力場が——少なくとも彼のごく身近な環境には——いっさい存在しないからである」*

これがアインシュタインのおもな発見だった。自由落下している観測者にとっての運動の方程式は、慣性系にいる観測者にとっての運動の法則と等しい。自由落下している観測者は重力の力を感じない——言い換えれば、自由落下をしていない物体だけが重力の力を経験する。

ふだんの生活のなかで、私たちが自由落下している人や物に出会うことはめったにない。実際に自由落下が起これば、それはたしかに恐ろしく、危険なことに思えるだろう。しかし、物理学者のラファエル・ブッソがアイルランドのモハーの断崖を訪れたときに現地の人に言われたように、「落ちたからって死ぬわけじゃない、止まったときにドカンとぶつかるから死ぬんだ」というのが正しい。私の経験でも、ロッククライミング中の事故で何本か骨を折って企画していた会議に出られなくなったとき、何人かから、重力理論を検証したんだろうと冗談を言われたものだ。それ以来、私は一〇〇パーセントの自信をもって言える。重力による加速は予言どおりであると。

一般相対性理論の検証

一般相対性理論の中身はこれだけではない。残りの部分はこのあとすぐに見ていくが、こちらは発見されるまでにかなりの時間を要した。とはいえ、一般相対性理論の帰結の多くは等価原理だけでも説明できる。アインシュタインは加速系において重力が無効化されることに気づいた。そうとなれば、重力の働いている系と同等の加速系を想定することで、重力の影響を計算できる。これによってアインシュタインが計算したいくつかの興味深い系での重力効果は、アインシュタインの結論を検証するための道具となった。ここで、とくに重要な実験検証を二つばかり見ておくことにしよう。

一つめは、光の「重力赤方偏移」である。赤方偏移によって、私たちが検出する光の波は、その光が放射されたときの振動数よりも低い振動数になる（これと似たような効果をあなたも音波で経験しているはずだ。バイクが轟音を立ててあなたの前を通りすぎると、それまで高まっていた音の高さがまた下がっていく）。

重力赤方偏移の原因を理解するにはいくつかの方法があるが、おそらく最も単純なのは、たとえを用いる方法だろう。自分がボールを空に向かって投げたところを想像してほしい。投げ上げたボールは重力の力に逆らって動いているので、しだいに速さが落ちる。しかしボールの速さが遅くなっても、ボールのエネルギーは失われない。ポテンシャルエネルギー（位置エネルギー）に転換され、その後、ボールが下に戻ってくるときに運動エネルギーとして解放される。

同じような論法が光の粒子である光子にも当てはまる。空に投げ上げられたボールが勢いを失うのと同じように、粒子は重力場から逃れるときに勢いを失う。ボールの場合と同じく、これも光子が重力場に逆らって進んでいったときに運動エネルギーを失って、ポテンシャルエネルギーを獲得したということである。ただし、光子はつねに一定の速さ——光速——で進むため、ボールのように速さが遅くなることがない。つぎの章での話を一足先に言うことになるが、量子力学の帰結の一つとして、光子の振動数が低くなると光子のエネルギーも低くなる。まさにこれが、変動する重力ポテンシャルを通過しているときの光子の状態だ。エネルギーを低くするために、光子は振動数を低める。この低

＊Albert Einstein, "Über das Relativitätsprinzip und die aus demselben gezogene Folgerungen"（「相対性原理とそこから導かれる結論について」）, *Jahrbuch der Radioaktivität und Electronik*, vol. 4, pp. 411–62（1907）.『神は老獪にして…アインシュタインの人と学問』（アブラハム・パイス著、金子務ほか訳、産業図書）も参照。

められた振動数が、重力赤方偏移である。

反対に、重力の源に向かって動いている光子は振動数が高くなる。一九六五年、カナダ生まれの物理学者ロバート・パウンドと、彼の学生の一人だったグレン・レブカは、この重力赤方偏移の効果を計測するために、私が現在勤めているハーバード大学ジェファーソン研究所の「塔」(といっても建物の一部にすぎず、ジェファーソン研究所の屋根裏部分とその下のフロアがそう呼ばれている)の上に放射性鉄を設置して、そこから放射されるガンマ線を調べた。塔の上と下の重力場は、上のほうが地球の中心からわずかに遠い分だけ、わずかに異なっている。もしも高い塔があったなら、この計測にはうってつけだっただろう。ガンマ線が放射される高さ(塔の頂上)と検出される高さ(塔の基部)の差をなるべく大きくできるからだ。しかし、研究所の塔はせいぜい三つの階と、屋根裏と、その屋根裏の上についた数個の窓からできているだけ——高さにして二二・五メートル——だ。それでもパウンドとレブカは、放射された光子と吸収された光子の振動数の差を、誤差一〇〇〇兆分の五という信じがたい正確さで計測した。二人はこれによって、重力赤方偏移についての一般相対性理論の予言が少なくとも誤差一パーセントの精度で正しかったことを証明した。

実験で観測できる等価原理の影響の二つめは、光の曲がりである。重力は質量と同様にエネルギーも引きつけることができる。結局のところ、かの有名な $E=mc^2$ の関係は、エネルギーと質量が密接に結びついていることを意味する。質量が重力の作用を受けるなら、エネルギーもやはり重力の作用を受けるはずだ。太陽の重力は質量に影響を及ぼし、同じように光の軌道にも影響を及ぼす。アインシュタインの理論は、太陽の影響下で光がどれだけ曲がるかを正確に予言した。この予言が初めて確認されたのが、一九一九年の日食のときだった。

イギリスの科学者アーサー・エディントンは遠征隊を組織して、日食がいちばんよく見られる西アフリカ沖合いのプリンシペ島とブラジルのソブラルに向かわせた。遠征の目的は、覆い隠された太陽の近傍の星を撮影して、太陽の近くにあるはずの星が通常の位置から動いているかどうかを確認することだった。もし星の位置がずれて見えるようなら、それは星からの光が曲がった軌道で進んでいる証拠だ（この計測は日食のあいだに行なう必要があった。さもないと、星のかすかな光がずっと強い太陽の光に負けてしまうからである）。するとたしかに、星はまさしく「あってはならない」位置にあった。この正確な曲げ角度の測定は、アインシュタインの一般相対性理論を裏づける強力な証拠となった。

この光の曲がりは、いまやすっかり知識として定着しており、これを応用して宇宙における質量の分布を調べたり、燃え尽きてダークマターとなった、もはや光を発しない星を探したりするのにも使われている。闇夜の黒猫のように、こうした物体は非常に見えにくい。それを観測する唯一の方法が、その物体の重力効果を利用することなのだ。

重力レンズ効果を通じて、天文学者は光を発しない物体を調べられる。ほかのあらゆる物体と同様に、光を発しない物体もやはり重力を通じて相互作用を果たしているからだ。燃え尽きた星はそれ自体では光を発しないが、その背後に（私たちの視点から見て）明るい天体があれば、私たちはそちらの光を見ることができる。そこから私たちまでの光の通り道に暗い天体がまったくなければ、光は一直線に進むはずだ。にもかかわらず、明るい天体からの光が途中で曲がったとすれば、それは暗い天体の横を通りすぎたからだろう。左側を通過した光は右側を通過した光と反対方向に曲がり、上側を通過した光は下側を通過した光と反対方向に曲がる。その結果、暗い天体の背後にある明るい天体の像がいくつも現れる。これを重力レンズ効果という。図37は、巨大な物体が背後の天体の光線をいくつもの方向に曲げたときにできる、複数の像の一例である。

宇宙の優美な湾曲

等価原理によれば、重力の力は等加速度と区別がつかない。ここまでわかってくれた人には、感謝すると同時に謝らなければならないのだが、それはあえて細部をはしょった見方であって、実のところ、この二つは完全に区別がつく。なぜかといえば、もし重力が加速度と等価だったら、地球の反対側にいる人が同時に地球に落ちるのは不可能になってしまう。考えてみれば、地球が同時に二つの方向に加速できるわけがない。たとえばアメリカと中国でそれぞれ別の方向に感じられる重力は、とうてい単一の加速度では説明できない。

　このパラドックスを解決するには、等価原理をあらためて見直す必要がある。等価原理は、重力が局所的には加速度に置き換えられるとしか言っていないのだ。空間の別の場所では、等価原理にしたがって重力を置き換える加速度が、通常は別の方向に働いている。先のアメリカ人と中国人の

【図 37】アインシュタインの十字架

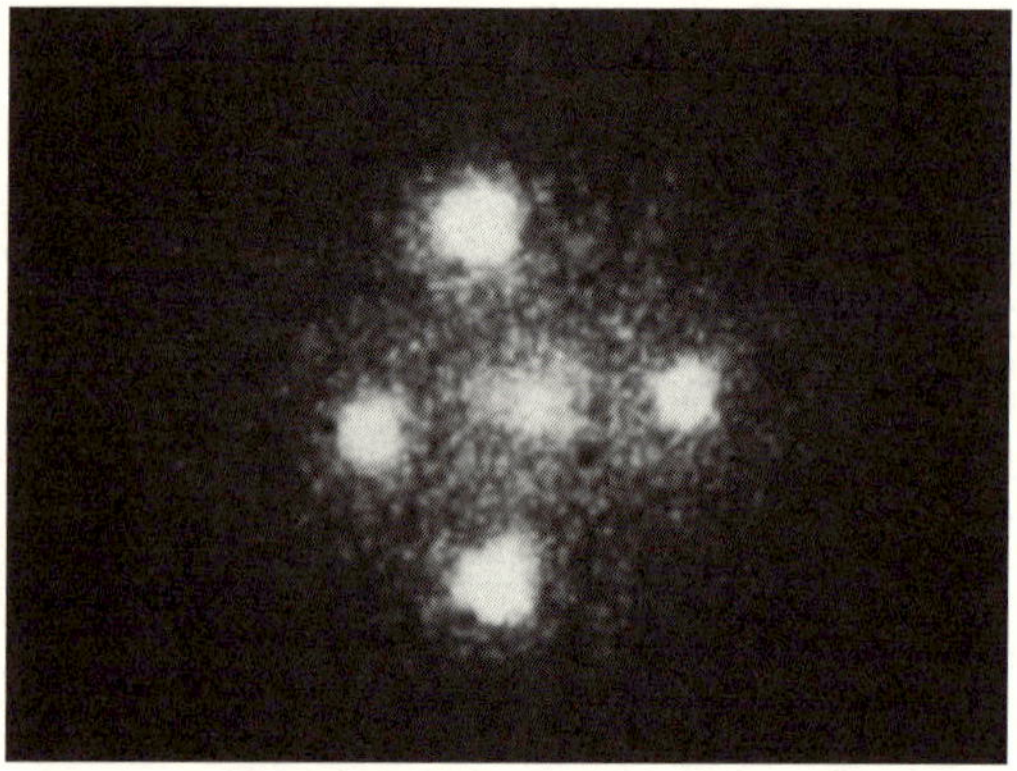

遠くにある明るい天体からの光が前景の巨大な銀河のわきを通過すると、光がいくつもの方向に曲げられて、このように複数の像ができあがる。これを「アインシュタインの十字架」という。

関係について言うならば、アメリカでの重力は、中国での重力を再現する加速度とは別の方向に働いている加速度と等価なのだ。

この決定的な洞察を得て、アインシュタインは重力理論を完璧に定式化しなおした。アインシュタインの考えでは、もはや重力は物体に直接作用する力ではなかった。彼の記述した重力とは、時空の幾何構造のゆがみであって、だから場所が違えば重力を相殺するのに別の加速度が必要となる。時空はもはや事象を説明するための背景ではない——自らが主役なのだ。アインシュタインの一般相対性理論では、重力の力は時空の曲率と解釈され、その曲率は、そこに存在する物質とエネルギーによって決まる。では、その時空の曲率という、アインシュタインの革命的な理論の基盤となっている概念を探っていこう。

湾曲した空間と湾曲した時空

数学理論は内的に矛盾があってはならないが、科学理論と違って、外部の物理的現実に呼応している必要はない。むろん、数学者もしばしば身のまわりの世界に見えるものからインスピレーションを得てきた。立方体や自然数といった数学上の対象も、それに対応するものが現実の世界に実在する。しかし、数学者はこうしたおなじみの概念についての仮定を、物理的実在が定かでない四次元立方体（四次元空間での超立方体）や四元数（非常に変わった数体系）などにも当てはめている。

紀元前三世紀、エウクレイデス（ユークリッド）は五つの基本的な幾何学の公理を記した。そして、この仮説から美しい論理構造が発展した。そのさわりは、あなたも高校で習ったのではないだろうか。だが、後世の数学者は「平行線公理」と呼ばれる五つめの公理に疑問を覚えた。この公理によれば、任意の直線が一本と、その直線の外に点が一つあった場合、その点を通って最初の直線に平行な直線はただ一本だけ引くことができる、という。

エウクレイデスがこれらの公理を定めてから二〇〇〇年のあいだ、数学者は五つめの公理が本当に独立しているのか、ひょっとしたらほかの四つの公理の論理的な帰結にすぎないのではないかと議論してきた。ほかの四つの公理は満たすのに、最後の公理だけは満たさないような幾何学体系はありうるだろうか？　そのような幾何学体系が存在しないなら、五つめの公理は独立していないわけで、したがって捨てることができる。

一九世紀になって、ようやくこの第五公理の問題に決着がついた。ドイツの偉大な数学者、カール・フリードリヒ・ガウスによって、エウクレイデスの五つめの仮定はまさしくエウクレイデスの言っていたとおりだったとわかった。この公理は別の公理に置き換えることが可能だったのである。ガウスは実際にそれを置き換え、別の幾何学体系を発見して、五つめの公理が独立していたことを実証した。これによって、非ユークリッド幾何学が生まれた。

ロシアの数学者、ニコライ・イヴァノーヴィチ・ロバチェフスキーも、非ユークリッド幾何を発見した。だが、その論文を大先輩のガウスに送ってみると、なんと相手は同じことを五〇年前に思いついていたという。ロバチェフスキーはがっかりしたが、彼が知らなかったのも無理はない。ガウスは学者仲間から冷笑されるのを恐れて研究結果を誰にも知らせず、ずっと隠していたのである。

ガウスがなぜそんな心配をしたのかわからない。エウクレイデスの五つめの公理がかならずしも真実でないことは明白である。それ以外のものを、私たちは誰でも知っているからだ。たとえば経線がそうで、北極と南極では交わるが、赤道では平行になる。球面幾何は非ユークリッド幾何の一例だ。古代の人びとが巻き物ではなく球に文字を書いていたら、きっと彼らにも明らかだったろう。

しかし、球面と違って、三次元世界で物理的に認識できない非ユークリッド幾何の例もたくさんある。ガウス、ロバチェフスキー、およびハンガリーの数学者ヤーノシュ・ボヤイ*による最初の非ユークリッド幾何は、そのような絵に描けない理論を扱っていたから、発見までに長い時間がかかったのも当然といえば当然だった。

このページのような平面上の幾何とは異なる、曲面上の幾何の例をいくつか示そう。図38に、三種類の二次元の面がある。一つめは球の表面で、一定の正の曲率をもつ。二つめは平面の一部分で、曲

＊ヤーノシュ・ボヤイは天才だった。数学者だった父親のファルカシュ・ボヤイは息子を同じ道に進ませたがったが、貧しかったためにヤーノシュは学問の世界には行かずに軍隊に入った。当初、非ユークリッド幾何学に関するヤーノシュの研究は周囲から冷たくあしらわれ、最終的には発表にいたったものの、それも父親がぜひ自分の執筆中の本に加えたいと言ってきたからだった。ファルカシュはガウスの友人だったので、ヤーノシュが書いた付録の部分をガウスに送って意見を求めた。しかし、またしてもヤーノシュは失望することになる。ガウスはヤーノシュ・ボヤイの天性の才能を認めながらも、結局はこう書いてきた。「これを褒めることは、つまりは私自身を褒めることになる。この研究の内容はそっくり……この三〇年から三五年のあいだ私の頭のなかを占めてきた考えとほとんど完全に一致するから」（一八三二年のガウスからファルカシュ・ボヤイへの手紙）これでふたたび、ヤーノシュの数学者としてのキャリアは挫折させられた。

【図38】3種類の曲率の面

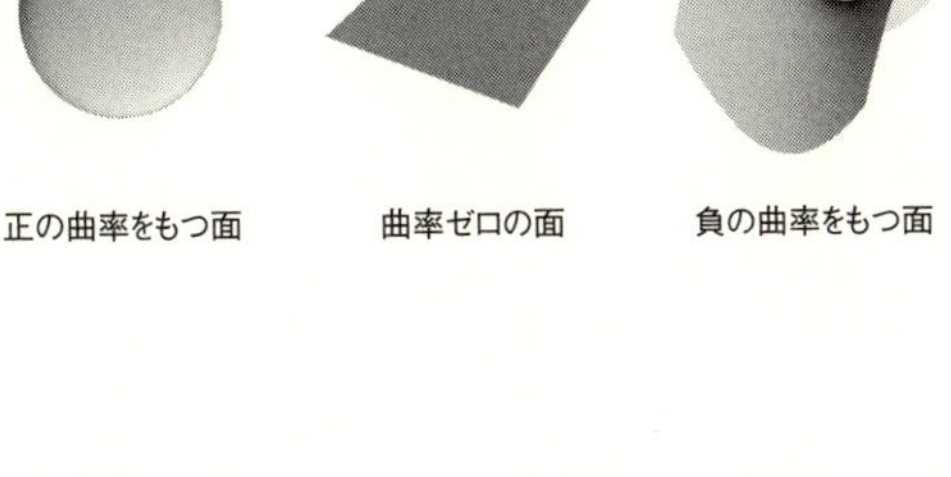

正の曲率をもつ面　　曲率ゼロの面　　負の曲率をもつ面

率はゼロである。そして三つめは、双曲放物面で、一定の負の曲率をもつ。負の曲率をもつ面とは、たとえば馬の鞍の形状や、二つの山頂にはさまれた地形や、プリングルズのポテトチップなどを想像してもらえればいい。

ある幾何学空間の曲率が、この三種類のどれに当たるかを知るためのリトマス試験紙はいろいろある。たとえば、三つの面それぞれに三角形を描いてみる。平面上の三角形の内角の和は、つねにきっかり一八〇度だ。しかし、球面上の三角形はどうだろう。一つの頂点を北極に置き、あとの二つを赤道上に、赤道一周分の四分の一の距離を離して置いてみる。この三角形の内角は、それぞれぴったり九〇度だ。したがって、三角形の内角の和は二七〇度となる。これは平面上ではありえないが、正曲率の面の上では、面が膨れているために三角形の内角の和がかならず一八〇度より大きくなる。

同様に、双曲放物面上に描かれた三角形の内角の和は、この面の曲率が負であるために、つねに一八〇度より小さくなる。これは前の二つよりすこしわかりにくい。鞍のいちばん高い部分の近くに二つの頂点を置き、双曲放物面の低い部分の片側を下って、馬に乗ったときに足を置くあたりにもう一つの頂点を置く。この最後の内角は、面が平らであった場合の角度よりも小さくなる。したがって、内角の和は一八〇度より小さくなる。

非ユークリッド幾何学が内的に整合している――つまり、その前提がパラドックスにも矛盾にもならなかった――とわかると、ドイツの数学者ゲオルク・フリードリヒ・ベルンハルト・リーマンは、これを記述するための精巧な数学構造を考案した。一枚の紙を巻いても球にはならないが、円筒にはなる。鞍はつぶしたり畳み込んだりしないかぎり平坦にはならない。ガウスの研究にもとづいて、リーマンはこのような事実を包含した数学表現を編みだした。一八五四年には、すべての幾何の特徴をその固有の性質を通じて記述するにはどうしたらいいかという問題に、普遍的な答えを見つけた。彼の研究の基盤にあったのは、面と幾何を研究する現代数学の一分野、微分幾何学である。

ここから先は、ほぼ例外なく空間と時間をあわせて考えていくので、空間という概念よりも「時空」という概念を使ったほうが有益だろう。時空は空間よりも次元の数が一つ多い。「上下」、「左右」、「前後」に加えて、時間を含めたのが時空である。一九〇八年、数学者のヘルマン・ミンコフスキーは幾何学の考えを使って、この絶対時空構造の概念を構築した。アインシュタインが基準系に依存する時間と空間の座標を使って時空を研究したのに対し、ミンコフスキーは観測者とかかわりのない時空構造を特定し、それによって任意の物理状況を記述できるようにした。

これ以降、本書で次元の数が出てきたときは、とくに必要があっての例外を別として、基本的に時空の次元の数を意味していると思ってもらいたい。たとえば、私たちの身のまわりに見える世界のことを、これからは四次元宇宙と称する。場合によって時間だけを別にするときは、「三＋一」次元の宇宙、あるいは三つの空間次元などという言い方をする。いずれにしても、これらの表現はすべて同じ状況をさしている。つまり、空間の次元三つと時間の次元一つがひとそろいになっているということだ。

時空構造というのは非常に重要な概念である。これは、エネルギーと物質のある特定の分布によって生じる重力場に対応する幾何を正確に描写するものだ。しかし、アインシュタインは当初この考え方を嫌っていた。自分がすでに説明した物理を、過度に凝った方法で定式化しなおしているように思えたのだ。とはいえ、最終的にはアインシュタインも、一般相対性理論を完璧に記述し、重力場を計算するには、時空構造が不可欠であると認めた（余談だが、ミンコフスキーから見たアインシュタインの第一印象も決してよくはなかった。アインシュタインは学生時代にミンコフスキーの微積分の授業を受けていて、そのときの成績から、ミンコフスキーはアインシュタインを「怠け者」と断じていた）。

非ユークリッド幾何学に抵抗を感じたのはアインシュタインだけではなかった。スイスの数学者でアインシュタインの友人だったマルセル・グロスマンも、非ユークリッド幾何学は必要以上に複雑だと思い、これを使うのをやめるようにとアインシュタインに進言した。しかし結局は二人とも、非ユークリッド幾何学を使って時空構造を表現するのが重力をすんなりと説明できる唯一の方法だと結論した。これにより、アインシュタインは初めて重力を時空の歪みとして計算できるようになり、それが最終的には一般相対性理論を完成させる鍵となった。ひとたびグロスマンが敗北を認めると、二人は微分幾何学の複雑さと格闘しながら、非常に入り組んでいた初期の試論をなんとか単純化して、ついに重力理論の定式化をなしとげた。そしてついに一般相対性理論が完成し、重力そのものについての深い理解が生まれたのである。

アインシュタインの一般相対性理論

一般相対性理論とは、重力の概念を根本的に修正したものである。私たちは現在、重力——あなたの足を地面につけ、私たちの銀河を宇宙と束ねあわせている力——が物体に直接作用する力ではなく、時空の幾何の帰結だと理解している。この考え方によって、時間と空間の統合について考えていたアインシュタインは、その論理的な結論にいたった。一般相対性理論は慣性質量と重力質量の深い関係を利用して、重力効果を時空の幾何の観点だけから定式化している。物質やエネルギーの分布はどのようなものであれ、時空を曲げたり歪めたりしている。時空のなかの曲げられた通り道が重力運動を決定し、宇宙の物質とエネルギーが時空そのものの拡張や起伏や収縮を生む。

平坦な空間では、二つの点のあいだの最短距離、いわゆる「測地線」は直線となる。曲がった空間でも、やはり測地線は二点間の最短経路と定義できるが、その経路はかならずしも直線には見えない。たとえば、地球上の大円を進む飛行機のルートは測地線である（大円とは、赤道や経線など、球の最も分厚い部分を一周する線のこと）。これらの経路は直線ではないが、地球の内部を通り抜けない経路の最短のものである。

曲がった四次元時空でも、測地線は定義できる。時間的に離れた二つの事象があるとして、一つの事象ともう一つの事象を結びつけるのに時空のなかで自然にとられる経路が測地線である。アインシュタインは自由落下——最も抵抗のない経路——が時空の測地線に沿った運動であると気づいた。したがって外部の力が存在しない場合、落とされた物体は測地線に沿って落下すると結論した。落下するエレベーターのなかにいて、自分の体重を感じることもボールが落ちるのを見ることもない人間がとる経路もまた同じである。

しかし、ものが測地線に沿って時空を進み、外部の力がいっさい働いていない場合でも、重力は明らかな効果を及ぼしている。すでに見てきたように、重力と加速度の局所的な等価は、アインシュタインが重力についてのまったく新しい考え方を発見するきっかけとなった重要な洞察の一つだった。これを受けて、アインシュタインはこう考えた。重力によって生じる加速がどんな質量に対しても局所的に等しいのだから、重力は時空そのものの特性でなければならない。それは「自由落下」が違う場所では違う内容になるからで、重力は単一の加速度に局所的にしか置き換えられない。私と中国にいる同僚がそれぞれの場所でアインシュタインのエレベーターに乗っていたとしても、私と同僚はそれぞれ別の方向に落下する。自由落下の方向がすべての場所で同じにならないということは、時空が曲がっている証拠だ。すべての場所での重力効果を相殺できる単一の加速度はない。曲がった時空では、観測者によって測地線が一般に異なる。したがって全体として見ると、重力はつねに観測できる影響を及ぼす。

一般相対性理論がニュートンの重力理論よりはるかに先を行っているのは、これを使えばエネルギーと物質の分布がどのようなものであっても、その相対論的な重力場を計算できるからだ。さらに、時空の幾何が重力効果を表現するとわかってから、アインシュタインは自分のもともとの重力の定式化にあった大きな欠陥を埋めることができた。当時の物理学者は、物体が重力場にどう反応するかは知っていたが、そもそも重力が何であるかを知らなかった。しかし一般相対性理論によって、重力場は物質とエネルギーによって生じた時空構造の歪みであるとわかった。この歪みは宇宙全体にまで広がっていて、このあとすぐ見るように、ブレーンまで含まれているかもしれない高次元の時空にも広がっている。こうしたさらに複雑な状況での重力効果も、すべてその始まりは時空面のさざ波と曲折にあると考えられるのだ。

物質とエネルギーがどのように時空構造を歪めて重力場を生みだしているかを示すには、絵で説明するのがいちばんだろう。図39は、空間のなかに球状の物質があるところを示している。球のまわりの空間は歪められている。球によって空間の表面が落ち込んでおり、その落ち込みの深さが球の質量やエネルギーを表している。この近くにボールが転がってくると、ボールは中央の沈下した部分、つま

【図 39】時空の歪みと重力場

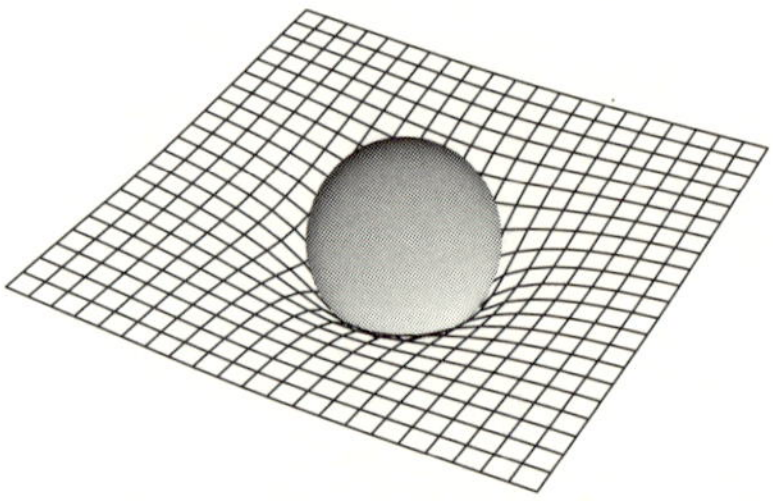

巨大な物体がそのまわりの空間を歪め、結果として重力場を生みだす。

り質量があるところに向かって進む。一般相対性理論によれば、時空構造はこれと同じような具合に歪曲している。近くに転がってきた別のボールは球の中心に向かって加速する。この場合だと、結果はニュートンの法則が予測するとおりになるが、運動の解釈と計算はまったく違っている。一般相対性理論にしたがえば、ボールは時空面の起伏に沿って進む。つまり、重力場によって引き起こされた運動を実行するわけだ。

図39は、ともすると誤解を与えかねないので、いくつか但し書きをしておこう。第一に、この図では球のまわりの空間が二次元になっている。しかし実際には、空間は三次元で、時空で考えれば四次元であり、そのすべてが歪曲させられている。時間にしても、特殊相対性理論と一般相対性理論の視点から見ればこれもまた一つの次元なので、やはり歪められている。まえに特殊相対性理論を見たときに、時計が場所によって異なる時間の刻み方をすることを説明したが、そういう現象を時間の歪みという。二つめに注意しておいてほしいのは、もともとの球のまわりの湾曲した幾何構造に転がってきた二つめのボールも、やはり時空の幾何に影響を及ぼすということだ。ここではそのボールの質量が最初にあった球の質量よりもずっと小さいと仮定して、そのわずかな影響を無視している。そして三つめに重要なのは、時空を歪めている物体が何次元でもありうるということだ。詳しくは後述するが、ブレーンはこの絵における球の役割を果たしている。

しかし、いずれにしても時空がどう曲がるかを決めるのは物質であり、物質がどう運動するかを決めるのは時空である。曲げられた時空は測地線を定め、外部の力が働かないかぎり、すべては自動的にその経路を進む。重力は時空の幾何によって表現される。アインシュタインは、ほぼ一〇年かけて、この時空と重力との正確な関係を導きだし、重力場そのものの効果を理論に組み入れた。これはすばらしい発見だった。

かの有名な方程式で、アインシュタインは宇宙に所定の内容量が与えられた場合の重力場の求め方を規定した。アインシュタインの最も有名な方程式は $E=mc^2$ だが、物理学者が「アインシュタイン方程式」と言う場合、重力を規定する方程式（重力場方程式という）のことをさす。アインシュタイン方程式はこの厄介な目的を、既知の物質の分布からどのように時空のメトリックが定まるかを示すことで果たしている。[9] メトリックを計算すれば、時空の幾何が定まる。任意の目盛り単位に結びついた数字を、幾何を決定する物理的な距離と形状にどう変換すればいいかがわかるからだ。

一般相対性理論の最終的な定式化によって、物理学者は重力場を確定し、その影響を計算できるようになった。それ以前の重力理論の場合と同様に、物理学者はこれらの方程式を使って物質が所定の重力場でどのように運動するかを割りだす。たとえば、太陽や地球のような大きな球体の質量と位置を測れば、周知のニュートン理論での重力が計算できる。この場合、結果そのものに新しさはない。だが、その意味に新しさがある。物質とエネルギーは時空を曲げ、その曲がりが重力を生みだすのだ。しかし一般相対性理論にはそれだけでなく、さらに大きな強みがある。あらゆる種類のエネルギーを組み込んでいるからだ。

エネルギーのどのような分布にも適用できるアインシュタイン方程式は、宇宙論研究者——いわば宇宙の歴史家——の見方を変えた。いまや科学者は、宇宙にどれだけの物質とエネルギーが含まれているかがわかれば、宇宙の進化を計算できる。宇宙がからっぽなら、空間は完全に平坦で、さざ波も起伏も生まれず、したがって曲率もゼロとなる。しかし、宇宙にエネルギーと物質が満ちていれば、それらが時空を歪め、時とともに宇宙の構造とふるまいに興味深い影響を及ぼす可能性が出てくる。

私たちが静止宇宙に住んでいないことは確実だ。このあと見るように、ひょっとしたら私たちは歪曲した五次元宇宙に住んでいるのかもしれない。幸い、そうした可能性の帰結は一般相対性理論から計算できる。正の曲率、ゼロの曲率、負の曲率をもった二次元幾何の例があるように、物質とエネルギーの分布のしかたによって、正の曲率、ゼロの曲率、負の曲率をもった四次元幾何の時空もある。あとで宇宙論と余剰次元のブレーンについて述べるときも、物質とエネルギーから生じる時空の歪みは——私たちの目に見える宇宙においても、ブレーン上においても、バルク内においても——非常に重要な意味をもつ。この三種類の時空の曲率（正、負、ゼロ）は高次元においても見られる可能性がある。

一般相対性理論のさまざまな結論のなかには、ニュートンの重力理論では計算できないものがいくつもある。その多々ある功績の一つとして、一般相対性理論はニュートンの重力理論にあった悩ましい遠隔作用を排除した。ニュートン理論では、物体の重力効果は生じると同時にすぐさま伝わり、どこでも瞬時に感じられるとされていた。しかし一般相対性理論によって、重力が作用するには、そのまえに時空が変形しなければならないとわかった。この過程は瞬時には起こらない。つまり時間がかかるのだ。重力波は光速で進む。重力効果が所定の場所で作用するのは、信号がそこまで進んでいって、時空を歪めるのにかかる時間が過ぎてからのことになる。そして、光が届くよりも先にそれが起こることはありえない。光は私たちの知るかぎり、何よりも速く進むからだ。たとえば無線信号や携帯電話の呼び出し音にしても、それが光線よりも短い時間で私たちのもとに届くことは決してない。

また、物理学者はアインシュタイン方程式を使って別の種類の重力場を調べられるようにもなった。一般相対性理論によって、ブラックホールの記述や研究が可能になったのだ。この魅惑的な謎の物体は、物質がきわめて小さい容量のなかにぎりぎりまで凝縮されたときに形成される。ブラックホールの内部では、時空の幾何が極端に歪められているため、そこに入り込んだものはことごとく内部にとらわれてしまい、光でさえも脱け出せない。ドイツの天文学者カール・シュヴァルツシルトは、ブラックホールがアインシュタイン方程式の帰結であることに一般相対性理論の発見からほどなくして気づいたが、*一九六〇年代まで、私たちの宇宙にそのようなものが実在するという考えにまともに取りあう物理学者はほとんどいなかった。今日、ブラックホールは天体物理学の世界では広く受け入れられている。実際、どうやら私たちの銀河も含めてどの銀河の中心部にも、巨大なブラックホールが存在しているようなのだ。そして、もしも隠れた次元があるならば、そこには高次元ブラックホールが存在する。それにある程度の大きさがあれば、天文学者が観測してきた四次元ブラックホールのように見えるだろう。

最後に

ここであらためてＧＰＳシステムの話をまとめておくと、誤差一メートル以内の正確な位置を計算するには、誤差一〇の一三乗分の一（10^{-13}）以上の精度で時間を計測する必要がある。これだけの正確さを得るには原子時計を使うしかない。

だが、たとえ完璧な時計があったとしても、時間の遅れはおよそ一〇の一〇乗分の一（10^{-10}）の割合で時計を遅らせる。この誤差は、そのままでは理想的なＧＰＳシステムに一〇〇〇倍ほど大きすぎる。さらに、重力青方偏移も計算に入れなくてはならない。これは光子が変動する重力場を通過するときに生じる一般相対性理論の効果で、やはり無視できないだけの誤差を生む。そのほかの一般相対論効果によるずれもあわせると、生じた誤差が積み重なって、何もしなければ一日に一〇キロメートル以上の割合で大きくなっていく。**アイク（および現在のＧＰＳシステム）はこれらの相対論的効果による補正をしなければならないわけだ。

いまでこそ相対性理論は充分に検証され、それが生む効果を計算したうえで実用的な装置にも取り入れられているが、アインシュタインがこれを発表した当初に耳を傾けた人がいたというのは本当にすごいことだと思う。そのころのアインシュタインはまったくの無名で、望みの職業に就けずにしかたなくベルンの特許局で働いていたような人間だった。そして、そのようなお門違いのところから、当時の物理学者が信じていたのと真っ向から異なる理論を提唱した。

ハーバード大学の科学史家ジェラルド・ホルトンから聞いたところによると、アインシュタインを最初に支持したのはドイツの物理学者のマックス・プランクだったという。プランクはアインシュタインの研究のすばらしさをすぐに見抜いたが、もし彼がいなかったら、アインシュタインの研究が世に認められ、受け入れられるまでにはもっと長い時間がかかったかもしれない。プランクに続いて、ほかの何人かの著名な物理学者も、その見識からアインシュタインの理論に耳を傾け、注意を払った。そしてまもなく、世界もそれにならった。

＊シュヴァルツシルトは第一次世界大戦時、ドイツ軍の一員としてロシア戦線で従軍中にこれを発見した。

＊＊ Neil Ashby, "Relativity and the Global Positioning System," *Physics Today*, May 2002, p. 41.

まとめ

●光速は一定である。観測者の動く速さによって変わることはない。

●相対性理論は私たちの空間と時間に対する概念を修正し、それらを単一の「時空」構造として扱えることを示している。

●特殊相対性理論はエネルギーと運動量（物体が力にどう反応するかを示すもの）と質量の値を関連づける。その一例が$E=mc^2$の方程式で、Eがエネルギー、mが質量、cが光速を表す。

●質量とエネルギーは時空を曲げ、その曲がった時空が重力場の原因と考えられる。

第6章

量子力学——不確かさの問題

そしてきみは自分に問いかけるかもしれない
私は正しいのか？……私はまちがっているのか？
そしてきみはこうつぶやくかもしれない
ああっ！……私は何をしたのだ？
——トーキングヘッズ

アイクにはよくわからなかった。アシーナにさんざん映画を見せられたせいなのか、それともディーターがしつこく物理学の話をしてきたせいなのか。しかし理由はどうあれ、昨晩、アイクは夢のなかで量子探偵に出会った。フェドーラ帽をかぶり、トレンチコートを着て、石のように無表情な顔で、夢のなかの探偵は話しはじめた。

「彼女のことは名前しか知らなかったが、その彼女がわたしの前に立っていた。だが、彼女に目を留めた瞬間から、わたしはエレクトラ*が厄介の種になるとわかった。どこから来たのかと尋ねると、彼女は答えたくないと言う。その部屋には二つ入り口があったから、そのうちの一つからやってきたに違いない。だが、エレクトラはかすれた声でささやくように言った。『どうぞ忘れてください。どちらから来たかを言うつもりはありません』」
「彼女が震えているのはわかったが、わたしは彼女を押さえつけようとした。だが、近づこうとすると、彼女はいきなり激しく歩きまわりはじめた。頼むから近づかないでくれと言う。彼女がぶるぶる体を震わせているのを見て、わたしは足を止めた。わたしは不確かなことには慣れていたが、このときばかりはまいった。不確かさがしばらくそこを去らなさそうに思えた」

量子力学は、直観に反するものであるがゆえに、科学者の世界観を根本的に変えた。現代科学の大半は量子力学から発展している。統計力学も、素粒子物理学も、化学も、宇宙論も、分子生物学も、進化生物学も、地質学（放射年代測定による）も、すべて量子力学の発展の結果として生まれ、改変されたものである。コンピュータでもＤＶＤプレーヤーでもデジタルカメラでも、現代文明の利器の多くは、トランジスタと現代の電子技術がなかったら存在していなかっただろう。そして、それらの発展の基盤には量子現象があった。

たぶん大学で初めて量子力学を勉強したとき、私はその奇妙さを完全にはわかっていなかったと思う。基本的な原理を学び、さまざまな状況に応用はできたが、これがいかに魅惑的であるかがわかってきたのは、自分で量子力学を教えはじめ、量子力学の論理を仔細に研究するようになった何年もあとのことである。いまや量子力学は物理学のカリキュラムの一環としてあたりまえのように教えられているが、じつのところ、これは本当に衝撃的なものなのだ。

量子力学の物語は、科学がどのように発展するものかをみごとに表している。初期の量子力学は、モデル構築の精神で行なわれていた。まだ誰も基盤となる理論を定式化していないうちから、わけのわからない観測結果と格闘していたのだ。実験も理論も、すぐにたいへんな勢いで進んだ。物理学者は量子論を発展させることで、従来の古典的な物理学では説明できない実験結果を解釈しようとした。その量子論から、今度は仮説を検証するためのまた新たな実験が生まれた。

それらの実験の観測結果が意味するところを物理学者が完全に整理するまでには、それなりの時間がかかった。量子力学の導入は大半の科学者にとっても非常に大胆なことで、なかなかすぐには吸収しきれなかった。量子力学の前提は、おなじみの古典的な考え方とは大きく異なっていたから、不信感をいったん保留しておかなくてはとうてい受け入れられるものではなかった。マックス・プランク、エルヴィン・シュレーディンガー、アルベルト・アインシュタインといった先駆的な理論家たちでさえ、量子力学の考え方に心底から鞍替えすることはなかった。アインシュタインはかの有名な「神は宇宙でサイコロ遊びをしない」という言葉で、量子力学への反感をあらわにした。大半の科学者は最終的には真実（と現在ではわかっているもの）を受け入れたが、すぐに認めたわけではなかった。

二〇世紀初めの科学的進歩の急進性は、現代文化にも反響した。芸術や文学の基盤も、心理についての一般の理解も、この時代にがらりと変わった。この変化を第一次世界大戦による激しい動乱のせいと見る向きもあるが、芸術家のワシリー・カンディンスキーなどは、原子が貫通されうることを根拠に、すべてのものが変わりうる、したがって芸術において許されないものは何もないと主張した。

＊この名前は電子（エレクトロン）をもじったもので、ギリシャ悲劇の登場人物をさすものではない。

カンディンスキーは有核原子についての考えをこのように述べている。「原子モデルの崩壊は、私の心のなかでは、世界全体の崩壊に等しかった。何よりも分厚い壁が唐突に崩れた。私の目の前に浮かんでいた石がいきなり溶けて見えなくなったとしても、私はきっと驚かない」*

しかし、カンディンスキーの反応はすこし極端だった。量子力学の基盤はたしかに過激だが、科学以外の文脈に当てはめられると、つい行きすぎになりやすい。しばしば見られる不確定性原理の誤用は、そうした困った行きすぎの最たる例だと思う。不正確なことをもっともらしく正当化するために都合よく利用されることがとても多いのだ。このあと見るように、むしろ不確定性原理は、測定可能な量についての非常に正確な説明である。ただ、その奥に驚くべき意味が含まれているのだ。

では、これから量子力学と、これを従来の古典的な物理学から大きく隔てている基本的な原理を見ていくことにしよう。ここで遭遇する奇妙な新しい概念には、量子化、波動関数、波と粒子の二重性、不確定性原理などがある。この章では、それらの重要な概念のあらましと、それが解明されてきた歴史をかいつまんで説明したいと思う。

びっくりするようなすごいもの

かつて素粒子物理学者のシドニー・コールマンはこう言った――何千人もの哲学者が何千年もかけて、考えうるかぎりの最も変わったものを探したとしても、量子力学ほど奇妙なものは見つからないだろう。量子力学が理解しがたいのは、その結論があまりにも直観に反する意外なものであるからだ。量子力学の基礎原理は、あらゆる既存の物理学の基本的な前提に反するものであり、さらに言えば、私たち自身の経験にも反している。

量子力学がこれほど異様に見える理由の一つは、私たちのほうに、物質や光の量子的な性質を認められるだけの生理学的な用意がないからだ。一般に量子効果が意味をもつのは、ちょうど原子の大きさにあたる一オングストローム（一億分の一センチメートル）ほどの距離でのことだ。特殊な装置がないかぎり、私たちにはそれよりずっと大きなサイズしか見えない。高解像度のテレビやコンピュータ画面のピクセルでさえ、私たちには小さすぎて見えないのがふつうである。

しかも、私たちに見えるのは原子の集合体だけなので、その数の多さによって古典物理学が量子効果を圧倒してしまう。また、光の量子も私たちはふつう大量のまとまりでしか認知しない。目のなかの光受容体そのものは、光の最小単位——つまり個々の量子——を認識できるだけの感度を備えているが、目はふつう大量の量子を処理するので、現れるはずの量子効果がもっとわかりやすい古典的なふるまいに凌駕されてしまう。

量子力学は説明しにくいものかもしれないが、それにはそれなりの理由がある。量子力学には古典的な予言を組み入れられるだけの幅の広さがあるが、その逆はない。多くの場合——たとえば大きな物体が絡むとき——量子力学の予言は古典的なニュートン力学からの予言と一致する。しかし、どの範囲の大きさを考えても、古典力学が量子的予言をすることはありえない。したがって、おなじみの古典的な用語や概念を使って量子力学を理解しようとすると、かならず壁に突きあたる。古典的な考え方を使って量子効果を記述しようとするのは、フランス語を一〇〇語程度の語彙しかない貧弱な英語に翻訳しようとするようなものだ。あいまいにしか翻訳できない、あるいはそんな限られた語彙で

＊Gerald Holton and Stephen J. Brush, *Physics, the Human Adventure, from Copernicus to Einstein and Beyond* (Piscataway, NJ : Rutgers University Press, 2001) より。

はとうてい表現できない概念や単語に、何度も出くわすことになるだろう。

量子力学の先駆者の一人であるデンマークの物理学者ニールス・ボーアは、人間の言語では原子の内部作用が記述しきれないとわかっていた。この問題に関して、彼は自分のモデルが「直観的に頭に浮かんだ……まるで写真のように」[*]と語っている。一方、物理学者のヴェルナー・ハイゼンベルクはこう説明した。「私たちの通常の言語はもはや役に立たないと覚えておくしかない。私たちの単語がたいして意味をなさない領域の物理学に入ってしまったのだから」[**]

そんなわけで、私も量子現象を古典的なモデルで記述するつもりはない。その代わりに、量子力学を従来の古典的理論と大きく隔てている基本的な仮定と現象について述べようと思う。量子力学とその発展に寄与したいくつかの重要な観測と洞察を個々に考えていこう。そのまえに歴史的な概要をざっとまとめておくが、ここでの第一の目的は、量子力学に固有のさまざまな概念や考え方を一つずつ紹介することである。

量子力学の始まり

量子物理学は段階を追って発展した。そもそもは、個々の観測結果と合致する一連の間に合わせの仮定を立てたのが始まりだったが、なぜ合致するのかは誰も理解していなかった。これらの思いつきの推量は、その基盤になんら物理的な根拠をもたなかったが、観測事実に一致する答えを導くという長所はもっていた。ともあれ、その推量が具体的なかたちにされたのが、いまで言う「前期量子論」だった。この理論は、エネルギーや運動量などの物理量は任意の値をもてるわけではない、という仮定によって定義された。ありえるのは、不連続の「量子化された」一連の数字だけと考えられた。

前期量子論という控えめな前身から発展した量子力学は、このあと見ていく不思議な量子化の仮定に正当な根拠を与えた。さらに量子力学は、力学系が時間とともにどう発展するかを予言するための明確な手順を与え、そのことが理論の能力を大いに増大させる結果となった。しかし、生まれた当初の量子力学はときどき思い出したようにしか進展しなかった。そのとき何が起こりつつあったかを、当時はまだ誰も本当には理解していなかったからである。当初、量子化という仮定はただそこにあるだけのものだった。

前期量子論が生まれたのは一九〇〇年、ドイツの物理学者マックス・プランクによって、ちょうどレンガが一個一個のかたまりでしか売られないように、光は量子化された単位でしか伝わらないと提唱されたときである。プランクの仮説によれば、ある特定の振動数の光に含まれる総エネルギーは、その特定の振動数に応じた基礎エネルギー単位の倍数にしかならない。その基礎となる単位は、現在プランク定数と呼ばれる h に、振動数 f をかけた量に等しい。一定の振動数 f をもつ光のエネルギーは、hf、$2hf$、$3hf$……となるが、プランクの仮定にしたがえば、その中間はありえない。これがレンガなら、量子化が任意にできて、基礎単位にはならない——つまりレンガは分割できる——が、一定の振動数をもつ光には、それ以上は分割できない最小エネルギー単位がある。エネルギーの中間値は決して生じえない。

* Gerald Holton, *The Advancement of Science, and Its Burdens* (Cambridge, MA : Harvard University Press, 1998).

** Gerald Holton and Stephen J. Brush, *Physics, the Human Adventure, from Copernicus to Einstein and Beyond* (Piscataway, NJ : Rutgers University Press, 2001) より。

この驚くほど先見の明のあった仮説は、黒体の「紫外発散[*]（紫外破綻）」という理論上の謎を解決するために考えられた。黒体とは、ちょうど石炭のように、外部から入ってくる放射をすべて吸収し、またそれを放出する物体のことである[**]。黒体が放射する光やその他のエネルギーの総量は、黒体の温度によって決まる——というよりも、そもそも温度が黒体の物理的な性質のすべてを決めている。

しかしながら、黒体から放射される光についての古典的な予言には問題があった。古典的な計算では、物理学者が実際に調べて記録してきたよりもはるかに多くのエネルギーが高周波放射で発せられると予言されるからだった。測定結果は、振動数の異なる波がすべて等しく黒体放射に寄与しているわけではないことを示していた。非常に高い振動数の波はほとんど黒体から放射されてないのである。振動数の低い波しか、実質的にはエネルギーを発しない。だから放射している物体は「赤熱」になるのであって「青熱」にはならない。しかし古典的な物理学が予言するのは、大量の高周波放射だった。いや、厳密に言えば、古典的な論法から予言される発散エネルギーの総量は大量どころか、無限大だった。古典物理学は紫外発散の問題に直面した。

このジレンマからとりあえず脱け出すには、ある特定の上限より低い振動数の波だけが黒体から放射されるのだと仮定するしかなかった。しかしプランクは、この可能性を無視して、別の——どう見ても同じぐらい勝手な——仮定をとった。光が量子化されるという仮定だ。

プランクの論法はこうだ。各振動数の放射が、放射の基礎的な単位量（量子）の倍数で構成されているとすれば、振動数の高い放射はエネルギーの基礎単位が大きすぎるため、結果として発せられないことになる。光の量子単位に含まれるエネルギーは振動数に比例するので、振動数の高い放射はその一単位にも大量のエネルギーを包含する。振動数がある程度以上の高さになると、一単位に含まれる最小限のエネルギーが大きすぎて、放射できなくなるわけだ。黒体が放射できるのは振動数の低い量子だけとなる。プランクの仮説はこのようにして振動数の高すぎる放射を除外した。

たとえを使って説明すると、プランクの論理がもっとわかりやすくなるかもしれない。おそらくあなたも経験があると思うが、食事の席でデザートを注文する段になると決まって抵抗する人がいる。太る食べ物を摂りすぎるのが怖いので、せっかくのごちそうをめったに注文しない。デザートは小さいですからとウェイターに約束されて、やっと一つ注文することはあるかもしれない。しかし、ケーキなりアイスクリームなりプディングなりが通常どおりの大きなかたまりで出てくると、彼らはひるんでしまう。

こういう人には二通りの種類がある。アイクは第一のカテゴリーに属している。彼は断固とした規律をもっていて、とにかくデザートは食べない。私はどちらかというと第二のタイプに近くて――アシーナもそうだが――デザートは大きすぎると思っているため、自分の分は注文しないが、アイクと違って、ほかの全員のお皿から一口ずつデザートをもらうことに良心の呵責は感じない。そんなわけで、アシーナは自分用のデザートを注文するのは断るが、結局はかなりの量を食べることになる。もしアシーナが大勢の人と食事をともにしていたなら、たくさんの皿からつまめるわけだから、残念ながら彼女は予想外の「カロリー発散」を起こしてしまう。

古典的理論にしたがえば、黒体はアシーナに近い。光があらゆる振動数ですこしずつ発せられるので、理論家が古典的な論法を使うと「紫外発散」が予言されてしまう。この窮状を避けるためにプランクが提唱したのは、いってみれば、黒体が真に禁欲的なタイプのほうだということだった。デザー

＊この「紫外」とは「高振動数」を意味する。

＊＊実際には黒体は理想上の物体で、石炭のような実在の物体は完全な黒体ではない。

トをひとかけらも食べないアイクのように、黒体もプランクの量子化のルールにしたがって、ある振動数での光を量子化されたエネルギー単位でのみ放射する。この単位は定数hと振動数fの積に等しい。振動数が高ければ、エネルギーの量子（hf）が大きくなりすぎて、光はその振動数では放射できない。したがって、黒体はその放射のほとんどを低い振動数で発することになり、高い振動数は自動的に除外される。量子論では、黒体は高い振動数の放射を大量には発散せず、したがって発せられる放射は古典的理論で予言されるよりもはるかに少なくなる。

物体が放射を発するときの、その放射パターン――ある温度のもとで物体がどれだけのエネルギーを各振動数で発しているか――をスペクトル分布[10]という。星のような特定の物体のスペクトルを使うと、黒体のスペクトルの近似値が求められる。そうしたかたちで、さまざまな温度のもとでの黒体のスペクトルが測定されてきた。そして、そのすべてがプランクの仮定と一致した。図40を見ると、放射は振動数の低いところで続いている。つまり振動数の高いところで放射が止まっているのだ。

一九八〇年代以降の実験宇宙論のとりわけ大きな達成の一つは、この宇宙での放射が生む黒体スペクトルの計測の正確さを増したことだった。宇宙はもともと、高温の放射を内包する熱い高密度の火

【図40】黒体スペクトル

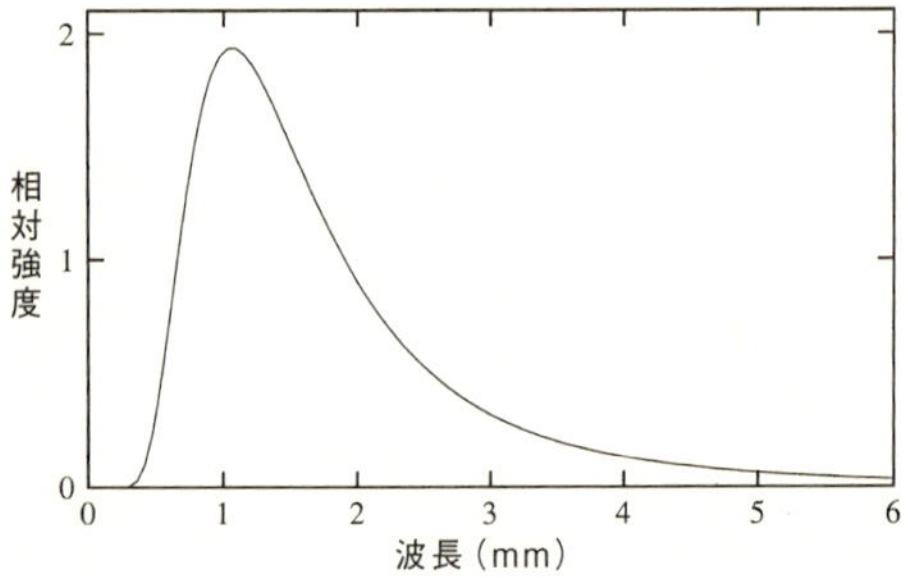

宇宙マイクロ波背景放射の黒体スペクトル。黒体スペクトルは、放射している物体の温度が一定のときに発せられる各振動数での光の量を示す。振動数の高い（波長の短い）ところでスペクトルが落ち込んでいることに注目されたい。

の玉だったが、そのあと宇宙は拡大して、放射はとんでもなく冷えていった。これは宇宙が広がるとともに放射の波長も長くなったためである。波長が長くなれば振動数は低くなり、振動数が低くなればエネルギーも低くなり、エネルギーが低くなれば温度も低くなる。こうして現在の宇宙の放射は、絶対零度より二・七度しか高くない黒体によって生みだされたかのような格好になっている。つまり、宇宙が始まったときよりかなり冷えているわけだ。

近年では、人工衛星によって、この宇宙マイクロ波背景放射のスペクトルが測定されている（図40に示したとおり）。その結果は、絶対温度二・七度の黒体のスペクトルにかぎりなく近似している。ずれは一万分の一以下だ。実際、この名残りの放射こそ、これまでで最も正確に測定された黒体スペクトルである。

一九三一年に、どうして光の量子化などというとっぴな仮定を思いついたのかと聞かれたプランクは、こう答えている。「あれはやけっぱちだった。私は六年間、黒体の理論と格闘していた。それが根本的な問題であることはわかっていたし、答えもわかっていた。ただ、理論的な説明をなんとしてでも見つけなくてはならなかった……」[*] プランクにとって、光の量子化は一種の工夫といおうか、正しい黒体スペクトルを得るための場当たり的な解決策だった。彼の考えでは、量子化はかならずしも光そのものの特性ではなかったが、光を放射していた原子のいくつかの特性の帰結とはなりえた。プランクの推測は光の量子化を理解する第一歩だったが、彼自身がそれを完全にはわかっていなかった。五年後の一九〇五年、アインシュタインが量子論に重要な貢献を果たした。光の量子が単なる数学

＊「……なんとしてでも、といったが、もちろん熱力学の二つの法則は破らずにということだ」David Cassidy, *Einstein and Our World*, 2nd edn（Atlantic Highlands, NJ：Humanities Press, 2004）より。

上の抽象概念ではなく、実在のものだと立証したのである。その年、アインシュタインは大忙しだった。特殊相対性理論を発見し、物質の統計的特性を調べて原子と分子の存在を証明する手助けをし、量子論に確証を与え――これらをすべて、ベルンのスイス特許局で働いているあいだに行なった。

アインシュタインが光量子の仮説を使って説明し、それによって信憑性を高めた現象が「光電効果」である。実験で、光をある一定の振動数で物質に当てると、その進入する放射によって電子が押し出されることがわかった。しかし、もっと光を強くして――すなわち総エネルギーを多くして――対象にぶつけても、放出される電子の運動エネルギーの最大値は変わらなかった。これは直観的な予想に反している。入射エネルギーが大きくなれば、電子の運動エネルギーも大きくなると考えるのがふつうではないか。したがって、電子の運動エネルギーに限界があるのは謎だった。なぜ電子はそれ以上のエネルギーを吸収しないのか?

これをアインシュタインはこのように解釈した。放射は個々の光の量子（光量子）からできていて、一個の量子だけがそのエネルギーをどれか特定の電子に与える。光は一個のミサイルのように個々の電子に届くのであって、電撃戦をかけるわけではない。一個の光量子だけが電子を飛びださせるのだから、入射する量子が増えても放出された電子のエネルギーに変わりはない。入射する光量子の数が増えれば、光はより多くの電子を放出させるが、個々の電子のエネルギーは、ある一定の値以上にはならないのだ。

このように、光電効果の結果をアインシュタインが一定のエネルギーのかたまり――量子化された光の単位――という観点から説明すると、放出された電子の運動エネルギーの上限がつねに同一であるのも納得がいった。電子がもちうる最大の運動エネルギーは、光量子から受けとったエネルギーから、その電子が原子から離れるのに必要なエネルギーを差し引いた値なのである。

この論理を使って、アインシュタインは光量子のエネルギーを算出できた。そのエネルギーは、まさしくプランクの仮説が予言したとおり、入射する光の振動数によって決まっていた。アインシュタインからすると、これは光量子が実在することの明らかな証拠だった。この解釈は、光の量子のとても具体的なイメージを与えた。一個の量子が一個の電子にぶつかって、その電子が弾きだされるのである。アインシュタインは相対性理論ではなく、この発見によって一九二一年にノーベル物理学賞を受賞した。

しかし、おかしなもので、アインシュタインは量子化された光の単位が実在することを認めておきながら、その量子が無質量粒子であるとは認めたがらなかった。エネルギーと運動量をもつ粒子に質量がないというのは受け入れがたかったのだ。光量子の粒子的な性質を示唆する初めての強力な証拠が現れたのは、一九二三年、光量子が電子にぶつかって屈折する「コンプトン散乱」という現象が確認されたときだった(図41を参照)。一般に、粒子のエネルギーと運動量は、それが何かに衝突したあとの屈折の角度を測ることによって確定できる。光量子が無質量粒子なら、電子のような別の粒子にぶつかったときに所定のふるまいをするだろう。実際に測定してみると、光量子はまさしく無質量粒子が電子にぶつかったときに見せるふるまいをした。これで光量子が無質量粒子であることは疑いが

【図41】コンプトン散乱

コンプトン散乱では、光子 (γ) が静止した電子 (e^-) にぶつかって飛散したあと、異なるエネルギーと運動量をもつようになる。

なくなった。この粒子を、現在では「光子」と呼んでいる。

皮肉なことに、アインシュタインは量子論に対して抵抗がありすぎたため、かえってその発展を助けてしまった。しかし、アインシュタインのそうした反応はわからないでもないが、それ以上に不思議なのは、アインシュタインの量子化説に対するプランクの反応だ。彼はそれを信じようとしなかったのである。プランクをはじめとする数名の研究者は、アインシュタインの数多くの功績を称えながらも、いくぶん冷めた態度を保持していた。[*] プランクなどは、かすかな軽蔑が感じられるこんな言葉まで残している。「彼の考察に、たとえば光量子の仮説においてもそうだが、的を外したところがあったからといって、彼を責めるのは酷だろう。本当に新しい考えを導入するためには、最高に厳密な科学においても、ときにリスクを冒すことが必要となるのだから」[**] と。しかし誤解しないでほしい。アインシュタインが推測した光の量子は、まちがいなく的を射ていた。プランクの発言は、アインシュタインの洞察がいかに革命的なものであったかを反映しているにすぎない。この見方に代表されるように、最初は科学者でさえもこの考えを受け入れがたかったのだ。

量子化と原子

量子化と前期量子論の話は光だけでは終わらなかった。その後わかったように、物質はすべて基礎的な量子からなっている。つぎに量子化に関する仮説を出したのはニールス・ボーアだった。彼の場合、その対象としたのはすっかりおなじみの粒子、電子だった。

ボーアの量子力学への関心は、ちょうどそのころ彼が取り組んでいた、原子の不可思議な性質を明らかにしようとする試みが、ひとつの契機になっていた。一九世紀のあいだは、まだ原子の概念が信じられないぐらいあいまいだった。多くの科学者は原子の存在を信じておらず、発見装置としては有益なツールだが実在する根拠はないと思っていた。原子の存在を信じていた数少ない科学者でさえ、それを分子と混同していた。もちろん現在わかっているとおり、分子は原子からなっている。

原子の本当の性質と組成がようやく認められたのは、二〇世紀の初めである。問題の一部は、原子の語源であるギリシャ語の「アトム」が、それ以上分割できないものを意味していたことにあった。したがって、原子は最初のころ、分割できない不変のものと考えられていたのである。しかし、一九世紀の科学者がしだいに原子のふるまいを理解していくにつれ、その考えはおかしいと思われはじめた。一九世紀の末には、放射能とスペクトル線、つまり光が放出されたり吸収されたりするときの振動数が、原子の性質としてかなり正確に測定されていた。どちらの現象も、原子が変化しうることを示していた。そこへきて、一八九七年、J・J・トムソンが電子の存在を証明し、電子は原子の構成要素であるから、原子は分割できるものであると提唱した。

二〇世紀の初頭、トムソンは原子に関する当時の観測をまとめあげ、それを「プラムプディング」モデルと名づけた。プラムプディングとは、果物のかけらを混ぜ入れてパンのように固めたイギリスのデザートである。トムソンの説は、正の電荷を帯びたものが原子全体(パンの部分)に広がっており、その中に負の電荷を帯びた電子(果物のかけら)が組み込まれている、というものだった。

一九一〇年、ニュージーランド出身のアーネスト・ラザフォードが、このモデルの誤りを証明する。

＊『神は老獪にして… アインシュタインの人と学問』(アブラハム・パイス著、金子務ほか訳、産業図書)

＊＊ Gerald Holton, *Thematic Origins of Scientific Thought*, revised edn (Cambridge, MA : Harvard University Press, 1988).

ハンス・ガイガーと研究生のアーネスト・マースデンがラザフォードの提案していた実験を行なってみた結果、原子そのものよりはるかに小さい、固いコンパクトな原子核が発見されたのである。ラジウム塩の放射性崩壊で生じるラドン222というガスは、アルファ粒子を放出する。このアルファ粒子はヘリウムの原子核だが、それがわかるのはまたあとの話だ。ガイガーらは、このアルファ粒子を原子にぶつけ、アルファ粒子が散乱する角度を記録することによって、原子核の存在を明らかにした。彼らの記録した劇的な散乱は、固いコンパクトな原子核がある場合にしか起こりえなかった。正の電荷が原子全体に散らばっているなら、粒子がそのように広く散乱するわけがなかった。ラザフォードの言葉を借りれば、「それは私が生まれてこのかた一度も見たことがない、じつに驚くべきできごとだった。どれだけすごいかといえば、一五インチの砲弾を一枚の薄紙に向けて撃ったら、それが跳ね返ってきて自分が撃たれてしまったようなものだ*」

ラザフォードの出した結果によって、原子のプラムプディング・モデルは誤りと証明された。正の電荷は原子全体に広がっているのではなく、それよりずっと小さい内部の核に押しこめられているとわかったのだ。つまり、中央に固い構成要素――原子核があるということだ。このイメージにしたがえば、原子は中央の小さな原子核と、そのまわりを回る電子からなっている。

二〇〇二年の夏、私は年に一度のひも理論会議に出席した。その年の会議は、ケンブリッジのキャベンディッシュ研究所で開かれた。二大巨頭のラザフォードとトムソンをはじめ、数多くの偉大な量子力学の先駆者たちが、重要な研究をたくさん行なっていた場所だ。廊下には、活気に満ちた創生期を思い起こさせるものがいろいろと飾られていて、私はそこを歩くあいだに、いくつかのおもしろい事実を知った。

たとえば、中性子を発見したジェームズ・チャドウィックが物理学を専攻した理由は、彼が内気すぎて、大学に入ったときに誤って別の列に並んでしまったことを言い出せなかったからにすぎなかった。それからJ・J・トムソンは、あまりにも若いうちに研究所の所長になってしまったもので（当時二八歳）、こんな祝辞をもらった。「ここできみの幸せと教授としての成功をお祈りしないのが不適切なことであれば許してくれたまえ。君が選出されたという知らせは私にとっては非常な驚きで、とても祈るどころではないのだ」（物理学者は、かならずしも最高に寛大な人種ではない）

しかし、二〇世紀までにキャベンディッシュやそのほかの場所で、原子の実像がそれなりに論理的に解明されていたとはいえ、その構成要素のふるまいは、物理学者の最も基本的な信念を大いに揺るがせつつあった。ラザフォードの実験は、中央の原子核とそのまわりを回っている電子で原子が構成されていることを示していた。この図はじつにシンプルだが、残念ながら難点があった。これが正しいはずがないのだ。古典的な電磁理論では、電子が円軌道を描いて動いているなら、光子放出（あるいは古典的な言い方をするなら、電磁波放出）を通じてエネルギーを放射しているはずである。光子がエネルギーを取り去ってしまうので、電子のエネルギーは弱まり、円軌道はしだいに中央に向かってらせん状にせばまっていくだろう。実際、古典的な電磁理論の予言では、原子は安定していられずナノ秒（一〇億分の一秒）以内に崩壊するとされていた。原子の安定した電子軌道はまったくの謎だった。なぜ電子はエネルギーを失って原子核のほうにらせん状に近づいていかないのか？

原子の電子軌道を説明するには、古典的な論法からの思いきった脱却が必要だった。この論理を突きつめたときに出てくる避けがたい結論は、古典物理学の穴をあらわにし、その穴を埋めるには量子

＊Abraham Pais, *Inward Bound: Of Matter and Forces in the Physical World* (Oxford : Oxford University Press, 1986) より。

力学を用いるしかなかった。まさにそのような革命的な見方を提出したのがニールス・ボーアである。彼はプランクの量子化の概念を電子にも適用した。これもまた、前期量子論の重要な一部だった。

電子の量子化

ボーアの結論は、電子はそれまで考えられていたような軌道にはいっさい移れず、彼の考えた公式に合致する半径の軌道しかもちえない、というものだった。ボーアはまぐれ当たりともいえる独創的な推測から、そうした軌道を発見した。彼の量子化説は、のちに電子の動きから説明された。すなわち電子は波のように、上下に揺れながら原子核のまわりを回っているのである。

一般に、ある特定の波長をもつ波は、一定の距離のあいだに一回の上下運動をする。この距離が波長である。円を描く波も、やはりそれ自体の波長をもっている。この場合、波長はその波が原子核のまわりを回りながら一回上下するときの弧の長さということになる。

一定の半径で軌道を描く電子は、どのような波長でももてるわけではなく、その波を一定の回数だけ上下させる波長しかもてない。つまり、可能な波長を定める規則があるわけだ。波は、電子の軌道となる円のまわりを一周するあいだに整数回*で上下しなければなら

【図 42】ボーアの量子化において可能となる電子の波動パターン

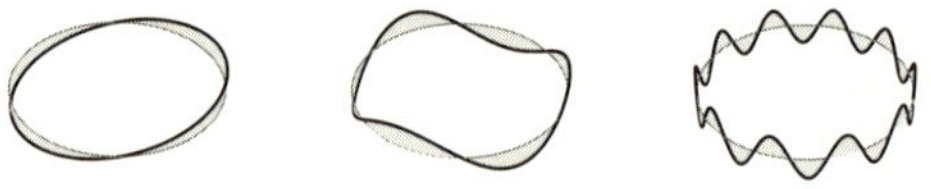

ないのである(図42を参照)。

ボーアの提唱した仮説はきわめて大胆で、意味もわかりにくかったが、目的は果たしていた。これが事実なら、たしかに安定した電子軌道の説明がつく。ありえるのは特定の電子軌道だけで、その中間の軌道はありえないのだから。外部の力が働いて電子をある軌道から別の軌道へとジャンプさせないかぎり、電子は原子核のほうに近づきようがないのだ。

一定の電子軌道をもったボーアの原子モデルは、たとえて言うなら、二階、四階、六階と、偶数階にしか入れない高層ビルのようなものである。その中間の三階や五階には足を踏み込めないので、いま自分がいる偶数階に永遠に足止めされることになる。もちろん一階にたどりついて外に出ていくこともできない。

ボーアの波動説は、思いつきの仮定だった。ボーア自身、その意味をわかっているとは言っておらず、電子の安定した軌道を説明するためにこれを考えだしただけだった。にもかかわらず、その仮説の量子的な性質が検証を可能にした。とくに、ボーアの仮説は原子のスペクトル線を正しく予言していた。スペクトル線は、電離していない原子——電子をすべて備えた正味電荷ゼロの中性原子——が放射、吸収する光の振動数を示す。** 物理学者はスペクトルが連続的な分布(つまり、光の振動数がすべてそろっている分布)にならず、バーコードのような縞模様を示すことに気づいていた。しかし、その理由は誰にもわからなかった。さらに、そこで示される振動数がそのような値となる理由もわからなかった。

*整数とは、0、1、2、3……という、おなじみの自然数。
**ここで言っているのは離散スペクトルのこと。自由電子がイオンに吸収されるときは、連続的な——分離していない——スペクトルの光が放射される。

なかった。

ボーアの量子化説は、測定された振動数においてのみ光子が放射、吸収される理由を説明できた。電子軌道は孤立原子のまわりでは安定していたが、条件を満たす振動数の光子——つまりプランクの考えにしたがえば、条件を満たすエネルギーをもつ光子——がエネルギーを伝えたり奪ったりすると、その軌道が変わるのである。

ボーアは古典的な論法を使って、自分の考えた量子化の仮定にしたがう電子のエネルギーを計算した。そして、そのエネルギーから、電子を一個だけ含む水素原子が放射、吸収する光子のエネルギーと、それにともなう振動数を予言した。ボーアの予言はたしかに正しかった。したがって、彼の考えた量子化説もきわめて信憑性の高いものとなった。この点から、アインシュタインをはじめとする多くの研究者が、ボーアは正しいに違いないと確信するようになった。

光が量子的なかたまりとして放射、吸収され、それによって電子軌道を変えられるという点で、このかたまりの量は、さきほど例に出した高層ビルの窓に取りつけられたロープの長さのようなものだと言える。そのロープに、あなたのいる階からどこかの偶数階に行くのにちょうど必要なだけの長さがあって、さらに偶数階の窓だけが開いているとすれば、そのロープは階を移動する手段となれる——が、移動できるのは偶数階のあいだだけとなる。同じように、スペクトル線がある特定の値だけをとれるのは、可能な軌道上にいる電子のあいだのエネルギーの差が、その値だからである。

ボーアは量子化の条件についての説明こそ与えなかったが、それでも彼の仮説は正しいように思えた。繰り返しスペクトル線が測定され、その結果は、ボーアの仮定を使うと説明できた。そこまでの合致がただの偶然であれば、それこそ奇跡だろう。最終的に、量子力学はボーアの仮定を正しいと認めた。

粒子のとらえがたさ

量子化という考えは非常に重要なものだったが、粒子と波との量子力学的な関係が明確になりはじめたのは、フランスの物理学者ルイ・ド・ブロイと、オーストリアのエルヴィン・シュレーディンガー、ドイツ生まれのマックス・ボルンによる進展があってからだった。

酔歩状態だった前期量子論から、確固とした真の量子力学理論へと踏み入るきっかけになった重要な第一歩は、プランクの量子化仮説を一転させるド・ブロイのすばらしい発想だった。プランクが量子を放射の波に関連づけたのに対し、ド・ブロイは――ボーアと同様に――粒子も波のようにふるまうのだと仮定した。ド・ブロイの仮説では、粒子は波のような性質を示し、その波は粒子の運動量によって決まる（遅い速さでは、運動量は質量と速さの積になる。あらゆる速さにおいて、運動量は作用した力に対する反応のしかたを示すものになる。相対論的な速さでは、運動量は質量と速さのもっと複雑な関数になるが、高速に適用される運動量の一般的な定義として、相対論的な速さにおいて物体が力にどう反応するかを示したもの、と言うこともできる）。

ド・ブロイは、運動量 p の粒子は運動量に逆比例する波長をもつ波と結びつけられる、と仮定した。つまり、運動量が小さいほど波長が長いということだ。波長はプランク定数 h とも比例する。* ド・ブロイ説の背景には、激しく振動する波（言い換えれば、波長の短い波）のほうが、ほとんど振動しない波（波長の長い波）よりも運動量が大きいという考えがあった。波長が短いということは、それだけ

＊波長はプランク定数 h を運動量で割った値に等しい。

振動が速いわけだから、それをド・ブロイは運動量の大きさに結びつけたのである。

このような、粒子でありながら波でもあるものの存在に困惑する人もいるかもしれないが、たしかにそれはもっともだ。ド・ブロイが最初にこの波動説を提唱したときにも、それがどういう意味かをわかった人は誰もいなかった。そこで驚くべき解釈を示したのが、マックス・ボルンである。波は位置の関数であり、その絶対値の二乗が空間の任意の場所で粒子を見つけられる確率となる、とボルンは提唱し、*これを「波動関数」と名づけた。粒子はその存在を特定できるものではなく、確率の観点でしか記述できない、とボルンは見抜いた。これは従来の考え方からの大きな飛躍だった。つまり、粒子の厳密な位置は突きとめることができない。粒子がある場所で見つかる「確率」を特定できるだけなのだ。

しかし、量子力学的な波が確率しか記述しないとはいえ、量子力学はこの波が時間とともにどう変化するかを正確に予言する。ある時点での値がすべてわかれば、そのあとの時点での値もすべて特定できる。シュレーディンガーが発見した波動方程式は、量子力学的粒子と結びついた波の変化を示すものである。

だが、その粒子が見つかる確率とはどういうことなのか？　これはわかりやすい概念ではない。結局のところ、粒子の断片のようなものが存在するわけではないのだ。粒子が波でしか記述できないというのは、量子力学の最も不思議な側面の一つだった（それはある意味では現在も変わらない）。なにしろ粒子はしばしば波のようにではなく、ビリヤードの玉のようにふるまうとされている。粒子という解釈と波という解釈は、どう見ても両立しないのではないか。

この明らかなパラドックスを解決する鍵は、粒子のもつ波のような性質は一つの粒子からでは検出できないというところにある。たとえば、ある一個の電子を検出するとき、その電子はある明確な場所に存在している。電子の波動全体を図に描くためには、個々の電子がいくつも必要になるし、さもなければ同じ実験を何度も繰り返さなくてはならない。それぞれの電子が波に結びつけられるとしても、一個の電子だけでは一つの数字しか測定できない。しかし、たくさんの数の電子をそろえられれば、それぞれの場所での電子の存在が、量子力学によって電子に帰せられる確率波に比例していることがわかるだろう。

個々の電子の波動関数は、同じ波動関数をもつ多数の電子がどうふるまうかを教えてくれる。ある一個の電子が見つかる場所は一つしかない。しかし多数の電子があれば、それらのいる場所が波のような分布となって表れる。波動関数は、電子が最終的にその場所に存在する確率を示すのである。

たとえて言うなら、これはある集団における背の高さの分布と同じだ。各個人にはそれぞれの背の高さがあるが、分布にすると、各個人がある特定の高さをもっている確率が示されることになる。同じように、一個の電子が粒子のようなふるまいをするとしても、多くの電子が集まれば、その位置の分布が波のような輪郭を描く。ただし違うのは、個々の電子がやはりこの波に結びつけられるということだ。

図43は、電子の確率関数の一例を図にしたものである。この波は、ある特定の位置で電子が見つかる相対的な確率を示している。ここに描かれている曲線は、空間内のすべての地点それぞれでの値を表す（というより、紙は平面なので空間の一つの次元しか描けないから、一本の直線上のすべての地点と言うべきかもしれないが）。この電子のコピーをいくつも作れたなら、電子の位置の測定結果もその分だ

＊空間内の一点を特定するには三つの座標が必要だが、便宜上、あえて波動関数が一つの座標だけで決まるかのように単純化することもある（図43がその一例）。そうすると波動関数の図を紙に描きやすくなる。

け得られる。そうすると、電子がある特定の地点にいるのを測定した回数は、この確率関数に比例することになるだろう。値が大きい部分は、電子がそこで見つかる可能性が高いことを示している。逆に値が小さいところは、その可能性が低いということだ。波はたくさんの電子の累積効果を反映しているのである。

　波を描きだすにはたくさんの電子が必要だとしても、量子力学の特殊性は、個々の電子がやはり波によって記述されるところにある。要するに、電子については何事も確実には予言できないのである。電子の位置を測定すれば、たしかに電子はある明確な点にいる。しかし、その測定をするまでは、電子が結果的にどれだけの確率でそこにいるかを予言できるだけだ。それが最終的にどこにいるかを明確に断言することはできない。

　この粒子なのか波なのかという問題は、章の冒頭でどこから来たのかわからないエレクトラをたとえにした、有名な二重スリット実験において明らかとなる。[11] 一九六一年にドイツの物理学者クラウス・ヨンソンが実際に研究室で行なってみるまで、電子の二重スリット実験はあくまでも物理学者が電子の波動関数の意味と結果を解明するために用いる思考実験でしかなかった。これはどういう実験かというと、電子の放出器から二つの平行なスリットが入った障壁に向けて電子を発射する（図44）。電子がスリットを通り抜け、障

【図 43】電子の確率関数の一例

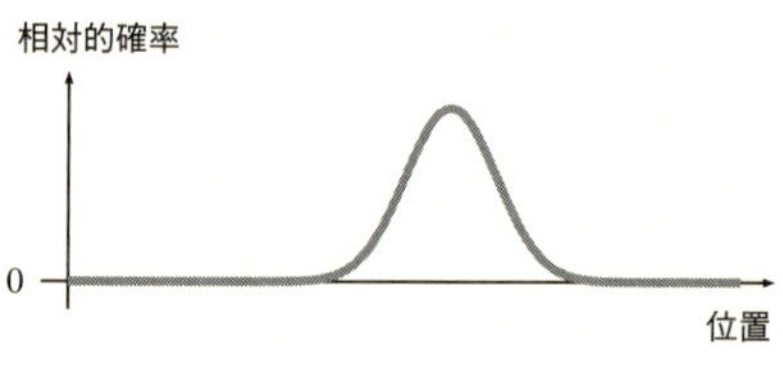

壁のうしろのスクリーンにぶつかったところを記録する。

この実験は、一九世紀初めに光のもつ波のような性質を実証した同じような実験を模したものだった。その当時、イギリスの医者で物理学者でもありエジプト学者でもあったトマス・ヤング*は、単色光に二つのスリットを通過させ、スリットのうしろのスクリーンに光が当たった結果つくられる波形を観測した。この実験により、光が波のようにふるまうことが実証された。同じ実験を電子で行なってみれば、同じように電子の波のような性質が観測できるかもしれない。

実際、電子を用いて二重スリット実験を行なってみれば、ヤングが光で出したのと同じ結果が得られる。スリットのうしろのスクリーンに波形が現れるのだ（図45）。光の場合、この波は干渉によって生じたものと考えられる。光の一部が片方のスリットを通り抜け、別の一部がもう片方のスリットを通り抜ける。その結果として生じた波形は、両者のあいだの干渉の表れである。だが、電子でも波形が現れるのはどういうわけなのか？

スクリーンに現れた波形から考えられるのは、直観には反するけれども、各電子が両方のスリットを通り抜けているということだ。

*ヤングはロゼッタストーンの解読にも貢献した。

【図44】二重スリット実験の概略図

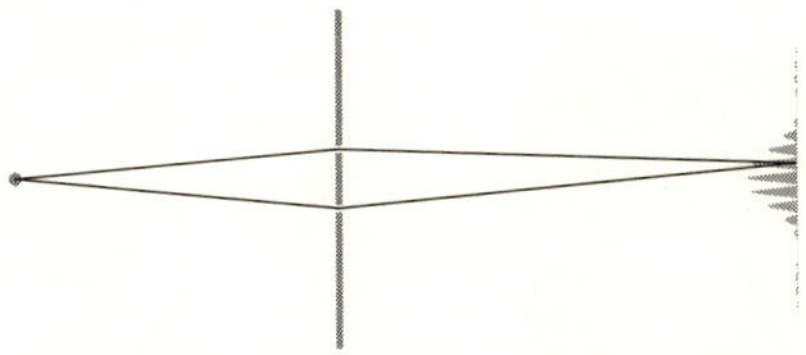

電子は障壁にあけられた２つのスリットのどちらかを通り抜けて右側のスクリーンにぶつかる。スクリーンに記録される波形は、２つの通り道による干渉の結果である。

個々の電子を完全に把握することはできない。どの電子も両方のスリットを通過できる。各電子がスクリーンに到達したときの位置は記録されても、個々の電子が二つのスリットのどちらを通過したかは誰にもわからない。

量子力学の考えでは、粒子は出発点から到達点まで、どの経路でもとることができる。そして、粒子のつくる波形が、その事実を表している。これは量子力学の数多くの驚くべき特徴の一つだ。古典的な物理学と違って、量子力学は粒子に明確な軌道を与えないのである。

だが、どうして二重スリット実験から個々の電子が波のようにふるまうと言えるのだろう。すでに電子は粒子だとされているではないか？ そもそも半分の電子などというものは存在しない。個々の電子はある明確な位置で記録される。これはいったいどういうことなのか？

答えは、じつはもうすでに述べている。波形が現れるのは多数の電子を記録したときだけだ。個々の電子それぞれは粒子である。したがってスクリーン上の一か所にぶつかる。しかし、スクリーンに多数の電子がぶつけられると、その累積効果として、古典的な波形ができあがる。つまり二つの電子の経路が干渉しあっているわけだ。これを示したのが図45である。

【図45】二重スリット実験で記録される干渉縞

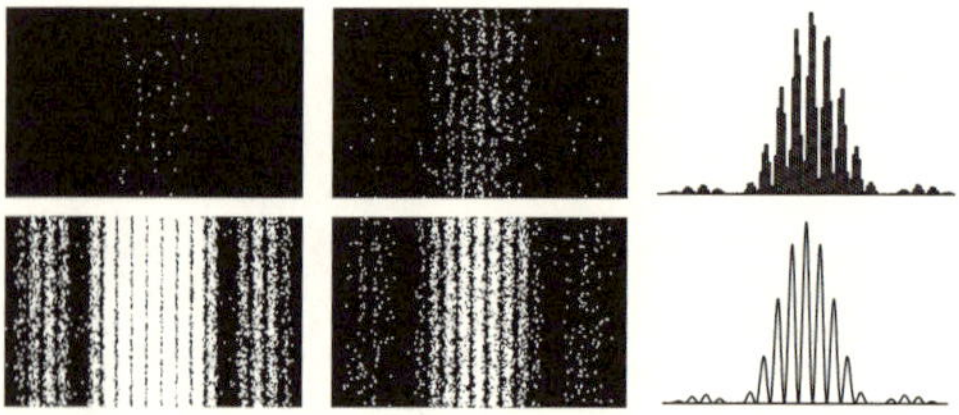

左側の４枚の図は、左上から時計回りに、50個、500個、5,000個、50,000個の電子が発射されたあとにできる縞を示す。右側の曲線は、電子の数の分布（上の曲線）を、ふつうの波が２つのスリットを通過したときに得られるパターン（下の曲線）と比較したもの。両者がほとんど同じだということは、電子の波動関数が実際に波のように働いていることを示す。

波動関数は、電子がスクリーン上のある特定の位置に当たる確率を示すものだ。電子はどこにでも行けるかもしれないが、実際には、ある特定の場所にある一定の確率で見つかるとしか言えず、その確率を示すのが各地点での波動関数の値である。電子をたくさん発射すると、結果として、電子が両方のスリットを通過するという仮定から導かれる波が形成される。

一九七〇年代に、日本では外村彰《とのむらあきら》が、イタリアではピエルジョルジョ・メルリとジュリオ・ポッツィとジャンフランコ・ミッシローリが、これを現実の実験ではっきりと示した。一度に一個ずつ電子を発射していくと、電子がスクリーンに当たるごとに波形ができあがっていった。

こうした波と粒子の二重性のような劇的な発見が、どうして二〇世紀になるまでなされなかったのかと不思議に思う人もいるかもしれない。たとえば光は波のように見えるが、実際には別々のかたまり、すなわち、無数の光子からできている。どうしてこれにもっと早く気づく人がいなかったのだろうか。

それは、私たちの誰一人として（よっぽどの並外れた能力を備えた人なら別かもしれないが）個々の光子を見ることはできないからである。* だから量子力学的効果は容易に感知できないのだ。通常の光は、とても量子でできているようには見えない。私たちに見えるのは大量の光子によって形成された可視光だ。たくさんの光子が集まって古典的な波のように作用するのである。

光子の放射源がよほど弱いか、観測装置がよほど念入りにできていないかぎり、光の量子的な性質を観測するのは難しい。光子の数が大量になると、一つ一つの光子の効果を識別できなくなるからだ。

＊人間も個々の光子を感知できなくはないが、それは念入りに準備された実験の場に限られる。通常、人間が見ているのは多数の光子からなる標準的な光である。

たくさんの光子でできている古典的な光に光子を一つ加えたからといって、それとわかるような違いは生じない。古典的な光を放つ電球から一つ余計に光子が放射されたところで、それに気づく人は誰もいないだろう。結局、量子現象の詳細は念入りに整備されたシステムにおいてしか観測できない。

この最後につけくわえられた一個の光子が、通常ではまったく意味をなさないことに同意できなければ、自分が投票所に行ったときの気持ちを考えてみてほしい。何百万もの人間が投票をしているなかで、自分の一票ではほとんど結果に影響を及ぼせないとわかっているときに、わざわざ時間と手間をかけて投票するだけの価値が果たしてあるだろうか？　どちらに転ぶかわからないことで知られるフロリダ州ならいざ知らず、一人の票はたいてい大勢の票に紛れてしまう。いくら選挙の勝敗が個人の投票の累積効果によって決まるとはいえ、たった一票によって結果が変わることはまずありえないだろう（このたとえをもう一歩進めるなら、量子系――および量子的な州であるフロリダ――だけにおいては繰り返しの測定が違う結果を生むことになるのが観測されるかもしれない）。

ハイゼンベルクの不確定性原理

物質に備わる波のような性質には、直観に反する奥深い意味がたくさんある。選挙の不確定性はひとまずおいて、ここからはハイゼンベルクの不確定性原理に話を移そう。物理学者とテーブルスピーチの話し手がお得意とするテーマだ。

ドイツの物理学者ヴェルナー・ハイゼンベルクは、量子力学の主要な先駆者の一人だった。彼の自伝には、原子と量子力学についての画期的なアイデアがどのようにして芽生えたかが書かれている。そのときハイゼンベルクはミュンヘンの神学校に設けられた軍司令部にいた。一九一九年にそこに配属され、バイエルンの共産主義者の撃退にあたっていたのである。銃撃がおさまると、彼は学校の屋根にのぼってプラトンの対話篇、とくに『ティマイオス』を読んだ。プラトンの著作から、ハイゼンベルクはこう確信した。「物質世界を解釈するには、その最も小さな部分について知らなくてはならない*」

ハイゼンベルクは青年期の自分のまわりで起こっていた社会的騒乱を憎んでいた。できることなら「プロイセンの生活の本源」に戻って「個人の野心よりも共通の大義のほうが大切とされ、誰もが慎ましく自分の人生を送れて、正直と清廉、勇気と時間厳守が旨とされる」ような生き方がしたかった**。しかしながら、そんなハイゼンベルクが不確定性原理によって、人びとの世界観を取り返しのつかないまでに変えてしまった。ひょっとしたらハイゼンベルクの生きた動乱の時代が、彼に政治に対してはともかく、科学に対して革命的なアプローチをとらせたのかもしれない***。いずれにしても、不確定性原理の提唱者がこのような相反する気質の持ち主だったことは、いささか皮肉にも感じられる。

さて、不確定性原理では、ある特定の二つの量を一度に正確に測定することはできないとされる。これは古典物理学からの大きな飛躍だった。古典物理学では少なくとも原則として、物理系のすべての特徴――たとえば位置や運動量など――はいくらでも正確に測定できると考えられているからだ。

この特定の二つの量においては、どちらを先に測定するかが重要となる。たとえば位置を測定してから運動量（速さと方向の両方を示す量）を測定しようとすると、先に運動量を測定してから位置を測

*『部分と全体　私の生涯の偉大な出会いと対話』（W・ハイゼンベルク著、山崎和夫訳、みすず書房）
** 同書。愛国心の強さから、ハイゼンベルクはドイツの原爆プロジェクトにも参加した。
*** Gerald Holton, *The Advancement of Science, and Its Burdens* (Cambridge, MA : Harvard University Press, 1998).

定したときと同じ結果が得られなくなる。これは古典物理学ではありえないし、明らかに私たちの見慣れているものではない。測定の順序が重要になるのは、量子力学においてだけだ。そして不確定性原理では、二つの量の測定順序が重要になる場合、その二つの不確かさの積は、つねに基本定数であるプランク定数hよりも大きくなる。[12] ちなみにプランク定数の大きさは、6.582×10^{-25}GeV である。[*] もしも位置が正確にわかっていたとすると、同等の正確さで運動量を知ることはできないし、その逆もまた然りだ。どれだけ精密な機器を用いようと、どれだけ測定を重ねようと、二つの量をきわめて高い正確さで同時に測定することは決してできない。

プランク定数が不確定性原理に登場するのには、もっともな理由がある。プランク定数は量子力学といっしょになってしか出てこない量なのだ。まえにも述べたように、量子力学にしたがえば、特定の振動数をもった粒子のエネルギーの量子は、その振動数とプランク定数の積である。古典物理学で世界が規定されるなら、プランク定数はゼロとなり、基本的量子は存在しなくなる。

しかし、世界が真に量子力学的に記述されるなら、プランク定数はゼロではない一定の量となる。その数字が物語るのが不確定性だ。原則として、個々の量はどんなものでも正確に知ることができる。あるものが正確に測定されたために厳密な値が得られることを、物理学では「波動関数の収縮」と表現することがある。この「収縮」という言葉は、広がりをもたず、ある特定の場所だけでゼロでない値をとるような波動関数の形を示す。そのあと別の値が測定される確率がゼロになるのである。この場合――ある量が正確に測定されるとき――不確定性原理では、その測定後、測定された量と不確定性原理において対になっている別の量についてては、もう何もわからないとされる。その別の量の値には無限の不確かさが生じるのである。もちろん、二つめの量を最初に測定していれば、一つめの量がわからない量となる。どちらにしても、片方の量が正確にわかればわかるほど、別の量の測定値の正確さは失われていく。

不確定性原理の詳細をこの本でこれ以上突きつめるつもりはないが、その原点についてはすこしだけ紹介しておきたい。これは以後の内容に不可欠な部分ではないので、飛ばしてつぎの節に移ってもらってもかまわない。だが、不確定性の根本にある論法をもうすこし知っておいても損はないかもしれない。

ここでは時間とエネルギーの不確定性に話を絞ろう。これは比較的わかりやすく、説明もしやすい問題だからだ。時間とエネルギーの不確定性原理は、エネルギー（ひいてはプランクの仮定から導かれる振動数）の不確かさを、系の変化率の指標である時間間隔に結びつける。つまり、エネルギーの不確かさと系の変化の指標となる時間間隔の積は、かならずプランク定数hより大きくなる。

時間とエネルギーの不確定性原理が物理的に実現されるのは、たとえば電灯のスイッチをつけたときに、近くのラジオから雑音が聞こえてくる場合だ。電灯のスイッチをつけると、広範囲の無線周波数が生じる。これは電線を流れる電気の量が急激に変わってエネルギー（ひいては振動数）の範囲が広くなったためだ。それがラジオに拾われて雑音になる。

不確定性原理のおおもとを理解するために、ここでまったく違った例を引き合いに出そう。水漏れする蛇口**を想像してみてほしい。これから説明するのは、蛇口から水が滴る割合を正確につかむためには持続的な測定が必要であるということだ。じつは、それが不確定原理の主張することとよく似ているのだ。蛇口とそこを流れる水は、多数の原子からなっているけれども、系としては非常に複雑な

* GeV（ギガ電子ボルト）はエネルギーの単位。詳しくは追って説明する。
** この例では蛇口から水が均一に滴るものと仮定しているが、もちろん現実はかならずしもそうではない。

ので、量子力学的な効果を観測するのは不可能だ。古典物理学のプロセスに完全に圧倒されてしまう。とはいえ、より正確な振動数（頻度）をつかむのに、より長時間の測定が必要なのは事実であり、それが不確定性原理の核心でもある。量子力学的な系は、この相互依存関係をもう一歩先に進める。念入りに整えられた量子力学的な系においてはエネルギーと振動数が関連するからだ。したがって、量子力学的な系では、振動数の不確かさと測定時間の長さとの関係（これから見る関係のような）がエネルギーと時間との真の不確定性関係に転換するのである。

仮に、水がおよそ一秒に一回の割合で滴り落ちているとしよう。これを計測するストップウォッチが一秒を正確に刻める場合、逆に言えば一秒ずつしか計れない場合、この水の滴る割合はどれだけ正確に測定できるだろうか。もし一秒待ったあとに一滴の水が落ちるのが見えたなら、蛇口は一秒に一滴の割合で漏れていると結論できる――そう思うかもしれない。

しかし、このストップウォッチが計れるのは一秒までなので、この観測では蛇口から水が滴るのにかかる正確な時間はわからない。時計が一回カチッと鳴ったとしても、実際の時間は一秒よりすこしだけ長いかもしれないし、ひょっとしたら二秒に近いかもしれない。一秒から二秒までのどの時間で蛇口から水が滴ったと言えばいいのか？　もっと精密なストップウォッチを用意するか、あるいはもっと長いあいだ測定をしないかぎり、これ以上望ましい答えは得られない。この時計では、水の滴る割合は一秒に一度と二秒に一度のあいだであるとしか結論できない。蛇口が一秒に一度の割合で水漏れすると結論したなら、その測定は実質的に一〇〇パーセントの誤差がある可能性もある。要するに、二倍も狂ってしまう可能性があるわけだ。

だが、たとえば一〇秒間この計測を続けてみたとしよう。そうすると、時計が一〇回カチッと鳴るまでのあいだに一〇滴の水が落ちるだろう。一秒の正確性しかない粗っぽい時計だと、一〇滴の水が落ちるのにかかる時間は一〇秒と一一秒のあいだであるとしか推論できない。しかし今回、やはり結論は水が一秒につき一回に近い割合で滴るというものになるが、測定の誤差は一〇パーセントに減る。一〇秒待ったことによって、頻度が一秒の一〇分の一以内まで測定できるからだ。今回の測定時間(一〇秒)と頻度の不確かさ(一〇パーセントないしは〇・一)の積が、およそ一になったことに注目してほしい。そして、あらためて前述の例を思い出してほしい。頻度の誤差は大きかった(一〇〇パーセント)が、所要時間は短かった(一秒)。このときの頻度の不確かさと測定時間の積も、同じくおよそ一になるのである。

この線で測定を続けてみたらどうなるだろう。一〇〇秒まで測定を行なったとしたら、水の滴る頻度が一〇〇秒につき一回の正確さまで測定できる。一〇〇〇秒まで測定すれば、一〇〇〇秒に一回の正確さまで測定できる。これらのどの場合でも、測定を行なうあいだの時間間隔と測定された頻度の正確さの積は、およそ一となる。* 頻度の測定をより正確にすればするほど、測定にかかる時間はより長くなる——これが時間とエネルギーの不確定性原理の核心にある。頻度をもっと正確に測定することはできるが、それにはもっと長いあいだ測定をしなくてはならない。時間と頻度の不確かさの積はつねにおよそ一だからだ。**

*ここではあえて厳密な数値は出さない。

**この論法は、真の不確定性原理を充分に説明するものではない。有限の時間間隔でしか測定していなければ、真の振動数を測定していることにはならないからだ。蛇口はこれからも永遠に漏れつづけるのか? それとも、この測定が行なわれているあいだだけ漏れていたのか? かなり微妙なことなので実証はしにくいが、たとえもっと正確なストップウォッチがあったとしても、真の不確定性原理には決して追いつけない。

この簡略版・不確定性原理の話をまとめると、充分に単純な量子力学系――たとえば一個の光子など――の場合、そのエネルギーはプランク定数hと振動数の積に等しい。こうした物体の場合、エネルギーを測定するあいだの時間間隔と、エネルギーの誤差との積は、つねにhより大きくなる。そのエネルギーはいくらでも正確に測定できるが、その代わり、それに応じて実験の時間を長くしなくてはならない。これもまた先ほど導いたような不確定性原理である。ひねりとして、エネルギーを振動数に結びつける量子化関係を用いただけだ。

二つの重要なエネルギー値と不確定性原理との関係

以上で基本的な量子力学への導入部はほとんど終わりとなる。ここから先の二つの節では、あとで必要になる量子力学の残りの要素二つを見ていこう。

この節では、もう新しい物理原理は出てこないが、前述の不確定性原理と特殊相対性理論を適用した重要な考え方を説明する。ここで探っていくのは、二つの重要なエネルギーと、そのエネルギーを帯びた粒子が反応できる物理過程の最小距離スケールとの関係だ。この関係は、素粒子物理学者にとっての基本であると言ってもいい。つぎの節では、スピン、ボソン、フェルミオンについて簡単に説明する。これらの概念は、素粒子物理学の標準モデルをテーマにした次章にも出てくるし、あとで超対称性について考えるときにも関係してくる。

位置と運動量の不確定性原理にしたがえば、位置の不確かさと運動量の不確かさの積はかならずプランク定数より大きくなる。どんなものでも――光線であろうと粒子であろうと、短い距離で生じる物理過程に反応できるものなら、どんな物体でも系でも――必然的に運動量が広範囲になる（運動量はきわめて不確かなので）。とくに、そうした物理過程に反応しやすい物体はかならず運動量が高くなる。そして特殊相対性理論にしたがえば、運動量が高いときはエネルギーも高い。この二つの事実をあわせると、短い距離を探るには高エネルギーを使うしかないという結論になる。

これを別の言い方で説明すると、短い距離を探るのに高いエネルギーが必要なのは、波動関数が小さなスケールで変化する粒子だけが短い距離の物理過程に影響されるからである。フェルメールが二インチ幅の筆では作品を描ききれなかったように、あるいは視界がぼやけていると細部がくっきり見られないように、波動関数が小さなスケールでしか変化しない粒子でないと短い距離の物理過程には反応できない。しかしド・ブロイの説にしたがえば、波動関数が短い波長をともなう粒子もやはり運動量が高い。波としての粒子の波長はその運動量に逆比例する、とド・ブロイは言った。したがってド・ブロイの説からも、短い距離の物理に反応するには高い運動量、ひいては高いエネルギーが必要だという結論になる。

これは素粒子物理学から派生する重要な概念である。高エネルギーの粒子だけが短い距離での物理過程の影響を感じられる。この高さがいかに高いかを二つのケースから見ていこう。

素粒子物理学者はエネルギーを「電子ボルト（electronvolt）」の倍数で測ることが多い。電子ボルトの略表記は「eV」で、「イーヴィ」と発音する。一電子ボルトは、一個の電子を一ボルトの電位差——非常に弱い電池が与えるような——に逆らって動かすのに必要なエネルギーである。これに関連する単位として、ギガ電子ボルト（GeV、ジェヴ）やテラ電子ボルト（TeV、テヴ）も使われる。一ギガ電子ボルトは一〇億電子ボルト、一テラ電子ボルトは一兆電子ボルト（一〇〇〇ギガ電子ボルト）である。

これらの単位はエネルギーだけでなく質量も測れるという点で、素粒子物理学ではとても使いやすい。そんなことが可能となるのは、特殊相対性理論における質量と運動量とエネルギーの関係からわかるように、この三つの量が光の速さ——$c=299,792,458$ m/s——を通じて結びついているからである。[13] したがって、光速を使えば任意のエネルギーを質量や運動量に変換できるのだ。たとえばアインシュタインの有名な公式 $E=mc^2$ は、ある特定のエネルギーに結びついた一定の質量があることを意味している。換算係数が c^2 であることは誰でも知っているから、これを組み込めば質量を eV の単位で表せる。この単位での陽子の質量は、一〇億 eV、すなわち一 GeV である。

このように単位を変換するのは、日常でもよく見られることだ。たとえば「駅はここから一〇分先ですよ」という言い方をするだろう。つまり話し手が特定の換算係数を想定しているわけだ。その距離は、徒歩で一〇分なら半マイルになるだろうが、自動車で一〇分なら一〇マイルになる。こういう言い方がなりたつのは、話し手と聞き手のあいだで換算係数が一致しているからだ。

特殊相対性理論にもとづく質量と運動量とエネルギーの関係性は、不確定性原理とあわせて、特定のエネルギーや質量をもった粒子や波が経験・感知できる物理過程の最小限の空間サイズを規定する。そこで、これらの関係性を、素粒子物理学にとって非常に重要な、あとの章でもたびたび出てくる二つのエネルギースケールに当てはめてみよう（図46を参照）。

一つめは、「ウィークスケールエネルギー」とも呼ばれる二五〇 GeV のエネルギーである。このエネルギーでの物理過程は、弱い力と素粒子——とくに素粒子が質量を獲得するとき——の重要な性質の要因になっている。物理学者は（私も含めて）、このエネルギーを探っていけば、いまはまだわからない何らかの物理理論によって予言される新しい効果が発見でき、物質の根本的な構造についての理解が大きく進むのではないかと期待している。幸い、ウィークスケールエネルギーを探る実験がまもなく行なわれようとしている。その結果いかんで私たちの知りたいことも明らかになるだろう。

この先、「ウィークスケール質量」という言い方もときどき出てくるが、これは光速を通じてウィークスケールエネルギーと関連づけられた質量である。もっと一般的な質量単位で言えば、ウィークスケール質量は10^{-21}グラムに相当する。しかし先ほど説明したように、素粒子物理学者は平気で質量をGeVの単位で語るのだ。

長さに関しても、同じように関連する「ウィークスケール長さ」というのがあって、10^{-16}センチメートルに相当する。これは弱い力の及ぶ範囲のことで、素粒子が弱い力を通じて互いに影響を及ぼしあえる最大距離をさす。

不確定性の原理によって短い距離は高いエネルギーでしか探れないわけだから、ウィークスケール長さは二五〇GeVのエネルギーを帯びたものが反応できる最小の長さでもある。言い換えれば、これは物理過程が影響を及ぼせる最小のスケールということになる。これより短い距離が二五〇GeVのエネルギーで探れたならば、距離の不確定性は10^{-16}センチメートルより少なくなり、距離と

【図46】素粒子物理学において重要な長さとエネルギーのスケール

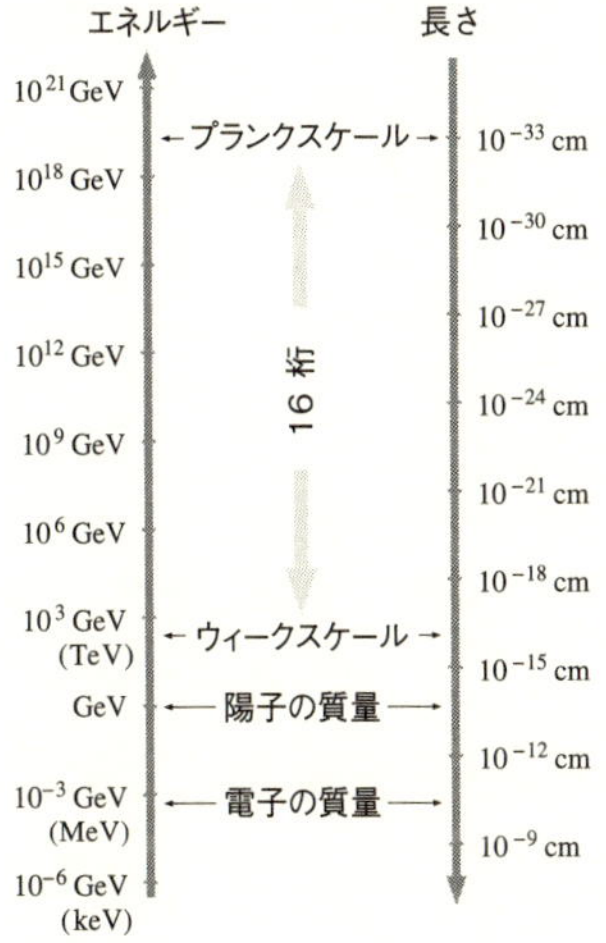

エネルギーが大きいほど（特殊相対性理論と不確定性原理にしたがって）対応する長さが短くなる。言い換えれば、エネルギーの波（振動数）が多いほど、より短い距離スケールで起こる相互作用に反応できることを表す。重力の相互作用はプランクスケールエネルギーと逆比例の関係にある。プランクスケールエネルギーが大きければ、重力の相互作用は弱いということである。ウィークスケールエネルギーは、ウィークボソンの質量のスケールを（$E=mc^2$を通じて）定めるエネルギー。ウィークスケール長さは、弱い力がウィークボソンによって伝えられる距離。

運動量の不確定性の関係が壊れてしまう。もっか稼動中のフェルミ研究所の加速器と、ジュネーブの欧州合同原子核研究機構（CERN）に建設中で数年以内に稼動予定の大型ハドロン加速器（LHC）は、物理過程をこのスケールまで掘り下げる予定で、これから本書で述べるモデルの多くも、このエネルギーでの目に見える効果を組み入れているはずだ。

二つめの重要なエネルギーは、「プランクスケールエネルギー」（M_{pl}）と呼ばれる10^{19}GeVのエネルギーである。このエネルギーは種々の重力理論に深く関係している。たとえばニュートンの重力法則に含まれる重力定数（万有引力定数）は、プランクスケールエネルギーの二乗に逆比例する。二つの質量のあいだに働く重力が小さいのは、プランクスケールエネルギーが大きいからである。

さらに言えば、プランクスケールエネルギーは古典的な重力理論が適用できる最大のエネルギー値でもある。プランクスケールエネルギーを超える状況では、量子力学と重力の両方を矛盾なく記述する重力の量子論が不可欠となる。あとでひも理論の話をするときに詳述するが、古いひも理論モデルでは、ひもの張力を決めるのもプランクスケールエネルギーだろうとされている。

量子力学と不確定性原理にしたがえば、粒子はこのエネルギーに達すると、プランクスケール長さ*のような短い距離――10^{-33}センチメートル――での物理過程に反応するようになる。これはきわめて短い距離で、測定はとうてい不可能だ。これだけ短い距離で生じる物理過程を記述するには、どうしても量子重力理論が必要で、それがひも理論ではないかとされている。したがって、プランクスケール長さはプランクスケールエネルギーとともに非常に重要な尺度として、あとの章でも再登場することになる。

ボソンとフェルミオン

量子力学は粒子のあいだに重要な区別を設けている。粒子の世界をボソンとフェルミオンに分けているのだ。電子やクォークのような基本素粒子でも、陽子や原子核のような複合粒子でも同じことだ。物体はすべてボソンかフェルミオンである。

そうした物体がボソンであるかフェルミオンであるかは、「固有スピン」という性質によって決まる。この名称は強くイメージを喚起するものだが、粒子の「スピン」は実際の空間での運動とはまったく対応していない。とはいえ、粒子に固有スピンがあれば、その粒子はたしかに回転しているときのような相互作用をする。ただ、実際には回転していない。

たとえば電子と磁場のあいだの相互作用は、電子の古典的な回転、すなわち空間での実際の回転に依存する。しかし、電子の磁場との相互作用は同時に電子の固有スピンにも依存する。物理空間での実際の運動から生じる古典的なスピンと違って、固有スピン**は粒子の固有の性質である。これはつねに一定で、永遠に変わらない特定の値をもつ。たとえば光子はボソンであり、スピン1をもつ。それが光子の性質で、光子が光速で進むという事実と同じぐらい基本的なものである。

量子力学では、スピンが量子化される。量子スピンは値0（つまり、まったくスピンがない状態）から、1、2と、どの整数でもとれる。これをスピン0（ゼロ）、スピン1、スピン2……と呼ぶこと

＊これ以前の章で「プランク長さ」と略した量と同じもの。
＊＊すでに物理の知識のある人のために言っておくと、これは軌道角運動量のことである。

にする。インドの物理学者サティエンドラ・ナート・ボーズにちなんで「ボソン（ボーズ粒子）」と名づけられた物体は、固有スピン——回転とは無関係の量子力学でのスピン——をもち、その値が整数になっている。つまり、ボソンの固有スピンは0や1や2などに等しい。

一方、フェルミオンのスピンは、量子力学が出現するまでは誰もありえると思わなかったであろう単位に量子化される。イタリアの物理学者エンリコ・フェルミにちなんで名づけられた「フェルミオン（フェルミ粒子）」は、1/2や3/2といった半整数の値をもつのである。スピン1の物体が回転を一回すると最初の配置に戻るのに対し、スピン1/2の粒子は回転を二回しないと最初の配置に戻ってこない。スピンの値が半整数というのはいかにも奇妙に聞こえるが、陽子も中性子も電子も、すべてスピン1/2のフェルミオンである。本質的に、私たちになじみの物質はすべてスピン1/2の粒子からなっている。

最も基本的な粒子の性質がフェルミオンであるということが、この世界の物質の性質の多くを決めている。パウリの排他原理によれば、同じタイプのフェルミオンが二つ同じ場所にいることはありえない。この排他原理があるからこそ、原子は化学反応の基盤となる構造をもてる。同じスピンをもつ電子どうしは同じ場所にいられないので、別々の軌道にいなければならない。

その意味で、これは前述の高層階ビルの例にたとえられる。各階は、量子化された電子がとりうる各軌道を表す。パウリの排他原理にしたがえば、原子核のまわりに多くの電子があると、各階が埋まった状態になるわけだ。排他原理は、人間がテーブルに手を突っ込んだり地球の中心に落ち込んでいったりできない理由でもある。テーブルも人間の手もしっかりとした固体構造をとっているが、それは排他原理によって物質が原子構造や分子構造や結晶構造をとるからにほかならない。あなたの手のなかにある電子は、テーブルのなかにある電子と同じものだから、あなたがテーブルを叩いてもテーブルのなかには入っていかない。同じフェルミオンが二つ同時に同じ場所に存在することはできないので、物質は崩壊できないのである。

ボソンはフェルミオンとまったく逆に作用する。ボソンなら同じ場所に見つかるし、同じ場所に存在できない理由もない。ボソンはワニのようなもので、仲間のうえに重なるのが好きなのだ。すでに光があるところで照明をつけると、照明の光は、テーブルにカラテチョップを食らわした手とはまったく異なるふるまいをする。光はボソンである光子からなっているので、光をまっすぐ突き抜けていく。二つの光線はまったく同じ場所で輝ける。これを実用化したのがレーザーだ。同じ状態を占めているボソンがレーザーに強いコヒーレントな（位相がそろった）光線を生じさせるのである。超流動体や超伝導体も、やはりボソンからなっている。

ボソンという性質の極端な例が、ボーズ-アインシュタイン凝縮である。この現象では、多数の同一の粒子があわさって単一の粒子のように作用する。別々の場所にいなければならないフェルミオンには決してできないことである。ボーズ-アインシュタイン凝縮が起こるのは、これをなりたたせているボソンどうしがフェルミオンと違って同一の性質をもてるからにほかならない。二〇〇一年、エリック・コーネル、ヴォルフガング・ケターレ、カール・ワイマンの三名は、ボーズ-アインシュタイン凝縮を実験で証明したことによってノーベル物理学賞を受賞した。

この先、フェルミオンとボソンのふるまいについての詳細はとくに必要とはならない。この節で述べたことで今後も関係してくるのは、基本素粒子が固有スピンをもっていること、ある方向か別の方向に回転しているかのような作用をすること、そして、すべての粒子がボソンかフェルミオンであること——これだけである。

まとめ

●量子力学の考え方では、物質も光も「量子」という不連続の単位からなっている。たとえば光も、連続しているように見えながら、実際には光子という不連続の量子からなっている。

●量子は素粒子物理学の基盤である。既知の物質と力を説明する素粒子物理学の標準モデルにしたがえば、すべての物質と力は最終的に素粒子とその相互作用の観点から解釈できる。

●量子力学は、すべての粒子にそれぞれの「波動関数」という関連した波がある、とも言っている。この波の絶対値の二乗は、粒子がある特定の位置に見つかる確率を示す。便宜上、これからときどき「確率波」についても触れることになるが、これは、もっと一般的に使われる波動関数の絶対値の二乗である。この確率波の値は、確率を直接的に示す。こうした波は、あとで「グラビトン（重力子）」——重力を伝える粒子——について説明するときにも出てくる。確率波は「カルツァ－クライン（KK）モード」を語るときにも重要となる。KKモードは、粒子が余剰次元に沿った、つまり通常の次元に対して垂直な運動量をもっている波である。

●古典物理学と量子力学のもう一つの重要な違いは、量子力学が、粒子の経路を正確には定められないとしているところである。粒子が出発点から到達点に移動するときの正確な経路は誰にもわからない。したがって、私たちは粒子が力を伝えるときにとりうる経路をすべて考慮しなくてはならない。量子の経路には相互作用をしている粒子がすべて関わってくるため、量子力学的効果は質量にも相互作用の強さにも影響を及ぼす。

●量子力学は粒子をボソンとフェルミオンに分ける。この二種類の粒子の存在は、標準モデルの構造に不可欠であり、標準モデルから発展した「超対称性」の考えにも欠かせない。

●量子力学の「不確定性原理」を特殊相対性理論の関係性と考えあわせると、物理定数を使うことによって、粒子の質量とエネルギーと運動量を、その粒子が力や相互作用を経験できる最小限の距離に関連づけられるとわかる。

●この関係性が最もよく適用されるのは、「ウィークスケールエネルギー」と「プランクスケールエネルギー」という二つのエネルギーである。ウィークスケールエネルギーは二五〇 GeV（ギガ電子ボルト）で、プランクスケールエネルギーはそれよりはるかに大きい10^{19}GeVである（図46参照）。

●ウィークスケールエネルギーの粒子に測定可能なほど影響を与えられるのは、10^{-16}センチメートルより短い距離で働く力だけである。これはきわめて微小な距離だが、核内の物理過程、および粒子が質量を獲得するときのメカニズムには、この距離が関係する（図46参照）。

●「ウィークスケール長さ」は非常に小さな値だが、「プランクスケール長さ」よりははるかに大きい。プランクスケール長さは10^{-33}センチメートルで、プランクスケールエネルギーをもった粒子に対して力が影響を及ぼせる範囲の大きさである。プランクスケールエネルギーは重力の強さを規定する。粒子がそれだけのエネルギーをもたないと、重力は強くならない（図46参照）。

III部 素粒子物理学

第7章

素粒子物理学の標準モデル
――これまでにわかっている物質の最も基本的な構造

きみは独りじゃない
きみは決して切り離されてはいない！
きみのことはきみ自身が知っているはず
仲間がずっと待っているのだから、きみは大事に守られる！
……きみはジェットの一員なのだから、いつまでもジェットの一員なのだ！

――リフ（『ウエスト・サイド物語』より）

これまでに読んだ本のなかで、アシーナがいちばんわけがわからなかったのは、ハンス・クリスチャン・アンデルセンの『えんどう豆の上のお姫さま』だった。ある王子さまが、お嫁さんにする理想のお姫さまを探す話だ。王子さまは何週間も探しつづけるが、これぞという相手は見つからない。そこへ、いいお妃さまになりそうな女の子がひょっこり現れた。嵐にあって、お城に一夜の宿を求めてきたのである。そういうわけで、このびしょぬれのお客は、何も知らずに女王さまからお妃選びのテストを受けることになった。

女王さまはさっそくベッドを用意した。マットレスをいくつも重ねた上に、羽根布団をかける。そしてマットレスのいちばん下に、一粒のえんどう豆を滑りこませた。夜になると、女王さまは念入りにしつらえた客用寝室に客人を案内した。翌朝、お姫さまは（実際に彼女はお姫さまだった）ぜんぜん眠れなかったとこぼした。一晩中ごろごろと寝返りを打っているうちに、あざまでできてしまった――それもこれも、すべて不快なえんどう豆のせいで。女王さまと王子さまは確信した。これこそ本物の王家の血筋の証しだ。そうでなければ、こんなにデリケートなはずがないだろう？

アシーナはこの物語を何度も何度も反芻した。いくら繊細なお姫さまだからって、何層ものマットレスの上にただおとなしく横たわっていただけでえんどう豆が発見できたなんて、どう考えてもおかしいと思った。何日も考えたすえ、アシーナはようやく納得のいく解釈を思いつき、急いで兄に話しに行った。

一般に、お姫さまは何層ものマットレスの下の小さなえんどう豆のようなものにまで気がつく繊細さと上品さを示したことで、自分の気高さを証明したと解釈されているが、アシーナはそうは思わなかった。その代わりに、別の説明を考えだした。

女王さまが部屋を出ていったあと、一人になったお姫さまは礼儀作法をかなぐり捨てて、元気いっぱいの若さに身を任せた。部屋を走りまわり、ベッドの上で何度も飛び跳ね、くたくたになったところでようやく横になって寝ようとした。めちゃくちゃに騒ぎまわったあとだったので、お姫さまは全体重をかけてマットレスに沈み込んだため、一瞬だけえんどう豆が指圧のように体を突き刺し、小さなあざをつくらせたのだ。アシーナから見れば、それでもやはりこのお姫さまはすごすぎるが、この自分の解釈のほうが世間の解釈よりはよほどまともだと思った。

原子内の基礎構造の発見は、お姫さまがえんどう豆を発見したのと同じぐらい驚異的な偉業だった。陽子の構成要素である「クォーク」という粒子が陽子のなかで占める範囲は、えんどう豆がマットレスのなかで占める範囲とほとんど同じぐらいしかない。縦二メートル、横一メートル、高さ二分の一メートルのマットレスのなかで一立方センチメートルのえんどう豆が占める割合は、マットレスの体積の一〇〇万分の一であり、クォークが陽子のなかで占める割合はこれとそう変わらない。そして、物理学者がクォークを発見したいきさつも、お姫さまの騒ぎまわったすえの発見といくぶん似たところがある。お姫さまがおとなしく横たわっているだけだったら、マットレスの奥底に埋まっていたえんどう豆を発見することはなかっただろう。同じように、物理学者も、陽子の内部を探れる高エネルギー粒子で陽子を叩いてみるまでは、クォークを発見できなかった。

この章では、あなたにもひとつ素粒子物理学の標準モデルに飛び込んでもらいたい。この理論は、これまでにわかっている物質の基本的な構成要素と、それに作用する力を記述したものである。[*] 標準モデルは、これまでになされた数多くの驚くべき心躍る進展の頂点に立つ、とてつもなくすばらしい成果である。もちろん、詳細をすべて頭に入れてもらう必要はない。粒子の名称や相互作用の特徴といった細かいことは、あとで出てくるときに繰り返して説明する。ただし、この標準モデルは、まもなく述べる各種の奇妙な余剰次元モデルの根底をなしている。したがって、標準モデルとその主要な考えの感触をつかんでおいてもらえれば、物質の根本的な構造についての理解がいちだんと深まり、いまの物理学者が世界をどう捉えているかもわかりやすくなると思う。

電子と電磁気学

ウラジーミル・イリイチ・レーニンは自らの哲学を説いた『唯物論と経験批判論』のなかで、電子をたとえに使った。その「電子は無尽蔵である」という一節は、電子をめぐって無数の理論上の仮定や解釈があることをさしていた。しかし、今日の私たちは、電子を二〇世紀初頭とはまったく違うふうに理解している。量子力学によって考え方を改められたからだ。

しかし、物理学的な意味でも、レーニンの言葉は真実と逆である。電子は無尽蔵ではない。これまでにわかっているかぎり、電子は根本的なもので、それ以上には分割できない。素粒子物理学者からすると、電子は「無尽蔵」な構造をもっているどころか、標準モデルのなかで最も単純に記述できる粒子である。電子は安定していて、構成要素がいっさいなく、したがって質量や電荷など、わずかばかりの特性を挙げるだけで完全にその特徴を言い表せる（チェコの反共主義のひも理論研究者ルボシュ・モトルは、自分とレーニンの見方の違いはこれだけではない、という名言を吐いた）。

電子は正の電荷をもつ電池の陽極に向かって進む。運動中の電子は磁場にも反応し、磁場を通過す

＊「標準モデル」と銘打たれてはいるが、その申し合わせにはあいまいな部分がある。一部の研究者は、ここに仮説上のヒッグス粒子も含めているからだ。しかし、「標準」モデルならば既知の粒子だけを取り扱うのが筋であり、私としてはその本来の方針を採用したい。ヒッグス粒子については第10章で説明する。

るさいに軌道を曲げる。この現象はともに電子が負の電荷を帯びている結果だ。電荷を帯びているために、電子は電気にも磁気にも反応する。

一八〇〇年代になるまでは、誰もが電気と磁気を別々の力と思っていた。しかし一八一九年に、デンマークの物理学者で哲学者でもあったハンス・エルステッドが、運動中の電荷の流れが磁場を生みだすことを発見した。この観測から、エルステッドは電気と磁気の両方を記述する単一の理論があるはずだと結論した。電気と磁気は、コインの裏表のような関係に違いないのだ。羅針盤の針が稲妻に反応することを考えれば、エルステッドの結論が正しかったとわかるだろう。

一九世紀に発見され、今日でも使われている古典的な電磁気理論は、電気と磁気が関係しているという観測結果をもとにしていた。この理論には「場」の概念も不可欠だった。物理学では、何らかの量が空間に入り込んでくることをすべて「場」という。たとえば任意の地点での重力場の値は、そこでの重力の効果がどれだけ強いかを表す。どの種類の場でも同じことで、任意の位置での場の値は、そこでの場の強さがどれだけあるかを示している。

一九世紀前半、イギリスの化学者で物理学者のマイケル・ファラデーが、電磁場の概念を導入した。それ以来、この概念は今日まで物理学に残っている。ファラデーが一四歳のとき、家計を助けるために一時的に公教育をあきらめなければならなかったことを考えると、のちにこれだけ革命的なインパクトをもつ物理学研究を行なえたのは、じつに驚異的というほかはない。ファラデーにとって（そして物理学の歴史にとっても）幸運だったのは、徒弟として入った製本屋の主人が仕事場にある本を読むよう勧めてくれたことだった。ファラデーはそこで独学を進めた。

ファラデーは、電荷が空間のあらゆるところに電場や磁場を生み、その電場や磁場がまた別の電荷を帯びた物体に作用して、その物体がどこにいようと影響を及ぼす、と考えた。ただし、電荷を帯びた物体に対する電場と磁場の影響の大きさは、その物体の位置によって決まる。場は、その値が最大になるところで最も強く影響を及ぼし、その値が小さいところほど影響力が小さくなる。

磁場の証拠を見るには、磁石の周辺に鉄粉をばらまけばいい。場の強さと方向にしたがって、鉄粉が自然と模様をつくる。二つの磁石を近づけたときにも、場を感じとることができる。磁石は互いに引きあったり反発しあったりしてから、やっと最後にくっつくだろう。どちらの磁石も、そのあいだの領域にできた場に反応しているのである。

私はある日、電場がどんなところにも存在するのを痛感した。コロラド州ボルダーの近くで山登りから戻ろうとしていたときのことだ。その日の連れは登山の初心者だったが、ハイキングの経験は豊富だった。雷雨が急速に近づいてきていたが、私は彼を不安にさせたくなくて、ロープがぱちぱち音を立てていることや、彼の髪が逆立っていることにはいっさい触れず、とにかく急ごうと促した。無事にふもとまで下りてきて、途中までは本当に楽しい登山だった今日の冒険をあれこれ気楽に振り返っていると、ふと連れが言った――二人が危険な状況にいたことは、もちろんわかっていた、と。なんと私の髪もはっきりと逆立っていたらしい！　電場は一か所にだけあったのではない――私たちの周囲のいたるところにあったのだ。

一九世紀になるまでは、電気と磁気を場の観点から説明した人は誰もいなかった。これらの力は「遠隔作用」という言葉で説明されるのがふつうだった。遠隔作用という表現は、ひょっとしたら小学校で勉強したかもしれないが、電荷を帯びた物体が別の電荷を帯びた物体を、それがどこにあろうと、たちまち引き寄せたり押し戻したりする現象をいう。実際、そういうことはよく見るし、とくに不思議だとも思わないかもしれない。しかし、ある場所にいるものが遠いところにいる別の物体にすぐさま影響を与えられるのは、よく考えれば異常ではないだろうか。その効果はどうやって伝えられるのか？

単なる言葉の意味論の問題のように聞こえるかもしれないが、実際、場と遠隔作用には大きな概念上の違いがある。電磁気学の場の解釈にしたがえば、電荷が空間の別の領域にすぐさま影響を与えることはない。場は適応の時間を必要とする。運動中の電荷は、そのすぐ近くに場を生みだし、そこで生みだされた場が空間全体に広がっていく（きわめて急速にではあるが）。物体が遠くの電荷の運動を知るのは、光（これは電磁場からなる）がそこに届くまでの時間が経ってからである。したがって電場と磁場は、光の有限の速さが許すよりも速くは変わらない。空間のどの地点でも、場が適応を果たすのは、遠い電荷の効果がそこに達するための時間が経過してからである。

とはいえ、ファラデーの電磁場は決定的に重要なものだったが、数学的というよりは発見《ヒューリスティック》的な性質をもっていた。一貫教育を受けなかったせいかもしれないが、数学はファラデーの得意科目ではなかったのだ。しかし、もう一人のイギリス人物理学者、ジェームズ・クラーク・マクスウェルが、ファラデーの場の概念を古典的な電磁気理論に組み入れた。マクスウェルは優秀な科学者で、その関心はじつに幅広く、光学、色、楕円の数理、熱力学、土星の環から、ボウル一杯の糖蜜を使って緯度を測定する方法、逆さまに落とされた猫が角運動量を保存したままで足から着地できる理由[*]まで、さまざまな問題を取り扱った。

マクスウェルが物理学に果たした最も重要な貢献は、電荷と電流の分布から電磁場の値を導く方法を記述した一連の方程式である。[**14] これらの方程式から、マクスウェルは電磁波の存在を導いた。それはあらゆる形式の電磁放射にともなう波で、あなたのコンピュータにも、テレビにも、電子レンジにも、その他多くの現代の利器にも、この波が存在している。

ただし、マクスウェルは一つだけ誤りを犯した。同時代のすべての物理学者と同様に、マクスウェルも場の概念をあまりにも物質的に捉えていた。そのために、場がエーテルの振動から生じると考えたのである。前述したように、エーテルという概念はアインシュタインが最終的にその誤りを暴いている。しかしアインシュタイン自身は、特殊相対性理論が生まれたのはマクスウェルのおかげだとしている。マクスウェルの電磁気理論がアインシュタインに一定の光の速さについての洞察を与え、それをきっかけに、あの画期的な研究が始まったのである。

光子

マクスウェルの古典的な電磁気理論は多くの正しい予言を生んだが、当時はまだ量子力学がなかったため、量子効果については触れようがなかった。今日の物理学者は、素粒子物理学を使って電磁気力を研究している。素粒子物理学の電磁気理論には、マクスウェルの古典的理論の予言も研究と検証を重ねたうえで取り入れられているが、加えて量子力学の予言も組み込まれている。したがって、その電磁気理論はかつての理論に比べ、より包括的で正確なものになっている。実際、電磁気の量子論は驚くほど正確な予言を生みだしてきた。それらの予言は誤差一〇億分の一という信じがたい正確さ

*猫はきわめて柔軟な脊柱をもつ一方で、鎖骨をもたないため、角運動量を保存したままで体をひねることができる。この問題はいまでも活発に研究が行なわれている。

**リチャード・ファインマンはこう言っている。「人類の歴史を長い目で見れば——たとえば一万年後の視点から見てみれば——一九世紀の最も意味深いできごとがマクスウェルによる電気力学の法則の発見だったと判定されることはほぼ疑いない」(『ファインマン物理学』全五巻、岩波書店)

で検証されている。*

量子電磁理論では、電磁気力は「光子」という粒子の受け渡しによって生じるとされる。前章で説明したとおり、光子は光の量子である。入ってくる電子が光子を放出し、放出された光子が別の電子に向かって進み、電磁気力を伝え、伝え終わると消滅する、というしくみだ。この受け渡しを通じて、光子は力を伝える。「仲介する」と言ってもいい。情報をある場所から別の場所へと伝える親展書のような働きをするわけだが、それが終わると即座に消滅させられる。

ご存じのように、電気力はあるときはものを引き寄せ、あるときは押し戻す。反対の電荷を帯びた物体と相互作用するときは引力が働き、同じ符号の電荷に対しては、正どうしでも負どうしでも斥力が働く。光子による斥力の伝わり方は、二人のアイススケーターがボウリングのボールを投げあっているようなものだと思えばいい。氷上ではどちらかがボールをキャッチするたびに、滑って相手から遠ざかってしまう。かたや引力のほうは、二人の初心者がフリスビーを投げあっているようなものだ。滑って互いから遠ざかってしまうアイススケーターと違って、慣れない者どうしがフリスビーをうまくつかもうとすると、ともに相手に向かって近づくことになる。

光子はこれから見ていく「ゲージボソン」の最初の例である。ゲージボソンは基本素粒子の一つで、ある特定の力を伝える役目をもつ素粒子の総称だ（「ゲージ」などという言葉を聞くと何やら恐ろしい印象を受けるかもしれないが、実際は単純な話だ。物理学者が初めてこの用語を使ったのは一八〇〇年代末のことで、鉄道のレール間の距離を示す「軌間《ゲージ》」との無理やりな類推から取られたのだが、一〇〇年前はこの言葉がずっと日常に密着していたのである）。ほかのゲージボソンには、ウィークボソンとグルーオンがある。ウィークボソンは弱い力を伝え、グルーオンは強い力を伝える。

一九二〇年代から四〇年代にかけて、イギリスの物理学者ポール・ディラックと、アメリカのリチャード・ファインマン、ジュリアン・シュウィンガーが――および戦後日本で別個に研究していた朝永振一郎も――量子力学から見た光子についての理論を構築した。この量子論の一部門は「量子電磁力学（QED）」と名づけられた。量子電磁力学には、古典的な電磁理論のあらゆる予言とともに、粒子（量子）の物理過程への寄与、すなわち量子的粒子の受け渡しや生成によって生じる相互作用が組み入れられている。

量子電磁力学は、光子の受け渡しがどのように電磁気力を生みだすかを予言する。たとえば図47の過程では、二個の電子が相互作用領域に入ってきて、光子を受け渡したあと、伝えられた電磁気力によって定められた（たとえば特定の運動の速さや方向などを反映した）経路に進む。場の理論は図の各部分に数字を当てはめているので、それを用いれば量についての予言ができる。この絵はリチャード・ファインマンの名をとってファインマン図と呼ばれており、場の量子論における相互作用を図式的に記述している（ファインマンは自らの車にその図を描くほど自分の発明を誇らしく思っていた）。

ただし、量子電磁力学のすべての過程が光子の消滅を含んでいる

＊これは電子の異常磁気モーメントの量を測定することによって得られる。

【図47】ファインマン図

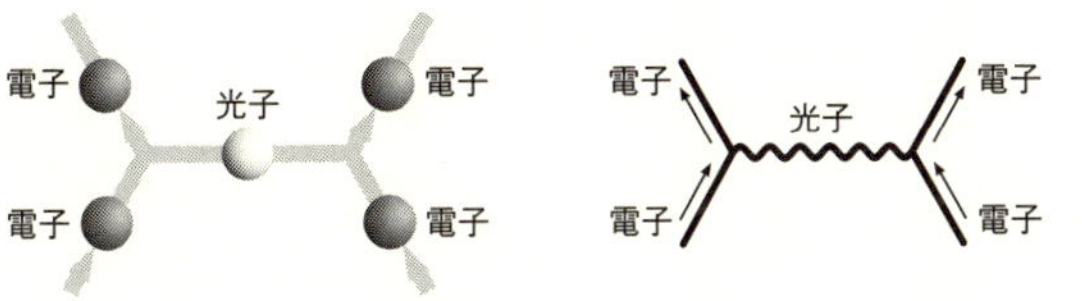

右側のファインマン図にはいくつかの解釈がある。ひとつの解釈（下から上に読む）は、２個の電子が相互作用領域に入ってきて光子を受け渡し、２個の電子が去っていくというもので、それを図解的に描いたのが左の絵である（この図は左から右に読むと、電子と陽電子の対消滅と対生成という観点からも解釈できる）。

わけではない。短命の「中間粒子」や「内部粒子」*——電磁相互作用をもたらす光子のような、生成されてはすぐに消滅する粒子——に加え、現実の「外在」する粒子として相互作用領域を出たり入ったりする光子もある。これらの粒子は屈折することもあれば別の粒子に向かっていくこともある。いずれにしても、出たり入ったりする粒子は実在の物理的粒子である。

場の量子論

素粒子研究の一手段である場の量子論**は、それらの粒子を生成・消滅させられる、どこにでも存在する永遠のものを基盤としている。それが場の量子論の「場」である。その名称のもととなった古典的な電磁場のように、量子場もやはり時空に広がる。しかし、その役割は異なる。量子場は素粒子を生成したり吸収したりするのだ。場の量子論にしたがえば、粒子はいつどこででも生成や消滅をさせられる。

たとえば電子や光子は、空間のどこででも現れたり消えたりすることができる。量子過程があるために、宇宙のなかの電荷を帯びた粒子の数は、その生成や消滅を通じて変動する。それぞれの粒子はそれぞれの特定の場で生成したり消滅したりする。場の量子論では、電磁気力だけでなく、すべての力と相互作用が場の観点から記述される。場が新しい粒子を生みだしたり、すでに存在している粒子を取り除いたりするのである。

場の量子論にしたがえば、粒子は量子場の励起と考えることができる。粒子をまったく含まない状態である「真空」には定常の場しか生じないのに対し、粒子の存在する状態には、粒子に呼応した隆起や振動の起きる場が生じる。場に隆起ができると粒子が生成され、その隆起を場が吸収してふたたび定常状態に戻ると、粒子が消滅する。

電子と光子を生成する場はどこにでも存在すると考えられる。そうでないと、あらゆる相互作用が時空のどの点でも生じられるようにならない。これが必須なのは、相互作用が局所的なものだからだ。つまり、同じ場所にいる粒子だけが相互作用に関与できるのである。それに比べると、遠隔作用はまるで魔法である。粒子に超能力はない。粒子が直接の相互作用を果たすには接触しなければならない。

もちろん電磁相互作用は、じかに接触していない離れた電荷どうしのあいだで起こる。しかし、それが可能となるのは、光子のような一部の粒子の働きがあるからにほかならない。これらの粒子が、相互作用をする電荷を帯びた粒子の双方とじかに接触するのである。この場合、電荷は瞬時に互いに影響を及ぼしているように見えるが、それは光の速さがきわめて速いからにすぎない。実際にも、相互作用は局所的なプロセスを通じてしか起こらなかった。光子は、片方の荷電粒子の位置から始まって、もう片方の粒子の位置で終わった。つまり、場は電荷を帯びた粒子のあるところと正確に同じ位置で光子を生成・消滅させなければならなかったのである。

反粒子と陽電子

場の量子論では、それぞれの粒子にかならずその対となる粒子が存在するとも言われる。それが反粒子である。劇作家のトム・ストッパードによる『ハップグッド』という戯曲のなかに、こんな説明

＊あとの第11章で見るように、これらは「仮想粒子」とも呼ばれる。

＊＊量子電磁力学（ＱＥＤ）は電磁気学に適用される場の量子論である。

れだ。

がある。「粒子と反粒子が出会うと、両者はお互いを滅ぼし、エネルギーのぶつかりあいを起こす」というのだ。ＳＦファンなら反粒子についてはよくご存じだろう。これを使って宇宙を破壊する銃がつくられたりもするし、『スター・トレック』のＵＳＳエンタープライズ号に動力を与えているのもこれだ。

これらの適用例はフィクションだが、反粒子はフィクションではない。反粒子は本当に素粒子物理学から見た世界の一部をなしている。場の理論と標準モデルでは、反粒子は粒子と同じように不可欠なものだ。実際、反粒子はまったく粒子とそっくりであり、荷量〔訳注　各種の相互作用に関与する強さを決める特性値。電磁気力の場合は「電荷」といい、強い力の場合は「カラー荷」、弱い力の場合は「ウィーク荷」という〕が逆であることしか違いがない。

ポール・ディラックが初めて反粒子に遭遇したのは、電子を記述する場の量子論を構築したときだった。量子力学と特殊相対性理論の両方と矛盾なく一致する場の量子論には、かならず反粒子が含まれることに気づいたのである。ディラックは故意に反粒子を加えたわけではなかった。特殊相対性理論を組み込むと、理論上どうしてもそれが出てくるのだ。反粒子は相対論的な場の量子論の必然的な帰結なのである。

なぜ特殊相対性理論から反粒子が出てくるかを簡単に説明しておこう。荷量を帯びた粒子は空間内を前後に移動できる。単純に考えると、そうであれば特殊相対性理論から、それらの粒子は時間においても同様に前後に移動できるはずだと推測される。しかし、これまでわかっているかぎり、粒子はもちろん私たちの知るほかのなにものであれ、実際に時間のなかを後退できるものはない。では実際に何が起こっているかといえば、逆の荷量を帯びた反粒子が「時間をさかのぼる粒子」に代わって発生しているのだ。時間をさかのぼる粒子が示すはずの効果を反粒子が再現しているので、時間をさかのぼる粒子がなくても、場の量子論の予言は特殊相対性理論と矛盾なく両立できるのである。

負の電荷を帯びた電子の流れがある点から別の点へと進んでいるところを録画したと想像してみよう。そして、そのビデオを巻き戻しで映してみる。当然、負の電荷は後ろ向きに進むだろう。しかし、それと同等に（電荷に関するかぎりは）、正の電荷が前向きに進んでいることにもなる。電子の反粒子である正の電荷を帯びた陽電子の流れが、このような正の電荷を帯びた前向きに進む流れを生み、結果として時間をさかのぼる電子の流れのような作用を果たすのである。

場の量子論では、電子のような何らかの荷量を帯びた粒子が存在するなら、かならずそれに対応する、逆の荷量を帯びた反粒子も存在するとされる。たとえば一個の電子はマイナス一の電荷をもっているから、それに対応する陽電子はプラス一の電荷をもつ。この反粒子は、電荷以外のあらゆる面で、電子とそっくり同じである。陽子もプラス一の電荷をもっているが、陽子は電子より二〇〇〇倍も重いので、電子の反粒子ではありえない。

ストッパードが言ったように、反粒子はたしかに粒子と接触すると、粒子を滅ぼす。ある粒子の荷量とその反粒子の荷量はつねに和がゼロとなるので、粒子が反粒子に出会うとお互いがお互いを滅ぼし、消滅させられる。粒子と反粒子があわさって荷量がなくなることにより、アインシュタインの関係式 $E=mc^2$ に表されているとおり、質量はエネルギーに変換することができる。

一方、エネルギーは充分な量があれば、一対の粒子と反粒子に変換できる。高エネルギー粒子加速器のなかでは粒子の消滅と粒子の生成のどちらも起こるので、物理学者はこれを使って重い粒子を調べる実験をしている。そうした粒子は質量がありすぎて、通常の物質のなかには見つからないのだ。このような加速器のなかで、粒子と反粒子は出会い、お互いを滅ぼし、その結果としてエネルギーの爆発を生む。そのエネルギーから、新しい一対の粒子と反粒子が現れてくる。

物質――とくに原子――は反粒子ではなく粒子からなっているので、通常、陽電子のような反粒子は自然界には見つからない。しかし、加速器の内部や、宇宙の高温の領域などで、一時的になら生成される。病院のなかで生まれることもある。がんの兆候をスキャンするのに陽電子放出断層撮影（PET）が使われているからだ。

ハーバード大学物理学科での私の同僚、ゲリー・ガブリエルスは、私の勤めるジェファーソン研究所の地下室でしょっちゅう反粒子をつくっている。ゲリーたちの研究のおかげで、私たちは反粒子が本当にその片割れにそっくりであることを、きわめて高い精度で確認している。まさしく荷量が逆なだけで、質量も重力も同じなのである。しかし、数が少ないので害を及ぼすことはまったくない。SFファンのみなさんにも断言できるが、これらの反粒子が建物に及ぼす害は、新しい研究所やオフィスの絶え間ない建設に比べてはるかに少ない。それらの新設のまえには、かならず目にも耳にも明らかな大量の破壊が行なわれているのだから。

電子、陽電子、光子は、最も単純で最もつかまえやすい粒子である。標準モデルの構成要素のなかで、物理学者が最初に理解したのが電気力と電子だったのは、決してただの偶然ではない。とはいえ、電子と陽電子と光子だけが粒子なのではないし、電磁気力も唯一の力ではない。

既知の粒子と、重力以外の力は、図32と図33にまとめたとおりである。ここで重力を除外したのは、重力がほかの力とは質的に違っていて、別個に取り扱う必要があるからだ。残りの二つの力は、名前こそあっさりしている――なにしろ「弱い力」と「強い力」だ――が、どちらも多くの興味深い特質を備えている。このあとの二つの節では、それがどんなものかを見ていくことにしよう。

弱い力とニュートリノ

弱い力は本当に弱いので、日常の世界でその存在に気づかれることはないとしても、多くの核過程にとってはこれが欠かせない力となる。弱い力は、ある種の核崩壊の要因であり、たとえばカリウム40の核崩壊（この地球上で起こっている崩壊で、非常に時間がかかるため——平均およそ一〇億年——地球の核をずっと熱しつづけている）や、中性子そのものの崩壊にも、この力が関与している。核過程で原子核の構造が変わり、その過程を通じて核内の中性子の数が変わり、大量のエネルギーが放出される。このエネルギーは原子力発電や核爆弾にも利用されるが、弱い力の働きはそれだけではない。たとえば、弱い力は重い元素の生成に寄与する。それらの元素は激しい超新星爆発のさなかにつくられるのだ。また、弱い力は、太陽も含めた恒星が輝きを放つためにも不可欠である。弱い力が水素をヘリウムに変える連鎖反応を引き起こすからだ。弱い力によって引き起こされる核過程は、宇宙の組成を絶え間なく進化させる手助けをする。これまでの核物理学の研究から、宇宙の原初の水素の約一〇パーセントは星の内部の核燃料に使われたと考えられる（幸い、残りの九〇パーセントのおかげで、宇宙は当分のあいだ外のエネルギー源に頼らずにすむ）。

これだけ重要な力であるにもかかわらず、科学者が弱い力の正体を突きとめたのは、比較的最近になってからだった。一八六二年、ウィリアム・トムソン（のちのケルヴィン卿[*]）は、当時最も尊敬され

＊この男爵位は彼の科学的業績に対して与えられただけでなく、彼がアイルランド自治に反対したことに対する報奨でもあった。

ていた物理学者の一人だったが、弱い力から生じる核過程について知らなかったために太陽と地球の年齢を非常に低く見積もってしまった（彼のために言っておくと、弱い力は当時まだ発見されていなかった）。ウィリアム・トムソンは、そのころ知られていた唯一の明るさの源、すなわち白熱光にもとづいて概算をした。その結果、そこから得られたエネルギーで太陽を維持できるのはせいぜい三〇〇〇万年という答えが出た。

チャールズ・ダーウィンはこの答えが気に入らなかった。すでにダーウィンはそのまえから、イングランド南部のウィールド地方が侵食で洗い流されるのに要した年数を概算することで、正しい答えにはるかに近い最低年齢を割り出していた。自分の見積もった三億年という数字のほうが、ダーウィンにとってはずっと納得がいった。それだけの時間があれば、地球上の多様な種が自然選択によって生みだされるのに充分だったからである。

とはいえ、誰もが——ダーウィン自身も含めて——トムソンを正しいと信じて疑わなかった。なにしろ彼は輝かしい名声をもった物理学者なのだ。ダーウィンはトムソンの計算と名声に押し切られて、自分の出した推定年齢を『種の起源』の改訂版から削除してしまった。のちにラザフォードが放射の重要性を発見してから、*ようやくダーウィンの出した高い年齢のほうが正しかったと認められ、地球と太陽の年齢はおよそ四〇—五〇億年と見積もられた。結局、トムソンの推定よりも、そしてダーウィンの推定よりもはるかに大きい数字だった。

一九六〇年代になると、アメリカの物理学者シェルダン・グラショウとスティーヴン・ワインバーグ、パキスタンの物理学者アブドゥス・サラムがそれぞれに（そして、かならずしも平和的にではなく）研究を進めて「電弱理論」を完成させる。これは弱い力を説明するとともに、**電磁気力についての新たな理解を与えた。電弱理論によれば、光子の受け渡しが電磁気力を伝えるのと同じように、「ウィークボソン」という粒子の受け渡しが弱い力の効果を生じさせる。ウィークボソンには三つの種類があって、W^+とW^-の二つは電荷を帯びているが（Wは「弱い力——weak force」を表し、プラスとマイナスの符号はゲージボソンの電荷を表す）、もう一つのZは中性である（電荷ゼロ——zeroのZ）。

ウィークボソンも光子の場合と同じように、それが受け渡されることによって引力になったり斥力になったりする力を生むが、そのどちらになるかを決めるのが「ウィーク荷」である。ウィーク荷は、電荷が電磁気力に対して果たすのと同じ役割を弱い力に対して果たす数値である。ウィーク荷を帯びている粒子だけが弱い力を経験し、その特定の荷量の値が、粒子の経験する相互作用の強さと種類を決める。

ただし、電磁気力と弱い力にはいくつかの重要な違いがある。なかでもとくに意外なのは、弱い力

＊ラザフォードも自分なりの答えを提出したが、それによってケルヴィンを否定することになるのはわかっていた。A・S・イヴによるラザフォードの伝記に、彼の言葉が引用されている。「部屋に入ると、そこはうっすらと暗かったが、まもなく聴衆のなかにいるケルヴィン卿が目に入った。これはまずいことになると思った。講演の最後の部分で地球の年齢に触れるのだが、それに関する私の見方は彼の見方と対立するのだ。幸い、ケルヴィン卿はぐっすり眠り込んでいたのでほっとしたが、いよいよ重要な点に近づいたところで彼のほうを見ると、なんと御大はしゃっきりと体を起こし、悪意のこもった目で私をにらんでいるではないか！　そのとき突然、すばらしい考えがひらめいた。私はこう言った。『新しいエネルギー源が発見されていなかったことを条件に、ケルヴィン卿は地球の年齢を低く抑えていました。その予言的な発言は、私たちがいま検討しているもの、すなわちラジウムのことをさしているのです！』すると見よ！　御大は私に向かって微笑みかけていた」(Eve, *Rutherford : Being the Life and Letters of the Rt. Hon. Lord Rutherford, O. M.* [Cambridge : Cambridge University Press, 1939].)

＊＊ただし、弱い相互作用そのものはもっと早くから観測されていて、太陽の内部で核作用が起きることも知られていた。しかし、その時点ではまだ弱い力との関係はわかっていなかった。

が右と左を識別することである。物理学用語で言えば、「パリティ対称性（空間反転対称性、P対称性）を破る」のである。パリティ対称性の破れとは、粒子とその鏡像が互いと異なるふるまいをすることをいう。中国系アメリカ人物理学者の楊振寧《ヤン・チェンニン》と李政道《リー・チョンタオ》が一九五〇年にパリティ対称性の破れの理論を定式化し、同じく中国系アメリカ人物理学者の呉健雄《ウー・チエンシオン》が一九五七年にそれを実験で確認した。その年、楊と李はノーベル物理学賞を受賞した。不思議なことに、ここで述べている標準モデルの構築に貢献した唯一の女性である呉健雄は、その重要な発見に対してノーベル賞を授与されなかった。

パリティが保存されない例には、比較的わかりやすいものもある。たとえば、あなたの心臓は体の左側についている。しかし、もし進化が違うふうに進んで、人間の心臓が最終的に右側についていたとしても、人間の特性はいまの実際の私たちの特性となんら変わりないだろうと想像がつく。心臓が体のどちら側についていようと、基本的な生物学的過程には関係ないからである。

呉健雄による測定が行なわれた一九五七年までは、物理法則（かならずしも物理的物体ではない）が右回りと左回りに差を設けたりするはずがないのは「明白」とされていた。そもそも、そんな必要がどこにあるのか？　重力にしろ電磁気力にしろ、その他の多くの相互作用にしろ、明らかにそのような区別は行なっていない。にもかかわらず、自然界の基本的な力の一つである弱い力は、右と左とを区別する。非常に驚くべきことではあるが、弱い力はパリティ対称性を破るのである。

しかし、どうして力が右回りと左回りのどちらかを選んだりするのか？　答えは、フェルミオンの固有スピンにある。ねじの山は、ねじを反時計回りではなく時計回りに回すことによって差し込めるように切られている。それと同じように、粒子にも右回りか左回りかがあり、それがすなわち粒子のスピンの方向なのである（図48を参照）。電子や光子など、多くの粒子は二つの方向のどちらか一方、つまり右か左かに回転できる。「カイラリティ（対掌性）」という言葉は、ギリシャ語で「手」を意味する「cheir」から派生したもので、このようなどちらかになりうる二つのスピンの方向をさしている。片方の手の指は右向きに曲げられ、もう片方は左向きに曲げられるように、粒子にも右向きか左向きかの違いがある。

弱い力は、右回りの粒子と左回りの粒子に対して違う作用のしかたをすることで、パリティ対称性を破る。そして、弱い力の作用を受けるのは左回りの粒子だけなのである。たとえば左回りの電子は弱い力の作用を受けるが、右回りの電子は受けない。実験はこれを明らかに証明している――世界がそのように動いている――が、なぜそうなるかは直観的にも力学的にも説明されない。

あなたの左手には作用するのに右手には作用しない力なんてものが想像できるだろうか！　とりあえず私に言えるのは、パリティ対称性の破れはたしかに驚くべき現象だが、弱い相互作用のきちんと測定された特性だということだ。実際、これは標準モデルの最も興味深い特徴の一つである。たとえば、中性子が崩壊するときに現れる電子はつねに左回りだ。弱い相互作用はパリティ対称性を破るわけだから、素粒子とその素粒子に作用する力をすべて一覧にするときには（図52のように）、左回りの粒子と右回りの粒子を別々の表にしなければならなくなる。

【図48】粒子のスピンの方向

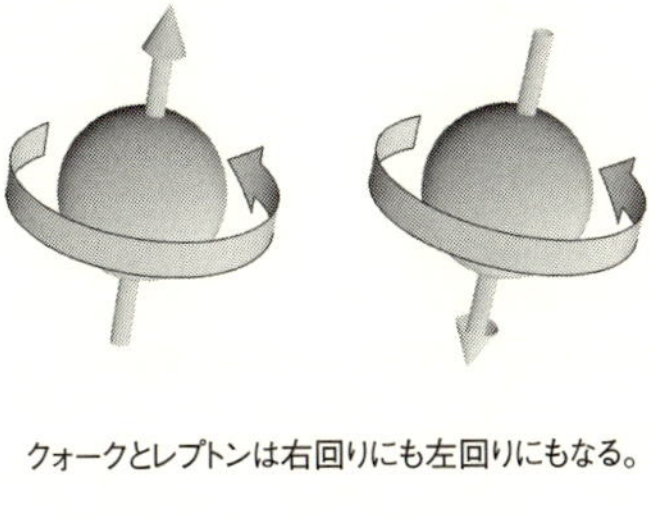

クォークとレプトンは右回りにも左回りにもなる。

【図 49】弱い相互作用

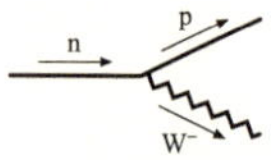

W⁻のゲージボソンとの相互作用から中性子（n）が陽子（p）に変わる（そして中性子内のダウンクォークが陽子内のアップクォークに変わる）。

【図 50】光子と電子の相互作用

光子と電子の相互作用を表したファインマン図（右）。波線が光子を表す。入ってきた電子は光子と相互作用をし、そこを頂点として離れていく。

【図 51】ベータ崩壊

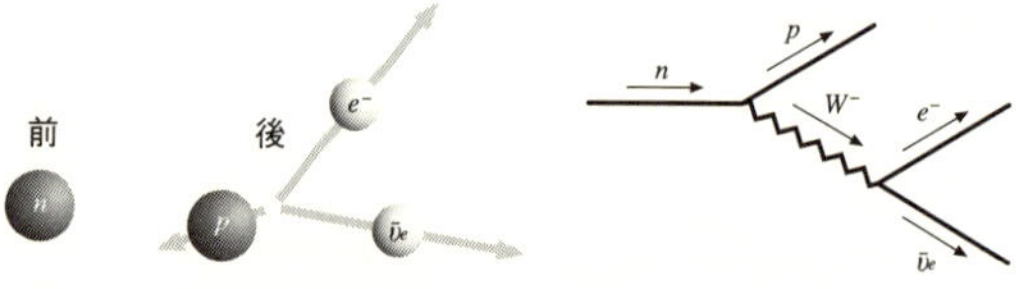

ベータ崩壊では、中性子（n）が弱い力を通じて崩壊し、陽子（p）と電子（e⁻）と反ニュートリノ（ν̄e）に変わる。右の図はこの過程をファインマン図で表したもの。中性子（n）が陽子（p）と仮想上のW⁻ゲージボソン（W⁻）に変わり、そのW⁻ゲージボソンが電子（e⁻）と反電子型ニュートリノ（ν̄e）に変わる。

パリティ対称性はこのように奇妙なものではあるが、弱い力の斬新な特性はこればかりではない。同じぐらい重要な二つめの特性は、ある種類の粒子を別の種類に変えてしまえるということだ（しかし、それでも電荷の総量は変わらない）。たとえば中性子がウィークボソンと相互作用すると、陽子が現れることがある（図49を参照）。これは光子の相互作用とはまったく違っている。光子がどういう種類の粒子と相互作用をしても、電荷を帯びた粒子の最終的な数（つまり粒子から反粒子を引いた数）、たとえば電子から陽電子を引いた数が変わることはない（比較のために、光子の電子との相互作用の図を、前に用いたような図解的な絵とともに図50に示しておく）。電荷を帯びたウィークボソンが中性子、陽子と相互作用することによって、単独の中性子が崩壊し、まったく別の粒子に変われるようになる。

とはいえ、中性子と陽子は質量も電荷も違うので、電荷とエネルギーと運動量を保存するためには、中性子は崩壊して陽子に変わるときに別の粒子も生みださなくてはならない。そして実際、中性子は崩壊するときに、陽子だけでなく電子と「ニュートリノ」*という粒子も生みだすことがわかっている。これが図51に示したベータ崩壊という過程である。

ベータ崩壊が初めて観測されたとき、ニュートリノのことを知っている人は誰もいなかった。この粒子は弱い力を通じてのみ相互作用をし、電磁気力を通じては相互作用をしない。粒子検出器では、電荷を帯びた粒子かエネルギーを伝える粒子しか発見できない。ニュートリノは電荷がなく崩壊もしないので、検出器では見られず、したがって誰もその存在を知らなかった。

しかしニュートリノを抜きにすると、ベータ崩壊はエネルギーを保存しないかのような結果になってしまった。エネルギーの保存は物理の基礎的な原理であり、エネルギーは生成されることもなけれ

＊実際には反ニュートリノだが、それはここでは重要ではない。

ば消滅することもないとされている。つまり、エネルギーはあるところから別のところへと伝えられる以外にないのだ。ベータ崩壊がエネルギーを保存しないというのは許しがたいことだったが、ニュートリノの存在が知られていなかったため、一流の物理学者の多くも、積極的にその大胆な（しかし誤った）主張をしてしまった。

一九三〇年、ヴォルフガング・パウリは自ら「やけっぱちの解決法*」と称するものを提唱して、懐疑派による科学の救済に先鞭をつけた。それが電気的に中性の新しい粒子の存在である。中性子が崩壊するときに、ニュートリノがいくばくかのエネルギーを持ち去るのだとパウリは考えた。そして三年後、エンリコ・フェルミがその「小さな」中性の粒子に、ニュートリノという名称と、確固とした理論的基盤を与えた。しかし、その当時ニュートリノ説はかなり怪しげな提案と見なされていて、代表的な科学雑誌『ネイチャー』も、「ここに書かれている推論はあまりにも現実的でないので読者の関心を呼ばない」という理由でフェルミの論文の掲載を断った。

しかし、パウリとフェルミの考えは正しかった。今日ではどこの物理学者もニュートリノの存在に同意している。** 実際、いまの私たちはニュートリノがつねに私たちのまわりに降り注いでいるのを知っている。太陽の内部での核過程から、陽子とともにニュートリノが放出されているのだ。一秒ごとに無数の太陽ニュートリノが私たちのあいだを流れていくが、相互作用が非常に弱いために気づかれることがない。私たちが確実に存在すると知っている唯一のニュートリノは、左回りのニュートリノだ。右回りのニュートリノは存在しないか、あるいは非常に重い――重すぎて生成されない――か、非常に弱くしか相互作用をしないのだろう。いずれにしても、右回りのニュートリノは加速器で生成されたことがなく、私たちは一度もそれを目にしたことがない。右回りのニュートリノよりは左回りのニュートリノのほうがはるかによくわかっているので、図52の一覧には左回りのニュートリノだけを含むことにした。この図は左回りの粒子と右回りの粒子を分けて一覧にしたものである。

さて、いまや私たちは、弱い相互作用が左回りの粒子だけに作用して、その粒子の種類を変えられることを知っている。しかし、弱い力を本当に理解するためには、この力を伝えるウィークボソンの相互作用を予言する理論が必要である。当初、物理学者にとってこの理論を構築するのは容易ではなかった。弱い力とその作用を本当に理解できるようになるまでには、大きな理論上の進展が必要だった。

問題は、弱い力の最後の奇妙な特性にあった。この力は、一センチメートルの一兆分の一の一万分の一（10^{-16}）という非常に短い距離のあいだで急

＊この言葉は、パウリが一九三四年にある重要な科学会議の参加者に宛てて送った手紙に書かれていた。パウリは舞踏会に出るためその会議を欠席していた。

＊＊ニュートリノは一九五六年、クライド・コーワンとフレッド・ライネスによってようやく原子炉で検出され、残っていたわずかな疑念を完全に吹き飛ばした。

【図 52】クォークとレプトン

	クォーク：強い力の作用を受ける				レプトン		
第 1 世代	アップ（左） up_L 3MeV	ダウン（左） $down_L$ 7MeV	アップ（右） up_R 3MeV	ダウン（右） $down_R$ 7MeV	電子型ニュートリノ（左） electron neutrino $_L$ ~0	電子（左） $electron_L$ 0.5MeV	電子（右） $electron_R$ 0.5MeV
第 2 世代	チャーム（左） $charm_L$ 1.2GeV	ストレンジ（左） $strange_L$ 120MeV	チャーム（右） $charm_R$ 1.2GeV	ストレンジ（右） $strange_R$ 120MeV	ミュー型ニュートリノ（左） muon neutrino $_L$ ~0	ミューオン（左） $muon_L$ 106MeV	ミューオン（右） $muon_R$ 106MeV
第 3 世代	トップ（左） top_L 174GeV	ボトム（左） $bottom_L$ 4.3GeV	トップ（右） top_R 174GeV	ボトム（右） $bottom_R$ 4.3GeV	タウ型ニュートリノ（左） tau neutrino $_L$ ~0	タウ（左） tau_L 1.8GeV	タウ（右） tau_R 1.8GeV
	左回りのクォーク：弱い力の作用を受ける				左回りのレプトン：弱い力の作用を受ける		

標準モデルの３つの世代。左回り、右回りのクォークとレプトンをそれぞれ分けて一覧にしたもの。縦の列に並んでいる粒子はすべて同じ電荷をもつ（各粒子のフレーバーが違う）。弱い力は第１列の粒子を第２列の粒子に、第５列の粒子を第６列の粒子に変えられる。クォークは強い力の作用を受けるが、レプトンは受けない。

激に消えてなくなるのである。そこが重力や電磁気力とはまったく異なるところで、重力や電磁気力の場合は、第2章で見たように、その強さが距離の二乗に逆比例して低下していく。たしかに距離が離れるほど弱くなってはいくが、弱い力のように急速に落ち込んで消えてしまうことはない。光子は電磁気力をしっかり遠くまで伝えている。どうして弱い力だけがこんなにも違うのか？

ベータ崩壊のような核過程を説明するのに新しい種類の相互作用を見つける必要があったのは明らかだったが、この新しい相互作用がどうしてそうなるのかは不明だった。グラショウとワインバーグとサラムが弱い力の理論を組み立てる以前に、フェルミがそれに挑戦した。彼が用いた理論には、陽子、中性子、電子、ニュートリノといった、四つの粒子をからめた新しい種類の相互作用が含まれていた。この「フェルミ相互作用」では、ウィークボソンの仲介を必要とせず、ダイレクトにベータ崩壊が引き起こされた。言い換えれば、その相互作用によって陽子が直接その崩壊の産物、すなわち中性子と電子とニュートリノに変わることができていた。

しかしながら、その当時でさえ、フェルミの理論があらゆるエネルギーに適用できる真実の理論でありえないのは明白だった。その予言は低いエネルギーに対しては正しかったが、粒子の相互作用が非常に強いものとなる高いエネルギーに対しては、どう見ても完全にまちがっていた。実際、粒子のエネルギーがきわめて高いときにもフェルミの理論を適用できると誤って思っていたとしたら、粒子が一〇〇パーセント以上の確率で相互作用するといった、ばかげた予言に行き着いてしまうだろう。そんなことは絶対にありえない。何かが「毎回」よりも「ひんぱん」に起こることなどありえないからである。

フェルミ相互作用にもとづいた理論は、低いエネルギーでの相互作用や、充分に距離の離れた粒子間の相互作用を説明するには申し分なく有効な理論だったが、物理学者はこれで満足するわけにはいかなかった。高いエネルギーで何が起こるかを知りたければ、ベータ崩壊のような過程をもっと根本的に説明できる理論が必要だった。ウィークボソンによって伝えられる力を基盤にした理論は、高いエネルギーに対して、ずっとよく機能するように感じられた――が、弱い力の短い適用範囲をどう説明すればいいかは誰にもわからなかった。

いまではわかっていることだが、この短い適用範囲は、ウィークボソンが質量をもつことの結果だった。素粒子物理学では、不確定性原理と特殊相対性理論から導かれる関係性が非常に大きな影響をもっている。第6章の最後で、ウィークスケールエネルギーやプランクスケールエネルギーなど、特定のエネルギーの粒子が力の作用を受ける最小距離について説明した。特殊相対性理論のエネルギーと質量の関係（$E=mc^2$）があるため、ウィークボソンのような質量をもつ粒子は、同様の質量と距離の関係を自動的に組み込む。

とくに、ある一定の質量をもった粒子の受け渡しによって伝えられる力は、その質量が小さいほど、消えてなくなるまでに長い距離をかけられる（この距離はプランク定数に比例し、光の速さに逆比例する）*。第6章で述べた質量と距離の関係からいって、質量が約一〇〇 GeV もあるウィークボソンは、どうがんばっても一センチメートルの一兆分の一の一万分の一以内にいる粒子にしか弱い力を伝えられないわけだ。この距離を超えると、ウィークボソンによって伝えられる力は極端に小さくなり、私たちに検出できるような効果は何も及ぼさなくなる。

*この関係性に量子力学と特殊相対性理論がかかわっていることを理解するには、量子力学がかかわっているのをプランク定数が、そして特殊相対性理論がかかわっているのを光の速さが教えていると考えればよい。プランク定数がゼロだったなら（つまり古典物理学が適用されたなら）、あるいは光速が無限だったなら、この距離はゼロになる。

ウィークボソンが質量ゼロでないということは、弱い力の理論がなりたつのに非常に重要な意味をもっている。この質量が、弱い力が非常に短い距離でしか作用せず、距離が長くなると存在していないも同然の弱さになってしまうことの理由である。ウィークボソンはこの点で光子やグラビトンと違っている。光子とグラビトンはともに質量がゼロなのだ。光子にしても、重力を伝える粒子であるグラビトンにしても、エネルギーと運動量はもっているが質量をもたないため、ずっと遠くまで力を伝えられるのである。

無質量粒子という概念は奇妙に感じられるかもしれないが、素粒子物理学の観点からすれば、これはとくに驚くことでもない。粒子に質量がなければ、その粒子は光速で進み（そもそも光は質量のない光子でできている）、エネルギーと運動量はつねに特定の関係性にしたがう。すなわちエネルギーは運動量に比例するという関係だ。

一方、弱い力の担い手には質量がある。そして素粒子物理学の観点からすれば、むしろ質量がゼロでないゲージボソンのほうが特異である。弱い力の理論の成立に道を開いた重要な進展は、ウィークボソンの質量の起源が解明されたことだった。質量こそが弱い力の距離との関係を電磁気力のそれと違うものにしているのである。ウィークボソンの質量を生じさせるメカニズムは、ヒッグス機構といって、詳しくは第10章で述べる。そして第12章で見るように、その基盤となる理論——すなわち粒子に質量を付与する厳密なモデル——は、今日の素粒子物理学者が抱える最大の謎の一つなのである。余剰次元の魅力の一つも、それがこの謎を解決する一端になるかもしれないところにあるのだ。

クォークと強い力

かつて私の友人の物理学者は、彼の研究する「強い力が強い力と呼ばれている理由は、それが非常に強い力だからだ」と私の家族に説明していた。その説明はあまり説得力をもっていなかったようだが、たしかに強い力とはよく言ったものだ。これは本当に強力な力なのである。強い力は陽子の構成要素をしっかりと束ね合わせているため、陽子は通常、決してばらばらになることがない。強い力は本書の後半部分にかろうじて関わってくるだけだが、完全を期すためにこの力の基本的な事実をいくつか紹介しておこう。

強い力は、「量子色力学(QCD)」という理論によって記述され、ゲージボソンの受け渡しで説明される標準モデルの力の最後をなす。これも二〇世紀になってからようやく発見された。強いゲージボソンはグルーオンと呼ばれる。強く相互作用している粒子を束ね合わせる「にかわ《グルー》」のような力を伝えているからだ。

一九五〇年代から六〇年代にかけて、物理学者はつぎつぎと新しい粒子の発見に成功した。そして発見された粒子それぞれに、さまざまなギリシャ文字の名前をつけた。たとえばπ(発音は「パイオン」)や、η(発音は「イータ」)や、Δ(発音は「デルタ(Delta)」——大文字の「D」を使うのは、もとのギリシャ文字が大文字なので)といった具合である。これらの粒子を総称してハドロンという。「太った、重い」を意味するギリシャ語のhadrosが語源だ。

たしかに、ハドロンは電子に比べてはるかに質量が大きい。たいていのハドロンは、電子の二〇〇〇倍の質量がある陽子とほとんど変わらないぐらいの質量をもつ。当初、ハドロンのとほうもない多様性はひとつの謎だったが、物理学者のマレー・ゲルマン*が一九六〇年代に、多くのハドロンは基本

*ジョージ・ツワイクも同じことを考えたが、彼の論文は発表されなかった。

素粒子ではなく別の粒子の合成物であると提唱した。ゲルマンはそれらの粒子をクォークと名づけた。ゲルマンは「クォーク」という言葉をジェームズ・ジョイスの『フィネガンズ・ウェイク』のなかの詩からとった。「マーク大将のために三唱せよ、くっくっクオーク！／なるほど彼はたいしょうな唱声ではなく／持物ときたらどれも当てにならなく」〔訳注 『フィネガンズ・ウェイク』（河出書房新社）柳瀬尚紀訳より〕という部分だ。これは、私の知るかぎり、クォークの物理とは二つのことを除いてほとんど関係がない。その二つとは、どちらも三つだったことと、どちらも理解するのが難しかったことである。*

ゲルマンの説によれば、クォークには三つの種類――いまではそれぞれ、アップクォーク、ダウンクォーク、ストレンジクォークと呼ばれる――があり、ハドロンの多様さは、互いに結合できるクォークの幾通りも考えられる組み合わせに対応したものであるという。この提案が正しければ、ハドロンは予言可能なパターンにきちんとおさまるはずだった。新しい物理の原理が提案されるときのよくある例に漏れず、ゲルマンもクォーク説を自分で提唱しておきながら、じつはその存在を信じていなかった。とはいえ、それは非常に大胆な提案だった。なにしろ予言されていたハドロンのうち、実際に発見されていたのはごく一部だったからである。したがって、見つかっていなかったハドロンが見つかってクォーク説の正しさが証明されたのは、ゲルマンにとって大きな勝利だった。この功績により、ゲルマンは一九六九年のノーベル物理学賞を受賞した。

ハドロンがクォークからできていることに物理学者たちも異論はなかったとはいえ、ハドロンの物理がようやく強い力の観点から説明されるまでには、クォークの発案から九年もの時間がかかった。皮肉なことに、ほかの力が解明されていっても強い力だけが最後まで残ってしまったのは、一つの原因として、この力がきわめて強いせいだった。いまなら私たちも知っているが、強い力は非常に大きいため、この力の作用を受けるクォークのような基本素粒子はつねに結び合わされていて、単体にするのが難しく、したがって研究も容易ではなかったのだ。強い力の作用を受ける素粒子は、付き添いなしで勝手にふらふらしてはいないのである。

各種のクォークはすべて三つのタイプに分かれる。物理学者は遊び半分で、このタイプにそれぞれ色の名前をつけ、赤、緑、青と呼んだりした。これらの色分けされたクォークは、つねに別のクォークや反クォークとともに結び合わされていて、その結果、色的に中性の組み合わせになっている。この組み合わせのなかでは、クォークと反クォークのカラー荷が相殺され、ちょうどさまざまな色が相殺されて白色光になるのと同じような結果になる。** 色が中性となる組み合わせには二つの種類がある。安定したハドロン構成は、クォークと反クォーク一個ずつが組み合わさるか、さもなければ三つのクォークで（反クォークは含まずに）結合するかのどちらかによってできあがる。たとえばパイオン（パイ中間子）という粒子ではクォークと反クォークが一個ずつペアになっているし、陽子と中性子では三つのクォークが結び合わさっている。

正の電荷を帯びた陽子と負の電荷を帯びた電子が原子内で電荷を相殺するように、カラー荷はハドロン内のクォークのあいだで相殺される。しかし、原子ならすぐにイオン化できるが、強い力のグル

*クォークはドイツのチーズの一種でもある（ただし「クヴァルク」と発音する）。そのチーズも凝乳を含んでいるなら、この名称は二重の意味でぴったりだ。チーズに浮かぶ凝乳のようにクォークもハドロンのなかに浮かんでいるからだ。しかし、私のドイツ人の友人は、当地のクォークはそうでないと言い張るのだが。

**これが「量子色力学（quantum chromodynamics）」という名称の由来である。chromos はギリシャ語で「色」を意味する。

ーオンによって異様に固く結び合わされている陽子や中性子のような物体をこじ開けるのは非常に難しい。グルーオンは、むしろ「クレージーグルーオン」とでも称するほうがふさわしい。[*] それだけその結束は破りにくいからだ。

さて、ここでそろそろ、アシーナの改訂版童話が比喩的に説明したクォークの発見の話に戻ろう。陽子と中性子は、カラー荷が相殺される三つのクォークの組み合わせからできている。陽子には二個のアップクォークと一個のダウンクォークが含まれている。そして、種類の異なるクォークはそれぞれの電荷も異なっている。アップクォークの電荷は＋2/3で、ダウンクォークの電荷は－1/3なので、陽子の電荷は＋1となる。一方、中性子は一個のアップクォークと二個のダウンクォークからなっているため、電荷はゼロとなる（－1/3と－1/3と＋2/3の和）。

クォークは、大きくてやわらかい陽子のなかにある固い点状の物体と考えられる。えんどう豆がマットレスの下に埋まっていたように、クォークは陽子や中性子に埋め込まれている。しかし、ベッドに勢いよく飛び込んだらえんどう豆であざをつくってしまったお姫さまのように、威勢のいい実験者は高エネルギーの電子を狙い撃ちして光子を放出させ、その光子をまっすぐクォークにぶつけて跳ね返らせることができる。このときの跳ね返り方は、光子がふわふわした大きな物体にぶつかるときの跳ね返り方とはずいぶん違っている。ちょうどラザフォードのアルファ粒子が固い原子核にぶつかったときの跳ね返り方が、もっと拡散した正の電荷にぶつかったときとまったく違っていたのと同じである。

スタンフォード線形加速器センター（ＳＬＡＣ）で行なわれたフリードマンとケンドールとテイラーによる「非弾性散乱」の実験は、この効果を記録することによってクォークの存在を実証した。この実験で、電子が陽子にぶつかってからどう散乱するかが明らかにされ、それによってクォークが本当に存在することを示す初めての実験的証拠が与えられた。この発見により、ジェリー・フリードマンとヘンリー・ケンドール（私のかつてのＭＩＴでの同僚）とリチャード・テイラーは、一九九〇年のノーベル物理学賞を獲得した。

高エネルギー衝突でクォークが生みだされるとき、クォークはまだハドロンにはなっていないが、だからといってクォークが単独でいるわけではない。クォークはかならずお付きとして別のクォークとグルーオンをともなっており、それらが最終的に強い力のもとで中性の組み合わせとなる。クォークが単独の自由な物体として現れることは決してなく、つねに別の多くの、強く相互作用する粒子によって保護されている。素粒子実験によって記録されるのは独立した単一のクォークではなく、クォークとグルーオンからなる一連の粒子だけであり、それらがすべて、ほぼ同じ方向に進んでいるのだ。

このような、クォークとグルーオンからなる粒子が一体となって特定の方向に運動している流れを「ジェット」という。ひとたび活発なジェットが形成されると、それはロープのように、決してなくならない。ロープは切ったとしても、また新しい二本のロープができるだけだ。同じように、相互作用がジェットを断ち切ったとしても、分断された流れがまた新しいジェットをつくるだけで、決して個々の独立したクォークとグルーオンには分かれない。スティーヴン・ソンドハイムが『ウエスト・サイド物語』のジェット団の歌の詞を書いたときに高エネルギー粒子加速器のことを考えていたとは思わないが、この詞は、強く相互作用する粒子のジェットにすばらしくよく当てはまる。活発で、強く相互作用する粒子たちが、ずっといつまでもいっしょにいる。「彼らは独りじゃない……彼らは大事に守られる」

＊イギリス英語なら「スーパーグルーオン」というところか。

これまでにわかっている基本素粒子

この章では、これまでにわかっている四つの力のうち三つまでを述べてきた。電磁気力、弱い力、そして強い力である。残りの一つである重力は、あまりにも弱いために、素粒子物理学の予言に対して実験的に観測できるような影響は及ぼさない。

しかし、標準モデルの粒子についての説明はまだ終わっていない。これらの粒子は、その荷量と、右回りか左回りかによって特定される。前述したように、左回りの粒子と右回りの粒子は異なるウィーク荷をもちうる（実際にも異なっている）。

素粒子物理学では、これらの粒子をクォークとレプトンに分類する。クォークはフェルミオンの基本素粒子で、強い力の作用を受ける。レプトンもフェルミオンだが、強い力の作用は受けない。電子とニュートリノはレプトンの一例だ。「レプトン」という名前は、「小さい」とか「細かい」といった意味をもつギリシャ語の「leptos」からきていて、電子の質量の小ささを表している。

奇妙なのは、電子やアップクォークやダウンクォークといった原子の構造に不可欠な粒子が存在するのはともかくとして、これらの粒子に加え、それより重いのに電荷はそれぞれと変わらない別の粒子があることだ。最も軽くて安定したクォークとレプトンに、もっと重いレプリカがついているのである。なぜそれらが存在するのか、なんの役に立っているのか、答えはまだ誰もわかっていない。

宇宙線のなかに初めて見つかったミューオンという素粒子が、重さが重いだけの電子にほかならない（重さだけは電子の二〇〇倍ある）ことを物理学者たちが突きとめたとき、物理学者のI・I・ラビはこう言った。「誰がこんなものを注文したんだ?」ミューオンは負の電荷を帯びていて、そこは電子と同じだが、電子よりも重く、崩壊すればまさしく電子になる。要するに、ミューオンは不安定で（図53を参照）、すぐに電子（と二個のニュートリノ）に変わってしまうのだ。これまでにわかっているかぎり、ミューオンは地球上の物質にとってなんら役に立っていない。なぜこれが存在するのか？　これは標準モデルの多くの謎の一つで、これからの科学の進展に解決の期待が寄せられている。

実際、標準モデルの一揃いの粒子には、電荷を同じくする三つのコピーがある（図52を参照）。それぞれのコピーは「世代」、または「族」と呼ばれる。粒子の第一世代に含まれるのは、左回りと右回りの電子、左回りと右回りのアップクォーク、左回りと右回りのダウンクォーク、そして左回りの電子型ニュートリノだ。この第一世代には、原子の構成要素であり、したがってあらゆる安定した物質の構成要素である安定した粒子がすべて含まれている。

第二世代と第三世代には、既知の「ノーマル」な物質には存在しない、崩壊する粒子が含まれる。これらは第一世代の厳密なコピーではない。電荷は第一世代の片割れとまったく同じだが、第一世代よりも重い。発見されるのは高エネルギー粒子加速器で生みだされたときだけで、その役割はいまだに不明だ。第二世代の粒子には、左回りと右回りのミューオン、左回りと右回りのチャームクォーク、左回りと右回りのストレンジクォーク、そして安定した左回りのミ

【図 53】ミューオンの崩壊

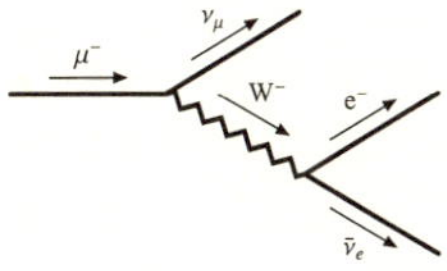

ミューオン（μ^-）は崩壊すると、ミュー型ニュートリノ（ν_μ）と仮想の W^- ボソン（W^-）に変わり、その W^- ボソンがつぎに電子（e^-）と反電子型ニュートリノ（$\bar{\nu}e$）に変わる。

ュー型ニュートリノ*がある。第三世代には、左回りと右回りのタウ、左回りと右回りのトップクォーク、左回りと右回りのボトムクォーク、そして左回りのタウ型ニュートリノが含まれる。別々の世代に属しながら電荷を同じくする特定の粒子のそっくりなコピーは、その粒子の「フレーバー」と呼ばれることがある。

図52からわかるとおり、ゲルマンが最初にクォーク説を出したときには三つしかわかっていなかったクォークのフレーバーが、いまでは六つもある。三つの「アップ型」と三つの「ダウン型」が、それぞれ一つずつ各世代に含まれているわけだ。アップクォークそのものに加え、そっくりな電荷をもつ二つのアップ型クォーク、チャームクォークとトップクォークがある。同じように、ダウンクォーク、ストレンジクォーク、ボトムクォークは、ダウン型クォークの別々のフレーバーである。そしてレプトンのミューオンとタウは、電子の重いバージョンである。

物理学者はいまでもこれらの世代の存在理由と、粒子に特定の質量がある理由を解明しようと努めている。これらは標準モデルの主要な疑問で、今日の調査研究の動機ともなっている。私もほかのさまざまな仕事に加え、これらの問題をずっと考えてきたが、答えはまだ見つかっていない。

重いフレーバーは軽いフレーバーより相当に重い。二番めに重いクォークであるボトムクォークが発見されたのは一九七七年だが、最高に重いトップクォークは一九九五年まで発見を逃れていた。このトップクォークを発見した驚くべき実験を含む、二つの素粒子実験がつぎの章のテーマである。

まとめ

●標準モデルは、重力以外の力と、その力の作用を受ける粒子で構成されている。広く知られている電磁気力に加え、原子核の内部で作用する二つの力、強い力と弱い力がある。

●弱い力は、標準モデルの最も重要な、いまだに解明されていない謎を投げかける。ほかの二つの力が質量のない粒子によって伝えられるのに対し、弱い力を伝えるゲージボソンは質量をもつのである。

●力を伝える粒子に加え、その力の作用を受ける粒子も標準モデルには含まれる。これらの粒子は二種類に分かれる。強い力の作用を受けるクォークと、それを受けないレプトンである。

●これまでにわかっている粒子は、物質のなかに見つかる軽いクォークとレプトン（アップクォーク、ダウンクォーク、電子）だけではない。もっと重いクォークとレプトンも存在する。アップクォーク、ダウンクォーク、電子には、それぞれ二つずつ重いバージョンがある。

＊ニュートリノ（「中性の小さなもの」）という名称は、これが電荷を帯びたレプトンと弱い力を通じて直接に相互作用することからつけられた。

●それらの重い粒子は不安定であり、したがって、それより軽いクォークやレプトンに崩壊する。しかし、粒子加速器での実験でこれらの粒子を生みだせていることから、おなじみの軽い安定した粒子と同じ力の作用を重い粒子も受けていることがわかる。

●電荷を帯びたレプトン、ニュートリノ、アップ型のクォーク、ダウン型のクォークからなる粒子の各グループは「世代」と呼ばれる。世代は三つあり、それぞれがうまく各タイプの粒子の重いバージョンを含んでいる。これらの粒子の種類をフレーバーという。アップ型クォークのフレーバーが三つと、ダウン型クォークのフレーバーが三つ、電荷を帯びたレプトンのフレーバーが三つ。そしてニュートリノのフレーバーが三つある。

●このあとは、もう特定のクォークやレプトンについては詳細も名称も出てこない。ただし、フレーバーと世代については知っておいてもらう必要がある。これらによって粒子の特性に強い制約が生じるからで、ひいてはそれが、標準モデルの先にある物理への決定的なヒントと制約になるからだ。

●それらの制約のうち、とくに重要なのは、電荷は同じでもフレーバーの異なるクォークやレプトンどうしがお互いに変化するのは皆無に近いということだ。粒子がすぐにフレーバーを変えるような理論は、その時点で除外される。詳しくは後述するが、これが超対称性の破れのモデルなど、もっか提案されている標準モデルの拡張版にとって大きな難題となっている。

第8章

幕間実験——標準モデルの正しさを検証する

いずれにしても
私はあなたを見つけるわ……
——ブロンディ

アイクはふたたび夢のなかで量子探偵に出会った。今回、探偵は自分が何を追いかけているか知っていた。そして実際、それがどこで見つかるかの見当もついていた。彼はただ待ってさえいればよかった——もしまちがっていなければ、遅かれ早かれ、獲物は自然と姿を現すはずだった。

重い粒子を見つけるのは容易ではない。しかし、是が非でもそれをしなければ、標準モデルの基盤となる構造は解明できない。ひいてはそれが、宇宙の物理的組成を明らかにすることにもつながる。

素粒子の物理について私たちが知っていることのほとんどは、高エネルギー粒子加速器での実験から得られている。まず粒子を加速して高速で運動する粒子ビームをつくり、それからその粒子を粉砕して別の物質に変換させる実験だ。

高エネルギー粒子衝突型加速器のなかでは、加速された粒子ビームが同じように加速された反粒子ビームと文字どおり正面衝突し、その結果、両者がぶつかった小さな衝突領域に大量のエネルギーが生じる。このエネルギーが、ときおり自然界ではめったに見つからない重い粒子に転換する。宇宙が現在よりはるかに熱く、あらゆる粒子をふんだんに内包していたビッグバンのとき以来、これまでにわかっている最も重い粒子を生みだしてきた唯一の場所が高エネルギー粒子衝突型加速器なのである。衝突型加速器は、原則として、あらゆる種類の粒子と反粒子のペアを生みだせる。そのペアを生みだすのに充分なエネルギー、つまりアインシュタインの $E=mc^2$ によって表されるエネルギーさえあればよい。

しかし、新しい粒子を見つけることだけが高エネルギー物理学の目的ではない。高エネルギー加速器での実験は、ほかの方法では観測できない根本的な自然法則について教えてくれる。その法則は非常に狭い範囲で働くため、もっと直接的な方法で目にすることはかなわない。高エネルギー実験は、きわめて微小な距離スケールで働く短距離相互作用を探る唯一の方法なのである。

この章の主題である二つの加速器実験は、標準モデルの予言を確認し、その先にどういう物理理論がなりたちうるかを規定するのに重要な役割を果たした。どちらもそれ自体、非常によくできた実験である。しかし同時にこれらの実験は、物理学者が将来的に余剰次元のような新しい現象を模索するときにどんな問題にぶつかるかを実感させてもくれるだろう。

トップクォークの発見

トップクォークの探索の経緯は、加速器で粒子を見つけることの難しさを非常によく表している。加速器にその粒子をかろうじて生みだせるかどうかのエネルギーしかない場合、実験者はどうにか工夫を凝らしてこの難題を解決しなくてはならないのだ。トップクォークはどの原子の構成要素でもなく、既知の物質にはまったく含まれていないが、標準モデルはこれを抜きにしてはなりたたなかったため、一九七〇年代以来、ほとんどの物理学者がその存在を確信していた。しかし一九九五年の時点でも、トップクォークは依然として検出されていなかった。

当時、実験者はトップクォークを探して何年も無駄に年月を重ねていた。標準モデルで二番めに重い、陽子の質量の五倍もあるボトムクォークは、すでに一九七七年に発見されていた。したがって当時の物理学者はトップクォークもすぐに見つかるだろうと考え、実験者はこぞって一番のりを果たそうと発見に努めたが、誰にとっても予想外だったことに、実験はつぎつぎと失敗した。加速器のエネルギーをどんどん上げて、陽子を生みだすのに必要なエネルギーの四〇倍、六〇倍、さらには一〇〇倍にしても、トップクォークは現れなかった。どうやらトップクォークはとても重いらしい——すべて発見されているほかのクォークに比べて、明らかにとんでもなく重いのだ。そして二〇年の探索を経てようやくそれが姿を現したとき、トップクォークは陽子の二〇〇倍近い質量があるとわかった。

トップクォークは非常に重いため、特殊相対性理論の関係式から言って、きわめて高いエネルギーで働く加速器でしかこれを生みだすことはできなかった。高エネルギーは必然的に非常に大きな加速器を必要とする。そうした加速器は設計するのも技術的に難しいし、建設するにもたいへんな費用がかかる。

ついにトップクォークを生みだした加速器は、シカゴから五〇キロほど西のイリノイ州バタビアにあるフェルミ研究所のテヴァトロンだった。この衝突型加速器は、最初の設計ではエネルギーが低すぎてとうていトップクォークなど生みだせなかったが、エンジニアと物理学者が何度も改良を重ね、性能を大きく向上させた。その結果、一九九五年には、当初の仕様よりはるかに高いエネルギーでの稼動が可能となり、ずっと多くの衝突を起こせるようになっていた。

現在も稼動中のテヴァトロンを有するフェルミ研究所は、一九七二年に開業した国立の加速器センターで、この名称は物理学者のエンリコ・フェルミにちなんでつけられた。私は初めてここを訪れたとき、思わず笑ってしまったのだが、敷地内に野生のトウモロコシはあるわ、ガチョウはいるわ、なぜか知らないがバッファローまでいた。バッファローはさておき、この一帯は平凡でとくに面白味もない。映画『ウェインズ・ワールド』の舞台はフェルミ研究所から八キロほど南のオーロラという町だが、この映画をご存じなら、フェルミ研究所の周囲の環境はなんとなく想像がつくかもしれない。まあ、そこで研究されている物理学は十二分に面白いから、誰もそんなことは気にしないでいられるだろう。

テヴァトロンという名称は、これが陽子と反陽子をともにTeV、つまり一〇〇〇ギガ電子ボルトまで加速することからつけられた。これは現在の加速器で出せる最高エネルギーである。テヴァトロンのつくりだすエネルギーを帯びた陽子と反陽子のビームは環状に循環し、双方が三・五マイクロ秒ごとに二つの衝突点でぶつかる。

二つの実験グループが、この二つの衝突点それぞれに検出器を設置して、そこで粒子と反粒子のビームが交差するときに生じる興味深い物理過程を観測した。この二つの実験の片方はCDF（Collider Detector at Fermilab——フェルミ研究所の衝突検出器）と呼ばれ、もう片方は、検出器が設置された陽子と反陽子との衝突点を意味する D_0《ディーゼロ》と呼ばれた。どちらの実験も新しい粒子と新しい物理過程を幅広く探索したが、九〇年代初めのあいだは、トップクォークが両者の究極の目標だった。二つの実験グループはそれぞれ自分たちが先にその聖杯を見つけようとがんばった。

多くの重い粒子は不安定で、ほとんど瞬時に崩壊する。その場合、実験は粒子そのものよりも、目に見える証拠として粒子の崩壊生成物を探す。たとえばトップクォークは、崩壊してボトムクォークとWボソン（弱い力を伝える電荷を帯びたゲージボソン）になる。さらにそのWボソンも崩壊して、レプトンかクォークになる。したがってトップクォークを探す実験は、付随するボトムクォークを別のレプトンやクォークとともに見つければよいことになる。

とはいえ、粒子は名札をつけて出てくるわけではないので、検出器が粒子を特定するには、その粒子の電荷やほかの粒子との相互作用といった個々の特性を識別するしかない。そして、検出器にはそれらの特性を記録する別々の機能が必要となる。CDF実験と D_0 実験に使われた二つの検出器は、どちらも複数のパーツに分かれていて、それぞれのパーツが別々の特徴を記録する。ある部分は「トラッカー」といって、原子がイオン化されるときに放出される電子によって電荷を帯びた粒子を検出する。もう一つの部分は「カロリメータ」といって、粒子がそこを通過するときに発するエネルギーを測定する。検出器にはこれらのほかにも、また別の特徴から粒子を特定できる機能がついている。たとえばボトムクォークなどは、ほかの大半の粒子が崩壊してもまだ崩壊しないという特徴から特定できるようになっている。

いったん信号を記録すると、検出器はその信号を広く張りめぐらされた配線や増幅器に伝え、その結果を記録する。しかし、検出されたものがすべて記録に値するとは限らない。陽子と反陽子が衝突したときに、トップクォークと反トップクォークのような興味深い粒子が生まれる可能性はほんのわずかだ。たいていの場合は、もっと軽いクォークとグルーオンしか生まれないし、さらに言えば、何もたいしたものが生まれない場合のほうがはるかに多い。実際、フェルミ研究所での実験でも、トップクォークが出てこない衝突を一〇兆回繰り返して、やっと一個のトップクォークが生まれるという確率だった。

このような無益なデータの集積のなかから、たった一個の興味深い事象を見つけられるほど強力なコンピュータシステムは存在しない。そのため、実験にはかならず「トリガー」という装置が使われる。ハードウェアとソフトウェアのそれぞれ一部分がナイトクラブの用心棒のような役を果たし、興味深いものでありそうな事象だけを拾って記録するのである。CDF実験とD_0実験で使われたトリガーは、一個のトップクォークを発見するのにふるいにかけなければならない事象の数をおよそ一〇万まで引き下げた。それでも気が遠くなるような作業には違いないが、一〇兆よりはずっとましだろう。

いったん情報が記録されると、物理学者がそれを解析し、さまざまな興味深い衝突から生じる粒子を再構築する。つねに無数の衝突が起こって無数の粒子が生まれているのに、情報はすこししかないから、衝突の結果を再構築するのは非常にたいへんな作業である。そのために、これまでにもさまざまな工夫が凝らされてきたが、今後もさらなるデータ処理の向上が見込まれる。

一九九四年には、CDF実験のいくつかのグループがトップクォークとおぼしき事象（一例として図54を参照）を発見していたが、確信にはいたらなかった。この年にはCDF実験でトップクォークが見つかったとは断言できなかったが、一九九五年には、CDFとD_0の双方がまちがいなくトップクォークの発見を確認した。D_0実験に参加していた友人のダリエン・ウッドによれば、D_0の最終的なデータ解析とその結果を報告する論文を仕上げるための最後の編集会議は、じつに壮絶だったという。

会議は夜通し、翌日まで続けられ、テーブルの上でうたた寝する人まで出たそうだ。

トップクォーク発見の功績はD_0とCDFの双方に与えられた。これまで一度も見られなかった新しい粒子が生成されたのだ。この新たに発見された粒子は、すでに確認されていたほかの粒子とともに標準モデルの仲間入りをした。これ以降、トップクォークは何度も検出されて、いまではその質量やそのほかの特性もきわめて正確にわかっている。いずれは高エネルギー衝突型加速器によって無数のトップクォークが生成されるあまり、トップクォーク自体が「バックグラウンド」となってしまい、ふるまいのよく似た別の粒子の発見を妨げる恐れさえあるだろう。

新しい物理はほぼ確実にそこにあって、発見されるのを待っている。標準モデルには未解決の問題が残っているが、加速器が現在よりもすこしだけ高いエネルギーを出せるようになれば、新しい粒子や新しい物理過程が現れてくるはずだと考えられている。はたしてそのとおりかどうかは、ま

【図54】D_0実験で記録されたトップクォーク

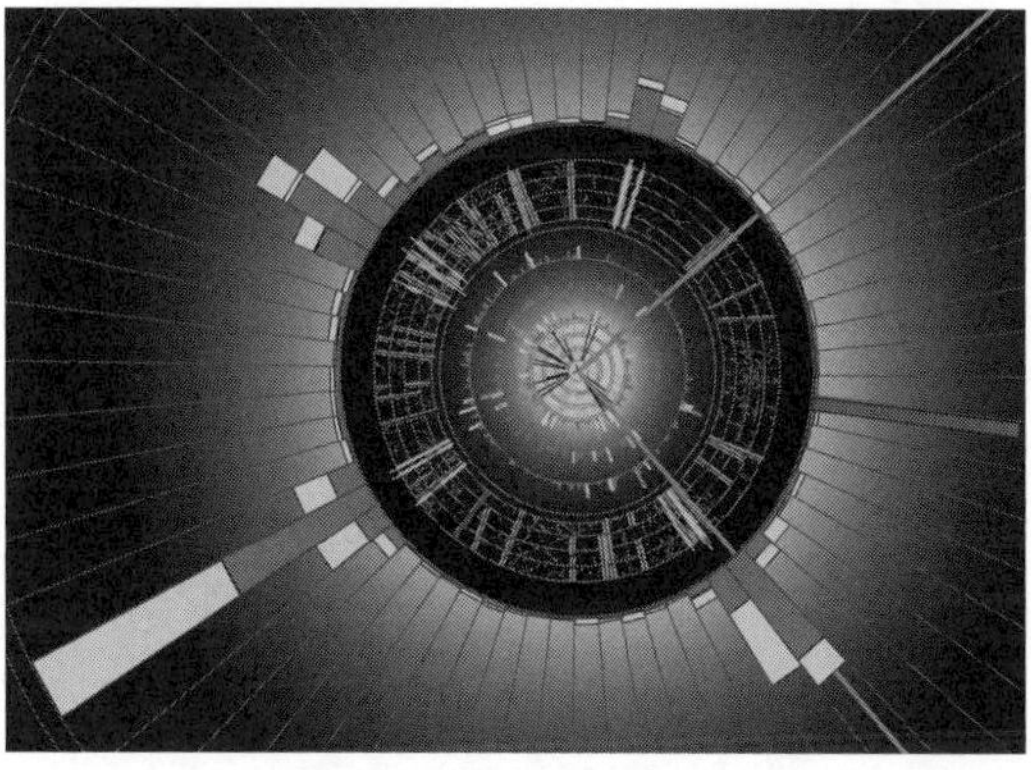

D_0実験で記録されたトップクォークの事象。同時に生みだされたトップクォークと反トップクォークの崩壊生成物を検出。右上の線はミューオンで、検出器の外側部まで達している。4つの長方形のブロックは生成された4つのジェット。右側の線はニュートリノの消失エネルギー。(イメージ図提供:フェルミ研究所)

もなく明らかになるだろう。大型ハドロン加速器（ＬＨＣ）での実験は、標準モデルの先にある構造の証拠を探すことになっている。もしこの実験が成功すれば、その報いはとてつもなく大きい。あらゆる物質の基盤となる構造がよりはっきりと見えてくるだろう。高エネルギーで多くの粒子を衝突させ、その結果を適切に分析すれば、この困難な仕事もきっとやり遂げられるはずである。

標準モデルの精密テスト

さて、ここでしばらくイリノイ州の平原から離れ、スイスの山岳地方に目を移そう。そこには欧州合同原子核研究機関、通称ＣＥＲＮがある（発足当時の名称は Conseil Européen pour la Recherche Nucléaire＝欧州原子核研究協議会といって、この頭文字をとったＣＥＲＮが略称としてそのまま残っている）。これまで多くの実験が標準モデルの予言を検証してきたが、なかでもひときわ大々的だったのが、このＣＥＲＮの加速器施設内にある大型電子陽電子衝突型加速器（ＬＥＰ）で一九八九年から二〇〇〇年にかけて行なわれた実験だった。

ＣＥＲＮの敷地は、ここがヨーロッパの中心部に位置するということで選ばれた。ＣＥＲＮの正面入り口はフランスとの国境に非常に近く、二つの国を隔てる検問所がすぐ外にあるぐらいだ。多くのＣＥＲＮ職員がフランスに住み、毎日二回、国境を越えて通勤している。越境はたいていスムーズにいくが、自動車がスイスの基準に達していないと話は別で、その場合はスイス側が入国させてくれない。それ以外の唯一の危険といえば、ある同僚が実体験から証言するように、ぼんやりと上の空でいることだろう。彼はあるとき、ブラックホールのことを考え込んでいたせいでうっかり国境で停止しなかったため、検問所の係官に呼び止められてボディチェックをされてしまった。

フェルミ研究所とCERNの所在地は、これ以上ないほど対照的だ。CERNは美しいジュラ山脈のすぐそばにあり(図55を参照)、そこから車ですこしのところにあるシャモニーは、ほとんど道路までつながる氷河に覆われた山のあいだを走る壮麗な峡谷で、ヨーロッパの最高峰モンブランのふもとに位置する。CERNでは、うらやましいことに多くの物理学者が日焼けした顔で冬を過ごす。街には厚い雲が垂れこめていても、近くの山に行けばスキーやスノーボードやハイキングが楽しめるからだ。

CERNは第二次世界大戦後、国際協力の気運が芽生えはじめたなかで設立された。創設時の加盟国は、西ドイツ、ベルギー、デンマーク、フランス、ギリシャ、イタリア、ノルウェー、オランダ、イギリス、スウェーデン、スイス、ユーゴスラビア(一九六一年に脱退)の一二か国だった。その後、オーストリア、スペイン、ポルトガル、フィンランド、ポーランド、ハンガリー、チェコ、スロバキア、ブルガリアが加わった。そのほかオブザーバーとしてCERNの活動に関わっている国に、インド、イスラエル、日本、ロシア、トルコ、アメリカがある。CERNはまさしく国際的な事業なのである。

テヴァトロンと同様に、CERNも数多くの立派な功績を残してきた。カルロ・ルビアとシモン・ファンデルメールは、CERNの第一号加速器の設計とウィークボソンの発見によって一九八四年のノーベル物理学賞を受賞した。このサクセスストーリーとともに、素粒子の発見におけるアメリカの独占は打ち崩された。CERNはまた、ワールドワイドウェブ、HTML(ハイパーテキスト・マークアップ言語)、HTTP(ハイパーテキスト転送プロトコル)を考案したイギリス人、ティム・バーナーズ＝リーの勤め先でもあった。彼は各国に散らばっている多数の実験者が瞬時に情報にアクセスできるように、そして多数のコンピュータのあいだで情報が共有できるようにと、ウェブを開発したのだが、

【図 55】CERN の敷地

アルプス山脈を背後にしたがえた CERN の敷地。2つの陽子ビームを地下で循環させる大型ハドロン加速器の環（点線）がうかがえる。（写真提供：CERN）

もちろん、ウェブの反響はCERNをはるかに超えて広まった。科学研究の実際的な応用を予見するのはかくも難しいのである。

あと数年で、CERNは最も刺激的な物理実験結果の集積地となるだろう。現在のテヴァトロンの七倍のエネルギーが出せる大型ハドロン加速器（LHC）がここに設置されることになっており、そのLHCでなされる多くの発見は、ほぼまちがいなく質的に新しいものとなる。LHCで行なわれる実験は標準モデルの根底にある未発見の物理を探る予定で――そして実際に見つかる可能性もきわめて高く――本書で述べるような各種のモデルが正しいか正しくないかを確定してくれるだろう。加速器そのものはスイスにあるが、LHCはまさに国際的な取り組みであり、もっかLHC用の実験の開発が世界中で進められている。

しかし一九九〇年代から、すでに物理学者とエンジニアはCERNの驚異的なLEP（大型電子陽電子衝突型加速器）を建設していた。この加速器はZボソンの「工場」とも呼べるほど無数のZボソンを量産した。Zボソンとは、弱い力を伝える三つのゲージボソンのうちの一つだが、ほかの二つと違って電荷をもたない。何百万というZボソンを研究することによって、LEP（およびカリフォルニア州パロアルトにあるスタンフォード線形加速器センター）の実験者はZボソンの特性を詳細に測定し、標準モデルの予言を前例のない精密度で検証することができた。これらの測定をいちいち細かく説明していたら大きく本題からそれてしまうが、ここで達成された驚くべき精密さについてすこしだけ話すことにしよう。

標準モデルの検証を支える基本的な前提は、とても単純なものだった。標準モデルはウィークボソンの質量と、基本粒子の崩壊と相互作用についての予言をする。弱い相互作用理論の整合性を検証するには、これらさまざまな量のあいだの関係が理論の予言に一致しているかどうかをチェックすればよい。ウィークスケールに近いエネルギーで重要となる新しい粒子と新しい相互作用を含めた新しい理論があったとすれば、新しい要素が入ることによって弱い相互作用についての予言が標準モデルでの予言とは変わってくるはずだ。

したがって、標準モデルの先にあるモデルは、Zボソンの特性に関して標準モデルとはすこし違った予言をする。一九九〇年代初めには、誰もがそうした代替モデルでZボソンの特性を予言するさいに、その予言が検証できるように異様に面倒な手法を用いていた。その手法は非常に複雑で、概略を文書にすれば持ち歩きたくないほどのページ数になった。その当時、私はカリフォルニア大学バークレー校の博士研究員をしていた。そして一九九二年の夏、フェルミ研究所の夏期ワークショップに参加して、異なる物理量のあいだの関係性は何十枚もの文書を要する手法が示唆するほど面倒なものではありえないと確信した。

当時フェルミ研究所で博士研究員をしていたミッチ・ゴールデンとともに、私は弱い相互作用についての実験結果を解析する新しい簡潔な方法を開発した。新しい重い（未発見の）粒子の効果を体系的に組み入れるには、たった三つの新しい量を標準モデルに追加すればよかった。標準モデルには含まれていなかった、考えられるかぎりの要因がそこに要約されるのだ。私は数週間かけて膨大な情報を整理し、最後の週末に追い込みをかけて、ようやく結論をまとめた。Zボソン工場で測定されるあらゆる過程がどうエレガントに結びつくかを発見するのは、とてもやりがいのある仕事だった。ミッチも私も、理論と測定結果の結びつきをよりいっそう明確にできたと感じ、大いに満足感を覚えた。ただし、これを発見したのは私たちだけではなかった。スタンフォード線形加速器センター（SLAC）のマイケル・ペスキンと博士研究員の竹内建もちょうど同様の研究をしており、まもなくほかの人びとも私たちの方法を採用した。

だが、本当のサクセスストーリーは、やはりLEPによる標準モデルの検証だろう。それはとてつもなく正確だったのだ。ここで細かくは立ち入らないが、そのすばらしい感度がありありとわかる逸話を二つばかり伝えておこう。一つめは、陽電子と電子が衝突するときの正確なエネルギーを突きとめたときの話である。実験でZボソンの質量の正確な値を特定するには、このエネルギーを知っておく必要があった。そのためには、このエネルギー値に影響を及ぼす可能性のある要素をすべて考慮しなくてはならない。だが、考えられるかぎりの要素をすべて考慮に入れてみても、実際に測定すると、そのときどきでエネルギーはすこしずつ上下してしまうようだった。この変動は、いったい何が原因なのか？

それは、なんとジュネーブ湖の潮が原因だった。湖の水面の高さは潮汐やその年の激しい雨によって上下していた。これが近辺の地形に影響を及ぼし、さらにそれが加速器の内部で陽子と陽電子が進む距離をわずかに変えていたのである。いったん潮汐効果を計算に入れると、測定時間の違いによって生じていたZボソンの質量の誤差はきれいになくなった。

二つめの逸話も、やはり相当に印象的だ。加速器のなかの電子と陽電子の軌道は強い磁場によって固定されるが、そのような磁場が生じるには大量のパワーが必要である。ところが、定期的に電子と陽電子の軌道がわずかにずれることがあった。これは加速器の磁場に何らかの変動があることを示していると思われた。研究者の一人が調べてみると、この変動はジュネーブ・パリ間を走行するTGV特急の通過と相関関係にあることがわかった。どうやらフランスの直流電流に関連する出力スパイクがあって、それが加速器にわずかに影響を与えているらしかった。CERNで働いていたパリ出身の物理学者、アラン・ブロンデルから、私はこの話の最高におかしいオチを教えてもらった。実験者たちには、この仮説を決定的に確認する願ってもない機会があった。TGV職員の多くがフランス人であることからして、やがて当然のことながらストライキが起こり、おかげで実験者たちはめでたくスパイクのない日を迎えられたのである!

まとめ

●素粒子物理学の研究において最も重要な実験ツールは、高エネルギー粒子加速器である。そのうち衝突型の加速器は、粒子どうしを加速して衝突させるもので、このときに充分なエネルギーがあれば、通常は質量が大きすぎて自然界に存在できない粒子を生成させられる。

●現在稼動中の衝突型加速器のなかで、最も高いエネルギーを出せるのがテヴァトロンである。

●テヴァトロンの約七倍のエネルギーを出せる大型ハドロン加速器(LHC)が数年以内の稼動をめざしてスイスに建設されており、完成の暁には、さまざまな素粒子物理学モデルを検証することになっている。

第9章

対称性——なくてはならない調整原理

ラ
ラララ
ラララ
ララララララララ
——シンプルマインズ

アシーナは飼っている三羽のフクロウを檻から出して自由に飛びまわらせてやった。しかしアイクにとっては不運なことに、その日はたまたまコンバーチブルの屋根を下ろしていたため、好奇心旺盛なフクロウたちがまっすぐ彼の車のなかに舞い降りてきた。なかでもいちばんいたずらなフクロウが、車の内装をくちばしでつつき、ついには軽く破いてしまった。

アイクはその傷を見て、即座にアシーナの部屋に駆け込み、これからはもっと注意深くフクロウを見張っていろと妹に言った。しかしアシーナは、フクロウたちはだいたいお行儀よくしているのだから、いけないことをしたフクロウだけを見張るようにすれば充分だと言い返した。だが、そのときすでにフクロウたちは檻に戻っていたため、アイクもアシーナも、どれがいけないフクロウなのか特定できなかった。

標準モデルは驚くほどみごとに機能する。だがそれは、この理論に含まれるクォークとレプトンとウィークボソン――ウィーク荷を帯びた物質のあいだで弱い力を伝える、電荷を帯びたW二つと電荷のないZのボソン――が、すべて質量をもっているからにほかならない。言うまでもなく、素粒子の質量は宇宙の万物にとって不可欠のものだ。物質の質量がまったくのゼロだったら、しっかりとした固さのある物体は形成されないし、私たちが知っているようなこの宇宙の構造も生命も形成されていなかった。とはいえ、ウィークボソンもその他の基本粒子も、力の最も単純な理論においては、質量がなくて光速で進むのが当然のようになってしまう。

力の理論が質量ゼロを好むなんておかしいと思うかもしれない。どうして質量があってはいけないのか？　しかし、最も基本的な力の場の量子論は、その点において不寛容なのである。この理論は表面上、標準モデルの基本粒子の質量にゼロ以外の値を許さない。標準モデルの功績の一つは、どうしたらこの問題を解決して、粒子が実際に観測されているとおりに質量をもてるような理論を作れるかを示したことにある。

つぎの章では、粒子が質量を獲得するメカニズム、すなわちヒッグス機構という現象を探っていく。だがそのまえに、この章で対称性という重要なトピックを説明する。対称性と対称性の破れは、宇宙がどのようにして未分化の一点から、いま私たちが見ているような複雑な構造になったのかを説明する手がかりとなる。ヒッグス機構は対称性、とくに破れた対称性と密接に関わっている。素粒子がどのように質量を獲得するかを理解するには、この重要な概念にある程度慣れておく必要がある。

変わるけれども変わらないもの

対称性は、ほとんどの物理学者にとって神聖な言葉だ。ほかのコミュニティでも対称性は敬われているのではないかと推測する人もいるかもしれない。キリスト教の十字架にしろ、ユダヤ教の燭台にしろ、仏教の法輪、イスラム教の三日月、ヒンドゥー教の曼荼羅――いずれも対称性を示しているからだ（図56を参照）。対称性のあるものは、それを操作しても――たとえば回転させたり、鏡に映したり、ある部分を入れ替えたりしても――新しい配置がもとの配置とまったく区別がつかなくなる。たとえば燭台に刺さった二本のそっくりなろうそくを入れ替えてみても、目に見える違いはない。十字架を鏡に映してみても、その像は十字架そのものとまったく同じだ。

それが数学であろうと物理学であろうと世界であろうと、そこに

【図56】対称性

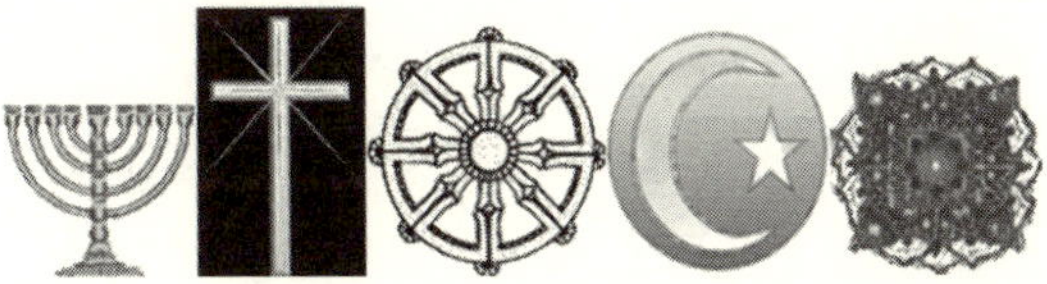

左からユダヤ教の燭台、キリスト教の十字架、仏教の法輪、イスラム教の三日月、ヒンドゥー教の曼荼羅。いずれも対称性を示している。

対称性があれば、何もしていないように見えながら変化を起こすことができる。ある系に対称性があれば、あなたが背中を向けているあいだに誰かがその系を部分的に入れ替えたり、鏡に映したり、回転させたりしても、あなたはもう一度それを見たときに何の違いにも気づかないだろう。

対称性はたいてい静的な性質である。たとえば十字架の対称性は、時間が経っても変わらない。しかし物理学者は、しばしば対称性を想像上の「対称変換」の観点から記述したがる。要するに、観測できる性質をなんら変えることなく系に適用できる操作のことだ。たとえば、燭台のろうそくは同じであると言う代わりに、燭台のろうそく二本を入れ替えても燭台は同じに見えると言ってもかまわない。そこに対称性があると主張するために、わざわざ実際にろうそくを入れ替える必要はない。しかし、もし仮にろうそくを入れ替えたとしても、違いはまったくわからないだろう。そのほうが簡単であるために、場合によってはこのように対称性を記述することもある。

科学や神聖な象徴においてだけでなく、世俗の芸術においても私たちはひんぱんに対称性に接している。絵画、彫刻、建築、音楽、舞踊、詩などにも、対称性はよく見られる。その点で最も代表的なのがイスラム美術かもしれない。複雑な対称性が建築でも装飾芸術でもふんだんに使われている。タージ・マハルを見たことのある人ならよくおわかりだろう。この建造物はどの側から見ても同じなだけでなく、正面の長い池の端から見ても、その姿がそのまま穏やかな水面に映っている。周囲の樹木までタージ・マハルの対称性を損なわないように植えられている。私がここを訪れたとき、ちょうど現地のガイドがいくつかの対称性のポイントを指し示していたので、ほかにはどんな対称性があるのか聞いてみた。私は最後にはおかしな角度からこの建物を眺めたり、敷地の端のがれきによじ登ったりして、タージ・マハルが示すすべての対称性を堪能した。

一般的に、対称性はえてして美しさと同義語とされる。たしかに対称性にまつわる魅力のひとつは、確実にそこにある規則性と整然さから生じている。そして対称性は、時間的、空間的な繰り返しが、人の心に忘れがたいイメージを残すことを教えてくれるものでもある。私たちの脳には対称性とその純然たる美的魅力に対する反応がプログラムされている。だからこそ私たちは周囲にたくさんの対称性を置いているのだ。

だが、対称性は芸術や建築だけでなく、人間のまったく介しない自然界にもあふれている。したがって、物理学でもしばしば対称性に出会うことになる。物理学の目的は、異なる物理量を関連づけて、観測にもとづいた予言ができるようにすることだ。その過程でおのずと絡んでくるのが対称性である。ある物理系に対称性があれば、その系に対称性がない場合よりも少ない観測にもとづいて系を記述できる。たとえば、まったく同じ性質を備えた二つの物体があるとする。片方の物体のふるまいをあらかじめ測定してあれば、その時点で、もう片方の物体のふるまいをつかさどる物理法則もわかる。二つの物体は等しいので、どちらもかならず同じようにふるまうはずだからだ。

物理学では、ある系に対称変換があれば、その系の測定可能な物理的性質をまったく変えずに系を配置しなおす明確な手段があることになる。[*] たとえば、空間の対称性の代表的な二つの例、「回転対称」と「並進対称」が系にあれば、物理法則はどの方向にもどの場所にも同じように適用される。回転対称と並進対称があるということは、たとえば野球のバットでボールを打つときに、どちらを向いていようが、どこに立っていようが、いっこうにかまわないということだ。同じ力を適用しさえすれば、ボールはまったく同じように飛んでいく。実験をする場合でも、たとえば装置を回転させたり、

＊ここでは対称性を変換された結果の観点から記述しているが、もちろん、対称性は静止系の性質である。つまり実際に変換が行なわれなくても、その系は対称性をもっているということである。

別の部屋や別の場所で測定を繰り返したりしても、結果はつねに同じとなる。

物理法則において対称性がいかに重要であるかは、いくら強調しても強調しすぎることはない。マクスウェルの電気力学の法則にしろ、アインシュタインの相対性理論にしろ、多くの物理理論は対称性に深く根ざしている。そして多くの場合、各種の対称性を探ることによって理論を用いた物理的予言を簡単にすることができる。たとえば惑星の軌道運動、宇宙の重力場（多かれ少なかれ回転対称性をもっている）、電磁場での粒子のふるまいなど、さまざまな物理量についての予言が、対称性を計算に入れると数学的により単純になるのである。

物理世界における対称性は、ときに見えにくいこともある。しかし、たとえ一見して明らかではなくても、あるいは単なる理論上の道具として使われるとしても、対称性はたいてい物理法則の定式化を大いに簡素にする。これは、つぎの主題となる力の量子論においても例外ではない。

内部対称性

一般に物理学では対称性をさまざまな種類に分類する。おそらく最もよく知られているのは空間の対称性だろう。これは、外の世界のなかで、ものを動かしたり回転させたりする対称変換である。前述の回転対称や並進対称もその一種で、このような対称性の場合、系がどこを向いていようと、どこで回転しようと、その系にはつねに同じ物理法則が働く。

だが、ここで考えたいのは別の種類の対称性だ。それは「内部対称性」という。空間の対称性では、物理がどの方向もどの位置も同じように扱うのに対し、内部対称性では、別個でありながら区別がつきにくい複数の物体に、同じ物理法則が働く。言い換えれば、内部対称変換は明らかに別個のものを、そうと見えないように入れ替えたり組み合わせたりしているわけだ。じつは、こうした内部対称性の例はすでに述べてある。自由に入れ替えが利く燭台のろうそくだ。内部対称性によって二本のろうそくは等しいと言える。これはろうそくについて言えることであって、空間についてではない。

ただし伝統的な燭台は、空間対称性と内部対称性の両方を備えている。異なるろうそくが等しいということは、そこに内部対称性があるということだが、燭台は中央のろうそくを中心に一八〇度回転させたとしても、やはり同じに見える。つまり燭台には空間対称性もあるということだ。しかし空間対称性がない場合でも、内部対称性は存在しうる。たとえばモザイク画のなかで、まったく同じ緑のタイルの組み合わせで描かれた葉が不規則な形をしていたとしても、その緑のタイルはしっかり入れ替えがきく。

内部対称性のもうひとつの例として、まったく同じ二つの赤いビー玉の互換性を考えてみよう。ビー玉を左右それぞれの手で一つずつ握るとして、どっちでどっちを握ろうがまったく違いはない。たとえビー玉に「1」と「2」と名前をつけたとしても、その二つがこっそり交換されてしまっていないかどうかは決してわからないだろう。重要なのは、このビー玉の例が、燭台の例やモザイク画の例のように空間的な配置に結びついているのではないということだ。内部対称性は物体そのものに関わる性質であって、その物体の空間内での位置には関わりがない。

素粒子物理学で扱う対称性は、異なる種類の粒子を関連づける、いくぶん抽象的な内部対称性だ。この対称性によって、粒子と粒子を生成する場に互換性が与えられる。二つのまったく同じビー玉のふるまいが、転がしたときも壁にぶつけたときもまったく同じになるように、二つの種類の粒子も電荷が同じで質量が同じなら、まったく同じ物理法則にしたがう。これを記述する対称性を「フレーバー対称性」という。

第7章で見たように、フレーバーとは電荷の等しい三種類の粒子のタイプのことで、それぞれが別の三つの世代に属する。たとえば電子とミューオンは、電荷を帯びたレプトンの二つのフレーバーで、両者の電荷はまったく同じである。もし私たちが電子とミューオンの質量がまったく同じ世界に住んでいたなら、この二つは完璧に入れ替えが可能だった。つまりフレーバー対称性があったということだ。そのフレーバー対称性にしたがって、電子とミューオンは別の粒子や力のもとでまったく同じようにふるまう。

もちろん現実のこの世界では、ミューオンは電子より重く、したがってフレーバー対称性は厳密には働かない。ただし、物理的予言のなかには質量の違いがあまり意味をもたないものもある。したがって、ミューオンと電子のような電荷の等しい軽い粒子のあいだのフレーバー対称性が、多くの場合に計算に使える。わずかに不完全な対称性でも、それを利用することによって充分に正確な結果を計算できる。たとえば粒子の質量の違いは概して非常に小さい（エネルギーや大きな質量に比べて）ため、予言に測定できるほどの違いをもたらさないのである。

しかし、現時点で私たちにとって最も重要な対称性は、力の理論に関連する対称性で、こちらは厳密になりたっている。この対称性は、粒子間の内部対称性でもあるが、いま説明したフレーバー対称性よりもすこし抽象的である。この種の内部対称性はつぎのような例に近い。高校の物理で習ったかもしれないし、あるいは劇場や美術教室で見たことがあるかもしれないが、三つのスポットライトの光——一般には赤と緑と青——を重ねあわせると、白色光になる。その三つのライトの位置を入れ替えて、新しい配置で光を重ねても、やはり白色光になる。結果だけを見るかぎり、個々の光線はどこから出ていようと関係なく、つねに白色光が現れる。この場合、光を組み替えての内部対称変換は観測できる影響をいっさい生まない。

この対称性は、力に関連した対称性ととてもよく似ている。どちらの場合も、すべてを観測することができないのである。この照明装置が対称性を示す理由はほかでもない、私たちがすべてを見られず、組み合わさった光だけを見ているからだ。もし私たちに光そのものが見えたなら、三種類の光が組み替えられていたことに気づくだろう。まえにも述べたが、このように色と力にはとてもよく似た共通点があるために、「カラー荷」と「量子色力学（QCD）」という用語が強い力の記述に用いられるのである。

一九二七年、物理学者のフリッツ・ロンドンとハーマン・ワイルは、力の最も単純な場の量子論的説明に、いまのスポットライトの例と同じような内部対称性が関わっていることを示した。力と対称性の関係は見えにくく、これを教科書以外で目にすることはほとんどないだろう。この関係をかならずしも理解しておかなくても、このあとの質量に関する問題――次章から出てくるヒッグス機構や階層性問題など――を見ていくことはできるから、ここは飛ばして次章に進んでもらってもかまわない。ただ、内部対称性が力の理論とヒッグス機構にどういう役割を果たしているかを知りたければ、続けて先を読んでいただきたい。

対称性と力

電磁気力、弱い力、強い力には、すべて内部対称性がともなう（重力は空間と時間の対称性に関わるものなので、これらとは分けて考えなくてはならない）。内部対称性がなかったら、力の場の量子論はめちゃくちゃになってしまう。これらの対称性を理解するには、まずゲージボソンの「偏極」を考えなくてはならない。

光の偏極、すなわち偏光という概念は、一般にもよく知られているかもしれない。たとえば偏光サングラスは、垂直に偏極した光だけを通し、水平に偏極した光を締め出すことによって光のぎらつきを抑える。この場合の偏極は、光というかたちの電磁波が振動できる独立した方向をさす。

量子力学では、すべての光子に波動性をもたせる。個々の光子もそれぞれ別の偏極をとりうるが、考えられるかぎりの偏極がとれるわけではない。光子がある特定の方向に進むとき、波は光子の進行方向に対して垂直な方向にしか振動できないとわかっている。この波の動きは、ちょうど海の波と同じようなものだ。海の波も垂直にしか振動しないから、海上に浮かんでいるブイやボートは波が来るたびに上がったり下がったりする。

光子の波は、光子の進行方向に垂直であればどの方向にも振動できる（図57を参照）。実際のところ、そのような方向は無限にある。進行方向に直角に交わる円を想像してみればいい。波はどの半径方向（円の中心から外周まで）にも振動でき、その方向の選び方は無限にある。

しかし、この振動を物理的に記述するさいには、二つの独立した垂直方向の振動だけですべてを説明できる。物理学用語では、これを「横偏極」という。たとえば、ある円に中心を通る x 軸と y 軸を

【図 57】進行方向と垂直に振動する波

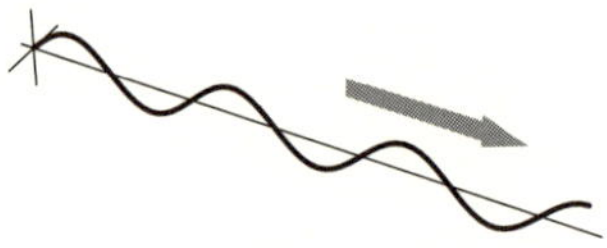

この場合、波は右方向に進みながら上下に振動する。

設けておくとする。その円の中心からどんな線を引いても、その線はかならずある特定の位置——ある特定のxとyの値——で円と交わるから、二つの座標だけでその線を特定できる。同じように（詳しくは省略するが）、波が進む方向に垂直な方向の数は無限にあるが、そのすべての方向は、任意の二つの垂直方向に偏極した光の組み合わせから求められる。

重要なのは、原則として、波の進む方向と平行に振動する三つめの偏極方向がありえたということだ（これが存在していれば、それは「縦偏極」となる）[15]。音波などは、まさしくその一例である。しかし、光子がそのように偏極することはありえない。考えられる三つの独立した偏極方向のうち、自然界でありえるのは二つだけだ。光子は運動の方向と平行には振動しないし、時間の方向と平行にも振動しない。運動と垂直の方向にだけ振動する。

縦偏極は誤りであることが理論上の他の考察からではわからなかったとしても、場の量子論から考えれば、やはり縦偏極はありえないということがわかったであろう。仮に物理学者が三つの偏極方向すべてを誤って含んだ力の理論を計算に用いたとすれば、偏極の性質についてのその理論の予言はおかしくなってしまう。たとえばゲージボソンの相互作用の確率などは、ばかばかしいほど高くなるだろう。「毎回」以上にひんぱんに、つまり一〇〇パーセント以上の確率で相互作用するゲージボソンが予言されてしまうのだから。このような非常識な予言をする理論はどう考えてもまちがいであり、自然から見ても場の量子論から見ても、縦偏極がありえないのは明らかである。

あいにく、物理学者が定式化できた最も単純な力の理論には、この誤った偏極方向が含まれている。だが、それも当然といえば当然だろう。どの光子にも当てはまるような理論は、ある一定方向に進む一個の光子についての情報を含められないのである。そうした情報が含められていなければ、特殊相対性理論ではどの方向も識別されない。特殊相対性理論の対称性（回転対称など）を保存する理論では、光子の振動しうる方向すべてを記述するのに三つの方向が——二つではなく——必要となる。このような記述においては、光子は空間のどの方向にも振動できる。

しかし、現実にはそうではない。どの特定の光子にとっても、その運動の方向は一つであり、その方向に光子が振動することはありえない。とはいえ、それぞれ進行方向の異なるすべての光子一つ一つに別々の理論を用意する必要もない。光子がどちらの方向に進んでいようとかまわない理論が一つあればいい。ここで誤った偏極方向を含まない理論を構築しようとしてもよかったが、別の何らかの方法で、回転対称を活かしながら、おかしな偏極を排除するようにしたほうがよほど単純で明快だ。物理学者は単純をめざすものなので、場の量子論が最も有効な方法であることに気づいていた。これにより、誤った縦偏極を形式的には理論に含めながらも、物理的に適切な正しい偏極だけを選り分けるための要素を新たに加えられる。

ここで関わってくるのが内部対称性だ。力の理論における内部対称性の役割は、特殊相対性理論の対称性を失わせずに、不要な偏極が生む矛盾を排除することにある。内部対称性は、純粋な理論上の考察からも実験による観測からもありえないとわかっている、進行方向に沿った偏極（縦偏極）をふるい落とす最も単純な方法なのだ。これによって偏極がよいものと悪いもの、すなわち対称性に矛盾しないものと矛盾するものに分類される。このしくみはかなり専門的な話になるため、ここではあえて踏み込まないが、そのおおよその考え方はたとえを使って説明しておこう。

あなたのもとに一台のシャツ製造機があるとしよう。この機械は左右の袖を半袖と長袖の二通りにつくれるが、どういうわけかこの機械を発明した人は、左右の袖が同じ長さになるようにする制御装置を組み込むのを怠ってしまった。したがって、できあがったシャツの五〇パーセントは使えるシャツ——二つの長袖がついたシャツか二つの半袖がついたシャツ——だが、あとの五〇パーセントは使えないシャツ、つまり片方が半袖で片方が長袖のアンバランスなシャツになってしまう。不運なことに、あなたのもとにはシャツ製造機がこの一台しかない。

そうなると選択肢は、この製造機を捨ててしまってシャツを一枚もつくらないか、この製造機をそのまま使って使えるシャツと使えないシャツをつくりつづけるかのどちらかになる。とはいえ、すべてが無駄になるわけではない。いらないシャツは明らかだからだ。左右の対称性が保存されているシャツだけは着られるのである。どんなシャツでもいいから機械につくらせ、それから左右の対称性が保たれているシャツだけを残しておけば、つねにきちんとした格好ができるというわけだ。

力に付随する内部対称性は、このたとえを実行する。内部対称性は一種の有益なマーカーとなって、原則として観測されるはずの物理量（残しておきたい偏極をともなうもの）をあってはならない物理量（進行方向に沿った誤った偏極をともなうもの）から選り分けるのである。コンピュータにスパムフィルターが入っていれば、不要なEメールの特徴を識別して有益なメッセージと分けてくれるように、内部対称性のフィルターは対称性を保存する物理過程を識別して、そうでない紛らわしい物理過程から切り離してくれる。内部対称性によってスパムのような偏極が容易に排除できるのは、そのような偏極が存在していると、内部対称性が破れるからである。

対称性が機能するしくみは、まえに述べた色つきスポットライトの例にとてもよく似ている。私たちには個々の光は観測できず、三つの色が合わさって生じた白色光だけが観測できる。同じように、力の理論に含まれる内部対称性と矛盾しないのはある特定の粒子の組み合わせだけであり、その組み合わせだけが物理世界に現れる。

力の内部対称性は、悪い偏極、すなわち運動方向に沿って振動する偏極（現実に自然界には存在しない偏極）をともなう過程をすべて差し止める。左右対称性に反するアンバランスなシャツがすぐに見分けられて捨てられたように、内部対称性に反するありえない偏極は自動的に排除され、決して計算を乱さない。正しい内部対称性を明記した理論なら、そうでない理論に存在してしまう悪い偏極を取り除ける。

電磁気力、弱い力、強い力は、いずれもゲージボソンによって伝えられる。電磁気力なら光子、弱い力ならウィークボソン、そして強い力ならグルーオンだ。そして、それぞれのゲージボソンの波は、原則としてはどの方向にも振動できるが、実際には進行方向に対して垂直にしか振動しない。そこで三つの力にはそれぞれに、その力を伝えるゲージボソンの悪い偏極を排除する特定の対称性が必要となる。したがって、電磁気力にかかわる対称性、それとは別の弱い力にかかわる対称性、さらにまた別の強い力にかかわる対称性が存在する。

力の理論における内部対称性は複雑に見えるかもしれないが、予言を可能にする有益な力の場の量子論を定式化するうえで、これ以上に単純な方法を物理学者は知らない。内部対称性は偏極の真偽を見分けるものなのである。

いま探ってきた内部対称性は、力の理論に決定的な役割を果たす。標準モデルの素粒子がどのように質量を獲得するかを説明するヒッグス機構の基盤でもある。つぎの章でも内部対称性の詳細までは踏み込まないが、対称性（および対称性の破れ）が標準モデルの不可欠な一部であることはわかるだろう。

ゲージボソンと粒子と対称性

ここまでは、ゲージボソンに及ぶ対称性の効果だけを考えてきた。しかし力にかかわる対称変換はゲージボソンだけに働くのではない。ゲージボソンはそれが媒介する力の作用を受ける粒子と相互作用する。光子は電荷を帯びた粒子と相互作用し、ウィークボソンはウィーク荷を帯びた粒子と相互作用し、グルーオンは（カラー荷を帯びた）クォークと相互作用する。

こうした相互作用があるために、それぞれの内部対称性は、ゲージボソンとそれが相互作用する粒子の双方を変換した場合だけ保存される。これはたとえを用いるとわかりやすい。たとえば回転は、ある物体には働くのに別の物体には働かなければ、対称変換とならない。オレオクッキーの上の一枚だけを回転させても、残りを回転させなければ、クッキーはばらばらになってしまう。オレオクッキーが回転後も同じ状態に見えるようにするには、クッキー全体を同時に回転させるしかない。

同じような理由で、力を伝えるゲージボソンだけを変換し、その力の作用を受ける粒子を変換しないような変換では、対称性が保存されない。内部対称性によってグルーオンの誤った偏極を排除するのなら、グルーオンと同じようにクォークにも互換性がなくてはならない。実際、クォークを入れ替える対称変換は、ゲージボソンを入れ替える対称変換と同じである。対称性を保存するには、その両方を連動させなくてはならない。オレオクッキーを保存する唯一の方法が、全体を同時に回転させることだったのと同じである。

弱い力は、本書で最も興味をそそられる力だ。弱い力の内部対称性は、三つのゲージボソンを同等に扱う。さらに電子とニュートリノ、アップクォークとダウンクォークのような、粒子のペアも同等に扱う。この弱い力の内部対称性は、三つのゲージボソン、および上記のような粒子のペアを入れ替える。そしてグルーオンとクォークの場合のように、すべてが同時に入れ替えられないと対称性は保存されない。[16]

まとめ

●二つの異なる配置構成が同じようにふるまうことを、対称性があるという。

●素粒子物理学では、対称性はある特定の相互作用を排除する有益な方法として働く。対称性を保存しない相互作用は許されないからだ。

●対称性は力の理論にとって重要な要素である。機能しうる最も単純な力の理論には、それぞれの力にかかわる対称性が含まれているからだ。これらの対称性が、ありえない粒子を排除する。また、力の最も単純な理論によって導かれてしまう高エネルギー粒子についての誤った予言も、対称性によって排除される。

第10章 素粒子の質量の起源——自発的対称性の破れとヒッグス機構

いつかそのうち、この縛りは破れるでしょう
——アレサ・フランクリン

速度制限の取り締まりが強化されてから、イカルス三世にとって長距離ドライブは悪夢となってしまった。彼としてはできるだけ速く飛ばしたいのに、半マイルも進むとかならず警察に止められる。警官は当たり障りのない地味な車には見向きもしないくせに、威勢のいいターボチャージャーつきの車はやたらと目の仇にする。アイクの乗っているのは、まさにそんな車だった。

アイクはしかたなく、走行距離を短く抑えることにした。そうすれば警察につかまらずにすむ。出発地点から半径半マイルのあいだなら、警察は邪魔をしないから、好きなだけ速く車を走らせられる。ポルシェのエンジンの力はちょっと離れた街では知られていなかったが、アイクの家のまわりでは伝説的なまでに知れ渡った。

対称性は重要な要素だが、宇宙はふつう完璧な対称性をまず実現させない。わずかに不完全な対称性が、この世界を興味深い（しかし統制のとれた）ものにしているのだ。私にとって、物理学研究の最もわくわくする側面の一つは、非対称的な世界のなかで対称性を意味のあるものにする関係性を探究することだ。

対称性が完全でないとき、物理学ではそれを対称性が「破れている」という。破れた対称性はたいてい興味深いものだが、かならずしも美的魅力にあふれているとは言いがたい。根本的な系や理論の美しさと簡潔さは、えてして失われる（あるいは減じられる）ものなのだ。非常に対称的なタージ・マハルでさえ、完璧な対称性をもっているわけではない。これを建造した皇帝のけちな後継者がもともと計画されていた二つめの霊廟をつくるのをやめ、代わりにバランスを崩した墓をもともとの墓の横に置いてしまったからだ。この二つめの墓のせいでタージ・マハルの完璧だったはずの四重の回転対称はぶち壊され、その根本的な美しさがわずかに損なわれている。

しかし美しいものが好きな物理学者にとってはありがたいことに、破れた対称性はときに完璧な対称性よりさらに美しく、さらに興味深い場合がある。完璧な対称性は、ともすると退屈だ。モナ・リザがもし対称的な微笑を浮かべていたら、これほどの名画にはなっていなかっただろう。

美術と同じように物理学でも、単純さだけがかならずしも至高の目標となるわけではない。生命も宇宙も完璧であることはめったになく、どのような対称性を思い浮かべても、そのほとんどすべては破れている。私たち物理学者は対称性の美しさを高く評価しているが、ただ感嘆するだけでなく、対称の理論と非対称の世界とをつなぐ関連性を見つけなくてはならない。最良の理論とは、対称理論のエレガントさを保持しながらも、この世界の現象と矛盾しない予言をするのに必要な対称性の破れを組み込んでいなくてはならない。物理学者の目標は、理論のエレガントさを犠牲にすることなく、より豊かで、場合によってはより美しい理論を構築することなのである。「自発的対称性の破れ」という現象（これについてはつぎの節で説明する）に依存するヒッグス機構の考え方は、そのような洗練されたエレガントな理論上の概念の一例である。スコットランドの物理学者ピーター・ヒッグスにちなんで名づけられたこのメカニズムは、標準モデルの素粒子——クォーク、レプトン、ウィークボソン——がどのように質量を獲得するかを説明する。

このヒッグス機構がなかったら、あらゆる素粒子が質量をもたなくなる。質量をもつ素粒子を含んでいる標準モデルにヒッグス機構が含まれていなければ、高エネルギーでの予言が意味をなさなくなる。ヒッグス機構には、両立しえないことを両立させてしまう魔法のような性質がある。粒子は質量を獲得していながら、質量をもった粒子が問題を起こすようなエネルギーでは質量がないかのごとく作用するのである。このあと見るように、ヒッグス機構によって粒子は質量を獲得できるが、ある一定の範囲内では自由に移動することができる。ちょうど半マイル進むごとに警察に止められてしまうアイクの車が、一定の距離までは邪魔されずに走れるのと同じである。この仕組みがあれば高エネルギー問題は解決するのだ。

ヒッグス機構は場の量子論のとりわけ優れたアイデアで、あらゆる基本粒子の質量の根拠となるものだが、いくぶん抽象的でもある。そのため専門家以外のあいだでは、あまりよく知られていない。本書のあとの章で述べる考えの多くの部分は、ヒッグス機構の詳細を知らなくても理解できる（したがって章末のまとめの部分まで読み飛ばしてもらってもかまわない）が、素粒子物理学を深く掘り下げてみたいと思うなら、この章を読んでもらえれば、今日の素粒子物理学の進展を支えている自発的対称性の破れのような概念について詳しくわかるだろう。ついでに言えば、ヒッグス機構をある程度まで知っておくことで、一九六〇年代に弱い力とヒッグス機構が正しく理解されるようになって初めてわかった電磁気学についての驚くべき洞察も理解できるだろう。また、あとで余剰次元モデルを詳しく見るときにも、ヒッグス機構についての多少の理解があれば、そうした最新の考えに重要な意味が秘められている可能性を実感できるだろう。

自発的対称性の破れ

ヒッグス機構について説明する前に、まずは自発的対称性の破れについて見ていく必要がある。この特殊なタイプの対称性の破れは、ヒッグス機構の中心をなすものだからだ。自発的対称性の破れは、私たちがすでに知っている宇宙の性質の多くに重要な役割を果たしており、おそらくは、まだ発見されていない性質に関しても何らかの役割を果たしているものと思われる。

自発的対称性の破れは物理学のいたるところに出てくるだけでなく、日常生活にも広く見られる特徴である。自発的に破れる対称性は、物理法則によっては保存されるが、この世界で実際にものが配置されることによって保存されなくなる対称性だ。自発的対称性の破れが起こるのは、本来ならば存在するはずの対称性を系が保存できないときである。このしくみを説明するには、いくつかの例を挙げるのがいちばんだろう。

まずは、ある夕食の席を考えてみよう。大勢の人が円卓を囲んでいて、それぞれの人のあいだに水の入ったグラスが置かれている。各人は、自分の右にあるグラスと左にあるグラスのどちらを使うべきだろう？　この疑問に正しい答えはない。行儀作法の先生は右のグラスだと言うかもしれないが、エチケットの独断的な規則を別にすれば、右だろうが左だろうがどちらでも支障はない。しかし、誰かが一つのグラスを選んだとたん、対称性は破れる。選択をさせた原動力はかならずしも系の一部とは限らない。この場合で言えば、それは別の要素――すなわち喉の渇きである。にもかかわらず、一人が自発的に左のグラスから水を飲めば、その人の隣にいる人も左のグラスから飲むことになり、最終的には全員が左のグラスをとる。

対称性が存在するのは、誰かがどちらかのグラスをつかむ瞬間までだ。その瞬間に、左右の対称性は自発的に破れる。何らかの物理法則があって、それが人に左か右かを選ばせるわけではない。しかし、結局はどちらかが選ばれなくてはならず、ひとたび選ばれたあとは、もはや右と左はそれまでと同じではなくなる。その二つのあいだに互換性をもたせる対称性がもはや存在していないのだ。

もう一つ例を挙げよう。円の中心に一本の鉛筆が立っているとする。鉛筆がまっすぐ垂直に立っている一瞬のあいだは、すべての方向が同等であり、回転対称が存在する。しかし直立した鉛筆は、いつまでもそのままではいない。自発的にどこかしらの方向に倒れる。鉛筆が倒れたとたん、それまであった回転対称は破れる。

この場合でも、物理法則そのものが倒れる方向を決めるわけではない。鉛筆が倒れる物理は、鉛筆がどの方向に倒れようとまったく同じだ。対称性を破るのは鉛筆そのもの、つまり、その系の状態である。鉛筆は一度にすべての方向に倒れるわけにはいかない。どれか一つの方向に倒れなくてはならない。

長さと高さが無限にある壁も、どこを見ても同じに見えるし、どの方向にも同じように伸びているように見える。しかし実際の壁には限界があるので、対称性が見たければ、視界から壁の限界が外れるまで近寄らなくてはならない。壁の端が見えてしまえば、壁がどこまでも同じではないとわかるが、壁に鼻を押しつけて近距離しか見えないようにすれば、対称性が保存されているように見える。この例をしばし考えてみてもらいたい。ある距離スケールから見れば対称性が破れているように見えるとしても、別の距離スケールから見れば保存されているように見える——その概念の重要性はすぐに明らかとなるだろう。

どんな対称性を思い浮かべてみても、それはまず、この世界では保存されない。たとえば、からっぽの空間には回転不変性や並進不変性など多くの対称性が存在するはずで、そこではすべての方向、すべての位置が同じになるはずだ。しかし、空間は決してからっぽではない。恒星や太陽系のような構造が点々と存在していて、それらが特定の位置を占め、特定の方向に伸びている。そうなると、もはや根本にあった対称性は保存されない。これらの対称性は原理的にはどこにでもありえるが、現実にいたるところに存在できるわけではない。おおもとの対称性はかならず破れる。ただ、この世界を記述する物理法則のなかにはずっと潜在するというだけだ。

弱い力にかかわる対称性も、やはり自発的に破れる。この章では、それがどのようにしてわかったかを説明したうえで、その影響のいくつかを考えてみたい。弱い力の対称性を自発的に破ることが、質量のある粒子を説明する唯一の方法であることがわかるだろう。それ以外に考えられる理論では、高エネルギー粒子に関してどうしても誤った予言が避けられなくなるからだ。ヒッグス機構なら、弱い力にかかわる内部対称性の必要性も、それが破れる必然性も認められるのである。

問題点

弱い力にはとくに奇妙な性質が一つある。電磁気力なら長い距離を進める——したがってラジオをつければいつでも聞こえる——が、弱い力はきわめて近い範囲にある物質にしか作用しない。弱い力を通じて相互作用する二つの粒子は、一センチメートルの一兆分の一の一万分の一（10^{-16}センチメートル）以内の距離にいなければならないのだ。

場の量子論と量子電磁力学（電磁場の量子論、略称ＱＥＤ）の創成期にこれを研究していた物理学者にとって、この限られた範囲は謎だった。ＱＥＤで考えると、力はよく知られた電磁気力のように、電荷を帯びた発生源からどこまでも遠く伝わらなくてはおかしかった。なぜ弱い力もそのようにならないのか？　なぜ弱い力だけはどの距離にいる粒子にも伝わるのではなく、すぐそばの粒子にしか伝わらないのか？

量子力学と特殊相対性理論の原理を組み合わせた場の量子論では、低エネルギーの粒子が短い距離までしか力を伝えないなら、その粒子には質量があるはずだとされる。粒子が重ければ重いほど、その粒子が力を伝える範囲は短くなるのだ。第６章で説明したように、これは不確定性原理と特殊相対性理論の帰結である。不確定性原理によれば、高い運動量の粒子でなければ短距離の物理過程を探ったり影響を及ぼしたりはできず、特殊相対性理論によれば、その運動量は質量に結びついている。ここで言われているのは性質の問題だが、場の量子論はこの関係を厳密に表す。つまり、質量のある粒子がどれだけの距離を移動するかを規定する。そして、それによれば質量が小さければ小さいほど、移動距離が大きくなる。

ゆえに、場の量子論にしたがえば、弱い力が近距離にしか働かないことから導かれる帰結は一つしかない。弱い力を伝えるゲージボソン（ウィークボソン）は質量ゼロではありえないのだ。ところが、前章で述べた力の理論は光子のようなゲージボソンにしか当てはまらない。つまり遠くまで力を伝え、質量をもたない粒子のことだ。もともとの力の理論にしたがえば、質量のある粒子の存在はいたって奇妙で問題があった――ゲージボソンに質量があったら、この理論の高エネルギー予言は意味をなさないのだ。たとえばこの理論では、質量をもつゲージボソンが、高エネルギーのとき、非常に強く相互作用を起こすと予言された。その強さは尋常でなく、粒子が一〇〇パーセント以上の確率で相互作用をする計算になってしまう。このようなおめでたい理論は明らかに誤りである。

さらに言えば、ウィークボソン、クォーク、レプトン（いずれも質量ゼロではないことがわかっている）の質量は、内部対称性を保存しない。前章で見たように、内部対称性はこの力の理論におけるきわめて重要な要素だ。質量のある粒子で理論を組み立てたい物理学者にとって、新しい考え方が必要なのは明らかだった。

結局、質量をもつゲージボソンの高エネルギーでのふるまいに関してばかげた予言をしない理論を組み立てるには、一つしか方法がないことを物理学者は証明した。ヒッグス機構というプロセスを通じて弱い力の対称性を自発的に破らせるのである。その仕組みを説明しよう。

前章の話を思い出してもらいたい。ゲージボソンが起こしうる三つの偏極から一つを排除する内部対称性を理論に含めたかった一つの理由は、内部対称性のない理論だと、先ほど述べたのと同じようなばかげた予言がなされてしまうからである。内部対称性を含めない最も単純な力の理論では、高エネルギーのゲージボソンは質量の有無にかかわらず、すべて別のゲージボソンとありえないほどひんぱんに相互作用することになってしまうのだ。

正しいとされる力の理論は、誤った予言の原因となる偏極を入れないことで、このようなおかしな高エネルギーのふるまいを排除する。偽の偏極が、高エネルギー散乱についての予言に問題が生じる原因なのだ。そこで対称性が、物理的な偏極――実際に存在し、対称性と矛盾しない偏極――だけを選別する。対称性を含めれば、存在しない偏極が理論に含まれることはありえないから、誤った予言が導かれることもなくなる。

前章ではそうはっきりと言わなかったが、先ほど述べたように、この考えは質量のないゲージボソンだけに当てはまる。ウィークボソンは、光子と違って質量がゼロではない。そして、光速よりも遅い速さで進む。これがすなわち問題なのだ。

質量のないゲージボソンにとって実際に存在する偏極は二つしかないが、質量のあるゲージボソンには三つの偏極が存在する。この違いを理解する一つの方法が、質量のないゲージボソンはつねに光速で進み、決して静止しないということである。したがって、質量のないゲージボソンの運動方向はつねに一つに決まっているので、進行方向に垂直な方向をそれ以外の平行な偏極と区別できる。そして実際にわかっているとおり、質量のないゲージボソンの場合、物理的な偏極は二つの垂直方向にしか振動しない。

一方、質量のあるゲージボソンはそうではない。おなじみのあらゆる物体と同様に、質量のあるゲージボソンは静止ができる。しかし、質量のあるゲージボソンが運動していないときには、その運動方向が一つに定まらない。静止しているゲージボソンにとっては、三つの方向がすべて同等となる。しかし、もし三つの方向すべてが同等なら、考えられる三つの偏極はすべて本質的に存在していなければならなくなる。そして、事実はそのとおりなのだ。

たとえこの論理が不可思議に思えても、質量のあるゲージボソンの三つめの偏極の効果はすでに実験で明らかになっているし、その存在も確認されている。この三つめの偏極を「縦偏極」という。質量のあるゲージボソンが運動しているときに、運動方向に沿って振動する波が縦偏極で、たとえば音波の振動方向がこれにあたる。

この偏極は、光子のような質量のないゲージボソンには存在しない。しかし、ウィークボソンのような質量のあるゲージボソンとっては、この三つめの偏極がまさしく自然の一部となっている。したがってウィークボソンの理論には、この三つめの偏極が含まれなくてはならない。

この三つめの偏極が、ウィークボソンの高エネルギーでの過度にひんぱんな相互作用の原因なので、その存在は一種のジレンマを呼ぶ。おかしな高エネルギーのふるまいを排除するのに対称性が必要なことはすでにわかっている。この対称性は三つめの偏極を排除することによって誤った予言を避けるようになっている。ところがその偏極は、質量のあるゲージボソンにとっては不可欠なもので、ゆえにそれを記述する理論にとっても不可欠なのだ。内部対称性はたしかに高エネルギーでのおかしな予言を排除してくれるが、それには非常に高い代償がつく。その対称性によって質量も排除されてしまうのである！　質量のあるゲージボソンの理論に対称性を含めると、無用なものといっしょに大切なものまで捨てられることになるようなのだ。

一見すると、これは打開不可能な難局のように見える。質量のあるゲージボソンの理論に必要なものが完全に矛盾していると思われるからだ。一方では、内部対称性——前章で説明したもの——は保存されてはならないとされる。これが保存されていると、質量のあるゲージボソンが三つの物理的偏極をもてなくなるからだ。しかし一方では、偏極を排除する内部対称性を含めないと、その力の理論はゲージボソンが高いエネルギーをもったときに誤った予言をしてしまう。おかしな高エネルギーのふるまいをどうしても排除したいなら、質量のあるゲージボソンの三つめの偏極を排除する対称性がやはり必要となる。

この明らかな矛盾と思われる問題を解決し、質量のあるゲージボソンを正しく場の量子論で記述するための手がかりは、高エネルギーのゲージボソンと低エネルギーのゲージボソンの違いを認識することにある。内部対称性を含まない理論では、高エネルギーのゲージボソンについての予言だけがおかしくなっていた。質量のあるゲージボソンの予言は、そのエネルギーが低い場合なら、いたってまっとうだった（そして正しくもあった）。

この二つの事実を考えあわせると、かなり意味深いことが見えてくる。高エネルギーについての問題のある予言を避けるには、内部対称性が不可欠である――つまり前章の教えは依然として当てはまる。しかし、質量のあるゲージボソンのエネルギーが低い場合（アインシュタインの $E=mc^2$ によって質量と関連づけられるエネルギーよりも低い場合）は、もはや対称性は保存されなくてよい。ゲージボソンが質量をもてるように、そして質量が意味をなす低エネルギー相互作用に三つめの偏極がかかわれるように、対称性は排除されなくてはならない。

一九六四年、ピーター・ヒッグスらは、どうすれば力の理論に質量のあるゲージボソンを取り込めるかを発見したが、それはまさにいま述べたようなことだった。高エネルギーでは内部対称性を保持しておくが、低エネルギーでは排除するのである。ヒッグス機構は自発的対称性の破れにもとづいて、低いエネルギーにおいてのみ、弱い相互作用の内部対称性を破る。これにより、もう一つの偏極が理論に必要となる低エネルギーにおいては、その偏極が存在することになる。しかし、その偏極は高エネルギーの過程には関与しないので、高エネルギーでのおかしな相互作用が生じることもない。

では、つぎは具体的なモデルを考えてみよう。弱い力の対称性を自発的に破ってヒッグス機構を実行するモデルとはどういうものなのか。このヒッグス機構の具体例から、標準モデルの素粒子がどのように質量を獲得しているかが見えてくるだろう。

ヒッグス機構

ヒッグス機構には、特殊な場の概念が必要となる。これを物理学では「ヒッグス場」と称する。すでに見たとおり、場の量子論における場は、空間上のどこにでも粒子を生成できる。各種の場はそれぞれ特定の種類の粒子を生む。たとえば電子場なら、そこでは電子が生成される。同じように、ヒッグス場ではヒッグス粒子が生成される。

重いクォークやレプトンと同様に、ヒッグス粒子も非常に重いため、通常の物質には見つからない。しかし重いクォークやレプトンと違って、ヒッグス場が生むとされるヒッグス粒子はまだ一度も観測されておらず、高エネルギー加速器での実験からも見つかっていない。かといって、ヒッグス粒子が存在しないとは言いきれない。ヒッグス粒子は重すぎるため、これまでの実験で探ってきたエネルギーでは生成されていないというだけだ。もしヒッグス粒子が存在するならば、高エネルギーのLHC加速器の稼動とともに、あと数年以内で生成できるのではないかと物理学者は期待をかけている。

ともあれ、ヒッグス機構がこの世界に適用されるのはまずまちがいないだろう。もっかのところ、標準モデルの粒子に質量を与えるにはそう考えるしかないからだ。現時点では、これがまえの節で述べた問題を解決する唯一の方法なのである。あいにくヒッグス粒子はまだ一度も発見されていないため、ヒッグス場が実際にどういうものであるかは、まだ正確にはわかっていない。

ヒッグス粒子の性質は、素粒子物理学で最も熱く議論されているテーマのひとつである。ここでは最も単純なモデルを紹介するが、ヒッグス機構のしくみを説明する候補モデル——各種の粒子と力を含めた信憑性のある理論——はいくつもある。最終的にどういうヒッグス場の理論が正しいにせよ、そこでのヒッグス機構の働き——弱い力の対称性を自発的に破って素粒子に質量を与える——そのものは、これから述べるモデルと同じである。

このモデルでは、一対の場が弱い力の作用を受ける。この二つのヒッグス場は、すなわち弱い力の荷量（ウィーク荷）を帯びていると考えると、あとあとわかりやすい。ヒッグス機構の用語には多少ルーズなところがあって、「ヒッグス」という言葉で二つの場の両方を意味することもあれば、それぞれの場のどちらか一つを意味することもある（さらに、いつか見つかると期待されているヒッグス粒子をさすこともしばしばある）。ここでは紛らわしさを避けるため、それぞれの場をヒッグス場1、ヒッグス場2と称する。

ヒッグス場1もヒッグス場2も、ともに粒子を生成することができる。だが一方で、この二つの場は粒子がいっさい存在していないのに、非ゼロ値をとることができる。そのような非ゼロ値をとる量子場は、ここまではまったく出てきていない。電場と磁場はべつにして、これまで考えてきた量子場は、粒子を生成したり消滅させたりはするが、粒子がなければゼロ値となる量子場だけだった。しかし実際、量子場は非ゼロ値となることもある。まさしく古典的な電場や磁場と同じである。そしてヒッグス機構にしたがえば、ヒッグス場の片方は非ゼロ値をとる。このあと見るように、この非ゼロ値が、究極的には粒子の質量の起源なのである。[17]

場が非ゼロ値をとる場合について考えるには、その場が帯びている荷量をもちながらも、実際の粒子はいっさい含んでいない空間を想像するのがいちばんだ。その場が帯びている荷量はいたるところに存在していると考えていい。場そのものからして抽象的なものなので、これはかなり抽象的な概念だ。しかし、場が非ゼロ値をとる場合、その結果はいたって具体的である。非ゼロ値の場が帯びている荷量は現実の世界に存在するのだ。

とりわけ非ゼロ値のヒッグス場は、ウィーク荷を宇宙のいたるところに分布させている。あたかもウィーク荷を帯びた非ゼロ値のヒッグス場が、空間をウィーク荷で塗りつぶしているようなものである。ヒッグス場が非ゼロ値であるということは、そこに粒子がいっさい存在していなくても、ヒッグス場1（あるいはヒッグス場2）の帯びているウィーク荷がいたるところにあるということだ。二つのヒッグス場の片方が非ゼロ値をとるときには、真空――粒子がいっさい存在していない宇宙の状態――そのものがウィーク荷を帯びているのである。

ウィークボソンは、どういうウィーク荷とも相互作用をするように、この真空のウィーク荷とも相互作用する〔訳注　ただし、ウィークボソン自身はウィーク荷をもたない。電磁気力を媒介する光子が電荷をもたないのと同様だ〕。そして真空いっぱいに広がったこのウィーク荷は、ウィークボソンが長い距離にわたって力を伝えようとするのを妨害する。ウィークボソンがいくら遠くまで進もうとしても、そのたびに「塗料」にぶちあたる（ウィーク荷は実際には三次元に広がっているので、塗料の霧を想像したほうがいいかもしれない）。

ヒッグス場は、冒頭の物語に出てきた交通警官ととてもよく似た役割を果たす。弱い力の影響力をきわめて短い距離に制限するのだ。弱い力を遠くの粒子に伝えようとしても、力を運ぶウィークボソンはヒッグス場にぶつかって行く手を阻まれる。出発点から半径半マイルまでしか自由に走れなかったアイクのように、ウィークボソンが邪魔されずに進めるのは、およそ一センチメートルの一兆分の一の一万分の一という非常に短い距離のあいだだけだ。ウィークボソンにしてもアイクにしても、短い距離なら自由に進めるが、長い距離では途中で遮られてしまう。

真空内のウィーク荷はきわめて薄く広がっているので、短い距離では、そこにウィーク荷を帯びた非ゼロ値のヒッグス場があることをほとんど感じさせない。クォークにしろレプトンにしろウィークボソンにしろ、短い距離にかぎっては、真空内のウィーク荷が存在しないかのように自由に進める。したがって、ウィークボソンは短い距離でなら力を伝えられる。このとき二つのヒッグス場は、ともにゼロ値であるかのようになっているわけだ。

とはいえ、距離が伸びると粒子はそれだけ遠くへ進むので、より大量のウィーク荷にぶつかる。どれだけのウィーク荷にぶつかるかはウィーク荷の密度によって決まり、その密度は非ゼロ値のヒッグス場の値によって決まる。長距離移動（および弱い力の伝達）は低エネルギーのウィークボソンにとって選択肢とならない。長距離遠征に出ると真空内のウィーク荷が立ちふさがるからである。

これがまさしく、ウィークボソンを理解するのに必要なことだった。場の量子論にしたがえば、短い距離は自由に進めても長い距離はまず進めないような粒子は、非ゼロの質量をもつとされる。ウィークボソンが移動を妨害されるということは、そのふるまいからしてウィークボソンには質量があることになる。質量のあるゲージボソンは遠くまで進めないと決まっているからだ。空間に充満しているウィーク荷がウィークボソンの移動を阻み、そのふるまいをまさしく実験結果に一致するようにさせている。

真空内のウィーク荷の密度は、一センチメートルの一兆分の一の一万分の一ごとに分散したウィーク荷密度にほぼ一致する。ウィーク荷がこの密度だと、ウィークボソン――電荷を帯びた二つのWと中性のZ――の質量はおよそ一〇〇 GeV の測定値をとる。

さらに、ヒッグス機構が果たすのはこれだけではない。ヒッグス機構は標準モデルの物質の構成要素である素粒子、すなわちクォークとレプトンの質量をも決めている。クォークもレプトンも、ウィークボソンと非常によく似た経緯で質量を獲得する。クォークとレプトンは空間のいたるところに分布したヒッグス場と相互作用し、その結果、宇宙のウィーク荷によって行く手を阻まれる。ウィークボソンと同様に、クォークとレプトンも時空いっぱいに広がったヒッグス場のウィーク荷にぶつかって跳ね返され、それによって質量を獲得する。ヒッグス場がなかったら、これらの粒子も質量がゼロだったはずである。しかし、ここでも非ゼロ値のヒッグス場と真空のウィーク荷が運動を遮り、粒子に質量をもたせる。ヒッグス機構はクォークとレプトンが質量を獲得するうえでも必要なのである。

ヒッグス機構は必要以上に手の込んだ方法で質量の起源となっているように思われるかもしれないが、場の量子論にしたがえば、ウィークボソンが質量を獲得する妥当な方法はこれしかない。ヒッグス機構の美しさは、これがウィークボソンに質量を与えながら、この章の初めに説明した務めを正確に果たしてもいるところだ。ヒッグス機構によって、結果的に弱い力の対称性は短距離（これは量子力学と特殊相対性理論にしたがえば高エネルギーと同義）では保存されながら、長距離（こちらは低エネルギーと同義）では破れるようになっている。ヒッグス機構が弱い力の対称性を自発的に破り、その自発的な破れが質量のあるゲージボソンの問題解決の基盤となっているわけだ。つぎの節では、このテーマをさらに詳しく説明しよう（しかし面倒なら次章まで読み飛ばしてもらってもかまわない）。

弱い力の対称性の自発的な破れ

すでに見たように、弱い力にかかわる内部対称変換は、ウィーク荷を帯びたものを何でも入れ替える。対称変換はウィークボソンと相互作用するものすべてに働くからだ。したがって弱い力の内部対称性は、ヒッグス場1とヒッグス場2、あるいはそこで生成されるヒッグス粒子1とヒッグス粒子2にも働いて、それらを同等に扱わなくてはならない。同じように弱い力の作用を受けるアップクォークとダウンクォークを、入れ替え可能な粒子として扱うのと同じことである。

二つのヒッグス場がどちらもゼロ値なら、その二つは同等で入れ替え可能であり、弱い力の対称性はまるまる保存される。しかし、ヒッグス場の片方が非ゼロ値をとっていると、ヒッグス場は弱い力の対称性を自発的に破る。もし片方の場がゼロ値でもう片方の場が非ゼロ値なら、ヒッグス場1とヒッグス場2を入れ替え可能にする電弱対称性が破れる。

右か左のグラスを最初に選んだ人が円卓の左右対称性を破るように、非ゼロ値をとる片方のヒッグス場は、二つのヒッグス場に互換性をもたせる弱い力の対称性を破る。対称性が自発的に破れるのは、それを破るものが真空にほかならないからだ。この場合で言えば、系の実際の状態である非ゼロ値の場だ。にもかかわらず、物理法則そのものは変わらないので、依然として対称性を保存する。

非ゼロ値の場がどのように弱い力の対称性を破るかは、図にするとわかりやすいかもしれない。図58に、x軸とy軸をもったグラフを示してある。二つのヒッグス場の同等性は、点がプロットされていないx軸とy軸の同等性にたとえられる。このグラフを回転させて軸の位置を入れ替えても、図は同じように見えるだろう。これが通常の回転対称の帰結である。[18]

仮に$x=0$、$y=0$の位置に点を打ったとしても、この回転対称は完璧に保存される。しかし、座標の片方が非ゼロ値をとる点、た

【図58】対称性の破れ

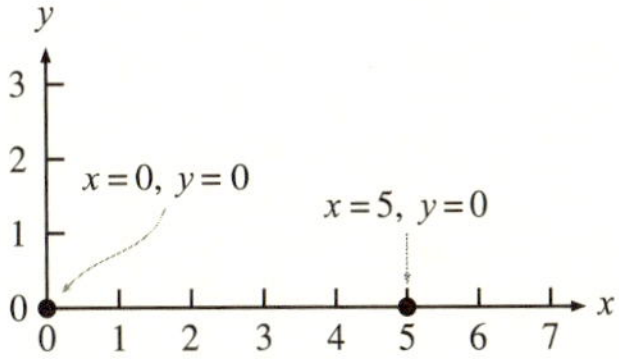

x=0、y=0の位置に1つだけ点が打たれているときは、回転対称が保存される。しかし、x=5、y=0の位置に1つだけ点が打たれていると、回転対称は破れる。

とえば $x=5$、$y=0$の位置に来る点を打ったとすれば、回転対称はもう保存されない。この点のy軸の値はゼロでも、x軸の値がゼロでないため、二つの軸はもはや同等ではなくなる。[19]

　ヒッグス機構もこれと同じようにして弱い力の対称性を破る。二つのヒッグス場がゼロ値であれば、対称性は保存される。しかし片方がゼロで片方がゼロ以外なら、弱い力の対称性は自発的に破れる。

　弱い力の対称性が自発的に破れるときの正確なエネルギー値は、ウィークボソンの質量からわかる。そのエネルギーは二五〇 GeV、すなわちウィークスケールエネルギーで、三つのウィークボソン、W^+とW^-とZの質量に非常に近い。粒子が二五〇 GeV より大きいエネルギーをもつときは、対称性が保存されるような相互作用が生じるが、エネルギーが二五〇 GeV より小さいと、対称性は破れ、ウィークボソンが質量をもっているようにふるまう。ヒッグス場がゼロにならずに正しい値をとっていれば、弱い力の対称性は適切なエネルギー値で自発的に破れ、ウィークボソンは適切な質量を正確に獲得する。

　ウィークボソンに働く対称変換はクォークとレプトンにも働く。そしてクォークとレプトンが質量ゼロでないかぎり、この変換をしても同じにはならないとわかっている。高エネルギーでは弱い力の対称性が不可欠なので、自発的対称性の破れはウィークボソンの質量にとって必要なだけでなく、クォークとレプトンが質量を獲得するうえでも必要となる。ヒッグス機構は質量のある標準モデルの素粒子すべてにとって、質量を獲得するための唯一の方法なのである。

　ヒッグス機構は、理論が質量のあるウィークボソン（および質量のあるクォークとレプトン）を含むことができ、なおかつ高エネルギーでのふるまいに関して正しい予言ができるようにするのに必要なことを、まさに過不足なく果たしている。細かく言えば、高エネルギーの――すなわち二五〇 GeV より大きいエネルギーを帯びた――ウィークボソンに関しては対称性が保存されるので、誤った予言が出てこない。高エネルギーでは、弱い力の内部対称性が、過度にひんぱんな相互作用を導いてしまうウィークボソンの不都合な偏極を依然として排除する。しかし低エネルギーでは、弱い力の短い範囲での相互作用を測定どおりに再現するのに質量が不可欠となり、そこでは弱い力の対称性が破れるのである。

ヒッグス機構がとても重要なのはこのためだ。粒子に質量を与える理論はほかにもあるが、いずれもこうした性質を備えてはいない。ほかの理論は低エネルギーか高エネルギーのどちらかで破綻する。低エネルギーで質量が正しくならないか、あるいは高エネルギーで相互作用についての誤った予言が導かれてしまうのだ。

おまけ

標準モデルには、まだ言及していないもう一つの優れた面がある。ヒッグス場はこのあとの章にも関係してくるが、ヒッグス機構のこれから述べる部分に関しては、今後はとくに必要とならない。しかし、これはとても驚くべき魅惑的な一面なので、ここで簡単に紹介しておきたい。

ヒッグス機構は、じつは弱い力について教えてくれているだけではない。意外なことに、これは電磁気力が特別な力である理由についても新しい見方を示唆してくれている。一九六〇年代まで、電磁気力に関して知るべきことが残されているとは誰も思っていなかった。すでに一〇〇年以上にわたって研究され、すっかり理解し尽くされた力だと思われていたからだ。しかし一九六〇年代に、シェルダン・グラショウ、スティーヴン・ワインバーグ、アブドゥス・サラムによって提唱された電弱理論は、宇宙が高温、高エネルギーのなかで進化を始めたときに、三つのウィークボソンに加え、相互作用の強さの異なる四つめの独立した中性のボソンがあったことを示してみせた。光子はもちろん重要な粒子で、いまと同じようにいたるところに存在していたが、このリストには入っていなかった。ここで詳しくは踏み込まないが、電弱理論の提唱者たちは、この四つのゲージボソンの性質を数学的手がかりと物理学的手がかりの両方から導いた。

ここで特筆すべきことは、光子がもともとは決して特別でなかったということだ。実際、今日「光子」と呼ばれているものは、じつは電弱理論における原初の四つのゲージボソンの二つの混合物なのだ。光子がなぜ特別扱いされているかといえば、電弱力にかかわるゲージボソンのなかで、ウィーク荷を帯びた真空に影響されないのは、唯一、光子だけだからだ。光子とそれ以外のゲージボソンを区別する大きな特徴は、光子だけがウィーク荷を帯びた真空のなかを邪魔されずに進むことができ、したがって質量ゼロでいられることである。

WボソンやZボソンと違って、光子の移動はヒッグス場の非ゼロ値によって妨げられない。真空はウィーク荷を帯びているが、電荷は帯びていないからである。光子は電磁気力を伝える粒子なので、電荷を帯びたものとしか相互作用しない。ゆえに、光子は真空からなんら妨害を受けることなく遠くまで力を伝えられる。したがって、光子は非ゼロ値のヒッグス場があっても質量ゼロでいられる唯一のゲージボソン（電弱力にかかわるもののなかでは）なのである。

この状況は、アイクが悩まされていたスピード違反の取り締まりによく似ている（この部分のたとえは多少薄っぺらいとは思うが）。ネズミ捕りは、地味な車ならノーチェックで通過させていた。そういう地味で当たり障りのない車と同じように、光子もつねに自由に進んでいく。

こんなことを誰が考えただろう？　物理学者たちは長いあいだ、光子についてはすっかり理解したものと思い込んでいた。その光子が、じつはもっと複雑な理論の観点からでしか理解できない起源をもっていたのである。この弱い力と電磁気力を一つに統合した理論は、その意味のとおり、一般には「電弱理論」と呼ばれ、これに関連する対称性は「電弱対称性」と呼ばれる。電弱理論とヒッグス機構は、素粒子物理学の誇るべき大成功である。ウィークボソンの質量だけでなく、光子の関連性までがその枠組みのなかでしっかりと説明されている。そのうえ、クォークとレプトンの質量の起源まで、これで理解できるようになっている。いま見てきたかなり抽象的な考えが、この世界のじつにさまざまな特徴を説明するのである。

注意

ヒッグス機構はみごとに機能し、クォークとレプトンとウィークボソンに質量を与えながらも、高エネルギーでのばかげた予言を導かず、さらには光子のなりたちまで説明する。しかし、ヒッグス粒子のある重要な性質についてだけは、物理学者もまだ完全には理解していない。粒子に測定値どおりの質量を与えるためには、電弱対称性が約二五〇 GeV で破れなくてはならない。実験で証明されているように、二五〇 GeV より高いエネルギーを帯びた粒子は質量がないように見えるが、それより低いエネルギーを帯びた粒子は質量があるようにふるまう。ただし、電弱対称性が二五〇 GeV で破れるのは、ヒッグス粒子（ヒッグスボソンともいう）そのものが、それとほとんど同じ（$E=mc^2$ から）質量をもっている場合だけだ。[20] ヒッグス粒子の質量がそれよりずっと大きければ、弱い力の理論はなりたたなくなる。ヒッグス粒子の質量が大きいと、対称性の破れが高エネルギーで起こってしまい、ウィークボソンが重くなる――つまり実験結果と矛盾するのだ。だが、第12章で詳しく説明するように、軽いヒッグス粒子は大きな理論上の問題を呼ぶ。量子力学を考慮に入れて計算すれば、より重いヒッグス粒子が導かれる。そして、どうやったらヒッグス粒子の質量をそんなに軽くできるのかは物理学者にもまだわかっていない。このジレンマが、素粒子物理学の新しい考え方を模索する決定的な動機となっており、あとで見る余剰次元モデルのいくつかも、その動機から生まれている。

たとえヒッグス粒子の正確な性質と、ヒッグス粒子がこれだけ軽い理由がわかっていなくても、とにかく質量はあまり大きくないはずだから、スイスのCERNで数年以内に大型ハドロン加速器が稼動を始めれば、少なくとも一つは決定的な新しい粒子が発見されるのではないかと見られている。電弱対称性を破るものがなんであれ、それはウィークスケール質量に近い質量を備えているに違いない。それが何であるかをLHCが突きとめてくれるはずなのだ。それがわかれば、その決定的に重要な発見は、物質の根本的な構造についての理解を大きく前進させてくれるだろう。そして、ヒッグス粒子についてのどの説明が正しいのかを（正しいものがあったとすれば）教えてくれるだろう。

だが、それらの説について見る前に、まずは自然の単純さにかなうようにするためだけに提唱された、標準モデルの拡張説の一つを見ていこう。次章では、仮想粒子、力の距離依存性、そして「大統一」という魅惑的なテーマを探っていく。

まとめ

●高エネルギー粒子についての正しい予言をするためには対称性が欠かせないが、クォーク、レプトン、ウィークボソンに質量があることから、「弱い力の対称性」は破れなくてはならないとわかっている。

●それでも誤った予言を導かないようにするために、高エネルギーでは弱い力の対称性を維持しておかなくてはならない。したがって、弱い力の対称性は低エネルギーでのみ破れる。

●あらゆる物理法則が対称性を維持していても、実際の物理系が対称性を維持していないとき、「自発的対称性の破れ」が生じる。自発的に破れる対称性とは、高エネルギーでは保存されるが、低エネルギーでは破れる対称性である。弱い力の対称性は自発的に破れる。

●弱い力の対称性が自発的に破れる過程を「ヒッグス機構」という。ヒッグス機構が弱い力の対称性を自発的に破るには、ウィークスケール質量、すなわち二五〇 GeV とほぼ同じ質量をもつ粒子（ヒッグス粒子のこと）が存在しなくてはならない（対称性の破れのスケールと粒子の質量が関係づけられるのは、特殊相対性理論の $E=mc^2$ によってエネルギーと質量が関連づけられるため）。

第11章 スケーリングと大統一——異なる距離とエネルギーでの相互作用を関連づける

君もいつの日か夢追い人になってくれ
そうすれば世界はひとつになる
——ジョン・レノン

アシーナは、面白い話が自分の耳にはなかなか伝わってこないように思うことがよくあった。アイクの新車での冒険話を聞いたのも、アイクがそれを手に入れてから一か月以上経ったあとだった。しかも、アイクから直接それを聞いたわけではない。自分の友達の一人から聞いたのだ。彼はそれを、ディーターの従姉妹の弟から聞いていた。彼はそれをディーターの従姉妹から聞き、彼女はそれをディーターから聞いていた。

この間接的なルートを通じて、アシーナはアイクがこう言ったと聞かされた。「力の影響は、自分がどこにいるかによって決まる」アイクらしくもない大層な発言に、アシーナはぽかんとしたが、きっとその言葉は途中で歪められたのだろうと思い当たった。すこし考えて、アシーナはアイクの本当の発言はこうだったに違いないと判断した。「ポルシェの性能は、車のモデルによって決まる」

これから見ていくように、アシーナが最初に聞いた発言の内容は真実である。この章では、ある離れた粒子のあいだで生じる物理過程が、別の離れた粒子のあいだで生じる物理過程とどう関連づけられるかということ、そして、粒子の質量や相互作用の強さといった物理量が、その粒子のエネルギーによって決まるのはなぜかということについて話していく。このエネルギーと距離への依存は、古典的な力の距離依存とはまた別のものである。たとえば古典的には、電磁気力の強さは重力の強さと同じように、相互作用する物体間の距離の二乗に逆比例して小さくなる（逆二乗法則）。しかし量子力学においては、相互作用そのものの強さが複雑な影響を受けるので、異なる距離（および異なるエネルギー）にある粒子は異なる電荷と相互作用するように見える。結果として、量子力学はこの逆二乗法則を変質させる。

力は距離が伸びるとともに弱まったり強まったりするが、それを決めるのが「仮想粒子」、すなわち量子力学と不確定性原理の帰結として存在する短命の粒子である。この仮想粒子がゲージボソンと相互作用して力を変質させるので、力の効果は距離に応じて変わってくる。ちょうどアシーナの友人たちがアイクの発言を伝達していくあいだに歪めてしまったのと同じである。

場の量子論を用いれば、距離とエネルギーへの力の依存に仮想粒子が及ぼす効果を計算できる。この計算のすばらしいメリットの一つは、強い力がなぜこれだけ強いかを説明できることだ。そして、もう一つの興味深い副産物が、「大統一理論」の存在する可能性が示されたことだ。大統一理論とは、低エネルギーではそれぞれに異なる重力以外の三つの力を、高エネルギーにおいて単一の統一された力にまとめる理論である。その結果と、その基盤にある場の量子論の考え方と計算の両方をこれから見ていくことにする。

ここからの数章を読むにあたって、覚えていてほしいことがある。ここで扱うのは、本質的にまったく異なるエネルギースケールであるということだ。統一エネルギーはおよそ一〇〇〇兆 GeV に相当し、重力が強くなるプランクスケールエネルギーは、それよりさらに一〇〇〇倍も大きい。もっか各種の実験はウィークスケールエネルギーで行なわれているが、そのエネルギーはこれらよりはるかに小さく、わずか一〇〇 GeV から一〇〇〇 GeV 程度しかない。統一エネルギーに比べてのウィークスケールエネルギーの小ささは、たとえて言うなら、地球と太陽の距離に対するビー玉のようなものだ。したがって、ウィークスケールエネルギーそのものは実験の観点から見れば充分に高いエネルギーなのだが、あえてこれを低いと称することもある。* それは統一エネルギーとプランクスケールエネルギーに比べてはるかに小さいからである。

ズームイン、ズームアウト

「有効場の理論」は、第1章で見た有効理論の考えを場の量子論に適用したものである。つまり、この理論は測定できると考えられるエネルギースケールと長さスケールだけを対象にしている。ある特定のエネルギースケールや長さスケールで「有効に」適用される有効場の理論は、どういうエネルギーや距離を考慮に入れなければならないかを規定する。この理論では、粒子がその特定の（あるいはそれ以下の）エネルギー**をもっているときに生じる力や相互作用だけを扱い、高すぎて実現できないようなエネルギーは無視する。実現できるよりも高いエネルギーでしか生じない物理過程や粒子の詳細は問わないようにするわけだ。

有効場の理論の強みの一つは、短い距離でどのような相互作用が起こるかはわからなくても、とりあえず知りたいスケールで重要となる物理量については研究ができるということだ。検出が（原則として）可能な量について考えるだけでいい。たとえば絵の具を混ぜるとき、その詳細な分子構造を知っている必要はない。しかし、それでも色や質感など、すぐに感じとれる性質については知りたいと思うだろう。その情報があれば、たとえ絵の具の微細構造はわからなくても、自分に関係のある性質を整理して、その混ざりぐあいがキャンバスに塗ったときにどのように見えるかを予測できる。

しかし、もし絵の具の化学的組成を知っていれば、物理学の法則からそれらの性質のいくつかを導くことができる。この情報は絵を描くとき（有効理論を用いるとき）には必要ないが、絵の具を作る（もっと根本的な理論から有効理論のパラメーターを導く）つもりなら、役に立つ。

同じように、短距離（高エネルギー）理論がわかっていなければ、測定可能な物理量を導きだすことはできない。一方、短距離での詳細な情報がわかっていれば、場の量子論から、別々のエネルギー

*これは言ってみれば、小さいものを何でも大きいと称するアメリカのマーケティング業界の言葉遣いの逆である。

**量子力学と特殊相対性理論によってエネルギーと距離は互換可能な関係にあることを忘れないでほしい。わかりやすくするために、ここではエネルギーの観点から話を進めていくが、高エネルギーで生じる物理過程は短距離で生じる物理過程と同じである。

に適用される別々の有効理論をどう関連づければいいかが正確にわかる。ある有効理論の物理量、たとえば質量や相互作用の強さなどを、別の有効理論の物理量から導けるのだ。

物理量がエネルギーや距離にどう依存しているかを計算する手法は、一九七四年にケネス・ウィルソンによって開発された。この手法には「繰り込み群（renormalization group）」、直訳すれば「再標準化群」というしゃれた名前がついている。対称性と並ぶ物理学のとりわけ強力なツールが、この有効理論の考え方と繰り込み群である。この二つはともに、まったく異なる長さスケールやエネルギースケールでの物理過程を扱う。「群」というのは数学用語だが、この言葉の数学的起源はほとんど関係がない。

とはいえ、これはそう悪い名称ではない。該当するそれぞれの距離スケールで、立ち止まって自分の位置を確認することを暗示しているからだ。まず、もっか自分にとって関心のある特定のエネルギーに、どの粒子のどういう相互作用が関連しているかを判断する。それから理論の各パラメーターに新しい標準化——すなわち新しい目盛り——を適用するのである。

この繰り込み群は、第2章で紹介したのと同じような考え方を用いている。第2章では、高次元の理論を低次元の言葉で解釈できることを説明し、一つの次元が小さく巻き上げられた二次元の理論を一次元であるかのように扱った。次元を巻き上げたときは、その余剰次元の内部がどうなっているかの詳細は無視して、すべてが低次元の言葉で記述できるものと見なした。いわば新しい「標準化」によって、大きい距離だけを見ながら四次元を記述できた。

これとそっくり同じ手順を用いれば、短い距離に適用されるどんな理論からでも長い距離に適用される理論を導ける。知りたい最小限の長さを決めて、それより短いスケールに関連する物理は「無視」する。その一つの方法が、決めた長さよりも短いスケールにしか効かない物理量については、平均してしまうことである。グリッドがグレースケールのドットで埋められていたなら、それより小さいドットの濃淡の平均値を出すことによって、大きいドットでその効果を生じさせる濃さが見つかる。あなたの目は、解像度のあいまいなものを見るときに自動的にこれをやっているはずだ。

ある一定の精度でしかものが見えないとすれば、それより小さいスケールで何が起こっているかを知らなくても、測定可能な物理量どうしを関連づける有益な計算は充分にできる。なるべく効率的に理論を立てたいなら、自分の精度に一致する「ピクセルサイズ」を選べばいい。そうすれば、決して生まれない重い粒子や、決して起こらない短距離での相互作用を無視できる。そして、自分の実現させられるエネルギーに関連した粒子や相互作用についての計算に集中できる。

とはいえ、もっと小さい距離に適用される、もっと精密な理論がわかっていれば、自分の扱う有効理論、すなわち解析力の低い有効理論の物理量の計算に、その情報を利用することができる。グレースケールのドットの場合と同様に、短距離を解析できる有効理論から出発して、解析精度の低い別の有効理論に移行すれば、それは要するに、理論を解析する「ピクセルサイズ」を変えたということだ。繰り込み群は、そのような短距離での相互作用が長距離で立てられた理論の粒子にどういう影響を及ぼせるかを計算する方法を示している。ある長さスケールやエネルギースケールで得られたデータを、別のスケールでの物理過程に外挿するのである。

仮想粒子

繰り込み群の計算でそうした外挿ができるのは、量子力学的な過程と「仮想粒子」の効果を考慮に入れているからだ。量子力学の帰結である仮想粒子は、実在の粒子の幽霊のような奇妙な片割れである。現れたとたんに消えてしまい、ほんの一瞬しか存在しない。仮想粒子は物理的な粒子と同じ荷量をもち、同じ相互作用をするが、そのエネルギーはどうもおかしい。たとえば、非常に速く運動している粒子は明らかに大量のエネルギーを帯びている。ところが、仮想粒子は全くエネルギーのない状態であっても、ものすごい速さで動くことができる。実際、仮想粒子がもてるエネルギーは、本物の物理的粒子が帯びているエネルギーとは異なる種類のものなのだ。もし仮想粒子が同じエネルギーをもっていたら、それは本物の粒子であって仮想粒子ではない。仮想粒子は場の量子論の奇妙な特徴だが、これを含めないと正しい予言はできなくなる。

しかし、そうしたありえないような粒子がなぜ存在できるのか？　借り物のエネルギーを帯びた仮想粒子は、そもそも不確定性原理がなかったら存在できなかった。不確定性原理によって粒子はおかしなエネルギーを帯びられるのだが、ただしそのエネルギーが決して測定されないぐらい短いあいだだけ、という条件がつく。

不確定性原理によれば、エネルギー（あるいは質量）を果てしなく正確に測定するには果てしなく長い時間がかかり、粒子が長く存在すればするほど、そのエネルギーの測定はより正確になる。しかし、もし粒子が短命で、そのエネルギーを果てしなく正確には確定できないとすれば、そのエネルギーは本物の長命の粒子のエネルギーから一時的に横取りすることができる。実際、不確定性原理があるおかげで、粒子はできるかぎりのことをして、できるだけ長くやり過ごそうとする。仮想粒子に良心の呵責はなく、誰も見ていなければ平気でいけないことをする（あるアムステルダム出身の物理学者は、まるでオランダ人だ、とまで言った——「オランダ人」には「こすっからい」というニュアンスがある）。

ある意味で、真空はエネルギーの貯蔵所と考えることができる。仮想粒子は、その真空から生まれた粒子で、エネルギーの一部を一時的に借りている。仮想粒子はほんの一瞬しか存在せず、借りたエネルギーをもったまま、すぐにまた真空に消失する。そのエネルギーはもとの場所に還ることもあるが、どこか別の位置にいる粒子に伝えられることもある。

量子力学上の真空はせわしない場所だ。定義上ではからっぽとされていても、量子効果によって現れたり消えたりする仮想粒子と反粒子がうようよ存在する。ただ、安定した長命の粒子は存在していないというだけだ。原則的には、あらゆる粒子と反粒子のペアが生まれるのだが、きわめて短いあいだしか現れていないため、それを直接見ることはできない。しかし、いかに短いあいだとはいえ、仮想粒子の存在はとても大切だ。仮想粒子は長命の粒子の相互作用にしっかり足跡を残していくからである。

仮想粒子に測定可能な影響力があるというのは、相互作用領域に出入りする本物の物理的粒子の相互作用に仮想粒子が影響を及ぼすからである。その短い存在期間のあいだに、仮想粒子は本物の粒子のあいだを移動して、それから消滅するときにエネルギーの負債を真空に返済する。仮想粒子はこの働きにより、安定した長命の粒子の相互作用に影響を与える媒介としての役を果たす。

たとえば、図47に戻ってもらうと、二個の電子のあいだで光子が受け渡されることによって古典的な電磁気力を生んでいたが、この光子は実際のところ仮想粒子である。この粒子は本物の光子のエネルギーをもっていなかったが、もっている必要もなかった。電磁気力を伝え、本物の電荷をもった粒子に相互作用をさせるあいだだけ存在していればよかった。

仮想粒子のもう一つの例は、図59に示してある。ここでは光子が相互作用領域に入ってきて、仮想の電子・陽電子のペアが生成され、それからそのペアが別の位置で吸収される。粒子が吸収される場所で、また別の光子が真空から現れ、媒介となった電子・陽電子のペアが借りていたエネルギーを持ち去る。そして、この種の相互作用のあとには驚くべき結果が生じる。つぎはそれを探っていこう。

なぜ相互作用の強さが距離によって決まるのか

私たちの知っている力の強さは、粒子の相互作用にかかわるエネルギーと距離によって決まり、仮想粒子はその依存関係に一定の役割を果たす。たとえば、電磁気力の強さは二つの電子が離れているほど小さくなる（ただし、この量子力学上の減少は、電磁気力の古典的な距離依存とはまた別である）。仮想粒子の影響と力の距離依存は現実のものであり、理論上の予言と実験結果も非常によく一致する。

有効理論の物理量――力や相互作用の強さなど――が関連する粒子のエネルギーと距離によって決まる理由は、物理学者のジョナサン・フリンがふざけて「無政府主義原理*」と称した場の量子論の特徴から導かれる。これは量子力学から導かれるもので、起こりうる粒子の相互作用はすべて起こるという考えだ。場の量子論では、禁じられていないものはすべて発生するのである。

ある特定の物理的粒子の一群が相互作用する個々の過程を、ここでは「経路」と呼ぼう。経路には仮想粒子がかかわることもあるし、かかわらないこともある。仮想粒子がかかわる場合は、その経路を「量子補正」と表現する。量子力学では、通過しうるすべての経路が相互作用の最終的な強さに寄与する。たとえば物理的粒子は仮想

【図59】仮想粒子の例

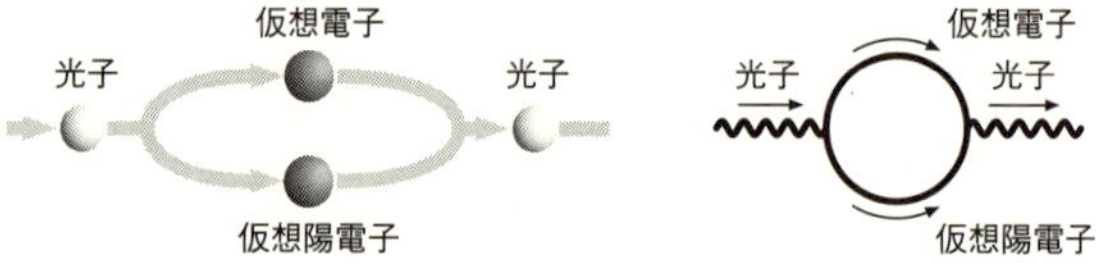

本物の物理的な光子が仮想電子と仮想陽電子に変わり、それがふたたび光子に戻ることがある。これをファインマン図で示したのが右の図で、わかりやすい絵にしたのが左の図。

粒子に変わることがあり、その仮想粒子が互いに相互作用したあと、また別の物理的粒子に戻ることがある。こうした過程では、もともとの物理的粒子がふたたび現れることもあれば、異なる物理的粒子に変わることもある。たとえ仮想粒子の存在期間が短すぎて直接の観測はできないとしても、現実の観測できる粒子の相互作用のしかたに仮想粒子の影響が表れている。

仮想粒子が相互作用を促進するのを妨げようとするのは、友達に秘密を打ち明けておきながら、それが別の友達に伝わらないのを期待するようなものだ。遅かれ早かれ、何人かの「媒介を果たす仮想の」友人はあなたの信頼を裏切って、別の友人にメッセージを中継するだろう。たとえあなたが先にその友人に秘密を打ち明けていたとしても、あなたの仮想友人もそれを話題にするなら、それについての先の友人の見解はやはり影響を受ける。それどころか、その見解は、その友人が話をした相手全員の影響を受けた最終的な結果となる。

物理的粒子どうしの直接的な相互作用だけでなく、「間接的な相互作用」――仮想粒子のかかわる相互作用――も力の伝達に影響を及ぼす。あなたの友人の見解が、その人の話した相手全員によって影響を受けるように、粒子どうしの相互作用の最終的な結果は、仮想粒子の寄与も含めて、可能性のあるすべての寄与の総和となる。そして仮想粒子の影響力はそのあいだの距離によって決まるので、力の強さも距離によって決まることになる。

繰り込み群は、あらゆる相互作用における仮想粒子の影響力を計算する方法を正確に示している。媒介となる仮想粒子の効果はすべて加算され、その合計によって、ゲージボソンの相互作用の強さは

＊これはマレー・ゲルマンの造語「全体主義原理」の改訂版だが、私は「無政府主義原理」のほうが該当の物理により近いと思う。

強化されるか妨害されるかのどちらかとなる。

間接的な相互作用が果たす役割は、相互作用する粒子どうしが離れているほど重要になる。このような距離の伸びは、秘密をより多くの「仮想」友人に話すようなものだ。一人一人の友人があなたの信頼を裏切るかどうかはわからないが、打ち明けた友人が多ければ多いほど、そのうちの少なくとも一人が裏切る可能性は大きくなる。仮想粒子が相互作用の最終的な強さに寄与できる経路が存在しているときは、かならず寄与するものと量子力学では決まっている。そして仮想粒子がその強さに与える影響の総量は、力が伝達される距離によって決まる。

だが、実際の繰り込み群のしくみはそれよりさらにうまくできている。友人たちがお互いに話をしたときの寄与分も加算されるからである。仮想粒子による寄与のもっと適切なたとえは、大きな官僚組織のなかで伝達されるメッセージの経路だろう。階層のトップにいる人からメッセージが発せられれば、そのメッセージはダイレクトに伝わる。しかし階層の下のほうにいる人は、メッセージを上司にチェックしてもらわなければならないかもしれない。それよりさらに下にいる人がメッセージを発すれば、メッセージはあちこちに回されて、さらに多くの検閲を受けてから、やっと目的地に届くかもしれない。その場合、メッセージは各レベルで回覧され、それから順々に上のレベルに送られるだろう。そしてようやく上層部に届いてから、初めてそのメッセージが発表される。ここで出てきたメッセージは、たいてい最初のものとは違っている。それは官僚的な多層構造のいくつものフィルターを通してできあがったものなのだ。

仮想粒子が官僚のようなもので、上層部の官僚は高エネルギーを帯びた仮想粒子に相当すると考えれば、上層部のメッセージはダイレクトに伝わるが、下層からのメッセージはいくつもの段階を経由する。量子力学の真空は、いわば光子がぶつかる「官僚組織」だ。それぞれの相互作用は、順々にエネルギーが低くなっていく媒介役の仮想粒子のあいだをチェックを受けながら進んでいく。官僚組織と同様に、すべてのレベル（あるいは距離）で脱線がありうる。仮想粒子に強制された「官僚的」な迂回路をとることもあれば、仮想粒子がどんどん遠くまで進んでしまうこともある。距離の短い（エネルギーの高い）伝達なら、長い距離の伝達に比べて、仮想粒子にぶつかることは少ない。

ただし、仮想粒子の物理過程と官僚組織には明らかな違いがある。官僚組織では、一つのメッセージはかならず一つの経路をとる。その経路がどれだけ複雑でも、一つの経路であることには変わりない。それに対して量子力学では、多くの経路がありうる。そして相互作用の最終的な強さは、生じる可能性のあるすべての経路からの寄与をあわせたものとなっている。

一個の荷電粒子から別の荷電粒子へと移動する光子の例を考えてみよう。光子はその途中で仮想電子と仮想陽電子のペアに変われるので（図60を参照）、量子力学ではときどきそれが起こるとさ

【図60】電子・陽電子散乱の仮想粒子による補正

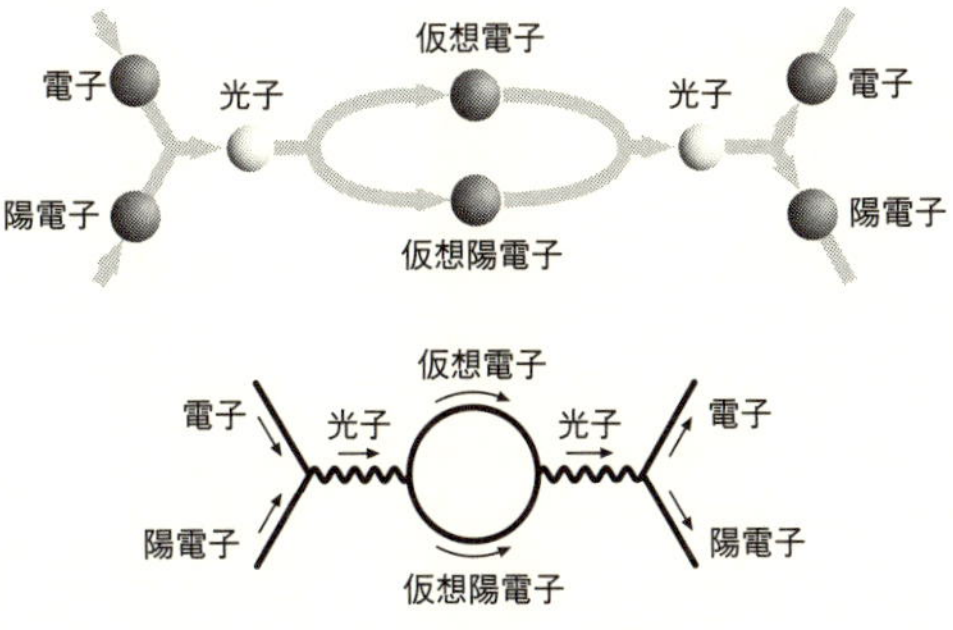

左から右に、1個の電子と1個の陽電子が消滅して1個の光子に変わり、その光子がつぎに仮想電子と仮想陽電子のペアに分かれ、それらがまた消滅して1個の光子に戻り、その光子が1個の電子と1個の陽電子に変わる。媒介を果たす仮想電子と仮想陽電子はこれを通じて電磁気力の強さに影響を及ぼす。

れる。そして仮想電子と仮想陽電子のいる経路は、光子が電磁気力を伝える効力に影響を与える。

だが、起こりうる量子力学的過程はこれだけではない。仮想電子と仮想陽電子はそれ自体で光子を放出することができ、その光子がまた別の粒子に変わって……と続いていける。光子の受け渡しをする二個の荷電粒子のあいだの距離は、そうした相互作用をメッセンジャーの光子がどれだけ多く真空内の粒子と行なうか、その相互作用にどれだけ大きな影響力があるかを決定する。電磁気力の強さは、光子がとる多くの経路の最終的な結果だが、そこには通過しうるすべての官僚的な迂回路——長い距離、あるいは短い距離にわたって仮想粒子が関与してくるかもしれない量子力学過程——が考慮されている。光子がぶつかる仮想粒子の数は光子の移動距離によって決まるので、光子の相互作用の強さは、その光子が相互作用する電荷を帯びた物体間の距離によって決まる。

通過しうるすべての経路からのすべての寄与を加算してみると、計算の結果、真空は光子が電子から受け取って運んでいたメッセージを薄めていることがわかる。この電磁気力の相互作用の希釈を直観的に解釈するなら、逆の電荷は引き寄せあい、同じ電荷は反発しあうので、平均的に、仮想陽電子のほうが仮想電子よりも電子に近いところにいると考えられる。したがって、仮想粒子からの電荷はもともとの電子の電気力の総影響力を弱める。量子力学効果が電荷を「遮蔽」するわけだ。電荷の遮蔽とは、光子と電子との相互作用の強さが距離とともに弱まることを意味する。

現実の長距離での電気力が古典的な短距離での電気力より弱いように見えるのは、短い距離で力を伝える光子がとる経路には、仮想粒子のかかわらない経路が多いからだ。短い距離しか進まない光子は、力を弱める仮想粒子の厚い雲を通過しなくてもすむ。しかし遠くまで力を伝える光子だと、そういうわけにはいかない。

光子だけでなく、力を伝えるゲージボソンはすべて目的地に向かう途中で仮想粒子との相互作用をする。仮想粒子のペア、つまり粒子とその反粒子は、自発的に真空から現れ、また真空に吸収される過程で、相互作用の最終的な強さに影響を及ぼす。これらの仮想粒子は力を伝達するゲージボソンを一時的に待ち伏せし、その相互作用の全体的な強さを変化させる。計算をしてみると、弱い力の強さも電磁気力の強さと同じように距離が伸びるにしたがって減少する。

とはいえ、仮想粒子はつねに相互作用にブレーキをかけるわけではない。意外なことに、仮想粒子は相互作用を促進することもあるのだ。一九七〇年代の初め、ハーバード大学のシドニー・コールマン（この問題の提唱者）の指導を受けていた大学院生デイヴィッド・ポリツァー、プリンストン大学のデイヴィッド・グロスとその指導学生だったフランク・ウィルツェク、さらにオランダのゲラルド・トフーフトが、それぞれ別々に計算を行なって、強い力が電気力とまったく逆のふるまいをすることを実証した。仮想粒子は長い距離のあいだに強い力を遮蔽することも、それによって力を弱めることもせず、逆にグルーオン（強い力を伝える粒子）の相互作用を強化する――したがって強い力は長距離でもその名のとおりなのである。グロス、ポリツァー、ウィルツェクは、この強い力に対する決定的な発見によって二〇〇四年のノーベル物理学賞を授与された。

この現象をひもとく鍵は、グルーオンそのものにある。グルーオンと光子の大きな違いは、グルーオンどうしが相互作用をすることだ。グルーオンは相互作用領域に入ってきて一対の仮想グルーオンに変わることがあり、その仮想グルーオンが力の強さに影響を及ぼす。あらゆる仮想粒子と同様に、これらの仮想グルーオンもほんの一瞬しか存在しない。しかし、その影響力は距離が伸びるほど積み重なって、最終的に強い力はとてつもなく強くなる。計算の結果、粒子の離れている距離が大きいほど、仮想グルーオンは強い力の強さを劇的に高める。粒子が離れていると、近い場合よりもはるかに強い力が強くなる。

電荷の遮蔽に比べると、強い力が距離の伸びとともに強まるのは直観的に信じがたい結果のように思える。粒子が離れているほど相互作用が強まるなどということが、どうしてありえるのか？　ほとんどの相互作用は距離が伸びるにしたがって弱まっていくではないか。これを証明するにはもちろん計算が必要なのだが、この世界にはこうしたふるまいの実例がいくつかある。

たとえば、官僚組織のなかである人がメッセージを発したとして、そのメッセージの重要度を中間管理職がわかっていなかったら、本来ふつうのメモですまされるべきものが、中間管理職によって決定的に重要な指令のように誇張されてしまうかもしれない。いったん中間管理職がメッセージを改変してしまうと、それは最初の発信者がダイレクトに伝えた場合よりはるかに大きな影響力をもつようになる。

トロイ戦争も、長い距離で働く力が短い距離で働く力よりも強力になる例の一つだ。『イーリアス』によれば、トロイ戦争の発端は、トロイの王子パリスがスパルタ王メネラオスの妻ヘレネを奪い去ったことにあった。仮にメネラオスとパリスが一対一でヘレネの争奪戦をし、それからパリスとヘレネがトロイに逃げたのだったら、ギリシャとトロイの戦争は壮大な叙事詩になるまえに終わっていただろう。メネラオスとパリスの距離が離れてしまった段階で、両者はその他大勢と相互作用をすることになり、きわめて強力なギリシャ・トロイ間の相互作用にかかわる強い力を生みだしてしまった。

たしかに意外ではあっても、強い相互作用の距離に応じての強まりは、強い力のあらゆる特徴を申し分なく説明できる。この性質があるから、強い力はクォークを陽子と中性子という姿に結合させたり、クォークをジェットのなかに閉じ込めたりできるぐらいに強力なのだ。要するに、強い力は距離が長いほど大きくなるために、強い力の作用を受ける粒子は、別の強い相互作用をしている粒子から過度に遠くまでは離れられない。したがって、クォークのような強い相互作用をしている基本粒子が単独で見つかることは決してない。

めいっぱい離れたクォークと反クォークは、膨大な量のエネルギーを蓄えることになる。したがって、そのあいだに別の物理的なクォークと反クォークを生みだすほうが、もとのクォークと反クォークを離したままにしているよりエネルギー効率がよい。クォークと反クォークをさらに引き離そうとすると、真空から新しいクォークと反クォークが生まれてくる。この新しいペアは、ボストンの道路事情を思わせる。ボストンでは、前の車とのあいだに一台分の距離があくやいなや、隣の車線から車が割り込んでくる。同じように、この新しいクォークと反クォークも、もとのペアのすぐそばにいて、決して離れることがない。したがって、一個のクォークや反クォークが最初の時点からすこしでも孤立することはありえない。かならず別のクォークや反クォークがすぐそばにいる。

距離が大きいときの強い力はきわめて強力なので、強い相互作用をしている粒子は互いから離れられず、強い力の荷量（カラー荷）を帯びている粒子はつねに同様の別の粒子に囲まれて、強い力が中性となる組み合わせをつくっている。その結果、私たちは決して単独のクォークを見ることがない。強く結びついたハドロンとジェットが見えるだけである。

大統一

前節の結論は、強い力と弱い力と電磁気力の距離依存性についてのものである。[21] 一九七四年、ジョージアイとグラショウは、この三つの力が距離とエネルギーに応じて変わるのは高エネルギーで単一の力に統一されることの表れであるという大胆な提案を発表した。彼らはこの理論を「大統一理論（Grand Unified Theory）」、略してGUTと名づけた。強い力の対称性がクォークの三つのカラーを入れ替え（第7章を参照）、弱い力の対称性が異なる粒子のペアを入れ替えるのに対し、GUTの力の対称性は標準モデルのあらゆる種類の粒子、クォーク、レプトンに作用して互換性をもたせる。[22]

ジョージアイとグラショウの大統一理論によれば、宇宙の進化の初め、温度とエネルギーが非常に高かった――温度は一兆Kのさらに一〇〇兆倍以上で、エネルギーは一兆GeVのさらに一万倍以上の――ときには、三つの力のそれぞれの強さはすべて同じで、この重力以外の三つの力が単一の「力」に融合していた。

宇宙の進化にともなって、温度は下がり、統一されていた力は三つの異なる力に分かれて、それぞれが独自のエネルギー依存性をもつようになり、それを通じて今日の私たちが知る三つの重力以外の力に発展した。力はもともと単一の力として生じたのだが、最終的には、仮想粒子がそれぞれに異なる影響を及ぼしたため、低エネルギーでまったく異なる相互作用の強さを示すようになった。

三つの力は、一個の受精卵から生まれた三つ子が大きくなって、それぞれ異なる姿の個人に成長したようなものである。三つ子の一人はパンクロッカーになって染めた髪を逆立て、一人は海兵隊員になって髪をクルーカットにし、一人は芸術家になって長い髪をポニーテールにしているかもしれない。それでも彼らは同じDNAを共有している。おそらく赤ん坊だったころは、三人ともそっくりで区別がつかなかっただろう。

初期の宇宙では、三つの力も区別がつかなかったと思われる。しかし、三つの力は自発的対称性の破れを通じて別々に分かれた。ヒッグス機構は、電弱対称性を破りながら電磁気力の対称性だけは破られないまま残したように、同じくGUT対称性を破っても、今日見られる三つの力はそのままにした。

高エネルギーで相互作用の強さが単一であることは大統一理論の前提条件である。つまり、相互作用の強さをエネルギーの関数として表した三つの線は、すべて単一のエネルギーのところで交差しなければならない。しかし、すでにわかっているとおり、重力以外の三つの力の強さはエネルギーとともに変化する。そして量子力学にしたがえば、大きな距離は低いエネルギーと入れ替えがきき、短い距離は高いエネルギーと入れ替えがきく。* したがって、前節の結論はエネルギーの観点でも同じように解釈できる。低エネルギーでは強い力に比べて電磁気力と弱い力が弱くなるが、高エネルギーでは電磁気力と弱い力が強まって、強い力が弱くなる。

言い換えれば、重力以外の三つの力は、高エネルギーにおいてのほうが似たような強さになる。場合によると、差が縮まって単一の強さに収斂するかもしれない。だとすれば、相互作用の強さをエネルギーの関数として表す三つの線は、高エネルギーで交差すると考えられる。

二つの線が一点で交わるのは、そう興奮するような結果ではない。線が互いに近づけば、当然そういうことが起こるだろう。しかし、三つの線が一点で交わるとすれば、それは大きな偶然か、さもなければ何か意味深いことの証拠である。もし力が本当に収斂するのなら、その単一の相互作用の強さは、高エネルギーでは力が一種類しかないことを示唆していると考えられる。このときに、大統一理論がなりたつのである。

力の統一は今日でも推測の域を出ていないが、もし事実なら、これは自然の単純な記述に向けてのとても大きな飛躍である。統一原理は非常に心をそそるテーマなので、物理学者は高エネルギーでの三つの力の強さを研究し、これらが本当に収斂されるのかどうかを確かめようとしてきた。一九七四年の時点では、まだ誰も重力以外の三つの力の相互作用の強さを高い精度で測定できてはいなかった。

＊不確定性原理によって長さの不確定性と運動量の不確定性の逆数が関連づけられることを思い出そう。

ハワード・ジョージアイ、スティーヴン・ワインバーグ、およびヘレン・クイン（当時はハーバードの無給博士研究員で、現在は米国物理学会の会長を務めるスタンフォード線形加速器センター所属の物理学者）は、間に合わせの不完全な測定値を使って繰り込み群の計算を行ない、それぞれの力の強さを高エネルギーに外挿した。すると、重力以外の力の強さを表す三つの線がまさしく一点に収斂する結果が現れた。

大統一理論を提唱した有名な一九七四年のジョージアイ－グラショウ論文は、このような文章で始まっている。「私たちの提出する一連の仮説と考察は、必然的にある結論に達する……すなわち、すべての素粒子の力（強い力、弱い力、電磁気力）は、単一の結合定数をもつ同一の根本的な相互作用がそれぞれ違ったかたちで表れたものだということだ。この仮説は誤っているかもしれないし、私たちの考察は無益かもしれないが、ここに示されている考え方の独自性と単純性は、これを真剣に考慮してもらうのに充分な理由となっている」*まあ、最高に控えめな言葉とはいえないだろう。しかし、ジョージアイとグラショウは本気でその独自性と単純性が、彼らの理論が自然を正しく記述していることの充分な証拠になると思っていたわけでもない。彼らはしっかりと実験による確認も求めていた。

それまで直接的に探られてきたエネルギーの一〇兆倍ものエネルギーに標準モデルを外挿するには、たしかにとてつもない妄信が必要だったが、ジョージアイとグラショウは自分たちの外挿の結果が検証可能であることをわかっていた。彼らはこの論文で、GUTが「陽子の崩壊を予言する」ことを説明し、この予言の実験による検証を試みるべきだと明言している。

ジョージアイとグラショウの統一理論では、陽子は永遠には存在しないと予言された。非常に長い時間のあとではあるが、陽子はいずれ崩壊する。そのようなことは標準モデルでは決して起こらなかった。クォークとレプトンはふつう、それぞれがどの力の作用を受けるかによって識別された。しかしGUTでは、力はすべて本質的に同じである。したがって、ちょうどアップクォークが弱い力を通じてダウンクォークに変われるように、クォークは統一された力を通じてレプトンに変われるはずだとされた。要するに、もしGUTの考え方が正しければ、宇宙のクォークの総数はつねに同じではなく、クォークはレプトンに変われるので、陽子——三つのクォークの結合物——を崩壊させられることになる。

クォークとレプトンを結びつけるGUTでは、陽子の崩壊がありえるために、おなじみの物質もすべて究極的には不安定だとされる。しかし、陽子の崩壊速度はきわめて遅い。その寿命は宇宙の年齢をはるかに超える。したがって、陽子崩壊がどれほど劇的なシグナルでも、それを検出する望みはほとんどなさそうに思える。あまりにも起こる可能性が低すぎる。

物理学者が陽子崩壊の証拠を見つけるには、巨大かつ長期間の実験により、大量の陽子を調べなければならなかった。たとえそれぞれの陽子は崩壊しそうにないように思えても、それだけやれば、大量の陽子のうちのどれか一個が崩壊するのを実験で検出できる確率は大いに高まる。宝くじに当たる可能性がいくら低くても、何百万枚も買えば大いに確率は高まるではないか。

物理学者はまさにそうした大々的な、大量の陽子を調べる実験を構築した。たとえばサウスダコタ州のホームステーク鉱山で行なわれたアービン・ミシガン・ブルックヘイブン（IMB）実験や、日本の神岡鉱山の地下一キロメートルに埋められた水のタンクと検出器によるカミオカンデ実験がそれである。陽子崩壊はきわめて起こりにくい過程だが、もしジョージアイとグラショウのGUTが正しか

＊Howard Georgi and S. L. Glashow, "Unity of all elementary-particle forces," *Physical Review Letters*, vol. 32, pp. 438–441 (1974).

ったなら、これらの実験がすでにその証拠を見つけていてもおかしくはない。しかし残念ながら、大志に反して、そのような崩壊はまだ一度も発見されていない。

かといって、かならずしも統一理論が否定されるわけではない。むしろ、力がもっと正確に測定されるようになったおかげで、現在ではジョージアイとグラショウの提唱したオリジナルのモデルはほぼ確実に不備があって、標準モデルの拡張版だけが力を統一できるとわかっている。結局のところ、そうしたモデルでは陽子の寿命はもっと長くなると予言されるので、陽子崩壊がまだ検出されていないのも当然と考えられる。

現段階では、力の統一が自然の本当の姿なのか、仮にそうだとして、そこにどんな意味があるのか、実際にはまだ何もわかっていない。計算上、統一はいくつかのモデルで可能となる。詳しくは後述するが、たとえば超対称性モデル、ホジャヴァ-ウィッテン余剰次元モデル、そして私とラマン・サンドラムがつくった歪曲した余剰次元モデルなどだ。余剰次元モデルは統一理論に重力を組み込めるので、四つの既知の力すべてを本当の意味で統一できるという点で、とりわけ興味深い。また、これらのモデルが重要であるもう一つの理由として、統一理論の最初のモデルでは、GUTスケール質量をもつ粒子のほかにウィークスケールより上で新たに見つかる粒子はないとされていたこともある。* これらの別モデルは、たとえウィークスケールより上のエネルギーでのみ生成される新しい粒子が（GUTスケールよりずっと下でも）たくさんあるとしても、統一はありえることを示している。

ただし、力の統一がいかに魅力的なテーマでも、もっか物理学者はその理論上のメリットに関して意見が分かれている。分かれ目は、本人が物理学に対するアプローチとしてトップダウン方式を好むかボトムアップ方式を好むかである。GUTの考え方は、典型的なトップダウン方式だ。ジョージアイとグラショウは、一万GeVから一京GeVのあいだに質量のある粒子が存在しないことに関して大胆な仮定をし、その仮定にもとづいて仮説を立てた。GUTは、ひも理論とともに今日まで続いている素粒子物理学の議論の第一歩だった。どちらの理論も物理法則を、測定されたエネルギーから少なくとも一〇兆倍は高いエネルギーに外挿している。のちにジョージアイとグラショウは、ひも理論とGUTの探索に代表されるトップダウン方式に対して懐疑的になった。以後、二人はそれまでのやり方と逆の道をとり、現在では低エネルギー物理学に専念している。

統一理論にはたしかに魅力的な面があるが、はたしてこれを研究することが自然に対する正しい洞察を導くのかどうか、私自身は何とも言えない。私たちが知っているものと私たちが外挿するものとのエネルギーのギャップが大きすぎて、そのあいだで起こりうることはいくらでも想像できる。いずれにしても、陽子崩壊（あるいは別の何かの予言）が確認されるまで――それが実現するかどうかはわからないが――本当に高エネルギーで力が統一されるかどうかを確信もって断言するのは不可能だ。そのときまで、この仮説は壮大な、しかしあくまでも理論上の推察の域にとどまっている。

＊これを「デザート（砂漠）仮説」という。

まとめ

●「仮想粒子」は現実の物理的粒子と同じ荷量をもつ粒子だが、そのエネルギーは違う値をとれる。

●仮想粒子はきわめて短い時間しか存在しない。「真空」、すなわち粒子がまったくない宇宙の状態から、一時的にエネルギーを借用する。

●物理過程に対する「量子補正」は、仮想粒子が本物の粒子と相互作用することから生じる。この仮想粒子からの寄与は、生成と消滅によって本物の粒子の相互作用に影響を及ぼし、本物の粒子どうしのあいだを媒介する役を果たす。

●「無政府主義原理」によって、粒子の性質を考えるときはつねに量子補正を考慮に入れなければならない。

●「大統一理論」では、高エネルギーでのただ一つの力が、低エネルギーでは重力以外の三つの既知の力に変わる。三つの力が統一されるには、高エネルギーでそれぞれが同じ強さをもたなくてはならない。

第12章 階層性問題——唯一の有効なトリクルダウン理論

こんなことが偶然の一致であるはずがない
——マドンナ

アイク・ラシュモア三世は不名誉な最期を迎えた。光り輝く新しいポルシェを運転していて街灯柱に激突したのだ。それでも彼はハッピーな気分で天国にいた。そこではいつだってゲームができたからだ。彼は根っからのギャンブラーだった。

ある日、神様がアイクをちょっと変わったゲームに誘った。神様はアイクに一六桁の数字を書けと言った。そうしたら自分が天国独自の二〇面体のサイコロをふるという。面が六つあるふつうの立方体のサイコロと違って、このサイコロには面が二〇あり、0から9までの数字が二度ずつ書かれている。神様の説明によれば、そのサイコロを神様が一六回ふって、出た目を順番に並べて一六桁の数字をつくるという。もし神様とアイクの数字が同じになれば——つまり、その長い数字の列がすべて正しい順番で一致すれば――神様の勝ちとなる。もし数字がまったく同じにならなければ――つまり、桁のどれか一つでも一致しなければ――アイクが神様を負かしたことになる。

神様はサイコロをふりはじめた。最初に出た目は、4だった。これはアイクが書いた数字、4,715,031,495,526,312の頭の桁と一致していた。アイクは神様が正しい目を出したことに驚いた。そうなる確率は、たった一〇分の一しかないのだから。とはいえ、二回めか三回めにはまちがった目が出るに違いない、とアイクは思った。なにしろ神様がつぎの二回とも正しい目を出す確率は、一〇〇分の一しかないのだ。

神様は二回めをふり、そして三回めをふった。出た目は7と1で、これまた正しかった。神様はサイコロをふりつづけ、驚愕するアイクをよそに、一六桁の数字をすべて正しく並べた。偶然こんなことが起こる確率は、わずか一京分の一である。いったいどうして神様は勝てたのだ？

アイクはすこし憤慨して（天国では誰もものすごくは憤慨できない）、どうしてこんなばかばかしいほどありえないことが起こったのか聞いてみた。神様はいかにも賢そうな顔で言った。「わたしは勝てる見込みをもつ唯一の存在である。なぜなら、わたしは全知であり、全能であるから。とはいえ、きみは聞いていなかったようだが、わたしはサイコロ遊びが好きではない」

そう言われてみると、雲の一つに「ギャンブル禁止」の但し書きがかかっている。アイクは頭にきた（もちろん、すこしではあるが）。彼はゲームでの勝ちを失っただけでなく、ギャンブルをする権利も失ってしまったのだ。

ここまでに、素粒子物理学と、物理学者が標準モデルを組み立てるさいに用いたいくつかの美しい理論的要素については、かなりよく理解してもらえたのではないかと思う。数多くのさまざまな実験結果を説明するにあたって、標準モデルは非常によく機能している。それでも、やはり不安定な基盤のうえに危なっかしく乗っていることは否めない。この理論の根拠にはまだ奥深い謎があって、それを解決することが、おそらく物質の根本的な構造に対する新しい洞察につながるだろう。この章では、その謎について探っていく。素粒子物理学では「階層性問題（ヒエラルキー問題）」と呼ばれているものだ。

問題は、標準モデルの予言が実験結果と一致しないことではない。電磁気力、弱い力、強い力にかかわる質量と荷量は、すでに驚くほど高い精度で検証されている。CERNやSLACやフェルミ研究所での加速器による実験は、いずれも既知の粒子の相互作用や崩壊速度についての標準モデルの予言を申し分のない精度で確認している。また、標準モデルの力の強さについても、とくにこれといって不明なところはない。むしろ、それぞれの力の強さの関係は非常に示唆的で、大統一理論の考え方の基盤にもなっている。さらに、ヒッグス機構はどのようにして真空が電弱対称性を破り、WとZのゲージボソンに質量を与え、クォークとレプトンにも質量を与えるかを完璧に説明している。

とはいえ、どれほどほのぼのして見える家族でも、内情を詳しく探ってみれば、おもてには出てこない緊張が隠れているものだ。いくら外見的には仲がよさそうで、幸せそうで、よくまとまっているように見えても、家庭を壊しかねない恐ろしい秘密が水面下に隠れていることもある。標準モデルには、まさにそのような秘密の問題がある。電磁気力の強さ、弱い力の強さ、およびゲージボソンの質量が、実験で測定されているとおりの値をとるものと単純に仮定するならば、すべては標準モデルの予言と合致する。しかし、このあと見るように、質量パラメーター（素粒子の質量を定めるウィークスケール質量）はとてもよく測定されてはいるが、物理学者がふつうに理論から考えて期待する質量に比べると、一京分の一、つまり一六桁も低いのである。高エネルギー理論にもとづいて純理論的にウィークスケール質量の値を推定した物理学者なら、誰だってこれは（ひいてはすべての粒子の質量も）完全な誤りだと思うだろう。いったいどこからこんな質量が出てくるのか。この謎――すなわち階層性問題――は素粒子物理学の理解における大きな穴となっている。

この階層性問題については、じつは序章でも、なぜ重力がこんなに弱いのかという疑問のかたちで言及した。しかしここでは、ヒッグス粒子の質量が――ひいてはウィークボソンの質量が――なぜこんなにも小さいのかという疑問に言い換えて、この問題を考えていこう。ヒッグス粒子やウィークボソンの質量が測定どおりの値をとるためには、標準モデルに一種のごまかしを加えなくてはならない。アイクとの推測ゲームで一六桁の数字を無作為に選び、それがたまたま正しくて勝ってしまうぐらいありえそうにない補正を加えるということだ。標準モデルは数多くの面で成功しているが、既知の素粒子の質量に関しては、この都合のいい補正に頼らないと整合性がとれないのである。

この章では、この問題について説明すると同時に、私も含めたほとんどの物理学者が、これをとても重要だと考えている理由について説明する。階層性問題を突きつめて考えると、電弱対称性の破れを起こす原因が何であれ、それは第10章で述べた二つのヒッグス場の例よりも興味深いものでありそうだとわかる。考えられる解答にはすべて新しい物理原理がからんでおり、その解答はほぼ確実に、物理学者をさらに基礎的な粒子と法則に導くだろう。何がヒッグス場の役割を担って電弱対称性を破るのかが特定されれば、私が生きているうちに明確にされそうな新しい物理のなかでもとりわけ価値の高いものが姿を現すだろう。新しい物理現象はまずまちがいなく一TeV前後のエネルギーで現れる。競合する仮説の実験的検証は遠からぬうちに実現する。あと一〇年以内には、私たちの求める基礎的な物理法則にそこで発見されたものが組み込まれ、私たちの理解を劇的に修正するだろう。

階層性問題からもう一つ言えるのは、物理をあまりにも高いエネルギーに外挿するまえに、まず取り組まなければならない緊急の低エネルギーの問題が少なくとも一つはあるということだ。この三〇年ほど、素粒子理論の研究者はウィークスケールエネルギー、すなわち電弱対称性が破れる比較的低いエネルギーを予言し、それを確保する構造を探し求めてきた。私もほかの研究者も、階層性問題には解答があるはずだと考えているし、その解答は標準モデルの先にあるものについて最善の手がかりを与えてくれるだろうと思っている。後述するいくつかの理論がなぜ出てきたかを理解するには、このいくぶん専門的だが非常に重要な問題をすこしばかり知っておいて損はない。その解答を求めて、私たちはあとの章で見るような新しい物理の概念をすでに探索しはじめている。そして、いつかその解答が見つかれば、私たちの現在の見方はほぼ確実に改められるだろう。

階層性問題の最も一般的なものを見る前に、まずは階層性問題を大統一理論（GUT）の範疇で考えてみよう。この問題はそこで初めて発見されたし、そこで考えるほうが多少わかりやすくもある。そのあと、もっと広い（そしてもっと一般的な）文脈で階層性問題を考え、なぜこれが最終的に、ほかのすべての既知の力に比べて重力が弱いという問題に要約されるかを考えていこう。

大統一理論における階層性問題

あなたがとても背の高い友達を訪ねたとしよう。そこで初めて彼の二卵性双生児の弟に会ったのだが、兄は身長が一九五センチなのに、弟は一五〇センチしかなかった。これは驚きである。あなたの友達とその弟は同じような遺伝子構造をもっているはずなのだから、身長も同じぐらいになると考えるのがふつうだろう。ここで、さらに奇妙なことを想像してみる。あなたが友達の家に入っていくと、その友達の弟は一〇分の一の大きさしかないか、あるいは一〇倍もの大きさがあった。こんなことがあったら本当に驚きである。

素粒子がすべて同じ性質をもっているとは誰も思わない。しかし、それなりの理由がないかぎり、似たような力の作用を受ける粒子はそこそこ似ていると考えるのがふつうである。たとえば同じぐらいの質量をもっているだろうというふうに。家族なら身長も同じぐらいだろうと考える妥当な理由があるように、物理学者にも、単一の理論のなかで粒子に同じような質量を期待する正当な科学的理由がある。GUTの場合もそうだ。ところがGUTでは、その質量がまったく同じにならない。似たような力の作用を受ける粒子でさえ、とてつもなく大きく質量が違ってしまう。一〇倍程度ではない。一〇兆倍ぐらいに質量の差が開いてしまうのだ。

GUTにおける問題点は、電弱対称性を破るヒッグス粒子は「軽く」――およそウィークスケール質量ぐらいで――なければならないのに、GUTではこのヒッグス粒子のパートナーが、強い力を通じて相互作用する別の粒子になることだ。そして、このGUTの新しい粒子は、きわめて重く――つまりGUTスケール質量ぐらいで――なければならない。言い換えれば、対称性（GUTの力の対称性）によって結びつくとされる二つの粒子が、とてつもなく異なる質量をもっているのだ。

GUTでは、この関連づけられてはいるが互いに異なる二つの粒子がいっしょに現れてこなくてはならない。高エネルギーでは弱い力と強い力が入れ替えられるとされているからだ。統一理論の背景にはまさしくこの考え方がある。すべての力は究極的には同じはずなのである。したがって、強い力と弱い力が統一されれば、ヒッグス粒子はもちろん、弱い力の作用を受ける粒子はすべて、強い力の作用を受ける別の粒子とパートナーにならなければならず、なおかつ最初のヒッグス粒子の相互作用と同じような相互作用をしなければならない。ところが、このヒッグス粒子と結びつけられた強い力の作用を受ける新しい粒子には、大きな問題がある。

　ヒッグス粒子とパートナーになる強い力の荷量（カラー荷）を帯びた粒子は、同時にクォークとレプトンと相互作用ができ、したがって陽子を崩壊させられる。その崩壊が、この粒子が存在しない場合に予言されるよりもずっと急速なのである。この急速な崩壊を避けるためには、強い相互作用をする粒子――これが二個のクォークと二個のレプトンのあいだで受け渡されることが陽子崩壊の条件となる――がきわめて重くなければならない。現時点での陽子の寿命の限界を考えると、カラー荷を帯びたヒッグス粒子のパートナーは、もしそれが自然界に存在するとしても、GUTスケール質量と同じぐらいの大きさの質量をもっていなくてはならない。およそ一京GeVだ。もしこの粒子が存在していて、しかし質量がそれほど重くないとしたら、あなたがこの文章を読み終えるまえに、あなたもこの本も崩壊している。

　とはいえ、すでに見てきたように、弱い力の荷量（ウィーク荷）を帯びたヒッグス粒子は軽くなければならない（二五〇GeV前後）。さもないとウィークボソンに実験で測定されているとおりの質量が与えられない。したがって実験上の制約から、ヒッグス粒子の質量は、強い力の作用を受けるヒッグス粒子のパートナーの質量とは大幅に違ってくる。カラー荷を帯びたヒッグス粒子は、統一理論ではウィーク荷を帯びたヒッグス粒子と非常によく似た相互作用をするとされるのにかかわらず、まったく違った質量をもっていなくてはならず、そうでなければ世界がこのようにならない。この二つの質量のとてつもなく大きな差――片方がもう片方の一〇兆倍――は説明するのがとても難しい。とりわけ統一理論では、ウィーク荷を帯びたヒッグス粒子とカラー荷を帯びたヒッグス粒子が同じような相互作用をすると見なされるので、なおいっそう難しくなる。

ほとんどの統一理論では、片方の粒子を軽く、もう片方の粒子を重くするためには、とてつもなく大きな補正係数を取り入れるしかない。これほど異なる質量を予言する物理原理は皆無であり、細心の注意を払って選んだ数字だけが状況を正常に保たせる。この数字は一三桁にわたって正確でなければならず、さもないと陽子が崩壊するか、ウィークボソンの質量があまりにも大きくなってしまう。

素粒子物理学者はこの必要なごまかしを「微調整（ファインチューニング）」と呼ぶ。微調整とは、求めるとおりの正確な値が得られるようにパラメーターを調整することだ。「チューニング（調律）」という言葉が使われるのは、これがピアノの弦を引っぱって正しい音が正確に出るようにするようなものだからだ。しかし、数百ヘルツの振動数を一三桁もの正確さで正しくしたいなら、その音を一〇〇億秒――換算すれば一〇〇〇年――聞かなければ正しさはチェックできない。一三桁の正確さはそう簡単に得られるものではない。

ほかにも微調整の例は挙げられるが、どうしたって不自然に聞こえてしまうだろう。たとえば、ある大企業で、ある人が支出を管理し、またある人が収益を管理しているとしよう。この二人はいっさい連絡をとりあわないのだが、会社としては入ってきた額と出ていった額を年度末にきっかり同じにして、一ドルも残らないようにしなければならず、さもないと倒産することになっている。まあ、なんとも不自然ではある。だが、それも当然なのだ。まともな状況なら微調整に頼ったりはしない。誰だって自分の運命を（あるいは自分の事業の運命を）ありそうもない偶然の一致に任せようとは思わないだろう。しかし、軽いヒッグス粒子をともなうGUTはほぼすべて、そうした依存の問題を抱えている。物理的予言がそんなにも細かくパラメーターに依存している理論は、まず完全ではありえないだろう。

しかし、最も単純なGUTでヒッグス粒子の質量を充分に小さくするには、理論をごまかすしかない。GUTモデルはほかにいい代替案をもたない。これは四次元時空での統一をめざす大半のモデルにとって深刻な問題であり、私も含めて多くの物理学者は、この問題ゆえに力の統一について確信をもてずにいる。

しかも、階層性問題はさらに悪化している。ただ単純に、根拠の説明抜きで、ある粒子は軽くて別の粒子は非常に重いのだと仮定しようとしても、また別の問題にぶつかる。「量子力学的補正」、または単に「量子補正」とも呼ばれる効果にかかわる問題だ。この量子補正を古典的な質量に加えないと、ヒッグス粒子が現実の世界でもつことになる本当の物理的質量が確定されない。そして、この補正分はたいていヒッグス粒子が必要とする数百 GeV の質量よりもはるかに大きい。

あらかじめ言っておくが、次節の量子補正についての説明は、仮想粒子と量子力学にもとづいてはいるのだが、おそらく直観的に理解できるものではない。古典的な類似物を想像しようとしないでほしい。これから考えることは、純粋に量子力学的な効果なのだ。

ヒッグス粒子の質量に対する量子補正

前章で説明したように、粒子はふつう空間を自由には進めない。仮想粒子が現れたり消えたりして、本来の粒子の経路に影響を及ぼす。量子力学では、こうした通過しうるすべての経路から物理量に及ぼされる寄与をかならず加算しなくてはならないとされる。

すでに見たとおり、こうした仮想粒子によって、力の強さは距離とともに変わる。それは実際に測定されていて、予言と非常によく一致する。力をエネルギーに依存させるのと同じような量子補正が、質量の大きさにも影響を及ぼす。だが、ヒッグス粒子の質量の場合は——力の強さと違って——仮想粒子の影響が、実験がこの理論に求めるものと一致するようには見えない。どうしても大きすぎる。

ヒッグス粒子は、質量がＧＵＴスケール質量と同じぐらい大きな重い粒子と相互作用するので、ヒッグス粒子のとるいくつかの経路には、重い仮想粒子とその反粒子を吐き出す真空が必要となる。そしてヒッグス粒子は一時的にそれらの粒子に変わって空間を進む（図61を参照）。真空からいきなり現れてくる重い粒子は、ヒッグス粒子の運動に影響を及ぼす。これらが大きな量子補正を生むそもそもの原因である。

量子力学では、ヒッグス粒子が実際にもっている質量を確定しようとすれば、こうした仮想の重い粒子をともなう経路を、それをともなわない単一の経路に加えなくてはならない。問題は、仮想の重い粒子を含む経路がヒッグス粒子の質量に対して寄与を生み、それがＧＵＴの重い粒子の質量と同じぐらいの大きさに達するということだ。つまり、望ましい質量より一三桁も大きいのである。こうした仮想の重い粒子からのとてつもなく大きな量子力学的補正をヒッグス粒子の質量の古典的な値に加えないと、測定に現れるべき物理的な値を計算できない。しかしウィークボソンの質量を正しくしたいなら、その値はおよそ二五〇 GeV でなければならない。要するに、たとえ個々のＧＵＴスケール質量の寄与が一三桁多すぎても、

【図61】GUT の重い粒子からヒッグス粒子の質量に及ぼされる仮想粒子の寄与

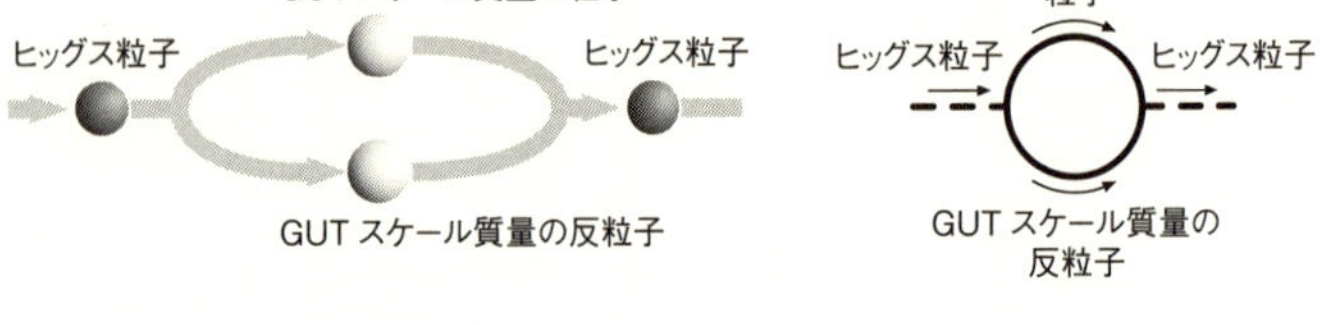

ヒッグス粒子は仮想の重い（GUT スケール質量の）粒子に変われ、
その粒子がまたヒッグス粒子に戻れる。これをわかりやすく絵で示
したのが左の図で、ファインマン図を用いて表したのが右の図。

質量に対するとてつもなく大きな寄与をすべて加算すれば、その一部はプラスであり、別の一部はじつのところマイナスなので、最終的な答えはおよそ二五〇 GeV になる、ということを要求しているのだ。もし仮想の重い粒子が一個でもヒッグス粒子と相互作用すると、必然的に問題が生じる。

前章のように仮想粒子を官僚組織の一員にたとえてみると、こんなふうに考えられる。その役人は米国移民帰化局の職員で、一部の疑わしい人間からの書類を遅らせるのが本来の仕事なのだが、そうする代わりに書類をすべて丹念に調べてから通している。ある書類は迅速に通し、別の書類は遅らせるという二重のシステムがとられる代わりに、すべての書類が同じように扱われるわけだ。これと同様に、ヒッグス機構は仮想粒子の「官僚主義」が一部の粒子を重いままにさせ、ヒッグス粒子を含む別の一部の粒子を軽いままにさせておくことを求める。しかし、やたらと熱心な役人と同じく、仮想粒子をともなう量子経路はそれをしないで、すべての粒子の質量に同じような寄与をする。したがって普通に考えれば、ヒッグス粒子を含むすべての粒子がGUT質量と同じぐらい重くなるはずだ。

新しい物理がないかぎり、ヒッグス粒子の過度に大きな質量の問題を避ける唯一の（しかし満足とは程遠い）方法は、ヒッグス粒子の古典的な質量が、その質量に対する多大な量子補正をぴったり帳消しにするだけの値をとる（マイナスがありうる）と仮定することだ。この理論の質量を定めるパラメーターは、個々の寄与が莫大でも、すべての寄与が加算されると非常に小さい数字になるという状況を実現させなければならない。これが前節で言ったような微調整だ。

これは考えられないことではないが、現実に起こる可能性はきわめて低い。これはパラメーターをちょっとごまかして質量を正しくするといった単純な問題ではない。この修正はとてつもなく大きいうえに、とてつもなく厳密だ。一三桁の正確さがすこしでも損なわれれば、とんでもなくおかしな結果が出てくる。念のため言っておくが、この奇妙な修正は、たとえば光の速さのような物理量を正確に測定するといった類のものではない。通常、性質にかかわる予言はパラメーターに特定の値を求めたりはしない。たしかに測定されるとおりの量に合致する値は一つしかないが、そのパラメーターが多少違う値をとったとしても、世界の様相はたいして変わらない。もしニュートンの重力定数（重力の強さを定める数値）が一パーセントずれた値をとっていたとしても、何も大きくは変わらない。

それに対してGUTでは、パラメーターに小さな変化があっただけで、理論の予言を完全に、質的にも量的にも崩壊させられる。電弱対称性を破るヒッグス粒子の質量の値の物理的な影響は、パラメーターにきわめて大きく左右される。そのパラメーターがとれる値はほんのわずかで、それ以外のどの値をとっても、GUT質量とウィークスケール質量とのあいだの階層は存在しなくなり、その階層があるからこそ生じる構造や生命もありえなくなる。このパラメーターがわずか一パーセントでもずれていれば、ヒッグス粒子の質量はとんでもなく大きくなる。そうなればウィークボソンの質量も、その他さまざまな粒子の質量も、すべて同じように大きくなり、標準モデルの結果は現実世界とまったくかけ離れてしまうのである。

素粒子物理学の階層性問題

まえの節では、GUTにおける階層性問題という大きな謎を紹介した。しかし本当の階層性問題はさらに厄介である。物理学者に最初に階層性問題への注意を促したのはGUTの諸説だが、仮想粒子がヒッグス粒子の質量に異様に大きな補正をもたらすのは、GUTスケール質量の粒子を含まない理論においても同じである。そもそも標準モデルでさえ疑わしい。

問題は、標準モデルを土台に重力を組み合わせた理論には、二つの大きく異なるエネルギースケールがあることだ。一つはウィークスケールエネルギーで、電弱対称性が破れる二五〇 GeV のエネルギーだ。粒子のエネルギーがこのスケールより低い場合、電弱対称性の破れの効果がはっきりと表れ、ウィークボソンも素粒子（クォークとレプトン）も質量をもつ。

もう一つのエネルギーはプランクスケールエネルギーで、こちらはウィークスケールエネルギーより一六桁分、すなわち一京倍も大きい。10^{19} GeV という、とてつもない大きさだ。プランクスケールエネルギーは重力の相互作用の強さを規定する。ニュートンの法則により、重力の強さはこのエネルギーの二乗に逆比例するからだ。そして重力の強さは小さいので、プランクスケール質量は（$E=mc^2$によってプランクスケールエネルギーと関連づけられるため）大きい。巨大なプランクスケール質量は、きわめて弱い重力とイコールなのだ。

このプランクスケール質量は、これまでの素粒子物理学の話には出てきていない。重力がきわめて弱いため、素粒子物理学のたいていの計算ではこれを無視してかまわないからだ。しかし、それこそ素粒子物理学が答えを求めている疑問でもある。なぜ重力は素粒子物理学の計算で無視できるほど弱いのか？　階層性問題を別のかたちで言い換えれば、なぜプランクスケール質量はこんなにも大きいのか、ということだ。素粒子物理学のスケールに関係する質量はすべて数百 GeV 以下なのに、なぜプランクスケール質量はそれより一京倍も大きいのか？

これがどれだけの差かをわかってもらえるように、質量の低い二つの粒子、たとえば一対の電子のあいだに働く重力の引力を考えてみよう。この引力は、一対の電子のあいだに働く電気斥力より、およそ一兆倍の一兆倍の一兆倍の一億倍も弱い。この二種類の力が同じぐらいになるには、電子が実際よりも一兆倍の一〇〇億倍ほど重くなくてはいけない。これはとてつもない数字だ。観測可能な宇宙の端から端までマンハッタン島を並べたときの個数に匹敵する。

プランクスケール質量は電子の質量よりとんでもなく大きく、私たちの知っているほかのどんな粒子の質量と比べても莫大で、それがすなわち、重力がほかの既知の力に比べて非常に弱いことを示している。だが、どうして力の強さのあいだにそんなにも膨大な差があるのか？　言い換えれば、どうしてプランクスケール質量はそんなにも既知の粒子の質量より大きいのか？

素粒子物理学者にとって、一京倍にもなるプランクスケール質量とウィークスケール質量との異様に大きな比は、そう簡単に容認できるものではない。この比は、ビッグバン以来の時間の経過を分で数えた数よりも大きい。地球から太陽までのあいだに並べられるビー玉の数と比べても、約一〇〇〇倍も大きい。アメリカの財政赤字をセントに換算した数より、なお一〇〇倍以上も大きいのだ！　同じ物理系を記述する二つの質量が、なぜこうも大きく違わなくてはならないのか？

物理学者でない人にとっては、いくらこの数字が驚くほど大きかろうと、それ自体はたいして意味のある問題のようには思えないかもしれない。結局のところ、かならずしもすべてを説明できるわけではないのだし、二つの質量がたまたま違っていることだってありえるかもしれない。しかし、状況は見かけよりもはるかに悪いのだ。説明のつかない巨大な質量の差があるだけではない。詳しくはつぎの節で説明するが、場の量子論では、ヒッグス粒子と相互作用する粒子はすべて、ヒッグス粒子の質量をプランクスケール質量の大きさ、すなわち10^{19}GeVまで高くする仮想過程にかかわりうるのだ。

仮にある正直な物理学者が重力の強さは知っていて、ヒッグス粒子の質量を場の量子論から計算するのに必要なウィークボソンの質量の測定値について何も知らなかったとしよう。彼はきっと、ヒッグス粒子の値を——ひいてはウィークボソンの質量も——一京倍大きく予言するだろう。つまり、彼が計算から導く結論では、プランクスケール質量とヒッグス粒子の質量（あるいはヒッグス粒子の質量によって定められるウィークスケール質量）の比が、一京ではなく、むしろ一に近くなるのだ！　もしもこれが仮に現実の値であったなら、このウィークスケール質量の推定値はプランクスケール質量にとても近いため、粒子はすべてブラックホールになってしまい、素粒子物理は現在のようなかたちでは存在しなくなる。彼はウィークスケール質量の値とプランクスケール質量の値のどちらに関しても演繹的な予想はできないが、場の量子論を用いて比を推定することはできる――そして、完全にまちがってしまうのだ。明らかに、そこには現実との非常に大きな食い違いが生じる。その理由をつぎの節で説明しよう。

仮想のエネルギーを帯びた粒子

プランクスケール質量が場の量子論の計算に入れられる理由は明確にはわかりにくい。前述したように、プランクスケール質量は重力の強さを決定する。ニュートンの法則にしたがえば、重力はプランクスケール質量の値に逆比例するから、重力がとても弱いということは、すなわちプランクスケール質量がとても大きいことを意味する。

一般に、素粒子物理学で予言をするときは重力を無視できる。質量が二五〇 GeV 前後の粒子に及ぼされる重力効果は、完全に無視できるぐらい小さいからだ。もし本当に重力効果を考慮する必要があれば、一定の手順に沿って組み込むことはできるが、ふつうそこまで手をかけるだけの価値はない。あとの章で説明する新しいシナリオでは、これまでの考えとは大きく異なり、高次元重力は強くて無視できないとされる。しかし伝統的な四次元の標準モデルでは、重力の無視はふつうの習慣であり、正当な根拠もある。

しかし、プランクスケール質量には別の役割もある。これは信頼のおける場の量子論の計算において仮想粒子がとれる最大の質量なのだ。もし粒子がプランクスケール質量より大きい質量をもっていたら、その計算は信頼のおけないものとなり、一般相対性理論が揺らいで、その代わりに、もっと包括的な、たとえばひも理論のような理論を採用しなくてはならなくなる。

だが、粒子（仮想粒子も含めて）の質量がプランクスケール質量よりも小さければ、従来の場の量子論が適用され、場の量子論による計算も信頼できるものとなる。だから、仮想のトップクォーク（あるいはその他の仮想粒子）がプランクスケール質量とほとんど同じくらい大きい場合でも、その計算は信頼に値する。

階層性にとっての問題は、ヒッグス粒子の質量に対するきわめて大きい質量をもった仮想粒子からの寄与が、プランクスケール質量とほぼ同じぐらい大きいことだ。つまり、ウィークスケール質量と素粒子の質量に正しい値を与える望ましいヒッグス粒子の質量の一京倍にもなるのである。

図62に示したような、ヒッグス粒子が一対の仮想のトップクォークと反トップクォークに変わる経路を考えてみると、ヒッグス粒子の質量に対する寄与があまりにも大きくなることがわかる。実際、どのような種類の粒子であれ、ヒッグス粒子と相互作用する可能性のある粒子は仮想粒子として現れ、それらの仮想粒子の質量は、最

【図62】ヒッグス粒子の質量に対する仮想のトップクォークと反トップクォークからの補正

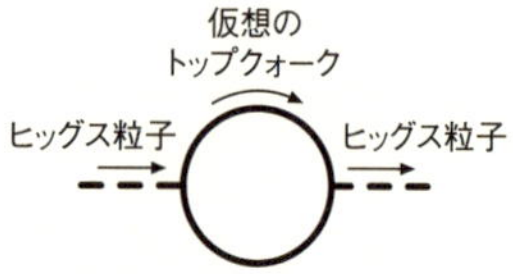

ヒッグス粒子は仮想のトップクォークと反トップクォークに変わることがあり、それがヒッグス粒子の質量にきわめて多大な補正をもたらす。

大でプランクスケール質量まで許されるのである。[*] そして、こうした可能性のあるすべての経路の結果が、ヒッグス粒子の質量に対するきわめて多大な量子補正なのだ。ヒッグス粒子の質量はこれよりずっと小さくなくてはならない。

現段階の素粒子物理学は、効果的すぎるトリクルダウン理論〔訳注　富裕層に資金を振り向ければ、それが自然に貧困層にも浸透するという経済理論〕のようなものだ。経済学では、富の階層構造を形成するのは難しいことではない。トリクルダウン経済政策を適用しても、貧困層の経済状況は決して大きくは向上せず、ましてや上層階級のレベルに到達するわけもない。しかし物理学では、富の移動があまりにも効果的になされる。ある質量が大きければ、量子補正によって、すべての素粒子の質量が同程度に大きくなると予想される。すべての粒子が最終的には豊かな質量になるわけだ。しかし現実の測定結果を見れば、明らかにこの世界には高い質量（プランクスケール質量）と低い質量（通常の素粒子の質量）が共存している。

標準モデルを修正するか、拡張するかしないかぎり、素粒子物理学の理論でヒッグス粒子に小さい質量が導かれるためには、古典的な質量に奇跡的な値をとらせるしかない。その値はきわめて大きく——そしておそらくはマイナスで——なければならず、さもないと、多大な量子補正が正確に相殺されない。最終的に質量に対するすべての寄与の和が、二五〇 GeV にならなければいけないのだ。

これを実現させるには、前述した大統一理論での場合と同じように、古典的な質量が微調整されたパラメーターでなくてはならない。このパラメーターの微調整というごまかしは、ヒッグス粒子の最終的な質量が小さくなるために、驚くほど精密であることが求められる。仮想粒子からの量子補正と

＊仮想粒子の質量は、本物の物理的粒子の質量と同じではないことを忘れないように。

古典的な補正のどちらかがマイナスで、大きさとしてはほぼ同じでなくてはならない。プラスとマイナス、それぞれがともに一六桁分大きすぎるのだが、それらが加算されて、結果的にはるかに小さな値が出るようにしなくてはならない。ここで求められる一六桁にわたって正確な微調整は、鉛筆をまっすぐ立てるときに必要な微調整の比ではない。一六桁の推測ゲームでアイクにたまたま勝ってしまうぐらいに確率の低いことである。

素粒子物理学者も、標準モデルがヒッグス粒子を軽くしておくために導入せざるをえないような微調整は、できれば理論に含めたくない。やむにやまれぬ行為として微調整をすることはあるかもしれないが、本当は決してやりたくない。微調整は、自分たちの無知を示す恥の証明のようなものだ。ありそうにないこともときには起こるが、そういうことが起こってほしいときに起こることはめったにない。

階層性問題は、標準モデルが抱える謎のなかでも最も緊急の課題である。事態を前向きに見るならば、この階層性問題は、何がヒッグス粒子の役割を果たして電弱対称性を破るかについての手がかりを与えてくれる。

前述の二つのヒッグス場の理論に代わる理論は、低い電弱スケールを自然に包含したり予言したりするものになるはずだ。そうでなければ考える価値もない。根本理論の多くは現実の物理現象と矛盾していないが、階層性問題に本気で取り組んで、微調整を必要としない妥当な考え方で軽いヒッグス粒子を取り入れている理論はほとんどない。力の統一は魅力的な課題だが、ひょっとしたら実体のない、あくまでも高エネルギー物理からの理論上の魅惑という可能性もある。それに対して階層性問題は、比較的低いエネルギーでの進展を促すにあたって明確に解決が求められている課題である。いま、これが最も刺激的な挑戦となっている理由は、階層性問題を解決する試みはすべて実験結果をともなうはずだからだ。大型ハドロン加速器がそれらを測定可能にする予定で、その実験で約二五〇GeVから一〇〇〇GeVの質量をもつ粒子が見つかるのではないかと期待されている。そうした新しい粒子が出てこないかぎり、階層性問題はかならずついてまわる。階層性問題を解決する理論の痕跡は超対称性をもつパートナー粒子かもしれないし、あるいは後述するような、余剰次元を移動する粒子かもしれない。それもまもなく実験結果から明らかになるだろう。

まとめ

●ヒッグス機構が粒子に質量を与えるしくみであることはわかっているが、ヒッグス機構を働かせる最も単純なしくみは、ひどいごまかしを加えないとなりたたない。この最も単純な理論では、ウィークボソンとクォークの質量についての予言が実際より約一京倍も大きくなってしまう。どうして実際はそうではな

【図63】プランクスケール質量とウィークスケール質量の差

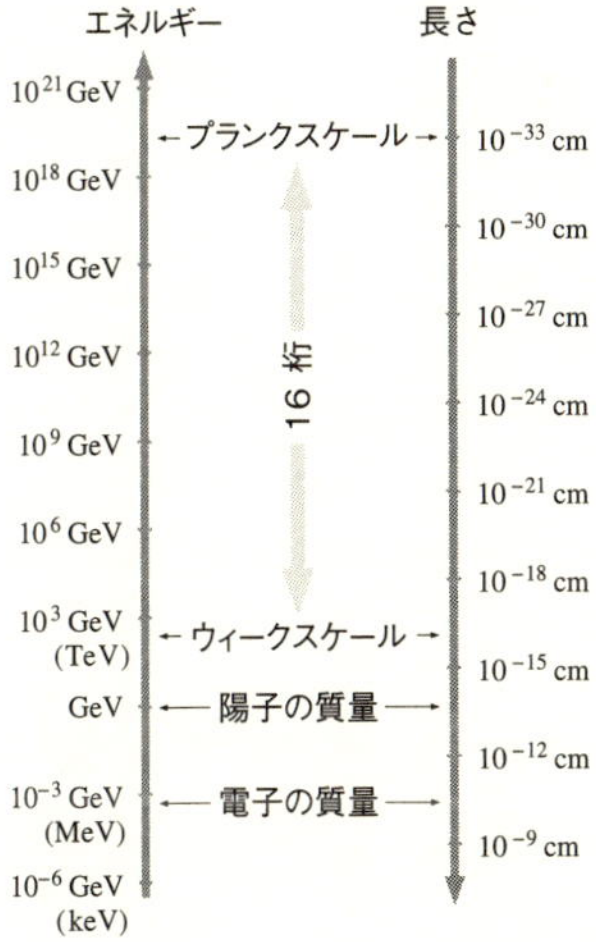

階層性問題は、なぜプランクスケールエネルギーがウィークスケールエネルギーよりはるかに大きいのか、という問題である。

いのか、という疑問が「階層性問題」である。

●階層性問題は、低いウィークスケール質量と莫大なプランクスケール質量との比から生じる（図63を参照）。プランクスケール質量は重力にとって重要な意味をもつ。プランクスケール質量の値が大きいということは、重力が非常に弱いことを意味する。したがって、階層性問題を別の言い方で表現すれば、なぜ重力はこんなに弱く、重力以外のほかの力に比べて圧倒的に弱いのか、ということになる。

●階層性問題を解決する理論は、やがて実験で検証可能になる。ウィークスケールエネルギーより高いエネルギーで働く加速器での実験で、かならず何かしらの答えが出るからだ。大型ハドロン加速器がまもなくそのエネルギーを探る予定になっている。

第13章 超対称性——標準モデルを超えた飛躍

あなたは私のために生まれてきた
そして私はあなたのために生まれてきた
——ジーン・ケリー（『雨に唄えば』より）

天国にやってきたイカルスは、まず初めにオリエンテーションを受けさせられ、そこで天国のルールを説明された。そして驚いたことに、右翼宗教団体は本質的に正しかったのだとわかった。彼の新しい環境では、家族の大切さがまさしく価値観の要になっていた。天国ではずっとまえから、世代の分離と結婚生活の安定を前提とした伝統的な家族構造が確立されていた。上流の者はかならず下流の者と結婚し、人気者はかならず変わり者と結ばれ、山の手のお嬢さんはかならず都会の洒落者と結婚することになっていた。アイクも含めて、誰もがこの流儀に満足していた。

しかし、アイクはやがて、この天国の社会構造もずっと安泰だったわけではないことを知る。

最初は、エネルギッシュな危険分子が社会の階層基盤を脅かすこともあったのだ。とはいえ、天国ではほとんどの問題が無事に解決される。神様は天国の住人一人一人に守護天使を送り、天使はその守るべき相手とともに英雄的な働きをして、階層性を脅かす者たちを退け、いまアイクが享受できている秩序のとれた社会を維持した。

それでも、天国はすっかり安全なわけではなかった。天使たちはやがて自由契約となり、単一の世代に縛られてはいなくなった。移り気な天使たちは、かつてはあれほど勇敢に階層性を救ったのに、いまや天国の家族の価値観を破壊する脅威となっていた。アイクはぞっとした。あれほどすばらしいところだと宣伝されていたのに、じつは天国は驚くほど気苦労の多い場所だったのだ。

物理学用語には「スーパー(超、過)」という言葉がよく出てくる。超伝導、過冷却、過飽和、超流動、超伝導超大型加速器(SSC)——一九九三年に米国議会によって建設が中止されなければ今日の最高エネルギーを出す加速器になるはずだった——など、数えあげればきりがない。そんなわけだから、物理学者が時空の対称性そのものにもっと大きな「スーパー」版があったことを発見したときの興奮も想像できるだろう。

「超対称性」の発見は本当に驚きのできごとだった。超対称性理論が初めて考案された当時、物理学者はみな、時間と空間の対称性はすべてわかっているものと思っていた。時空の対称性はもっとおなじみの対称性で、第9章で見たように、自分がどこにいるか、どちらを向いているか、あるいはいまが何時何分であるか、物理法則からだけではわかりえないのが、この対称性である。たとえばバスケットボールの軌道は、カリフォルニアでプレーしていようとニューヨークでプレーしていようと、自分がコートのどちら側にいるかにかかわりなく、つねに同じである。

一九〇五年、相対性理論の出現とともに、時空の対称変換の範囲は拡大され、速度（運動の速さと方向）を変える対称性までが含められるようになった。しかし、拡大はそこまでだと物理学者は思っていた。時間と空間にかかわる対称性で、まだ発見されていない別のものがあるとは誰も予想だにしていなかった。一九六七年には、ジェフリー・マンデューラとシドニー・コールマンという二人の物理学者が、そのような対称性はほかにありえないことを証明して、この直観を体系化した。しかしながら、彼らは（そしてほかの誰もが）型破りな仮定にもとづく一つの可能性を見過ごしていた。

この章で紹介する「超対称性」は、ボソンとフェルミオンを入れ替える新しい奇妙な対称変換である。物理学者はいまや、超対称性を組み込んだ理論を構築できるようになっている。ただし、超対称性はまだ実際にはこの世界で発見されていないので、これが自然界にある対称性なのかどうかは、いまだに仮説の域を出ない。それでも物理学者は、超対称性がこの世界に存在するかもしれないと考えられるだけの大きな理由を二つもっている。

その一つが、超ひもだ。これについては、あとの章で詳述する。超対称性を組み込んだ超ひも理論は、標準モデルの粒子を生むことができるとわかっている唯一のひも理論だ。超対称性を組み込んでいないひも理論は、この宇宙をきちんと記述できるようには見えないのである。

そして二つめの理由は、超対称理論が階層性問題を解決できる可能性をもっていることだ。超対称性はかならずしもウィークスケール質量とプランクスケール質量の大きな比の原因を説明するものではないが、問題のヒッグス粒子の質量に対する多大な量子補正を排除できる。階層性問題はたいへんな難問で、これまでに提唱された考えはほとんど実験によって、あるいは理論上の破綻によって否定されてきた。可能性のあるもう一つの案として余剰次元理論が出てくるまで、階層性問題を解決できそうな唯一の候補が超対称性だった。

超対称性が本当に実世界に存在するかどうかはまだわかっていないため、現時点では、候補となる説とその影響を査定することしかできない。だが、そうした準備をしておくことで、いつか高エネルギーでの実験が実現したときに、いよいよ標準モデルの根底にある物理理論がどういうものかを突きとめられるのだ。では、そこに待ち構えていると思われるものを見ていくことにしよう。

フェルミオンとボソン——ありそうもない組み合わせ

超対称の世界では、既知の粒子すべてに対となる別の粒子——それぞれの超対称パートナーで、スーパーパートナーとも呼ばれる粒子——があり、お互いが超対称変換によって入れ替えられる。超対称変換はフェルミオンをそのパートナーのボソンに変え、ボソンをそのパートナーのフェルミオンに変える。第6章で見たように、フェルミオンとボソンは量子力学理論において、そのスピンによって区別される粒子である。フェルミオンは半整数のスピンをもち、ボソンは整数のスピンをもつ。整数スピンの値は、ふつうの物体が空間内で回転しているときにもとりうる数だが、それに対して半整数スピンの値は、量子力学特有の特徴である。

超対称性理論のフェルミオンはすべてそのパートナーのボソンに変換され、ボソンはすべてそのパートナーのフェルミオンに変換されうる。超対称性は、これらの粒子の理論的記述の特徴である。ボソンとフェルミオンを入れ替える超対称変換を行なって、粒子のふるまいを記述する方程式をいじくりまわしても、方程式は最終的にどこも変わらない。その予測は超対称変換を行なうまえに出した予測とそっくり同じになる。

一見すると、こうした対称性は論理に逆らうように思える。対称変換は系を変えないものであるはずだ。しかし超対称変換は、フェルミオンとボソンという明らかに異なる粒子を入れ替える。

対称性はそのように異なるものをごたまぜにしないはずだったが、いくつかの物理学者のグループは、それがありうることを証明した。一九七〇年代には、ヨーロッパとソ連の物理学者たち*により、対称性がそうした異なる粒子を入れ替えられること、そしてボソンとフェルミオンが入れ替えられても、その前後で物理法則は変わらないことが証明された。

この対称性は、その入れ替える対象が明らかに別々の性質をもつという点で、まえに見てきた対称性とはすこし異なる。しかし、ボソンとフェルミオンが同じ数だけ存在しているなら、この対称性もやはり存在する可能性がある。たとえとして、大きさの異なる赤いビー玉と緑のビー玉が同じ数だけあると想像してみよう。どちらの色にも同じ大きさのビー玉が一個ずつある。あなたは友達とゲームをしていて、あなたは赤のビー玉をとり、友達は緑のビー玉をとる。もしビー玉が厳密に対になっていれば、どちらの色を選んだところで有利にはならない。しかし、もしある大きさの赤のビー玉と緑のビー玉の数が同じでなければ、それは公平なゲームにならない。赤を選ぶか緑を選ぶかが重要になり、あなたと友達が色を入れ替えた場合はゲームの進行が違ってくる。そこに対称性が存在するためには、すべての大きさのビー玉が赤と緑の両方に入っていなければならず、ある大きさのビー玉がどちらの色でも同じ数になっていなければならない。


*ヨーロッパでは、ピエール・ラモン、ユリウス・ウェスとブルーノ・ズミノ、セルジオ・フェラーラなどが、またソ連では、Y・A・ゴリファンド、E・P・リフトマン、D・V・ヴォルコフ、V・P・アクロフがそれぞれに証明した。

超対称性の歴史

同じように、超対称性もボソンとフェルミオンが厳密に対になっている場合にだけ存在しうる。ボソンとフェルミオン、それぞれのタイプの粒子が同じ数だけ必要なのだ。そして、入れ替えられたビー玉がそっくり同じ大きさでなければならなかったのと同様に、対になっているボソンとフェルミオンは互いに同じ質量と同じ荷量をもっていなければならず、それぞれの相互作用も同じパラメーターによって支配されなければならない。言い換えれば、それぞれの粒子は自分と同様の性質をもったスーパーパートナーをもっていなければならないのだ。ボソンが強い相互作用を受けるなら、その超対称パートナーも強い相互作用を受ける。いくつかの粒子をともなう相互作用があるのなら、それらの粒子の超対称パートナーをともなう関連した相互作用もある。

物理学者にとって超対称性がとても刺激的な理由の一つは、もしこれがこの世界で発見されれば、それがほぼ一世紀ぶりに見つかった新しい時空の対称性ということになるからだ。だからこれは「スーパー」なのである。ここでは数学的な説明は控えるが、超対称性が異なるスピンの粒子を交換することを知っているだけで、ある関係性が充分に導ける。それぞれのスピンが異なるので、ボソンとフェルミオンは空間内で回転したときの変換のされ方が異なる。超対称変換はこの違いを補うために、空間と時間を必要とするのだ[23]。

ただし、だからといって、一つの超対称変換が物理的空間でどのようなかたちになるかを描けるとは思わないでほしい。物理学者でさえ、超対称性は数学的記述とその実験結果の観点からしか理解していない。そしてこのあと見るように、それが壮観なのである。

ここは読み飛ばしてもらってもかまわない。この節では歴史的な背景を説明するので、あとで必要となるような重要な概念は出てこない。だが、そういうことを抜きにしても、超対称性のなりたちはおもしろい話だ。いいアイデアは使い道が多様であることと、ひも理論とモデル構築はときとして生産的な共生関係をもつことが、ここにとてもよく表れているからだ。超対称性が探されるようになったのはひも理論がきっかけであり、超ひも——現実の世界に見合うひも理論の第一候補——が突きとめられたのは超対称性理論に重力を含めた超重力理論からの洞察があってこそだった。

一九七一年、フランス生まれの物理学者ピエール・ラモンが初めて超対称性理論を提唱した。ラモンが研究していたのは私たちが住んでいると思っている四次元ではなく、空間が一つと時間が一つの二次元だった。ラモンの目標は、ひも理論にフェルミオンを含めることだった。専門的な理由から、オリジナル版のひも理論にはボソンしか含まれていなかったが、どのような理論でもフェルミオンが含まれていなければこの世界を記述することはかなわないのだ。

ラモンの理論には二次元の超対称性が取り入れられていて、やがてそれが、アンドレ・ヌヴー、ジョン・シュワルツとともに考案したフェルミオンのひも理論に発展した。ラモンの理論は西洋で出てきた最初の超対称性理論だった。そのまえからソ連のゴリファンドとリフトマンが同時期に超対称性を発見していたが、彼らの論文は鉄のカーテンの陰に隠れていて欧米では紹介されなかった。

四次元の場の量子論はひも理論よりずっと強固な基盤を得ていたので、この時点ですぐに思いつく疑問として、四次元で超対称性がありうるかどうかというのがあった。しかし、超対称性は時空構造に複雑に織り込まれているため、二次元から四次元への一般化はそう単純な仕事ではなかった。一九七三年、オーストリアの物理学者ユリウス・ヴェスとイタリア生まれの物理学者ブルーノ・ズミノが、四次元の超対称性理論を考案した。ソ連では、ドミートリィ・ヴォルコフとウラジーミル・アクロフがそれぞれ別個に別の四次元超対称理論を導いたが、このときも冷戦によって意見交換が阻まれた。

これらの先駆者たちが四次元の超対称理論を完成させると、ほかの物理学者たちも関心を払った。だが、一九七三年のウェス－ズミノ模型では、標準モデルの粒子を全部はカバーできなかった。力を伝えるゲージボソンをどう四次元超対称理論に加えればいいかを、まだ誰も知らなかった。イタリアの理論家セルジオ・フェラーラとブルーノ・ズミノが、この難問を一九七四年に解決した。

二〇〇二年のひも理論会議に参加したあとケンブリッジからロンドンに向かう列車のなかで、私はセルジオからそのときの話を聞いた。時空を抽象的に拡張して、フェルミオンのようにふるまう次元を追加した「超空間」の形式がなかったら、おそらく正しい理論を見つけるのは不可能だったろう、それぐらいの難問だった、と彼は言った。超空間というのは非常に複雑な概念なので、あえて詳しく説明するつもりはない。ここで重要なのは、このまったく異なる種類の次元――これは空間の次元ではない――が超対称性の進展に決定的な役割を果たしたということだ。この純粋に理論的な道具は、今日でも超対称性の計算を簡素化するのに役立っている。

フェラーラ－ズミノ理論は、どうやって電磁気力と弱い力と強い力を超対称理論に含めるかを物理学者に示した。しかし、超対称理論も重力だけはまだ含められていなかった。そこで残った問題は、この残りの力を果たして超対称理論が組み込めるのかどうかということだった。一九七六年、セルジオ・フェラーラ、ダン・フリードマン、ペーター・ファン・ニューウェンハイゼンの三名の物理学者が「超重力」理論を構築して、この問題を解決した。超重力理論とは、重力と相対性理論を組み入れた複雑な超対称理論である。

おもしろいのは、超重力が定式化されつつあった一方で、ひも理論が独自の前進を続けていたことである。ひも理論の重要な理論的発展の一つに、フェルディナンド・グリオッツィとジョエル・シャークとデイヴィッド・オリヴが安定したひも理論を発見したことがある。これはラモンがヌヴー、シュワルツともに発見していたフェルミオンのひも理論の副産物だった。じつはフェルミオンのひも理論には、それまで誰も超重力理論以外では出会ったことのないタイプの粒子が含まれていた。この新しい粒子は、「グラビティーノ」と呼ばれていたグラビトンの超対称パートナーとそっくりの性質をもっていて、じつはこれこそがグラビティーノだったのである。ちょうど同じころに超重力理論が生まれていたため、物理学者はこの二つの理論の共通の要素に飛びつき、これを探究して、まもなくフェルミオンのひも理論に超対称性が存在していたことを発見した。これによって超ひも理論が生まれた。

ひも理論と超ひも理論については、あとの章であらためて説明する。ここでは超対称性を適用した別の重要な問題、すなわち素粒子物理学と階層性問題に対する超対称性の影響を見ていくことにする。

超対称性を含めた標準モデルの拡張

超対称性が最も簡潔で最も説得力をもつのは、これが既知の粒子どうしを対にしている場合だ。ただし、実際にそうなるには、標準モデルに同じ数のフェルミオンとボソンが含まれていなければならない――のだが、標準モデルはこの基準を満たしていない。ということは、もしこの宇宙が超対称なら、そこには数多くの新しい粒子が含まれていることになる。もっといえば、宇宙にはこれまでの実験で観測されているよりも、少なくとも二倍の数の粒子が含まれていなければならない。標準モデルのフェルミオン――三世代のクォークとレプトン――はすべて、まだ発見されていない新しいボソンのスーパーパートナーと対になっていなければならない。そしてゲージボソン――力を伝える粒子

——も、やはりスーパーパートナーと対になっていなければならない。

超対称な宇宙では、新しいボソンがクォークとレプトンのパートナーになる。物理学者は風変わりな（しかし系統立った）名前をつけるのが好きなので、それぞれのパートナーをスクォーク、スレプトンと称している。一般に、フェルミオンの超対称パートナーとなるボソンにはフェルミオンと同じ名前がつくが、その頭に「s」がついている。たとえば電子はセレクトロンと対になるし、トップクォークはストップスクォークと対になる。すべてのフェルミオンにはボソンのスーパーパートナーがいて、これをフェルミオンと結びついたスフェルミオンという。

これらの粒子とそのスーパーパートナーの性質はぴったりとそろっている。ボソンのスーパーパートナーはフェルミオンの片割れと質量も荷量も同じで、相互作用も関連している。たとえば電子の電荷がマイナス一なら、セレクトロンも同じだ。ニュートリノが弱い力を通じて相互作用するなら、スニュートリノも同じである。

宇宙が超対称なら、ボソンにもスーパーパートナーがいなくてはならない。標準モデルの既知のボソンは力を伝える粒子であり、光子も、電荷を帯びたWボソンも、Zボソンも、グルーオンも、すべてスピン1をもつ。超対称性の命名法からして、新しいスーパーパートナーのフェルミオンには対になるボソンと同じ名前がつくが、その最後に「-ino」がつく。したがってゲージ粒子のパートナーとなるフェルミオンはゲージーノ粒子といい、グルーオンのパートナーとなるフェルミオンはグルイーノ、ヒッグス粒子のパートナーとなるフェルミオンはヒグシーノという。スーパーパートナーのボソンがそうであったように、スーパーパートナーのフェルミオンも対になっているボソンと同じ荷量、同じ相互作用、そして——超対称性が正確なら——同じ質量をもつ（図64を参照）。

スーパーパートナーがまだ一つも見つかっていないことを考えれば、物理学者が超対称性の可能性をこのように真剣に考えているのは不思議だと思うかもしれない。私もときどき自分の同僚の自信満々な態度に驚くことがある。しかし、たとえ超対称性がいまのところ自然界で見つかっていないとしても、これがあると考える理由はいくつかある。超対称性に最初に取り組んだ一人であるセルジオ・フェラーラは、ロンドン行きの列車のなかで、多くの物理学者の見方をこんなふうに表現してくれた——こうした驚異的で魅惑的な理論構成が、この世界の物理に何の役割も果たしていないとは信じがたい。

一方、対称性の美しさにそれほどとりこになっていない物理学者は、超対称性を信じる第一の理由に、超対称性を用いて標準モデルを拡張することの利点を挙げる。超対称性を含まない理論と違って、こちらは軽いヒッグス粒子と質量の階層性を保持するからである。

超対称性と階層性問題

標準モデルにおける階層性問題は、なぜヒッグス粒子がそんなにも軽いかということだった。ヒッグス粒子の質量に仮想粒子からの多大な量子補正があるのに、どうしてヒッグス粒子が軽いままでいられるのか？　この多大な補正のため、標準モデルはとてつもなく厳密な微調整を不本意ながら含めないと機能しないのである。

【図64】粒子とその超対称パートナー

	粒子	スーパーパートナー
	レプトン lepton	スレプトン slepton
例	電子（エレクトロン） *electron*	セレクトロン *selectron*
	クォーク quark	スクォーク squark
例	トップ *top*	ストップ *stop*
	ゲージボソン gauge boson	ゲージーノ gaugino
例	光子（フォトン） *photon* Wボソン *W boson* Zボソン *Z boson* グルーオン *gluon*	フォティーノ *photino* ウィーノ *wino* ジーノ *zino* グルイーノ *gluino*
	グラビトン gravitc	グラビティーノ gravitino

超対称性を取り入れた標準モデルの拡張版の大きな強みは、粒子とスーパーパートナーの双方からの仮想の寄与があれば、超対称性によってヒッグス粒子の質量に対する多大な量子補正がなくなり、したがって軽いヒッグス粒子をありえなくする原因もなくなることである。超対称理論では、ボソンとフェルミオンそれぞれの相互作用がかならず相関関係にあり、そのような相互作用しかありえない。そして、そこからくる制約のため、超対称理論には粒子の質量に対する多大な量子補正の問題が生じない。

超対称理論では、仮想の標準モデル粒子だけがヒッグス粒子の質量に寄与する仮想粒子ではない。仮想のスーパーパートナーもそうである。そして超対称性のみごとな性質により、この二種類の寄与はつねに総和がゼロとなる。仮想フェルミオンと仮想ボソン、それぞれによるヒッグス粒子の質量に対する量子補正は、きわめて厳密な相関関係にあるので、ボソンとフェルミオンそれぞれによる多大な補正はかならずきれいに相殺される。フェルミオンによる補正はマイナスなので、ボソンによる補正を正確に打ち消してしまうのだ。

こうした相殺を示したのが図65で、片方の図は仮想トップクォーク、もう片方の図は仮想ストップスクォークの例である。どちらの図も、ヒッグス粒子の質量に対する多大な補正を生む。しかし、超対称理論では粒子と相互作用に特殊な関係性があるため、質量に対する莫大な補正がトップクォークからの分とストップスクォークからの分を足すとゼロになり、結果的に補正が完全に打ち消される。

超対称性を含まない理論では、ヒッグス粒子の質量に対する莫大な量子補正が低エネルギーでの電弱対称性の破れを台無しにするため、不自然なほどの精密な微調整によって、粒子の質量に対する多大な補正の総和をきわめて小さい数に抑えなくてはならない。しかし、超対称性を含めた標準モデルの拡張版なら、図65に示したような安定性を揺るがしかねない影響がすべて加算されてゼロとなる。

ヒッグス粒子の古典的な質量が小さい値なら、本当の質量も——量子補正を含めながらも——かならず小さくなる。

超対称性は、標準モデルを成立させる柔軟で安定した土台のようなものだ。標準モデルの微調整が、鉛筆をまっすぐ立たせるために慎重にバランスをとるようなものだとすれば、超対称性は、鉛筆を立たせたままにしておく針金のようなものだ。あるいは階層性問題が、自分の権限を越えて書類をあまりにも多く遅らせる移民帰化局の役人だとすれば、超対称パートナーは、移民局の役人を抑えて大半の書類をただちに通させようとする市民的自由の擁護者のようなものだ。

通常の仮想粒子による補正が超対称パートナーによる補正と合わさってゼロになるため、超対称理論では、仮想粒子からの量子力学的補正があるからといって低質量の粒子が理論から排除されることはない。ヒッグス粒子のような軽いとされている粒子が、仮想粒子による補正を考慮に入れても、やはり軽いままでいられるのだ。

破れた超対称性

超対称性は、ヒッグス粒子の質量に対する多大な補正の問題をたしかに解決できる力がある。だが、まえにも言ったように、いまの

【図65】超対称理論における粒子の質量に対する補正の相殺

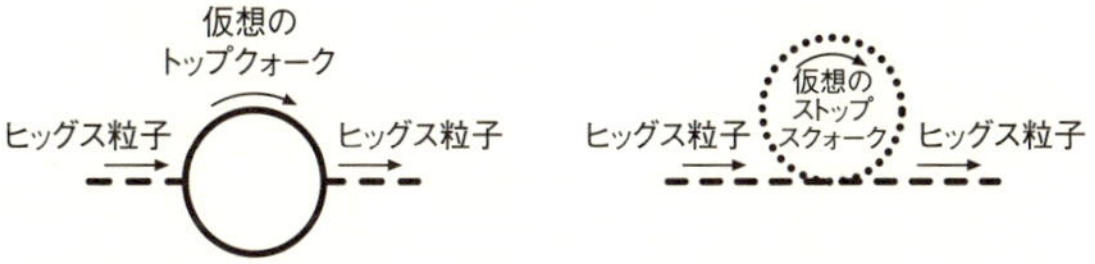

超対称理論では、ヒッグス粒子の質量に対して粒子と超対称粒子（この場合は、左の図で仮想のトップクォーク、右の図で仮想のストップスクォーク）の両方からの補正がある。フェルミオンの相互作用とボソンの相互作用は違うため、２つの図は同じには見えない。にもかかわらず、それぞれの図からのヒッグス粒子の質量に対する補正は、両者が足されると相殺される。

ところ超対称性には深刻な問題がある。この世界は明らかに超対称ではないのだ。なぜか？　既知の粒子とまったく同じ質量と荷量をもつスーパーパートナーが本当に存在しているなら、すでにそれらも見つかっているはずだ。ところがセレクトロンにしろフォティーノにしろ、まだ一個も見つかっていないのである。

だからといって、超対称性のアイデアを捨てる必要はない。むしろ、超対称性はたとえ自然界に存在しているにしろ、厳密な対称性にはなっていないと考えるのが妥当だろう。電弱力にともなう局所対称性のように、超対称性も破れているに違いない。

理論的に考えて、粒子とそのスーパーパートナーの質量をそっくり同じでなくすことにより、超対称性を破ることができる。わずかな超対称性の破れの効果が、その差を生じさせるからである。粒子の質量と、それに対応するスーパーパートナーの質量との差は、超対称性の破れの度合いによって決まってくる。超対称性がほんのわずかしか破れていなければ、質量の差は小さくなるし、逆にひどく破れていれば、質量の差は大きくなる。要するに、粒子とそのスーパーパートナーとの質量の差は、超対称性がどれだけひどく破れているかを記述する唯一の方法と言ってもいい。

超対称性の破れのモデルはほぼすべて、スーパーパートナーの質量を既知の粒子の質量より大きく与えている。これは幸いなことである。というのも、スーパーパートナーがそれに対応する標準モデルの片割れより重いということが、超対称性が実験での観測結果と一貫性をもつための決定的な条件だからである。これにより、なぜスーパーパートナーが見つかっていないかが説明できる。重い粒子は高エネルギーでしか生成されず、したがって仮に超対称性が存在していても、加速器がまだ充分な高エネルギーに達していなかったため、それらを生成できなかったと考えられるのだ。実験では数百GeVまでのエネルギーが探られているので、スーパーパートナーがまだ見つかっていないということは、もしそれらが存在するとすれば、少なくともそれ以上の大きな質量をもっているに違いない。

スーパーパートナーが検出を逃れるのに必要となる正確な質量の下限は、その粒子の荷量と相互作用によって決まる。相互作用が強いほど、粒子は生まれやすくなる。したがって検出されるのを避けるには、強く相互作用を受ける粒子ほど、弱く相互作用を受ける粒子に比べて重くなくてはならない。現時点で超対称性の破れのモデルの大半にかかっている実験上の制約から逆算すると、もし超対称性が存在していて、なおかつスーパーパートナーが検出に引っかからなかったのだとすれば、すべてのスーパーパートナーは少なくとも数百 GeV の質量をもっていることになる。そしてスクォークのように強い力の作用を受けるスーパーパートナーは、それよりさらに重いはずで、少なくとも一〇〇〇 GeV の質量をもっているだろう。

破れた超対称性とヒッグス粒子の質量

これまで見てきたように、ヒッグス粒子の質量に対する量子補正は超対称理論では問題とならない。超対称性が量子補正の和をかならずゼロにするからだ。とはいえ、これもいま見たように、超対称性が本当にこの世界に存在しているのなら、それは破れているに違いない。超対称性が破れているモデルでは、スーパーパートナーがその標準モデルの片割れと同じ質量をもたないため、ヒッグス粒子の質量に対する量子補正のバランスが、超対称性が厳密な場合ほどは精密にとれない。つまり超対称性が破れていると、仮想粒子による量子補正が厳密に打ち消されなくなるのだ。

にもかかわらず、ヒッグス粒子の質量に対する量子補正があまりにも大きくならないかぎり、標準モデルは微調整もごまかしもなしですませられる。たとえ超対称性が破れていても——その効果が小さいかぎり――標準モデルはヒッグス粒子を軽いままにしておける。超対称性はすこしぐらい破れても、仮想のエネルギーを帯びた粒子から巨大なプランクスケール質量の補正を充分に排除できるだけの効力がある。超対称性の破れがほんのすこしなら、とうていありそうもない相殺は必要にならない。

この超対称性の破れがどのぐらい小さければいいかというと、超対称性の破れによるスーパーパートナーと標準モデル粒子の質量の差が、補正を必要としない小ささにおさまる程度であればよい。仮想粒子とそのスーパーパートナーからのヒッグス粒子の質量に対する量子補正は、ゼロではないにせよ、粒子とそのスーパーパートナーの超対称性の破れによる質量の差に比べて桁が大きく変わるほどにはならないとわかっている。ということは、すべての粒子とそのスーパーパートナーとの質量の差は、せいぜいウィークスケール質量ぐらいのはずだ。その場合、ヒッグス粒子の質量に対する量子補正もウィークスケール質量ぐらいということになり、ヒッグス粒子の質量としてほぼふさわしい大きさになるだろう。

標準モデルの既知の粒子は軽いため、スーパーパートナーと標準モデル粒子との質量の差は、スーパーパートナーの質量とほぼ同じぐらいになる。したがって、超対称性が階層性問題を解決するなら、スーパーパートナーの質量はウィークスケール質量の二五〇 GeV よりそう大きくはならないはずだ。

スーパーパートナーの質量がウィークスケール質量とほぼ同程度なら、ヒッグス粒子の質量に対する量子補正はそれほど大きくはならない。超対称性がない場合は、ヒッグス粒子の質量に対する量子補正は一六桁も大きくなり、そうなると軽いヒッグス粒子を維持するために、したくないごまかしがどうしても必要になったが、超対称性の破れによる質量の差が数百 GeV ほどの超対称的な世界なら、ヒッグス粒子の質量に対する過度に大きな量子補正はいっさい生じない。

ヒッグス粒子が――ひいてはスーパーパートナーも――数百 GeV よりずっと重くてはならないと

いう（ヒッグス粒子の質量に対する多大な量子補正をふたたび導入させないための）必要条件と、今までの実験で二〇〇 GeV 程度の質量のスーパーパートナーが見つかっていないことを考えあわせると、もし超対称性が自然界に存在していて階層性問題を解決するのなら、超対称パートナーは数百 GeV 程度の質量に違いないということになる。もしそうなら、それは非常にわくわくすることだ。なぜなら超対称性の実験証拠はすぐそこまで出かかっていて、いつか近いうちに粒子衝突型加速器で現れてくるかもしれないと期待できるからである。なにしろ既存の衝突型加速器テヴァトロンよりすこしエネルギーが高くなるだけで、スーパーパートナーが現れるのに必要なエネルギーにゆうに到達できるはずなのだ。

大型ハドロン加速器（ＬＨＣ）はこのエネルギー範囲を探ることになっている。質量数千 GeV までの粒子を探す予定のＬＨＣで超対称性が発見されなければ、スーパーパートナーは重すぎて階層性問題を解決できないことになり、その時点で超対称性による解決は除外される。

しかし、もし超対称性が階層性問題を解決するなら、それは実験の予期せぬ収穫となる。およそ一 TeV（一〇〇〇 GeV）のエネルギーを探る粒子加速器は、ヒッグス粒子だけでなく、たくさんの標準モデル粒子の超対称パートナーを見つけるだろう。グルイーノもスクォークも、スレプトンもウィーノも、ジーノもフォティーノも見つかるはずだ。これらの新しい粒子は、標準モデル粒子とまったく同じ荷量をもつはずだが、標準モデル粒子よりも重い。充分なエネルギーと衝突回数があれば、これらの粒子は見逃しようがない。もし超対称性が本当にあるならば、私たちはまもなくそれを確認することになるだろう。

超対称性——証拠を査定する

それでも拭いきれない疑問は残る——超対称性は自然界に存在するのか？　残念ながら、判定はまだ下されない。もっと多くの事実が出てこないかぎり、どんな答えも推測の域を出ない。いまのところは弁護側も検察側も、ともに自分に有利となる説得力のある主張をもっている。

すでに超対称性を信じる強い理由の二つについては言及した。階層性問題とひも理論だ。超対称性に有利となる三つめの強力な証拠の断片は、超対称性を含めた標準理論の拡張によって力の統一が可能になりそうなことだ。第11章で述べたように、電磁気力、弱い力、強い力の相互作用の強さはエネルギーによって決まる。ジョージアイとグラショウは最初、標準モデルの力が統一されることを発見したが、三つの力をもっと正確に測定してみると、標準モデルでの統一はあまりよく機能しないことがわかった。三つの相互作用の強さをエネルギーの関数としてプロットしたのが、図66の上のグラフだ。

だが、超対称性はこれらの力を通じて相互作用する新しい粒子を数多く導入する。これが力の距離（あるいはエネルギー）依存を変化させる。超対称パートナーも仮想粒子として現れてくるからだ。その新たな量子補正が繰り込み群の計算に入ってきて、電磁気力、弱い力、強い力のエネルギーに応じた相互作用の強さに影響を及ぼす。

図66の下のグラフは、仮想のスーパーパートナーの効果が含まれたときに力の強さがエネルギーに応じてどう変わるかを示している。驚くことに、超対称性が加わると、三つの力はかつてなく厳密に統一されるように見える。いまのほうが相互作用の強さの測定がはるかに正確になっていることを考

【図 66】3 つの力の相互作用の強さ

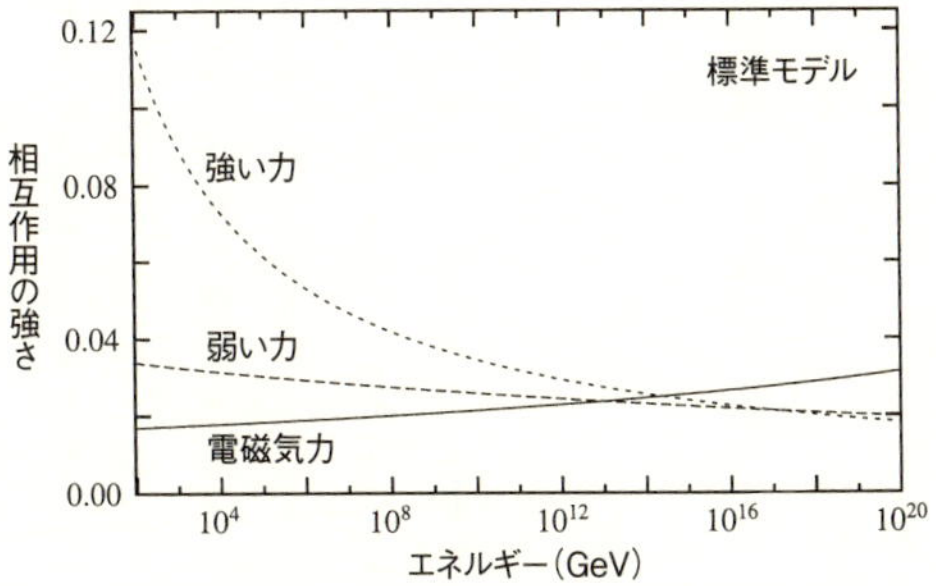

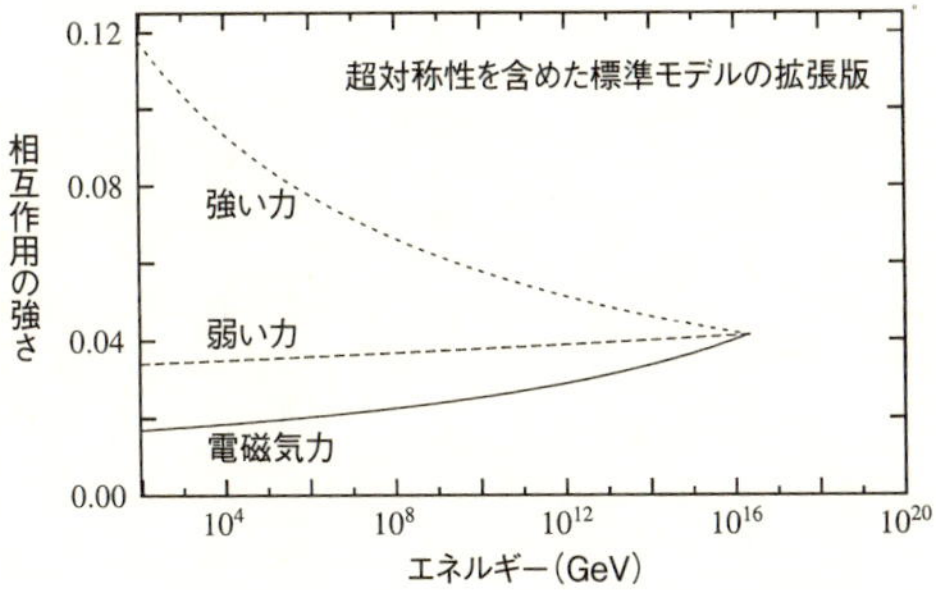

上の図は、標準モデルにおける電磁気力、弱い力、強い力の強さをエネルギーの関数として表したもの。それぞれの曲線は互いに近づくが、1 点では交わらない。下の図は、超対称性を含めた標準モデルの拡張版で、同じ 3 つの力の強さをエネルギーの関数として表したもの。3 つの力の強さは高エネルギーで同等となり、3 つの力が本当に 1 つの力に統一される可能性を示している。

えると、これは以前の統一の試みよりずっと意味深い。三本の線が交差するのは偶然かもしれない。しかし、超対称性を裏づける証拠ともとれるかもしれない。

超対称理論のもう一つのすばらしい点は、ここにダークマターのもっともらしい候補が含まれていることだ。ダークマターは、宇宙全体に広がっている光を発しない物質で、その重力の影響を通じて存在が発見されてきた。宇宙のエネルギーの約四分の一がダークマターに蓄えられているとしても、それが何であるかはいまだにわかっていない。* 超対称粒子が崩壊せず、望ましい質量と適度の相互作用をもつなら、これは理想的なダークマターの候補なのだ。そして実際、最も軽い超対称粒子は崩壊もせず、ダークマターを構成している粒子としてふさわしい質量と相互作用の強さをもっている可能性もある。この最も軽い超対称粒子は、光子のパートナーのフォティーノではないかと考えられる。あるいは、あとで見る余剰次元シナリオで考えられているように、Wボソンのパートナーであるウィーノの可能性もある。

ただし、超対称性を主張する説も完璧ではない。超対称性を否定する最も強力な反論は、ヒッグス粒子もその超対称パートナーもまだ見つかっていないというものだ。超対称パートナーの発見は目前かもしれないが、それがいまだに観測されていない理由は完全には説明されない。もし超対称性が階層性問題を解決するのなら、とっくに観測されていてもよいではないか。実験はすでに数百GeVのエネルギーに達している。スーパーパートナーがそれよりすこしだけ重い可能性はたしかにあるが、そうでなければならない理由もない。むしろ階層性問題の解決の観点から言えば、スーパーパートナーは軽いほどいいのだ。もし超対称性が階層性問題を解決するなら、なぜスーパーパートナーはすでに見つかっていないのか？

理論から言えば、超対称性に完璧な説得力がないのは、これがどう破れるかについて大きな疑問が残るからだ。超対称性が自発的に破れなければならないのはわかっているが、標準モデルと弱い力の対称性の場合のように、どの粒子が原因なのかはまだわかっていない。多くの魅力的なアイデアが出されてきたが、完全に納得のいく四次元理論はいまのところ提出されていないのである。

私は初めて超対称性について知ったとき、危うく、これはモデル構築の立場から見ると安易すぎると勘違いするところだった。量子補正がないので、超対称理論は無関係な質量を適当に含められるように思えたのだ。本質的にまったく異なる質量が現れても、その理由はわからなかったにせよ、それが支障を及ぼすこともない。それはモデル構築の見地からは非常にがっくりすることだった。未確定の根本理論に関して手がかりを与えてくれるものが何もないように思えたからだ。そして、それは非常に退屈なことでもあった。モデルを構築してもなんの挑戦にもならないように思えたからだ。

だが、そのあと超対称性の「フレーバー問題」を知って、じつはそうではなかったと気づいた。安易どころか、破れた超対称性を扱う理論の具体的な細部を機能させるのは、とても難しいことなのだ。問題はいささか見えにくいが、これが重要なのである。フレーバー問題は、超対称性の破れの単純な理論にとって大きな障害となる。超対称性の破れを扱う新しい理論はすべてこの問題を中心に据えており、詳しくは第17章で述べるが、余剰次元における超対称性の破れが解決策となるのかもしれない。

まえに述べたように、標準モデルのフェルミオンのフレーバーは、三つの異なる世代に属する、電荷は同じだが質量が異なる三種類のフェルミオンだ。たとえばアップクォークとチャームクォークと

＊宇宙にはダークエネルギー（どんな物質によっても担われていないエネルギー）が含まれていて、宇宙の全エネルギーの七〇パーセントを占める。超対称性は（あるいはほかの理論も）ダークマターを説明するかもしれないが、ダークエネルギーは説明できない。

トップクォーク、あるいは電子とミューオンとタウである。標準モデルでは、これらの粒子のアイデンティティは変わらない。たとえば、ミューオンは決して電子と直接の相互作用をしない。ウィークボソンの受け渡しを通じて間接的に相互作用するだけだ。ミューオンが崩壊して電子になることはあるが、それは崩壊がミュー型ニュートリノと反電子型ニュートリノも生むからにすぎない（図53を参照）。付随するニュートリノを放出することなく、ミューオンがそのまま電子に変わることは決してない。

このような、ある種類のレプトンの明確なアイデンティティを表現するのに、物理学者は電子数やミューオン数が保存されるという言い方をする。電子と電子型ニュートリノにはプラスの電子数があてられ、陽電子と反電子型ニュートリノにはマイナスの電子数があてられている。そしてミューオンとミュー型ニュートリノにはプラスのミューオン数が、反ミューオンと反ミュー型ニュートリノにはマイナスのミューオン数があてられている。ミューオン数と電子数が保存されていれば、ミューオンは決して電子と光子に崩壊できない。それではプラスのミューオン数とゼロの電子数で始まりながら、プラスの電子数とゼロのミューオン数で終わることになるからだ。そして実際、そのような崩壊は一度も確認されていない。これまでにわかっているかぎり、どういう粒子の相互作用によっても電子数とミューオン数は保存される。

超対称理論では、この電子数とミューオン数の保存から、電子とセレクトロン、あるいはミューオンとスミューオンが弱い力を通じて相互作用することはあっても、電子がスミューオンと直接相互作用することは決してないとされる。もし仮に、何らかの理由で電子とスミューオンが、あるいはミューオンとセレクトロンが直接に相互作用したとすると、たとえばミューオンを電子と光子に崩壊させるような、自然界にはありえない相互作用が引き起こされることになってしまう。

問題は、そのようなフレーバーを変質させる相互作用が厳密な超対称理論では起こらないのに、ひとたび超対称性が破れると、ミューオン数と電子数がかならずしも保存されるとは限らなくなることだ。超対称性が破れている理論では、超対称性の相互作用が電子数とミューオン数を変えることがある。つまり、実験からわかっていることと矛盾するのだ。これは、質量のあるボソンのスーパーパートナーが、対をなすフェルミオンのアイデンティティをしっかりと認識できないからだ。超対称理論での質量がボソンのスーパーパートナーにすべてを混同させるので、たとえばスミューオンだけでなく、セレクトロンもミューオンと対になる。しかしセレクトロンとミューオンが対になると、起こらないはずの崩壊がなんでも起こってしまう。自然を正しく記述した理論なら、ミューオン数や電子数を変える相互作用は、きわめて弱くなければならない（あるいは、あってはならない）はずだ。なぜならそのような相互作用は一度も観測されていないからである。

クォークにも同じような問題が生じる。クォークのフレーバーも超対称性が破れていれば保存されず、冒頭の物語でアイクが恐れたような危険な世代の入り混じりが生じる。多少のクォークの混同は自然界でも起こるが、超対称性の破れの理論が予言するよりはずっと少ない。

超対称性の破れの理論は、こうしたフレーバーを変える相互作用がそうひんぱんに起こらない理由をどう説明するかという非常に難しい課題を抱えている。残念ながら、超対称理論のほとんどは、このようなフレーバーを変える効果が抑制されている理由をきちんと説明できていない。これは許されないことである。理論を自然と一致させたければ、異なるフレーバーの混合は許されてはならないのだ。

この問題がよくわからなくても、情けなく思うことはない。じつは多くの物理学者も、最初はそのように感じていたし、超対称性のフレーバー問題がそんなに重要なことだとも思っていなかった。思いきり単純化して言うと、考え方の違いは地理的な線に沿って分かれた。ヨーロッパ人はアメリカ人ほどは気にしなかったのだ。すでに何年もまえからフレーバー問題を別の文脈で考えていたアメリカの物理学者は、これを解決するのがどんなに難しいかを知っていた。しかし、そうでない多くの物理学者は、無政府主義原理の意味するところを無視していたし、なぜ私たちが悩むのかもわかっていなかった。たとえば、現在シアトルの原子核理論研究所にいる一流の物理学者（私の大学院時代の最初の共同研究者でもある）デイヴィッド・B・カプランなども、一九九四年にミシガン州のアナーバーで開かれた国際超対称性会議から戻ったあと、人びとの理解のなさについて嘆いていたものだった。彼はその会議でフレーバー問題の解決案を聴衆に向けて発表したのだが、そもそも問題があるとさえ思っていない人が大半だったのだ！

この状況はまもなく一変した。現在では、ほとんどの人がフレーバー問題の重大性を認めている。粒子のアイデンティティを犠牲にせずに、必要なスーパーパートナーの質量をすべて与えるような超対称性の破れの理論を見つけるのは非常に難しい。どうしたら超対称性を破りながらフレーバーを変えずにすむかという決定的な課題を乗り越えないかぎり、超対称性による階層性問題の解決は望めない。ミューオンと電子（およびクォーク）数の保存が失われるなどというと専門的に聞こえるかもしれないが、これは超対称性の破れにつきまとう本当に恐ろしい問題である。スーパーパートナーがお互いに変わってしまうのを防ぐのはとても難しい。それを防ぐのに、対称性は総じて無力なのである。

ここで、あらためて最初のテーマに戻ってきた。対称性を含めた理論はエレガントだが、私たちの見ている世界を記述する破れた対称性も、同じようにエレガントであるはずだ。超対称性はなぜ、どのようにして破れるのか？　誰もが納得できる超対称性の破れのモデルができたとき、初めて私たちは理論上の課題を片づけて、本当に超対称理論を理解できるようになるだろう。

これは、超対称性が誤りだという意味ではないし、ましてや階層性問題と無関係だという意味でもない。ただ、超対称理論が正しくこの世界を記述するのに、別の新たな要素が求められているとは言えるだろう。まもなくわかるように、その新たな要素が余剰次元かもしれないのだ。

まとめ

- 「超対称性」は、本質的に粒子スペクトルを二倍にする。超対称理論では、すべてのボソンに超対称性によって対をなすフェルミオンがあり、すべてのフェルミオンに超対称性によって対をなすボソンがあるとされる。
- 量子力学的効果によって、ヒッグス粒子は軽いままでいるのが（超対称性がないと）難しくなるが、ヒッグス粒子が重くなりすぎると標準モデルはなりたたなくなる。余剰次元理論が出現するまで、超対称性はこの問題を扱う唯一の方法だった。
- 超対称性は、なぜヒッグス粒子が軽いのかという疑問にはかならずしも答えていないが、ヒッグス粒子が軽いという仮定をもっともらしくすることで、階層性問題の解決の糸口を与える。
- 標準モデル粒子とそのスーパーパートナーがヒッグス粒子の質量に及ぼす、多大な仮想粒子による補正は、すべて合わせるとゼロになる。したがって超対称理論では、ヒッグス粒子が軽くても問題は生じない。

●超対称性は階層性問題を解決するかもしれないが、その対称性は完全ではありえない。もし完全なら、スーパーパートナーが標準モデルと同じ質量をもつわけだから、すでに実験で超対称性の証拠が見つかっているはずである。

●「スーパーパートナー」が本当に存在するならば、それはパートナーの標準モデル粒子より質量が大きくなくてはならない。高エネルギー加速器は、ある程度までの質量の粒子しか生成できないので、まだスーパーパートナーを生むだけのエネルギーには達していないとも考えられる。それならスーパーパートナーがまだ見つかっていないのも説明がつく。

●いったん超対称性が破れると、「フレーバーを変える相互作用」が起こりうる。これはクォークやレプトンを、同じ電荷をもった別の世代の（つまり、もっと重いか、もっと軽い）クォークやレプトンに変える過程である。既知の粒子のアイデンティティを変えるのだが、これは自然界では非常に珍しい過程で、ごくまれにしか起こらない。しかし、超対称性の破れの理論のほとんどは、これが非常にひんぱんに、実験で確認されているよりもずっとひんぱんに起こると予言してしまう。

Ⅳ部 ひも理論とブレーン

第14章 急速な(だが、あまり速すぎてもいけない)ひものパッセージ

私は世界をひもで操っている
——フランク・シナトラ

ここで時間を一〇〇〇年ほど早送りする。

イカルス(アイク)・ラシュモア四二世は、先日スペースネットで購入した新しい装置、Alicxvrの6.3モデルを試してみていた(スピードと目新しい道具に目がなかったイカルス三世の性向は世代を重ねても受け継がれていたらしい)。Alicxvrは、非常に小さいものから非常に大きいものまで、どんなサイズのものでも見られるようにする装置だった。これを買った友人たちはきっと最初に大きいサイズを試すだろうな、とアイクは思っていた。目盛りを何メガパーセクもの大きさに合わせれば、この宇宙の先にある空間まで見られるのだ。しかしアイクは、こう思った。「そういや極端に小さい距離ではどうなってるのかも、ほとんど知らないな」そこで極大サイズの代わりに、

極小サイズを調べてみることにした。

だが、アイクはせっかちなタイプだった。装置についていた長ったらしい取扱い説明書は読む気にもならず、いきなり装置を動かしはじめた。いちばん小さいサイズのところに赤いインジケータがかぶさっているのもあっさり無視して、その10^{-33}センチメールにダイヤルを合わせ、「ゴー」のボタンを押した。

それは恐ろしい体験だった。激しく振動する急勾配の風景のなかで、あたりを埋め尽くすひもを見ながら、アイクはいきなり宇宙酔いにかかっていた。空間はもはや、彼のよく知る平坦でのっぺりとした背景ではなくなっていた。あるところでは小刻みに揺れつづけ、あるところでは一点に向かって突出し、あるいは輪のようになって面から離れたかと思うと、また面に吸収される。アイクは必死になって「ストップ」ボタンを手探りし、ぎりぎりのところでボタンを押して、どうにか感覚がめちゃくちゃになるまえに正常な世界に戻ってきた。

落ち着きを取り戻すと、アイクはようやく説明書を読んでおくべきだったと思い当たった。そこで「注意」の項を開いてみると、こう書いてあった。「この新しいAlicxvr 6.3モデルは10^{-33}センチメートルより大きいサイズでしかご利用いただけません。まだこの装置には最新のひも理論の発見が組み込まれておりません。その予言を物理学者や数学者が物理世界に結びつけたのは昨年のことですので」

その最新の発見は新しい7.0モデルにならないと組み込まれないと知って、アイクはひどくがっかりした。だが、その後アイクは、ひも理論の最新事情を研究して自分のAlicxvrの性能を上げた。そのあとは、もう宇宙酔いにはかからなかった。

アインシュタインの一般相対性理論は画期的な発見だった。これにより、物理学者は重力場をより深く理解して、重力の影響をこれまでにない正確さで計算できるようになった。相対性理論は物理学者にあらゆる重力系の進化を――宇宙全体の進化さえ――予言する手段を与えた。だが、これだけの予言をなしえる一般相対性理論でも、重力についての最終解答ではありえなかった。極端に短い距離に適用されると、一般相対性理論は破綻する。非常に小さい距離スケールにおいては、新しい重力パラダイムしか機能しない。多くの物理学者は、ひも理論こそそのパラダイムに違いないと考えている。

ひも理論が正しければ、一般相対性理論、量子力学、素粒子物理学のそれぞれで成功している予言もすんなりと肯定される。だが、ひも理論はその範疇にとどまらず、これらの理論では扱いきれない範囲の距離やエネルギーにおいても、そこでの物理を説明できる。ひも理論の進展はまだ充分とは言えないので、ひも理論の高エネルギーでの予言が正しいかどうかもわからないし、そうした実現しにくい距離やエネルギーで、ひも理論がどれだけ有効なのかもわからない。しかし、たしかにこれは有望だと思わせるみごとな点がひも理論にはいくつかある。

これからそのひも理論を詳しく見ていくわけだが、この劇的な新理論の発展は、一九八四年の「超ひも革命」で頂点に達した。このとき物理学者は、ひも理論の各断片が奇跡的なほどぴったりと組み合わさるのを実証したのである。超ひも革命をきっかけに、綿密な研究プログラムが開始され、今日でも多くの物理学者が大きな期待を抱いてこれに取り組んでいる。この章と次章では、ひも理論の歴史と、最近の刺激的な展開のいくつかを追っていこう。ここまで驚異的な進展を遂げてきたひも理論には、期待のもてる明るい側面がいくつもある。だが、同時に多くの難題も抱えており、それらをどうにか解決しないことには、ひも理論でこの世界についての予言をするのは難しくなる。

初期の騒乱

量子力学と一般相対性理論はかなり広範囲の距離スケールで仲良く共存できており、実験で確認できる範囲ではいっさい矛盾しない。どちらの理論もあらゆる距離スケールに適用されるが、測定できる範囲での長い距離、短い距離で、どちらが支配的になるかはお互いに理解している。量子力学と一般相対性理論が平和にテリトリーを共有できるのは、お互いが相手の担当分野での支配権を尊重しているからだ。一般相対性理論のほうは、恒星や銀河のような巨大なものにとって重要となる。しかし、原子に対する重力の影響はないも同然の小ささなので、原子を調べる場合には安心して一般相対性理論を無視できる。かたや量子力学は、原子のような極小のサイズにおいて欠かせないものとなる。原子についての量子力学の予言ははっきりしていて、しかも古典物理学の予言とは大きく異なるからだ。

とはいえ、量子力学と相対性理論は、完全に調和する関係でもない。この二つのまったく異なる理論は、距離が極端に短くなると、どうしても折り合いがつかなくなる。この距離をプランクスケール長さといって、10^{-33}センチメートルに相当する。すでにニュートンの重力の法則から、重力の強さは質量に比例し、距離の二乗に逆比例するとわかっている。原子スケールで重力が弱いといっても、重力の法則にしたがえば、もっと微小なスケールになると重力はとてつもなく強くなる。重力は大きく広がった質量の大きなものにとって重要なだけでなく、極端に接近しているもの、つまりプランクスケール長さだけ離れているものにとっても重要なのである。この測定できないほど小さい距離について予言をしようとすれば、量子力学と一般相対性理論の両方に働いてもらうことになるのだが、この二つの理論からの大きな寄与がどうしても相容れない。量子力学も重力も、この競合するテリトリーでは無視できないのだが、そこでの量子力学の計算と一般相対性理論の計算は互いに協力してくれず、したがって予言はかならず失敗する。

一般相対性理論が機能するのは、曲がり方がゆるやかな時空によって表される、なめらかな重力場がある場合に限られる。しかし量子力学にしたがえば、プランクスケール長さを探ったり、その長さに影響を与えたりできるようなものは、運動量がきわめて不確定だとされている。プランクスケール長さを探るのに充分なエネルギーを備えた探測器があったとしても、活発な仮想粒子の発生といった破壊的な動力学過程を引き起こしてしまい、一般相対性理論で記述しようという望みをことごとく打ち砕いてしまうだろう。量子力学にしたがえば、プランクスケール長さでは、ゆるやかに起伏する地形の代わりに、激しく揺れ動く世界が現れるはずだ。あちらこちらで時空が波立って輪ができたり突起ができたりと、ちょうど未来世界のアイクが遭遇したような地形になるのだ。このような荒々しい領域では、一般相対性理論は使えない。

だが、それで一般相対性理論が退いて、その場を完全に量子力学に委ねるわけでもない。プランクスケール長さでは、重力がしっかりと力を働かせるからだ。私たちの慣れ親しむ素粒子物理学レベルのエネルギーでは、たしかに重力の力は弱い。しかし、プランクスケール長さを探るのに必要な高エネルギーでは、[*]重力の強さがとてつもなく大きくなる。このプランクスケールエネルギー――プランクスケール長さを探るのに必要なエネルギー――までいくと、もはや重力は無視していいような弱い力ではなくなる。プランクスケール長さでは、重力を無視できないのだ。

実際、プランクスケールエネルギーでは、重力のつくる障壁によって従来の量子力学の計算は不可能になる。10^{-33}センチメートルを探れるだけの高いエネルギーをもつものは、あっというまにブラックホールになって、入ってくるものすべてを閉じ込める。その内部がどうなっているかを説明できるのは重力の量子論だけだ。

微小な距離では、量子力学も重力も、もっと根本的な理論を切実に必要とする。量子力学と重力の矛盾を考えると、どこかから外部の調停者を連れてきて双方に代わるものとするしかない。その新しい体制は、量子力学と一般相対性理論にそれぞれの明白なテリトリーで存分に全権を振るわせながら、どちらも支配しきれない問題の領域では、しっかりにらみをきかせていられるようなものでなくてはならない。その調停者が、ひも理論ではないかと目されているのだ。

量子力学と重力の相容れなさは、「グラビトン」の高エネルギー相互作用に関する従来の重力理論のばかげた予言にも表れている。グラビトンとは、重力の量子論において、重力を伝える粒子とされているものだ。

古典的な重力理論にしたがえば、重力は質量のある物体どうしのあいだで重力場を介して伝えられる。マクスウェルの古典的な電磁気理論で、電磁気力がある荷電粒子から別の荷電粒子へと古典的な電磁場を介して伝えられるのとまったく同じだ。しかし、電磁場の量子論である量子電磁力学（QED）では、この古典的な電磁気力が、光子という粒子の受け渡しの観点から再解釈される。[**] QEDは光子の理論であり、量子力学的効果を組み込んだ古典的電磁気理論の拡張版だとも言える。

これと同じように、量子力学では重力を伝達する粒子があるに違いないと考える。その粒子がグラビトン（重力子）だ。重力の量子論では、二つの物体のあいだでのグラビトンの受け渡しがニュート

＊量子力学で規定される関係性から、プランクスケール長さが微小である一方、プランクスケールエネルギーは巨大であることを忘れずにいよう。

＊＊実際には仮想の光子が——現実の物理的光子ではなく——受け渡される。

ンの重力の法則を生む。グラビトンは直接観測されてはいないが、物理学者はその存在を信じている。量子力学から考えると、これが存在しなくては困るからだ。

あとの話では、このグラビトンの独特のスピンが重要になってくる。グラビトンが伝える重力は、空間と時間に本質的に結びついている力なので、グラビトンはほかの力を伝える粒子、たとえば光子などとは異なるスピンをもっている。理由はここでは詳述しないが、グラビトンは私たちの知る唯一のスピン2をもつ質量のない粒子である。ほかのゲージボソンのようにスピン1でもなく、クォークやレプトンのようにスピン1/2でもない。グラビトンがスピン2をもつという事実は、余剰次元理論の強力な証拠を見つけるときに重要となる。そして、このあと見るように、ひも理論からどういうことが考えられるかに気づくうえでもグラビトンのスピンは重要な鍵となった。

とはいえ、場の量子論では重力を完全には記述できない。あらゆるエネルギーでの重力の相互作用を予言できる場の量子論は一つもない。グラビトンがプランクスケールエネルギーぐらいの高エネルギーになれば、場の量子論は破綻する。理論上の理由により、高エネルギーではグラビトンがかかわる新たな相互作用が生じるはずである。それらの相互作用は低エネルギーではなんら影響がないものの、高エネルギーでは重要になるのだ。しかし、それらの相互作用がどういうもので、どうしたらそれらを含められるかを、場の量子論の論理では説明しきれない。もし重力場の量子論を誤って使用して、低エネルギーでは重要とならない相互作用を無視しながら、きわめてエネルギーの高いグラビトンについての予言をしようとすれば、グラビトンの相互作用が一より大きい確率で起こるという結論になる――それは明らかにありえない。プランクスケールエネルギー、あるいは（量子力学と特殊相対性理論によって）それと同等のプランクスケール長さ、すなわち10^{-33}センチメートルになると、重力の量子力学的記述は明らかに破綻する。

プランクスケール長さは陽子の大きさより一九桁も小さく、これだけの小ささは物理学者もできれば気にしたくないのだが、残念ながら根本的な問題があって、これはもっと包括的な理論でないと解決できそうにない。たとえば現在の宇宙論では、この宇宙はきわめて小さな火の玉から始まって、その大きさはプランクスケール長さだったと推測されている。しかし、私たちはビッグバンの「バン」について何もわかっていない。宇宙のその後の進化についてはは多くのことがわかっているが、宇宙がどうやって始まったかはわからない。プランクスケール長さより小さい大きさに適用される物理法則を導きだせば、この宇宙の進化の最初の段階に光があてられることになる。

さらに、ブラックホールについての多くの謎がある。そこを越えるとなにものも戻ってこられなくなるブラックホールの「地平線」で、あるいは一般相対性理論が適用されなくなるブラックホール中心部の「特異点」で、実際のところ何が起こっているかは、いまだ解決されていない重要な問題である。また、ブラックホールに落ち込んだ物体についての情報がどう蓄えられるかも、まだ答えが出ていない。私たちの経験する重力とは違って、ブラックホール内部での重力効果はとても強く、通常の平坦な空間でプランクスケールエネルギーをもつ物体から受ける効果と同じぐらいの強さがある。こうしたブラックホールの謎を解決するには、量子力学と一般相対性理論の両方を矛盾なく包含できる単一の理論、すなわち10^{-33}センチメートルのプランクスケール長さで機能する「量子重力」の理論をどうしても見つけなくてはならない。ブラックホールに集約される、強い重力効果についてのいくつかの疑問は、重力の量子論でしか解決できない。いまのところ、そうした理論の最も有望な候補がひも理論なのである。

ひも理論の基礎

物質の基本的な性質についてのひも理論の見方は、伝統的な素粒子物理学の見方とは大きく異なる。ひも理論によれば、物質の根本をなす最も基本的で分割不可能な物体は、ひもである。つまり、振動する一次元のエネルギーの輪や断片のことだ。このひもは、バイオリンの弦などとは違って、原子からできているのではない。その原子を構成する電子や中性子、それらを構成するクォークからできているのでもない。むしろ、事実はまったく逆だ。これは基礎的なひもであって、電子もクォークも、すべてがこのひもの振動からできている。ひも理論にしたがえば、猫が遊ぶ毛糸は原子からできているが、その原子は究極的にひもの振動からできているのだ。

ひも理論の基本的な仮説では、粒子はひもの共振モードから生じるとされる。各粒子はすべて基礎的なひもの振動に対応していて、その振動の特徴が粒子の性質を定める。ひもの振動のしかたは多種多様なので、一個のひもが何種類もの粒子を生じさせられる。理論家は最初、既知のすべての粒子のもととなる基礎的なひもが一種類あるだけだと考えていた。しかし、その見方はここ数年で変わり、いまでは種類の異なるひもがあって、それぞれがさまざまな振動のしかたをとれるのだと考えられている。

ひもは一つの次元に沿って伸びている。どんなときでも、ひものどこか一点を特定するには数字が一つだけあればよい。したがって私たちの次元の定義にしたがえば、ひもは一（空間）次元の物体である。とはいえ、現実の物理的なひもと同じく、このひもも巻かれたり輪になったりする。実際、ひもには二つの種類がある。端が二つある「開いたひも」と、端のない環状の「閉じたひも」（図67を参照）だ。

ひもが実際にどの粒子を生むかは、そのひものエネルギーと、励起されている振動モードによって決まる。ひものモードは、バイオリンの弦の共振モードのようなものだ。ひもの振動は一種の基本単位で、これが組み合わさって、既知のあらゆる粒子を形成する。バイオリンの例で言えば、粒子は和音で、粒子の相互作用はハーモニーだ。ひも理論のひもは、四六時中すべての粒子を生むわけではない。誰かが弓をあてるまで、バイオリンの弦がどんな音も生まないのと同じである。しかし、弓がバイオリンのモードを励起するように、エネルギーがひものモードを励起する。そして、ひもが充分なエネルギーをもったとき、ひもはさまざまな種類の粒子を生む。

開いたひもでも閉じたひもでも、ひもの長さに沿って整数回の振動をするのが共振モードだ。そうしたモードの例をいくつか絵にしたのが図68だ。これらのモードでは、波が何回か上下に振動するが、一回の振動はかならずひもの長さのあいだで完結する。開いたひもの場合は、波の振動がひもの端に突き当たって向きを変え、前後に行ったり来たりする。一方、閉じたひもの場合は、波の振動が上下しながら閉じたひもの輪をぐるぐると回る。それ以外の波——整数回の振動で完結しない波——は起こらない。

最終的に、ひもが厳密にどのような振動をしているかで、粒子の

【図67】開いたひもと、閉じたひも

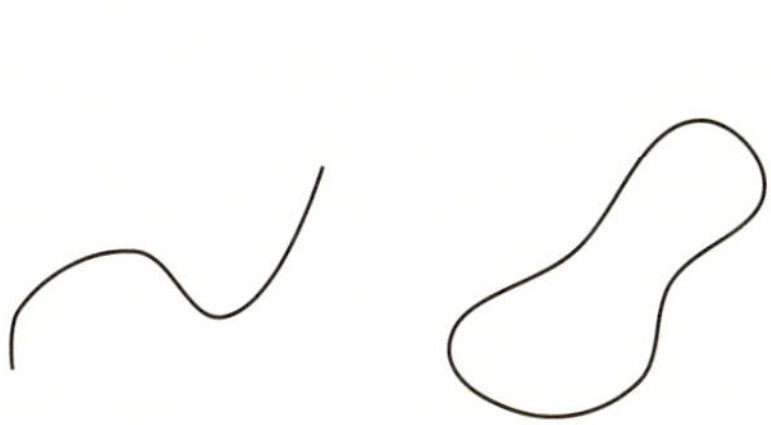

質量やスピンや荷量といったすべての性質が決まる。一般に、同じスピンや荷量を備えている粒子はいくつもあるが、その質量だけは異なっている。振動モードの数は無限なので、一個のひもが生じさせることのできる重い粒子の数にも限りがない。既知の粒子のなかで比較的軽いものは、振動数が最も少ないひもから生じる。振動のまったくないモードは、通常のクォークやレプトンといった、おなじみの軽い粒子になりえるかもしれない。しかしエネルギーの高いひもはさまざまな振動ができるので、ひも理論の独自性は、やはり高い振動モードから生じる重い粒子にある。

とはいえ、振動が多くなるには、それだけ多くのエネルギーがいる。多数の振動から生じるひも理論の新たな粒子は、きわめて重くなると考えられる。そして、そのような粒子を生むにはとてつもない量のエネルギーが必要になる。したがって、たとえひも理論が正しいとしても、その斬新な結果を検出するのはおそらくきわめて難しい。現在到達可能なエネルギーで新しい重い粒子が生まれるとは考えにくいので、期待できることといえば、ひも理論と素粒子物理学が、私たちに見えるエネルギーで同じ観測可能な結果を出してくれることぐらいだろう。近年の余剰次元に関する新たな考えが正しければ、この展望も変わるかもしれない。しかし、とりあえずは従来のひも理論の見方を追っていくことにしよう。余剰次元モデルに

【図68】ひもの振動モードの例

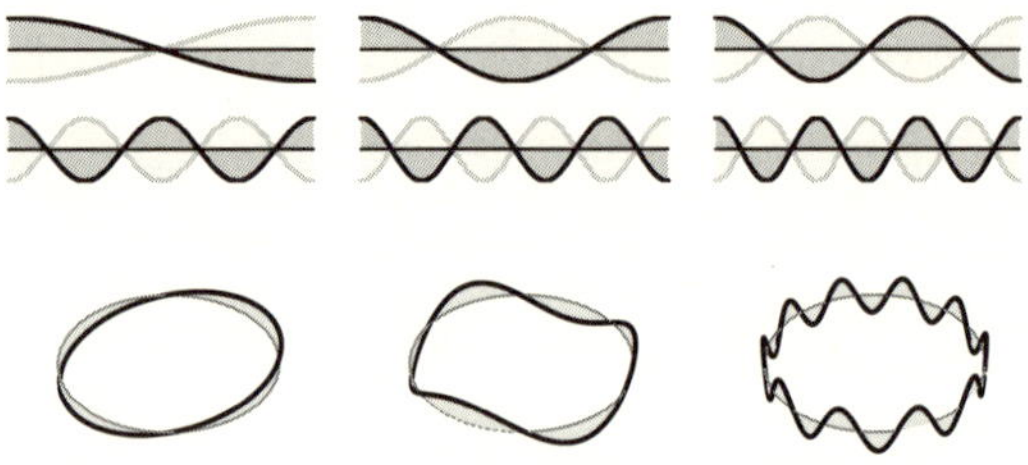

上は開いたひもで、下は閉じたひも。

ついては追って詳述する。

ひも理論の起源

未来のアイク四二世の時代には、ひも理論が長い歴史を誇っているかもしれない。しかし科学的目的のため、ここでは話を二〇世紀と二一世紀初めに限定する。私たちは現在ひも理論のことを、量子力学と重力を調和させる可能性のある理論だと考えている。だが、ひも理論はもともと、まったく異なる使われ方をしていた。この理論は一九六八年、ハドロンという強く相互作用する粒子を記述する試みとして登場した。その理論はうまくいかなかった。第7章で見たように、ハドロンは強い力を通じて結合したクォークからできていたのだ。しかし、それでもひも理論は消えなかった。ハドロンの理論としてではなく、重力の理論として生き残った。

ハドロンの記述に失敗したとはいえ、重力ひも理論のよい点は、ハドロンひも理論が抱えていたいくつかの問題を調べてみると多少わかる。驚くべきことに、ハドロンひも理論の欠点は、量子重力ひも理論にとっては長所だった（少なくとも障害ではなかった）のである。

最初のひも理論が抱えていた第一の問題は、タキオンが含まれていたことだった。タキオンは当初、光速より速く運動する粒子と考えられていた（この名前は「速さ」を意味するギリシャ語の tachos から来ている）。しかし、タキオンは、それを含む理論の不安定さを意味する。SFファンには申し訳ないが、タキオンは自然界に現れる現実の物理的粒子ではない。自分の理論にタキオンが含まれるようだったら、その分析は誤っていると思ったほうがいい。タキオンを含む系は、エネルギーの低い系に変化するはずで、そこにタキオンはいないはずだ。タキオンのいる系は、何らかの物理効果を及ぼせるほど長くは存続しない。タキオンは誤った理論的記述の特徴でしかない。タキオンを含まない安定した構成の理論的記述を見つけて初めて、本物の物理的な粒子と力を特定できるようになるのだ。そのような構成を含めないかぎり、理論は完全にはならない。

タキオンを含めたひも理論は、整合性があるようには見えなかった。かといって、タキオンが排除されるような理論をどう定式化すればいいかもわからなかった。必然的に、ひも理論の予言は、タキオン以外の粒子についての予言も含めて、あてにならなかった。これで充分、ハドロンひも理論を捨てる理由になると思う人もいるかもしれない。しかし物理学者は、タキオンが実在のものでないという期待を捨てきれずにいた。タキオンは理論を定式化するときに生じる数学的近似の問題にすぎないかもしれない、という考え方もあったのだ。しかし、それはまずありそうになかった。

そんなとき、ラモンとヌヴーとシュワルツが従来のひもに代わる、超対称性をもつひもを発見した。これが「超ひも」である。超ひも理論がオリジナル版ひも理論より優れている点は、スピン1/2の粒子が含まれることで、それにより電子や各種のクォークのような標準モデルのフェルミオンを記述できる可能性が出てきた。加えて超ひも理論には、オリジナル版を悩ませていたタキオンが含まれないという利点もあった。いずれにしても超ひも理論はオリジナル版より有望に見え、タキオンの不安定性が含まれなかったことで、理論の進展をそれによって妨げられる恐れもなかった。

最初のハドロンひも理論の第二の問題点は、質量のないスピン2の粒子を含んでいたことだった。計算上はどうしても排除できなかったが、この厄介な粒子が実験で発見されたことは一度もなかった。ハドロンと同じぐらいの強さで相互作用する質量ゼロの粒子なら、実験で観測できないほうがおかしかったから、ハドロンひも理論は苦境に立たされた。

シャークとシュワルツは、そのひも理論を引っくり返した。彼らの研究によって、ハドロンひも理論を困らせていた「悪い」スピン2の粒子が、じつは重力ひも理論の最高の栄誉となる可能性が出てきた。つまり、そのスピン2の粒子こそグラビトンではないかというわけだ。二人はさらに、スピン2の粒子が想定されていたグラビトンのようにふるまうことを証明した。ひも理論がグラビトンの候補を含んでいるという決定的な発見によって、ひも理論は量子重力理論の有望な候補となった。ひもではなくて粒子による記述を用いた場合、あらゆるエネルギーで機能する一貫した重力理論をどう定式化すればいいかは誰もわかっていなかった。しかし、ひも理論による記述はそれをなしとげられるように思えた。

ハドロンひも理論が機能しなくても、それを重力ひも理論に転用したシャークとシュワルツは正しかったのではないかと思わせる指標はほかにもあった。第7章で見たように、スタンフォード線形加速器センター(SLAC)のフリードマンとケンドールとテイラーは、電子がみごとに原子核から散乱するのを証明し、その内部に固い点状の物体——すなわちクォーク——が存在することを示唆した。この実験は本質的に、第6章で述べたラザフォードの散乱実験に似ていた。ラザフォードの実験では、みごとな散乱の結果から固い原子核が発見されたし、こちらの実験では、核子の内部にある点状のクォークが発見された。しかし言い換えれば、それはふわふわした長さのあるひもではなかった。

もっとも、ひも理論の予言はSLACの実験の結果とは合致しなかった。ひもは決してドラマチックな散乱は引き起こさない。そういうことを起こせるのは固いコンパクトな物体だけだ。つねにひもの断片が相互作用するだけなので、ひもはもっと穏やかに衝突する。この静かで、あまりドラマチックでない散乱は、ハドロンひも理論にとっては弔いの鐘だった。しかし量子重力の観点から見ると、それは非常に有望な性質のように思えた。

重力の粒子理論では、グラビトンの高エネルギーでの相互作用があまりにも強くなる。できればエネルギーを帯びたグラビトンがそこまで強烈に相互作用をしない理論のほうが好ましい。そして、まさにそうなるのが重力ひも理論だ。ひも理論は点状の粒子の代わりに長さのあるひもを用いているので、グラビトンの高エネルギーでの相互作用が穏やかになる。ひもは——クォークと違って——激しい散乱過程をとらない。広がりのある領域のなかで「マッシー（やわらか）」な相互作用を起こす。[24]この性質により、ひも理論はグラビトンの異様に高い相互作用率の問題を解決し、グラビトンの高エネルギーでの相互作用を正しく予言できる可能性をもつわけだ。ひもの柔らかい高エネルギー衝突は、重力ひも理論が正しいかもしれないことを示唆するもう一つの指標だった。

要するに、超ひも理論にはフェルミオンと力を伝えるゲージボソンとグラビトンという、私たちの知る全種類の粒子が含まれている。そしてタキオンは含まれていない。さらに言えば、超ひも理論に含まれているグラビトンは高エネルギーでの量子記述がおかしくならない。ひも理論は既知のあらゆる力を記述できそうに見える。これは、この世界を記述する理論の本当に有望な候補なのである。

超ひも革命

超ひも理論は、量子重力のような深い問題まで解決する、きわめて大胆な策だった。重力ひも理論は、既知の粒子を超えた無限種類の粒子を予言する。しかも、ひも理論は計算で分析するのが非常に難しい。量子重力の問題を解決するには、なんと高価な代償を払わなくてはならないことか——新しい粒子が無限に出てくる、数学的記述の厄介な理論とは。一九七〇年代にひも理論を研究するには、非常に意志が固い人か、あるいは多少いかれた人でなければ、とてもやっていけなかった。シャークとシュワルツは、そういう危険な道をうまく通り抜けた数少ない人びとだった。

一九八〇年にシャークが早世したあとも、シュワルツは忍耐強くひも理論の研究を続けた。当時のもう一人の（おそらくは唯一の）転向者だったイギリスの物理学者マイケル・グリーンと組んで、超ひもの影響を調べた。そしてシュワルツとグリーンは、超ひもの奇妙な特徴を発見した。超ひもは九つの空間次元と一つの時間次元、あわせて一〇次元のなかでしか意味をなさないのだ。ほかのどの数の次元でも、望ましくないひもの振動モードが明らかにおかしな予言を生じさせてしまう。たとえば、存在してはならないひものモードが含まれる過程の発生確率がマイナスになったりするのだ。一〇次元なら、望ましくないモードはすべて排除された。それ以外の次元数では、ひも理論はかならずおかしくなった。

念のため言っておくが、ひも自体は一つの空間次元に沿って伸び、時間に沿って移動する。ラモンが最初に超対称性を発見したときに研究していた二次元がこれだった。しかし、点状の物体――どの空間次元にも広がっていない、したがって空間次元がゼロの物体――が空間の三つの次元を自由に動きまわれるように、ひも――空間次元が一つの物体――も自分がもっているより多くの数の次元をもつ空間を動きまわれる。ひもは三次元でも四次元でも、さらに多くの数の次元でも動きまわれるだろう。そして計算上、その正しい数が（時間を含めて）一〇だったのである。

このように非常に多くの次元をもつことは、超ひもならではの新しい特色というわけではなかった。初期のひも理論（フェルミオンや超対称性を含まない理論）は二六の次元をもっていた。ただし、初期のひも理論にはタキオンのような別の問題があった。一方、超ひも理論は追究するに値するだけの有望性をもっていた。

とはいえ、ひも理論は一九八四年までほとんど無視されていた。この年にグリーンとシュワルツが超ひもの驚くべき特徴を導きだして、その有望性をほかの多くの物理学者に納得させた。この発見と、このあと述べる別の二つの発展により、ひも理論はにわかに物理学の主流となった。

グリーンとシュワルツの研究は「アノマリー（異常）」という現象を扱っていた。その名が示すように、これが発見されたときの驚きはたいへんなものだった。場の量子論を最初に研究した物理学者たちは、古典理論の対称性を量子力学的に拡張しても、つまり仮想粒子の効果も含めた包括的な理論においても、その対称性は保存されるものと当然のように思っていた。しかし、実際はかならずしもその限りではない。一九六九年、スティーヴン・アドラーとジョン・ベルとローマン・ジャッキウにより、古典理論で対称性が保存される場合でも、仮想粒子を含む量子力学的過程ではその対称性が侵害されることもあると証明された。このような対称性の侵害を「アノマリー」といい、アノマリーが含まれる理論は「アノマラス（変則）」だといわれる。

アノマリーは力の理論にとても大きく関係する。第9章で見たように、力の理論がなりたつには内部対称性の存在が必要だ。この対称性が正確でないと、ゲージボソンの望ましくない偏極をどうしても排除できず、力の理論がおかしくなる。したがって力の対称性はアノマリーを生じさせてはならない。つまり、対称性の破れの効果の総和がゼロでなくてはならない。

これは力の量子論にとっては大事な制約だ。たとえばこれは、標準モデルでクォークとレプトンの両方が存在する理由の最も説得力ある説明の一つになっている。仮想のクォークとレプトンはそれぞれ変則的な量子補正を起こし、標準モデルの対称性を破る。しかし、クォークとレプトンからの量子補正はすべて合わせるとゼロになる。この奇跡的な相殺により、標準モデルは安定する。標準モデルの力をおかしくしたくなければ、レプトンとクォークの両方が必要なのだ。

アノマリーがひも理論にとって問題となりうるのは、結局のところ、ひも理論には力が含まれているからだ。一九八三年、理論研究者のルイス・アルヴァレス＝ゴームとエドワード・ウィッテンによって、こうしたアノマリーが場の量子論だけでなくひも理論でも起こることが証明されると、ひも理論の将来はにわかに暗くなり、興味深いが過度に遠大なアイデアの歴史のなかに放り込まれかねない雰囲気になった。ひも理論が必要条件である対称性を保存する見込みはどうもなさそうだった。ひも理論のアノマリーの可能性によって懐疑的な空気が広がるなかで、グリーンとシュワルツが大きな衝撃をもたらした。ひも理論がアノマリーを避けるのに必要な制約を満たせることを示したのである。二人は考えられるすべてのアノマリーに対する量子補正を計算し、特定の力においてはアノマリーの総和が奇跡的にゼロになることを示した。

グリーンとシュワルツの結論がそんなにも驚かれた理由の一つは、ひも理論では多くの厄介な量子力学的過程がありうるとされ、そのどれもが対称性を破るアノマリーを生じさせそうだったからだ。しかしグリーンとシュワルツは、考えられるかぎりのアノマリーに対する量子力学的補正の総和が、一〇次元の超ひも理論ではゼロになると証明した。要するに、ひも理論の計算で必要とされた多くの相殺は実際にも起こり、しかも、その相殺が起こるのは一〇次元で、すでに超ひも理論では特別なものとされていた次元数だったということである。この発見は、多くの物理学者を頷かせるのに充分なほど奇跡的だった――そのような一致が偶然であるわけがない。アノマリーの相殺は一〇次元の超ひもを支える強力な論拠だった。

しかも、グリーンとシュワルツはちょうどいいときに研究を完成させた。物理学者たちは標準モデルに超対称性と重力を組み込める拡張理論を模索していたが、どうしてもうまくいかず、何か新しいものを考えようとしていたところだった。そこへ出てきたグリーンとシュワルツの超対称性理論は、標準モデルのすべての粒子と力を再現できるものだっただけに、これを無視することはできなかった。ひも理論の付加構造がやっかいではあったが、ほかのもっと簡潔になりそうな理論が失敗していた部分で、超ひもは成功していた。

その後まもなく起こった二つの重要な進展のおかげで、ひも理論が物理学の規範に加わるのは確実となった。一つはプリンストン大学のデイヴィッド・グロス、ジェフ・ハーヴェイ、エミール・マルティネク、ライアン・ロームによる共同研究からもたらされたもので、彼らは一九八五年に「ヘテロひも」という理論を導きだした。この名称の由来は「ヘテロシス」という言葉にある。植物学では「雑種強勢」を意味し、雑種の生物が親よりも優れた性質をもつことをさす。ひも理論では、振動モードがひもに沿って時計回りか反時計回りに動くとされる。「ヘテロ」という言葉が使われたのは、左向きに動く波が右向きに動く波とは違うふうに扱われ、結果として、この理論に従来のひも理論より興味深い力が含まれたからである。

ヘテロひもの発見は、グリーンとシュワルツが発見していたアノマリーを生じさせない力、すなわち一〇次元でなら許容される力が本当に特別であったことを、さらに裏づけるものとなった。グリーンとシュワルツは、すでにひも理論でありうると証明されていた力のすべてに加え、まだ発見されていなかった力も含めて、いくつかの一連の力が（理論上）ひも理論に組み込めることを発見していた。ヘテロひもの力は、まさにグリーンとシュワルツがアノマリーを生じさせないと証明した新しい力だった。ヘテロひもによって、この標準モデルの力も含められる新たな一連の力は、ひも理論において本当にありうるだけでなく、はっきりと実現されうるものであることが証明された。ひも理論を標準モデルに関連づけようとしていた物理学者にとって、ヘテロひもはまさしく大発見だった。

そして最後に、ひも理論の地位を固める進展がもう一つあった。この発見は、超ひもに不可欠な余剰次元に関するものだった。超ひも理論が内的に一貫していて、標準モデルの力を具体化しているのは非常にけっこうなことだが、もしも空間次元の誤った数に固執していたら、それもたいして興味深い話にはならない。超ひも理論は一〇次元を条件としている。しかし私たちのまわりの世界には、次元が（時間も含めて）四つしかない。この過剰な六つをどうにかしなくてはならない。

物理学者は現在、その一つの答えがコンパクト化ではないかと考えている。つまり第2章で説明したように、次元が認識できないほど小さく巻き上げられているということだ。だが当初、この余剰次元の巻き上げは、ひも理論の余剰次元の正しい扱い方ではないと思われていた。問題は、余剰次元が巻き上げられている理論だと、第7章で説明した弱い力の重要な（そして驚くべき）特徴が再現できないということだった。弱い力は左回りの粒子と右回りの粒子を違うふうに扱うのである。これは単なる技術的な問題ではない。標準モデルの全構造は、弱い力の作用を受けるのが左回りの粒子だけであることに依存している。これが崩れたら、標準モデルの予言はほとんど機能しなくなってしまう。

たしかに一〇次元のひも理論は左回りの粒子と右回りの粒子を違うふうに扱えたが、六つの余剰次元が巻き上げられているとなれば、もはやそれはできなくなると思われた。その結果として出てきた四次元の有効理論は、きれいに合致した左回りと右回りの粒子の対をかならず含んでいた。左回りのフェルミオンに作用する力はすべて右回りのフェルミオンにも作用し、その逆も同じだった。この行き詰まりから脱出する方法を見つけないことには、ひも理論は捨てられるほかになかった。

一九八五年、フィリップ・カンデラス、ゲーリー・ホロウィッツ、アンディ・ストロミンジャー、およびエドワード・ウィッテンは、余剰次元をもっと微妙で複雑な方法で巻き上げたときの重要性に気づいた。この巻き上げが「カラビ－ヤウ多様体」というコンパクト化である。細かいことを言えば複雑になるが、基本的にカラビ－ヤウ多様体は、左と右とを区別できて、パリティ対称性を破る弱い力を含めた標準モデルの力と粒子を再現できる四次元理論を導く可能性をもつ。しかも、余剰次元を巻き上げてカラビ－ヤウ多様体にすると、超対称性が保存される。* このカラビ－ヤウ多様体という大発見によって、超ひも理論は生き残った。

多くの大学の物理学教室で、超ひも理論は素粒子物理学の占めていた地位に取って代わった。超ひも革命は、むしろクーデターに近かった。超ひも理論は量子重力を組み込み、さらに既知の粒子と力も含められたため、多くの物理学者は、これを万物の根底にある究極の理論だと考えるまでにいたった。実際、一九八〇年代には、ひも理論が「万物の理論（TOE）」と呼ばれた。ひも理論は大統一理論（GUT）よりさらに野心的だった。ひも理論は物理学者に、GUTを実現するエネルギーよりさらに高いエネルギーですべての力を（重力も含めて）統一できるという期待をもたせたのである。たとえひも理論を裏づける観測結果が出ていなくても、ひも理論に量子力学と重力を調和させられる可能性があるというだけで、これを最高の理論と認める充分な理由になると多くの物理学者が思った。

旧政権のしぶとさ

ひも理論が本当に正しくて、この世界が究極的にはすべての根源である振動するひもでできているとすれば、素粒子物理学は完全に捨てられてしまうのか？　答えははっきり「ノー」だ。ひも理論の目標は、量子力学と重力をプランクスケール長さより小さい距離で調和させることであり、その段階になれば新しい理論が取って代わると思われる。したがって従来のひも理論（余剰次元モデルの提唱する変種ではなく）では、ひもはプランクスケール長さと同じぐらいの大きさでなくてはならない。言い換えれば、従来のひも理論では、素粒子物理学とひも理論の違いはこの微小なプランクスケール長さ、あるいはそれと同等の、重力が強くなると予想される恐ろしく高いプランクスケールエネルギーでしか現れてこないはずである。この長さスケールはとても小さく、エネルギーはとても高いので、実験で実現できるエネルギーではどうしてもひもが粒子と同じ記述になってしまう。

実際、プランクスケールエネルギーより低いエネルギーでは、素粒子物理学の記述で充分だとも言える。ひもが小さすぎて長さを検出できないなら、ひもはある意味で粒子と同じだ。なにしろ実験ではその違いを明らかにできない。粒子とプランク長さのひもは区別がつかないのだ。ひもの一次元の広がりは、前述した極小の巻き上げられた余剰次元と同じで、私たちの目には見えない。10^{-33}センチメートルの大きさを扱える装置が開発されないかぎり、そのようなひもは小さすぎて見られない。

実現可能なエネルギーでひも理論と素粒子物理学が同じように見えてしまうのはもっともなことだ。つまり、非常にエネルギーの高い粒子ということである。したがって充分なエネルギーがなければ、不確定性原理にしたがえば、小さい距離を研究する唯一の方法は、運動量の高い粒子を調べることだ。ひもが点状ではなく細長い形状をしていると確認するのは不可能である。

原則として、ひも理論の予言する無数の新しい粒子を探せば、ひも理論を裏づける証拠を見つけられることになる。つまり、考えられる無数のひもの振動に対応する粒子が見つかればよい。この戦略の問題点は、ひもが生じさせる新しい粒子のほとんどが、きわめて重いということだ。その質量はプランクスケール質量、すなわち10^{19}GeV に相当するほど大きい。これまで実験で検出されてきた粒子の質量に比べたら桁違いの大きさだ。これまでに検出された粒子は、最も重いものでも、せいぜい二〇〇 GeV なのだから。

＊実際、カラビ–ヤウ多様体でのコンパクト化は、超ひも理論が標準モデルの特徴を再現するのに必要なだけ超対称性を保存する。超対称性が保存されすぎると、左回りの粒子が右回りの粒子と違う相互作用をできなくなる。

ひもの振動から生じる新たな粒子がそんなにも重いのは、ひもの「張力」——伸張に対する抵抗力で、これがひもの振動のしやすさ、ひいては重い粒子の生み出しやすさを決定する——が大きいからだ。プランクスケールエネルギーはひもの張力を決定する。この張力がないと、ひも理論はグラビトンの相互作用の強さを正しく再現できず、したがって重力そのものの相互作用の強さも再現できない。[25] ひもの張力が高ければ高いほど、振動を起こすのに必要なエネルギーが大きくなる（弓の弦が固く張ってあるほうが緩く張ってあるより引きにくいのと同じである）。この大きなエネルギーが、ひもから生じる新たな粒子の大きな質量に転換する。こうしたプランク質量の粒子はあまりにも質量が大きすぎて、現在行なわれている素粒子実験では（たぶん将来の実験でも）とうてい生成されない。

したがって、もしひも理論が正しければ、ひも理論の予言する多くの新しい重い粒子は、おそらく見つからないということになる。現在の実験のエネルギーは、必要なエネルギーより一六桁も小さい。期待される新たな粒子はあまりにも重いので、ひもの証拠を実験で発見できる望みは非常に薄い。例外があるとすれば、あとで述べる余剰次元モデルぐらいだろう。

現在のひも理論の大半のシナリオでは、ひもの長さがきわめて小さく、ひもの張力がきわめて大きいために、たとえひもの記述が正しいとしても、加速器で実現できるエネルギーではひも理論を裏づける証拠が見つからない。実験結果を予言することに関心のある素粒子物理学者は安心して従来の四次元量子場理論を適用し、ひも理論を無視できる。それでも正しい結果が手に入るからだ。10^{-33}センチメートルより大きい大きさ（あるいはそれと同等の、10^{19}GeVより低いエネルギー）を見ているかぎり、低エネルギーでの素粒子物理学の結果について先ほど考えたことは何一つ変わらない。陽子の大きさが約10^{-13}センチメートルで、現在の加速器の最大エネルギーが約一〇〇〇GeVであることを考えれば、粒子理論の予言で充分に事足りると言ってなんら差し支えない。

とはいえ、低エネルギー現象だけを研究している素粒子物理学者でも、ひも理論に関心を払ってしかるべき理由がある。ひも理論は数学的にも物理学的にも、それまで誰も考えたことがないような新しいアイデアを提案している。たとえばブレーンや、その他の余剰次元に関連するさまざまな概念だ。四次元においてさえ、ひも理論は超対称性や場の量子論、あるいは場の量子論に含まれうる力について、さらに深い理解を促す働きをしてきた。そしてもちろん、ひも理論が本当に首尾一貫した重力の量子力学的記述を与えられるとすれば、それは恐るべき達成である。これらの利点を考えれば、実験で得られる現象にしか関心のない人にとっても、ひも理論は決して無駄でないどころか、非常に大きな価値がある。ひもを検出するのは（不可能ではないにしろ）きわめて困難だろうが、ひも理論によって照らしだされた理論上のアイデアは、この世界に見合ったものであるかもしれない。それをこれから見ていこう。

革命の余波

「超ひも革命」が最高に盛り上がっていた一九八四年、私はハーバードの大学院生だった。まもなく明らかになったように、当時の駆け出しの物理学者がとれる研究の道は二つあった。一つは、プリンストンのエド・ウィッテンとデイヴィッド・グロスにならって、ひも理論を採用する。もう一つは、ハーバードのハワード・ジョージアイとシェルダン・グラショウの学派に入って、より直接的に実験結果を得られる素粒子物理学にとどまる。同じ問題に関心のある物理学者たちがこれだけきっぱり分かれていたのは信じがたく思えるかもしれないが、進歩に対する考え方が、この二つの陣営ではまるっきり違っていたのだ。

ハーバードで刺激的だった学問は、やはり素粒子物理学で、ハーバードの多くの物理学者はひも理論をほとんど無視していた。素粒子物理学と宇宙論でも、多くの問題が解決されずに残っていた。それなら、どうして数学的地雷となる恐れのあるひも理論を掘り下げるまえにそれらの問題を解決しないのか？　そんな測定不可能な領域にまで手を広げることが物理学に許されるのか？　これだけすばらしい人びとと刺激的なアイデアが、伝統的な手法を使って素粒子物理学の標準モデルの先を考えようとしているのに、わざわざそこから降りる必要があるだろうか。

しかし別のところでは、同じく物理学者が、超ひも理論の疑問はすべてまもなく解決されると信じていた。そして、ひも理論こそ未来の（および現在の）物理学だと考えていた。超ひも理論はまだ初期段階にあった。一部の信奉者の考えでは、充分な仕事量がこれに費やされれば（その仕事量を最初に提供していたのが彼らだった）ひも理論は最終的に既知の物理を導くはずだった。グロスとその同僚たちは一九八五年のヘテロひもに関する論文で「やるべき仕事はまだたくさん残っているが、既知のあらゆる物理を……ヘテロひもから……導きだすうえで、乗り越えられない障害はないと見ている」*と書いている。ひも理論は「万物の理論」になりうると目されていた。プリンストンはその動きの先駆けだった。プリンストンでは、ひも理論こそ未来につながる道だと確信されるあまり、ひも理論に手を出さない素粒子理論研究者は一人も物理学教室に残らなくなった。この過ちをいまだにプリンストンは修正していない。

今日、ひも理論の直面する障害が「乗り越えられない」ものかどうかはわからないが、強敵であることはまちがいない。多くの重要な疑問がいまだに解決されずに残っている。ひも理論の未解決の問題に答えを出すには、数学者と物理学者がこれまでに開発してきた手段をはるかにしのぐ、数学的な手法か、根本的に新しいアプローチが必要であるようだ。

ひも理論の代表的な入門書を著したジョー・ポルチンスキーは、そのなかで「ひも理論は大筋において現実の世界に似ている」**と書いているが、ある意味ではそのとおりだ。ひも理論は標準モデルの粒子と力を包括できるし、ほかの次元が巻き上げられていれば四次元に縮められる。とはいえ、ひも理論が標準モデルを組み込めそうな証拠はたしかにあるが、理想の標準モデルの候補を探すプログラムは開始から二〇年を経てもなお、完了には程遠いところにいる。

物理学者は当初、ひも理論がこの世界の真実の姿について一意的な予言をしてくれるものと期待していた。私たちの見ている世界がその証拠となるような予言である。しかし、ごらんのとおり、ひも理論では可能性のあるモデルがいくつも立てられる。そして、それぞれのモデルが異なる力、異なる次元、異なる組み合わせの粒子を含んでいる。私たちが求めるのは、目に見える宇宙に対応するモデルであり、それが特別に選ばれる理由である。現在のところは、多くの可能性のなかからどれを選んでいいのかわからないし、いずれにしても、どれも格別正しそうには見えない。

たとえばカラビ－ヤウ多様体へのコンパクト化は、素粒子の世代の数を決定できる。一つの可能性は、まさに標準モデルの三つの世代だ。だが、カラビ－ヤウ多様体の候補は一つとは決まっていない。ひも理論研究者は当初、カラビ－ヤウ多様体へのコンパクト化はたった一つの望ましい形状と独特の物理法則を選びとるものと期待していたが、その期待はすぐにしぼんだ。アンディ・ストロミンジャ

* D. Gross, J. Harvey, E. Martinec, and R. Rohm, "Heterotic string theory(I) : The free heterotic string," *Nuclear Physics* B, vol. 256, pp. 253–84 (1985).

**『ストリング理論第一巻』(ジョセフ・ポルチンスキー著、伊藤克司、小竹悟、松尾泰訳、シュプリンガー・フェアラーク東京)

ーから聞いた話によると、カラビ–ヤウ多様体へのコンパクト化を発見して、それが唯一のものだと思ってから一週間もしないうちに、同僚のゲーリー・ホロウィッツがいくつも別の候補を見つけたのだそうだ。アンディはのちにヤウから、カラビ–ヤウ多様体の候補が何万もあることを聞かされた。現在では、カラビ–ヤウ多様体へのコンパクト化を基本にするひも理論は何百もの世代を含められるとわかっている。本当に正しいカラビ–ヤウ多様体があるとするなら、いったいどれが正しいのか？そして、それはなぜなのか？　ひも理論の次元のいくつかは巻き上げられていなくてはならないし、さもなければ見えなくなっていなくてはならない。それはわかっているが、巻き上げられた次元の大きさや形状を定める原理がどういうものなのか、ひも理論研究者はいまだに確定できずにいる。

さらに、ひも理論には、ひもに沿って何回も振動する波から生じる新しい重い粒子のほかに、新しい低質量の粒子も含まれている。この粒子が本当に存在していて、ひも理論の素朴な予言どおりの軽さであるなら、この世界での実験で見られるはずだと思うのがふつうだろう。ひも理論にもとづくモデルの大半は、実際に低エネルギーで観測されているよりずっと多くの軽い粒子と力を含んでいる。そして、そのどれが正しいのかもわからない。

ひも理論を現実の世界に合致させるのは、きわめて複雑な問題だ。ひも理論から導かれる重力や粒子や力が、どうしたらこの世界ですでに真実とされていることと一致するのか、私たちにはまだわからない。だが、こうした粒子や力や次元の問題も、本当の困りものに比べれば色あせる。その大問題とは、宇宙のエネルギー密度のあまりにも大きな推定値だ。

たとえ粒子が皆無でも、宇宙は真空エネルギーと呼ばれるエネルギーをもてる。一般相対性理論にしたがえば、このエネルギーは物理的な影響を及ぼす。すなわち、空間を伸ばしたり縮めたりするのだ。プラスの真空エネルギーは宇宙の膨張を加速し、マイナスの真空エネルギーは宇宙を崩壊に導く。

アインシュタインが最初にこのエネルギーを唱えたのは一九一七年で、一般相対性理論の方程式に静的な解を見いだすのが目的だった。真空エネルギーの重力効果に物質の重力効果を相殺させようとしたのである。結局、アインシュタインはこのアイデアを捨てざるをえなかった。理由はいろいろあったが、一九二九年にエドウィン・ハッブルが宇宙の膨張を観測したのもその一つだった。ともあれ、アインシュタインが捨てたとしても、このような真空エネルギーが私たちの宇宙に存在しないとする理論的な理由はない。

実際、先ごろ天文学者がこの宇宙の真空エネルギー（ダークエネルギー、あるいは宇宙定数ともいう）を測定したところ、小さなプラスの値が出た。彼らは遠くの超新星を観測し、それが本来の明るさ、つまり加速して遠ざかっていない場合の明るさよりも暗いことを確認した。この超新星の測定と、ビッグバンのあいだにつくられた光子の名残りの詳細な観測から、宇宙の膨張が加速しているのは明らかであり、それは真空エネルギーが小さなプラスの値をもつことの証拠となる。

この測定は非常に刺激的だ。しかし、同時に重要な謎を投げかける。加速の速さはとても遅いが、それは真空エネルギーの値がゼロではなくても、とても小さいことを表している。観測された真空エネルギーの理論上の問題は、その値がどう考えても小さすぎるということだ。ひも理論の概算にしたがえば、エネルギーはずっと大きくなるはずなのである。だが、もしそうだったら、超新星の加速が測定しにくいわけがない。いや、それどころか、もし真空エネルギーが大きかったら、宇宙はずっとまえに崩壊していたか（マイナスの場合）、あるいは急速に膨張して無になっていただろう（プラスの場合）。

宇宙の真空エネルギーが小さくなければならないのはわかっているが、どうしてそのように小さいのかを、ひも理論はまだ説明できていない。素粒子物理学も、この問題には答えをもたない。しかし、ひも理論と違って、素粒子物理学は量子重力の理論であるとは主張していない。そこまで野心的ではないのである。エネルギーの問題を説明できない素粒子物理学モデルはたしかに不充分だが、そのエネルギー値をまちがわせるひも理論は論外である。

エネルギー密度がなぜここまで小さいのかは、まったく解決されていない問題だ。真の説明はないとまで考える物理学者もいる。ひも理論はパラメーターが一つ——引っぱられるひもの張力——しかない唯一の理論だが、ひも理論研究者はそれを使って宇宙の特徴の大半を予言することがまだできていない。ほとんどの物理理論には、可能性のある数多くの物理構造のうち、その理論がどれを実際に予言するかを定める物理原理が含まれている。たとえば、ほとんどの系は最低エネルギーの状態に落ち着くだろう。ところが、そのような予言力についての基準がひも理論にはどうも当てはまらない。ひも理論では、真空エネルギーが同じでない種々の構造が無限に出てくるようなのだ。そして、そのなかに望ましいものがあったとしても、どれが望ましいのかわからない。

もはや唯一の理論を見つけるのはあきらめているひも理論研究者もいる。巻き上げられた次元の大きさと形状にはさまざまなものが考えられ、宇宙が包含できるエネルギー値にもさまざまな選択肢がある。となれば、ひも理論にできるのは風景の輪郭を描くことだけだ——そこには無数の存在しうる宇宙があって、そのどれか一つに私たちは住んでいる。こう考えるひも理論研究者は、ひも理論がある一定の真空エネルギーを予言するとは考えない。宇宙には多くの断絶した領域が収容されていて、各領域で真空エネルギーも異なっており、私たちの住む宇宙の一部分がたまたまその値のエネルギーをもっていた、と考える。いくつもの存在しうる宇宙のなかで、構造を生じさせられる宇宙だけが私たちを包含できるのだ（そして実際にもそうしている）。このように恐ろしく確率の低い真空エネルギー値をもつ宇宙に私たちが住んでいるのは、エネルギー値がそれより大きかったら宇宙に銀河や構造が形成されるわけがなく、したがって私たちも存在しえないことになるからだ。

この論法には名前があって、人間原理という。人間原理は本質的に、宇宙のすべての特徴を予言するという最初のひも理論の目標から逸脱している。この原理にしたがえば、エネルギーの小ささを説明する必要はない。さまざまな真空エネルギーの値をもちうる断絶した宇宙がいくつも存在しているが、私たちは構造を形成できる非常に珍しい宇宙の一つに住んでいる。この宇宙のエネルギー値はばかばかしいほど小さくて、ひも理論のなかでも特別なモデルしかこれだけ小さい値は予言しないが、私たちはそういう宇宙、つまりエネルギーの値がきわめて小さい宇宙にしか住めなかったのだ。この原理は今後の進展によって信用をなくすかもしれないし、逆に、もっと徹底的な調査によって正しさを立証されるかもしれない。しかしあいにく、この検証は難しいだろう（不可能ではないにせよ）。ただ、人間原理が答えとなるような世界はまちがいなく残念なものだし、とても満足のいくシナリオではない。

いずれにしろ、たとえひも理論がこの世界を基礎から定式化する唯一の理論だとしても、現段階でのひも理論は明らかにこの世界の特徴を予言していない。ここでふたたび、美しい対称性をもった理論を私たちの宇宙の物理的現実にどう結びつけるかという問題が出てくる。ひも理論の最も単純な定式化は、あまりにも対称性が高すぎる。いくつもの次元、そしていくつもの粒子と力が、本来は違っていなければならないはずなのに、どれも同じ基盤に立っているように見えるのだ。そして対称性が標準モデルと結びつき、私たちの見ている世界と結びつくためには、この巨大な秩序が乱されなくてはならない。いったん対称性が破れれば、どの対称性が破れたか、どの粒子が重くなったか、どの次元が出てきたかに応じて、単一のひも理論がさまざまな装いで現れることができる。

現在のひも理論は、デザインは美しいのに体に合わないスーツのようなものだ。ラックに吊るして細やかな縫製と複雑な織り模様に感心することはできる——それはたしかに美しい——が、必要な調整をするまでは着られない。私たちはひも理論に、現在この世界についてわかっていることのすべてを満たしてもらいたいと思う。しかし「フリーサイズ」の服が誰にでも似合うことはめったにない。そして現在のところ、私たちはひも理論を適切に仕立て直すための手段があるのかどうかさえ知らない。

私たちはひも理論の意味するところをすべて知っているわけではないし、将来的にもわかるかどうか不明だから、物理学者のなかには単純に、とにかく量子力学と一般相対性理論の小さい距離での矛盾を解決するのがひも理論だと割り切っている人もいる。しかし明らかに大半のひも理論研究者は、ひも理論と正しい理論が同じものだと信じているし、少なくとも非常に密接に結びついていると確信している。

知るべきことがたくさん残っているのは明らかだ。ひも理論による世界の記述の最終的なメリットを判断するのはまだ早い。もっと精巧な数学的手法ができれば、物理学者はひも理論を本当に理解できるようになるかもしれないし、あるいはひも理論から導かれることを周囲の世界に適用して何らかの物理的洞察が得られれば、それが決定的な手がかりをもたらすかもしれない。ひも理論の未解決の問題に取り組むには、これまで物理学者や数学者が開発してきた手段をはるかに超えた、根本的に新しいアプローチが必要なのだろう。

とはいえ、ひも理論はやはり、たいした理論である。すでに重力や次元や場の量子論に関して重要な洞察を導いているし、いまのところ量子重力を矛盾なく説明する理論の第一候補でもある。しかも、ひも理論はすばらしく美しい数学的進歩も導いた。だが、ひも理論研究者は一九八〇年代にした約束をまだ果たしていない。ひも理論はいまだにこの世界と結びつけられていないのが現状だ。ひも理論の意味するところの全体像はまだほとんど見えてきていない。

もっとも、素粒子物理学での問題点もすぐには答えが出なかった。一九八〇年代にわかった素粒子物理学の問題点は、その多くがいまだに解決されていない。たとえば素粒子の質量がそれぞれに違う理由も説明されていないし、階層性問題に対する正しい答えがどれなのかも決着していない。さらに言えば、モデル構築者は標準モデルの先の物理についての無数の可能性のうち、どれが正しい記述なのかを示唆する実験からの手がかりをいまだに待っている状態だ。おそらく一 TeV より高いエネルギーを探るまで、最も知りたい疑問に対する絶対の答えは出てこないだろう。

今日では、ひも理論の側でも素粒子物理学の側でも、一九八〇年代より冷静に自分たちの理解度を眺められている。私たちが取り組んでいるのは困難な問題であり、それを解決するには時間がかかる。だが、それは刺激的な時間であり、多くの未解決の問題があるにもかかわらず（あるいは問題があるからこそ）、楽観的でいられる理由もある。現在、物理学者はひも理論と素粒子物理学それぞれの多大な成果をよりよく理解しているし、偏見のない物理学者は、いまや双方の成果を喜んで使わせてもらう気になっている。こういう中立の立場こそ望ましいと思う物理学者は私だけではない。実際、それがこのあと見る刺激的な結果の多くにつながってきたのである。

まとめ

●光子が電磁気力を伝えるように、「グラビトン」という粒子が重力を伝える。

●ひも理論にしたがえば、この世界の根本的な物体は「ひも」であり、点状の粒子ではない。

●後述の余剰次元のモデルはひも理論を主体として使うことはしない。きわめて小さいプランクスケール長さ（10^{-33}センチメートル）より大きい距離では、素粒子物理学で充分だからだ。

●ただし、ひも理論はやはり素粒子物理学にとって重要だ。低エネルギーにおいても、ひも理論の導入する新しい概念や分析手段は役に立つ。

第15章

脇役のパッセージ――ブレーンの発展

細胞膜《メンブレーン》もいかれてる
脳みそ《ブレーン》もいかれてる
――サイプレス・ヒル

アイク・ラシュモア四二世は、ふたたび極小のプランクスケールに飛び込んでみることにした。幸い性能を向上させたAlicxvrは完璧に機能したので、今度はスムーズにひもでいっぱいの一〇次元宇宙に到着できた。この新しい環境をいろいろ探りたかったので、アイクはGベイで購入したばかりのハイパードライブ装置のレベルを上げた。すると、うっとりするほどみごとに衝突したり絡みあったりするひもが眺められた。

Alicxvrが壊れるのではないかという心配はあったが、この新奇な世界をもっと知りたいと思う好奇心には勝てなかった。アイクはハイパードライブのレバーをさらに上げた。最初、ひもはさらに激しく衝突するようになった。だが、レバーをさらに上げると、アイクは新しい、まったく認知できない環境に入った。時空にとんでもないことが起こっていないのかどうかさえ、アイクにはわからなかった。だが、なおもハイパードライブを上げつづけても、不思議なことに、アイクは無傷のままだった。[26]

しかし、周囲の環境はがらりと変わっていた。アイクはもう最初に入ってきたときの一〇次元世界にはいなかった。そこは粒子とブレーンでいっぱいの一一次元世界だった。そして奇妙なことに、この新しい宇宙では、何もかもがほとんど相互作用をしていなかった。ふとアイクがコントロール装置に目を戻すと、ハイパードライブのレバーがなぜか低い位置に戻っていた。わけがわからなかったが、ともかくアイクはいらだち気味にふたたびレバーを上げた。だが、やはりいつのまにか最初のところに戻っている。コントロール装置をチェックすると、ハイパードライブのレバーがまたしても下がっている。

Alicxvr がおかしくなったのだろうとアイクは思った。だが最新版のマニュアルを見直すと、装置は完璧に動いていたことがわかった。一〇次元のひも理論でハイパードライブを高くした状態は、別の一一次元世界でハイパードライブを低くした状態と同じで、その逆もまた同じだったのだ。

マニュアルには、ハイパードライブがそれほど低くない状態や、それほど高くない状態でどうなるかは書いていなかった。そこでアイクはスペースネットに行って、この問題を解決する改良版の予約者リストに名前を連ねた。しかし Alicxvr の設計者は、発売日は一〇〇〇年以内としか約束していなかった。

今日の物理学世界では、「ひも理論」は誤った名称と思われてもおかしくないかもしれない。理論研究者のマイケル・ダフも、ふざけて「ひも理論」は「元ひも理論」だなどと言っている。ひも理論はもはや一つの空間次元に伸びたひもの理論というだけでなく、二次元にも三次元にも、それ以上の数の次元にも広がれるブレーンの理論にもなっている。[27] 超ひも理論に含まれる数までなら何次元にでも広がれるブレーンは、いまや、ひも自体と同じぐらいに欠かせない超ひも理論の一要素である。最初は理論研究者もブレーンを無視していた。彼らがひもを研究していたころは、ひもの相互作用の強さの「レバー」が低くて、ブレーンの相互作用がたいして重要ではなかったからだ。しかしブレーンは、欠落していたパズルのピースのようなものだった。これが奇跡的なほどぴったりとはまって、いくつかのジグソーパズルを一度に完成させたのである。

この章では、物珍しさでおもしろがられはしても、決してまともには扱われていなかったブレーンが、ひも理論の中心的存在へと発展していく過程を追っていく。一九九〇年代半ば以降、ブレーンがいくつかの面で、ひも理論の悩ましい問題を解決する役に立ったことがわかるだろう。ブレーンのおかげで、ひもから生じるはずのない不思議なひも理論の粒子の起源も理解できるようになった。さらにブレーンを含めたことで、二つの理論が互いにまったく異なるように見えながら、同じ物理的結果をもたらす「双対な理論」も発見された。冒頭の物語は、この章で探っていく双対性の驚くべき一例だ。一〇次元の超ひも理論と一一次元の超重力が等しいとするもので、後者の理論にはブレーンは含まれても、ひもは含まれない。

この章でもう一つ紹介するのがM理論だ。超ひも理論と一一次元の超重力のどちらも包含する一一次元理論で、その存在はブレーンについての洞察から導かれた。「M」が何を意味するかは、じつのところ誰もわかっていない——命名者のエドワード・ウィッテンがわざと意味をぼかしたからだ——が、「メンブレーン（膜）」、「マジック」、あるいは「ミステリー」の略だという説もある。とりあえず現段階では、M理論はいまだに「行方不明《ミッシング》の理論」だと言っておこう。これは前提とされているだけで、まだ完全には理解されていないのである。ただし、M理論に多くの未解決の疑問が残っているとはいえ、ブレーンに関する進展から、M理論のより複雑で、より包括的な構造は、理論上どうしても必要になるとわかっている。今日のひも理論研究者がこれを調べているのはそのためだ。

この章では、一九八〇年代に生まれたひも理論の最新状況を伝え、一九九〇年代に発展した、より現代的な視点のいくつかを紹介する。ここに書かれていることの大半は、ブレーンを素粒子物理学に適用するうえで重要となるわけでもなく、あとで見ていくブレーンワールドについての推測も、ここで述べる現象にはっきりと依存しているわけではない。したがって、ここは読み飛ばしてもらっても差し支えない。しかし、よければこの機会にひも理論の驚くべき発展のいくつかを知っておいてもらいたい。これらが大きな要因となって、ブレーンはひも理論の理論体系にどっしりと据えられるようになったのだ。

発生期のブレーン

第3章で見たように、ブレーンは空間のいくつかの次元に伸びているが、かならずしもすべての次元に伸びているわけではない。たとえばブレーンが空間の三つの次元にしか伸びていなくても、バルク空間にもっと多くの次元が含まれているかもしれない。余剰次元はブレーンで終わることもある。言い換えれば、ブレーンは余剰次元空間の境界となれる。また、ブレーンは粒子を包含できることもわかっている。ブレーン内の粒子は、その次元だけに沿って移動する。ほかに多くの空間次元があるとしても、ブレーンに閉じ込められた粒子は、そのブレーンが占める限られた領域に沿ってしか移動できない。余剰次元のバルクをくまなく自由に探索することはできないのだ。

これから見るように、ブレーンはただの場所ではない。それ自体が一つの物体である。ブレーンは膜のようなもので、膜と同じように実在する。ブレーンは緩くたるんでいることもあり、その場合は小刻みに運動できる。逆にぴんと張っていることもあり、その場合はおそらく静止している。また、ブレーンには荷量があるので、力を通じて相互作用することもできる。さらに、ブレーンはひもなどの物体に影響を及ぼしもする。これらの性質をすべて考えあわせると、ブレーンはひも理論に不可欠であり、矛盾のないひも理論の定式化はかならずブレーンを含んでいることがわかる。

一九八九年、当時テキサス大学にいたジン・ダイ、ロブ・リー、ジョー・ポルチンスキーと、チェコの物理学者ペトル・ホジャヴァがそれぞれに、ひも理論の方程式からDブレーンという特定のタイプのブレーンを数学的に発見した。閉じたひもが丸い輪になっているのに対し、開いたひもには、どことも接着していない二つの端がある。この両端はどこかにいなければならず、ひも理論では、開いたひもの両端がいられる場所はDブレーンだとされる（「D」は一九世紀のドイツの数学者ペーター・ディリクレにちなむ）。バルクが含められるブレーンは一つだけではないので、すべてのひもの端がかならずしも同じブレーンにあるとは限らない。しかし、ダイ、リー、ポルチンスキー、およびホジャヴァは、開いたひもの端がかならずブレーン上にあることを発見した。そして、これらのブレーンがどういう次元と性質をもつかは、ひも理論からわかる。

あるブレーンは三つの次元に伸びるが、別のブレーンは四つ、五つ、あるいはそれ以上の次元に伸びる。実際、ひも理論に含まれるブレーンは九までならいくつの数の次元にも伸びる。ひも理論の慣習として、ブレーンに名前をつけるときは、そのブレーンが伸びる空間の——時空ではなく——次元の数を用いる。たとえば3ブレーンは、空間の三つの次元（時空なら四次元になるが）に伸びるブレーンのことだ。私たちの目に見える世界へのブレーンの影響を見ようとするときは、3ブレーンがとても重要になる。しかし、この章で述べるようなブレーンの使い方をする場合は、ほかの数の次元をもつブレーンにも重要な意味がある。

ひも理論ではさまざまな種類のブレーンが生じる。その違いは次元数——そのブレーンが伸びている次元の数——にあるだけでなく、荷量、形状、そして「張力」という重要な特徴（これについては追って説明する）の面でも違っている。現実の世界にブレーンが存在するかどうかはわかっていないが、ひも理論で存在しうるとされるブレーンの種類ならわかっている。

発見当時のブレーンは好奇心の対象でしかなかった。当時は誰も、相互作用したり動いたりするブレーンを取り入れる理由を見いだせなかった。初期のひも理論研究者が考えていたように、ひもが弱くしか相互作用しないなら、Dブレーンはぴんと張られすぎていて動くこともなく、ひもの運動や相互作用にも影響を与えないだろうと思われていた。ブレーンがバルク内のひもに反応しないなら、それを含めたところで煩雑になるだけだ。ブレーンは一つの場所なのだろうが、万里の長城が人びとの日々の存在に関係ないのと同じぐらい、ひもの運動や相互作用には関係のないものだとされていた。さらに、物理学者にはブレーンをひも理論の物理的実現に含めたくない理由がもう一つあった。ブレーンは、すべての次元が等しくつくられているという彼らの直観にそぐわなかったからである。ブレーンはある次元を他の次元と区別する——ブレーンが伸びている次元はブレーンから離れていく方向の次元と異なる——が、既知の物理法則はすべての次元を同じものとして扱う。なぜひも理論がそうであってはならないのか？

それに、物理は空間のどの一点においても、別の一点にあるときと同じであると思われている。ところがブレーンは、この対称性も尊重していない。ある次元に沿っては無限に伸びるが、別の方向ではある一定の位置にとどまっている。だからブレーンは空間のすべてには広がらない。だが、ブレーンの位置が定まっている方向では、ブレーンから一インチ先のところと、一ヤード先のところ、半マイル先のところがすべて同じではない。ブレーンに香水がたっぷりふりかかっていると想像してみよう。自分がブレーンの近くにいるか遠くにいるか、まちがいなくわかるだろう。

これらの理由から、ひも理論研究者は当初ブレーンを無視した。しかし発見から約五年後、理論面でのブレーンの立場は劇的に向上した。一九九五年、ジョー・ポルチンスキーはひも理論の方向を二度と後戻りできないように変えた。ブレーンがひも理論に欠かせない動的な物体で、ひも理論の最終的な定式化に決定的な役割を果たす可能性がきわめて高いことを証明したのである。ポルチンスキーはどのような種類のDブレーンが超ひも理論に存在するかを説明し、それらのブレーンが荷量をもっていて[28]、ゆえに相互作用することを実証した。

しかも、ひも理論のブレーンは有限の張力をもっている。ブレーンの張力は太鼓の表面の張力と同じで、面をつまんだり叩いたりしても、張力がもとの張られた状態の位置に戻す。ブレーンの張力がゼロなら、ブレーンにまったく抵抗力がないため、軽く触れただけでも莫大な影響を及ぼす。一方、ブレーンの張力が無限なら、そもそもブレーンには何の影響も及ぼせない。それは静止した物体で動的な物体ではないことになるからだ。ブレーンの張力が有限だからこそ、ブレーンは動いたり揺れたり、ほかの荷量のある物体と同じように力に反応することができる。

ブレーンに有限の張力とゼロでない荷量があることから、ブレーンが単なる場所ではなく、物体でもあることがわかる。ブレーンに荷量があるなら、ブレーンは相互作用するはずだし、ブレーンの張力が有限なら、ブレーンは運動するはずだ。ちょうどトランポリンの表面が環境と相互作用して押し込まれたり跳ね返ったりするように、ブレーンも運動し、相互作用することができる。たとえばトランポリンもブレーンも、同じように歪められる。そしてトランポリンもブレーンも、周囲に影響を及ぼせる。トランポリンが人間や空気を押せるなら、ブレーンは荷量のある物体や重力場を押せる。

もしブレーンが宇宙に存在していても、ブレーンによる時空の対称性の侵害は、太陽や地球による空間対称性の侵害とほとんど同じぐらい問題がない。太陽と地球も特定の場所に位置している。三次元空間での場所は、太陽や地球があるせいで、どこでも同等というわけにはいかない。それでも宇宙の状態が対称性を保存しないというだけで、物理法則は三次元空間の時空の対称性を保存する。その点で、ブレーンも太陽や地球と同じである。空間内の明確な場所に位置するほかのあらゆる物体と同様に、ブレーンもいくらか時空の対称性を破る。

すこし考えれば、これはそう悪いことではないとわかる。結局のところ、ひも理論が本当に自然を記述しているのなら、すべての次元が等しくつくられてはいないことになる。おなじみの三つの空間次元はよく似ているが、余剰次元はきっと違っている。そうでなかったら「余剰」にはならない。物理的宇宙の観点から見れば、時空の対称性の侵害は余剰次元がおなじみの三次元と違う理由を説明する役に立つ。ブレーンはひも理論の余剰次元を、私たちのよく知る三つの空間次元から正しく区別するのかもしれない。

三つの空間次元をもつブレーンについての考察と、それが現実世界に及ぼすかもしれない根本的な影響についての説明はあとの章にまわすとして、この章では、ブレーンがひも理論においてなぜそんなに重要なのかを考えよう。実際、ブレーンは本当に重要で、一九九五年の「第二次超ひも革命」のきっかけになったほどだった。つぎの節では、ブレーンがこの一〇年にわたってひも理論の最前線にありつづけた理由と、これが完全に定着したと考えられる理由を説明しよう。

成熟したブレーンと探されていた粒子

ジョー・ポルチンスキーが懸命にDブレーンを研究していたころ、同じくサンタバーバラ校にいたアンディ・ストロミンジャーは、pブレーンのことを考えていた。それはアインシュタイン方程式に対する魅惑的な解だった。pブレーンは、ある空間方向には無限に伸びるが、それ以外の次元ではブラックホールのような働きをして、その近くに寄りすぎたものをとらえて放さなくする。一方、Dブレーンは、開いたひもの端が位置する面のことである。

アンディから聞いたところによると、彼とジョーは毎日ランチの席でお互いの研究の進展について話し合っていたという。アンディはpブレーンについて話し、ジョーはDブレーンについて語った。二人はともにブレーンを研究していたが、ほかの物理学者全員と同じように、最初はこの二種類のブレーンが別物だと考えていた。しかし最終的に、そうではなかったとジョーが気づいた。

アンディの研究は、彼の調べていたpブレーンがひも理論において決定的に重要なものであることを示した。pブレーンはある時空幾何において、新しい種類の粒子を生みだすのである。ひも理論の直観的には信じがたい驚くべき前提のとおりに、粒子が本当にひもの振動モードの表れとして生じるのだとしても、ひもの振動はかならずしもすべての粒子の発生要因ではない。ひもとは無関係に生じる別の粒子もあることをアンディは発見した。

ブレーンはさまざまな形状とさまざまな大きさをもって現れる。これまでは、ひもの端が位置する場所としてのブレーンをおもに見てきたが、ブレーンそれ自体も独立した物体であり、周囲の環境と相互作用ができる。アンディは、pブレーンがきわめて微小な巻き上げられた空間領域を包み込んでいる状況を考えた。そして、この空間のまわりに固く巻かれたブレーンが、粒子のような働きをすることを発見した。粒子のような作用をする巻かれたpブレーンは、きつく締められた投げ縄のようなものだ。ロープの輪を棒や牛の角に掛けて強く引っぱると、その輪がとても小さくなるように、ブレーンも空間のコンパクトな領域を巻き込める。この空間領域が非常に小さければ、そのまわりに巻かれたブレーンもきわめて微小になる。

この小さなブレーンには、もっとおなじみの微小な物体と同じように質量があって、その質量はブレーンの大きさに比例して大きくなる。ものは（鉛管でも埃でもサクランボでも）大きいほど重く、小さいほど軽い。微小な空間領域を包み込んでいるブレーンは非常に小さいので、質量も非常に軽くなる。そしてアンディの計算から、極端な場合にはブレーンが想像も及ばないほど小さくて、あたかも新しい質量ゼロの粒子のように見えることが証明された。アンディの出した結果は、決定的な意味をもっていた。ひも理論の最も基本的な仮説――すべてはひもから生じる――さえ、かならずしも正しいわけではないと証明されたのである。ブレーンもまた、粒子スペクトルの一因になっていたのだ。

ジョーは一九九五年に驚くべき観測をしている。この極小のpブレーンから生じる新しい粒子はDブレーンでも説明できたのである。実際、ジョーはDブレーンの関連性を確立した論文のなかで、Dブレーンとpブレーンが実質的に同じものであることを示した。ひも理論と一般相対性理論の予言が同じになるエネルギーでは、Dブレーンがpブレーンに姿を変えるのである。ジョーとアンディは、お互いそうとは知らずに、同じものを研究していたわけだ。この結論によって、Dブレーンの重要性はもはや疑う余地のないものとなった。Dブレーンは、それ以前からあったpブレーンと同じように重要であり、そのpブレーンはひも理論の粒子スペクトルにとって不可欠なものだったのだ。ところで、なぜpブレーンがDブレーンと等しいかを理解するには、ある美しい方法がある。それは「双対性」という、わかりにくいが重要な概念にもとづいている。

成熟したブレーンと双対性

双対性は、素粒子物理学とひも理論における、ここ一〇年の最も刺激的な概念の一つである。場の量子論とひも理論の近年の進展に大きな役割を果たし、とくにブレーンを含む理論に重要な影響を及ぼした。それをこれから見ていこう。

二つの理論が同じ理論でありながら異なる記述をする場合、その二つの理論は双対であるという。インドの物理学者アショク・センは、ひも理論における双対性に初めて気づいた研究者の一人だった。一九九二年、彼はクラウス・モントーネンとデイヴィッド・オリヴが一九七七年に提唱していた双対性の概念をさらに追究した研究で、ある特定の理論の粒子とひもを入れ替えても、その理論がまったく変わらないことを証明した。同じく一九九〇年代、イスラエル出身の物理学者で、当時ラトガース大学にいたネイサン・サイバーグも、外面的に異なる力を含めた別々の超対称な場の理論のあいだに驚くべき双対性があることを示した。

双対性の重要さは、ひも理論研究者が一般にどういう計算をするかを多少知っておくと理解しやすい。ひも理論の予言は、ひもの張力に依存する。しかし、そのほかに、ひもの相互作用の強さを定める「ひもの結合定数」という値にも依存する。ひもは弱い結合に応じて軽くこすれあうだけなのか、それとも強い結合に応じて互いの運命をともにするのか。ひもの結合定数の値がわかっていれば、その特定の値でひも理論を調べればよい。しかし、ひもの結合定数の値はまだわかっていないのが現状なので、ひもの相互作用の強さが予言できないかぎり、理論も理解しようがない。それができたとき、初めてどれが機能するのかわかるだろう。

問題は、ひも理論が出てきたときから、ひもの結合を強いとする理論がどうにも扱いにくかったことだ。一九八〇年代には、ひもが弱く相互作用する理論しか理解されていなかった（この「弱い」という言葉は誤解を与えそうだが、これはひもの相互作用の強さを示す形容詞であって、ウィークボソンの伝える弱い力とはまったく関係ない）。ひもが非常に強く相互作用しているとすると、何を計算するのも非常に困難になる。緩い結び目のほうが固い結び目よりほどきやすいように、弱くしか相互作用しない理論のほうが強く相互作用する理論よりはるかに扱いやすいのである。ひもどうしが非常に強く相互作用していると、互いがめちゃくちゃに絡まりあって、非常に分解しにくくなる。物理学者はさまざまな工夫を凝らして、強く相互作用するひもについても計算をしようとしてきたが、現実の世界にうまく適用できる手段は見つからなかった。

実際、ひも理論だけでなく、どの分野においても、物理は相互作用が弱いほうが理解しやすい。なぜかといえば、弱い相互作用が小さな「摂動」なら、つまり解ける理論――通常は相互作用を含まない理論――をすこしだけ変えるものなら、「摂動理論」という手法が使えるからだ。これを用いれば、弱く相互作用する理論の問題の答えにじわじわと近づける。相互作用のない理論からスタートして、順々に計算を積みあげていくのだ。摂動理論というシステマチックな手法に沿って、どんどん計算を精密にしていけば、いずれ理想の精度にたどりつく（か、いいかげんうんざりするかのどちらかとなる）。

厳密には解けない理論の物理量を摂動理論によって近似する方法は、絵の具を混ぜ合わせて理想の色に近づけるのに似ているかもしれない。たとえば地中海のいちばん美しい色に似た、かすかに緑がかった微妙な青を出したいとしよう。最初は青の絵の具を出し、そこにすこしずつ、すこしずつ緑を混ぜていって、ときにはまた青を足しながら、最終的に求めていたとおりの（に近い）色にたどりつく。このようにして絵の具の混ざり具合に摂動を与えると、段階を追ってすこしずつ求める色に近づいていくので、好きなだけ近い近似が得られる。理論に摂動を与えるのもこれと同じで、知りたいのがどういう問題であれ、すでに解き方を知っている問題から始めて一つずつ段階を追って進んでいけば、かならず正しい答えの近似にたどりつける。

一方、ひもが強く相互作用する理論の場合、その問題に対する答えを見つけようとするのは、でたらめに絵の具をたらしてジャクソン・ポラックの絵を再現しようとするのに近い。絵の具をたらすたびに、絵はがらりと一変してしまう。この相互作用を二〇回繰り返したところで、八回繰り返したときから比べて、絵はまったくめざす目標に近づいていない。むしろ絵の具をたらすたびに、前の試みのほとんどが無駄になるだろう。絵があまりにも変わってしまうので、毎回一からやり直しているも同然だからだ。

摂動理論にしても、解ける理論が強力な相互作用によって摂動を与えられているときは、やはり役に立たない。絵の具を撒き散らして現代絵画の傑作を再現する試みが無駄に終わったように、システマチックな手法によって強く相互作用する理論のなかの知りたい物理量にすこしずつ近づいていこうとしても、やはり成功しない。摂動理論が役に立ち、計算がきちんとコントロールされるのは、相互作用が弱い場合だけなのだ。

ときには例外的な状況もあり、そういう場合は摂動理論が役に立たなくても、強く相互作用する理論の質的な特徴が理解できる。たとえば、その系の記述が弱く相互作用する理論と細部においては違っていても、大筋においては似ている場合もあるかもしれない。しかし全般に、強く相互作用する理論については何も言えない場合がほとんどである。強く相互作用する理論は質的な特徴でさえ、弱く相互作用する系の特徴と外見的には似ていても、たいてい実質的にはまったく異なっている。

したがって、強く相互作用する一〇次元のひも理論に関しては、二つの見方ができる。これは誰にも解けないもので、これに関しては何も言えないと見るか、さもなくば、強く相互作用する一〇次元のひも理論は少なくとも大筋において、弱い結合のひも理論に似ていると見るかである。矛盾するようだが、ある場合においては、この二つの見方は結果的にどちらも正しくない。IIAというタイプの一〇次元ひも理論の場合、強く相互作用するひもは弱く相互作用するひもとまったく似ていない。しかし似ていないにもかかわらず、その帰結は調べられる。これは計算が可能な扱いやすい系だからだ。

一九九五年の三月に南カリフォルニア大学で開かれたひも理論会議で、エドワード・ウィッテンは聴衆を驚愕させる講演を行なった。低エネルギーでは、ひもの結合を強くした一〇次元超ひも理論の一種が、まったく違うと大半の人が思うであろう別の理論と完全に等しいことを示したのである。その理論が一一次元超重力、すなわち重力を含めた一一次元の超対称理論だった。そして重要なことに、この超重力理論の構成要素は弱く相互作用する。したがって摂動理論がしっかりと適用できた。

ということは、逆説的に、摂動理論を使って最初の強く相互作用する一〇次元超ひも理論が調べられることになる。強く相互作用するひも理論そのものには摂動理論を使えないが、外面的にはまったく違った理論である、弱く相互作用する一一次元超重力理論になら使えるわけだ。この驚くべき結果は、そのまえにケンブリッジ大学のポール・タウンゼンドも見つけていたもので、お互い見かけこそ違え、低エネルギーでは一〇次元超ひも理論と一一次元超重力理論が実質的に同じ理論であることを意味していた。あるいは物理学用語で言うならば、この二つには双対性があった。

双対性の概念は、先ほどの絵の具のたとえを使って言い表せる。最初に青い絵の具があるが、そこに緑を加えて「摂動」を与える。この絵の具の混ざり具合を正しく記述するならば、やや緑がかった青ということになる。しかし、いま加えた緑の絵の具が小さい摂動でなかった場合はどうなるか。緑の絵の具をすこしではなく、大量に加えていたとしたらどうだろう。その緑の量が最初の青の量をはるかに超えていれば、混ざり具合の正確で「双対的」な記述は、やや青味がかった緑になる。つまり正しいとされる記述は、含まれている色それぞれの量によって決まるわけだ。

同じように理論でも、相互作用の結合が小さい場合の一つの記述があるだろう。しかし結合がある程度まで大きいと、もはや最初の記述に摂動理論は使えなくなる。にもかかわらず、ある驚くべき状況では、最初の理論ががらりと見かけを変えるので摂動理論が適用できるようになる。それが双対的な記述だ。

これは五品のコースメニューの材料をひとまとめで渡されるようなものだ。すべての材料がそろっていても、どこから手をつけたらいいかわからないかもしれない。食事を用意するためには、どの材料がどの料理に使われ、スパイスが食品や別のスパイスとどう相互作用し、何をいつ調理するかを知っておかなくてはならない。だが、仕出屋が同じ材料をあらかじめ小分けにして、サラダ用、スープ用、前菜用、主菜用、デザート用と決めておいてくれたら、誰でもそれをどうにか料理に変身させられると思う。材料そのものは同じでも、それらが適切にまとめられていれば、食事づくりがややこしい問題から取るに足らない問題に変わる。

ひも理論の双対性にもこのような作用がある。強く相互作用する一〇次元の超ひも理論は、ややこしく扱いにくいように見えるが、双対的な記述がすべてを自動的にまとめて、摂動理論を適用できる理論に変える。ある理論では困難な計算が、別の理論では扱いやすいものになる。ある理論では結合の強さが大きすぎて摂動理論が使えない場合でも、別の理論では結合が小さいから摂動の計算が実行できる。ただし、この双対性に関しては、まだ完全に理解されているわけではない。たとえば、ひもの結合が非常に小さくも非常に大きくもない場合は、計算方法がまったくわかっていない。しかし、片方の結合が非常に小さいか非常に大きいなら（そしてもう片方がそれに対応して非常に大きいか非常に小さいなら）計算方法はわかっている。

強く結合した超ひも理論と弱く結合した一一次元の超重力理論との双対性により、強く相互作用する一〇次元超ひも理論のなかの知りたいことは、外面的にまったく異なる理論での計算をすることで、結果的に何でも計算できる。強く相互作用する一〇次元超ひも理論によって予言されることは、弱く相互作用する一一次元超重力理論からすべて導きだせる。その逆も同じだ。

この双対性にこのような信じがたい効力があるのは、どちらの記述も局所的な相互作用、つまり近くの対象との相互作用だけを扱っているからだ。両方の記述に呼応する対象が存在しているとしても、両方の記述が局所的な相互作用を言い表しているからこそ、双対性は本当に驚くべき興味深い現象となる。結局のところ、次元はただの点の集積ではない。近くにあるか遠くにあるかによって対象を整理している。コンピュータの中身を打ちだしたダンプリストは知りたい情報をすべて包含していて、整理された一連のファイルとドキュメントに等しいかもしれないが、情報が理路整然とまとめられていて、関連する情報がきちんと隣り合っていないかぎり、単純な記述にはならない。一〇次元超ひも理論にしろ一一次元超重力理論にしろ、そこで記述されている相互作用が局所的であるからこそ、両方の理論の次元が――ひいては理論そのものが――意味のある有用なものになるのだ。

一〇次元超ひも理論と一一次元超重力理論との同等性は、ケンブリッジ大学のポール・タウンゼンドと、当時テキサス農工大学にいたマイケル・ダフの主張が正しかったことを立証した。長いあいだ、ひも理論研究者は、概して彼らの一一次元超重力に関する研究を冷たく退け、中傷さえしていた。ひも理論こそ未来の物理学だと信じていた彼らには、なぜダフとタウンゼンドがそんな理論に無駄な時間を費やしているのか理解できなかった。しかしウィッテンの講演を受けて、彼らも敗北を認めざるをえなくなった。一一次元超重力は興味深いテーマであるだけでなく、ひも理論とイコールだったのだ！

この双対性に関する驚くべき結果がどれほど注目を集めていたかに私が気づかされたのは、ロンドンから帰ってくる飛行機のなかでだった。いっしょに乗り合わせていた乗客の一人が——あとでロックミュージシャンだとわかったが——私が物理学論文を読んでいたのに目を留めて、わざわざ私のところに来て、宇宙は一〇次元なのか一一次元なのかと聞いてきたのだ。私はちょっとびっくりした。でも、彼に答えて、ある意味ではどちらでもあると説明した。一〇次元理論と一一次元理論は等しいのだから、どちらも正しいと考えられる。慣習的には、その理論でひもが弱く相互作用するとされる次元、したがって、ひもの結合の物理的な値が低い次元の数が与えられることになっている。

しかし、標準モデルの力にかかわる結合なら、その強さが測定できるが、ひもの結合の強さについてはまだ何も確定していない。仮にひもの結合が弱ければ、摂動理論をそのまま適用できる。しかし強ければ、双対的な記述に摂動理論を使ったほうがよい。ひもの結合の値がわからないかぎり、ひも理論をこの世界に適用したときに、二つの記述のどちらを使えばいいかもわからない。どちらかのほうが単純にひも理論を記述するのだろうか、だとしたら、それはどちらなのか。*

そしてもう一つ、一九九五年のひも理論会議では双対性に関して驚くべきことが出てきた。それま

*ひもの結合が非常に弱い場合か、強く相互作用する理論の双対的な記述として弱く結合する理論がある場合なら、摂動理論が利用できる。しかし相互作用の強さが中間の場合は、摂動理論の使いようがない。したがって双対的な記述がある場合でも、その理論に対する完全な解は得られない。

で大半のひも理論研究者は、超ひも理論には五つのタイプがあって、それぞれが別の力と相互作用を含んでいるものと思っていた。ところが九五年の会議で、ウィッテンが（そのままえも含めればタウンゼンドと、同じくイギリスの物理学者クリス・ハルも）超ひも理論の二つのタイプのあいだに双対性があることを示した。その後、一九九五年から九六年にかけて、ひも理論研究者は一〇次元理論のすべてのタイプが互いに双対であり、さらに一一次元超重力とも双対であることを示した。ウィッテンの講演は、まさしく本物の双対性革命を引き起こしたのだ。ブレーンの性質も考慮することにより、別物と見られていた五つの超ひも理論が、じつは見かけの異なる同じ理論だったことが明らかにされた。

各種のひも理論は実質的に同じものなので、一一次元超重力理論とさまざまな外見のひも理論を、弱くしか相互作用しないものもそうでないものもすべてひっくるめて包含する単一の理論があるに違いない、とウィッテンは結論した。そして、その新しい一一次元理論をM理論と名づけた。だが、M理論の枠組みはこれまでに出てきた各種の理論を超え、まだ私たちが理解していない領域にまで伸びている。M理論には、もっと統合された一貫性のある超ひもの姿を描きだし、量子重力理論としてのひも理論の潜在能力を存分に発揮させられる可能性がある。とはいえ、その目標が果たされるほど充分にひも理論研究者がM理論を理解するまでには、まだ多くの型や部品が必要だ。これまでに出てきた各種の超ひも理論が遺跡発掘で得られた断片だとすれば、M理論はそれらの断片をつなぎあわせてできあがる工芸品だ。それを誰もが求めているが、その完成図は謎に包まれている。M理論を最もよく定式化する方法はまだ誰も知らない。だが、いまではそれが、ひも理論研究者の第一目標となっている。

双対性の詳細

この節では、前述した一〇次元超ひも理論と一一次元超重力理論との双対性について、もうすこし詳しく説明する。この説明はあとで必要にはならないので、ここで次章に移ってもらってもかまわない。だが、これは次元についての本なので、次元の異なる二つの理論のあいだの双対性に関して脱線するのも、あながち場違いではないだろう。

双対な二つの理論の片方に、かならず強く相互作用する物体が含まれていることを考えると、双対性がいくらか妥当なものに見えてくる。相互作用が強い場合、その理論の物理的な結果を直接的に導くことはまずできない。一〇次元と見られる理論がまったく異なる一一次元理論によって最もよく記述されると思うと奇妙に感じるが、一〇次元理論には強く相互作用する物体が含まれているから、そこで何が起こるかはそもそも予言できなかったことを思い出せば、それほど奇妙にも思えなくなる。どうしたって最初から無駄だったのだ。

とはいえ、次元の数が異なる理論のあいだの双対性には多くの不可解な特徴がある。そして一〇次元超ひも理論と一一次元超重力理論の場合には、一見したところきわめて基本的な問題がある。一〇次元超ひも理論にはひもが含まれているが、一一次元超重力理論には含まれていないのだ。

物理学者はブレーンを使ってこの謎を解決する。一一次元超重力理論にはひもが含まれていないとしても、2ブレーンなら含まれている。しかし、空間次元が一つだけのひもと違って、2ブレーンには空間次元が（お察しのとおり）二つある。ここで、一一次元のうち一つの次元がきわめて小さい円に巻き上げられていると仮定しよう。この場合、巻き上げられた丸い次元を取り巻くブレーンは、ちょうどひものように見える。図69に示したように、巻き上げられたブレーンには、一見すると空間次元が一つしかない。このように、一つの次元が巻き上げられている一一次元超重力理論は、もともとの一一次元理論には含まれていないひもを含んでいるような格好になる。

これはごまかしのように聞こえるかもしれない。すでにまえのほうで確認したように、次元が巻き上げられている理論は、長い距離、低いエネルギーでは、つねに次元の数が少なく見えるのだから、次元が一つ巻き上げられている一一次元理論が一〇次元理論と同じように働いたとしても当然だろう。この一〇次元理論と一一次元理論が等しいことを証明したいなら、次元の一つが巻き上げられているときの一一次元理論を調べれば充分ではないか？

この問題の鍵は、第2章での話に条件があったということだ。つまり、巻き上げられた次元が、長い距離や低いエネルギーでは目に見えないことを示したにすぎない。エドワード・ウィッテンは九五年のひも会議で、さらにその先を行った。一〇次元理論と一一次元理論の同等性を説明するのに、次元の一つが巻き上げられている一一次元超重力理論が短い距離においても一〇次元超ひも理論と完全に等しいことを示したのである。一つの次元が巻き上げられていても、充分に近づいて見れば、その次元のなかで別

【図69】11次元超重力理論には含まれないひもをブレーンで解決

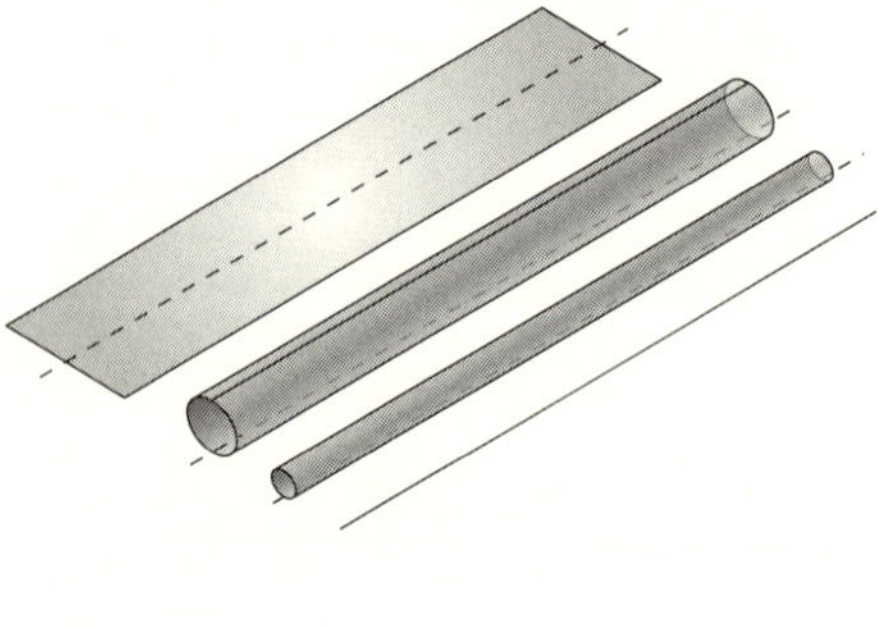

2つの空間次元をもったブレーンが非常に小さい円に巻き上げられると、ひものようになる。

の位置にある点と点を識別できる。ウィッテンが示したのは、双対的な理論についてはすべてが等しく、巻き上げられた次元の大きさより小さい距離を探れるだけの高いエネルギーをもった粒子まで等しいということだった。

一つの次元が巻き上げられている一一次元超重力理論に関するものは、すべてが――短距離、高エネルギーの過程や物体も――一〇次元超ひも理論にその対応物をもっている。さらに言えば、次元が巻き上げられたときの円の大きさに関係なく、次元がどれだけ大きな円になっていようと、双対性はつねに保たれる。まえに巻き上げられた次元について見たときには、小さく巻き上げられた次元が気づかれないと言っただけだった。

しかし、どうして次元数の異なる理論が同じでありうるのか？　結局のところ、空間次元の数は、ある一点の位置を特定するのに必要な座標の数である。双対性が保たれる可能性があるのは、超ひも理論が点状の物体を記述するのに余分な数を必要とする場合だけだろう。

超ひも理論では、九つの空間次元での運動量の値、それに荷量の値を明記することで初めて特定できるような、新しい特殊な粒子がある。それに対して一一次元超重力理論では、一〇の空間次元での運動量を知る必要がある。ここに双対性の鍵がある。理論があるケースでは九次元、別のケースでは一〇次元になるとしても、どちらにしろ一〇個の数を明らかにしなくてはならない。片方のケースでは九個の運動量の値と一個の荷量の値、もう片方のケースでは一〇個の運動量の値である。

荷量をもたない状態のひもは、一一次元理論の物体とは対にならない。一一次元理論の時空にある物体の位置を特定するには一一の数が必要となるため、荷量をもつ粒子だけが一一次元の仲間をもてる。そして、一一次元理論の粒子のパートナーとなるのは、ブレーンであることがわかっている。す

のは、一定の荷量をもった一〇次元超ひも理論のD_0ブレーンすべてに[*]、対応する特定の一一次元の運動量をもった粒子があるからだ。そして逆も同じである。一〇次元理論と一一次元理論の物体は（そしてそれぞれの相互作用も）正確に合致するのだ。

荷量はある特定方向での運動量とはまったく違うように思えるかもしれないが、特定の運動量をもった一一次元理論の物体すべてが特定の荷量をもった一〇次元理論の物体と合致する（そして逆も同じ）なら、その数を運動量と呼ぼうが荷量と呼ぼうが、どちらでもかまわない。次元の数は、運動量の独立した方向の数、つまり物体が移動できる違った方向の数である。しかし、次元の一つに沿った運動量が荷量に置き換えられるなら、次元の数が実際にいくつなのか定義できない。ひもの結合定数の値に応じて、系を記述するのに最適な次元数が決まる。

この驚くべき双対性は、ブレーンが役に立つとわかった最初の分析の一つだった。ブレーンは、異なるひも理論が互いに合致するのに必要な追加要素だった。しかし、ひも理論のブレーンを物理理論に適用するのに重要となる決定的な特徴は、このブレーンが粒子と力を収容できることである。その理由をつぎの章で説明しよう。

まとめ

●ひも理論は誤った呼称である。ひも理論には高次元ブレーンも含まれているからだ。「Dブレーン」はひも理論におけるブレーンの一種で、開いたひも（丸まって輪になっていないひも）の端はかならずこの面に位置している。

●ブレーンは過去一〇年のひも理論の重要な発展の多くに寄与した。

●ブレーンは「双対性」を示すのに決定的な役割を果たした。この双対性により、外見的に異なる別種のひも理論がじつは互いに等しいことが証明された。

●低エネルギーでは、一〇次元の超ひも理論が一一次元の「超重力理論」、すなわち超対称性と重力を含めた一一次元理論と双対になる。片方の理論の粒子はもう片方のブレーンと合致する。

●ブレーンについてこの章でわかったことは、あとの話には関係してこない。ただ、ひも理論の世界でこれほどブレーンが注目されている理由の一部は、ここで説明したことに表れている。

＊実際にはD_0ブレーンの束縛状態を考える。

第16章

にぎやかなパッセージ――ブレーンワールド

時間が静止した場所へようこそ
誰も去らず、これからも去らない
――メタリカ

イカルス三世はしだいに天国に幻滅してきた。てっきりリベラルで寛容なところだと思っていたが、賭け事は禁止、銀塗装した金属製品も禁止、煙草ももはや吸えなかった。そして何よりも厳しい制約は、天国が天国ブレーンにくっついていることだった。ゆえに、ここの住人は五番めの次元に行くことができなかった。

天国ブレーンの住人はみな五番めの次元のことを知っていて、さらに別の次元の存在も知っていた。実際、しばしば高潔な天国ブレーンの住人は、そう遠くないところにある監獄ブレーンに隔離された汚らわしい連中の噂をささやいていた。とはいえ、監獄ブレーンの住人には、天国ブレーンの住人が広めていた彼らへの中傷など耳に入ってこなかったから、みな平和にバルクとブレーンに暮らしていた。

「双対性革命」の観点から見ると、ひも理論を目に見える宇宙に結びつけようとしていた人びとにとってブレーンはまさしく恩恵だったと思うかもしれない。ひも理論のさまざまな定式化が本当はすべて同じだったのなら、物理学者はもう、自然がどういうルールに則ってそれらの一つを選ぶのかを突きとめるという気の遠くなるような努力をしなくてすむ。見かけの異なる各種のひも理論がすべて実際は同じなのであれば、もうどれかを特別扱いする必要もない。

しかし、ひも理論と標準モデルとのつながりを見つける目標に近づいてきたと考えるのはけっこうだが、これはそう単純な仕事ではない。たしかにブレーンは、ひも理論のさまざまな見え方の数を減らす双対性にとって欠かせないものだったが、逆に、標準モデルの導出方法の数はブレーンによって増えてしまった。最初にひも理論を発明した人びとが考慮に入れなかった粒子や力を、ブレーンは収容できるからである。どういう種類のブレーンが存在し、それらがひも理論の高次元空間のどこに位置するかに関しては、いくつもの可能性がある。したがって、ひも理論で標準モデルを実現させるにあたっても、これまで誰も考えなかったような新しい方法がいくつも考えられるのだ。標準モデルの力はかならずしも一個の根本的なひもから生じるわけではない。異なるブレーンにわたって伸びたひもから生じる新しい力の場合もある。双対性によってもともと五種類あった超ひも理論がすべて等しいのかもしれないが、ひも理論で考えられるブレーンワールドの数はとてつもなく多い。

唯一の標準モデル候補にしぼりこむのは至難の業に見えた。双対性を発見したひも理論研究者の陶酔感も、この現実に気づいて冷めていった。だが、観測可能な物理についての新しい洞察を求めていた私たちのほうは天にも昇る気持ちだった。ブレーンに閉じ込めた力と粒子についての新しい可能性が出てきて、いよいよ素粒子物理学の出発点を再考する時期が来たと思った。

ブレーンはきっと観測可能な応用ができるはずで、それを可能にする決定的なブレーンの特質が、粒子と力を拘束できることだ。この章の目的は、それがどう機能するかを味わってもらうことである。まずは、ひも理論のブレーンが粒子と力を拘束する理由を説明することから始めよう。そのあとブレーンワールドの概念と、最初にわかったブレーンワールド、すなわち双対性とひも理論から導きだされたブレーンワールドについて見ていく。さらにつぎからの章で、ブレーンワールドの各側面と、私が最も刺激的だと思うブレーンワールドの物理的応用の可能性を考えていこう。

粒子とひもとブレーン

ダラム大学出身の一般相対性理論研究者であるルース・グレゴリーが言ったように、ひも理論のブレーンは粒子と力を「フル装備《ローデッド》」している。つまり、ある種のブレーンはかならずそこにとらわれた粒子と力を包含している。自宅の壁の向こうへは決して出ていこうとしない引きこもりの家猫のように、ブレーンにとどめられた粒子も決して外へ出ていかない。いや、いけないのだ。これらの粒子の存在は、ブレーンの存在のうえになりたつ。これらの粒子が運動するときは、ブレーンの空間次元に沿ってだけ運動する。相互作用するときは、ブレーンの伸びた空間次元のうえでだけ相互作用する。ブレーンに束縛された粒子の観点からすると、これらが相互作用することのある重力やバルクの粒子がなかったら、世界はそのブレーンの次元がすべてであるかのように見える。

では、どうしてひも理論では粒子と力がブレーンに閉じ込められるのかを考えてみよう。高次元宇宙のどこかにDブレーンが一枚だけ浮かんでいるとする。定義により、開いたひもの両端は一枚のDブレーンに接していなければならないわけだから、このDブレーンはすべての開いたひもが始まって終わる場所である。開いたひもの両端は、どこか特定の位置に固定されているわけではないが、ブレーン上のどこかには位置していなければならない。列車の車輪が軌道から外れることはできないが、軌道上を進むことならできるように、ひもの端もブレーンという固定された面に閉じ込められているが、そのなかで動くことはできる。

開いたひもの振動モードが粒子なので、両端がブレーンに閉じ込められた開いたひものモードが、このブレーンに閉じ込められた粒子である。これらの粒子は、ブレーンが伸びている次元においてのみ移動や相互作用ができる。

ブレーンに束縛されたひもから生じているこれらの粒子は、力を伝達できるゲージボソンであることがわかっている。なぜかといえば、ゲージボソンのスピン（つまり1）をもっていて、ゲージボソンと同じように相互作用するからだ。このブレーンに束縛されたゲージボソンが力を伝え、その力が同じブレーンに束縛されている別の粒子に作用する。そして計算によれば、力を受ける側の粒子はかならずその力にかかわる荷量をもっている。実際、ブレーンにくっついているひもの端はすべて荷量をもつ粒子のような作用をする。ブレーンに束縛された力とこれらの荷量をもつ粒子の存在は、ひも理論のDブレーンが荷量をもつ粒子とその粒子に作用する力を「フル装備」していることの証拠である。

ブレーンが二枚以上ある場合は、それだけ力と荷量をもつ粒子も多くなる。たとえばブレーンが二枚あったとすると、それぞれのブレーンにとどめられている粒子に加え、新しいタイプの粒子が生じる。二枚のブレーンそれぞれに片端ずつ接着しているひもから生じる粒子だ（図70を参照）。

二枚のブレーンが空間で互いに離れている場合、その二枚のあいだに伸びるひもから生じる粒子は、重くなることがわかっている。このひもの振動モードから生じる粒子の質量は、ブレーンとブレーンのあいだの距離が伸びるにしたがって大きくなる。この質量は、ばねを引っぱったときに蓄えられるエネルギーのようなものだ。ばねを引っぱれば引っぱるほど、ばねのエネルギーは大きくなる。同じように、二枚のブレーンのあいだで引き伸ばされたひもから生じる粒子は、最も軽いものでも、ブレーン間の距離に比例して質量が増える。

とはいえ、ばねも静止した位置にあって弛緩しているときは、エネルギーが蓄えられていない。同じように、二枚のブレーンが離れていないとき――つまり同じ位置にあるとき――は、両端をそれぞれのブレーンに接着させたひもから生じる粒子も、最も軽いものは質量ゼロとなる。

仮に二枚のブレーンが重なって同じ空間を占めているとしよう。すると、そのブレーンからは質量のない粒子が新たに生じることになる。こうした質量ゼロの粒子の一つに、ゲージボソンがある。このゲージボソンは、両端が同じブレーンにくっついているひもから

【図 70】ゲージボソンの生じ方

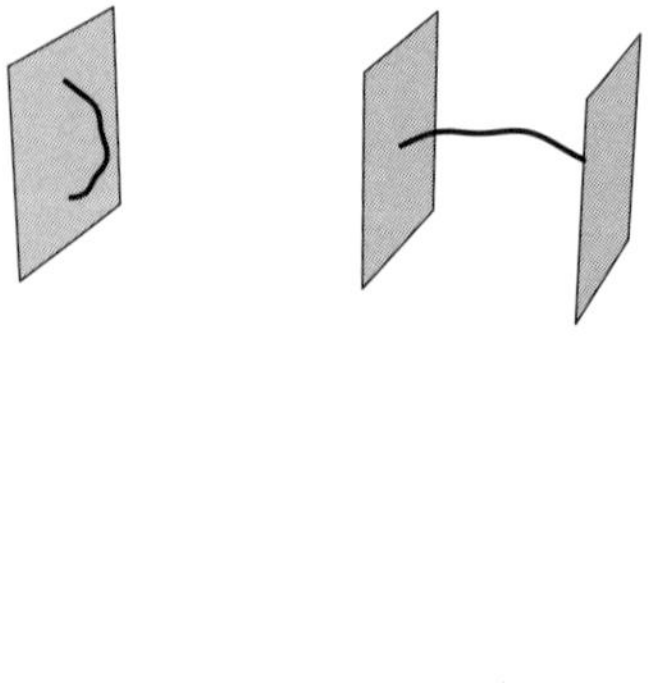

1 枚のブレーンに両端がくっついているひもからはゲージボソンが生じる。ひもの両端が異なるブレーンにくっついている場合は、新しいタイプのゲージボソンが生じる。ブレーンが離れているとき、そのゲージボソンの質量はゼロでなくなる。

生じるゲージボソンとは異なる、まったく別の新しいゲージボソンである。この新しい質量ゼロのゲージボソンは、同一の空間を占める二枚のブレーンがある場合にしか生じないため、これが伝える力はブレーンの片方にいる粒子にも、両方にいる粒子にも作用する。さらに言えば、ほかのあらゆる力と同様に、このブレーン上の力も対称性と結びついている。この場合、対称変換は二枚のブレーンを入れ替えるものとなる[29]。

もちろん、二枚のブレーンが本当に同じ場所にあるなら、それらを二枚の異なる対象と見なすのはおかしいと思うだろう。たしかにそのとおりだ。もし二枚のブレーンが同じ場所にあるなら、それは一枚のブレーンと見なしても差し支えない。この新しいブレーンが、ひも理論には存在する。それはひそかに重なりあった二枚のブレーンからなっていて、それらのブレーンがもつのと同じ性質をもっている。このブレーンには、前述した各種の粒子がすべて収容されている。最初の二枚のブレーンの記述に出てきた、両端がそれぞれのブレーンにあるひもから生じる粒子も含まれれば、一枚のブレーンに両端があるひもから生じる粒子も含まれる。

さて、つぎは多くのブレーンが重なりあっているところを想像してみよう。すると、また新しいタイプの開いたひもがたくさん出てくる。ひもの両端はどのブレーンにもくっつけるからだ（図71を参

【図71】新しいタイプのゲージボソン

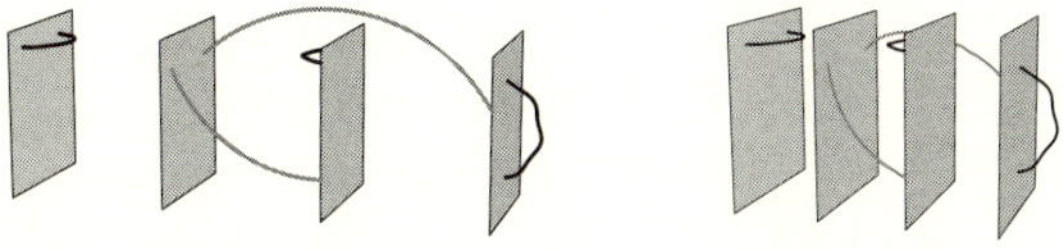

両端が同じブレーンにあるひもも、ブレーンとブレーンのあいだに伸びているひもも、ともにゲージボソンを生じさせる。複数のブレーンが重なって同一の空間を占める場合、ひもの両端がそれらのブレーンのどれに位置するかに応じて、新しい質量ゼロのゲージボソンが生じる。

照）。異なるブレーンのあいだに伸びている開いたひもにしろ、どれか一枚のブレーンに両端があるひもにしろ、それぞれのひもの振動モードによって、また新しい粒子を生みだす。これらの新しい粒子のなかにも、やはり新しいタイプのゲージボソンと、新しいタイプの荷量をもった粒子が含まれている。そして、重なりあった複数のブレーンを入れ替える新しい対称性に結びついた、新しい力も同じように生じる。

したがってブレーンは、やはり力と粒子を「フル装備」している。多くのブレーンがあれば、それだけ可能性も豊かになるわけだ。しかも、ブレーンの束がいくつかあって互いに離れているような、もっと複雑な状況までありうる。異なる場所に位置したブレーンは、完全に独立した粒子と力を備えている。あるブレーンの束に閉じ込められた粒子と力は、別のブレーンの束に閉じ込められている粒子と力とは完全に異なる。

たとえば、私たちを構成している粒子がすべて電磁気力とともに一枚のブレーンに閉じ込められているとしたら、私たちはその電磁気力の作用を受ける。しかし、遠くのブレーンに閉じ込められている粒子はその作用を受けない。そこの異質な粒子は電磁気力に対して無反応である。だが、遠くのブレーンに閉じ込められている粒子は、私たちがまったく反応しない新種の力の作用なら受けるかもしれない。

これはあとの話にも関係してくるが、こうした状況の重要な点は、離れたブレーンにある粒子どうしが直接の相互作用をしないことだ。相互作用は局所的で、同じ場所にいる粒子どうしのあいだでしか起こらない。離れたブレーン上の粒子は互いに離れすぎていて、直接の相互作用ができないのだ。

高次元空間の全体を示すバルクは、たとえて言えば、別々のコートでそれぞれに試合が進行している巨大なテニス会場のようなものだ。どのコートのボールも、ネットをはさんでコートのどこにでも行ったり来たりできる。しかし、各コートの試合はほかのコートの試合とは無関係に進んでいて、ボールはそのコート内だけにとどまっている。あるコートのボールがかならずそのコート内にあり、そこで試合をしている二人の選手しかそのボールに触れられないように、ブレーンに閉じ込められたゲージボソンやそのほかの粒子は、同じブレーン上の物体としか相互作用できない。

しかし、離れたブレーン上にある粒子どうしでも、バルクのなかを自由に移動できる粒子や力があれば、互いにコミュニケーションができる。そのようなバルク粒子は、ブレーンを自由に出たり入ったりできる。ときにはブレーン上の粒子と相互作用することもあるが、高次元空間全体を自由に動きまわることもできる。

この離れたブレーンとそのあいだを取り持つバルク粒子がある状況は、先ほどの例にたとえれば、会場のなかで同時進行している別々の試合に出ている選手が、同じコーチについているようなものだ。コーチは同時に行なわれているいくつかの試合に目を配りたいから、コートからコートへと移動する。ある選手が別のコートの選手に何かを伝えたければ、それをコーチに言えば、コーチがそのメッセージを届けてくれる。選手どうしが試合中に直接コミュニケーションをとることはないが、それぞれのコートを行き来できる人間を通じてコミュニケーションをとることはできる。同じように、バルク粒子はあるブレーン上の粒子と相互作用して、そのあと遠く離れた別のブレーン上の粒子と相互作用することができる。これによって、離れたブレーンにそれぞれ閉じ込められている粒子どうしが、間接的にコミュニケーションできるのである。

つぎの節では、重力を伝える粒子であるグラビトンが、こうしたバルク粒子の一つであることを見ていく。高次元では、グラビトンが高次元空間をどこにでも自由に移動して、ブレーン上にあるものもないものも含め、あらゆる粒子とどこででも相互作用する。

重力——あいかわらずの特異性

ほかのすべての力と違って、重力はブレーンに閉じ込められない。ブレーンに拘束されたゲージボソンとフェルミオンは開いたひもの結果だが、ひも理論では、グラビトン——重力を伝える粒子——は閉じたひもの一モードである。閉じたひもには端がない。したがって、端がブレーンにとどめられることがないのだ。

閉じたひもの振動モードである粒子は、高次元バルクをくまなく移動できる無制限の通行許可証をもっている。そして重力は、閉じたひもの粒子によって伝達される力だとわかっているので、やはりほかの力とは区別される。ゲージボソンやフェルミオンと違って、グラビトンは必然的に高次元の時空をどこにでも移動できる。グラビトンを低い次元に閉じ込めておくのは不可能だ。あとの章で見るように、驚くべきことだが、重力がブレーンの近くに局所的にとどまっているようにすることはできる。だが、重力を完全にブレーンに閉じ込めることは絶対にできない。

要するに、ブレーンワールドはほとんどの粒子と力をブレーンに拘束しておけるが、重力だけは拘束できない。これはけっこうな性質だ。これにより、標準モデルがまるごと四次元ブレーンにとどめられているとしても、ブレーンワールドはつねに高次元物理をともなうことになる。ブレーンワールドがあれば、そこに属するすべてが重力と相互作用し、高次元空間全体がどこでも重力の作用を受ける。じつは、この重力とほかの力との重要な違いが、重力がほかの力に比べてはるかに弱い理由を説明する。では、どうしてそうなるかを見ていこう。

ブレーンワールドのモデル

ブレーンがひも理論にとって重要なものであったことに物理学者が気づくと、たちまちブレーンは熱心な研究の的となった。とくに物理学者はブレーンの素粒子物理学との関連、および、この宇宙の捉え方との関連について知りたがった。現在のところ、ひも理論はブレーンがこの宇宙に存在するのか、存在するとしたらどれだけの数があるのかを、まだ明らかにできていない。わかっているのは、ブレーンがひも理論にとって理論上どうしても欠かせない要素だということだけだ。これがないと、理論の各部分がつながらないのだ。しかし、ブレーンがひも理論の一部であることがわかると、今度は別の疑問も出てきた。ブレーンは現実の世界に存在しうるのだろうか。そして存在するとしたら、その結果はどのようになるのだろうか。

ブレーンが存在するとなると、宇宙の組成に関して多くの新しい可能性が開ける。その可能性のいくつかは、私たちが観測する物質の物理的性質とも関係があるかもしれない。ひも理論研究者のアマンダ・ピートは、ルース・グレゴリーの「フル装填《ローデッド》」のブレーンという表現を受けて、ブレーンは「ひもを基盤としたモデル構築の分野を爆弾のような衝撃とともに切り開いた」と言い添えた。一九九五年以降、ブレーンは新たなモデル構築の手段となった。

一九九〇年代の終わりにかけて、私も含めた多くの物理学者が、それぞれの守備範囲を広げてブレーンの可能性を考慮に含めた。私たちはこう自問した。「私たちの知っている粒子と力がどの次元でも移動するのではなく、低次元ブレーンに閉じ込められて、そこの少ない次元でしか動けないような高次元宇宙があったとしたら？」

ブレーンのシナリオは、時空の普遍的な性質に多くの新しい可能性を導入した。仮に標準モデルの粒子がブレーンに閉じ込められているとすると、私たちもブレーンに閉じ込められている。私たちと私たちを取り巻く宇宙はそれらの粒子でできているからだ。さらに言えば、すべての粒子が同じブレーンにいるとは限らない。どこかにまったく新しい未知の粒子もあって、私たちが知っているのとは違う力や相互作用を経験しているかもしれない。私たちが観測している粒子と力は、もっとはるかに大きな宇宙のごく一部にすぎないのかもしれない。コーネル大学出身の二人の物理学者、ヘンリー・タイとズラブ・カクシャーゼは、こうしたシナリオの呼称に「ブレーンワールド」という言葉を当てた。ヘンリーから聞いたところによると、彼がこの言葉を選んだのは、いろいろと考えられる宇宙のブレーンの含み方を、どの特定の可能性にも傾倒することなく、すべていっぺんに言い表せるようにと考えてのことだった。

可能性のあるブレーンワールドが続々と出てきて、この世界を記述する唯一の理論を導こうとしていたひとも理論研究者にとっては苛立たしかったかもしれないが、それは同時にスリリングでもある。これらは本当に私たちの住む世界を表すかもしれないものであり、そのなかの一つがまさしく真実を記述している可能性もある。それに素粒子物理のルールは高次元宇宙になると、素粒子物理学者が考えていたものとはすこし違ってくるため、余剰次元は標準モデルのいくつかの不可思議な特徴に取り組むための新しい方法を導入する。これらの考えはいまのところ推測にすぎないが、素粒子物理学の問題点に向き合うブレーンワールドは、まもなく加速器実験で検証可能となるはずだ。つまり私たちの偏見ではなく、実験がこれらの考えをこの世界に適用できるかどうかを最終的に決められるようになる。

これからその新しいブレーンワールドをいくつか探っていく。それらはどんなものなのか、そしてどのような結果をもたらすのか。ひも理論からまっすぐ導かれたブレーンワールドだけでなく、すでに新しい考え方を素粒子物理学に導入してきたモデル型のブレーンワールドもあわせて検討しよう。まだ物理学者はひも理論の意味するところを充分に理解しているとは言いがたいため、特定の粒子と力や特定のエネルギーの分布を備えたひも理論の例が一つも発見されていないからといって、モデルを排除するのは時期尚早だ。これらのブレーンワールドは、ひも理論探索のためのターゲットと考えればいい。実際、第20章で述べる歪曲した階層性モデルは、ラマン・サンドラムと私がこれをブレーンワールドの一つの可能性として紹介したあと、初めてひも理論で導かれたのである。

つぎの章から、いくつかの異なるブレーンワールドを紹介する。そのいずれにも、まったく新しい物理現象が出てくる。一つめは、ブレーンワールドがどうして無政府主義原理を避けられるかを示す。二つめは、次元がまえに考えたものよりずっと大きい場合もありうることを示す。三つめは、時空が曲がりすぎていると物体がまったく異なる大きさと質量をもちうることを示す。そしてあとの二つは、時空が曲がっていると無限大の余剰次元でも目に見えない場合があること、時空が異なる場所に異なる次元をもつように見える場合もあることを示す。

このように複数のモデルを紹介するのは、それらすべてに現実的な可能性があるからだ。ただし、もう一つ重要なのは、どのモデルにも物理学者が最近までありえないと思っていた新しい特徴が含まれていることである。各モデルの重要性と、それがどのように従来の常識を破っているかを、各章の最後にまとめて記しておく。この要約を先に読んで全体像を捉えておくのもいいだろう。その章で説明されているモデルの重要性が一通りわかると思う。

それらのブレーンワールドに進むまえに、最初にわかったブレーンワールドをここで簡単に紹介しておきたい。これはひも理論から直接導かれたものだ。ペトル・ホジャヴァとエドワード・ウィッテンがひも理論の双対性を探る過程で、このブレーンワールド――二人の頭文字をとって「HW」と呼ばれる――を思いついた。このモデルを紹介するのは、これ自体が興味深いからでもあるが、このあと見ていくほかのブレーンワールドの特徴をあらかじめ暗示する性質が含まれているからでもある。

ホジャヴァ－ウィッテン理論

HWブレーンワールドの概念は図72に示してある。これは二枚のブレーンを境界とする一一次元世界で、ブレーンのそれぞれに九つの空間次元があり、それらにはさまれたバルク空間には一〇の空間次元（一一の時空次元）がある。HW宇宙は最初のブレーンワールド理論だった。HWでは、二枚のブレーンそれぞれに異なる一連の粒子と力が含まれている。

二枚のブレーン上にある力は、第14章で紹介したヘテロひもの力と同じである。ヘテロひもは、デイヴィッド・グロス、ジェフ・ハーヴェイ、エミール・マルティネク、ライアン・ロームが発見した理論で、ひもに沿って左回りに動く振動と右回りに動く振動が異なる相互作用をするというものである。これらの力の半分は、二枚の境界ブレーンの片方に閉じ込められ、もう半分は境界ブレーンのもう片

【図72】ホジャヴァ－ウィッテン・ブレーンワールドの図解

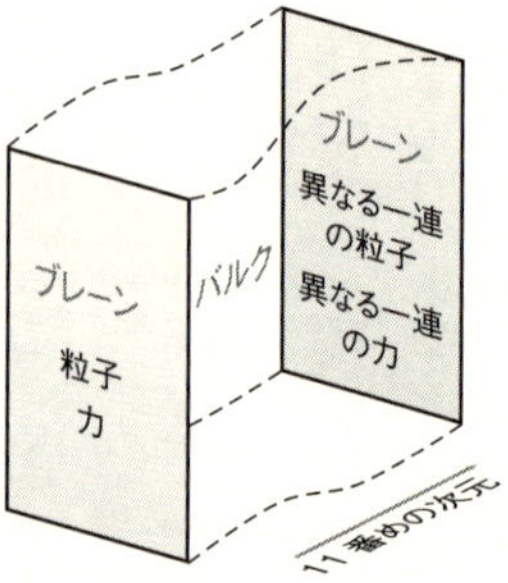

9つの空間次元をもった2枚のブレーン（便宜的に2次元ブレーンで示してある）が、そのあいだに11次元の時空（10の空間次元）をはさんでいる。バルクにはすべての空間次元が含まれる。すなわち2枚のブレーンに沿った空間方向に伸びる9つの次元と、そのあいだに伸びるもう1つの次元である。

方に閉じ込められている。二枚のブレーンにはそれぞれ充分な力と粒子が閉じ込められているので、どちらも標準モデルの粒子をすべて（したがって私たちも）含んでいると考えられる。ホジャヴァとウィッテンの考えでは、標準モデルの力と粒子は二枚のブレーンのどちらか一方にある。それに対し、この理論では存在するが私たちの世界では観測されない別の力と粒子は、もう一方のブレーン上、あるいはブレーンの外の一一次元バルクのなかを移動する。重力は一一次元バルクのどこでも移動することができる。

じつのところ、HWブレーンワールドはヘテロひもと同じ力をもつだけではなかった。それこそがヘテロひもだったのだ。ただし、結合の強いひもではあったが。これも一つの双対性の例である。この場合、一一番めの次元（一〇番めの空間次元）の境界となる二枚のブレーンをもった一一次元理論は、一〇次元のヘテロひもと双対なのである。言い換えれば、ヘテロひもの相互作用が非常に強いとき、その理論は、それぞれが九つの空間次元をもつ境界ブレーンを二枚含む一一次元理論として記述するのが最もよいのだ。これは、前章で述べた一〇次元超ひも理論と一一次元超重力理論との双対性とある意味では似ている。しかし、こちらの例では、一一番めの次元が巻き上げられていない。その代わり、二枚のブレーンにはさまれている。このときも、一一次元理論は一〇次元理論に等しくなる。ただ、一方の理論で相互作用が強く、もう一方の理論では相互作用が弱い。

もちろん、標準モデルの粒子がブレーンに閉じ込められているとしても、この理論にはまだ私たちのまわりに見えるより多くの次元がある。HWブレーンワールドが現実世界に対応するためには、そのうち六つの次元が目に見えないものになっていなくてはならない。ホジャヴァとウィッテンは、六つの次元がきわめて小さなカラビ－ヤウ図形に巻き上げられているのだと考えた。

六つの次元が巻き上げられてしまえば、HW宇宙は四次元の境界ブレーンをもつ五次元の有効理論と考えることができる。この二つの境界ブレーンを備えた五次元宇宙の描像は、多くの物理学者が研究してきた興味深いものである。ラマンと私も、物理学者のバート・オヴルトとダン・ウォルドラムがHW有効理論を調べるのに用いた手法のいくつかを、第20章と第22章で述べる別の五次元理論に適用した。

HWブレーンワールドの魅惑的な要素の一つは、これが標準モデルの粒子と力だけでなく、大統一理論まで完全に説明できることだ。そして重力はもともと高次元で生じるので、この理論では重力とほかの力が高エネルギーで同じ強さをもつことも可能となる。

HWブレーンワールドは、ブレーンワールドが現実世界の物理と無縁でない三つの理由を具体的に示している。第一に、ブレーンワールドに含まれるブレーンは一つだけではない。したがって、このモデルでは二つのブレーンが離れているため、これらのブレーンに閉じ込められた力と粒子が弱くしか相互作用しないということがありえる。異なるブレーンにとどめられた粒子どうしは、バルク粒子との共通の相互作用を通じてコミュニケーションをとるしかないのだ。この第一の特徴は、つぎの章で見る隔離モデルにおいて重要な意味をもつことになる。

ブレーンワールドの第二の重要な特徴は、どのブレーンワールドも新しい長さスケールを物理に導入することだ。これらの新しいスケールは、余剰次元の大きさと同じく、統一理論や階層性問題に関係してくるかもしれない。どちらにおいても、なぜ一つの理論のなかにまったく異なるエネルギーと質量のスケールが出てきてしまうのか、なぜ量子効果がその二つを等しくしないのか、という疑問が中心的な問題となっている。

そして第三に、ブレーンとバルクはエネルギーを帯びることができる。このエネルギーはブレーンや高次元バルクに蓄えられる。つまり、そこに粒子が存在していなくてもかまわないのだ。あらゆる種類のエネルギーと同様に、このエネルギーもバルクの時空を曲げる。このあと見るように、こうした空間全体に広がるエネルギーによって引き起こされた時空の曲がりが、ブレーンワールドにとっては非常に重要な意味をもちうる。

ＨＷブレーンワールドにはまちがいなく魅惑的な特徴がいくつもある。しかし、同時に問題もある。ひも理論のあらゆる具体例が既知の物理を再現するにあたって抱えてきたのと同じ問題だ。ホジャヴァ－ウィッテン理論は、そこで説明されている次元が非常に小さいために、実験で検証するのがいたって困難なのだ。多くの目に見えない粒子は、これまでずっと検出を逃れられてきたほど重いに違いない。そして、ここに含まれている次元のうち、六つは巻き上げられていなくてはならないが、その巻き上げられた次元の大きさも形状も定まっていない。

とはいえ、この考え方に沿って研究を進めていくうち、いつか誰かが偶然に、自然を正しく記述するひも理論を思いつくかもしれない。その可能性は決してゼロではない。もちろん本当にそうなるには、よほどの幸運が必要だろう。しかし、素粒子物理学の問題点も、この可能性を手招きしている。それらの問題点は、空間の余剰次元と、一部の限られた次元だけに伸びるブレーンを含んだ世界で解決されるかもしれず、それを探るのは決して無駄なことではない。その探究が、本書のこれ以降のテーマとなる。

まとめ

●ブレーンワールドはひも理論の枠組みのなかで考えられた可能性だ。ひも理論の粒子と力はブレーンにとらわれているのかもしれないとする見方である。

●重力はほかの力とは異なっている。重力はブレーンに閉じ込められることがなく、常にすべての次元に広がる。

●ひも理論がこの宇宙を記述しているとすれば、そこには多くのブレーンが含まれているかもしれない。その場合、ブレーンワールドは非常に自然な帰結となる。

Ⅴ部 余剰次元宇宙の提案

第17章 ばらばらなパッセージ——マルチバースと隔離

もう背を向けて行ってしまって
(なぜなら) あなたはもう歓迎されていないから
——グロリア・ゲイナー

天国ブレーンの明らかな禁止事項だったにもかかわらず、結局イカルス三世は、ふたたびギャンブルに手を出した。戒告を何度も無視しつづけた結果、アイクはついに監獄ブレーン送りの刑を受けた。天国ブレーンから五番めの次元に沿って遠く離れた別のブレーンに閉じ込められることになったのである。監獄ブレーンに隔離されてからも、アイクはしぶとく昔の仲間と連絡をとろうとした。しかし、二つのブレーンを隔てる距離はコミュニケーションを難しくした。アイクはしかたなく、バルク内の郵便配達が通りかかるのを待って合図を送り、伝言を託す方法をとったが、ほとんどの連中はアイクの懇願をあっさり無視した。かならず立ち寄ってくれる数人の郵便配達がアイクの伝言を天国ブレーンに届けてくれたが、そのペースは苛立たしいほどのんびりしていた。

そのころ天国ブレーンでは、悲惨なことが起きつつあった。かつてあれほど勇敢に階層を救ってくれた守護天使たちが、もはや住人たちの家族に関する価値観をいっさい顧みず、世代の入り混じった不安定な状況をつくりだしかけていた。天国の堕天使たちは、どういう組み合わせでもいいと考え、全員に別の世代から伴侶を獲得するよう奨励した。

アイクはこの事態を聞き及んで愕然としたが、自分が状況を回復してやると意気込んだ。それまでしかたなく採用していた、遅いが着実な天国ブレーンとの連絡のとり方を使えば、向こうにいる乱暴な天使どもの巨大なエゴをうまく満たしてやれると考えたのだ。アイクのありがたい介入のおかげで、天使たちは社会秩序を脅かすのをやめた。アイク三世はあいかわらず刑に服していたが、安堵した天国ブレーンの住人は、都市伝説のなかで彼を永久にほめたたえた。

この章のテーマは「隔離」である。余剰次元が素粒子物理学にとって重要なものになりうる理由の一つがこれだ。隔離された粒子は、別々のブレーンに物理的に分けられている。異なる粒子が異なる環境に閉じ込められているのだとすれば、ある粒子を別の粒子と区別する特徴は、そこに起因しているのかもしれない。また、あらゆるものが相互作用をすると見なす無政府主義原理がかならずしも事実ではないことも、これによって説明されるかもしれない。粒子が余剰次元の方向に離れていれば、粒子どうしの相互作用の可能性は低くなるからだ。

原則としては、これまでも粒子を三つの空間次元内で隔離することが可能ではあった。しかし、私たちの知るかぎり、三次元空間のすべての方向とすべての場所はみな同じである。既知の物理法則にしたがえば、粒子はすべて私たちの知る三つの次元のどこにでも位置できる。したがって三つの次元内での隔離はありえない。ところが高次元空間では、光子も電荷を帯びた物体も、常にどこにでもいられるとは限らない。余剰次元によって、粒子は分離することが可能となる。異なる種類の粒子は、異なるブレーンによって占められた別々の空間領域にとどめられているのかもしれない。余剰次元ではすべての点が同じようにはならない。そう考えれば、余剰次元は異なる種類の粒子を別々のブレーンに閉じ込めることにより、粒子を分離させていると言えるだろう。

粒子を隔離する理論には、多くの問題を解決できる可能性がある。冒頭のアイクの話は、私が最初にひも理論に攻め入ったときの内容をたとえたものだ。私は隔離を超対称性の破れに適用したのである。四次元理論が深刻な問題を抱えるのは、超対称性の破れのモデルが総じて望ましくない相互作用を導いてしまうからだが、隔離された超対称性の破れのモデルは、それに関してはるかに期待がもてそうに見える。また、なぜ粒子によって質量がそれぞれ違うのか、なぜ陽子の崩壊が余剰次元モデルでは起こらないのかという問題も、隔離によって説明されるかもしれない。この章では、その隔離についてと、隔離の素粒子物理学への適用例をいくつか見ていこう。四次元時空に適用されるものと思われていた超対称性のような概念も、余剰次元の枠組みで考えると、さらにうまくいきそうなのである。

私がとった余剰次元へのパッセージ

私たち物理学者は幸いにして、いろいろな会議の席で仲間たちと顔を合わせ、刺激的な研究結果を報告しあえるようになっている。だが、例年これだけ多くの素粒子物理学に関する会議やワークショップが開催されていると、どの招待を受けるかを決めるのも一苦労となる。大きな会議では、ほかの研究者たちの最近の仕事ぶりを聞けるし、自分の研究の最新結果を伝えることもできる。二、三日程度の短めの研究会では、高度に専門化された分野での新しい重要な結果が報告される。もっと長いワークショップでは、ほかの研究者との共同作業を始めたり完成させたりできる。あるいは開催地がとてもすばらしくて、それだけで行きたくなるような会議もある。

オックスフォードはとてもすてきなところだが、そこで一九九八年の七月初めに開催された超対称性に関する会議に私が参加したのは、おもに一番めの理由による。超対称性は、何年もまえから階層性問題を脱する唯一の道と期待をかけられていたため、時とともに主要な研究分野へと発展し、物理学者が毎年集まって最新状況を話し合うようになっていた。

しかし、オックスフォード会議では意外な展開が待っていた。そこで最も重要だったトピックは、超対称性ではなく、新しく出てきた余剰次元という概念だった。なかでも最も刺激的だった話題が、第19章の主題となる大きな余剰次元についてだ。そのほか、ひも理論の余剰次元の運命に関する講演もあったし、余剰次元の帰結を実験で証明する可能性についても話し合われた。こうしたアイデアの斬新さと検証の難しさは、シカゴ大学の理論研究者ジェフ・ハーヴェイの講演のタイトルによく表れていた。ハーヴェイと、そのあとに出てきた数人の発言者は、自分たちの講演をふざけて「ファンタジーアイランド」と名づけていた。フェルミ研究所の理論研究者ジョー・リッケンなどは、小柄な男性が「ダ・ブレーン、ダ・ブレーン」と指さしているスライドまで用意してきていた（これは「ファンタジーアイランド」にやってくる飛行機《ダ・プレーン》を歓迎するタトゥーの口癖をもじったジョークだったが、もちろんアメリカの七〇年代テレビドラマの楽しさを味わっていない人たちにとっては、さっぱり意味不明だった）。

冗談はさておき、私はオックスフォードの超対称性会議から戻るあいだ、ずっと余剰次元のことを考えていた。そして、素粒子物理学の問題点が余剰次元世界で解決されるかもしれないという、その理由についても考えた。私は会議でいちばんの話題だった大きな余剰次元については懐疑的で、自分でその研究をするつもりもなかったが、ブレーンと余剰次元がモデル構築の重要な手段になりうることについては大いに確信させられていた。ブレーンと余剰次元を使ったモデルなら、単純な四次元の説明ではどうにもならなかった素粒子物理学のいくつかの不可思議な現象が説明できるかもしれなかった。

その年、私は残りの夏をボストンで過ごすことにした。それは当時の私としては珍しいことだった。ボストンの理論物理学者コミュニティのほとんどのメンバーは、私も含めて、例年夏の大部分はよそに出かけ、さまざまな会議やワークショップに出席するのがふつうだった。だが、私は自宅でゆっくりしながら新しい概念について考えるほうを選んだ。

当時ボストン大学で博士研究員をしていたラマン・サンドラムも、その夏はボストンに残ることにしていた。ラマンとはしばしば会議で顔を合わせていたし、ときどきお互いの研究室を訪ねることもあった。それに短い期間ではあったが、ともにハーバード大学で博士研究員をしていた時期もあった。ラマンはすでに余剰次元についての考察をしていたので、私の考えや疑問を彼に話してみれば、いろいろ有益ではないかと思い当たった。

ラマンは興味深い人物だ。ふつう、駆け出しの物理学者のほとんどは、比較的安全な問題——誰もが関心をもつような疑問で、それなりの進展が見込まれるもの——を研究の対象にする。しかしラマンは頑として、自分が最も重要だと思うものだけを研究した。たとえそれが極端に難解な問題や、ほかの人びとの興味から大きく外れる問題だとしても。彼には明らかに才能があったが、その特異な姿勢のせいでなかなか正規の教員になれず、博士研究員の三期めに突入していた。だが、その当時ラマンは余剰次元とブレーンについて考えていた。彼の興味と物理学界の興味がようやく一致しはじめていた。

私たちの共同研究は、そのころ私が教授をしていたMIT内のトスカニーニの支店（残念ながら現在は閉店してしまったが）で始まった。このMITの学生センターにあったアイスクリーム屋は、とてもおいしいアイスクリームと、とてもおいしいコーヒーを出していたのだ。トスカニーニは、余計な邪魔や制約を受けずにじっくりアイデアを話し合うのにもってこいの場所だった。それに、研究心を刺激するおいしい興奮剤をいつでも頼めるのもありがたかった。

こうして始まった私たちの研究は、コーヒーを飲んでおしゃべりしているうちに着実に発展し、夏が終わるころにはかなり固まっていた。八月には、もっともっと大きな黒板がないと話の詳細を書ききれないところまできていた。MITの私のオフィスの黒板はかなり小さかったので、私たちは空いた教室を探して「無限の廊下」（MITの本館を貫く非常に長い廊下）をさまよったものだ。

私たちの最重要の研究課題は、隔離の概念を超対称性の破れに適用することだった。この考えは、超対称性の破れの原因となる粒子を標準モデルの粒子から隔離して、その両者間に望ましくない相互作用を起こさせないようにするというものだ（図73を参照）。「隔離」という言葉を使ったのは、この粒子が別々のブレーンに分かれるモデルを、当時の最先端だった超対称性の破れの「隠れた領域」モデルと区別するためだった。隠れた領域モデルでは、超対称性の破れの粒子が標準モデルの粒子とかすかに相互作用するが、実際には（その名に反して）隠れていないので、現実の世界ではあってはならないやり方で相互作用ができてしまう。

最初、私は自分たちの考えに大いに興奮し、ラマンのほうが懐疑的だったが、やがて見方は逆転した。しかし、片方が熱狂的で、片方が懐疑的だったからこそ、私たちはすぐに多くの基礎を固めて、考えていた物理の核心に達した。ときには出てきたアイデアをあっさり捨てることもあったが、たいていはどちらかがその見方を忘れずにいて、のちの進展に役立てた。

ガリレオと並んで近代的科学手法の父と見なされているフランシス・ベーコンは、進歩をめざす一方で、なおかつ結果を正しく導くのに必要な懐疑的な見方を保つことの難しさを述べていた。[*]たしかにそうだ。あるアイデアを誤りのように感じながらも、なおかつ真剣に考えて結論を導くところまで引っぱるのは容易ではない。充分な時間があれば、一人でもその二つの気持ちのあいだを揺れながら、最終的に正しい答えにたどりつけるだろう。しかし私たちのように反対の見方をとる人間が二人いれば、たいてい数時間、ことによったら数分で、魅力的ではあるが欠陥のあるアイデアを捨てることができる。

とはいえ、私たちの出発点となった考え、すな

【図 73】超対称性の破れのモデル

この超対称性の破れのモデルには、2 枚のブレーンがある。標準モデルの粒子が片方のブレーンにあり、超対称性を破る粒子はもう片方のブレーンに隔離されている。2 つのブレーンはそれぞれ 3 つの空間次元をもち、5 番めの時空次元、つまり 4 番めの空間次元で分けられている。

わち超対称性理論の望ましくない相互作用を避けるための隔離というアイデアは、どう見ても正しいように私には思えた。四次元では何もかもが納得のいくようには機能しなかったが、余剰次元はモデルを成功させるのに必要な要素をすべて備えているように感じられた。しかし、それですぐに私とラマンの見方が一致したわけではない。私たちが本当に超ひもと、その超対称性の破れに対する影響を理解して、ついにその利点に関して意見が一致したころには、もう夏が終わりかけていた。

自然性と隔離

隔離が重要なものになりうる理由は、これによって無政府主義原理の引き起こす問題が防げるからだ。無政府主義原理は、四次元の場の量子論では起こりうることがすべて起こるという不文律である。無政府主義原理の問題は、理論が最終的に自然界に見られない相互作用や質量比を予言してしまうことだ。古典的な理論（量子力学を考慮に入れない理論）では起こらないはずの相互作用さえ、仮想粒子が絡むと起こってしまう。仮想粒子の相互作用は、考えられるかぎりのあらゆる相互作用を引き起こすのだ。

その理由をたとえを使って説明しよう。あなたがアシーナに、明日は雪だと言ったとする。アシーナはそれをアイクに伝える。あなたがアイクとじかに話をしていなくても、あなたの言動は翌日のアイクの服装に影響を与える。アイクはあなたの仮想アドバイスを受けてパーカーを着込むだろう。同じように、ある粒子が仮想粒子と相互作用し、その仮想粒子がつぎに第三の粒子と相互作用すれ

* Francis Bacon, *On Scientific Inquiry*.

ば、最終的な効果は最初の粒子と第三の粒子の相互作用になる。無政府主義原理にしたがえば、古典的には起こらない過程でも、仮想粒子が関与すればかならず起こる。そして、その過程はしばしば望ましくない相互作用を引き起こす。

素粒子物理学理論の問題点の多くは、この無政府主義原理から生じている。たとえば仮想粒子からの影響で生じるヒッグス粒子の質量への量子補正は、階層性問題の根本的な原因である。ヒッグス粒子のとる経路は一時的に重い粒子によって遮られ、その介入がヒッグス粒子の質量を増やす。

無政府主義原理が絡むもう一つの例は、第11章で見たとおりだ。破れた超対称性に関する理論のほとんどでは、仮想粒子が望ましくない相互作用を引き起こす。つまり、起こるはずがないと実験からわかっている相互作用である。これらの相互作用は既知のクォークとレプトンのアイデンティティを変える。そのような「フレーバーを変える相互作用」は自然界では起こらないか、起こるとしてもめったにない。理論を矛盾なく機能させたければ、この相互作用を——無政府主義原理が起こるというそれを——どうにかして排除しなくてはならない。

仮想粒子はかならずしもこうした望ましくない予言を導くわけではない。まずありそうにないことだが、物理量への古典的な寄与と量子力学的な補正のあいだでとてつもなく大きな相殺がなされれば、理論はもう望ましくない相互作用を予言しない。古典的な寄与と量子力学的な補正がそれぞれ異様なほど大きくても、二つが加算された結果、妥当な予言がなされる可能性は絶対にないとは言えない。だが、そのようにして問題を回避するのは、ただの一時しのぎの手段、真の解決の代用と思ってほぼまちがいない。実際、そのような高精度の偶発的な相殺が、ある種の相互作用がないことの根本的な説明になるとは誰も思っていない。早くこの問題を無視して理論の別の側面の検証に進めるように、しぶしぶながら、この偶然の相殺に頼ることにしているにすぎない。

基本的に物理学者は、ある理論から相互作用が消えるのは、その相互作用が「自然」だと思える理由で排除された場合だけだと考えている。日常の世界では、自然というのは自発的に起こるもの、人間の介入なしに起こるものと理解されている。しかし素粒子物理学者からすると、「自然」という言葉にはそれ以上の意味がある。ただ起こるというだけでなく、それが起こるべきものであるなら、謎を提供してはならないのだ。物理学者にとっては、予想されるものを予想できるときだけが「自然」なのである。

無政府主義原理、および量子力学が引き起こす多くの望ましくない相互作用が示すように、標準モデルの基盤をなす物理学モデルに正しい可能性をもたせたいなら、そのモデルに何か新しい概念を取り入れなければならないのは明白だ。対称性がこれほど重要視されているのも、これが四次元世界で望ましくない相互作用を起こさないようにする唯一の自然な方法だからである。対称性は本質的に、どういう場合に相互作用が起こりうるかについての新たなルールを提供する。この現象は、例にたとえればすぐ理解できるだろう。

あなたは六人分のテーブルセッティングを用意している。ただし、六人分すべてのセッティングが同じになるようにしなければならない。つまり、そのようにセッティングすることで、すべてのセッティングを入れ替える対称変換が可能になるわけだ。この対称性がなかったら、あなたは原則として、ある人には二本のフォーク、ある人には三本のフォーク、またある人には一膳の箸を用意してもいいことになる。しかし対称性の制約があると、あなたは六人すべてが同じ数のフォークとナイフとスプーンと箸をもてるようにセッティングするしかなくなる。ある人に二本のナイフ、またある人に三本のナイフを用意するわけにはいかないのである。

同じように、対称性があるとすべての相互作用が起こるわけにはいかなくなる。粒子の多くが相互作用をするとしても、古典的な相互作用がこの対称性を保存していれば、量子補正はふつう対称性を侵害する相互作用を起こさない。最初に対称性を破る相互作用をしなければ、仮想粒子の絡むあらゆる相互作用を含めても、その後いっさい対称性を破る相互作用は出てこない（第14章で述べた特異な例のアノマリーは別にして）。テーブルセッティングに対称性が課してあれば、最後はかならず同じセッティングで終わる。途中でどれだけ変化を加えても同じになる。たとえばグレープフルーツスプーンやステーキナイフを追加したとしても、それがすべてに加えられるだけだ。同じように、対称性に合致しない相互作用は決して起こらない。量子力学的効果を考慮に入れても同じである。対称性がすでに古典的な理論で破られていなければ、粒子がとりうる経路で、対称性を破る相互作用を引き起こせるものは一つもない。

物理学者は最近まで、対称性は無政府主義原理を避ける唯一の道だと考えていた。しかしラマンと私が充分な量のアイスを食べ終わったころにわかったように、引き離されたブレーンもう一つの道である。そもそも私が余剰次元をとても有望だと思った決定的な理由は、ある種の相互作用が制限され、異例とされるのも自然だと思える理由を、対称性のほかに余剰次元も提供していたからである。望ましくない粒子が隔離されていれば、望ましくない相互作用が起こらずにすむ。なぜなら異なるブレーンに分けられた粒子どうしのあいだでは、ふつう相互作用は起こりようがないからである。

異なるブレーンにいる粒子どうしが強く相互作用することはない。相互作用はつねに局所的なもので、同じ場所にいる粒子どうししか直接の相互作用はしないからだ。隔離された粒子でも別のブレーンにいる粒子とコミュニケーションすることはできるが、それはあるブレーンから別のブレーンへと移動できる相互作用粒子がある場合だけだ。監獄ブレーンにいたアイクのように、異なるブレーン上の粒子は限られた手段でしかお互いとコミュニケーションがとれない。仲介者に頼む以外に選択肢をもたないからだ。こうした間接的な相互作用なら起こるとしても、バルク内の媒介粒子、とくに質量のある粒子はめったに長い距離を移動しないので、そのような相互作用はきわめて弱いのがほとんどである。

異なる場所に隔離された粒子どうしの相互作用がこのように抑制されるのは、外国人を嫌う排他的な国の政府が国境とメディアを注意深く監視して、国内での国際情報を抑制するのに似ている。このような排他的な国では、局所的に流される以外の情報は、どうにかして入国してきた外国人や、密輸された新聞や本を通じてしか手に入らない。

同じように、引き離されたブレーンは無政府主義原理を避けるための足場を提供する。これによって望ましくない相互作用を自然と起こさないようにする手段は二倍になる。さらにもう一つの隔離の利点として、粒子を対称性の破れの効果から守ることまでできる。対称性の破れがそれらの粒子から充分に離れたところで起こっているかぎり、粒子にはほとんど影響がない。伝染病の保菌者が一定の領域にとどめられていれば病気の広がりが防げるように、対称性の破れが隔離されていれば、その影響は封じ込められる。あるいは先ほどのたとえを使うなら、排他的な国の外でどんな劇的な事件が起こっても、介入する伝達者がいなければ、この国のなかに影響が及ぶことはない。国境が穴だらけでなければ、排他的な国はいつまでも外の世界と無縁でやっていける。

隔離と超対称性

一九九八年の夏に私とラマンがとくに追究した問題は、隔離が自然界でどのように働けば、私たちの見ている宇宙の性質を備えた、超対称性の破れている宇宙が生みだされるかということだった。すでに見てきたように、超対称性は階層性をエレガントに守り、ヒッグス粒子の質量への多大な量子力学的補正がすべて合わさるとゼロになるようにすることができる。だが、第13章で見たように、超対称性がたとえ自然界に存在しているとしても、それは破れていなくてはおかしい。さもないと、この宇宙で粒子は観測されているのに、そのスーパーパートナーが観測されていない理由の説明がつかないからだ。

残念ながら、対称性が破れているモデルのほとんどは、自然界で起こらない相互作用を予測してしまっている。そのようなモデルはおそらく正しいとは言えないだろう。ラマンと私は、自然がそうした望ましくない相互作用から自らを守るために用いている物理原理を見つけたかった。それを取り込めれば、もっと納得のいく理論が組み立てられると思った。

私たちはブレーンワールドを背景にした超対称性の破れに注目した。ブレーンワールドは超対称性を保存できる。しかし四次元の場合と同じように、理論のどこかに超対称性を保存しない粒子が含まれていると、超対称性は自発的に破れる可能性がある。ここでラマンと私はこう考えた。超対称性を破る原因となる粒子のすべてが標準モデルの粒子から引き離されているとしたら、対称性が破れているモデルはもっとましになるのではないか。

そこで私たちは、標準モデルの粒子が一つのブレーンに閉じ込められている一方、超対称性を破る原因となる粒子は別のブレーンに隔離されていると仮定した。実際、こうした状況設定のもとでは、量子力学が引き起こす危険な相互作用はかならずしも起こらないことがわかった。超対称性の破れの効果がバルク内の媒介粒子（バルク粒子）を通じて伝えられることはあるかもしれないが、それを別にすれば、標準モデルの粒子の相互作用は、超対称性の破れていない理論での相互作用と同じになる。したがって、超対称性が正確に保たれている理論の場合と同じように、フレーバーを変えてしまうような、実験結果と矛盾する望ましくない相互作用は起こりようがない。バルク粒子は対称性の破れのブレーンにいる粒子と標準モデルのブレーンにいる粒子のどちらとも相互作用し、それによってどんな相互作用が起こりうるかを厳密に決める。結果として、あってはならない相互作用はかならずしも起こらないことになる。

もちろん、多少の超対称性の破れは標準モデルの粒子に伝えられなくてはならない。超対称性の破れが伝えられないと、スーパーパートナーの質量が大きくならない。スーパーパートナーの質量の正確な値はわかっていないが、実験上の制約と、階層性を守る超対称性の役割を考えあわせると、スーパーパートナーのおおよその質量はおのずと推定される。

実験上の制約から、スーパーパートナーの質量間の定性的な関係はわかっている。かいつまんで言えば、スーパーパートナーはすべて同じぐらいの質量をもっていて、その値はウィークスケール質量の二五〇 GeV にほぼ等しい。私たちとしては、スーパーパートナーの質量が確実にその範囲におさまるようにしながら、なおかつ望ましくない相互作用を起こさせないようにする必要があった。すべての断片をうまくはめ込んで、超対称性の破れが隔離されているモデルが正しい可能性をもてるようにしなくてはならなかった。

私たちのモデルの成功の鍵は、超対称性の破れの情報を標準モデルの粒子に伝えることにより、スーパーパートナーに必要なだけの質量を与えられる媒介粒子を見つけることにあった。だが、その媒介粒子にありえない相互作用を絶対に起こさせないようにする必要もあった。

グラビトンは、その理想的な候補のように思えた。グラビトンはエネルギーを帯びた粒子とあらゆるところで相互作用ができるバルク粒子だからだ。グラビトンなら、超対称性の破れのブレーンにいる粒子とも、標準モデルのブレーンにいる粒子とも相互作用する。しかも、グラビトンの相互作用ならすでにわかっている。重力理論の定めるとおりに相互作用するのだ。私たちは、グラビトンの相互作用が、必要なスーパーパートナーの質量を生みだしながらも、クォークやレプトンのアイデンティティを乱すような――自然界で起こっていない――相互作用を生みださないことを示すことができた。したがってグラビトンは有望な候補のように思えた。

ラマンと私はグラビトンを仲介役のメッセンジャー粒子と想定して、そこから導かれるスーパーパートナーの質量を算出してみた。すると意外なことに、各要素は単純ながら、計算は驚くほど微妙だった。超対称性を破るエネルギースケールに対する古典的な寄与は最終的にゼロとなり、量子力学的効果だけが超対称性の破れを伝えた。これを受けて、私たちはグラビトンによる超対称性の破れの伝達を「アノマリー仲介」と称した。第14章で説明したアノマリーと同様に、この量子力学的効果も本来あるはずの対称性を破るからだ。ありがたいことに、スーパーパートナーの質量が未知の高次元相互作用ではなく、既知の標準モデルの量子効果に依存していたため、私たちはスーパーパートナーの質量の相対的な大きさを予言することができた。

すべてを整理するまでには数日がかかった。おかげで私は失望から安堵までを一日のうちに経験させてもらえた。夕食の場で完全に我を忘れて、同席していた人をぎょっとさせたこともあった。ちょうどそのときエラーに気づいて、その日の朝から頭を悩ませていた問題がやっと解決したからだった。そんなこんなで、ようやくラマンと私は最終結論にたどりついた。重力が超対称性の破れを伝えていると仮定すると、隔離された超対称性の破れは驚くほどすんなりと機能した。すべてのスーパーパートナーが正しい質量をもち、ゲージーノの質量とスクォークの質量の関係も、期待するとおりの範囲におさまった。すべてが最初に期待したほど単純に機能したわけではなかったが、スーパーパートナーの質量の重要な関係はきちんとつじつまが合い、ほかの超対称性の破れの理論で問題となる、ありえない相互作用を引き起こすこともなかった。あとすこしの修正を加えるだけで、すべてがうまくいった。

そして何より、スーパーパートナーの質量に関して独特の予言ができたおかげで、私たちの考えは検証が可能となる。隔離された超対称性の破れのとても重要な特徴は、たとえ余剰次元がとてつもなく小さく、極小のプランクスケール長さより一〇〇倍ほど大きいだけの10^{-31}センチメートル程度だったとしても、きちんと目に見える影響が現れてくることだ。これは従来の常識には反する。これまでは、もっとはるかに大きい次元でないと、修正された重力法則を通じてだろうが新しい重い粒子を通じてだろうが、その影響は目に見えないとされていた。

たしかにそのような実験による結果は、余剰次元が小さいと見られない。しかし、グラビトンは超対称性の破れをきわめて特殊な方法でゲージーノに伝える。そしてその方法は、通常の重力の相互作用と、超対称理論で起こる相互作用から計算できる。隔離された超対称性の破れのモデルは、ゲージボソンのパートナーであるゲージーノに関して独特の質量の比率を予言しており、その質量は測定が可能なのだ[30]。

これは非常にエキサイティングである。もしスーパーパートナーが発見されれば、その質量のあいだの関係が私たちの予言と一致するかどうかが確定する。そうしたゲージボソンのスーパーパートナーを探す実験が、いままさにイリノイ州のフェルミ研究所にある陽子反陽子衝突型加速器テヴァトロンで行なわれている。すべてが運よくまわれば、あと数年のうちにその結果が見られるだろう。

最終的に、ラマンと私はかなりの確信をもって、自分たちが興味深いものを発見したと結論した。だが、どちらにも多少の不安は残っていた。私としては、こんな興味深いアイデアがもし事実なら、これまで見過ごされていたわけがあるだろうかという気持ちがややあった。このモデルのどこかに隠れた欠陥があるのを見逃している可能性がないかどうか、いま一度確認する必要があるようにも感じた。ラマンにしても、このアイデアがあまりにもよすぎるので、これまで誰も気づかなかったほうがおかしいとは思っていた。しかし、これが正しいことには確信があって、むしろ過去の物理学文献のなかに同じようなアイデアがあったのを自分たちが見過ごしていたのではないかと不安がっていた。

ラマンの心配はあながち的外れではなかった。超対称性の破れのアノマリー仲介をちょうど同じころに別のところで発見した人びとがいたのだ。その夏、CERNのジャン・ジウディーチェ、メリーランド大学のマーカス・ルティ、カリフォルニア大学バークレー校の村山斉、ピサ大学のリッカルド・ラタッツィは、共同でこの研究を行なっていた。彼らが論文を発表したのは、私たちの論文が出た翌日のことだった。二つの物理学グループがひと夏のあいだに同じアイデアを追って紆余曲折を経てきたなんて、私にはちょっと信じられなかったが、ほかの人も同じような関心をもっていたかもしれないと考えたラマンは正しかったわけだ。実際、私たちはある意味でどちらも正しかった。もう一つのグループも似たようなアイデアをもってはいたが、彼らはそれを余剰次元の追求とは無関係に組み立てていた。余剰次元が動機になければ、アノマリー仲介による質量はただの珍しい現象でしかない。リッカルドが私たちの共通の友人である物理学者のマッシモ・ポラッティに寛大に言ってくれたように、これに関してはラマンと私の研究のほうがよかった。それは私たちのアノマリー仲介のほうが正確だったからではなく、私たちのほうには誰もが関心をもつ理由が最初からあったからだ。その理由が余剰次元だった。余剰次元がなかったら、超対称性の破れは隔離されず、アノマリー仲介による質量はもっと大きな効果によって圧倒されてしまうだろう。

これ以降、超対称性の破れの隔離モデルはほかの物理学者たちによってさらに研究された。このモデルを別の既存のアイデアに合体させた、より完成したモデルもつくられた。それらのどれかが、ひょっとしたらこの現実の世界を言い当てているのかもしれない。また、この隔離のアイデアからわかったことを拡張して四次元に適用した例までである。

それらのモデルを数え上げればきりがないが、私がとくに関心を引かれた二つのアイデアに軽く触れておこう。その一つは、ラマンとマーカス・ルティの共同研究から出たアイデアだ。彼らは歪曲した幾何（第20章で詳述する）から得た発見を利用して、隔離の四次元での影響を再解釈した。そして、その考えをもとに、四次元で超対称性が破れている新しいモデルを構築した。

もう一つの興味深いアイデアは、「ゲージーノ仲介」と呼ばれているものだ。これは超対称性の破れを伝えるのがグラビトンではなく、ゲージボソンの超対称パートナーであるゲージーノだとする考えである。これが機能するには、ゲージボソンとそのパートナーが一つのブレーンにとどめられていてはならず、バルク内を自由に移動できていなければならない。ラマンに言われて思い出したのだが、じつはこのゲージーノ仲介は、私たちが初めのころに捨てた多くのアイデアの一つだった。しかし優秀なモデル構築者であるデイヴィッド・E・カプランとグレアム・クリブスとマルティン・シュマルツ、およびザカリア・チャッコとマーカス・ルティとアン・ネルソンとエドゥアルド・ポントンの研究から、私たちは性急にすぎたことがわかった。超対称性の破れの質量を伝達しながら、なおかつ隔離された超対称性の破れの利点をすべて保存することに関して、彼らはゲージーノ仲介が美しく機能する可能性を示してみせたのである。*

＊これ以前にジョン・エリスとコスタス・クンナスとドミートリイ・ナノポーロスも関連したアイデアを考えていた。

隔離と輝く《シャイニング》質量

隔離された対称性の破れはモデル構築の強力な手段だ。互いに離れたブレーンが現実の世界に含まれていてもおかしくはないし、その仮定をもとにモデルを構築すれば、物理学者はさまざまな可能性を探ることができる。

前節で説明したように、フレーバーを変えてしまう相互作用の問題はひょっとすると超対称性をもつ理論で解決されるかもしれない。しかし、モデル構築者にとってはもう一つ難題がある。そもそもどうしてフレーバーの異なるクォークとレプトンはそれぞれ質量が違っているのか。ヒッグス機構は粒子に質量を与えるが、その正確な値はフレーバーによって異なる。このようなことが起きるには、各フレーバーがヒッグス粒子の役割を果たすものとそれぞれ異なる相互作用をしていなくてはならないはずだ。しかし、アップクォーク、チャームクォーク、トップクォークといった各種の粒子の三つのフレーバーがまったく同じ相互作用をしていることを考えると、これらがすべて違う質量をもっているのは謎である。これらを区別する何かがあるはずだが、標準モデルの素粒子物理学では、それが何であるかわからない。

質量の違いを説明するモデルをつくってみることはできる。だが、そうするとほぼ確実に、フレーバーのアイデンティティを変えてしまう望ましくない相互作用まで含まれてしまう。そのような問題のある相互作用を起こすことなく、安全にフレーバーを区別できる何かが必要なのだ。

ニーマ・アルカニ＝ハメドとドイツ出身の物理学者マルティン・シュマルツは、各種の標準モデル粒子が別々のブレーンに収容されていて、それがある程度の質量を説明できると考えた。また、ニーマとサヴァス・ディモポーロスはさらに単純なもう一つの可能性を見つけた。それは、標準モデルの粒子が閉じ込められている一つのブレーンがあって、このブレーンにおける粒子の相互作用はすべてのフレーバーを同一に扱うという考え方だ。しかし、どのフレーバーも同じように扱うというフレーバー対称性の相互作用だけでは、すべての粒子がまったく同じ質量になってしまう。何かが粒子を違うふうに扱わないと、質量の違いはどうしても説明できない。

ニーマとサヴァスは、フレーバー対称性の破れの原因となる別の粒子がいくつかあって、別の複数のブレーンに隔離されているのだと考えた。だとすると、隔離された超対称性の破れと同じように、フレーバー対称性の破れもバルク内の粒子との相互作用を通じてしか標準モデルの粒子に伝えられない。標準モデルの粒子と相互作用するバルク粒子がたくさんあって、それぞれが遠く離れた別々のブレーンからフレーバー対称性の破れを伝えるのなら、そのモデルは標準モデルのフレーバーの異なる質量を説明できることになる。遠くのブレーンから伝えられる対称性の破れは、近くのブレーンから伝えられる対称性の破れに比べて、与える質量が小さいからだ。それを強調するために、ニーマとサヴァスはこの考えを「シャイニング」と称した。光源が遠くにあるほど光が弱くなるように、対称性の破れの効果も、その発端となるブレーンが遠くにあるほど小さくなる。彼らのシナリオでは、フレーバーの異なるクォークとレプトンが異なるのは、それぞれが異なる距離にある別々のブレーンと相互作用しているからなのだ。

余剰次元と隔離は、素粒子物理学の問題点を解決する新しい刺激的な選択肢だ。しかも、それだけで終わるとは限らない。私たちは最近、この宇宙の進化を探る科学である宇宙論においても、隔離が重要な役割を果たしうることを示した。隔離された粒子を含む宇宙(あるいはマルチバース)の利点がまだすべて発見されていないのは明らかで、これからも続々と新しいアイデアが出てくるだろう。

まとめ

●粒子は異なるブレーンに隔離されている可能性がある。

●きわめて小さな余剰次元でも、観測可能な粒子の性質に影響を及ぼせる。

●隔離された粒子はかならずしも無政府主義原理の対象とはならない。遠く離れた粒子は直接の相互作用ができないので、かならずしもすべての相互作用が起きるわけではない。

●超対称性の破れの原因となる粒子が標準モデルの粒子から隔離されているモデルでは、粒子を別のフレーバーに変えてしまうような相互作用を導入せずに、超対称性を破ることができる。

●隔離された超対称性の破れは検証が可能である。高エネルギー加速器でゲージーノが生みだされれば、ゲージーノの質量を比較して、予言と一致するかどうかを確かめられる。

●隔離されたフレーバー対称性の破れは、粒子の質量が異なる値をとれる理由を説明する手がかりになるかもしれない。

第18章

おしゃべりなパッセージ――余剰次元の指紋

私はずっとのぞいていたけれど
それはまだ起こっていない
私はまだもらっていない
私へのいちばんのおみやげを
あなたがいなくてさみしいけれど
私はまだあなたに会っていない

――ビョーク

正直に言うと、アシーナはアイクが懐かしかった。たしかに彼をうっとうしいと思うことも多かったが、いざいなくなってみると、とても寂しかった。そんなアシーナは、まもなくやってくる予定の交換留学生、K・スクエアといっしょに過ごすのを楽しみにしていた。だが、あきれたことに、近所の人たちはとても了見が狭かった。K・スクエアがやってくるのを誰もが不安に思っていたのだ。彼はみんなと同じ言語を話し、同じようにふるまうのに、そんなことは関係ないようだった。いまの雰囲気では、K・スクエアがよそ者だというだけで、みんなの不安をかきたてるのだった。

アシーナは近所の人に、なぜそんなに心配なのか聞いてみた。すると答えは――「彼がもっとへビーな親戚を呼び寄せたらどうするの？　その人たちが彼ほどお行儀がよくなくて、お国のやり方を押し通したら？　それに彼らが一団となってやってきたら、いったいどうなると思う？」

残念ながら、アシーナはまずい言い方をして彼らの疑念を深めてしまった。いずれにしてもK・スクエアと彼の親戚はとても不安定だからそんなに長くは滞在できないし、K・スクエアの家族がやってくるのは騒がしいエネルギッシュな集まりのあいだだけだから――。自分の不適切な言葉の選び方に気がついて、アシーナはなだめるように、こう付け加えた。外国からのお客さんも、この短い刺激的な滞在のあいだは現地のやり方にしたがうから、と。近所の人たちはようやく納得して、アシーナといっしょにK・スクエアの一族を迎えることにした。

本書の初めのほうで、余剰次元がどのように隠れていると考えられるかを説明した。巻き上げられたり、ブレーンに取り囲まれたりして、いずれにしても気づかれないほど小さくなっている。だが、余剰次元宇宙は本当にその性質を完全に隠し、特徴らしい特徴が四次元世界にまぎれて見えないようにしているのだろうか？　それはちょっと信じがたい。いくらコンパクト化された次元が小さくて、この世界を四次元のように信じ込ませているとしても、ここが高次元世界であれば、本当の四次元世界ではないことを示す何らかの新しい要素が含まれているはずだ。

もし余剰次元があるのなら、その余剰次元の指紋はきっと存在する。そうした指紋が、カルツァ－クライン（KK）粒子だ。* KK粒子は余剰次元宇宙を構成する追加要素で、高次元世界を四次元で表したしるしである。

KK粒子が存在していて、ある程度まで軽ければ、高エネルギー加速器がこれを生みだし、そのしるしを実験データに残す。余剰次元の探偵――実験者――はそれらの手がかりを寄せ集めて、法廷にも出せるような高次元世界の証拠に変える。このカルツァ－クライン粒子と、高次元世界にはきっとこれが存在すると確信できる理由が、この章のテーマである。

カルツァ－クライン粒子

バルク粒子の移動しているところが高次元空間だとしても、その性質と相互作用は四次元の言葉で記述できるはずだ。なにしろ私たちが余剰次元を直接見ることはないのだから、結局はすべてが四次元のように見える。二つの空間次元しか見えないフラットランドの住人には、その世界を三次元の球が通過しても二次元の円盤にしか見えなかったように、たとえ高次元空間で生まれた粒子があるとしても、私たちにはその粒子が三つの空間次元を移動しているようにしか見えない。この高次元生まれ

＊つまり冒頭の物語のK・スクエア（K二乗）である。KK粒子はカルツァ－クライン・モードとも呼ばれる。この「モード」とは、KK粒子の量子化された運動量を意味する。

でありながら、私たちの目には四次元時空*での追加の粒子と映る新たな粒子が、カルツァ－クライン（ＫＫ）粒子である。この粒子の性質を徹底的に測定して研究すれば、高次元空間について知るべきことをすべて教えてくれるだろう。

カルツァ－クライン粒子は高次元粒子の四次元での表れである。いくつもの共振モードを重ね合わせれば、バイオリンの弦が出せる音はなんでも再現できるように、高次元粒子のふるまいも、高次元粒子を適切なＫＫ粒子に置き換えれば再現できる。ＫＫ粒子には高次元粒子の特徴と、高次元粒子が移動する高次元幾何の特徴がすべて表れている。

高次元粒子のふるまいを模するため、ＫＫ粒子は余剰次元での運動量をもっている必要がある。高次元空間を移動するバルク粒子は、私たちにとって有効な四次元記述においては、すべてＫＫ粒子に置き換えられる。ただし、このＫＫ粒子は特定の高次元粒子を模するのに必要な、正しい運動量と相互作用を備えていなくてはならない。[31] 高次元宇宙はおなじみの粒子のほかに、その親戚となるＫＫ粒子を迎え入れる。巻き上げられた空間の詳細な性質によって定められる、余剰次元運動量をもったＫＫ粒子だ。

とはいえ、四次元記述には、余剰次元での位置や運動量についての情報が含まれない。したがって、ＫＫ粒子の余剰次元運動量は、私たちの四次元の視点から見たときには別のもので表されなくてはならない。特殊相対性理論によって導かれる質量と運動量の関係から、余剰次元運動量は四次元世界においては質量として表れることがわかっている。したがってＫＫ粒子も私たちの知っている粒子と同じように見えるが、その質量は、じつは粒子の余剰次元運動量を反映している。

ＫＫ粒子の質量は、高次元幾何がどのようなものであるかによって決まる。ただしＫＫ粒子の荷量は、私たちの知っている四次元の粒子の荷量と同じである。既知の粒子も元来は高次元時空で生まれたのだとすれば、高次元粒子も既知の粒子と同じ荷量をもっていなくてはおかしいからだ。これは高次元粒子のふるまいを模するKK粒子についても言える。したがって、私たちの知る各種の粒子それぞれに対して、同じ荷量を備えながら質量の違っているKK粒子が多数あることになる。たとえば、ある電子が高次元で移動しているとすれば、その電子には同じマイナスの電荷を帯びたKKのパートナーがいる。また、高次元で移動しているのがクォークなら、それにもKKの親戚がいて、クォークと同じように強い力の作用を受ける。KKのパートナーは私たちの知る粒子とまったく同じ荷量を帯びているが、その質量は余剰次元によって定められている。

カルツァ－クライン粒子の質量を確定する

KK粒子の起源と質量を理解するには、まえに見たような目に見えない巻き上げられた次元の直観的なイメージより、もう一段階先を考える必要がある。とりあえず単純なところで、まずはブレーンのない宇宙を考えてみよう。この宇宙では、すべての粒子が基本的に高次元粒子で、どの方向にも自由に移動できる。もちろん余剰次元の方向にも進める。話を具体的にするために、余剰次元が一つだけの空間を想像してみる。この余剰次元は小さな円に巻き上げられていて、空間内では素粒子が自由に移動している。

もし私たちが古典的なニュートン力学を最終解答とする世界に住んでいるのだったら、KK粒子は

＊これが私たちの通常の時空次元の数え方である。第1章でフラットランドの話をしたのは相対性理論が出てくる前だったので、あそこでは空間次元だけを数えた。

どのような値の余剰次元運動量でももてたはずだし、したがってどのような質量にもなれただろう。だが、私たちは量子力学的宇宙に住んでいるので、この仮定は当てはまらない。量子力学にしたがえば、バイオリンの弦の出せる音はバイオリンの共振モードだけからなっているように、ＫＫ粒子に高次元粒子の運動量と相互作用を再現させるのは量子化された余剰次元運動量だけだ。そして、バイオリンの弦の出す音が弦の長さによって決まるように、ＫＫ粒子の量子化された余剰次元運動量は、余剰次元の大きさと形状によって決まる。

私たちの四次元に見える世界では、ＫＫ粒子のもっている余剰次元運動量が、独特なパターンをもったＫＫ粒子の質量のように見える。もし物理学者がＫＫ粒子を発見すれば、その質量から、余剰次元の幾何が推定される。たとえば、円に巻き上げられた余剰次元が一つだけあるとすれば、ＫＫ粒子の質量がその余剰次元の大きさを教えてくれる。

次元が一つ巻き上げられている宇宙でＫＫ粒子がもちうる運動量（ひいては質量）の求め方は、バイオリンの共振モードを数学的に確定するときの手法にとてもよく似ている。あるいは、ボーアが原子内の量子化された電子軌道を確定するのに用いたやり方とも似ている。量子力学では、すべての粒子を波に関連づける。そして余剰次元では、巻き上げられた円周を整数回振動する波しか生じえない。この生じうる波を確定して、それから量子力学を用いて波長を運動量に関連づける。その運動量から、ＫＫ粒子のもちうる質量が導かれる。これで知りたかったことがわかる。

どんな場合でも生じうるのが、定数の波、つまり、まったく振動していない波である。この「波」は、目に見えるさざ波が一つもない、完全に静まりかえった池の水面のようなものだ。あるいは、弓が触れるまえのバイオリンの弦のようなものと言ってもいい。この確率波は、余剰次元のどこにおいても同じ値をとる。この平坦な確率波の値が一定なため、これに関連づけられたＫＫ粒子は、余剰次元のどこか特定の位置をそれ以外と区別しない。量子力学にしたがえば、この粒子は余剰次元運動量がゼロであり、したがって特殊相対性理論にしたがえば、質量が加えられることはない。

したがって、最も軽いKK粒子は、この余剰次元での一定の確率値に関連づけられた粒子ということになる。低エネルギーでは、これが唯一の出現可能なKK粒子だ。この粒子は余剰次元での運動量も構造ももたないため、同じ質量と荷量を備えた通常の四次元粒子と区別がつかない。低いエネルギーしかないと、高次元粒子は巻き上げられたコンパクトな次元をふらふらできない。言い換えれば、低エネルギーでは、私たちの宇宙ともっと次元の多い宇宙との違いを示す別のKK粒子が生みだされないのだ。要するに、低エネルギー過程と最軽量のKK粒子は余剰次元の存在について何も教えてくれない。もちろん余剰次元の大きさや形状もわかりようがない。

しかし、もし宇宙に別の次元があって、粒子加速器が必要なだけの高エネルギーを実現できたら、もっと重いKK粒子も生みだされる。このゼロではない余剰次元運動量をもった重いKK粒子が見つかれば、余剰次元の最初の物的証拠となる。先ほどの例にならえば、この重いKK粒子は、円状の別次元に沿った構造をもつ波に関連づけられる。つまり、この波は巻き上げられた次元をうねっていきながら、その円周の長さを整数回だけ上下に振動する。

そのなかで最も軽い粒子は、確率関数の波長が最も長い粒子である。振動が一つの円におさまる波長のなかで最も長いのは、波が巻き上げられた次元を一周うねるあいだに一回だけ上下振動する波長である。この波長は、余剰次元の外周の大きさによって決まる（おおよそ同じ大きさになる）。これより長い波長は、波が円周上のどこか一点に戻ってきたときに途切れてしまうのでありえない。したがって、この確率波をもった粒子が、自らの起源が余剰次元であったことを「記憶」している最軽量のKK粒子である。

このゼロでない余剰次元運動量をもつ最軽量の粒子に関連づけられた波の波長が、余剰次元の大きさとほぼ同じであるのは当然だろう。結局のところ、微小なスケールでの特徴や相互作用を探れるぐらい小さなものでないと、巻き上げられた余剰次元を感知しないというのは直観でもわかる。余剰次元より大きな波長で余剰次元を調べようとするのは、原子の位置を定規で測ろうとするようなものだ。たとえば光など、ある特定の波長をもった探査手段で余剰次元を検出しようとするならば、その光は余剰次元の大きさより小さい波長をもっていなくてはならない。量子力学は確率波を粒子に関連づけるので、いまの探査手段の波長についての条件は、粒子の性質についての条件に言い換えられる。充分に小さな波長をもつ粒子、つまり（不確定性原理によって）充分に高い余剰次元運動量と質量をもつ粒子だけが、余剰次元の存在を感知できるのである。

ゼロでない余剰次元運動量をもつ最軽量のＫＫ粒子には、もう一つ魅力的な特徴がある。それは、このＫＫ粒子の運動量（ひいては質量）が、余剰次元が大きくなればなるほど小さくなることだ。粒子は軽いほうが生成しやすく、発見しやすいわけだから、余剰次元は大きいほうが突きとめやすく、観測可能な証拠が得やすいことになる。

余剰次元が本当に存在していれば、この最軽量のＫＫ粒子のほかにも別の余剰次元の証拠が出てくるだろう。もっと運動量の高い粒子なら、粒子加速器によりはっきりと余剰次元の指紋を残せる。これらの粒子の確率波は、巻き上げられた余剰次元をうねっていくときの振動数が一回よりも多い。このような運動量がn倍の粒子は、巻き上げられた余剰次元を一周するあいだにn回振動する波に対応するので、その質量はかならず最軽量のＫＫ粒子の整数倍になる。そして運動量が高いほど、ＫＫ粒子が加速器に残す余剰次元の指紋は鮮明になる。図74は、余剰次元の大きさに逆比例するＫＫ粒子の質量を図式化したもので、そうした質量の大きな粒子に対応する波を二つ例示してある。

順々に重くなる一連のＫＫ粒子は、何世代にもまたがった移民の一家を思わせる。アメリカで生まれた最も若い世代は、完全にアメリカ文化に同化し、完璧な英語を話し、自分のルーツが外国にあることをすこしも感じさせない。一方、それよりまえの世代はそうではない。この最も若い世代の親たちは、おそらく言葉に多少の訛りが残っていて、ときには祖国の格言を口にすることもある。さらに上の世代になると、もっと外国語の訛りがきつくて、服装にも話にもお国柄が表れている。こうした古い世代は、ともすると単調で均一的な社会に対し、別の新たな文化的次元をもたらしていると言えるかもしれない。

同じように、最軽量のＫＫ粒子は、四次元世界生まれの粒子と区別がつかない。もっと質量の大きな「年長の親戚」でないと、余剰次元の証拠は明らかにならない。とはいえ、最軽量のＫＫ粒子も一見すると四次元粒子だが、もっと質量の大きな「年長者」を生みだせるぐらいの高いエネルギーが実現されれば、その来歴がより明確になる。

もし実験のなかで一連の新しい重い粒子が発見されて、その粒子がおなじみの粒子と同じ荷量をもち、お互いに似たような質量をもっていたとしたら、それらの粒子は余剰次元の強力な証拠となる。その粒子がみな同じ荷量をもち、一定の間隔の質量で現れたなら、

【図 74】カルツァ－クライン粒子

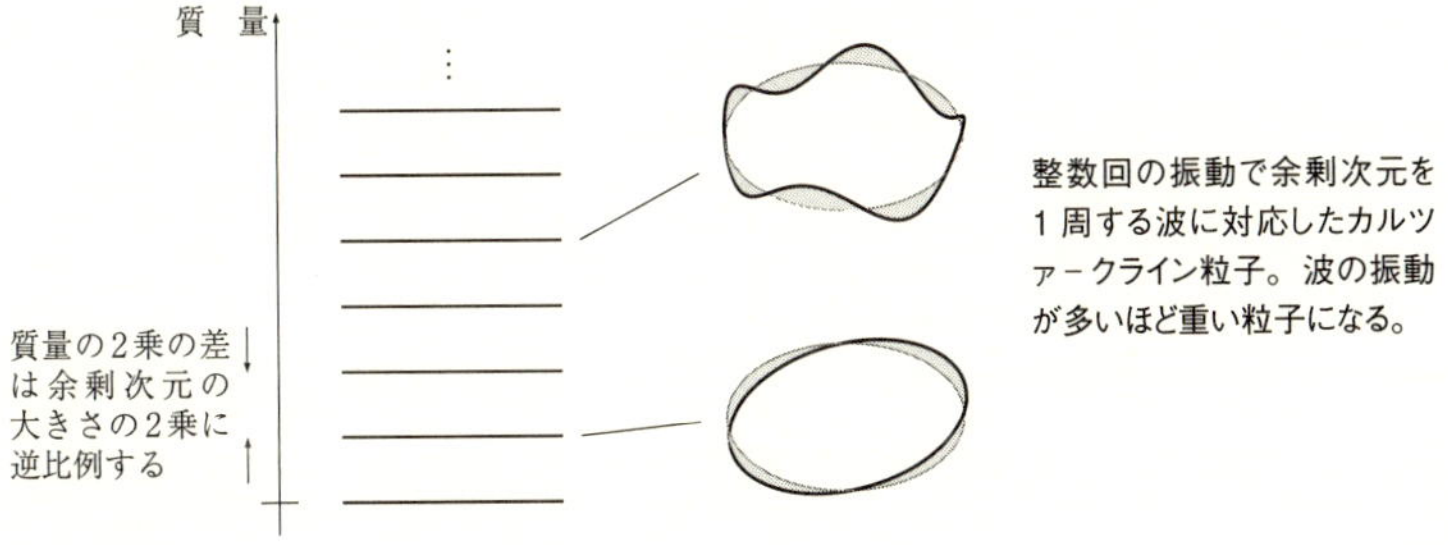

整数回の振動で余剰次元を1周する波に対応したカルツァ－クライン粒子。波の振動が多いほど重い粒子になる。

それはおそらく、単純な巻き上げられた次元が発見されたことを意味している。

だが、もっと複雑な余剰次元幾何は、もっと複雑な質量パターンをもたらす。もしKK粒子がある程度まで発見されれば、それは余剰次元が存在する証拠となるだけでなく、余剰次元の大きさや形状についても明かしてくれるだろう。隠れた次元の幾何がどのようなものであるにせよ、KK粒子の質量はそれによって決まる。いずれにしても、KK粒子とその質量は、余剰次元の性質について多くのことを教えてくれるはずだ。

実験上の制約

最近まで、大半のひも理論研究者は、余剰次元が極小のプランクスケール長さより大きい可能性はないものとして考えていた。なぜなら重力はプランクスケールエネルギーで強くなり、そこから先は、たとえばひも理論などの量子重力理論の範疇になるからだ。しかし、プランクスケール長さはとほうもなく小さくて、とうてい私たちが実験で調べられるような長さではない。この非常に小さなプランクスケール長さは（量子力学と特殊相対性理論にしたがって）巨大なプランクスケール質量（あるいはエネルギー）に対応する。つまり現在の粒子加速器が実現できる範囲の一兆倍の、さらに一万倍に相当する。プランク質量のKK粒子はそれほど重いので、私たちにできる実験の範囲をゆうに超えている。

だが、場合によっては余剰次元はもっと大きく、KK粒子はもっと軽いかもしれない。だったら、どういう実験をすれば余剰次元の大きさがわかるかを考えたほうがいい。理論上の先入観は別として、私たちが実際に知っていることがあるだろうか？

もしもこの世界が高次元で、そこにブレーンがないのなら、すべてのおなじみの粒子――たとえば電子など——はＫＫ粒子のパートナーをもつ。[32] その粒子は、おなじみの粒子とまったく同じ荷量をもちながら、別の次元での運動量をもっている。たとえば電子のＫＫパートナーは、電子と同じくマイナスの電荷を帯び、しかし電子よりも重い。もし余剰次元が円に巻き上げられているとすれば、最軽量のＫＫ粒子の質量は、その余剰次元の大きさに逆比例して電子の質量とずれてくる。つまり、余剰次元が大きければ大きいほど、粒子の質量は小さくなる。そのような粒子は一度も実験では発見されていないが、大きな次元ほど軽いＫＫ粒子を生みだすわけだから、ＫＫ粒子の質量の下限は巻き上げられた余剰次元の大きさの上限を定めることになる。

　これまでのところ、最大約一〇〇〇 GeV のエネルギーで稼動している加速器でそのような荷電粒子が現れた形跡はない。ＫＫ粒子は余剰次元の痕跡だから、それがまだ一つも見つかってないということは、余剰次元がそれほど大きくはないことを意味する。現段階での実験上の制約を勘案すると、余剰次元が10^{-17}センチメートル（一センチメートルの一兆分の一のさらに一〇万分の一）より大きいことはありえない。* これは非常に小さい大きさだ。私たちが直接見られる大きさよりも、はるかに小さい。

　この余剰次元の大きさの上限は、ウィークスケール長さのおよそ一〇分の一に相当する。しかし、いくら10^{-17}センチメートルが小さいとはいえ、プランクスケール長さに比べればはるかに大きい。プランクスケール長さは10^{-33}センチメートルで、一六桁も小さいのである。要するに、余剰次元が仮にプランクスケール長さよりもずっと大きかったとしても、それでも検出を逃れてきたという可能性もあるわけだ。ギリシャ（現代）の物理学者イグナティウス・アントニアディスは、余剰次元の大きさがプランク長さではなく、むしろ弱い力に付随する長さスケールに近いという可能性を最初に考えた一人

＊念のため繰り返すが、ここではブレーンがないものと仮定している。ここでの上限は次章では変わってくる。

だった。加速器がほんのすこしでもエネルギーを増したらどんな新しい物理が現れるだろう、と彼は考えていた。なにしろ階層性問題から言えば、そのエネルギーでウィークスケールエネルギーとウィークスケール質量をもった粒子が生成されるのだから、そこで何かが見えてこなくてはおかしいのである。

だが、この余剰次元の大きさの上限も、つねに当てはまるとは限らない。KK粒子は余剰次元の指紋だが、なかなかに狡猾で驚くほど見つけにくい可能性もある。近年、KK粒子については多くのことがわかってきて、それがどんな姿をしているかもかなり想像がついてきた。以後の章では、ブレーンを考慮に入れると、なぜ余剰次元が10^{-17}センチメートルより大きくなってもよいのか、大きな余剰次元は軽いKK粒子を生むとされているはずなのに、その大きくなった余剰次元がなおも検出を逃れるのはなぜなのかについて、最新の成果をお伝えしよう。モデルのなかには驚くほど大きな次元——これなら明らかに目に見える影響を残すだろうと思ってしまうような次元——を含めたものもあり、それでもやはり目に見えないのだが、標準モデルの粒子の不可思議な性質をある程度まで説明してくれる。そして第22章では、さらに驚くべき結果が待っている。無限大の余剰次元は無限に多くの軽いKK粒子を生みだせるのだが、にもかかわらず、観測可能な痕跡をいっさい残さないのである。

まとめ

●カルツァ－クライン（ＫＫ）モードは余剰次元の運動量をもつ粒子である。これは高次元粒子でありながら、私たちの四次元世界にこっそり紛れ込んでくる。

●ＫＫ粒子は既知の粒子と同じ荷量をもった重い粒子のように見える。

●ＫＫ粒子の質量と相互作用は高次元理論によって定められる。したがって、そこには高次元時空の性質が反映されている。

●あらゆるＫＫ粒子を発見して、その性質を測定できれば、高次元の大きさと形状がわかる。

●現在の実験上の制約を勘案すると、すべての粒子が高次元空間を自由に移動できているとすれば、余剰次元が10^{-17}センチメートルより大きいことはありえない。

第19章

たっぷりとしたパッセージ――大きな余剰次元

その一ミリメートルが落ちたのにも
気がつきゃしなかった

K・スクエアの短い滞在も終わってしまったいま、アシーナは地元のインターネットカフェに入り浸っていた。最近、新しい不思議なウェブサイトをいくつか発見して、心がうきうきしていたのだ。なかでもいちばん興味をひかれたのが、xxx. socloseandyetsofar. al.（コンナニチカイノニコンナニトオイ）というサイトだった。こうした思わせぶりなサイトは最近のAOB（アメリカ・オン・ブレーン）とスペースタイム・ワーナーのマルチメディア合併によるものかしら、とアシーナは思ったが、いいかげん家に帰らなくてはならなかったので、それ以上は調べる時間がなかった。

家に帰ると、アシーナはさっそく自分のコンピュータに向かい、インターネットカフェで見たときにすぐにアクセスできるようになっていた風変わりなハイパーリンク先に再度チャレンジした。ところが苛立たしいことに、「サイバーナニー」にアクセスを遮られて、規制のかかっている次元強化サイトに入れない。* しかし「メントール」(ギリシャ神話の「よき指導者」)という頼もしそうな仮名を使って自分の正体を隠すと、サイバーセンサーはみごとにだまされ、ついに謎めいたハイパーリンク先にたどりつけた。

アシーナはひそかに、ウェブページにK・スクエアからの隠れたメッセージが送られているのではないかと期待していた。だが、そのサイトはとても理解しやすいとは言いがたく、アシーナはかろうじていくつかの意味ありげな信号を拾えただけだった。この中身をもうすこし調べてやろうとアシーナは心に誓い、これを解明し終わるまで合併が——似たような名前の別の合併とは違って——長続きしていますように、と祈った。

一九九八年のオックスフォードでの超対称性会議で、スタンフォード大学の物理学者サヴァス・ディモポーロスは非常に興味深い講演をした。それは、ディモポーロスが別の二人の物理学者、ニーマ・アルカニ=ハメドとギア・ドゥヴァリと共同で行なった研究についての報告だった。この三人の名前の多彩さは、彼らの多彩な個性とアイデアをそのまま反映している。サヴァスはいつも自分のプロジェクトに夢中になる。彼の共同研究者から聞くところによると、サヴァスの興奮はかならず周囲に

＊物理学者は論文を「xxx」で始まるウェブサイトに投稿する。xxx. lanl. gov. をのぞいてみてほしい。インターネット用のフィルターは、ときどきこうしたサイトに対してもアクセス規制をかける。

伝染するらしい。彼は相当に余剰次元熱に浮かされていたようで、まだ探索されていない新しい物理学のアイデアが出てくるとお菓子屋にいる子供のような気持ちになってしまう、と同僚に話していた。そこにあるものを誰かにとられるまえに、全部食べたくなってしまうのだそうだ。一方、ギアはソ連時代のグルジア出身の物理学者で、二重の意味で大きなリスクを冒している。物理学に対する姿勢においてはもちろんのこと、趣味の登山においても大胆な離れ業をやってのけるのだ。一度はカフカス山脈の山頂で、食料が尽きたまま二晩をやり過ごしたこともあった。そしてイラン系の物理学者であるニーマは、たいへんエネルギッシュで、刺激的で、非常にはっきりとものを言う。現在はハーバードで私の同僚となっているが、しばしば廊下をうろうろしては、他人をつかまえて熱心に自分の最新研究の説明をしている。それを聞くと、自分もその研究をしようかという気にさえなってくる。

皮肉にも、サヴァスの超対称性会議での講演はまったく超対称性を主題にしておらず、あくまでも余剰次元が主題であって、いくぶん超対称性の鼻を明かすものでもあった。サヴァスの説明によれば、超対称性でなく、余剰次元が標準モデルの根底にある物理理論になりえるという。そして彼の考えが正しければ、近い将来に実験でウィークスケールが探られたとき、超対称性でなく、余剰次元の証拠が見つかるはずだというのである。

この章では、アルカニ=ハメドとディモポーロスとドゥヴァリ（ここでは三人を総称して「ADD」と略す）が提出した、非常に大きな次元が重力の弱さをどう説明できるかについての考えを紹介する。要するに、大きな余剰次元は重力を大幅に弱められるので、重力の強さは余剰次元を想定しない場合の推定値に比べてはるかに弱くなるというのである。ただし、彼らのモデルは階層性問題を解決していない。そもそも次元がそんなに大きい理由を説明しなくてはならないからだ。しかしADDは、この新しい難問は、もともとの階層性問題に比べたらまだ対処がしやすいだろうと期待していた。

さらに、それに関連してＡＤＤが投じた疑問についても考えていく。標準モデルの粒子がブレーンに閉じ込められ、自由にバルク内を移動できないと仮定してみよう。実験結果と矛盾しない範囲で、巻き上げられた余剰次元はどれだけ大きくなりうるのか？　彼らが見つけた答えは、通常では考えられないようなものだった。彼らが論文を発表した当時、余剰次元は一ミリメートルもの大きさがあってもよいように見えたのである。

大きさが（ほぼ）一ミリメートルもある次元

ＡＤＤモデルでは、第17章で述べた隔離モデルと同様に、標準モデルの粒子がブレーンに閉じ込められている。しかし、この二つのモデルはめざすところが大きく違うので、それ以外の特徴はまったく異なっている。隔離モデルが二つのブレーンにはさまれた次元を一つ追加しているのに対し、ＡＤＤモデルではかならず一つより多くの次元があり、それらの次元が巻き上げられている。モデルの詳細に応じて、空間に二つ、三つ、あるいはそれ以上の数の巻き上げられた次元が追加される。しかも、ＡＤＤモデルは標準モデルの粒子が閉じ込められるブレーンを一つ含めてはいるが、そのブレーンが空間をはさみこんではいない。図75に示したように、ブレーンは巻き上げられた余剰次元の内部に位置している。[33]

ＡＤＤがこのような状況設定によって解決しようとした疑問の一つは、標準モデルのすべての粒子が一つのブレーンに閉じ込められていて、高次元バルク内には重力しか力がないとしたら、余剰次元はどのぐらい大きくても隠れていられるだろうか、というものだった。彼らが見つけた答えは、物理学者の大半を驚かせた。前章で仮定したような、一センチメートルの一兆分の一のさらに一〇万分の一という大きさに対して、巻き上げられた余剰次元が一ミリメートル前後の大きさをしている可能性もある、というのである（現段階では、その正確な値はちょっと言いにくい。詳しくはあとの章で説明するが、ワシントン大学の物理学者がそれ以来ミリメートル単位の余剰次元を実験的に探してきているにもかかわらず、いまだに見つかっていないからだ。その実験結果にもとづけば、余剰次元の大きさが一ミリメートルのおよそ一〇分の一より小さいのは確実で、さもなければ余剰次元はありえないことになる。それでも次元の大きさが〇・一ミリメートルもあるというのは、かなり衝撃的な発見である）。

次元の大きさが一ミリメートルもあったら（あるいはその一〇分の一でも）とっくにその正体が突きとめられていていいはずではないか、と思う人もいるかもしれない。たしかに一ミリメートルのものが見えない人がいたら、新しい眼鏡を用意したほうがいいだろう。素粒子物理学のスケールでは、一ミリメートルはとほうもなく大きい。

余剰次元の大きさが一ミリメートルもあるとい

【図 75】ADD のブレーンワールド

ADD のブレーンワールドを図式化すると、このようになる。この宇宙の余剰次元は巻き上げられている（そして大きい）。私たちはブレーン（円筒のなかを貫く点線）に住んでいるので、重力だけが余剰次元の存在に影響される。

うのが——たとえその一〇分の一でも——どんなに常識はずれなことかわかってもらうため、これまでに出てきた長さスケールをあらためて整理してみよう。まずプランクスケール長さは、実験可能な範囲をはるかに超えた、10^{-33}センチメートルである。TeVスケールは、現在実験で探られている範囲で、およそ10^{-17}センチメートルである。物理学者は電磁気を、この10^{-17}センチメートルという短い距離まで検証してきている。そしてADDが問題にしている大きさは、これらに比べるとてつもなく大きい。ブレーンがない状況だったら、ミリメートル単位の余剰次元などばかばかしすぎて考慮の対象にもならないだろう。

ところがブレーンがあると、さらに大きな余剰次元でもありえるようになる。ブレーンはクォークとレプトンとゲージボソンを閉じ込めてしまうので、空間の高次元性をフルに感じられるのは重力だけとなる。ADDのシナリオでは、重力以外のすべてがブレーンに閉じ込められていると仮定されるので、重力をともなわないものはすべて余剰次元がない場合と同じように見える。たとえ実際には非常に大きい余剰次元があるとしてもだ。

たとえば、あなたが見ているものはすべて四次元に見えているだろう。あなたの目は光子を感知するが、ADDモデルでの光子はブレーンにとらわれている。したがって、あなたが見ている対象は、すべて三つの空間次元しかもっていないように見える。光子がブレーンにとらわれているなら、どんなに強力な眼鏡をかけたところで、余剰次元の証拠を直接見ることはかなわない。

実際、ADDのシナリオにあるミリメートル単位の次元の証拠は、きわめて敏感に重力を感知する装置でしか見つかる見込みがない。通常の素粒子物理学過程は、電磁気力を介した相互作用にしろ、電子と陽電子の対生成にしろ、強い力による原子核の結合にしろ、すべて四次元ブレーン上で起こっているもので、純粋な四次元宇宙で起こる過程とまったく同じに見える。

荷量を帯びたKK粒子も問題とはならない。前章の説明では、すべての粒子がバルク内にある場合、余剰次元はそれほど大きくはなりえなかった。もし余剰次元が大きかったら、すでに標準モデルの粒子のパートナーとなるKK粒子が見つかっているはずだからだ。しかし、これはADDのシナリオには当てはまらない。なぜなら標準モデルの粒子——たとえば電子など——がすべてブレーンに拘束されているからだ。標準モデルの粒子は高次元バルクを移動しないので、余剰次元運動量をもたない。ブレーンに閉じ込められた標準モデルの粒子は、したがってKK粒子のパートナーをもちようがない。KK粒子のパートナーがいないわけだから、前章で考えられたようなKK粒子にもとづく制約も適用されない。

ただしADDモデルでも、KK粒子のパートナーがいなくてはならない粒子が一つだけある。グラビトンだ。すでにわかっているとおり、グラビトンは高次元バルクを移動していなければならないからである。とはいえ、グラビトンのKKパートナーは、標準モデルのKKパートナーに比べて相互作用の強さがはるかに弱い。標準モデルのKKパートナーが電磁気力と弱い力と強い力を介して相互作用するのに対し、グラビトンのKKパートナーは重力の強さでしか相互作用しない。つまりグラビトンそのものと同じ弱さでしか相互作用しないわけだ。したがってグラビトンのKKパートナーは、標準モデルの粒子のKKパートナーに比べて生成するのも検出するのもはるかに難しい。なにしろグラビトンからして、これまで一度も直接的には見られていないのだ。グラビトンと同じ弱さで相互作用するKKパートナーが、グラビトンより見つかりやすいわけがない。

ADDは、余剰次元に重力からしか制約がかからないとすると、標準モデルの粒子がすべてブレーンにとらわれているとする彼らのシナリオでは、余剰次元が前章で導かれた大きさよりもはるかに大きくなれると気がついた。なぜなら重力は非常に弱く、したがって実験的に調べるのがひどく困難だからだ。軽いものどうしが近い距離にある場合、重力は非常に弱いので、あっさり別の力に圧倒されてしまう。

たとえば二個の電子のあいだに働く重力は、電磁気力の10^{43}分の一という弱さだ。地球の重力が目立つのは、その正味電荷がゼロだからだ。小さいスケールでは、正味電荷が問題になるだけでなく、電荷がどのように分布しているかも問題になる。小さな物体のあいだの重力法則を検証するには、重力の引力がほかの力のどんな小さな影響からも遮断されていなくてはならない。太陽のまわりを回る惑星や、地球のまわりを回る月や、さらには宇宙そのものの進化から、非常に大きな距離での重力のなりたちはわかるとしても、短い距離で重力を検証するのはとても難しい。ほかの力に比べると、私たちが重力について知っていることは本当にすくない。だから重力がバルク内にある唯一の力だとすれば、驚くほど大きな余剰次元が存在しているとしても実験結果となんら矛盾しないのだ。粒子がブレーンに束縛されていると、その次元は容易に観測できない。

ADDが論文を書いた一九九八年には、ニュートンの逆二乗法則がおよそ一ミリメートルの距離までしか検証されていなかった。つまり、実際に余剰次元に一ミリメートル近くの大きさがあったとしても、誰もその証拠を見つけることはなかっただろう。ADDの論文には、「われわれは M_{pl}［プランクエネルギー］を基本的なエネルギースケール［重力の相互作用が強くなるところ］と見なしているが、これは、いま重力が測定されているところから……10^{-33}センチメートルのプランク長さまでの三三桁については重力が修正されないという仮定にもとづいている」[*]という断りがある。言い換えれば、

* Nima Arkani-Hamed, Savas Dimopoulos, Gia Dvali, "The hierarchy problem and new dimensions at a millimeter," *Physics Letters* B, vol. 429, pp. 263–72 (1998).

一九九八年の時点では、一ミリメートルより短い距離で実験的に重力について何かを知ることは不可能だったわけだ。それより短い距離では、重力の法則が変わってくる可能性もあった。たとえば物体が互いに近づくにつれて、重力の引力がもっと急激に大きくなるというようなことだが、それは誰にも知りようがなかった。

大きな次元と階層性問題

大きな余剰次元の可能性は重要な発見だった。しかし、ADDはただ抽象的な可能性を探るために大きな余剰次元を研究したのではなかった。彼らの真の関心は素粒子物理学、とりわけ階層性問題にあった。

第12章で説明したように、階層性問題は素粒子物理学と重力に関連づけられている二つの質量、ウィークスケール質量とプランクスケール質量の大きな比に関するものである。最近まで、素粒子物理学のいちばんの疑問は、なぜウィークスケール質量がこんなにも小さいのか、ということだった。ヒッグス粒子の質量は、仮想粒子によって大きな（プランクスケール質量ほどもある）量子補正を受けるので、ふつうならウィークスケール質量はもっと大きくなると考えられるのだ。物理学者が余剰次元について考えはじめるまで、階層性問題を解決しようとする試みはすべて標準モデルの強化をめざしていた。もっと包括的で根本的な素粒子物理学理論を見つけ、それによってウィークスケール質量がプランクスケール質量よりもはるかに小さい理由を説明しようとしたのである。

だが、階層性問題で謎となっているのは二つの数字の大きな違いである。なぜプランクスケールとウィークスケールがこれほど違うかがわからない。したがって、階層性問題はこう言い換えることもできる。なぜプランクスケールがこれほど大きいときに、ウィークスケールがこれほど小さいのか――あるいはそれと同義で、なぜ素粒子に働く重力の強さはこれほど弱いのか。そう考えると、階層性問題はこんな疑問を投げかける。ひょっとしたら素粒子物理ではなく重力が、物理学者がこれまで考えてきたものと違うのだろうか？

ＡＤＤはこの論理を突きつめた結果、標準モデルの拡張によって階層性問題を解決する試みは的外れなのではないかと考えた。そして、必要なだけの大きさをもつ余剰次元なら同じように階層性問題を解決できると気がついた。そこで彼らが提案したのが、重力の強さを定める基本的な質量スケールはプランクスケール質量ではなく、もっとはるかに小さい、一 TeV に近い質量スケールだということだった。

ＡＤＤはこの仮説のもとで、重力がなぜこれほど弱いのかという疑問に答えなければならなかった。そもそもプランクスケール質量がこれほど大きいのは、重力が弱いからだ。重力の強さはこのスケールの二乗に逆比例するのである。重力の基本的な質量スケールがそれよりずっと小さければ、重力の相互作用ははるかに強くなるはずだ。

実際のところ、この問題は克服不可能ではなかった。ＡＤＤが指摘したとおり、必然的に強くなるのは高次元での重力だけである。彼らの論法では、余剰次元が大きいと重力の強さがきわめて大幅に薄められるため、高次元では重力が非常に強くとも、低次元有効理論では重力が非常に弱くなる。つまりこの図式では、重力が私たちからすると非常に弱く見えるのは、とても大きな余剰次元空間のな

＊プランクスケール長さはきわめて小さいが、プランクスケール質量（あるいはエネルギー）はきわめて大きいことを忘れずに。

かで重力が薄められるからということになる。一方、電磁気力、強い力、弱い力が重力のように弱くないのは、ブレーンに閉じ込められていて薄められることがないからだ。このように考えると、大きな次元とブレーンは、重力がほかの力よりもはるかに弱い理由を説明できる。

ニーマの話によれば、この共同研究のターニングポイントは、彼らが高次元重力と低次元重力の強さの厳密な関係を理解したときだったという。この関係そのものは、とくに新しい発見ではなかった。たとえば、ひも理論研究者も、つねにこの関係を用いて四次元の重力スケールを一〇次元のそれに関連づけている。また、第16章で軽く触れたように、ホジャヴァとウィッテンも一〇次元重力と一一次元重力の強さの関係を使って、重力がほかの力と統一されうることを発見した。大きな一一番めの次元によって高次元重力スケール、つまりひも理論のスケールが、GUTスケールと同じぐらいの低さになるのだ。ただ、それまでは誰も気づかなかったのが、高次元重力が階層性問題を解決するほどまで強くなりうるということだった。実際、高次元重力を充分に薄められるだけの大きさが余剰次元にあるかぎり、それは可能になる。ニーマとサヴァスとギアは余剰次元についてしばらく考え、高次元重力と低次元重力がどう結びつくかを知ったところで、それが意味するとてつもない結果を理解したのである。

高次元重力と低次元重力の関係

第2章で見たとおり、巻き上げられた余剰次元の大きさより大きい距離だけを探っているかぎり、余剰次元は感知されない。しかし、だからといって余剰次元が物理的な影響を及ぼさないとは限らない。私たちには見えなくても、余剰次元が私たちの見る物理量の値に影響を及ぼすことはありうる。

第17章で、そうした現象の一例を挙げた。超対称性の破れの隔離モデルでは、超対称性の破れが遠く離れたブレーンで起こるが、グラビトンがその破れを標準モデルの粒子の超対称パートナーに伝える。したがって超対称パートナーの質量には、超対称性の破れが余剰次元で生じたことと、それが重力を通じて伝えられたことが反映される。

ここで、余剰次元が測定可能な物理量の値に及ぼす影響の例をもう一つ考えてみよう。コンパクト化された次元の大きさは、四次元重力（つまり私たちが観測する重力）の強さと、それを導く高次元重力の強さとの関係を定める。重力は余剰次元で薄められ、巻き上げられた次元が大きく巻かれているほど弱くなる。

どうしてそうなるかを理解するために、第2章で見た例に戻ろう。ブレーンを境界とする三次元のバルク空間のたとえとして、三次元のホース宇宙を考えたのを思い出してほしい。水が小さい穴を通ってホース内に入っていった場合（図23を参照）、水は最初に勢いよく穴から飛び出して、三つの方向すべてに広がる。だが、いったんホースの幅に達してしまうと、あとはもうホースの長さに沿ってしか伸びなくなる。だから余剰次元の大きさより大きい距離で重力法則を測定すると、ホースは一次元に見えるわけだ。

しかし、水がホースの一方向だけに沿って移動しているとしても、その圧力は断面の大きさによって変わってくる。これを理解するには、ホースの太さが広がったらどうなるかを想像してみればいい。小さい穴からホースに入った水は、もっと広い領域に散らばって、ホースから出ていく水の圧力は弱くなる。

この水圧が重力線を表し、小さい穴を通じてホースに入ってくる水が、質量の大きな物体から発する力線を表すとすると、この質量の大きな物体からの力線は、まえの水の例と同じく、最初は三方向すべてに広がる。そして力線が宇宙の壁（ブレーン）に到達すると、そこで方向を曲げ、一つの大きな次元だけに沿って進んでいく。ホースの場合は、水の出ていく筒先が広いほど、水圧が弱まった。同じようにおもちゃのホース宇宙でも、余剰次元の大きさによって、力線が低次元世界でどれだけ弱められるかが決まる。余剰次元の領域が大きいほど、有効な低次元宇宙での重力場の強さは弱まる。

これは宇宙にいくつ巻き上げられた次元があろうと同じである。余剰次元の容量が大きければ大きいほど、重力は薄められ、結果として重力の強さが弱くなる。これは、いま見てきたホースのたとえを高次元ホースに置き換えてもわかる。高次元ホースのなかの重力線は、余剰次元の方向も含めて、最初はあらゆる方向に広がる。力線が巻き上げられた次元の境界に達すると、そこからあとは、低次元空間の無限に伸びる次元に沿ってしか広がらなくなる。最初の余剰次元での広がりが低次元空間での力線の密度を薄めるので、低次元で感じられる重力の強さは弱くなる。[34]

階層性問題に戻ると

余剰次元で重力が薄められるため、余剰次元のコンパクト化された空間の容量が大きいほど、低次元での重力は弱くなる。ADDは、この余剰次元に入った重力の弱まりが非常に大きい可能性があるため、この世界で観測される四次元重力の弱さはそれで説明できると考えた。

つまり、こういうことだ。高次元理論での重力が10^{19}GeVもある巨大なプランクスケール質量によって決まるのではなく、それより一六桁も小さい、一TeV程度のエネルギーによって決まるものと仮定してみる。ADDが一TeVを選んだのは、階層性問題を排除するためだった。一TeVか、それに近いエネルギーで重力が強くなるとすれば、素粒子物理学における質量の階層性はなくなるからだ。

素粒子物理も重力も、すべてTeVスケールで特徴を説明できるようになる。したがって、質量が一TeV前後のかなり軽いヒッグス粒子を維持することは、彼らのモデルでは問題とならなかった。

ADDの仮定にしたがえば、およそ一TeVのエネルギーで高次元重力はかなり強い力となり、ほかの既知の力と同じぐらいの強さになる。ただし、ADDの理論が実際に見えるものと一致する妥当な理論となるためには、なぜ四次元重力がこれほど弱く見えるかを説明する必要があった。そこで彼らのモデルに追加されたのが、余剰次元がきわめて大きいという仮定だった。最終的には、この大きい理由を説明しなくてはならないだろう。しかし、とりあえずADDの案にしたがえば、巻き上げられた余剰次元はそうした大きい容量を包み込んでいる。そして前節の論理にならうなら、四次元重力はきわめて弱くなる。この世界の重力が弱いのは余剰次元が大きいからで、小さい重力の原因となる大きい基本的な質量があるからではない。私たちが四次元で測定するプランクスケール質量が大きいのは（そして重力を弱く見せているのは）、ひとえに重力が大きな余剰次元で薄められているからである。

この余剰次元はどの程度まで大きくなければならないか？　その答えは、余剰次元の数によって変わる。ADDはいくつもの異なる可能性を自分たちのモデルに当てはめてみた。なにしろ次元の数がいくつあるのか、まだ実験では確定できていないからだ。ただし言っておくが、ここで問題にしているのは大きな余剰次元だけである。空間次元の数が九なのか一〇なのかを知っているという人にとっても、大きな次元の数についてはまだいろいろと可能性を考えられるし、ほかの次元はすべて小さすぎて無視できると思ってもらえばいい。

余剰次元の大きさは、ADDの考えでは、次元がいくつあるかによって決まる。なぜなら容量が次元の数によって決まるからだ。すべての次元が同じ大きさだったら、高次元領域は低次元領域より多くの容量を包み込んでいることになり、したがって、それだけ重力を弱くする。これは、低次元の物体が高次元の物体の内部にすっぽりおさまることを考えれば容易に理解できるだろう。あるいは第2章のスプリンクラーのたとえに戻ってもいい。個々の植物は、特定の長さの線分（一次元）にだけ水をまくスプリンクラーから水を受けたほうが、同じ長さの直径の円で囲まれた表面積（二次元）に水をまくスプリンクラーからよりも、多くの水を受けられる。水は高次元領域にまかれると、それだけ希薄になるのだ。

仮に大きな余剰次元が一つだけだとすると、ADDの案を満たすには、その次元がとてつもなく大きくなくてはならない。地球から太陽までの距離ぐらいの大きさがないと、重力を充分に薄められない。だが、それはありえない。もし余剰次元がそんなに大きかったら、この宇宙は測定可能な距離で五次元のようにふるまっているはずだ。すでにわかっているとおり、その距離ではニュートンの重力法則が適用される。そのような大きな距離で重力が修正されるような大きな余剰次元は、明らかに除外される。

しかし、余剰次元が二つになっただけでも、次元の大きさはほぼ妥当な小ささになる。余剰次元がちょうど二つあると、その大きさが一ミリメートル程度であっても、充分に重力を薄められる。ADDがミリメートルのスケールにあれほど注目したのはそのためだった。この大きさの余剰次元ならもうすこしで実験で探れそうだっただけでなく、階層性問題にもかかわってくる可能性があった。重力はこの一ミリメートル大の二つの余剰次元に広がって、私たちの知る弱い重力を生みだす。もちろん、一ミリメートルでもまだ相当の大きさだが、前述したように、重力の検証は一般に思われているほど制約のきついものではない。ADDのシナリオに触発されて、この大きさの巻き上げられた次元を探す試みはよりいっそう真剣味を帯びた。

余剰次元が二つより多いと、非常に小さい距離でも重力が修正される。余剰次元が多くなれば、その次元が比較的小さくても、重力は充分に弱められる。たとえば余剰次元が六つあれば、その大きさは約10^{-13}センチメートル、すなわち一センチメートルの一〇兆分の一ほどでいい。

そのような小さな次元でも、運がよければ、その一例の証拠を近いうちに見つけることは不可能ではない。ただし、つぎの節で説明するような直接的な重力検証においてではなく、あとで見る高エネルギー粒子加速器での実験で見つけることになるだろう。

大きな次元を探す

小さい距離での重力の違いを見つけるにはどうしたらいい？　何を探せばいいのだろう？　巻き上げられた次元があれば、その余剰次元の大きさより小さい距離での重力の強さは、距離が伸びるとともに、ニュートンが予言したより急激に弱まることがわかっている。重力が三つより多くの空間次元に広がるからだ。対象が余剰次元の大きさより小さい距離で離れている場合には、高次元重力が適用される。巻き上げられた次元を一周できるぐらいに小さな虫なら余剰次元を感知できるのは、虫がそこを移動できるからというのも一つの理由だが、重力がすべての次元に広がっているからでもある。したがって、この虫のように尋常でない感度によって短い距離での重力を感知できれば、余剰次元の影響が目に見えるかたちで表れてくるだろう。

ということは、想定されている巻き上げられた次元の大きさと同じぐらい（あるいはさらに）小さい距離で重力を探り、そこでの重力の強さが質量間の距離に応じてどのように変わっているかを調べれば、実験で重力のふるまいを調べて余剰次元の証拠を探せることになる。ただし、そのような非常に短い距離で重力を感知できる実験を構築するのは恐ろしく難しい。重力は非常に弱いので、電磁気力などのほかの力にあっさり打ち負かされてしまう。まえにも述べたように、ADD説が出されたころも、実験でニュートンの重力法則からのずれが調べられており、少なくとも約一ミリメートルの距離までは、ニュートンの法則が適用されると確認されていた。この研究がもっと進んでいて、さらに短い距離での重力が調べられていれば、ひょっとしたらADDの提案した大きな次元も発見できていたかもしれない。だが、もう一歩のところで実験能力が届かなかった。

そして新しい実験の試みが始まった。ADDの考えに刺激され、ワシントン大学の二人の教授、エリック・アデルバーガーとブレイン・ヘッケルが、ニュートンの法則からのずれを非常に短い距離で探すのを目的とした美しい実験を考案した。ほかのところでも短い距離での重力は調べられていたが、この実験が最も厳密にADD説を検証するものとなっていた。

ワシントン大学物理学部の地下室に据えられた彼らの実験装置は、エトーウォッシュ実験と呼ばれている。この名称は、重力の研究で知られるハンガリーの物理学者、エトヴェシュ・ロラーンド男爵にちなんでつけられた。エトーウォッシュ実験の概略を示したのが図76だ。わずかに離れた二つの円盤状のアトラクターの上方に、リングが一つ取りつけられている。このリングにも二枚の円盤にも穴があけられていて、ニュートンの法則が正しい場合には上方のリングが回らないようになっている。しかし、もし余剰次元があれば、二つの円盤からの重力の引く力の差がニュートンの法則と一致しなくなって、リングが回るようになっている。

結局、この実験でリングは一度も回らず、アデルバーガーとヘッケルは、彼らが調べた距離では余剰次元の影響で（あるいはほかの影響で）重力が修正されることはないと結論した。この実験では、それまでで最も短い距離で重力が測定されて、ニュートンの法則がおよそ〇・一ミリメートルまで適用されることが確認された。言い換えれば、たとえ標準モデルの粒子がブレーンにとどめられていると仮定しても、余剰次元はＡＤＤが提案していた一ミリメートルの大きさではありえなかった。少なくとも、その一〇分の一でないといけなかった。

一ミリメートル大の次元がありえないことは、宇宙空間の観察という意外なところからも裏づけられる。量子力学の不確定性原理によって、一ミリメートルの大きさは約10^{-3}eVのエネルギーに関連づけられる。一〇分の一ミリメートルなら、約10^{-2}eVのエネルギーだ。いずれにしても、きわめて小さいエネルギーであり、たとえば電子を生むのに必要とされるエネルギーに比べて桁違いに小さい。

このような低い質量をもつ粒子が仮に存在するなら、私たちを取り巻く宇宙にも、超新星や太陽などの天体にも見つかるだろう。これらの粒子はきわめて軽いので、もし存在していれば、熱い超新星がそれらを生みだすと考えられる。超新星がどれだけ急速に冷えるかはわかっているし、その冷却のしくみ（ニュートリノの放出による）も解明されているので、ほかの低質量の物体が大量に放

【図 76】エト－ウォッシュ実験の装置

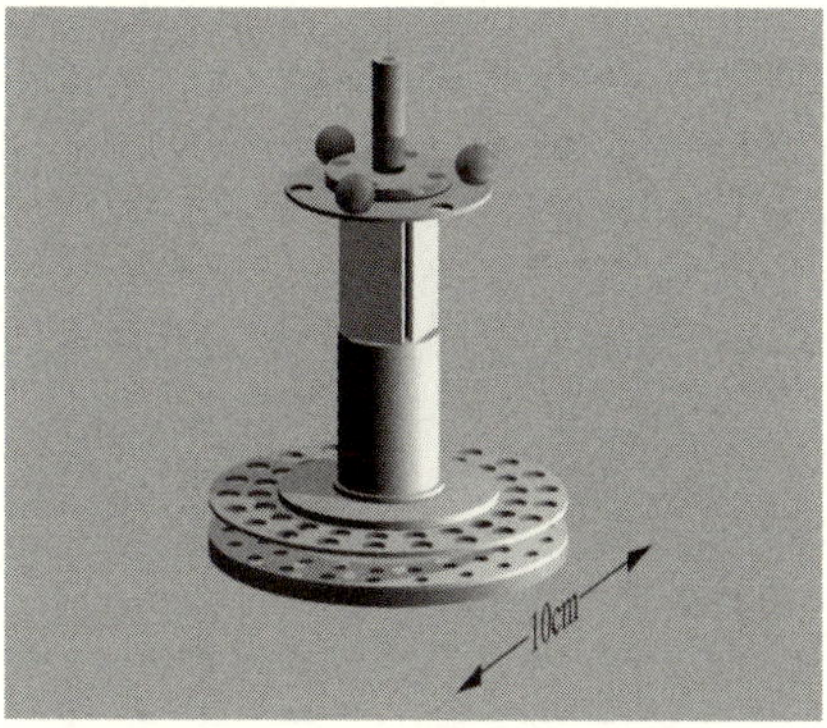

二つの円盤の上方に一つのリングが取りつけられている。リングと円盤にあけられた穴により、ニュートンの逆二乗法則が守られている場合はリングが回らない。リングの上にある三つの球は装置の較正のために使われる。（図提供：ワシントン大学エト‐ウォッシュグループ）

出されることはありえないとわかる。もしエネルギーがほかの方法で漏れているなら、冷却速度は異様に速くなるだろう。とくに、グラビトンがそれだけ大量のエネルギーを持ち去れるはずがない。この論法を用いて、物理学者は（地球での実験とは別途に）余剰次元が〇・〇一ミリメートルより小さくなくてはならないことを示した。

ただし、これだけは覚えていてほしいのだが、ミリメートルの距離での重力のずれがいくらみごとに除外されるとはいえ、それだけでは、もっか提出されている余剰次元モデルのほとんどは検証されない。ミリメートルのスケールで余剰次元の目に見える影響が出るとされるのは、大きな余剰次元が二つあると仮定したモデルだけだ。大きな余剰次元を二つより多く想定した理論が階層性問題を解決する（あるいはつぎの章で見るモデルのどれかがこの世界に適用される）なら、もっとはるかに短い距離で、ニュートンの法則からのずれが生じるだろう。

とりあえず確実なのは、〇・一ミリメートルより短い距離にある二つの物体のあいだで重力がどう働くかはわからないということだ。これを検証した人は誰もいない。したがって、よく考えれば決して小さくはない〇・一ミリメートルのところで余剰次元が開かれるのかどうかもわからない。比較的大きな——ただし一ミリメートルほどは大きくない——余剰次元がある可能性はまだ残っている。こうしたモデルを検証するには、加速器による検証を待たねばならない。それをつぎの節で考えよう。

大きな余剰次元を加速器で探す

高エネルギー粒子衝突型加速器は、大きな余剰次元で生じるＫＫ粒子を発見するのに適している。これは大きな余剰次元が二つより多くある場合でも変わらない。ＡＤＤの大きな余剰次元モデルでは、グラビトンのＫＫパートナーはつねに非常に軽いとされている。この大きな余剰次元説が現実の世界に当てはまるなら、次元の数がいくつあろうとグラビトンのＫＫパートナーは軽いのだから、加速器で生みだされてもおかしくない。つまり次元が一ミリメートルより小さくても、現在の加速器や未来の加速器でそれを発見することが可能なわけだ。現在の加速器は、そうした低質量の粒子なら十二分に生みだせるだけのエネルギーを実現している。実際、もし必要な物理量がエネルギーだけだったら、ＫＫ粒子はすでに大量に生みだされているだろう。

しかし、残念ながらそうはいかない。グラビトンのＫＫパートナーは非常に弱くしか相互作用しない――それこそグラビトンと同じぐらいの弱さなのである。グラビトンの相互作用はないに等しいほどの弱さなので、グラビトンを加速器で検出しようとしても、決して測定できるような頻度で生成されることがない。したがって、グラビトンの個々のＫＫパートナーも見つかりようがない。

とはいえ、高次元からのＫＫ粒子を検出できる可能性は、この陰うつな見解から予想されるよりもずっと高いと思われる。というのも、もしＡＤＤの考えが正しければ、グラビトンの軽いＫＫパートナーはきわめて数が多いので、それら全体として検出可能な存在の証拠を残せるかもしれないからだ。大きな余剰次元のシナリオが事実なら、個々のＫＫ粒子はめったに生まれないとしても、たくさんの軽いＫＫ粒子のどれか一つが生まれる確率はある程度まで大きい。たとえば余剰次元が二つあるとすると、約一 TeV のエネルギーで稼動している加速器で生成可能な軽いＫＫモードが、およそ一兆の一〇〇〇億倍の数だけ存在している計算になる。その一個の粒子が生まれる確率はきわめて低くても、そのなかから少なくとも一つが生まれる確率はかなり高い。

これは、誰かから非常に遠まわしな言い方で何かをほのめかされるのに似ている。一回聞いただけでは、何を言われているのか気がつかない。しかしそのあと、五〇人から同じことを繰り返される。

最初に聞いたときにはたいして引っかからなかったメッセージも、五〇回めに言われたときには記録される。同じように、軽いKK粒子は現在の加速器で充分に生成できるぐらい軽いとしても、その相互作用が非常に軽いので、私たちには個々の粒子が感知できない。しかし、それらをたくさん生成できるだけの高いエネルギーを加速器が実現させれば、KK粒子は観測可能な信号を残すだろう。

いずれ大型ハドロン加速器（LHC）で TeV スケールのエネルギーが調べられるので、もしADDの考えが正しければ、そこでKK粒子が測定可能な頻度で生成される可能性がある。ひょっとすると、これは運のいい偶然の一致に聞こえるかもしれない。KK質量もKK粒子の相互作用の強さを定める質量（つまりプランクスケール質量）も約一 TeV ではないのに、なぜ約一 TeV のエネルギーがKK粒子の生成頻度と結びつくのか？ その答えは、約一 TeV のエネルギーが高次元重力の強さを定め、高次元重力が加速器で生みだされるものを最終的に定めるからだ。たくさんのグラビトンのKKパートナーの相互作用は一個の高次元グラビトンの相互作用と等しく、高次元グラビトンは約一 TeV のエネルギーで強く相互作用するので、すべてのKK粒子の寄与の総和も必然的にこのスケールで意味をもつ。

すでにKK粒子はフェルミ研究所のテヴァトロンでも探されている。テヴァトロンはLHCが実現できるようなエネルギーまでは達していないが、探索を開始するに値するエネルギーはもっている。しかし、やはりLHCのほうが高性能なので、ADDのKK粒子が存在しているとすれば、LHCで見つかる可能性のほうがずっと高いだろう。

このKK粒子がどんな姿で現れるかといえば、グラビトンのKKパートナーを生みだす衝突は加速器がふつうに起こす衝突とほとんど変わらない。ただ一つ違うのは、エネルギーが失われるように見えることだ。LHCで二つの陽子を衝突させると、標準モデルの粒子とグラビトンのKKパートナーが生まれるだろう。この標準モデルの粒子は、たとえばグルーオンだ。陽子が衝突すると仮想のグルーオンが生まれ、この仮想グルーオンが本物の物理的なグルーオンとグラビトンのKKパートナーに変わる。

しかし、個々のKK粒子は非常に弱くしか相互作用しないので、検出はされない。前述したように、KKパートナーの相互作用はきわめて弱く、これが検出されるとしたら、非常に多くの数がある場合だけだ。しかし、検出器はグルーオン――もっと正確に言えば、グルーオンを取り巻くジェット（第7章を参照）――なら記録するので、グラビトンのKKパートナーそのものは記録されなくても、それを生みだした事象は記録されることになる。この事象の起源が余剰次元にあることを特定する鍵は、目に見えないKK粒子がエネルギーを持ち去りながら余剰次元に出ていくので、エネルギーが失われたように見えることだ。放出されたグルーオンのエネルギーが衝突に入ってきたときのエネルギーより低くなっているジェットの事象を調べれば、実験者はグラビトンのKKパートナーが生みだせたことを推定できる（図77を参照）。これは（第7章で見たように）パウリがニュートリノの存在を推量したのと同様のやり方だ。

この実験で生じた新しい粒子についてわかるのは、それがエネルギーを持ち去ったということだけなので、加速器が生みだしたのが

【図 77】ADD モデルにおける KK 粒子の生成

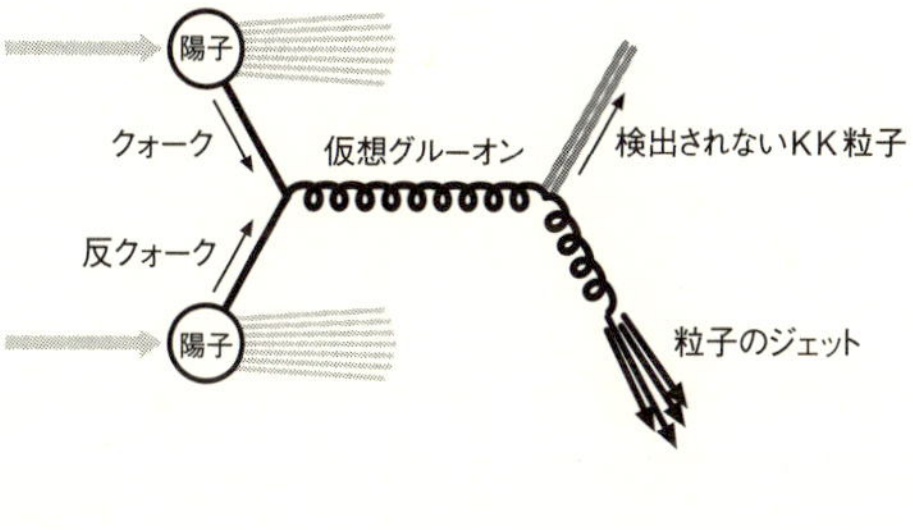

陽子が衝突すると、クォークと反クォークが消滅して仮想グルーオンが生じる。この仮想グルーオンが検出されない KK 粒子と観測可能なジェットに変わる。グレーの線は、陽子が衝突するときにかならず噴出させる別の粒子を表す。

ＫＫ粒子であると完全に確定することはできない。ひょっとしたら、それは同じように相互作用が弱くて検出ができないほかの粒子かもしれないからだ。しかし、エネルギーが消失する事象を詳しく調べてみれば――たとえばエネルギーに応じての生成頻度など――それをＫＫ粒子と解釈するのが正しいかどうかを確定できるかもしれない。

いずれにしても、ＫＫ粒子は、この四次元世界で最もつかまえやすい余剰次元からの密入国者だ。余剰次元の存在を知らせられるもののなかで、これ以上に軽いものはないだろう。しかし運がよければ、これらとともに、ＡＤＤモデルのほかの証拠も現れる可能性がある。なかにはもっと変わったものもあるかもしれない。もしＡＤＤが正しければ、高次元重力は約一 TeV で強くなる。これは従来の四次元世界でそうなるとされていたより、ずっと低いエネルギーである。もし本当にそうであれば、ブラックホールも一 TeV に近いエネルギーで生成されうることになり、そのような高次元ブラックホールを探っていけば、古典的な重力も量子重力も、この宇宙の形状も、よりいっそう深く理解されるようになるだろう。ＡＤＤ説にかかわるエネルギーが充分に低ければ、ブラックホールの生成はすぐそこだ。ＬＨＣがそれを形成できるだろう。

加速器で形成されるブラックホールは、この宇宙にあるブラックホールよりもはるかに小さくなる。非常に微小な余剰次元と同じぐらいの大きさになるだろう。ただし心配はいらない。この小さくて非常に短命なブラックホールは、私たちにもこの惑星にも危害は及ぼさない。あっというまに去ってしまうから、危害を及ぼす暇もないだろう。そもそもブラックホールは永遠には存在しない。「ホーキング放射」という現象を通じて放射を発することにより、蒸発してしまうからだ。しかし、小さな一滴のコーヒーがカップ一杯のコーヒーより早く蒸発してしまうように、小さいブラックホールは大きいブラックホールより早く蒸発する。したがって加速器で生成できるようなブラックホールは、ほとんど瞬時に蒸発してしまう。とはいえ、この高次元ブラックホールがいったん形成されれば、その存在の目に見える証拠を検出器に残すぐらいのあいだは消えずにいるだろう。この痕跡はきわめてくっきりと現れる。通常の粒子崩壊で見つかるよりもずっと多くの粒子が生みだされ、それらの粒子があらゆる方向に消えていくからだ。

さらに、もしADDモデルが正しければ、ブラックホールとグラビトンのKKパートナーのほかにも、また変わったものが新たに発見される。ADDとひも理論がともに正しければ、加速器はほぼ一TeVに近い低エネルギーでひもを生みだせる。これもまた、ADDモデルの根本的な重力スケールがとても低いからだ。高次元重力が約一TeVで強くなるので、量子重力が測定可能な効果を与えられる。

ADD理論のひもは、到達不可能なプランクスケール質量ほど重くない。ひもを音符と考えれば、ADD説のひもはまったく甲高くない。ADDモデルの低音域のひもは一TeVよりずっと重くはないかもしれない。運がよければ、LHCで生成できるぐらい軽い可能性もある。充分に高いエネルギーでの衝突からは、このモデルの軽いひもが大量に生まれ、それとともに数多くの長いひもからなる「ストリング・ボール」とでも言うべき新しい物体も生まれるだろう。

ただし、こうした新しい発見の可能性がいくら魅力的でも、たぶんLHCのエネルギーはひもやブラックホールを生みだすのに必要なエネルギーに近いだけで、実際にはそこまで高くはないかもしれないことを忘れてはならない。ADDのひもやブラックホールが実際に見られるかどうかは、高次元重力のエネルギースケールの正確な値しだい（そしてもちろん、この仮説が正しいかどうかしだい）なのである。

副産物

ＡＤＤ説は魅力的だ。こんなに大きい余剰次元がありえるなんて、そして、それが階層性問題のような重要な問題（少なくとも素粒子物理学者にとっては）に大いに関係しているなんて、いったい誰が思いつくだろう？　しかしながら、この仮説は厳密には階層性問題を解決していない。これは階層性問題を別の疑問に置き換えたのだ——余剰次元はそれだけ大きくなれるのか？　これはいまでもＡＤシナリオにとって大きくのしかかる疑問である。何か新しい未確定の物理原理がないかぎり、次元がこれだけ並外れて大きくなるとは考えられない。これまでにわかっている理論にしたがえば、ＡＤ説で必要とされる大きくて平坦な空間を維持するには、やはりどうしても超対称性が必要となる。要するに、超対称性は大きな次元を安定させて強固にするが、それがないと大きな次元は崩壊してしまう。ＡＤＤのすばらしい特徴の一つは超対称性の必要性をなくしたことのように見えただけに、これはいささか残念な話だ。

ＡＤＤ説のもう一つの弱点は、その宇宙論的な意味合いにある。理論が宇宙の進化に関する既知の事実と合致するためには、いくつかの数値がきわめて慎重に選ばれていなくてはならない。そしてバルクにほとんどエネルギーが含まれないようにしないと、宇宙論的進化が観測結果と一致しなくなる。これもしかすると可能かもしれない。だが、やはり階層性問題の解決の核心は、大きなごまかしの必要性をなくすことなのである。

とはいえ、余剰次元理論を真剣に考えて、なんとか余剰次元を探す方法をひねりだそうとする試みに、多くの物理学者は肯定的だった。とくに実験者は興奮していた。フェルミ研究所で働く素粒子物理学者のジョー・リッケンは、大きな余剰次元に対する実験者の反応をこんなふうに表現した。「彼らからすると、こういう『標準モデルを超えた』研究はどれもこれもまったくいかれてる。超対称性と大きな余剰次元のどっちがいかれているかって？　どっちでもいいのさ。余剰次元のほうがまだましらしいよ」実験者たちは新しいものを探すことに飢えていた。そんな彼らに、余剰次元は超対称性に代わるとても興味深い対象を与えたのである。

一方、理論研究者はもうすこし複雑な反応を示した。ある意味では、大きな余剰次元はひどく奇妙な考えに思えた。そんなものは誰も考えたことがなかったし、そもそも余剰次元がそんなに大きくなければならない理由がどこにもなかった。しかし、そうはいっても、これを除外する根拠も見つからなかった。実際、大きな余剰次元についての最初の論文が書かれるまえに、執筆者の一人であるギア・ドゥヴァリはこれについての講演をスタンフォードで行なっていた。この仮説の急進性を自覚していた執筆者たちは、不安を覚えながら反応を待った。そしてほっとしたことに、深刻な異論はまったく出なかった。だが、同時に失望も感じた――このような急進的なアイデアを、なぜみんなこんなに平然と受けとめているのか？　ニーマの話によれば、彼らが最初にインターネット上に論文を投稿したときも、やはり同じような経験をしたという。続々と反応が寄せられると期待していたのに、届いたメッセージは二つだけだった。どうやらイタリアの物理学者のリッカルド・ラタッツィと私だけが、いくつかの潜在的な問題についてコメントして終わりだったらしい。その二つのメッセージにしても、じつは個別に送られたものではなかった。リッカルドと私はお互いCERNを訪れていたときに、その論文について話をしていたのである。

その後、物理学者はADDモデルの意味するところをじわじわと理解するにつれ、現実の世界への影響を詳しく調べはじめ、重力の検証、加速器での探査、天体物理学への影響、宇宙論的意味合いなどを考えるようになった。研究の関心や様式によって、反応はさまざまに分かれた。

標準モデルの詳細を探る研究をしている物理学者は、新しいアイデアはどんなものでも興味深いと見なし、その可能性を喜んで受け入れた。意外なことに、一部のモデル構築者からはかなりの敵意が見られた。ここ何年ものあいだに定着してきていた超対称性に関するアイデアを失いたくなかったのだ。当然ながら、標準モデルをそこまで劇的に変えるとなると相当な難題が生じる。どんなものであれ、新しいモデルはすでに実験で確認されている標準モデルの特徴を再現していなければならず、標準モデルを劇的に変える理論はその難題に対処するのに一苦労する。しかも、超対称性の輝かしい光――結合定数の統一、すなわち、高エネルギーですべての力が同じ強さになるという事実――を捨てなくてはならない。しかし、それほど超対称性にこだわっていなかった若手の理論研究者たちは、素直に興奮した。余剰次元というテーマは前途のある新しいアイデアで、新しい目標と、さまざまな答えが考えられる疑問をもたらした。

ひも理論研究者からの反応も同じように複雑なものだった。サヴァス・ディモポーロスは自分のプロジェクトを開始したとき、余剰次元についての研究はひも理論と素粒子物理学を近づけることになると予見していた。そして実際にひも理論研究者は関心を示した。ただし大半は、大きな余剰次元をおもしろいアイデアだと認めながらも、これがひも理論に関係してくるとは思ってもいなかった。ひも理論研究者にとっての大きな問題は、理論上のことだった。次元がどうしてADD説で仮定されているような大きさになりうるかを理解するのは、非常に難しいことなのだ。

私自身は、余剰次元がたとえ存在するにせよ、そこまで大きくなるとは考えていない。* 理論上の理由（そこまで大きい次元は考えにくい）からも、観測上の理由（宇宙論を問題なく成立させるのが非常に難しい）からも、このアイデアは大ばくちのように思える。主唱者のニーマでさえ、現時点では懐疑的だ。しかし、これは非常に重要な仮説だった。この新しい、これまで探られていなかった提案は、私たちがいかに重力と宇宙の形状について無知だったかを明らかにしてくれた。ＡＤＤの論文はたくさんの新しい考えを喚起し、このアイデアが最終的に正しいかどうかとは関係なく、明らかに物理学者の考え方に重要な影響を及ぼした。大きな余剰次元シナリオを受け、余剰次元に関する多くの新しい仮説と、実験についての多くのアイデアが出てきた。いずれにしてもＬＨＣの稼動後は、確かなデータの意味するところに誰も反駁できなくなって、理論による先入観は意味を失うだろう。いまはまだ何とも言えないが、もしかしたら、ＡＤＤが正しかったとわかるかもしれない。

＊余剰次元が平坦だと仮定した場合（第22章を参照）。

まとめ

●標準モデルの粒子がブレーンに閉じ込められているとすれば、余剰次元は物理学者がこれまで考えていたよりずっと大きくなりうる。約〇・一ミリメートルもの大きさをしている可能性もある。

●余剰次元がそこまで大きくなれるとすれば、電磁気力、弱い力、強い力に比べて重力がこれほど弱い理由も説明できる。

●大きな余剰次元で階層性問題が解決されるとすれば、高次元重力は約一 TeV で強くなる。

●高次元重力が約一 TeV で強くなるとすれば、ＬＨＣがＫＫ粒子を測定可能な頻度で生成するだろう。ＫＫ粒子は衝突で生じたエネルギーを持ち去るので、エネルギーの失われた事象がＫＫ粒子の現れた痕跡となる。

第20章 ワープしたパッセージ――階層性問題に対する解答

あなたにとっては小さなことでも
私にとってはとても大きい
なにがなんでも
あなたにわからせてあげる
――スザンヌ・ヴェガ

アシーナは、はっとして目を覚ました。またいつもの夢だ。例によって、夢の世界のウサギの穴に入り込んだところから始まった。ただし今回は、ウサギに「つぎの階は２Ｄ《ツーディー》ランド」と告げられても、アシーナはそれを無視して、まだ残っている選択肢が告げられるのを待った。三つの空間次元の階に来たところで、「あんたがここの住人なら、おうちに着いたよ」とウサギが言った。しかしドアを開けてくれない。アシーナが必死に懇願し、自分は本当にここの住人で、ものすごく家に帰りたいのだと言っても、聞いてくれなかった。

　つぎの階に来ると、均一な六次元がなかに入ってこようとした。しかしウサギは、その異様に大きな周囲の長さを一目見るなり、あわててドアを閉め、あんたたちはたぶんここには合わないと言った。縮小されるぞ、とウサギが脅かすと、六次元はすぐに去っていった。*

　エレベーターはさらに奇妙な旅を続け、やがてふたたび止まった。「歪曲《ワープ》した幾何――五次元世界に到着**」と言って、ウサギは優しくアシーナをドアのほうに押しやった。「びっくりハウスの鏡のなかに入るんだ――そうしたらおうちに帰れるよ」という助言までつけて。ウサギは五番めの次元があるようなことを言っていたから、本当に家に帰れるとはどうも思えなかった。でも、入るよりほかにどうしようもない。アシーナは、この狡猾なウサギが正しいことを祈った。


　人が言語を学ぶときに、どういう単語をよく覚えるかは、その人の関心や必要性によってさまざまに異なる。たとえば私がイタリアに自転車旅行に行ったときは、水を頼むときのいろいろな言い方を覚えた。acqua di rubinetto, acqua minerale, acqua（minerale）gassata, acqua（minerale）naturale……。***同じように、物理学者が新しい物理のシナリオを学ぶときも、それぞれ自分なりの見方や疑問があるから、それに応じて系のある特定の面に注意がいったり、すでにわかっていることとは違う意味を見いだしたりすることがある。同じ言葉を聞き、同じ状況を見ていても、それぞれで違う受けとり方をすることもある。なるほど慎重に聞くことが重要なわけだ。

　ラマンと私はそれぞれ何年もまえから階層性問題のことを考えていた。しかし、階層性問題に対する新しい、よりよい解答を探そうと思って二人の共同研究を始めたわけではない。私たちが研究していたのは、第17章で紹介した、隔離された超対称性の破れのモデルだ。その過程で、私たちはたまたま驚くべきものを発見した。二つのブレーンにはさまれた、時空の「歪曲した幾何《ワープ》」である（ある種の曲がった幾何で、詳しくはこのあと説明する）。ラマンも私も素粒子物理学と重力の弱さに関心があったから、すぐに歪曲した幾何の潜在的な重要性に気づいた。もし素粒子物理の標準モデルがこの時空に置かれているとしたら、階層性問題が解決されるのだ。このアインシュタイン方程式を初めて調べたのが私たちかどうかはわからないが、その驚くべき意味合いに初めて気づいたのは、まちがいなく私たちだった。

ここからの数章で、これを含めて、曲がった時空のいくつかの驚くべき可能性について、また、その影響が時として私たちの予想をどう覆すかについて説明していく。この章で扱うのは、歪曲した五次元世界である。これは素粒子物理にかかわる質量が膨大な範囲にわたっていることを説明する手がかりになるかもしれない。四次元の場の量子論では、すべての粒子はほぼ同じ質量をもつものと見なされるが、歪曲した高次元幾何のなかでは、それがもはや当てはまらない。歪曲した幾何のもたらす枠組みのなかでは、本質的にまったく異なる質量が自然に現れ、量子効果が抑えられる。

この章で述べる特定の幾何では、二つの平坦な境界ブレーンがあるために空間が強烈に曲がり、それによって自動的に素粒子物理学の階層性問題が解決される。大きな次元も必要なければ、大きな数字を無理やりはめ込む必要もない。このシナリオでは、片方のブレーンは重力の作用を強く受けるが、

＊第18章で見たように、余剰次元は均一で大きく平坦な可能性もある。ウサギはこの考えに懐疑的なのだ。
＊＊この数には時間の次元が含まれている。
＊＊＊水道水、ミネラルウォーター、ガス入りウォーター（炭酸水）、ガス抜きウォーター……。

もう片方のブレーンはそうならない。時空は五番めの次元に沿って急激に曲がり、その影響で二つのブレーン間の距離に関連する控えめな数字が、重力の相対的な強さに関連する巨大な数字（約一億の一億倍）に置き換わる。

まずは、二つめのブレーンにかかる重力の弱さをグラビトンの確率関数の点から説明しよう。この確率関数が、五番めの次元の特定の位置におけるグラビトンの相互作用の強さを決める。しかし、重力の弱さは別の観点から説明する必要もある。グラビトンの相互作用の強さだけでなく、歪曲した幾何そのものにも原因があるからだ。歪曲した幾何の驚くべき影響の一つは、大きさも、質量も、時間さえも、五番めの次元における位置によって決まることである。このようにブレーンが二つある状況で空間と時間が歪曲するのは、ブラックホールの地平線の近くで時間が歪曲するのに似ている。しかし、歪曲したブレーンワールドの場合では、時間が拡張し、幾何が広がり、片方のブレーンで粒子が小さな質量をもつ。そして、そのために階層性問題が自動的に解決される。

歪曲した幾何と、その階層性問題との関係を見たところで、本章の締めくくりとして、この理論が今後の実験に及ぼす独特の影響を考えていく。この理論のとりわけ刺激的な点の一つは、前章の大きな余剰次元モデルのときと同様に、これが正しければ、まもなく観測可能な影響が粒子加速器に表れるということだ。実際、それは前章の失われたエネルギーの痕跡よりも、さらにドラマチックなものとなるだろう。グラビトンのＫＫパートナーは高次元空間からの訪問者だが、観測でき、識別もできる粒子だ。さらに、それが崩壊して、私たちの四次元ブレーンでおなじみの粒子に変わるのである。

歪曲した幾何と、その驚くべき帰結

この章で見ていく幾何は、図78に示したように、五次元時空の五番めの空間次元をはさんだ二枚のブレーンからなる。この状況設定は、第17章で見たものとよく似ている。あの場合も、二枚のブレーンがそのあいだに広がる五番めの空間次元をはさんでいた。しかし、この二つはまったく違う理論である。粒子とエネルギーの分布が違うし、こちらの理論は超対称理論ではない。ただし、あちらの理論と同じように、ここでも標準モデルのすべての粒子は、電弱対称性を破る原因となるヒッグス粒子とともに、二つのブレーンの片方に閉じ込められている。

まえと同じように、この状況設定でも、五番めの次元に存在する唯一の力が重力である。つまり重力がなかったら、それぞれのブレーンはふつうの四次元世界とそっくりに見える。ブレーンに閉じ込められたゲージボソンと粒子は、五番めの次元など存在していないかのように力を伝え、相互作用をする。標準モデルの粒子はブレーン上の三つの平坦な空間次元を移動するだけで、力もブレ

【図78】2枚のブレーンにはさまれた5次元の歪曲した幾何

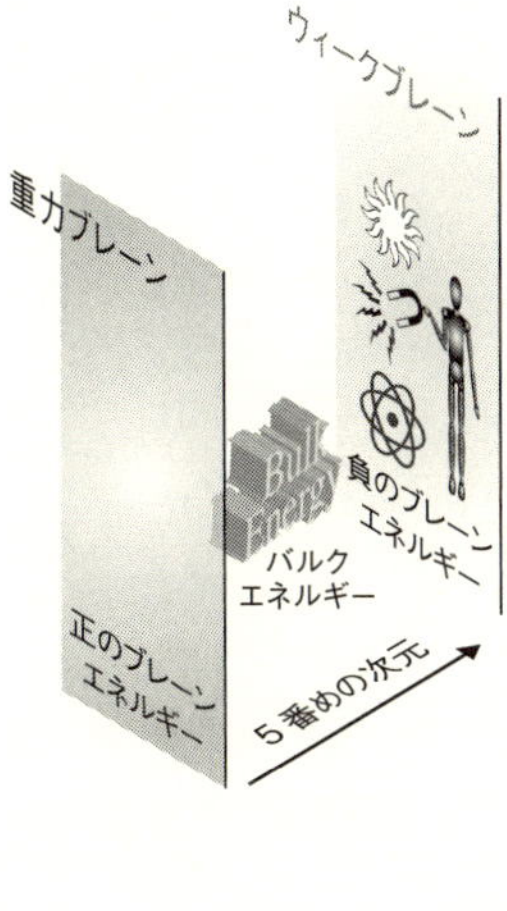

宇宙には5つの時空次元があるが、標準モデルは4次元のブレーン（ウィークブレーン）上にある。この状況設定でも時空の次元の総数は5つだが、空間次元の数は4つで、そのうち3つがブレーン上に広がり、残りの1つがそのあいだに広がる。

ーンの平坦な三次元の表面にしか広がらない。[35]

だが、重力は違う。重力はブレーンに閉じ込められていないので、五次元バルクのいたるところに存在する。しかし、だからといって重力がすべてのところで等しく感じられるとは限らない。ブレーン上のエネルギーと五次元バルク内のエネルギーが時空を曲げるので、これがきわめて大きな重力場の違いを生じさせる。

前章の大きな余剰次元説は、ブレーンが粒子と力を閉じ込められることを利用していたが、そのブレーン自体のもつエネルギーは無視していた。ラマンと私は、これがかならずしも好ましい仮定ではないような気がしていた。アインシュタインの一般相対性理論をなりたたせている根本的な要素は、エネルギーが重力場を生みだすことであり、したがってブレーンがエネルギーを帯びているのなら、それによって時間と空間が曲げられるはずだと思ったからだ。私たちが研究しようとしていた一つだけ余剰次元を含む宇宙でも、ブレーンとバルクのエネルギーを無視できるとは決して言いきれない。ブレーンの重力効果はそう急激にはなくならないから、いくらそのブレーンが遠いところにあっても、やはり時空の歪みが生じると考えられる。

エネルギーを帯びた二枚のブレーンが空間の余剰次元をはさんでいる場合、時空がどのように曲げられるかを私たちは知りたかった。ラマンと私は、この二枚のブレーンがある状況で、バルク内にもブレーン上にもエネルギーがあると仮定して、アインシュタインの重力方程式の解を求めた。すると、そのエネルギーはたしかにとても重要な意味をもっていた。結果として、時空は劇的に曲げられるのである。

曲がった空間も絵にしやすいことはある。たとえば球の表面は二次元で、緯度と経度さえあれば自分の位置がわかるが、にもかかわらず、明らかに曲がっている。しかし、曲がった空間の多くはそんなに簡単に描けない。これは三次元空間では表現しにくいからだ。これから考える歪曲した時空もその一例である。これは「反ド・ジッター空間」と呼ばれる時空の一部だ。反ド・ジッター空間は負の曲率をもっていて、球というよりポテトチップのプリングルズに近い。この名称は、オランダの数学者で宇宙論学者のウィレム・ド・ジッターに由来する。彼が研究した正の曲率をもつ空間は、現在「ド・ジッター空間」と呼ばれている。この名前はここでは出てこないが、あとでこの理論をひも理論研究者が調べてきた反ド・ジッター空間の理論と結びつけるときに、ふたたび言及する。

さて、これから五次元時空の興味深い曲がり方を探っていくわけだが、まずは五番めの次元の両端にある二枚のブレーンに着目しよう。この二枚の境界ブレーンは、完全に平坦である。どちらの端のブレーン上にいても、そこは三＋一次元（三つの空間次元に一つの時間次元）*の世界である。三つの空間次元においては無限に伸び、固有の重力効果がまったくない、平坦な時空のように見える。

さらに、この曲がった時空には特殊な性質がある。五番めの次元が伸びる方向をスライスした面のどれか一つ——両端のブレーンに限らず——にあなたが閉じ込められていたとすると、あなたにはこのスライスが完全に平坦に見える。要するに、五番めの次元には両端にしかブレーンがないにもかかわらず、五番めの次元のどこか一点にとどめられることによって得られる三＋一次元の表面の幾何は、やはり平坦に見える。つまり両端にある大きい平坦なブレーンと同様の形状なのである。境界ブレーンが一斤のパンの耳の部分だとすれば、時空の五番めの次元のどこか一点にある平坦で平行な四次元領域は、一斤のパンを切り分けた一片の平らなスライスのようなものだ。

＊空間次元と時間次元の区別をはっきりさせたい場合は、このように「四次元」の代わりに「三＋一次元」という表現を用いることにする。

しかし、ここで考えている五次元の時空はやはり曲がっている。これは、四次元の平坦な時空のスライスが五番めの次元方向に沿って張り合わされたようなものだと考えればいい。私が最初にこの幾何についてカリフォルニア大学サンタバーバラ校のカヴリ理論物理学研究所で講演したときに、そこのひも理論研究者のトム・バンクスから教えてもらったのだが、ラマンと私が見つけた五次元幾何は、専門的には「歪曲《ワープ》している」という。口語表現では各種の曲がった時空が「歪曲している」と言われるが、専門用語としては、各スライスが平坦でありながら、*全体のワープ係数で組み合わされる幾何のことをさす。このワープ係数とは、五番めの次元の各点における位置、時間、質量、およびエネルギーに関して全体のスケールを変える関数のことだ。この歪曲した幾何の魅惑的な特徴は微妙でわかりにくく、詳しくはつぎの節で説明する。ワープ係数は、このあと見ていくグラビトンの確率関数と相互作用にも反映される。

平坦なスライスに切り分けられる曲がった空間を絵で表したのが図79だ。これは内側がふさがったじょうごである。このじょうごを大きな包丁で切り分けると、いくつもの平坦なシートになるが、じょうごの表面は明らかに曲がっている。これはある意味では、ここで問題にしている曲がった五次元時空と似ていなくもないが、完璧なたとえでもない。じょうごのほうは、その境界、つまりじょうご

【図 79】平坦なスライスと曲がった空間

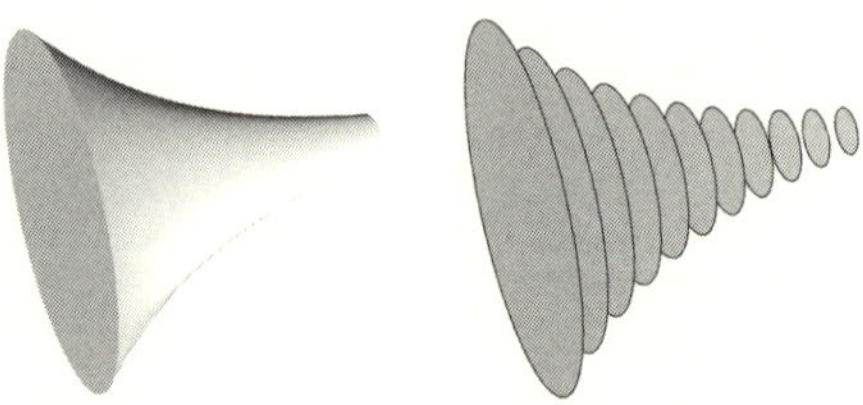

いくつもの平坦なスライスが重なって内側のふさがったじょうごになる。

の表面だけしか曲がっていないが、歪んだ時空ではあらゆるところが曲がっているからだ。この曲がりによって、空間のものさしと時間の刻み速度は全面的に修正され、五番めの次元のどの点においても違ってくる。[36]

歪曲した時空の曲がりを最も単純に表しているのが、グラビトンの確率関数の形状だ。グラビトンは重力を伝える粒子で、その確率関数は、空間のどの定点でグラビトンが見つかりやすいかを表す。重力の強さはこの関数に表されている。値が大きければ、その特定の点での重力の相互作用が強く、したがって重力も強くなる。

平坦な時空の場合、グラビトンの見つかりやすさはすべてのところで等しくなる。したがって、平坦な時空におけるグラビトンの確率関数は一定である。しかし曲がった時空の場合は、ここで考えている歪曲した幾何の場合も含めて、それがもう当てはまらない。曲がりは重力の形状について教えてくれる。時空が曲がっているとき、グラビトンの確率関数の値は時空の各点によって違ってくる。

歪曲した幾何では時空の各スライスが完全に平坦なので、グラビトンの確率関数も三つの標準的な空間次元に沿っては変わらない。変わるのは五番めの次元に沿ってだけだ。[**] 言い換えれば、五番めの次元においては各場所によってグラビトンの確率関数が異なる値をとるとしても、ある二つの点が五番めの次元に沿って（あるスライスから）等しい距離で離れているかぎり、その値は同じとなる。つまりグラビトンの確率関数は、五番めの次元における位置だけによって決まるということだ。にもかかわらず、それは歪曲した時空の曲がりの特徴を完全に表している。そして、この関数は一つの座標、

＊実際、スライスはすべて同じ幾何をもつ。この場合は、スライスがすべて平坦だということだ。
＊＊五番めの次元とは時空の五番めの次元であり、仮説上の四番めの空間次元であることに注意しよう。

すなわち五番めの次元の座標だけで変わってくるため、プロットがしやすい。

この五番めの次元に沿ったグラビトンの確率関数を示したのが図80だ。確率関数は最初のブレーンを離れて二番めのブレーンに向かうところで指数関数的に、すなわち異様に急激に減少する。この最初のブレーンを重力ブレーン、二番めのブレーンをウィークブレーンと称する。重力ブレーンとウィークブレーンは、前者が正のエネルギーを帯び、後者が負のエネルギーを帯びている点で異なる。そして、このエネルギーの割り当てが、グラビトンの確率関数を重力ブレーンの近辺でとても大きくする原因となっている。

確率関数の急落がどういう影響を及ぼすかといえば、グラビトンは、その受け渡しによって重力の引く力を生みだす粒子であり、そのグラビトンがウィークブレーンの近辺では非常に見つかりにくいとなると、ウィークブレーンでのグラビトンの相互作用は大きく抑えられる。

重力の強さは五番めの次元での位置に非常に強

【図 80】グラビトンの確率関数

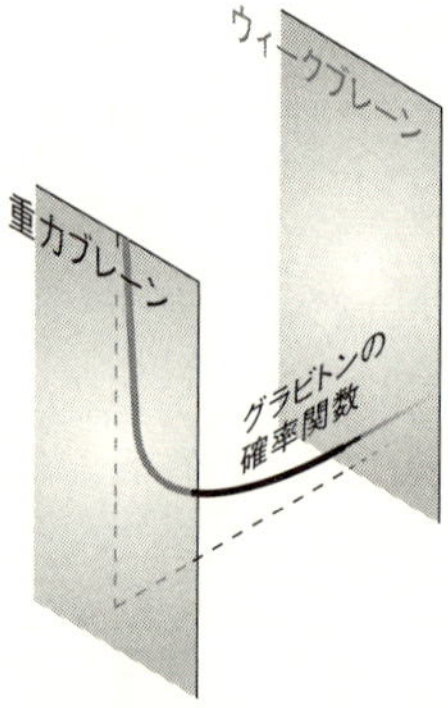

グラビトンの確率関数は、重力ブレーンを離れてウィークブレーンに向かうところで急激に減少する。

く依存するので、この歪曲した五次元世界の両端をなす二枚のブレーン上で感じられる重力の強さはとてつもなく異なる。重力が局所集中する最初のブレーンでは重力が強くなるが、標準モデルが置かれている二番めのブレーンではきわめて弱くなる。二番めのブレーンではグラビトンの確率関数が無視できるぐらいに小さいので、このブレーンにとどめられている標準モデルの粒子とグラビトンとの相互作用はきわめて弱い。

したがって、この歪曲した時空では、当然ながら観測される質量とプランクスケール質量とのあいだに階層性が生じる。グラビトンはあらゆるところに存在するが、重力ブレーン上の粒子との相互作用のほうが、ウィークブレーン上の粒子との相互作用よりもはるかに強い。そもそもグラビトンはウィークブレーンの近辺にほとんどいない。ウィークブレーン上でのグラビトンの確率関数はきわめて小さく、もしこのシナリオが世界の正しい記述なら、その小ささこそ、私たちの世界の重力がこんなにも弱い原因である。

このモデルでは、ウィークブレーン上の重力が弱くなるのに二つのブレーンが大きく離れている必要はない。重力の確率関数がきわめて集中している重力ブレーンから離れたとたん、感じられる重力はいっきに弱くなり、そのためウィークブレーン上での重力も非常に弱くなる。グラビトンの確率関数が急落するので、ウィークブレーン（私たちの住むところ）では重力が大幅に抑えられる。歪曲がないと想定した場合より、一億倍の一億倍も弱いと考えられるのだ。これは二つのブレーンがかなり近くに寄っていたとしても変わらない。このブレーンどうしが遠く離れていなくてもかまわないという側面が、このモデルに大きな余剰次元説よりもずっと現実的な可能性を与えている。大きな余剰次元は階層性問題の興味深い言い換えだったが、結局のところ、説明のつかない大きな数がやはり残ってしまっている。つまり余剰次元の大きさだ。一方、ここで考えている理論では、ウィークブレーンが最初のブレーン（重力ブレーン）からたいして離れていなくても、ウィークブレーン上の重力がほかの力より桁違いに弱くなる。

この歪曲した幾何のなかでのブレーン間の距離は、プランクスケール長さよりほんのすこし大きい必要があるだけだ。大きな余剰次元のシナリオでは、きわめて大きい数字――すなわち次元の大きさ――を導入する必要があったが、歪曲した幾何では、不自然な大きい数字がなくても階層性の説明ができる。指数関数が自動的に控えめな数字をきわめて大きい数字（指数関数）かきわめて小さい数字（大きい指数関数の逆数）に変えるからだ。ウィークブレーン上では重力の強さが弱くなる。二つのブレーン間の距離の指数関数倍で減少するのだ。[*] プランクスケール質量――これが大きいために重力が弱い――とヒッグス粒子の質量、ひいてはウィークボソンの質量との莫大な比も、ウィークブレーンが一六単位[**]だけ離れたところにあれば、その数値になる。異なる質量の比がおよそ10^{16}（一億の一億倍）だからだ。要するに、ブレーン間の距離を最も単純な推量より一六倍ほど大きくするだけで、充分に階層が説明できるのである。一六倍は大きいと思うかもしれないが、私たちが説明しようとしている一億の一億倍という数字に比べれば、はるかに小さい。

何年ものあいだ、素粒子物理学者は階層性をどうにか指数で説明できないものかと考えてきた。つまり、それまで説明のつかなかった大きな数字を、自然に生じる指数関数の帰結として解釈したかったのである。そして余剰次元というアイデアが出てきたいま、ラマンと私は、素粒子物理学が自動的に指数関数的な質量の階層性を組み込める方法を発見した。重力の相互作用は、私たちの住むウィークブレーンのあるところでは、重力の確率関数がピークになるところでよりも格段に小さくなる。私たちのブレーン上の重力は歪曲した幾何によって弱められるので、標準モデルがこのウィークブレーンに収容されているとすれば、階層性問題は解決される。これが階層性問題に対する解答だった。そして、それが思いがけず私たちのもとに転がり込んできたのである。

この歪曲した幾何の驚くべき新たな特徴を理解するもう一つの方法は、重力がどのように弱められるかを考えてみることだ。第19章では、ＡＤＤのシナリオにおける重力の弱さを、質量の大きな物体から発せられる重力線の観点から説明した。この重力線が大きな次元いっぱいに広がって希薄化されるのである。この現象をとりあげるなら、希薄化は重力の確率関数の帰結と見ることができる。前述したように、グラビトンの確率関数は、重力が空間にどのように広がっているかを表したものである。大きな余剰次元シナリオでの重力は、余剰次元のどこにおいても等しく強いので、この場合の重力の確率関数は平坦になる。このような平坦なグラビトンの確率関数は、重力を伝える粒子であるグラビトンが、余剰次元によって包み込まれる大きな領域にいっぱいに広がっていることを表す。この平坦な確率関数は、余剰次元空間の全体に等しく分布していることから、四次元での重力の影響が大幅に希薄化されているとわかる。

いま考えている歪曲した五次元時空では、そこに興味深いひねりが加わる。グラビトンはもはや、重力ブレーンとウィークブレーンという二枚の境界にはさまれた五次元の空間に、どこにでも等しく存在する確率をもたない。ブレーンの帯びるエネルギーとバルク内のエネルギーによる自動的な影響で、グラビトンの分布はすでに民主主義とは程遠くなっている。グラビトンの確率関数はばらばらで、ある領域では大きく、別の領域では小さい。この変動が、私たちの世界での重力がこれほどまで弱い

＊距離が測定される単位はブレーン上のエネルギーによって決まり、そのエネルギーはプランクスケール質量によって決まる。
＊＊この数字の単位は曲率で、曲率はブレーンとバルクのエネルギーによって決まる。

原因となる希釈係数をもたらす。重力がウィークブレーン上できわめて弱いのは、そこでのグラビトンの確率関数がきわめて小さいからだ。

ここでしばし、重力の強さが距離にともなって減少するしくみを説明するのに用いた、例のスプリンクラーのたとえに戻ろう。スプリンクラーが水をまく領域が大きいほど（図81の上の段を参照）、水は希薄になる。同じように、大きな余剰次元があると、重力は非常に大きな領域に分散されることになるので、やはり希薄になる。したがって低次元の有効四次元理論だと、重力は非常に弱く見える。

一方、歪曲した幾何をスプリンクラーにたとえると、水をすべての方向に等しくはまかないで、ある特定の領域、すなわち重力ブレーンの周囲の領域に、重点的に水をまいているようなものになる（図81の下の段を参照）。この反民主的なスプリンクラーにより、優遇されている領域以外のところに行き届く水は明らかに少ない。そして、この優遇されない領域にまかれる水の総量が、最も優

【図81】３種類のスプリンクラー

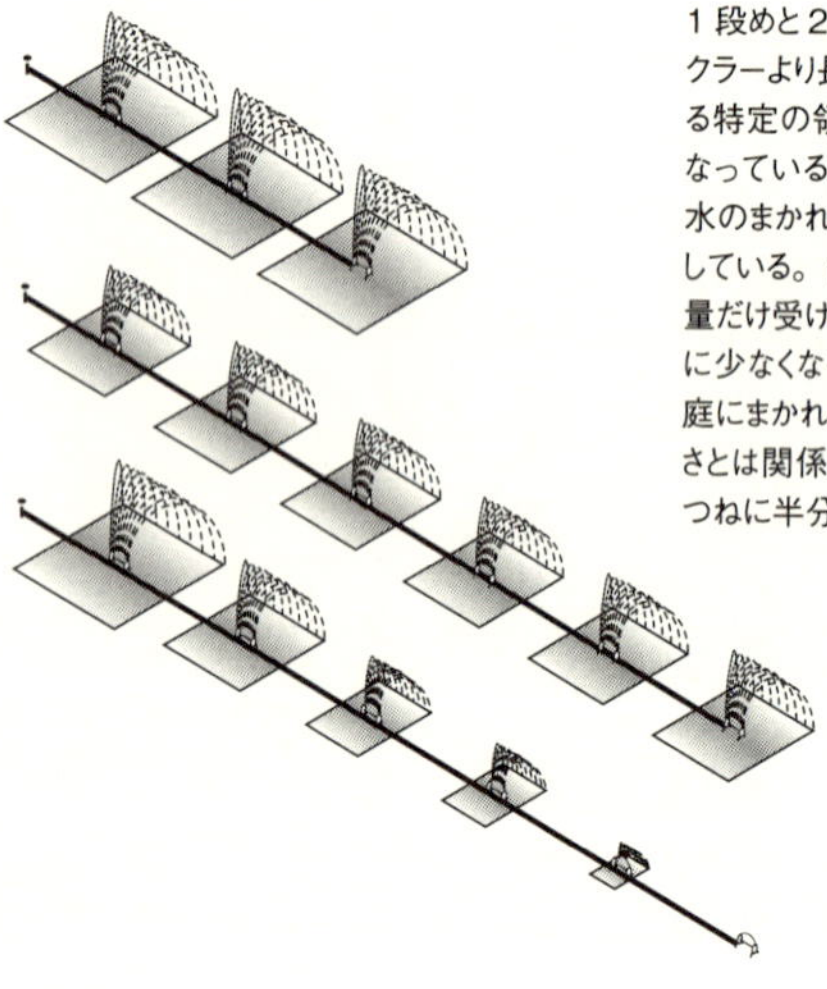

１段めと２段めを比べると、短いスプリンクラーより長いスプリンクラーのほうが、ある特定の領域にまかれる水の量が少なくなっている。３段めのスプリンクラーは、水のまかれ方が不公平になりうることを示している。最初の庭はつねに水を半分の量だけ受け、次の庭は４分の１、と順々に少なくなっている。この場合、最初の庭にまかれる水の量はスプリンクラーの長さとは関係ない。そこが受ける水の量はつねに半分である。

遇される領域の位置から指数関数的に減少していくとすれば、優遇されない領域に届く水の量は、たとえ距離的にはすこししか離れていないところでも、きわめて少量になる。明らかに、「歪曲した」スプリンクラーによってまかれた水は、すべての領域に等しくまかれる水よりずっと「希薄」になる。

要するに、もし標準モデルの粒子がウィークブレーンに収容されているとすれば、重力はほかの三つの力に比べて非常に弱くなるので、重力がほかの力に比べてなぜ弱いかという素粒子物理学の階層性問題は、これで解決されたことになる。非常に弱い重力は、ウィークブレーン上のグラビトンの確率関数の振幅が小さいことから導かれる自然な帰結であり、それはウィークブレーンの重力ブレーンからの距離が比較的小さい（ひも理論の大好きなプランクスケール長さより約一〇倍大きいだけ）としても当てはまるのである。

歪曲した次元での拡大と縮小

いま見てきた確率関数の指数関数的な減少による階層の説明で、歪曲した時空は充分に理解される。重力の弱さを直観的な言葉で説明すれば、グラビトンがウィークブレーン上では見つかりにくいから、ということになる。この説明でよしとして次節に進んでもらってもかまわないが、もうすこし厳密な説明がほしければ、ここで歪曲した時空の魅惑的な性質についてさらに深く探っていくので、このまま読みつづけてほしい。

この節では、ウィークブレーン上での重力の弱さが、あなたが重力ブレーンから離れてウィークブレーンに近づくとともに物体が大きく軽くなっていくということの結果としても説明できることを見ていく（ニュートンの重力定数はつねに一定となる見方をする）。たとえばアシーナが重力ブレーンからウィークブレーンに移ることになったら（実際に次章でそうするのだが）、自分の影が重力ブレーン上にあったときからだんだんと大きくなっていくのに気づくだろう。伸びていく影の大きさはやがて巨大になり、なんと一六桁も大きくなっている！

もう一つ、この節で見ていくのは、この幾何では重い粒子と軽い粒子が平和に共存できるということだ。たとえプランクスケール質量の粒子が二枚のブレーンのどちらかにあったとしても、もう片方のブレーンにはウィークスケール質量の粒子しかない。したがって、階層性問題は起こりようがない。

このしくみを理解するために、あなたがほとんどの人（少なくとも、この本を読んでいない人）と同様に、五番めの次元のことをまったく知らない――そもそも見えないのだから知られていなくて当然だが――と仮定しよう。自分が住んでいるのが四次元だと信じて疑わないあなたは、四次元の重力しか知らず、その力を伝えるのは旧来の四次元グラビトンだと思っている。あなたが見ているものを記述する四次元有効理論では、重力は一つしかなく、したがってグラビトンも四次元グラビトンの一種類しかない。すべての粒子は、この一種類だけのグラビトンと相互作用する。しかし、そのグラビトンには、本来の高次元理論での粒子の位置についての情報がまったく含まれていない。

この論法でいくと、グラビトンの相互作用の対象がもともとの五次元でどこにいるかに関係なく、グラビトンはすべて同じ相互作用のしかたをするように見える。もちろん、あなたはその対象がもともと五次元にいることなど知らないし、そもそも五番めの次元があることも知らない。重力の相互作用の強さを定めるニュートンの重力定数はつねに一つで、それがすべての四次元重力の相互作用の強さを決めている。しかし、実際はまえの節で見たように、あなたが重力ブレーンからウィークブレーンに移るにつれて重力の相互作用は弱くなる。それなら重力の強さはどのようにして物体の五番めの次元での位置に関する情報を含められるのか？

この明らかな逆説を解決する鍵は、重力の引力が質量にも比例すること、そして、五番めの次元上で異なる位置にある質量はかならず異なっていることにある。五番めの次元に沿って連なる各スライス上で、どんどん弱くなっていくグラビトンの相互作用を再現するには、それぞれの四次元スライスでの質量が異なって測定されればいいのである。

歪曲した時空のもつ数多くの驚くべき性質の一つは、対象が重力ブレーンからウィークブレーンに向かうにつれ、エネルギーと運動量が縮小することだ。エネルギーと運動量が縮んでいるからには（量子力学と特殊相対性理論にしたがえば）距離と時間は広がっていなくてはならない（図82を参照）。ここで述べている幾何では、大きさ、時間、質量、エネルギーが、すべて位置によって決まる。そして四次元での大きさと質量には、もともとの五次元での位置によって定まった値が受け継がれている。たしかに物理は四次元のように見える。しかし長さを測るものさしや、質量を量るはかり

【図82】重力ブレーンからウィークブレーンへ

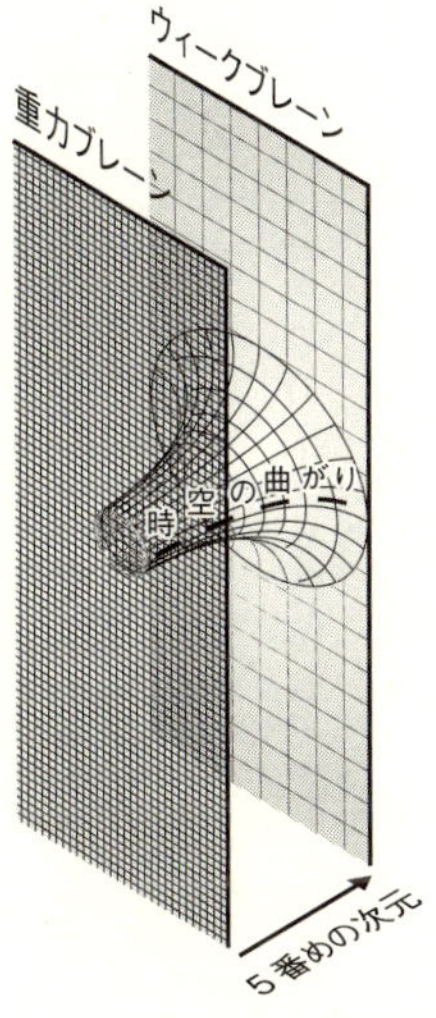

ものが重力ブレーンからウィークブレーンに向かうにつれて大きさは増していく（そして質量とエネルギーは減っていく）。

〔訳注　ここでのものさしやはかりの目盛りは、ニュートンの重力定数が一定になるように決められる〕は、もともとの五次元での位置に依存する。重力ブレーンの住人もウィークブレーンの住人も同じく四次元の物理を見るが、それぞれで測る大きさは異なり、予想される質量も異なる。

もともとの五次元理論での重力ブレーンから遠いところにいるほど、粒子の質量が生む重力は四次元有効理論で小さくなる。質量そのものが小さくなるからだ。これは五番めの次元の各位置で、質量とエネルギーがいちいちその位置でのグラビトンの確率関数の大きさに比例した量に「スケール修正」されるからである。そして、そのエネルギーのスケール修正の基準となる「ワープ係数」の値は、重力ブレーンから離れるにつれて小さくなる。実際、この係数をプロットしてみると、グラビトンの確率関数とまったく同じ形状になる。つまり、質量とエネルギーは五番めの次元の各位置で異なる係数によって縮小し、その縮小の度合いをワープ係数が定めている。

このスケール修正は任意に見えるかもしれないが、決してそうではない。ただし非常に微妙なので、まずはたとえを使って考えてみよう。列車が一〇〇キロメートル進むときの所要時間の観点から、時間を計測することにしたとする。この時間の単位を、仮にＴＴ（列車時間《トレインタイム》の略）と称する。これはもっともな時間の計測方法だが、確定される時間が旅先に応じて違ってくるのに注意しよう。そこを走る列車は速いのか、それとも遅いのか、ということだ。たとえば二時間の長さの映画がある。アメリカの列車が一〇〇キロメートル進むのに一時間かかるとすれば、アメリカの乗客はその映画を見ているあいだに二〇〇キロメートル進むことになり、この映画の所要時間は二ＴＴとなる。一方、ＴＧＶに乗っているフランス人からすると、同じ映画の所要時間が六ＴＴとなる。フランスの特急はアメリカの列車の約三倍の速さで進むので、フランス人乗客がこの映画の結末を知るには、列車が六〇〇キロメートル進むあいだＤＶＤを見ていなければならないことになるからだ。フランス人の乗っている列車は一〇〇キロメートルを二〇分で走るが、アメリカ人の乗っている列車は同じ距離を一時間かけて走るので、もしアメリカ人とフランス人が時間の単位を共有して映画の長さを同じTTにしたければ、列車時間を設定しなおさなくてはならない。フランス時間をアメリカ時間に変えるなら、フランスの列車時間を三で割ってスケール修正する必要があるわけだ。

同じように、ウィークブレーン上ではグラビトンの相互作用が重力ブレーン上よりずっと小さいので、エネルギーの測定に用いられるスケールの単位を設定しなおして、重力の弱さを説明できるようにしないといけない。ウィークブレーンでは、このスケール修正が10^{16}、すなわち一億の一億倍という莫大な量によってなされる。したがって、重力ブレーンではすべての基本となる質量がM_{pl}（プランクスケール質量）で当然とされても、ウィークブレーンではそれが10^{16}倍小さい一〇〇〇 GeV（一 TeV）程度にしかならない。ウィークブレーンに住む新しい粒子の質量なら、三〇〇〇 GeV から五〇〇〇 GeV とやや大きいかもしれないが、いずれにしてもすべての質量がきわめて大幅にスケール修正されるので、それ以上には大きくなりようがない。

階層性問題が生じるのは、すべての質量が最大質量に近いところまで引き上げられる場合だ。その質量がプランクスケール質量なら、あらゆる質量はプランクスケール質量と同じぐらい大きいと予想される。しかしスケール修正のおかげで、最初はプランクスケール質量が重力ブレーン上のすべてに予想される質量だと考えたとしても、ウィークブレーンにおいてはそれより一六桁も小さい一 TeV の質量でいいのだと結論される。* したがって、ヒッグス粒子の質量ももはや悩ましいものではなくなる。たとえ重力が弱くても、約一 TeV の質量――プランクスケール質量より一億の一億倍も小さい質量――で当然とされるからだ。スケール修正はこの解釈に不可欠であり、結果として、階層性問題を解決している。

同じ理屈で、ひもを含めたウィークブレーン上のあらゆる新しい物体も、約一TeVの質量をもつとされる。もしそうなら、このモデルは実験で劇的な結果を出すことになる。ウィークブレーン上では、ひもに付随して生じる新たな粒子が重力ブレーンにいるよりずっと軽い。そしてその点では、四次元世界でも同じなのである。余剰次元の発見という観点からすると、ウィークブレーンはすばらしいシナリオを用意する。このアイデアが正しければ、余剰次元生まれの低質量の粒子はすぐそこまで来ている。質量がTeV単位の粒子はウィークブレーンに山ほどいるのだ。

ウィークブレーンにあるものはすべてプランクスケール質量より10^{16}倍も軽いとされる。量子力学にしたがえば、質量が小さいほど大きさは大きくなる。アシーナの影も、彼女が重力ブレーンからウィークブレーンに向かうにつれて大きくなる。したがって、ウィークブレーン上のひもの大きさは10^{-33}センチメートルではありえない。これも一六桁分だけ大きくなっているはずだから、およそ10^{-17}センチメートルでなくてはおかしい。

ここまでは特定のワープ係数をもった二つのブレーンからなるシナリオを見てきたが、ここで考えてきた特徴はおそらく普遍的なもので、この特定の例以外にも当てはまるだろう。余剰次元がある場合には、まったく異なるさまざまな質量を期待できるもっともな理由がある。質量は多かれ少なかれ同じだとする素粒子物理学的な直観に反して、質量の範囲は幅広くて当然とされるようになる。異なる位置にある粒子は自然と異なる質量をもつ。あなたが動けばその影も変わる。その結果、私たちの四次元世界ではさまざまな大きさと質量があり、それを私たちは観測しているのである。

さらなる発展

階層性問題を歪曲した幾何の観点から説明した私たちの論文が一九九九年に発表されたとき、研究者仲間のほとんどは、これが大きな余剰次元説とはまったく異なる、本当に新しい理論だということに気づいてくれなかった。ジョー・リッケンは私にこう言った。「反応は遅かった。最終的には、誰がこの論文（と、第22章で述べるもう一つの論文）が画期的かつ包括的なもので、まったく新しいアイデアの領域を開いているのだと理解したが、最初はわからなかったんだ」

この論文が出てから何か月ものあいだ、私は研究中の「大きな余剰次元」について講演してほしいと頼まれた。そして、そのたびに、こう言わなくてはならなかった——私たちの理論のいいところは、次元が大きくないことなんです！　実際、これはカリフォルニア工科大学の素粒子理論学者、マーク・B・ワイズ（その名のとおり賢い人）にも笑われてしまったのだが、実験者たちが集まって重要な結果を報告しあう素粒子関連の代表的な会議である、レプトン光子会議の二〇〇一年の最後のセッションでの全体講演用に、私はとんでもないタイトルを割り当てられた。主催者が用意してくれた私の講演のタイトルは、余剰次元についてのあらゆる研究に関係するものでありながら、私の研究にだけは無関係だったのだ！

マークと、そのころ彼の指導学生だったウォルター・ゴールドバーガーは、歪曲した幾何シナリオの利点を最初に理解してくれた二人だった。しかし彼らは、ラマンと私が残していた、埋める必要の

＊通常、物理学文献での用語としては、プランクブレーン、TeVブレーンないしウィークブレーンという名称が用いられる。重力ブレーンは次章の物語に出てくるブレーンズヴィルに相当する。ウィークブレーンという名称は、このブレーンに閉じ込められている粒子のほとんどがウィークスケール質量と同程度の質量をもつと予想されることから来ている。

ある穴にも気がついていた。私たちは、ブレーンの力学が自然にブレーン間の距離を控えめな数字に抑えるものと仮定していた。だが、その二枚のブレーン間の距離がどのように確定されるかについては明示しなかった。これは些細な問題ではなかった。私たちの理論が階層性問題の解答となりうるかどうかは、二枚のブレーン間の距離を小さいながらも有限な数字に無理なく安定させられるかにかかっていた。しかしこの時点では、自然と控えめな数字になるのが距離そのものではなく、距離の指数関数の逆数（私たちはこれをきわめて小さな数字にしたかった）である可能性が残っていた。もしそうであれば、ウィークスケール質量とプランクスケール質量のあいだの予言される階層性は控えめな数字となり、その数字の（それよりはるかに小さい）指数関数の逆数ではない――そうすると私たちの解答は機能しなくなる。

ゴールドバーガーとワイズは、ラマンと私が提出していた理論の危なっかしい穴を埋める重要な研究を行なった。そして、二枚のブレーン間の距離が控えめな数字であり、その距離の指数関数の逆数がきわめて小さいことを示した。それはまさしく、私たちの解答が機能するために必要とされたことだった。

彼らの考えはエレガントで、しかも当時の認識よりずっと普遍的な妥当性をもっていた。偶然にも、安定化のモデルはどれも彼らの考えにとてもよく似ている。ゴールドバーガーとワイズは、重力のほかにも質量の大きな粒子が五次元バルクに住んでいると仮定した。そしてこの粒子に、ばねのように作用する性質を与えた。一般に、ばねにはふさわしい長さがある。ばねがそれより長くなったり短くなったりすると、そのエネルギーでばねが動くのだ。ゴールドバーガーとワイズは、粒子（と、それにともなう場）を導入することにより、場とブレーンの平衡な配置に控えめなブレーン間の距離が含められるようにした。これもまた、私たちの考えが階層性問題の解答となるのに必要なことだった。

彼らの解釈は、二つの相反する効果に依存していた。一つはブレーンどうしを大きく離させるもので、もう一つは逆にブレーンを近づける。その結果、中間の安定した位置がとられる。この二つの対抗する効果の相乗作用で、自然と二枚のブレーンが適度な距離をあけるモデルがつくられる。

ゴールドバーガーとワイズの論文により、二枚のブレーンを含む歪曲した幾何のシナリオが本当に階層性問題を解決するものであったことが明らかになった。ブレーン間の距離が固定されるというのは、別の意味でも重要なことだった。ブレーン間の距離が確定されないと、ブレーンは宇宙の温度やエネルギーが進化するにともなって互いに近づいたり遠ざかったりできることになる。ブレーン間の距離が変わったり、あるいは五次元宇宙の両端が違う速度で膨張できるなら、宇宙は四次元に見えるような進化はしない。天体物理学者が宇宙の進化にともなう膨張速度を検証してきたから、宇宙が近年あたかも四次元のように膨張しているのは確実だ。

ゴールドバーガーとワイズによる安定化のしくみが加わったおかげで、歪曲した五次元宇宙は宇宙論の観測結果とも一致している。二枚のブレーンが互いに対して安定するようになれば、宇宙は実際には五次元でも、あたかも四次元のように進化する。たとえ五番めの次元があるとしても、安定化によって五番めの次元上の異なる場所がどこも同じように進化するように剛体的にふるまわされるので、宇宙はあたかも四次元のようにふるまう。このゴールドバーガーとワイズの安定化は比較的早い時期に起こるはずなので、歪曲した宇宙は進化過程のほとんどのあいだ四次元に見えていたことになる。

安定化と宇宙論が理解されたところで、歪曲した幾何という階層性問題への解答はようやく軌道に乗った。この歪曲した幾何から発展した興味深い考えが、その後いくつも出てきた。その一つが、力の統一である。重力も含めてすべての力が高エネルギーで統一されるところは、いま考えている歪曲した幾何のなかかもしれない！

歪曲した幾何と力の統一

第13章で説明したように、超対称性の大手柄は、力の統一を可能にさせられることだった。そこへ階層性問題を解決する余剰次元理論が出てきて、この非常に重要と思われていた発見は威光を失ったかのように見えた。もちろん、陽子の崩壊のような決定的な統一の証拠が実験で見つかっているわけではないので、それはかならずしも大きな損失ではないかもしれない。力の統一という考えが正しいかどうかは、まだはっきりとはわかっていないのだ。とはいえ、三本の線が一点で交わるというのは非常に興味深いことであり、何か重要なものの前触れかもしれないと思わせる。いまのところ確固とした根拠がないとはいえ、この統一の可能性をそうあっさりと捨てるべきではない。

現在バルセロナ大学に籍を置くスペインの物理学者、アレックス・ポマロールは、力の統一が歪曲した幾何のなかでも起こりうることを確認した。ただし、彼が想定した状況はすこし違っている。電磁気力と弱い力と強い力がブレーンに閉じ込められていないで、五次元バルクいっぱいに存在している。標準モデルのゲージボソン——グルーオン、Wボソン、Zボソン、光子——が三＋一次元のブレーンにくっついていないのである。

ひも理論にしたがえば、ゲージボソンは高次元ブレーンにくっついているか、あるいは重力といっしょにバルク内にいる。かならず閉じたひもから生じるグラビトンとは違って、ゲージボソンと荷量を帯びたフェルミオンは、各モデルごとに、開いたひもか閉じたひものどちらかに結びつけられている。そして開いたひもから生じるか閉じたひもから生じるかによって、ブレーンにくっついているかバルク内を自由に動いているかが決まる。

大きな余剰次元のシナリオでは、重力以外の力がバルク内にあると仮定すると、それらの力があまりにも弱くなって観測結果と一致しない。バルク内の力は巨大なバルク空間いっぱいに広がるだろう。したがって重力の場合と同じように、希薄化されてとても弱くなる。だが、この考えは受け入れがたい。これまでに測定されてきた各種の力の強さは、この理論で予言されるよりもずっと大きいからだ。

しかし、歪曲した幾何で想定されているように余剰次元が大きくない場合だと、重力以外の力が五次元バルクにあっても何も問題はない。それらの力を弱める唯一の原因は余剰次元の大きさであって、歪曲ではない。そして歪曲した幾何のシナリオでは、その大きさがむしろ小さいのだ。したがって、この世界を記述する本当の理論では四つの力がすべてバルクのいたるところで作用している可能性もある。もしそうなら、ブレーン上の粒子だけでなく、バルクに散らばっている粒子も重力のほかに電磁気力と弱い力と強い力を感じられることになる。

歪曲した幾何シナリオのゲージボソンがバルクにいるなら、ゲージボソンのエネルギーは一 TeV よりはるかに大きくなりうる。バルク内を浮遊するゲージボソンは、さまざまなエネルギーを帯びられる。もはやウィークブレーンに拘束されてはいないので、バルク内をどこへでも自由に移動でき、プランクスケールエネルギーのようなきわめて高いエネルギーを帯びられる。ウィークブレーン上にあるときだけ、エネルギーは一 TeV 以下になるのだ。すべての力がバルク内にあり、したがって高エネルギーで作用できるなら、当然、力の統一は可能となる。余剰次元のある理論でも力が高エネルギーで統一されるとなれば、これはまさに刺激的だ。そして実際、ポマロールは非常に興味深い結果を発見した。まるで本当に四次元理論であるかのように、たしかに力の統一が起こるのである。

だが、発見はそれだけではない。統一は歪曲による階層性のしくみにも関連づけられる。ポマロールは力が統一されることを証明したが、彼は超対称性が階層性問題を解決すると考えていた。だが、歪曲した幾何で階層性問題を解決するのに必要なのは、ヒッグス粒子がウィークブレーン上にいることだけだ。その場合には、ヒッグス粒子の質量がウィークスケールエネルギーとほぼ同じ、一〇〇GeVから一TeVの範囲におさまるようになる。しかしゲージボソンはブレーン上にくっついていなくてもかまわない。

歪曲した幾何シナリオでは、ヒッグス粒子の質量が低くさえあれば階層性問題を解決できる。ヒッグス場の引き起こす対称性の破れが、あらゆる素粒子の質量の原因だからだ。弱い力の対称性が破れなければ、ゲージボソンとフェルミオンは質量をもたない。ヒッグス粒子の質量がウィークスケール質量と同じであるかぎり、ウィークボソンの質量は適正になる。歪曲した重力を階層性問題の解答とするには、ヒッグス粒子がウィークブレーン上にありさえすればいい。

これらを考えあわせると、もしヒッグス粒子がウィークブレーン上にありながら、クォークとレプトンとゲージボソンがバルクにあった場合（図83を参照）、できないと思われていた一挙両得ができることになる。ウィークスケールが守られて約一TeVのままでありながら、GUTスケールのきわめて高いエネルギーで統一がなしうるのである。私はかつての指導学生だったマシュー・シュワルツとともに、超対称性のほかにも力の統一と両立できる理論があることを示した。歪曲した余剰次元説にもそれができるのだ！

実験の意味するところ

ウィークブレーン上での自然なスケールは、約一TeVである。この歪曲した幾何シナリオが本当にこの世界を記述するものだったとしたら、CERNの大型ハドロン加速器での実験でとんでもないものが出てくるだろう。歪曲した五次元時空の痕跡として考えられるのは、カルツァ－クライン（ＫＫ）粒子、反ド・ジッター空間の五次元ブラックホール、そしてTeV単位の質量をもつひもである。

　歪曲時空のＫＫ粒子は、おそらくこの理論の先触れとしては最も実験でつかまえやすいものだろう。前述したとおり、ＫＫ粒子は余剰次元での運動量をもった粒子である。ただし、このモデルの新しい趣向は、空間が曲がっている——平坦でない——ために、ＫＫ粒子の質量に歪曲した幾何の特異な性質が反映されていることにある。

　バルクを横切っていると確実にわかっている唯一の粒子は四次元グラビトンなので、ここではそのＫＫパートナーについて考えてみよう。平坦な空間で見たときと同じように、グラビトンの最も軽いＫＫパートナーは、五番めの次元での運動量がゼロのものである。この粒子は、本物の四次元生まれの粒子とまったく区別がつかない。四次元世界のように見えるところで重力を伝えるのもグ

【図83】歪曲した余剰次元における力の統一

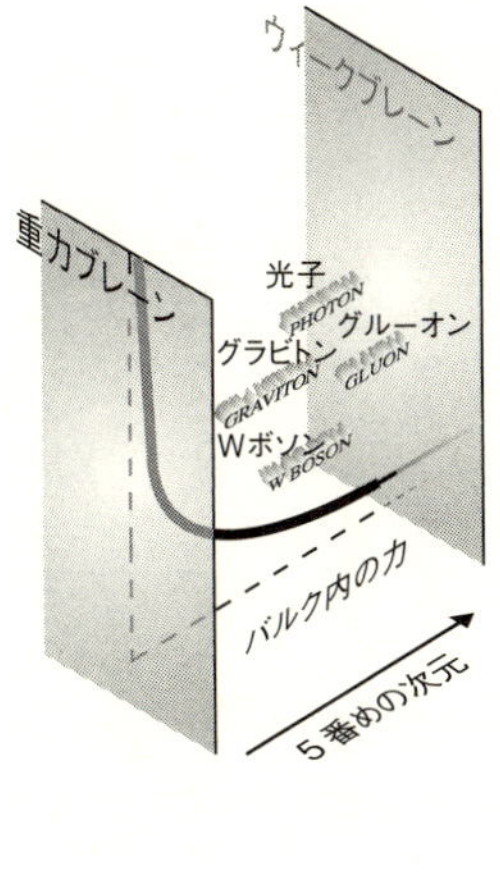

重力以外の力もバルクに存在している可能性がある。その場合、各種の力は高エネルギーで統一される。

ラビトンであり、その確率関数をこの章で詳しく見てきたのもグラビトンである。仮に別のKK粒子がいなかったら、重力は本物の四次元宇宙にいる場合とまったく同じようにふるまうだろう。このシナリオでは、宇宙はひそかに五次元でありながら、四次元グラビトンのように作用する粒子がその事実を明かさない。もっと重いKK粒子がいないため、アシーナの見る世界は完全に四次元に見える。

五次元理論の秘密を伝えられるのは、もっと質量の大きいKK粒子だけである。しかし、そのような粒子も、ある程度は軽くなければ生みだされない。だが、この理論でのKK粒子の質量を計算するのはいささか厄介だ。特異な幾何のため、平坦な空間の巻き上げられた次元で見たときと違って、KK粒子の質量が次元の大きさに逆比例しないのである。次元の大きさに逆比例する質量がここで出てきたら、非常におかしなことになる。いま考えている小さな余剰次元でそれを計算すると、プランクスケール質量になってしまうからだ。ウィークブレーン上では、一TeVよりはるかに重いものは存在しえない。プランクスケール質量をもつ粒子など絶対に発見できないだろう。

一TeVがウィークブレーンに関係する質量であることを思えばまったく意外ではないのだが、歪曲した時空を考慮に入れて正しく計算を行なうと、KK粒子の質量はみごとに約一TeVになる。最も軽いKK粒子も、順々に重くなっていくKK粒子の質量差も、ここまで考えてきたように五番め次元の片端がウィークブレーンに接していると、ともに約一TeVとなる。KK粒子はウィークブレーン上に集積し（KK粒子の確率関数はここで最も高くなるので）、ウィークブレーンの粒子のあらゆる特徴を備えている。

つまりグラビトンのKKパートナーには、質量が約一TeVのもの、二TeVのもの、三TeVのものと、順々に重いものが存在する。そしてLHCの最終的な到達エネルギーに応じて、それらのどれかが見つかる可能性はかなりある。大きな余剰次元シナリオのKKパートナーと違って、これらのKK

パートナーは重力よりもずっと強く相互作用するのだ。

　これらのKK粒子は、四次元グラビトンのような弱々しい相互作用はしない。それどころか、これらの相互作用の強さは一六桁も大きい。私たちの理論ではグラビトンのKKパートナーがこれだけ強く相互作用するので、加速器で生成されるKKパートナーもただあっさりとは消え去らない。エネルギーだけ持ち去って、目に見えるしるしは何も残さないようなことはしない。生成されたKKパートナーはしっかり加速器のなかで崩壊して、検出可能な粒子に変わるだろう。それはおそらくミューオンか電子で、それを生じさせたKK粒子の再構築に用いられる（図84を参照）。

　これが新しい粒子を発見するときの伝統的なレシピだ。すべての崩壊生成物を詳しく調べて、それを生じさせたものの性質を推定する。そうして見つかったのが、これまでに知られていないものだったら、それは何か新しいものに違いない。もしKK粒子が検出器のなかで崩壊すれば、余剰次元のシグナルがはっきりと現れるはずである。失われたエネルギーの痕跡だけでは、そのエネルギー喪失の原因を明確に特定する重要な標識がなく、したがってそのモデルとほかの可能性を区別する手立てがないが、私たちのモデルでは、KK粒子の再構築された質量とスピンが大きな手がかりとなって、新しい粒子がなにものであるかについて多くの情報を与えてくれる。

【図84】グラビトンのKK粒子

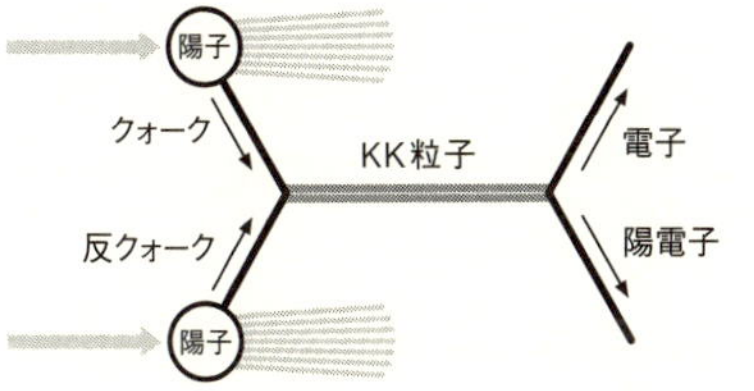

2つの陽子が衝突し、クォークと反クォークが消滅してグラビトンのKKパートナーを生成する。このKK粒子が崩壊して、電子と陽電子のような目に見える粒子に変わる。グレーの線は陽子から噴出される粒子の流れを表す。

ＫＫ粒子のスピンの値――スピン２――は、新しい粒子が重力と関係していることを示す仮想のＩＤタグとなる。およそ一 TeV の質量をもつスピン２の粒子は、歪曲した余剰次元の強力な証拠となるだろう。このような重いスピン２の粒子を生じさせるモデルはほかにほとんどなく、そういう数少ないモデルには別の明らかな特徴がある。

運がよければ、グラビトンのＫＫパートナーに加えて、もっと多様なＫＫ粒子の一式も実験で生成されるかもしれない。標準モデルの粒子のほとんどがバルク内にいる理論では、クォークとレプトンとゲージボソンそれぞれにも、荷量のあるＫＫパートナーが見つかる可能性がある。これらの粒子は荷量をもっていて、なおかつ重い。そしてこれらの粒子は最終的に、高次元世界に関する情報をさらにいろいろと与えてくれるかもしれない。* 実際、モデル構築家のチャバ・チャキ、クリストフ・グロージャン、ルイジ・ピロー、ジョン・ターニングは、余剰次元のある歪曲した時空のバルクに標準モデルの粒子がいる場合、ヒッグス粒子がなくても電弱対称性が破れる可能性があると示しており、実験でそのような荷量をもつ粒子が検出されれば、このもう一つのモデルが私たちの住む世界に当てはまるのかどうかわかるだろう。

さらに奇妙な可能性

余剰次元の奇妙な性質については、これまでいろいろと述べてきた。だが、最も変わった可能性はこれから出てくる。このあとすぐ見るように、歪曲した余剰次元は無限に伸びられる。それでいて、やはり目に見えない。そこが平坦な次元とは異なる。平坦な次元なら、観測結果と一致するためには、かならず有限の大きさになっていなければならないからだ。

この結果はじつに衝撃的である。この無限の余剰次元については第22章で詳しく述べるが、そこでは空間の幾何についての話が中心になるので、階層性問題との関係は出てこない。そこで、余剰次元が無限に伸びていた場合も階層性問題を解決できることを、ここで簡単に説明しておこう。

これまで見てきたのは、ブレーンを二つ含むモデルだった。それは重力ブレーンとウィークブレーンで、ともに五番めの次元に隣接している。しかし、ウィークブレーンは世界の果て（すなわち五番めの次元の境界）である必要はない。ヒッグス粒子が閉じ込められている二番めのブレーンが無限の余剰次元の真ん中に位置していたとしても、そのモデルはやはり階層性問題を解決できる。ウィークブレーン上では、グラビトンの確率関数が非常に小さく、重力が弱い。じつはその時点で階層性問題は解決されており、ウィークブレーンが余剰次元の境界であるかどうかは関係がない。無限の歪曲した次元をもつモデルでは、グラビトンの確率関数がウィークブレーンの先まで続いているが、それは階層性問題への解答に影響を与えない。重要なのは、ウィークブレーン上でグラビトンの確率関数が小さくなっていることだけなのだ。

とはいえ、次元の大きさが無限なのだからＫＫ粒子は違う質量と相互作用をもつはずで、当然このモデルの実験結果は先ほど述べたものとは違ってくるはずだ。ジョー・リッケンと私が最初にこの可能性について論じたのはアスペン物理学センターでだったが（ほかに類を見ない刺激的な場所で、多くの理論物理学者がハイキング好きなのも頷ける立地にある）、そのとき私たちは本当にこのアイデアが機能するのか確信がもてなかった。もし五番めの次元がウィークブレーンで終わらないとすれば、ＫＫ

＊カウストゥブ・アガシエ、ロベルト・コンティーノ、マイケル・J・メイ、アレックス・ポマロール、ラマン・サンドラムといった物理学者によって、どういうものが存在するかの詳細なモデルが研究されている。

粒子がすべて重い（そして約一 TeV の質量をもつ）とは限らなくなる。きわめて微小な質量のKK粒子も出てくるだろう。これらの粒子は検出が可能なはずだが、それでも実験でまだ見つかっていないとすれば、このモデルは除外されなくてはならない。

だが、私たちのモデルは無事だった。雄大な山岳風景に囲まれたベンチに座って、私はKK粒子の相互作用を調べてみた（ジョーも同じ計算をしていたが、たぶん彼はセンター内の自分のオフィスにいた）。そして私たちが行なった計算の結果から、KK粒子の相互作用は将来の実験に期待がもてそうな大きさでありながら、すでに見つかっていなくてはおかしいような大きさではないとわかった。

このモデルのKK粒子が本当に存在しているなら、いずれLHCがかなりの確率でそれを生成できるだろう。これらの粒子は、有限の大きさの余剰次元をもつ歪曲したモデルの粒子のようにはふるまわない。検出器のなかで崩壊してくれる親切なKK粒子とは違って、無限の余剰次元をもつモデルの粒子は（次元が大きい場合のKK粒子と同じように）余剰次元に消え去ってしまう。したがって、階層性問題を解決する無限の歪曲した余剰次元とウィークブレーンがあったとしても、実験ではエネルギー喪失の事象を発見することしか望めない。とはいえ、それでも充分な高エネルギーのもとでは、失われたエネルギーが充分に説得力のあるシグナルとなって、そこに新しいものが現れたことを教えてくれるだろう。

ブラックホール、ひも、その他の驚異

LHCが稼動すれば、KK粒子のほかにも余剰次元の驚くべきシグナルが現れてくると思われる。五次元重力の効果は通常のエネルギーでは微小だが、加速器が高エネルギーの粒子を生みだすときに

は大きな役割を果たす。実際、エネルギーが約一TeVにでも達すれば、五次元重力の効果は莫大となる。四次元グラビトンの非常に弱い相互作用は完全に圧倒されるだろう。四次元グラビトンの確率関数は、私たちの住む（そして実験の行なわれる）ウィークブレーン上ではとても小さいのである。

五次元重力のとてつもない強さからすると、五次元のブラックホールが現れてもおかしくないし、五次元のひもも現れる可能性がある。さらに言えば、エネルギーが約一TeVに達したところで、ウィークブレーン上やその近辺にあるすべてのものがお互いに強く相互作用するようになる。これは重力とKK粒子の効果がTeV単位のエネルギーでは莫大になるからで、この両者が結託して、すべてのものにほかのすべてのものと相互作用をさせるのだ。このような、既知のあらゆる粒子と重力のあいだの相互作用が強くなるようなことは、四次元シナリオでは起こらない。したがって、それは何か新しいものの明らかなシグナルである。大きな余剰次元の場合と同様に、これらの新しいものを見つけられるだけの高いエネルギーが実現されるかどうかはわからない。しかし、一TeVよりそれほど大きくないエネルギーで相互作用が強くなるとすれば、実験者がそれを見逃すことはないだろう。

最後に

階層性問題に対する解答と、TeV単位のエネルギーでの実験結果のあいだには、確固としたつながりがある。しかし、実験で何が見つかるかの詳細は、各モデルによって異なる。モデルはそれぞれ独自の実験結果を予想しており、それは非常に心強いことである。それぞれに異なる特徴があるということは、いずれLHCが立ちあがって稼動したときに、どのモデルが――あるとすれば――私たちの世界に当てはまるかを特定できる可能性が高いと言えるからだ。

まとめ

●バルクとブレーンのエネルギーにより、ブレーンそのものは完全に平坦だとしても、時空は劇的に曲がっている可能性がある。

●この章で見たモデルでは、重力ブレーンとウィークブレーンという二つのブレーンが想定されており、それぞれが有限の大きさをもつ五番めの次元の境界をなす。時空はバルク内のエネルギーとブレーン上のエネルギーによって歪められている。

●余剰次元を一つ導入すると、まったく新しい方法で階層性問題が解決される。このモデルにおける五番めの次元は大きくないが、非常に歪曲している。重力の強さは、対象が五番めの次元のどこにいるかに強く依存している。重力は重力ブレーン上では強く、私たちのいるウィークブレーン上ではきわめて弱い。

●自分が四次元にいると思っている観測者の視点から見ると、五番めの次元で異なる場所にいたものは、それぞれ異なる大きさと質量をもっている。重力ブレーンに閉じ込められているものは非常に重くなる（プランクスケール質量とほぼ同じ質量をもつ）が、ウィークブレーンに閉じ込められているものはそれよりもずっと軽く、およそ一 TeV の質量をもつ。

●ヒッグス粒子がウィークブレーンに閉じ込められていると（ただしゲージボソンは別）、すべての力の統一と、階層性問題の解決がなしうる。

●グラビトンのパートナーとなるカルツァ‐クライン粒子は、加速器実験において明らかに独特の事象を起こす。検出器のなかで崩壊して標準モデルの粒子に変わるのである。

●標準モデルの粒子がバルク内にいるモデルでは、別のKK粒子が生成され、観測される可能性がある。

第21章

ワープ宇宙の注釈つきアリス[*]

アリスに聞いてごらん
彼女はいま三メートルの背丈だからさ
——ジェファーソン・エアプレーン

アシーナは夢の世界のエレベーターを出て、歪曲した五次元世界に降り立った。すると驚いたことに、そこには空間次元が三つしかなかった。ウサギはふざけて、本当は空間次元が三つしかないところなのに、あたかも四次元の世界に私を連れだすようなふりをしたのかしら？　わざわざやってきたところが日常世界と同じだなんて、なんだかへんな感じだわ！[**]

この世界の住人の一人が出てきて、まごついている新参者をやたらといんぎんな態度で迎えた。

「わたしたちの輝かしい首都、ブレーンズヴィル[***]へようこそ。ここをご案内いたしましょう」

アシーナは疲れていたうえに頭も混乱していたので、ついうっかり「ブレーンズヴィルって、どこもそう特別には見えないわ。市長だって、まったくふつうでしょ」と口を滑らせてしまった。とはいえ、そうはっきり言っていいものか、じつはアシーナにも確信はなかった。なにしろ市長の姿はまだぜんぜん見ていないのだ。

その市長は、じつはもう首席顧問の太ったチェシャ猫をお供に従えてやってきていた。チェシャ猫の仕事は、この都市のあらゆるものを監視することで、それに大いに役立っていたのが、人に不意打ちを食わせられる彼の技能だった——何より人びとはまず、いきなり現れる猫の巨漢《バルク》ぶりに驚かされた。チェシャ猫はよく、この技能はおれがバルクのなかに消え失せられるおかげさ、と楽しそうに説明していたが、人びとには何のことだかさっぱりわからなかった。****

*このタイトルは、マーティン・ガードナーの傑作『Annotated Alice（注釈つきアリス）』から拝借した。ガードナーはこのなかで、ルイス・キャロルの『不思議の国のアリス』と『鏡の国のアリス』に出てくる言葉遊びや数学的なぞなぞや引用の出典に、詳細な注釈を加えている。〔訳注　同書の邦訳は東京図書から『不思議の国のアリス』（石川澄子訳）と『鏡の国のアリス』（高山宏訳）の二タイトルに分かれて出版された。原書はその後に新注が加えられ、改訂版『More annotated Alice』（『新注不思議の国のアリス』『新注鏡の国のアリス』高山宏訳、東京図書）、さらに旧版と新版をあわせた決定版が出ている〕

**ブレーンそのものは大きく平坦で、空間次元を三つしかもたない。もう一つの次元と接触をもつのは重力だけだ。すでに見てきたように、五次元空間には四つの空間次元（と一つの時間次元）があるが、ブレーンには三つしかないことに注意しよう。本書ではこのあとも時間を四番めの次元と称し、もう一つの空間次元を五番めの次元と称する。

***ブレーンズヴィルは重力ブレーンである。

****ブレーンズヴィルの住人と違って、この猫はブレーンに閉じ込められていない。

猫はアシーナの隣に姿を現すと、これから巡回に行くけど付きあうかい、と聞いた。バルクになじんでおいたほうがいいよ、と猫に言われたアシーナは、すかさず答えた。わたしの大好きなおじさんは、とってもとっても太ってるの。猫はけげんそうな顔をしたが、ともあれアシーナを連れていくことにした。猫はアシーナにバターがけのクリームケーキを差し出し、アシーナはそれを大喜びで食べた。そして二人は出発した。

いま、わたしは何を食べたのかしら、とアシーナは思った。どうやら彼女はいつのまにか五次元世界の四次元スライス上にいるらしかったが、どう考えても、彼女自身もこの薄い四次元スライスと同じくらいの厚みしかなかった。

アシーナは叫んだ。

「わたしったら、うちの紙人形みたいになっちゃった！　でもドーリーは三次元世界のなかで二つの空間次元をもっているけど、わたしは四次元空間の世界で三つの空間次元をもってるんだわ」

猫はさも賢そうににやりと笑うと、こう説明した。

「おれがバルクと呼ぶものにやっと気づいたね。きみはまだブレーンズヴィルにいる。だが、このあとすぐにここを離れる（そして大きくなる）。ブレーンズヴィルは実際には五次元世界の一部だが、五番めの次元がじつにひっそりと歪曲しているから、ブレーンズヴィルの住人は誰もそれがあることに気づかない。ブレーンズヴィルが五次元国の国境だなんて知りやしない。きみも最初にここへ来たときは、三つしか空間次元がないと勘違いしただろう。いまや新生アシーナはブレーンから解き放たれて、自由に五番めの次元に出ていける。これからどこへ行こうかね？　ウィークブレーンというもう一つの集落はどう？　五次元宇宙の反対側の端にあるんだ」

出かけてみると、五次元世界の旅はじつに奇妙なものだった。ブレーンズヴィルを離れたアシーナは、いつのまにかもう一つの次元を移動していた。そして進むにつれて、どんどん体が大きくなっていった*（図85のように）。

観察力の鋭い猫は、アシーナのとまどったような表情に気がついて、安心させるようにこう説明した。

「ウィークブレーンはもうすぐそこで、まもなく着くよ**。いいところだが、ウィークブレーンの住人もきみが出会ったブレーンズヴィルの住人と同じで、空間次元が四つあるなんて聞いたら鼻で笑うだろうが、気にしちゃいけない。き

*どんなものでもウィークブレーンの近くに来ると大きくなり、軽くなる。アシーナの影も、重力ブレーンから遠ざかり、ウィークブレーンに近づくにつれて、ブレーンズヴィルにいたときより大きくなっていた。

** 五番めの次元はたいして大きくなくても階層性問題を解決できる。

【図85】奇妙な5次元世界の旅

重力ブレーンからウィークブレーンに向かってバルクを進んでいくうちに、アリスはどんどん大きくなった。

みはいまやバルクの端まで見通せるようになったから、ブレーンズヴィルにいたときより影が大きくなっているのに気づくのも当然だ。あそこでの影より、一億のさらに一億倍も大きくなるのさ。それ以外のものは、きみにとっても彼らにとっても、まったくふつうに見えるよ」

だが、ウィークブレーンに着いたとき、アシーナはもう一つ別のものに気がついた。旅の途中から四次元グラビトンがひそかに二人にくっついてきていて、そっとアシーナの肩を叩いたのだ。アシーナはかろうじて気づいたが、その触れ方はあまりにも軽かった。*

いずれにしても、その後グラビトンがえんえんとこぼしはじめた不満には、アシーナも気づかないわけにはいかなかっただろう。

「堅固な階層性の影響が強くなかったら、ウィークブレーンは本当にわくわくする世界なのになあ。ウィークブレーンの強い力と弱い力と電磁気力の連合軍のせいで、ぼくらはここじゃ、いちばんささやかな強さしかもてないのさ」グラビトンがぶつぶつ言っている話を聞くと、彼はここ以外ではどこでも一目置かれる侮りがたい力で、とくにブレーンズヴィルでは、各軍が同じ強さをもった寡頭制だから、** 彼も充分に力を振るえるらしい。ところがウィークブレーンでは、重力が最も抑圧されるので、グラビトンにとってはここが最も都合の悪いところなのだった。*** グラビトンはアシーナに、現在の主力軍から権力をもぎとるのを手伝ってくれないかと頼んできた。

アシーナは、いますぐここを去ったほうがよさそうだと思い、あたりを見回してウサギの穴を探したが、見つからなかった。そこへ一匹の白ウサギが現れたので、アシーナはきっとこのウサギが帰り道を教えてくれると期待した。だが、ウィークブレーンのウサギは不安になるほど歩みが遅く、いくらせかしても、「急がないでくれればありがたい」と繰り返すばかりだった。**** このウサギといっしょではどこへも行かれないと悟ったアシーナは、もっと熱心なウサギを見つけ、どうにか家に帰してもらった。

その後、アシーナはこの夢の物理的な意味を理解して、初めてこれを大いに楽しんだ。ただし、つけくわえておくと、彼女はそれから二度とクリームケーキを食べることはなかった。

*ウィークブレーン上ではグラビトンの確率関数がきわめて小さく、したがって重力が非常に弱い。

** 重力ブレーンでは、重力もほかの力と同じぐらい強い。

*** 不満を抱えたグラビトンは、ウィークブレーンでは電磁気力と弱い力と強い力に比べて重力がはるかに弱いと文句を言っている。重力ブレーンに近づけば、重力はもっとはるかに強くなる（そしてほかの力と同じぐらいの強さになる）。

**** ウィークブレーン上では、ものは大きくなり、時間の進みは遅くなる。このウサギの怠慢さは、時間がスケール修正されていることによるものだ。

第22章 遠大なパッセージ——無限の余剰次元

もう一つの次元から
のぞき見してみたい
さあもう一度タイムワープ
——ヴァネッサ（『ロッキー・ホラー・ショー』より）

アシーナははっとして目を覚ました。また例の夢のなかで、彼女はウサギの穴に落ち込んでいた。しかし今回、アシーナはウサギに頼んでまっすぐ歪曲した五次元世界に連れていってもらった。

アシーナはふたたびブレーンズヴィル（と彼女が思っていたところ）にやってきた。すぐに例の猫が現れたので、今回も夢のケーキとウィークブレーンへの楽しい小旅行が待っていると思い、大喜びで猫に飛びついた。ところが、猫の返答はひどくがっかりするものだった。この宇宙にウィークブレーンなんてものは存在しないというのだ。*

アシーナは信じられず、もっと遠くにもう一枚のブレーンがあるに違いないと思った。歪曲した幾何ではブレーンが遠くにあるほど重力が弱くなると学んでいたアシーナは、その理解に自信をもっていたので、ここでは「ミーク（控えめな）ブレーン」と呼ばれているのかもしれないと思い、そういうブレーンに行けないだろうかと猫に聞いてみた。

だが、答えはまたもがっかりするものだった。「そんな場所はない。きみはいまブレーンにいるじゃないか。ほかのブレーンはないよ」

「ますますへんだわ」とアシーナは思った。ここは明らかにまえに来たのと同じ空間じゃない。一枚しかブレーンがないというのだから。しかし、そうあっさりと引き下がりたくはなかった。「ほかにブレーンがないことを自分の目で確かめさせてもらえないかしら」と、アシーナはできるだけ丁寧に頼んだ。

猫は強い口調で、やめたほうがいいと勧めた。「このブレーンにあるのが四次元重力だからといって、バルクにも四次元重力があるとは限らないよ。おれはまえにあそこで、この笑い以外のすべてをあやうく失いそうになった」

数々の冒険はしてきたが、アシーナは用心深い女の子だったので、猫の警告をしっかり受けとめた。だが、その後もしばしば猫の言ったことが気にかかった。ブレーンの外には何があったの

＊この章で見る幾何も、まえに見たのと同じく歪曲しているが、こちらにはブレーンが一つしかない。つまり重力ブレーンだけがある。これは五番めの次元が無限に伸びているということだが、それでも歪曲した時空にはなんら支障がないことを、この章で見ていく。

だろう？　どうしたらそれがわかるんだろう？

曲がった時空には驚くべき性質がある。質量も大きさも重力の強さもすべて位置によって決まるなど、そのいくつかの性質は第20章で見てきた。この章では、曲がった時空のさらに変わった特徴を紹介する。曲がった時空は実際には五次元でありながら、四次元のように見えることもあるのだ。ラマンと私は、歪曲した時空の幾何をさらに詳細に調べるうちに、驚くべきことに気がついた。無限に伸びる余剰次元でさえも、場合によっては目に見えないのである。

この章で見ていく時空の幾何は、第20章で説明したものとほとんど同じだ。だが、冒頭の物語に出てきたように、この幾何には一つ明らかな独自の特徴がある。ブレーンが一枚しかないということだ。しかし、これは非常に重要な違いである。二枚めの境界ブレーンがなく、一枚のブレーンだけがあるのなら、五番めの次元は無限に伸びてい

【図86】ブレーンを1枚含む無限の歪んだ時空

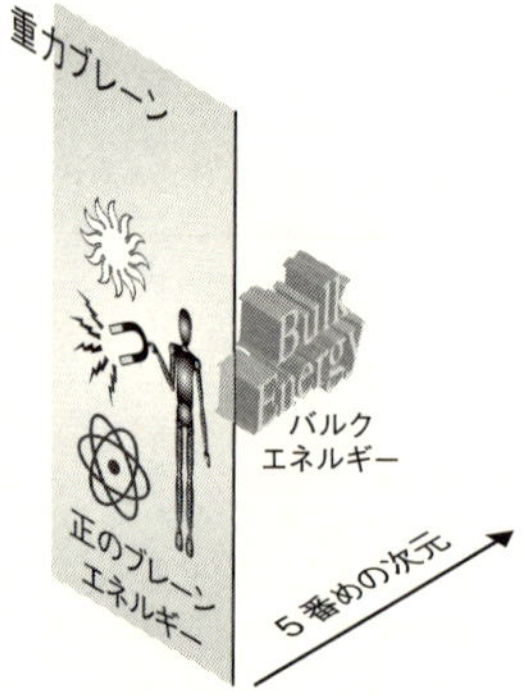

5次元の宇宙のなかに4次元のブレーンが1枚だけある。標準モデルはこの唯一のブレーン上にある。

ることになるからだ（図86を参照）。

これはとんでもない違いである。一九一九年にテオドール・カルツァが空間の余剰次元という考えを導入して以来、およそ八〇年ものあいだ、物理学者は余剰次元がありえることは受け入れてきたが、それが巻き上げられているにしろブレーンにはさまれているにしろ、大きさは有限でなければならないと確信してきた。これまでの考えにしたがえば、無限の余剰次元は容易に除外できた。なぜなら重力がその次元に沿って無限に広がるので、どの距離スケールでもおかしくなってしまうからだ。私たちがすでに知っている距離スケールにおいても例外ではない。五番めの次元が無限に伸びていたら、私たちの周囲のものはすべて不安定になる。ニュートン物理学によってつなぎあわされている太陽系もおかしくなるだろう。

この章では、その理屈がかならずしも正しくない理由を説明する。これから探るのは、なぜ余剰次元が隠れているかのまったく新しい理由である。それをラマンと私は一九九九年に発見した。時空が激しく歪曲している場合、重力がブレーン近くの小さな領域に極度に密集するあまり、次元が無限に広がっていてもかまわなくなってしまうのである。重力は余剰次元に迷い込まず、いつまでもブレーン近くの小さな領域に密集している。

このシナリオでは、重力を伝える粒子であるグラビトンがブレーンの近くに局所集中している。このブレーンがアシーナの物語に出てきたものだが、ここから先は重力ブレーンと称する。アシーナは夢のなかで、この歪曲した五次元空間に連れてこられたわけだが、そこでは重力ブレーンが時空の性質を根本的に変えてしまっているため、本当は五次元でありながら、四次元のように見えている。驚くべきことに、歪曲した高次元は無限の広がりをもちながら、なおかつ隠れていられる。その一方で、三つの平坦な無限の次元が、私たちの世界の物理を再現するのである。

局所集中したグラビトン

覚えているかどうかわからないが、本書で最初にブレーンを紹介したときに、遠い領域を探検したがらないのと、本当の意味で閉じ込められているのとは違うと話した。後者の場合には、いま自分が閉じ込められているところから先の異世界に移動することが明らかにできないようになっている。おそらくあなたはグリーンランドに行ったことがないだろうが、行くのを法律で禁じられているわけではない。ただ、ある種の場所はあまりに行くのが大変なだけだ。そういう場所への旅行が許されていたとしても、あるいは、すでに行ったことのある別の場所よりたいして遠くないとしても、やはり絶対に行かないだろう場所というのはある。

あるいは、足を骨折した人のことを考えてもいい。原則として、その人は自由に家を出て好きなところへ行ける。しかし、たぶん外より家のなかにいる確率のほうがずっと高いだろう。べつに柵や錠で阻止されているわけではないが、やはり家に閉じこもっていることが多いだろう。

同じように、局所集中したグラビトンも無限の五番めの次元に行くのを止められているわけではない。しかし、それでもブレーンの近辺に極度に密集していて、遠くの場所ではほとんど見つからない。一般相対性理論にしたがえば、すべてのものは――グラビトンも含めて――重力の影響を受ける。グラビトンは決して機能を失ってはいないが、あたかも重力でブレーンに引っぱられているようにふるまうので、結果的にその近くから離れない。そしてグラビトンが限られた領域の外にはめったに出ないので、余剰次元は無限に伸びられる。この理論を除外させる危険な効果が生じないからだ。

ラマンと私の研究で取りあげたのは、空間の余剰次元を一つだけもつ五次元時空の重力だ。したがって、詳しくはこのあと説明する、重力を五次元時空の小さい領域にとどめておく局所集中のしくみだけを考えればよかった。私の推測では、この宇宙に次元が一〇以上あるとすれば、おそらく局所集中と次元の巻き上げの何らかの組み合わせが、残りの次元を隠しているのだと思われる。そのような別の隠れた次元は、ここで述べる局所集中の現象に影響を及ぼさない。ゆえに、それらの次元はいったん無視して、ここでの話にとって不可欠な五つの次元だけを考えていくことにする。

私たちのモデルでは、唯一のブレーンが五番めの時空次元の片端に位置している。第20章で述べた二つのブレーンと同様に、このブレーンも反射性がある。ブレーンにぶつかったものは単純に跳ね返るので、ブレーンにぶつかった時点でエネルギーを失うことがない。このモデルにはブレーンが一枚しか含まれていないので、標準モデルの粒子はここに閉じ込められていると仮定する。前章で述べたモデルでは、標準モデルの粒子はウィークブレーンに閉じ込められていたが、いまここで考えているモデルにウィークブレーンは存在しない。この違いに注意してほしい。標準モデルの粒子の位置は時空の幾何学には関係しないが、もちろん素粒子物理学にとっては重要な意味をもつ。

この章の主題はブレーンを一枚と見なす理論だが、無限の五次元がありえるかもしれないと最初にラマンと私が気づいたきっかけは、ブレーンを二枚含む歪曲した幾何の奇妙な特徴だった。私たちは最初、二枚めのブレーンには二つの役割があると仮定していた。一つは標準モデルの粒子を閉じ込めておくことで、もう一つは、五番めの次元の大きさを有限にすることである。余剰次元が平坦であった場合と同様に、五番めの次元が有限であれば、ある程度の距離において重力がかならず四次元時空の重力のように見えるからだ。

ところが、ある事実から、この二枚めのブレーンの後者の役割は幻影ではないかという疑念が起こった。二枚めのブレーンがなくても、どうやら重力は本物の四次元宇宙の重力と同じように見えるらしい。つまり、四次元グラビトンの相互作用は五番めの次元の大きさとほとんど無関係だったのだ。実際に計算してみると、二枚めのブレーンが最初の想定どおりの位置にあっても、あるいは重力ブレーンから二倍の距離にあっても、さらには一〇倍先のバルクのなかにあっても、重力はずっと同じ強さを保つ。実際、私たちのモデルで二枚めのブレーンを無限の距離においてみたときも——すなわちブレーンそのものを取り払ってしまっても、重力はずっと同じままだった。もし二枚めのブレーンの存在と次元の有限性が四次元重力の再現に必須であるなら、そのような計算がなりたつはずはない。

これが最初のきっかけとなって、二枚めのブレーンが必要だと思うのは平坦な次元にもとづいた直観であって、歪曲した時空にとってはかならずしも必要でなかったと私たちは気づいた。余剰次元が平坦であれば、たしかに二枚めのブレーンは四次元重力の必須条件だ。これは第20章で見たスプリンクラーのたとえを思い出してもらえればわかるだろう。平坦な余剰次元は、長いまっすぐなスプリンクラーに沿った領域に等しく水がまかれるのにたとえられる*（図81を参照）。スプリンクラーが長いほど、それぞれの庭にまかれる水の量が少なくなる。この論法を無限に長いスプリンクラーに当てはめると、水が果てしなく分散して薄くなってしまい、実質的にどの有限の大きさの庭にも水がまかれなくなる。

同じように、もし重力が無限に広がる均一な次元に分散してしまえば、その余剰次元での重力の強さは果てしなく弱められ、結果的にゼロになる。無限の余剰次元をごく単純に想像すると、まさにこのようになってしまうので、重力を四次元重力のようにふるまわせたいなら、何かちょっとしたひねりがこの幾何に加わっていなければならない。その新たな必要条件を与えるのが、歪曲した時空である。

このしくみを理解するために、ふたたび例のスプリンクラーのたとえを使って、いま述べた論法の穴を見つけよう。あなたの手元に無限に長いスプリンクラーがあるとする。しかし、あなたは水をすべてのところに等しく分配したくない。実際、あなたはこのスプリンクラーの水のまき方を調整できるので、自分の庭だけがたっぷり水を受けられるようにすることもできる。その具体的な方法は、たとえば水の総量の半分を自分の区画にまくようにして、残りの半分をそれ以外のところにまく。この場合、遠くの庭はひどい扱いを受けるが、あなたの庭だけは必要な量の水を受けられる。あなたの庭はつねに水の総量の半分をもらえ、スプリンクラーがどこまで果てしなく水をまこうと関係ない。水が不公平に分配されるため、あなたはつねに必要な量の水を獲得できる。スプリンクラーは無限に伸びているかもしれないが、どれだけ伸びていようと、あなたにとってはどうでもいい。

同じように、私たちの歪曲した幾何におけるグラビトンの確率関数は、重力ブレーンの近辺ではつねに大きく、五番めの次元が無限であろうとなかろうと関係ない。まえの章で見たときと同様に、グラビトンの確率関数はこの重力ブレーン上で最高値となり（図87を参照）、そこを離れて五番めの次元に入ると指数関数的に減少する。ただし、この理論ではグラビトンの確率関数がどこまでも無限に続いていくが、ブレーン近くでの確率関数の大きさに比べると、どうでもいいような大きさになる。

このような確率関数の急落が示すのは、重力ブレーンから遠く離れたところでグラビトンが見つかる可能性がきわめて小さいということであり、それだけ確率が小さければ、五番めの次元の遠い領域はもはや無視してかまわないことになる。もちろん原則として、グラビトンは五番めの次元のどこにでもいる。しかしグラビトンの確率関数は指数関数的に減少してしまうので、結果的には重力ブレー

＊ここで想定しているのは直線的なスプリンクラーで、まえに見たような円形に水をまくスプリンクラーではない。このほうが歪曲時空のシナリオに拡張しやすいからだ。

ンの近辺に極度に集中するようになる。この状況は、二枚めのブレーンによって五番めの次元を途中で打ち切ってしまうのと、完全ではないにしろ、ほとんど同じだ。

グラビトンが重力ブレーンの近くで見つかる確率の高さと、それにともなう重力場の集中は、たとえて言えば、おなかをすかせた池のアヒルが高い確率で岸の近くにいるのと同様かもしれない。ふつう、アヒルは池全体に均等に散らばってはいないで、鳥好きの人が投げ込んだパンくずの近くに集まっている(図88を参照)。したがって、池の大きさはアヒルの分布にとってほとんど無意味である。同じように、歪曲した時空では重力がグラビトンを重力ブレーンに引き寄せるので、五番めの次元の広がりの程度がほとんど無関係になる。

五番めの次元の大きさが重力にほとんど影響を及ぼさない理由は、重力ブレーン上の物体を取り巻く重力場を考えてみてもわかる。すでに見てきたように、平坦な空間次元では、物体から発する力線があらゆる方向に等しく広がる。そして有限

【図87】グラビトンの確率関数

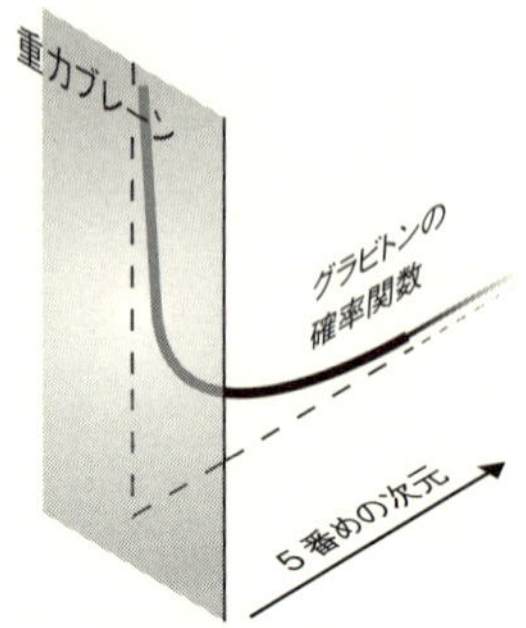

ブレーンを1枚だけ含めた無限の歪んだ時空におけるグラビトンの確率関数。

の余剰次元がある場合、あらゆる方向に伸びた力線の一部はどこかで境界にぶつかり、そこで方向を変える。この理由から、重力線の物体からの距離が余剰次元の大きさより大きくなると、重力線は低次元世界の三つの無限の次元にしか広がらなくなる。

一方、次元が歪曲したシナリオでは、そもそも力線があらゆる方向に等しく広がらない。力線はブレーン上でだけ、あらゆる方向に等しく広がる。そしてブレーンに垂直な方向に対しては、ほとんど広がらない（図89を参照）。重力線がおもにブレーンに沿って広がるため、この重力場は、四次元での物体から生じる重力場とほぼそっくりに見える。五番めの次元への広がりがこれだけ小さい（10^{-33}センチメートルのプランクスケール長さとほぼ同じ）なら、この広がりは無視できる。余剰次元が無限でも、ブレーンにとどめられた物体の重力場にとっては影響がない。

これでラマンと私が最初に抱えた問題がどう解決されたかもわかるだろう。つまり、なぜ五番めの次元の大きさが重力の強さに無関係なのかということだ。まえのスプリンクラーのたとえに戻って、今度はスプリンクラー全体の水の配分を、グラビトンの確率関数が急落してからの重力の配分と同じようにしたと仮定してみる。この場合、あなたは自分の庭に半分の量の水をまいたあと、残りの半分の水を隣の庭に流し、さらにその半分を次の庭に……と続けていっ

【図88】池の大きさとアヒルの分布

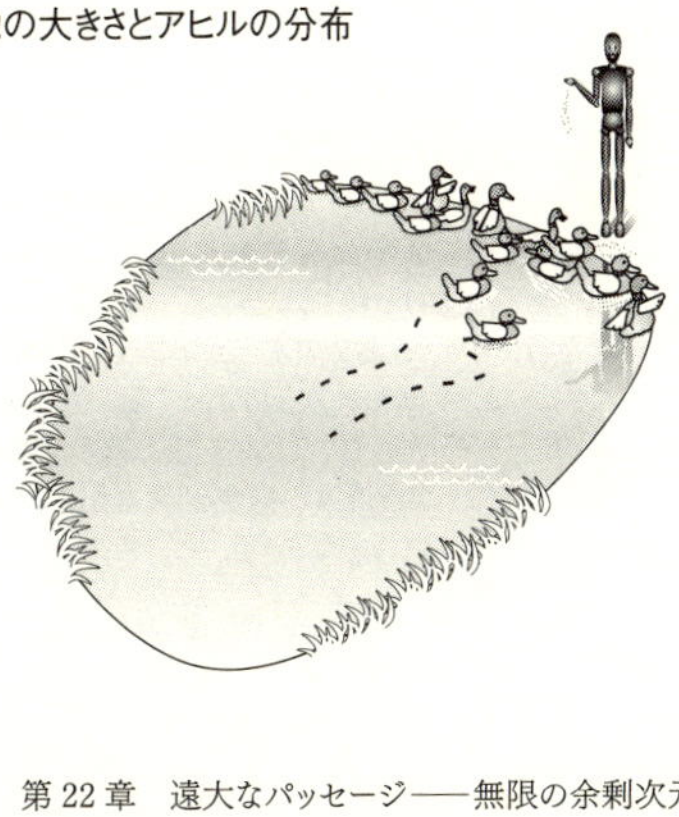
アヒルが岸の近くに集中していれば、岸の近くのアヒルを数えるだけで、池にいるアヒルのほぼすべてを数えたことになる。

て、全員が隣の庭のもらった量の半分の水を自分の庭にもらえるようにする。五番めの次元に二つめのブレーンがある状態をまねるには、どこかの地点で水をまくのをやめればいい。そうすれば、五番めの次元にある二枚めのブレーンによってグラビトンの確率関数が五番めの次元上のある一点で途切れるのと同じ格好になる。一方、五番めの次元が無限に伸びている状態をまねるには、スプリンクラーの長さに沿って無限に水をまいていくことになる。

五番めの次元の大きさがブレーン近辺の重力の強さと無関係であることを証明するには、水をまくのを五番めの庭でやめた場合でも、一〇番めの庭でやめた場合でも、あるいは水をまくのをやめなかった場合でも、最初のいくつかの庭にまかれる水の量はつねにほぼ等しいことを証明すればいい。そこで、このスプリンクラーが五番めの庭に水をまいたあと、最終的にどうなるかを考えてみよう。六番めから先の庭にはほとんど水がまかれないため、スプリンクラーが最初のいくつかの庭にまく水の総量は、スプリンクラーが無限にまく水の総量と数パーセントしか違わない。仮に七番めの庭までできたところで水をまくのをやめたとすれば、その差はさらに小さくなる。ほぼすべての水が最初のいくつかの庭にまかれてしまうような水の分配をすれば、遠くの庭は水の全体量のきわめてわずかな割合しか水をもらわないため、最初のいくつかの庭がもらう水の量にとって

【図89】歪んだ次元の力線

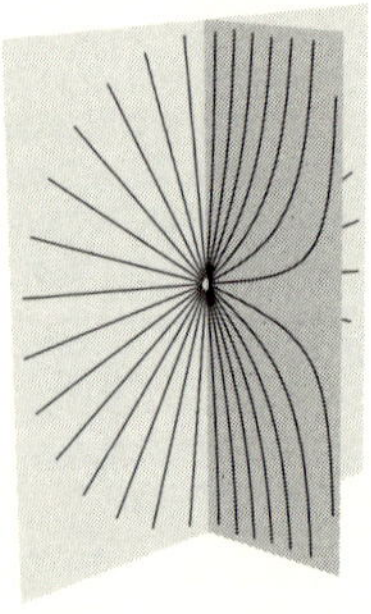

次元が歪んでいるシナリオでは、力線がブレーン上のあらゆる方向には等しく分布する。しかし、ブレーンを離れた力線は曲げられてしまうので、実質的にはブレーンと平行になり、5番めの次元が有限であるのと変わりなくなる。たとえ無限の次元があっても、重力場はブレーンの近くに局所集中するため、重力線の広がりは4つしか（時空）次元がない場合と同じようになる。

は無関係になる。[*]

前述のアヒルのたとえは次章でも使う予定なので、ここでも同じことをアヒルの勘定の観点から説明してみよう。池のアヒルは誰かがまいたパンくずに引かれて岸の近くに集まっている。その岸辺近くのアヒルを最初に数えてから、つぎにすこし遠くのアヒルを数えてみようと思っていても、そのもくろみはすぐに無駄に終わる。岸からすこし離れたところに目を移した時点で、そこにはもう数えるべきアヒルがほとんどいないからだ。つまり、岸からどんどん離れてアヒルを数えつづける必要はない。岸の近くの領域にいるアヒルを数えた段階で、実質的にほぼすべてのアヒルを数え終えているのである(図88を参照)。

グラビトンの確率関数は、仮に二枚めのブレーンの先に外挿しても、そこでは非常に小さくなるため、二枚めのブレーンがどこに位置していようと、四次元グラビトンの相互作用の強さには無視できるほどの違いしかない。言い換えれば、重力ブレーンの近くに重力が局所集中しているこの理論では、五番めの次元がどこまで広がっていようと四次元重力の見かけの強さにとってはどうでもいいのだ。[37]たとえ二枚めのブレーンがなく、五番めの次元が無限に伸びていても、重力はやはり四次元に見える。ラマンと私はこのシナリオを「局所集中した重力」と名づけた。これはグラビトンの確率関数がブレーンの近くに局所集中しているからである。厳密に言えば、五番めの次元は無限に伸びているわけ

＊このたとえの現実的な例がコロラド川で、ここの水はダムと灌漑によって米国南西部に供給されるようになっており、川がメキシコに達するころには水がすこししか残っていない。カリフォルニア湾の近くにダムを建てても(つまり重力ブレーンから遠く離れたところに別のブレーンを置くようなことをしても)ラスベガスに供給される水の量には影響がない。

だから、重力がその五番めの次元に漏れだしていると考えられなくはない。しかし実際には、グラビトンが遠くで見つかる確率が低いことからして、そうはなっていないと考えられる。空間が途中で切れているわけではないのだが、それでもやはり、すべてのものがブレーン近辺の領域に集まっている。重力ブレーンからあえて遠くへ行くものはほとんどないので、遠くにブレーンがあっても重力ブレーン上の物理過程にはなんら影響が及ばない。重力ブレーン上やその近辺で生成されたものは、ずっとそのままそこにいて、局所集中した領域を離れない。

この局所集中した重力のモデルは「RS2」と呼ばれることもある。「RS」はランドールとサンドラムの略だが、「2」はいささか誤解を招きやすい。これは、このモデルが私たちの書いた歪曲した幾何に関する二番めの論文という意味なのだが、ブレーンが二枚あることを表していると取られかねないからだ。ブレーンを二枚含めた私たちのシナリオは、階層性問題の解答を示したもので、「RS1」と呼ばれる(もし私たちが逆の順序で論文を書いていたら、名称の紛らわしさはもっと軽減されていただろう)。RS1と違って、この章で見たシナリオはかならずしも階層性問題と関わるものではないが、第20章の終わりのほうで簡単に触れたように、これに二枚めのブレーンを導入して階層性問題を解決することもできる。しかし、空間のなかに階層性問題を解決する二枚めのブレーンがあろうとなかろうと、局所集中した重力は、重要な理論上の意味をもつ抜本的な可能性である。これが事実なら、余剰次元がコンパクトでなければならないという従来の仮定は否定されることになるのだ。

グラビトンのKKパートナー

前節では、グラビトンの確率関数が重力ブレーンに極度に集中しているという話をした。この粒子は、ほとんどブレーン上でしか移動せず、五番めの次元に漏れだす確率がきわめて小さいため、四次元グラビトンと同じ役割を果たす。グラビトンの視点から空間を見ると、五番めの次元は無限に伸びているどころか、10^{-33}センチメートルの大きさしかないように見える（この大きさは曲率によって決まり、その曲率はバルク内とブレーン上のエネルギーによって決まる）。

だが、ラマンと私はこの発見にかなり興奮したものの、これで問題が完全に解決されたとは思っていなかった。局所集中した重力だけで、重力が四次元にいるかのようにふるまう四次元有効理論を本当に生みだせるものだろうか？　考えられる問題は、グラビトンのカルツァ-クライン（KK）パートナーも重力に影響を及ぼせること、したがって重力を大きく修正させられることだった。

これがきわめて深刻に感じられた理由は、一般に余剰次元の大きさが大きいほど、最も軽いKK粒子の質量が小さくなることにあった。次元を無限としている私たちの理論にこれを当てはめると、最も軽いKK粒子がどこまでも軽くなれる。さらにKK粒子の質量差も、余剰次元の大きさが大きくなるにつれて縮まっていくので、非常に軽いグラビトンのKKパートナーがどの有限のエネルギー範囲においてもさまざまなかたちをとって無限に現れてしまう。これらのKK粒子は重力法則に影響を及ぼし、変質させることができるはずだ。たとえ個々のKK粒子が非常に弱くしか相互作用しないとしても、その数があまりにも多ければ、やはり重力は四次元にあるときとは違ったふるまいをするだろう。そう考えると、問題はいっそう深刻だった。

そして何より、KK粒子はきわめて軽いので、おそらく生成しやすいはずだと考えられる。加速器はすでにこれらを生みだせるだけの高いエネルギーで稼動している。化学反応のような通常の物理過程でさえ、グラビトンのKKパートナーを生みだすぐらいのエネルギーは起こせるだろう。もしKK粒子のエネルギーがあまりにも多くのエネルギーを五次元バルクに伝えるのだとすれば、この理論は除外される。

幸い、これらの心配はどれも問題とはならなかった。KK粒子の確率関数を計算してみると、グラビトンのKKパートナーは重力ブレーン上やその近辺で、非常に弱くしか相互作用しないとわかった。たしかにグラビトンのKKパートナーの数はとても多いが、どれも非常に細々としか相互作用しないので、数が多く生まれすぎる恐れもないし、どこかで重力法則のかたちが変えられる恐れもない。一つ問題があるとすれば、この理論があまりにも四次元重力とそっくりになっているので、実験で本物の四次元世界と区別する手立てがいまだ見つかっていないことだ！　グラビトンのKKパートナーは観測可能なものに対して無視されるような影響しか与えないため、私たちは平坦な四次元と、五番めの歪曲した次元を加えた平坦な四次元との違いをどうしたら判別できるかわからないのである。

グラビトンのKKパートナーの相互作用の弱さは、その確率関数の形状から理解できる。グラビトンの場合と同じく、ある粒子が五番めの次元上のある特定の位置で見つかる確率を示したのが確率関数である。ラマンと私はおおむね標準的な手順に沿って、この歪曲した幾何におけるグラビトンのKKパートナーの質量と確率関数を求めた。この手順には、量子力学の問題を解くことも含まれている。五番めの次元が平坦な場合、この量子力学の問題とは、第6章で述べたように、巻き上げられた次元を途切れずに一周する波を見つけ、それによって適切なエネルギーを量子化することである。[*] しかし私たちの考えた、五番めの次元が無限に伸びている歪曲した幾何の場合、この量子力学の問題はかなり難しく思えた。時空を歪曲させているバルク内とブレーン上のエネルギーを考慮する必要があったからだ。だが、私たちはどうにか標準的な手順を自分たちの状況設定に見合うように修正できた。その結果は心躍るようなものだった。

最初に見つけたKK粒子は、五番めの次元での運動量がゼロのものだった。この粒子の確率関数は、重力ブレーン上に極度に集中していて、そこから離れると指数関数的に減少する。これはおなじみの形状だ。すでに見てきた四次元グラビトンと同じ確率関数である。この質量のないKKモードは、ニュートンの四次元法則の重力を伝える四次元グラビトンなのだ。

だが、残りのKK粒子はまったく違っている。これらのKK粒子はいずれも重力ブレーン近辺で見つかりやすくはなっていない。ではどうなっているかといえば、質量ゼロからプランクスケール質量までのさまざまな質量をもつKK粒子が存在していて、それらの確率関数は五番めの次元上のさまざまなところで最高値をとっている。

実際、このように最高値をとる位置がさまざまであることに関しては、興味深い解釈がある。第20章で見たように、時空が歪曲している場合、すべての粒子を四次元有効理論で同じ基盤に立たせ、どれもが同じように重力と相互作用できるように、五番めの次元上でそれぞれに違っていた距離や時間やエネルギーや運動量をスケール修正する。ブレーンから外に移動したものは、その過程の各点でのエネルギーが指数関数的に小さくなる。だからウィークブレーン上の粒子はすべて一TeV前後の質量をもつことになった。重力ブレーンを離れてウィークブレーンに向かうアシーナの影は五番めの次元を進むにつれて大きくなり、アシーナの体は軽くなった。

五番めの次元上の各点も同じように特定の質量に関連づけられる。各点での質量は、そこでのスケール修正を介して、プランクスケール質量に結びつけられるのだ。ある特定の点で確率関数が最高値をとるKK粒子は、どれもプランクスケール質量をそのようにしてスケール修正したあとの値に近い

＊巻き上げられた次元も、数学的にはやはり「平坦」である。巻かれていた次元を広げて平坦な次元として扱うことができるからで、この手法は球面などには当てはまらない。

質量をもつ。五番めの次元を進んでいけば、各点で確率関数が最高値をとるKK粒子に出会うが、そのKK粒子の質量は重力ブレーンから離れるほど軽くなっていく。

このカルツァ＝クライン粒子のスペクトルは、徹底した棲み分け社会のようなものだと言えるかもしれない。空間のある領域は、スケール修正されたエネルギーが小さすぎて重いKK粒子を生みだせないため、重いKK粒子がその領域に住んでいることはない。そして軽いKK粒子のほうは、非常にエネルギーの高い粒子がいる領域ではめったに見つからない。KK粒子はその質量により、できるだけウィークブレーンから離れたところに集中する。その位置取りは、十代の少年がずり落ちない程度にぶかぶかのパンツをはきたがるようなものだ。幸い、KK粒子の位置を定める物理法則は、十代のファッションの得体の知れないルールよりよほど理解しやすい。

私たちからすると、軽いKK粒子の確率関数の最も重要な特徴は、重力ブレーン上での値がきわめて小さいことだ。これは、ブレーン上やその近辺で軽いKK粒子が見つかる可能性がすこししかないことを意味している。軽いKK粒子ができるかぎり重力ブレーンを敬遠するので、重力ブレーンでは軽い粒子が（ここで確率関数が最高値をとる例外的なグラビトンを別にして）ほとんど生まれない。しかも、軽いKK粒子は重力ブレーンを敬遠しているためブレーン上の粒子とほとんど相互作用をしないから、軽いKK粒子が重力法則を大きく修正することもない。

これらすべてを考えあわせて、ラマンと私はこの理論がきちんと機能すると確信した。グラビトンが重力ブレーンに局所集中しているために、重力は四次元に見えるのだ。グラビトンのKKパートナーはたくさんいるが、これらは重力ブレーン上で非常に弱くしか相互作用しないので、気づかれるような効果は及ぼさない。そして無限に伸びる五番めの次元が存在していても、重力の法則を含めたあらゆる物理法則と物理過程は、四次元世界で予想されるものと完全に一致して見える。この極度に歪曲した空間では、無限の余剰次元がありえるのだ。

ただし前述したように、観測という観点から見ると、このモデルには不満が残る。ある意味ではみごとなのだが、この五次元モデルはあまりにも忠実に四次元を模しているため、違いを識別するのが非常に困難である。素粒子物理の実験者はまちがいなく相当の苦労をすることになるだろう。

とはいえ、すでに物理学者は天体物理学と宇宙論の面から、この二つの世界を区別できるような特徴を探しはじめている。多くの物理学者*は歪曲した時空のブラックホールを考えてきたし、それ以外にも、私たちが実際に住んでいるのがどちらの宇宙なのかを確定できる独特な特徴がないかどうかを調べつづけている。

いまのところ、局所集中は、この宇宙に余剰次元があることを説明する新しい魅惑的な理論上の可能性でしかない。今後のさらなる発展で、これが本当にこの世界の特徴であるかどうか最終的に確定されるのを期待してやまない。

*フアン・ガルシアー＝ベリド、アンドリュー・シャンブリン、ロベルト・エンパラン、ルース・グレゴリー、スティーヴン・ホーキング、ゲーリー・T・ホロウィッツ、ネマーニャ・カロパー、ロバート・C・マイヤーズ、ハーヴェイ・S・リオール、真貝寿明、白水徹也、トビー・ワイズマンなど。

まとめ

●時空の歪曲のしかたによっては、余剰次元が無限に伸びていながら、なおかつ目に見えない可能性もある。

●重力はある一定の有限の領域に厳密に拘束されていなくても、そこに局所集中することがある。

●重力が局所集中している場合、質量のないＫＫ粒子が局所集中した四次元グラビトンである。この粒子は重力ブレーンの近くに集中している。

●それ以外のＫＫ粒子はすべて重力ブレーンから離れたところに集まっている。それらの確率関数の形状と、確率関数が最高値をとる位置は、それぞれの質量によって決まる。

第23章 収縮して膨張するパッセージ

いつになるかはわからないけど
いつか僕らはその場所に着く
僕らが本当に行きたい場所に
――ブルース・スプリングスティーン

アイク四二世は大きい世界に行こうとしていた。何メガパーセクにもなるAlicxvrの最高設定を試してみたかったのだ。その設定なら、銀河の先、知られている宇宙の先まで探検できて、まだ誰も見たことがない遠くの領域を経験できるはずだった。

アイクはぞくぞくしながらAlicxvrに連れられて、九〇億光年先、一二〇億光年先、一三〇億光年先へと達した。だが、そこで興奮はいっきに冷めた。アイクがその先へ行こうとすると、信号強度がいきなり急落したのだ。一五〇億光年先をめざしたところで、アイクの冒険は完全に終わった。もはや何の情報も入ってこなかった。その代わりに、こんな音声が聞こえた。「メッセージ5B73　あなたの到達しようとしている地平線は通話可能な範囲を超えています。ご相談があれば、お近くの長距離オペレーターにお問い合わせください」

アイクは自分の耳を疑った。いまは三一世紀なのに、この地平線サービスはいまだに限られた範囲しかカバーしていないのか。アイクはオペレーターに問い合わせようとしたが、流れてきた録音メッセージに「そのままブレーン上でお待ちください。問い合わせを受けつけた順に応答いたします」と言われた。オペレーターが出てくることなんてないんじゃないのか、とアイクは思い、賢明にも、待つのをやめた。

前章で説明したように、時空が歪曲していると余剰次元は解放され、無限に伸びているにもかかわらず、なおかつ見つからないでいられる。しかし、無限の余剰次元でこの物理の話は終わりではない。むしろ、いよいよ奇妙になる。この章では、四次元重力（三つの空間次元と一つの時間次元をもつ重力）がまさしく局所的な現象になりうる理由を説明する。つまり、遠く離れたところでは重力がまったく違って見えるかもしれないのだ。詳しくはこのあと見ていくが、実際は五次元である空間が四次元に見えている可能性があるだけでなく、ひょっとしたら私たちは五次元宇宙のなかの四次元重力をもった隔離ポケットに住んでいるかもしれないのである。

これから見ていくモデルは、空間の異なる領域がそれぞれ異なる数の次元をもっているように見えるという、なんとも奇妙な可能性を示している。物理学者のアンドレアス・カーチと私は、局所集中した重力のいくつかの厄介な特徴を調べているうちに、この可能性が当てはまる時空のモデルを発見した。私たちが最終的にたどりついた、この根本的に新しいシナリオにしたがえば、余剰次元が私たちの目に見えない理由は、これまで考えられていたよりもずっと強く私たちの環境に関係している可能性がある。じつは私たちは四次元のくぼみに住んでいて、たまたまそこでは空間次元が三つだっただけなのかもしれない!

そのころのこと

ラマンと私が共同研究をしていたころのEメール記録を見返すと、よくもこれだけ気を散らさせるものがあったなかで研究を完成させられたものだと、いまさらながら驚嘆する。私たちが研究に乗りだしたとき、私はちょうどMITからプリンストンに移って教授の職に就く予定になっていたところで、そのかたわら、翌年にカリフォルニア大学サンタバーバラ校で開くことになっていた半年間のワークショップの準備も行なっていた。ラマンのほうも、博士研究員のポストはいくつか得ていたが、やはり教員のオファーをもらうべく、講演の準備や求職活動で忙しくしていた。いま考えても信じられない話だが、彼はすでに立派な研究をしていたのに、私やほかの同僚たちは、いつか報われるから物理学を捨ててはいけないと彼を説得し、別の仕事を探すのを思いとどまらせなければならなかった。ラマンは明らかに物理学を続ける気でいたし、文句なしに教員の高いポストにふさわしかったのに、それでもなかなか職に就けないでいた。

当時のEメールには、そのころの混乱状態がよく表れている。興味深い物理学のテーマのつぎには、推薦状の依頼があり、さらにスケジュールの調整から、プリンストンでの住居の手配、サンタバーバラの会議主催者とのやりとりまで、種々雑多な話題が入り乱れていた。そのなかには、私たちの研究に関してほかの物理学者と交換したEメールもいくつかあった。だが、決して多くはない。私たちのRS2論文は、最終的には何千回と引用されて、広く受け入れられるようになったが、最初はまちまちな受けとられ方をした。しばらく時間が経ってから、ようやく大部分の物理学者がこれを理解して、信用するようになった。ある同僚は私にこう言った。人はみな最初のうちは誰かが穴を見つけるのを待っている、そうすれば無駄な注意を払わなくてすむから——。たしかにプリンストンでラマンが行なった講演に対する反応は、どんなによく言っても、熱意に欠けるとしか言えなかった。

耳を傾けてくれた人もいるにはいたが、かならずしもすぐに信じてはくれなかった。ひも理論研究者のアンディ・ストロミンジャーとの対話は私たちにとって非常に学ぶところの多いものだったが、いま本人が笑って言うように、彼も最初は私たちの説をまるっきり信じていなかった。だが幸いにして、彼は耳を傾けて話をしてくれるだけの信用は示してくれた。

物理学の世界には、少数ながら、私たちの研究を最初から理解して信用してくれた人もいた。私たちにとって運がよかったのは、そのなかにスティーヴン・ホーキングがいて、自分の強い関心をためらわずにほかの人びとに伝えてくれたことだった。ハーバードの権威あるローブ講義でホーキングが私たちの研究を重点的に取りあげてくれたとき、ラマンはそれを興奮して私に伝えてきたものだ。

また、関連したアイデアに取り組んでいる研究者たちも何人かはいた。しかし理論物理学の世界が総じて関心を払うようになったのは、その年の秋、私たちの論文が発表されてから数か月後(私たちがこのアイデアを話しはじめてからはずっとあと)のことだった。いま思えば幸運だったのだが、その一九九九年の秋、私はイスラエル出身のシカゴ大学の物理学者、デイヴィッド・クタソフと、ミネソタ大学のロシア生まれの素粒子理論研究者、ミーシャ・シフマンとともに、カリフォルニア大学サンタバーバラ校のカヴリ理論物理学研究所で半年間のワークショップを主催した。この研究会の当初の目的は、ひも理論研究者とモデル構築者を引きあわせ、超対称性や強く相互作用するゲージ理論といった研究対象に関するそれぞれの関心をすりあわせて、その初めての共同作業から何かを得ることにあった。私たちはワークショップの計画をかなりまえから始めており、その段階では、まだブレーンや余剰次元の概念は論議を呼んでいなかった。当時の私たちは、ひも理論研究者とモデル構築者のあいだに何らかの好ましい相乗作用が生まれればいいとは思っていたが、実際に会議が始まったときに余剰次元のことを考えるようになるとは思ってもいなかった。

だが、それは偶然にも格好のタイミングだった。このワークショップは余剰次元についてのアイデアを肉付けするよい機会となり、モデル構築者、ひも理論研究者、一般相対論研究者が、それぞれ互いの専門知識を伝えあった。刺激的な討論がたくさん行なわれるなかで、歪曲した幾何も主要なテーマの一つとなった。そして最終的に、モデル構築者もひも理論研究者も、歪曲した五次元幾何を真剣に考慮するようになった。実際、この二つの分野の差がしだいに薄れていくほど、両者は協力して歪曲した幾何やその他のアイデアに関する共通の問題に取り組んだ。

やがて多くの物理学者が歪曲した幾何のさまざまな側面を研究するようになった。全体のつながりも確立し、わかりにくかった点も細かく調べられて、局所集中した重力はさらに興味深いものになった。ひも理論研究者は最初のうちこそRS1（二枚のブレーンを含む歪曲した幾何）を単なる一モデルと片付けていたが、いったん調べはじめてみると、RS1のシナリオをひも理論で実現させることができるとわかった。ブラックホール、時間発展、関連する幾何、さらにはひも理論や素粒子物理学の考え方とのつながりなども、調べるに値する興味深い問題だった。いまや局所集中した重力はさまざまな面から調べられ、さらに新しいアイデアを生みつづけている。

いったん私たちの理論が受け入れられて、もはや誤りだとは見なされなくなると、なかには違う方向に行きすぎた物理学者も出てきて、私たちの理論はどこも新しくないと主張した。あるひも理論研究者などは、ひも理論によるカルツァ－クライン・モードの影響力の計算が「動かぬ証拠」で、私たちの理論はひも理論研究者がすでに調べていたひも理論の一種とまるで同じだと結論した。科学界には、これにぴったりのふざけた格言がある。いわく、新しい理論は受け入れられるまでに三つの段階を通過する。最初はまちがっていると言われ、つぎに明白だと言われ、そして最後に誰かがこう言いだす――それはもう別の人間がやっている。しかし今回の場合、「動かぬ証拠」はやがて立ち消えとなった。そのひも理論の計算は考えられていたよりずっと微妙で、ひも理論の答えとされていたものも、じつは正しくなかったことに物理学者たちが気づいたからだった。

実際のところ、ひも理論の研究と接点をもったことは私たち全員にとって非常に刺激的な経験だったし、その後の新しい重要な洞察にもつながった。それに局所集中した重力は、当時のひも理論の最も重要な発展と強く重なる部分があった。私たちの研究でもひも理論の研究でも、同じように歪曲した幾何を取り入れていたのである。私たちの調べていたことが直接ひも理論のモデルに逆らわなかったからかもしれないが、私たちの研究の重要性をいち早く認識して受け入れてくれたのも、むしろモデル構築陣営より、ひも理論陣営のほうだった。最初は偶然だと思っていたのだが、ひょっとしたらそれは私たちが正しい道を進んでいたことの証しだったのかもしれない。幸い、ラマンはその後、もう職探しに困らなくなった（彼は現在、ジョンズ・ホプキンズ大学で教授を務めている）。

とはいえ、多少の疑念は残った。ラマンと私が出したモデルはいくつかの興味深い疑問を生み、それには誰もすぐには答えられなかった。局所集中は非常に離れた時空の形状に左右されるだろうか？ラマンと私が提出したような幾何の例を、人びとは超対称理論に探そうとした。しかし、局所集中しているブレーンから遠く離れた重力の形状がどうも障害になるように思われた。だが、その条件は必須なのだろうか？　そして、私たちが答えを求めていた疑問はもう一つあった。時空はどこでもつねに四次元に見えるのだろうか？　局所集中した重力は、五次元宇宙全体を、あたかも四次元重力があるかのようにふるまわせる。これはかならず起こるのだろうか、それとも四次元に見えるのは一部の領域で、別の領域では違ったふるまいがあるのだろうか？　また、重力ブレーンが完全に平坦でなかったらどうなるだろう？　幾何の異なるブレーンでも局所集中は同じように働くのか？　こうした疑問に答えられたのが、アンドレアスと私が考えた「局所的に局所集中した重力」だった。

局所的に局所集中した重力

空間の次元はいくつある？　私たちは本当にそれを知っているのか？　ここまで読んできたあなたなら、余剰次元は存在しないと確信をもって断言するのは早すぎるという見方に同意してくれるものと思う。私たちに見えるのは三つの空間次元だが、ほかにもまだ検出されていない次元があるのかもしれない。

余剰次元が隠れているかもしれないとして、その理由ももうおわかりだろう。巻き上げられていて小さいからか、あるいは時空が歪曲していて、重力が小さい領域に極度に集中しているために、次元が無限に伸びているとしても目に見えないからである。次元がコンパクトなのであろうと、あるいは局所集中しているのであろうと、いずれにせよ時空はどこでも四次元のように見え、あなたがどこにいようと変わらない。

局所集中した重力のシナリオでは、これがあまり明白でないように見える。このシナリオでは、五番めの次元を進むにつれて、グラビトンの確率関数がどんどん小さくなっていく。あなたがブレーンの近くにいる場合なら、たしかに重力は四次元にあるときのように働いている。だが、それ以外のところではどうなのだろう？

答えはRS2にあるとおりで、あなたが五番めの次元のどこにいようとも、四次元重力の影響は避けられない。たしかにグラビトンの確率関数は重力ブレーン上で最大になる。しかし、あらゆるところの物体がグラビトンの受け渡しによって互いに相互作用できるので、位置にかかわりなく、どの物体も四次元重力の作用を受ける。あらゆるところの重力が四次元に見えるのは、グラビトンの確率関数が決して本当のゼロにはならず、永遠に続いていくからだ。局所集中のシナリオでは、ブレーンから遠く離れた物体はきわめて弱い重力相互作用しかしないが、弱い重力でもやはり四次元のようにふるまう。したがって、たとえばニュートンの逆二乗法則も、あなたが五番めの次元のどこにいようと変わらずに当てはまる。

重力ブレーンから遠く離れたところでのグラビトンの確率関数は、いくら小さくてもゼロにはならない。これが、第20章で述べた階層性問題の解決には不可欠だった。バルク内の重力ブレーンから離れたところに位置するウィークブレーンも、重力の作用をきわめて弱くしか受けないが、やはりそこでの重力は四次元のようにふるまう。前述のスプリンクラーのたとえを使うなら、あなたの庭から遠いところにも、かならず水は届けられる。量がたくさんでないだけだ。

だが、さらにその先を考えて、空間次元について私たちが本当に知っていることは何だろうと自問してみたらどうなるか。じつのところ、私たちは空間がどこでも三次元に見えると知ってはいない。私たちの近くの空間が三次元に見えると知っているだけだ。空間が三つの次元（時空にすれば四つの次元）をもっているように見えるのは、私たちに見える範囲の距離においてだ。だが、空間はその先の、到達できない領域にまで伸びているかもしれない。

結局のところ、光の速さは有限であり、私たちの宇宙はある有限の時間しか存在してきていない。したがって、おそらく私たちは空間の一部についてしか知りえない。それは宇宙が始まったときから光が旅してこられた距離の範囲内にある、私たちの周囲の一領域である。この空間は無限に広がってはいない。それを定義するのが「地平線」という領域だ。私たちが入手できる情報とできない情報とを隔てる境界線である。

地平線の先のことは、もう何もわからない。空間が私たちのまわりと同じだという保証もない。コペルニクス革命が何度も新しく書き直されてきたように、私たちがどんどん宇宙の奥を見ていくにつれ、すべてのところが私たちの見ている姿と同じであるとは限らないとわかってきた。物理法則はすべてのところで同じでも、その法則が演じられる舞台はかならずしも同じではない。近くのブレーンが私たちの近傍で見せている重力法則は、別のところで見られる重力法則とは違っているかもしれない。

私たちの視界の外にある宇宙の次元のことを、どうして知っていると言えるだろう？　その先の宇宙がもっと多くの次元を見せたとしても、何の矛盾もないだろう。次元は五つあるかもしれないし、一〇あるかもしれないし、あるいはもっとたくさんあるかもしれない。すべてのところが——到達不可能な領域まで——私たちの時空と同じような時空でできていると思い込む代わりに、必要最低限の条件だけ考えてみれば、何が本当に根本的なもので、何が最終的にありえると見なせるのか、おのずと導きだされるだろう。

私たちが知っているのは、私たちの感知する時空が四次元らしいということだけだ。宇宙のほかの領域がすべて同じように四次元であると考えるのは、おそらく行きすぎというものだろう。私たちの世界から遠く遠く離れたところは、私たちとまったく——あるいは非常に弱い重力信号を通じてしか

――相互作用していない可能性もある。だとしたら、そこが私たちと同じような重力と空間を見ていなくてはならない理由はない。そこに違う種類の重力が働いていてもおかしくはない。

　そして実際、それはありえる。私たちのブレーンワールドでは三十一次元を経験できるが、外の領域はそうではない。なんとも驚くことに、二〇〇〇年にアンドレアス・カーチと私が考案した理論では、ブレーン上とその近辺では空間が四次元に見えるが、ブレーンから離れた空間の大部分は高次元に見えるのである。この考えを図式化したのが図90だ。

　私たちはこのシナリオを「局所的に局所集中した重力」と名づけた。局所集中によって、グラビトンが局所的な領域でしか四次元の重力相互作用を伝えなくなるからだ。したがって、残りの空間は四次元に見えないのである。四次元の世界は重力の「孤島」にだけ存在する。* あなたに見える次元の数は、あなたが五次元バルクのどこに位置しているかによって決まるのだ。

【図90】4次元のくぼみ

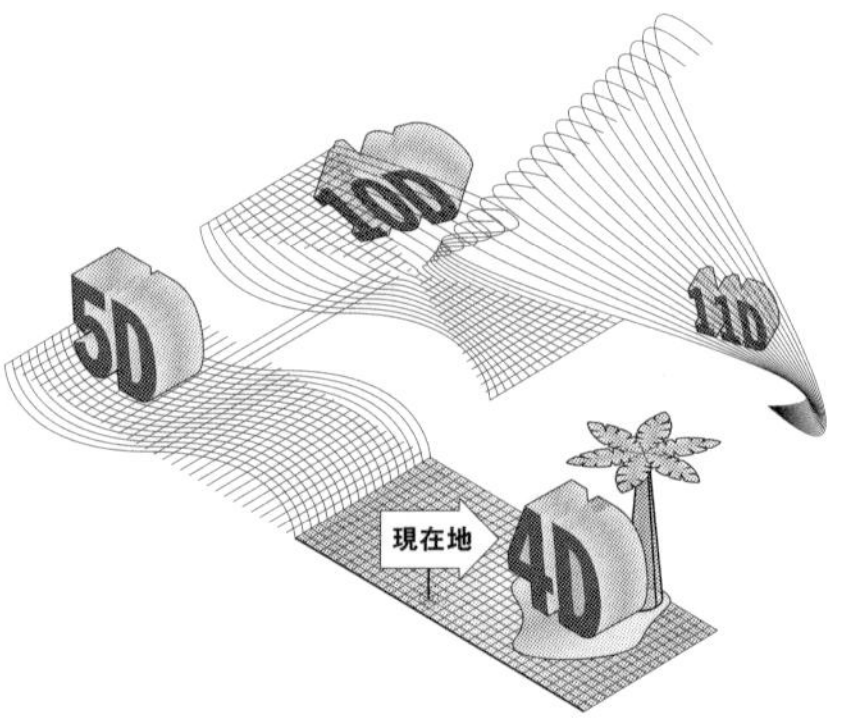

私たちは高次元空間のなかの4次元のくぼみに住んでいるのかもしれない。

局所的な局所集中を理解するために、再度、池のアヒルを使って考えてみよう。まえに池の大きさは関係ないという話をしたが、同意しなかった人もいるのではないだろうか。もし池がとてつもなく大きかったら、反対側の岸近くにいるアヒルはこちら側のアヒルの群れに混じってはこない。実際、非常に遠いところにいるアヒルにこちら側から影響を与えられたら、それこそ奇妙な話だ。遠くのアヒルはこちら側で投げられたパンくずには気づかないだろうから、当然、そのまま池の向こう側で泳いでいる。

局所的に局所集中した重力の基本的な考え方は、これと非常によく似ている。ブレーン上での重力の局所集中は、遠くの空間領域で起こっていることにはかならずしも左右されない。私とラマンがつくったモデルでは、グラビトンの確率関数が指数関数的に減少していくが、決してゼロにはならなかった——したがって四次元重力があらゆるところで感じられることになった——が、遠く離れたところでの重力のふるまいは、ブレーンの近傍で四次元重力が存在するかどうかを決定するのに必須の要件とはならない。

これが局所的に局所集中した重力の本質だ。グラビトンはブレーンの近傍に局所集中して四次元重力を生みだすが、かならずしも遠くの重力には影響を与えない。四次元重力は空間の一領域だけに関係した、完全に局所的な現象であるかもしれない。

皮肉なことに、優秀な物理学者でたいへんなナイスガイでもあるアンドレアスが最初にこの可能性を示したモデルを考えはじめていたころ、彼は別の共同研究プロジェクトに携わっていたのだが、その相手は私のMIT時代の同僚の一人で、ラマンと私の研究に異議を申し立てるつもりでいた（幸い、

＊このモデルは私たちの姓の頭文字をとって「KR」とも呼ばれる。

彼らはその共同研究で、私たちの研究が正しかったことを美しく証明してくれた)。アンドレアスはプロジェクトを進める過程で、ラマンと私が考案したモデルに密接に関連する別のモデルが立てられることに気がついた。ただし、そのモデルにはいくつかの非常に特殊な性質が備わっていた。アンドレアスはプリンストンを訪れたさい、私のところにその話をしに来た。二人でいろいろと話し合った結果、このモデルには衝撃的な意味合いがあるとわかった。最初のうち、アンドレアスと私はEメールを交換したり相手の研究室を訪ねあったりして共同研究を進めていたが、その後、私がボストンに戻ってからは、ずっと容易に作業が進んだ。そして私たちが見つけたのは、非常に驚くべきものだった。

このモデルは、私とラマンが考えたモデルにとてもよく似ていた。歪曲した五次元空間のなかに一枚のブレーンが含まれているところも同じだ。しかし、こちらのモデルでは、ブレーンが完全に平坦ではなかった。ブレーンがきわめて微量のマイナスの真空エネルギーを余分に帯びているからだ。すでに見たように、一般相対性理論では、相対的なエネルギーだけでなく全体的なエネルギーの総量にも重要な意味がある。全体のエネルギー量によって、時空がどれだけ曲がるかが決まるからだ。たとえば五次元時空の一定のマイナスエネルギーは、このまえの数章で見てきたような歪曲した時空を生じさせる。しかし、その場合もブレーンそのものは平坦だった。一方、このモデルでは、ブレーン上の余分なマイナスエネルギーがブレーンそのものをわずかに曲げる。

ブレーン上にマイナスのエネルギーを余分に想定すると、さらに興味深い理論が生まれる。ただし、私たちはマイナスのエネルギーそのものに関心があったわけではない。実際、もし私たちがブレーン上に住んでいるのなら、そのブレーンはわずかにプラスのエネルギーを余分に帯びていなければ、観測結果と一致しない。アンドレアスと私がこのモデルを研究することに決めたのは、ひとえに、これが次元の数にとって非常に興味深い意味をもっていたからだ。

私たちが発見したことを理解するために、いったんブレーンが二枚ある状況に戻って考えてみよう。それを理解したうえで、あとで二枚めのブレーンを外すことにする。二枚めのブレーンが充分に遠い距離にある場合、そこには二種類の異なるグラビトンが存在し、二枚のブレーンそれぞれの近くに分かれて局所集中している。どちらのグラビトンの確率関数も、それぞれのいるブレーンの近くで最高値をとり、そこから離れるにしたがって指数関数的に減少する。

どちらのグラビトンも空間全体に四次元重力を生みだすことはない。それぞれのグラビトンが局所集中するブレーンに隣接した領域にだけ、四次元重力が生みだされる。片方のブレーンに働く重力は、もう片方のブレーンに働く重力とは違っている。強さでさえも、場合によってはまったく異なる。そして片方のブレーン上にある物体は、もう片方のブレーン上にある物体と重力を通じての相互作用をしない。

このように二枚のブレーンが大きく離れている状況は、たとえて言うならば、遠く離れた反対側の岸でも誰かがアヒルに餌をやっているような状況である。この池の両端にいるアヒルは、ひょっとしたら違う種類のアヒルであることもありえる。こちらではパンくずでマガモを引き寄せ、あちらではアメリカオシドリを引き寄せているかもしれない。その場合、反対側の岸に集まっている二つめのアヒルの群れは、二枚めのブレーンの近くに局所集中している二つめのグラビトンの確率関数にたとえられる。

この二種類の異なる粒子がともに四次元グラビトンのように見えるというのは、私たちにとって大きな驚きだった。一般相対性理論にしたがえば、重力の理論は一つしかないはずだった。そして実際、ここには五次元の重力理論という理論が一つだけある。しかしながら、五次元の時空には二種類の粒子が含まれていて、それぞれが五次元時空の遠く離れた領域で、それぞれ四次元のようにふるまう重力を伝えていた。空間の二つの異なる領域は、どちらも四次元重力をもっているように見えながら、それぞれの理論で四次元重力を伝えている粒子が異なるのである。

だが、驚きはもう一つあった。一般相対性理論にしたがえば、グラビトンには質量がない。光子と同じく、グラビトンも光速で移動するはずだ。ところがアンドレアスと私の調べによると、二種類のグラビトンの片方は質量がゼロでなく、光速で移動しないのである。これは本当に驚くべきことだった——が、不安を感じさせるものでもあった。物理学のどの文献を見ても、グラビトンに質量があれば観測に一致する重力は生じないとされている。実際、第10章で重いゲージボソンを取りあげて説明したように、質量のあるグラビトンには質量のないグラビトンより余分に偏極がある。そして物理学者は測定されたさまざまな重力過程を比較したうえで、余剰グラビトンによる偏極の効果はいっさい見つかっていないことを証明している。私たちはしばらく悩んだ。

だが、このモデルは常識的な通念の裏をかいていた。私たちがこのモデルを発見すると、ニューヨーク大学の物理学者のマッシモ・ポラッティ、オックスフォード大学のイアン・コーガン、スタヴロス・モーソポーロス、アントニオス・パパゾーグロー によって、ある場合においてはグラビトンが実際に質量をもつことがあり、それでも正しい重力の予言ができると確認されたのである。彼らはこの理論の専門的な事項を分析して、なぜグラビトンに質量があると観測されている重力過程と一致しないのかを説明する論理に穴があることを示した。

しかし、このモデルにはさらに奇妙な意味合いもある。ここで、二枚めのブレーンを取り払ってみたらどうなるかを考えてみよう。残ったブレーン、すなわち重力ブレーンのうえでは、余剰次元が無限に伸びていても重力法則はあいかわらず四次元に見える。重力ブレーン近辺の重力は、RS2モデルにおける重力と実質的にほとんど同じだ。重力ブレーン上にいるものにとっては一種類のグラビトンが重力を伝え、その重力は四次元に見える。

ただし、このモデルとRS2には重要な違いがある。このモデルは、ブレーン上に余分なマイナスのエネルギーがあるという一点においてRS2と違っており、ここではブレーンの近くに局所集中しているグラビトンは空間全体では重力を支配していない。このグラビトンは空間のあらゆるところの物体と相互作用するのではなく、ブレーン上とその近辺にしか四次元重力を生みださない。したがってブレーンから遠く離れたところでは、もはや重力は四次元に見えないのだ[38]！

これはまえに述べたことと矛盾しているように思われるかもしれない。重力は高次元バルクのあらゆるところに存在していなければならない、という話をしたからだ。もちろん、それは嘘ではない。五次元重力はあらゆるところに存在する。しかし、これまで見てきたほかの余剰次元理論と違って、この理論では物理がつねに四次元で解釈されるわけではない。ブレーン上とその近辺にいるものにとってだけ、この理論は四次元に見える。ブレーン上とその近辺にいるものにだけ、ニュートンの重力法則が当てはまる。それ以外のところでは、重力は五次元なのである。

この状況では、四次元重力は完全に局所的な現象であり、それを感じるのはブレーンの近傍にいるものだけだ。あなたが重力のふるまいから導く次元の数は、あなたが五番めの次元のどこにいるかによって変わってくる。もしこのモデルが正しければ、私たちはブレーン上に住んでいるに違いなく、そうでなければ四次元重力を感じていない。もし私たちがどこか別のところにいるのであれば、重力は五次元に見えているだろう。ブレーンは四次元重力がたまっているくぼみであり、四次元重力をたくわえた孤島なのだ。

もちろん、局所的に局所集中した重力がこの現実の世界に当てはまるのかどうかはわかっていない。そもそも余剰次元があるのかどうか、あったとしたら、どのようにできているのかさえ、私たちにはまだわかっていない。とはいえ、ひも理論が正しければ、余剰次元は存在する。そして本当に存在するとすれば、余剰次元はコンパクト化か、局所集中（あるいは局所的な局所集中）か、またはその両方の組み合わせによって、私たちの目には見えないようになっている。多くのひも理論研究者は、いまもコンパクト化が答えだと信じている。しかし、ひも理論から導かれる重力にはあまりにも謎が多いので、誰もそれが確実とは言えないでいる。私としては、局所集中は一つの新しい選択肢だと思う。重力が局所集中している場合、物理法則は次元が巻き上げられている場合と同様に、そこに次元がないかのようにふるまう。したがって、局所集中した重力も一つのモデル構築の材料となりうるし、これを活用することで、観測結果に一致するひも理論の具体例も見つけやすくなるだろう。

局所的に局所集中した重力に関して私が気に入っているのは、明らかに正しいと証明できるものだけを対象にしているところだ。この説は、私たちが検証できるところに限って宇宙は四次元に見えると言っているだけで、宇宙全体が四次元的であるとは言っていない。私たちの三つの空間次元は、たまたま私たちがいる位置によって得られているだけかもしれない。この考えはまだ完全には探られていない。しかし、空間の異なる領域がそれぞれ異なる数の次元をもっている可能性は、決して考えられなくはないだろう。なにしろ私たちが小さい距離をどんどん探っていって、それまで見えなかったものを見るようになると、そのたびに新しい物理が現れてきたのだ。それは大きい距離においても同じかもしれない。もし私たちがブレーン上に住んでいるのなら、その外に何があってもおかしくないだろう？

まとめ

●局所集中した重力は局所的な現象である。時空の遠く離れた領域がどうなっていようと、この現象には影響がない。

●重力は、この世界の別の領域では別の次元があるかのようにふるまえる。局所集中したグラビトンはかならずしも空間全体に広がってはいないからである。

●私たちは、世界が四次元に見える、空間の孤立したポケットに住んでいるのかもしれない。

VI部 結びの考察

第24章

余剰次元——あなたはそこにいるのか、いないのか？

でも僕はまだ探しているものを見つけていないんだ

——U2

1Dランド、ブレーン、そして五次元に関するアシーナの夢は、世代を超えて語り継がれた。アイク四二世はその話を聞いて、そこにすこしでも真実があるのかどうかを確かめたいと思った。そこで彼はAlicxvrを取りだし、非常に小さい距離に目盛りを合わせた。ひもが現れてくるほど小さくはないが、五番めの次元があるかどうかは確かめられる小ささだ。アイクの依頼に応えて、Alicxvrは彼を五次元の世界に送りだした。

だが、アイクは完全に満足はしなかった。以前、ハイパードライブ装置をいじくったときに起こった奇妙なできごとを思いだし、彼はふたたびハイパードライブのレバーを上げた。するとふたたび、すべてが劇的に変わった。アイクはもう見知った物体を一つも見つけられなかった。わかったのはただ一つ、五番めの次元が消え失せたということだった。

アイクはわけがわからず、スペースネットで「次元」についての情報を探してみることにした。大量に送られてくる煩わしいスパムから知った大量のサイトを必死にうろうろしてみたが、まもなく、もっと検索の条件を絞らないとだめだと気づいた。決定的なものはまだ何も見つかっていなかったが、とりあえず、次元の根本的な起源がそうすぐにわかりそうもないということはわかった。そこでアイクは、関心をタイムトラベルに移すことにした。


いま物理学はたいへんな時代に入っている。かつてはSFの範疇と思われていたような考えが、理論的に――ひょっとすると実験的にも――ありうると見なされるようになってきた。余剰次元という新しい概念が理論的に発見されると、素粒子物理学者、天体物理学者、宇宙論研究者の世界の見方はがらりと変わり、もはや従来の考えには戻れなくなっている。こうした発見の数と、その出てきた頻度だけから見ても、この先にも無数の驚くべき可能性が待ち構えていることはまちがいない。各種のアイデアはすでに独り歩きを始めている。

とはいえ、多くの疑問がいまだ完全な答えを得られないまま残っているのもたしかで、私たちの旅はまだとうぶん終わりそうにない。素粒子物理学者は、いま私たちが見ている力をなぜ私たちは見ているのか、ほかにも違う種類の力があるのかを、いまでも知りたがっている。おなじみの粒子の質量や性質の起源もわかっていない。そして、ひも理論が正しいかどうかもまだわからない。もし正しいとしたら、それは私たちの世界にどう関係してくるのだろう？

近年の宇宙の観測結果は、さらに多くの解決したい謎を提示する。宇宙のエネルギーと物質の大半は何でできているのか？　宇宙の進化の初期に短期間の爆発的な膨張があったのか？　もしそうなら、それはなぜ起きたのか？　そして誰もが知りたがっているのが、宇宙は始まったときにどういう姿をしていたかということだ。

いまの私たちは、重力が違う距離スケールでは違うふるまい方をすると知っている。きわめて短い距離では、ひも理論のような重力の量子論だけが重力を記述することになる。かたや大きいスケールでは、一般相対性理論がとてもよく当てはまるが、近年の非常に大きい距離での宇宙の観測から、何がその膨張を加速しているのかといった宇宙論的な謎も生じている。そしてさらに長い距離になると、宇宙の地平線に達してしまい、その先のことは何も知りえなくなる。

余剰次元理論のとても興味深いところは、スケールの違いに応じておのずと違う帰結をもたらすことだ。これらの理論の重力は、巻き上げられた次元より小さい距離、つまり曲率が小さすぎて何の効果も及ぼさないスケールでは、もっと大きい距離でのふるまいとは違うふるまいを見せる。大きい距離では次元は目に見えないかもしれないし、あるいは歪曲が重要な役割を果たしているかもしれない。これらを考えあわせると、最終的に宇宙の謎めいた特徴を解明するのは余剰次元ではないかと真剣に思えてくる。もし私たちが多次元世界に生きているのなら、余剰次元のもつ宇宙論的な意味合いを無視できないのは確実である。このテーマに関する研究はすでに行なわれているが、今後もまちがいなく多くの興味深い結果が出てくるだろう。

物理学はこれからどこへ向かうのだろう？　可能性は多すぎて、数えあげればきりがない。だが、あえていくつかの興味深い考えをここに紹介しておこう。これらはどれも、さらに重要な理論上の驚きが待ち構えていることを示唆するものだ。そして、ひょっとしたら近いうちに解決に近づけるかもしれないものだ。数々の謎は、すべて一つの疑問に集約される。いまの時点でこれは衝撃的に聞こえるかもしれないが、それはこういう疑問である。

それにしても次元とは何なのか?

こんなあとになって、どうしていまさらそんなことを? すでにこの本の大半を費やして、次元の意味や、余剰次元世界の仮説の考えられる帰結をいろいろと述べてきたではないか? だが、次元について理解されていることをここまで説明してきたいまだからこそ、しばしこの疑問に戻りたいと思うのだ。

次元の数とは、じつのところ何を意味しているのだろう? 次元の数が、空間内の一点を特定するのに必要な物理量の数として定義されるのは知っている。だが、第15章と第16章で紹介した例のように、一〇次元理論がときとして一一次元理論と同じ物理的帰結をもつこともある。

このような双対性は、私たちの次元の概念が見かけほど堅固ではないことを示している。この定義には、従来の専門用語の枠にはまらない柔軟性があるのだ。一つの理論に双対的な二つの記述があるのなら、一つの定式化がかならずしも最良の定式化とは限らないということになる。たとえば、ひもの結合の強さによって定式化はもちろん次元の数でさえ、最良とされる記述の内容は違ってくるかもしれない。一つの理論が最良の記述とは限らないのだから、次元の数の問題もつねに単純な答えになるわけではない。この次元の意味のあいまいさと、強く相互作用する理論において別の次元が追加で現れることが、ここ一〇年の理論物理学の最も重要な結果の一つである。では、このあともういくつかの近年の理論上の発見を紹介しよう。これらを見れば、残念ながら、次元の概念が思っていたより多分にあいまいであることがわかるだろう。

1．歪曲した幾何と双対性

第20章と第22章で、ラマン・サンドラムと私が考案した歪曲した時空の幾何のいくつかの帰結を説明した。この幾何では、物体の質量と大きさが五番めの次元での位置によって決まり、そのために、重力がブレーンの近くに局所集中する。だが、この歪曲した時空にはさらにもう一つ驚くべき特徴がある。専門用語で「反ド・ジッター空間」と呼ばれているもので、まだ話していなかったが、これが次元の数に関するまた新たな疑問を呼ぶのである。

反ド・ジッター空間の驚くべき特徴は、双対的な四次元理論が存在するということだ。理論上から言って、反ド・ジッター空間で起こることはすべて双対的な四次元の枠組みを使って記述でき、そこでは特殊な性質をもった非常に強い力が働いている。この不可思議な双対性にしたがえば、五次元理論のすべてのものが四次元理論に相似物をもっており、逆もまた同じことが言える。

数学的な論理から言えば、反ド・ジッター空間における五次元理論は四次元理論に等しいわけだが、その四次元の双対理論にどんな粒子が含まれているかはかならずしも正確にはわからない。しかし一九九七年、現在プリンストン高等研究所にいるアルゼンチン生まれのひも理論研究者、フアン・マルダセナが、ひも理論に同様の双対性の明らかな例があることを導きだすと、ひも理論の世界は騒然となった。マルダセナが想定したのは、いくつものDブレーンが重なりあっているなか、そのブレーン上でひもが強く相互作用している状況で、このひも理論だと、四次元の場の量子論でも記述できたし、一〇のうち五つの次元が巻き上げられ、残りの五つが反ド・ジッター空間にあるとする五次元の重力理論でも記述できたのである。

どうして四次元理論と（一〇のうちの）五次元理論が同じ物理的結果になりうるのか？　それなら、

たとえば五番めの次元方向に移動している物体の相似物は何なのか？　答えを言えば、五番めの次元を移動している物体は、双対的な四次元理論のなかでは広がったり縮んだりする物体として現れる。これはちょうど重力ブレーン上のアシーナの影と同じで、影もアシーナが重力ブレーンを離れて五番めの次元を進むにつれて大きくなった。ちなみに五番めの次元方向に互いにすれ違う物体は、四次元では、広がりながら、縮みながら、重なりあう物体に相当する。

ブレーンを導入すると、双対性の帰結はいっそう奇妙になる。たとえば、重力はありながらブレーンはない五次元の反ド・ジッター空間は、重力のない四次元理論に等しい。しかしラマンと私がやったように、その五次元理論にブレーンを含めると、それに等しい四次元理論にいきなり重力が含まれるようになる。

私はまえに、歪曲した幾何は高次元理論であると言ったが、このような双対性があるのなら、私は嘘を言っていたことになるのか？　いや、そうではない。双対性はたしかに興味深いものだが、まえに言ったことをすこしも変えるものではない。誰かが厳密な双対の四次元理論を見つけたとしても、そのような理論はきわめて調べるのが難しい。そこには無数の粒子と、摂動理論（第15章を参照）が適用されないぐらい強い相互作用が含まれているはずだからだ。

物体が強く相互作用するような理論は、ほぼかならず、弱く相互作用する記述を代用として立てないと解釈できない。そしてこの場合、扱いやすい記述は五次元理論なのである。計算に使える程度に単純に定式化できるのは五次元理論だけなので、理論を五次元で考えようとするのは妥当なことだ。しかし、五次元理論のほうが扱いやすいとはいっても、そのような双対性があると、私はやはり「次元」という言葉が実際に何を意味するのかわからなくなってくる。次元の数が、ある物体の位置を特定するのに必要な物理量の数だということはわかっている。だが、どの量を数勘定に入れるべきなのかを私たちは本当に知っているのだろうか？

2．T双対性

次元の意味を問うもう一つの理由は、外見の異なる二つの幾何のあいだに同等性があることだ。この同等性を「T双対性」という。ひも理論研究者はこれまでに述べてきた双対性をまだ一つも発見していないうちから、このT双対性だけは発見していた。これは巻き上げられた微小な次元をもつ空間を、巻き上げられた巨大な次元をもつ別の空間に入れ替える双対性である。[39] なんとも奇妙に感じられるかもしれないが、ひも理論では、きわめて小さい巻き上げられた次元と、きわめて大きい巻き上げられた次元が、同じ物理的結果を生む。ごく小さい容量に巻き上げられている空間が、非常に大容量の空間と物理的に同じ帰結をもつのである。

巻き上げられた次元をもつひも理論にT双対性が適用されるのは、丸くコンパクト化された時空に二種類の閉じたひもがあり、次元が小さく巻き上げられている空間を大きく巻き上げられている空間と置き換えるときに、その二種類のひもが入れ替えられるからだ。閉じたひもの片方のタイプは、上下に振動しながら閉じた次元のまわりを回る。ちょうど第18章で見たカルツァ－クライン粒子と同じようなふるまいをするわけだ。一方、もう一つのタイプのひもは、巻き上げられた次元を一周でも二周でも、何周でも包み込む。そして、小さく巻き上げられた空間を大きく巻き上げられた空間に置き換えるT双対性の作用は、この二つのタイプのひもを入れ替える。

このT双対性は、ブレーンが存在するに違いないと考えさせる最初のきっかけだった。ブレーンがなかったら、開いたひもが双対的な理論のなかに相似物をもたなくなってしまうからだ。しかし、T双対性が適用されて、巻き上げられた微小な次元が大きく巻き上げられた次元と同じ物理的結果を生むようになるのであれば、またしても「次元」の概念はつかみにくくなる。

なぜかといえば、ある巻き上げられた次元の半径を無限に長くしたと想像した場合、T双対性で同等となる巻き上げられた次元は大きさがゼロになる――円そのものがなくなってしまうのだ。つまり、ある理論で無限サイズの次元を想定すると、それとT双対性をなすのは次元が一つ少ない理論だということになる（大きさがゼロの円は次元に数えられないので）。したがってT双対性は、外見的に異なる二つの空間が、異なる数の大きく広がった次元をもちながら、なおかつ同一の物理的予言をすることを示してもいる。やはり、次元の意味はあいまいだ。

3．鏡面対称

T双対性は、次元が円に巻き上げられているときに適用される。だが、T双対性よりさらに奇妙な対称性が「鏡面対称」である。これは六次元が巻き上げられてカラビ‐ヤウ多様体になっているときのひも理論に適用される。この鏡面対称にもとづけば、六次元は二つのまったく異なるカラビ‐ヤウ多様体に巻き上げられるのに、その結果として導かれる長距離の四次元理論はまったく同じになりうる。あるカラビ‐ヤウ多様体の鏡面対称となる多様体は、元の図形とまったく違って見えることがある。形状、大きさ、ねじれ方、さらには穴の数まで違っているかもしれない。* にもかかわらず、あるカラビ‐ヤウ多様体に鏡面対称の多様体があるとき、六つの次元がそれぞれのかたちに巻き上げられている二つの物理理論は同じになる。したがって鏡面対称になっている多様体の場合も、外見の異な

＊多様体の穴の数はいろいろな値をとれる。たとえば球には穴がないが、ドーナツのような形状のトーラスには穴が一つある。

る二つの幾何が同じ予言を生むことになる。ここでもまた、時空は不可思議な性質を見せる。

4．マトリックス理論

ひも理論を調べる手段の一つとなる「マトリックス理論」は、次元に関してさらに不可思議な手がかりを与える。マトリックス理論は外面的には、一〇次元を移動するD_0ブレーン（点状のブレーン）のふるまいと相互作用を記述する量子力学理論に見える。しかし、この理論は明らかに重力を含まないのに、D_0ブレーンはグラビトンのように働く。したがって外面的にはグラビトンが存在しないのだが、理論は結果的に重力の相互作用を含むことになる。

しかも、D_0ブレーンの理論は一〇次元ではなく一一次元の超重力を模倣する。つまり、マトリックス理論のモデルは元の理論が記述していたより一つ次元が多い超重力を含む格好になっている。この示唆的なふるまいから（ほかの数学的証拠とあわせて）、ひも理論研究者はマトリックス理論がM理論に等しいと信じるようになってきた。M理論もまた一一次元の超重力を含んでいるからだ。

エドワード・ウィッテンが見つけたマトリックス理論のとくに奇妙な特徴の一つは、D_0ブレーンどうしが近づきすぎると、もうその位置が正確にはわからなくなることだ。トム・バンクス、ウィリー・フィシュラー、スティーヴ・シェンカー、レニー・サスキンド――マトリックス理論の創始者たち――は論文のなかでこう書いている。「このように、小さな距離では通常の位置を使って配位空間を表すことができない」[*] つまり、D_0ブレーンの位置をあまりにも厳密に特定しようとすると、その位置はもう数学的な量として意味をなさなくなる。

こうした奇妙な性質から、マトリックス理論は非常に興味をそそる研究対象となっているが、現時点ではこれを計算に使うのは非常に難しい。問題は――強く相互作用する物体を含めたほぼすべての理論と同じく——実際に何が起きているかを正確に理解するための非常に重要な疑問の多くが、まだどうやって解明すればいいかわかっていないことにある。とはいえ、マトリックス理論では余剰次元が出現する一方、D_0ブレーンが互いに近づきすぎると次元が消失するというのだから、次元の本当の意味はますますわからなくなってくる。

何を考えればいいのか

これらのような、次元の数が異なる理論どうしの不思議な同等性を物理学者は数学的に示してきたわけだが、明らかに、全体像はまだ見えていない。これらの双対性が適用されるとして、そこから空間と時間の性質について何がわかるかを私たちは本当に知っているのだろうか？　さらに言えば、次元が（きわめて微小なプランクスケール長さに比べて）非常に大きくも非常に小さくもない場合、どういう記述が最善なのかを誰もまだ知らない。おそらく何か非常に小さいものを記述しようとすれば、私たちの時空の概念は完全に壊されてしまうだろう。

　私たちの時空の記述がプランクスケール長さでは不充分になると考えられる最も大きな理由の一つは、理論上でさえ、そうした短い距離を検証する方法が見つかっていないということだ。小さい距離スケールを調べるのに多大なエネルギーが必要になることは、量子力学からわかっている。しかし、10^{-33}センチメートルのプランクスケール長さのような小さい領域に多大なエネルギーを投入すれば、そ

＊T. Banks, W. Fischler, S. H. Shenker, and L. Susskind, "M theory as a matrix model : a conjecture," *Physical Review* D, vol. 55, pp. 5112–28 (1997).

こにはブラックホールができてしまう。そうなると、その内部で何が起こっているかを知るのは、もはや不可能となる。あらゆる情報は、ブラックホールの事象の地平線の内側に閉じ込められてしまうからだ。

それに何より、その小さい領域にさらに多くのエネルギーを詰め込もうとしたところで、その試みは成功しない。すでにプランクスケール長さの内部に多大なエネルギーを投入してあれば、それ以上増やそうとすると、その領域が必然的に拡張する。つまり、エネルギーを増やすとブラックホールが大きくなってしまうのだ。非常に小さい距離を探るための手段としてとった妙案が、結果的にはその領域を広げてしまい、小さかったときの領域は二度と調べられなくなる。博物館の繊細な芸術品を高精度レーザーで調べようとして、逆に焼き払ってしまうようなものである。物理学の思考実験においてでさえ、プランクスケール長さよりずっと小さい領域はどうやっても見られない。私たちの知る物理の法則は、そこにいたるまえに崩れてしまう。プランクスケールの付近のどこかで、従来の時空の概念はほぼ確実に適用されなくなる。

事実がこれだけ奇妙であれば、もっと深い説明がなくてはならない。この一〇年の数々の不可解な発見から得られる非常に大切な教訓の一つは、時間と空間にもっと根本的な記述があるはずだということだろう。この問題を簡潔に要約するのが、エド・ウィッテンの「空間と時間は消える運命にあるのかもしれない」という言葉だ。代表的なひも理論研究者の多くもその見方に同意する。「空間と時間は幻想だと、私はほぼ確信している」と。ネイサン・サイバーグは断言した。一方、デイヴィッド・グロスはこう想像する。「空間と、ひょっとしたら時間でさえもが、構成要素をもつことは充分にありうる。空間と時間が、まったく様相の異なる理論から創発した性質だったとしてもおかしくはない*」残念ながら、そのもっと根本的な時空の記述がどういう性質のものなのか、いまはまだ誰にもわからない。だが明らかに、空間と時間の根本的な性質をより深く追究していくことは、これから先も物理学者にとって最も大きな、最も興味をそそる課題の一つであることだろう。

＊以下の記事より引用。K. C. Cole, "Time, space obsolete in new view of universe," *Los Angeles Times*, November 16, 1999.

第25章 結論——最後に

僕らの知っている世界は、もう終わり（それでも僕は気分爽快）
——REM

イカルス・ラシュモア四二世はタイムマシンを使って過去を訪れ、イカルス三世に、このままポルシェを乗りまわしつづけるなら災厄が待っていると警告した。未来からの訪問者にすっかり仰天したアイク三世は、素直にアイク四二世の警告にしたがった。そしてポルシェをフィアットに乗り換えた結果、慎ましく、ゆったりとしたペースで天寿をまっとうできることとなった。

アシーナはふたたび兄に会えたことに大喜びし、ディーターも友達が帰ってきて嬉しかった。ただ、二人とも頭がこんがらがった。そもそもアイクはどこにも行っていなかったように思えたからだ。アイクからタイムトラベルの話を聞かされても、それは純粋なフィクションだとわかっていた。夢のなかでさえ、チェシャ猫は時間を行ったり来たりしなかったし、ウサギは時間の余剰次元の階で止まらなかったし、量子探偵もそのような奇妙な時間のふるまいを考えようとはしなかった。とはいえ、アシーナもディーターも、結末はハッピーなほうがよかった。そこで二人とも不信は棚上げにし、雲をつかむようなアイクの話をそのまま受け入れた。

ここ数年のあいだに物理学には驚きの発見がいろいろとあったが、まだ重力の手なづけ方もテレポーテーションの手法もわかっていないし、おそらく余剰次元への不動産投資を考えるのもまだ早い。[40]それに、時間を行き来できるような宇宙を私たちの住む宇宙に結びつける方法もわからないのだから、いまのところタイムマシンをつくるのは不可能だし、近い将来それが可能になる見込みもほとんどない（もちろん過去にも）。

だが、こうしたアイデアがＳＦの範疇から出ないとしても、私たちが住んでいる宇宙はすばらしくミステリアスだ。私たちの目標は、宇宙を構成する断片がどのように組み合わさって、どうやって現在の宇宙の姿にまで発展してきたのかを知ることである。まだわかっていないつながりとは何だろう？　前章で述べたような疑問にはどういう答えがあるのだろう？

物質の究極の起源は、まだ最も深いレベルでは理解されていない。しかし、とりあえずここまでの話で、物質の根本的な性質の多くの側面が、実験で調べられる距離スケールにおいては理解されていることがわかってもらえたと思う。そして時空についても、その最も基本的な要素はわからないにせよ、プランクスケール長さよりずっと大きい距離においての性質ならわかっている。そういう領域では、私たちの知る物理原理を当てはめて、これまで述べてきたような帰結を導きだせるようになっている。いままで余剰次元とブレーンの意外な特徴をいろいろと見てきたが、これらの特徴が、ひょっとしたら宇宙の謎のいくつかを解き明かすのに決定的な役割を果たすかもしれない。余剰次元は、新しい驚くべき可能性に私たちの目と想像力を向けさせてきた。いまの私たちは、余剰次元がとれる形状や大きさには無限の種類があることを知っている。それは歪曲した余剰次元かもしれないし、大きな余剰次元かもしれない。ブレーンを一枚含んでいるかもしれないし、二枚含んでいるかもしれない。バルクに粒子を含んでいるかもしれないし、別の粒子をブレーンに縛りつけているかもしれない。宇宙は私たちが想像しているよりも大きく、豊かで、多様性に富んでいるのかもしれない。

これらの考えのなかに、この現実の世界を記述しているものがあるとして、いったいどれがそうなのか？　それは現実の世界が答えてくれるのを待つしかない。嬉しいことに、おそらくそれは実現する。ここで紹介してきたいくつかの余剰次元モデルの最も心躍る性質の一つは、その帰結が実験結果に表れるということだ。この驚くべき事実は、いくら強調してもしすぎることはない。余剰次元モデル——おそらくありえない、あるいは目には見えないと思われていた新しい特徴を備えたモデル——の何らかの帰結が、私たちの目に見えるかもしれないのである。その帰結から、ひょっとしたら余剰次元の存在を導きだせるかもしれない。もしそうなったら、私たちの宇宙に対する見方は決定的に変わるだろう。

余剰次元をもった時空の検証は、もしかしたら天体物理学や宇宙論でできるかもしれない。物理学者はいま、余剰次元世界のブラックホールの詳細な理論を組み立てており、これは四次元ブラックホールと似た特徴があるものの、微妙な違いもあることがわかっている。余剰次元ブラックホールには明らかに独特な性質があるので、四次元ブラックホールとの違いは充分に認識できるのだ。

宇宙論的な観測も、最終的に時空の構造について多くを教えてくれるかもしれない。今日の観測は、宇宙が数十億年前にどういう姿をしていたかを探っている。多くが予言と一致しているが、いくつか重要な疑問も残っている。もし私たちが高次元宇宙に住んでいるのなら、その初期の姿はまったく違ったものであったに違いない。そして、その違いのいくつかが、観測結果の不可解な特徴を説明する手がかりになるかもしれない。物理学者はいま、余剰次元が宇宙論にとってどういう意味をもつかを調べている。それにより、別のブレーンに隠れているダークマターや、隠れた余剰次元の物体に蓄えられた宇宙エネルギーなどが解明されるかもしれない。

だが、一つ確実なことがある。この五年以内にCERNの大型ハドロン加速器（LHC）が稼動して、これまで誰も観測したことがなかった物理領域を探るのである。私もほかの研究者たちも、その日を心待ちにしている。LHCはおそらくやってくれるだろう――物理学者にとってこれほど心強いことはない。LHCでの実験は、ほぼ確実に、標準モデルの先の物理についての手がかりとなる清新な性質をもった粒子を発見するだろう。その新しい粒子がどんな姿をしているかは、まだ誰も知らないのである。これほど心躍ることがあるだろうか。

私が物理学を研究するようになってから新たに発見された粒子はすべて、理論上から確実に発見されるだろうと言われていた粒子だった。これらの発見をけなすつもりは毛頭ないが――それらはすばらしい達成だった――本当に新しい未知のものを見つけるのは、興奮の度合いがまったく違う。LHCが動きはじめるまで、どこを集中的に調べればいいのか誰も確実にはわからない。LHCから得られる結果は、きっと私たちの世界観を変えるだろう。

LHCには、非常に意味深い新しい粒子を生みだせるだけの充分なエネルギーがある。その粒子はスーパーパートナーかもしれないし、四次元モデルが予言する別の粒子かもしれない。だが、ひょっとしたらカルツァ－クライン粒子、すなわち余剰次元を横断する粒子が現れくる可能性もある。果たしてそのようなKK粒子が見つかるのか、見つかるとしたらいつなのかは、ひとえに私たちの住む宇宙の大きさと形状による。私たちは多次元宇宙に住んでいるのか？　その宇宙の大きさや形状は、ＫＫ粒子を目に見えるものにしてくれるのか？

階層性問題を解決しようとするすべてのモデルには、目に見えるウィークスケールの帰結がある。歪曲した幾何もそうしたモデルの一つであり、とくにすばらしい痕跡を残す。この理論が正しければ、きっとＫＫ粒子が検出されるはずで、それが残していった手がかりから数々の性質が測定できる。あるいは別の余剰次元モデルがこの宇宙を記述しているならば、エネルギーは余剰次元に消失するだろう。その結果として生じたアンバランスなエネルギー収支から、最終的にその余剰次元が検出されることになる。

私たちの知らないことはまだたくさんある。だが、まもなく宇宙はこじあけられようとしている。今後の天体物理学の観測は、宇宙をかつてなく初期にまで、遠くまで、より詳しく探っていくだろう。ＬＨＣでの発見は、これまでの物理過程では観測できなかった微小な距離での物質の性質を教えてくれるだろう。宇宙についての真実が、高エネルギーにおいて噴き出しはじめるはずなのである。

宇宙の秘密が明かされようとしている。少なくとも私は、それが待ちきれない。

監訳者あとがき

著者ランドール博士は、一九九九年に共同研究者のサンドラム博士と共に「ワープした余剰次元（warped extra dimensions）」と呼ばれる理論を提唱した。それ以来、博士は、ひも理論や素粒子物理、宇宙物理、相対論等、様々な分野において最も注目される研究者の一人である。日本へは、東京大学と京都大学で開催された国際会議に出席のため、二〇〇五年に来訪している。また、ＮＨＫ－ＢＳ特集「未来への提言」で放映された、宇宙飛行士、若田光一氏との対談も記憶に新しい（このもようは、『ＮＨＫ未来への提言　リサ・ランドール　異次元は存在する』としてＮＨＫ出版より書籍化されている）。

この本のテーマは、私たちの宇宙に秘かに存在しているかもしれない五番目の次元である。通常は、前後・左右・上下を表す三つの空間次元に時間を加え、計四つの次元を含む四次元時空というものを考える。では、なぜ五番目を考える必要があるのか？　そうすると何が嬉しいのか？　私たちの世界にどう影響するのか？　それを確かめる事はできるのか？

これらの疑問に、著者は自らの研究に基づいて答えていく。数式を一切使わずに、身近なたとえを織り交ぜながら分かりやすく説明しているのは見事だ。各章の始めにある短い物語は、その部分だけ読んでも十分楽しめるが、本文の物理学の内容を反映しているので、読み返して真意がわかると理解が一層深まる。また、各章の終わりには、以後の章の内容を理解する上で必要な項目がまとめられている。すでにある程度の知識がある場合に飛ばし読みしたり、まず全体像を掴みたい読者には有益だろう。

ところで、『ワープする宇宙』というタイトル（原題 *Warped Passages*）は、様々な想像をかきたてるものだと思う。〝ワープ（warp）〟という と、『スタートレック』や『宇宙戦艦ヤマト』などでみられる宇宙船の超光速航法や瞬間移動のようなものを想像した読者も少なくないだろう。しかし、このタイトルは空想科学小説における〝ワープ〟ではなく、物理学の最新理論による宇宙像「ワープした余剰次元」を反映したものである。本文中で詳しく述べられているように、この宇宙には、時間を加えた四つの時空次元のほかに、見えない次元が隠れている可能性がある。物理学者は、それらの余分な次元を「余剰次元」と呼ぶ。一方、アインシュタインの相対性理論によれば、時間と空間は、物質やエネルギーがあれば必ず歪められる。だから、もしも宇宙に隠れた次元があるならば、その方向に歪められ曲がることもあるはずで、その様子を表すのが〝ワープ〟という専門用語だ。つまり、『ワープする宇宙』とは、高次元宇宙の幾何が、余剰次元方向に向かって歪曲（ワープ）している様子を表しているのだ。

「ワープした余剰次元」という、この驚くべき理論に私が初めて出会ったのは、一九九九年十一月のことだった。当時は博士研究員としてカナダのビクトリア大学で研究をしていたが、研究会に出席するため一時帰国していた。会場から帰る電車で大学院時代の先輩と一緒になったのだが、彼が「ワープした余剰次元」についての話をしてくれたのだった。その話とは、私たちは高次元時空に浮かぶ、ブレーンと呼ばれる膜のようなものの上に住んでいるのかもしれないとか、余剰次元（見えない方向）が無限に伸びていても構わないとか、にわかには信じがたいものだった。しかし、カナダに戻る飛行機のなかで電車での会話を思い出してみると、どうしても自分で計算して確かめたい衝動に駆られた。ちょうど面白そうな映画がなかったので、五次元時空中に浮かぶブレーンとして私たちの宇宙を表現し、時空の構造を決定するアインシュタイン方程式を書き下してみた。ランドール博士とサンドラム博士は、私たちの宇宙が膨張していることを考慮していなかったようだったので、私は宇宙膨張も考慮に入れた状況を考えた。当初は、複雑に見える偏微分方程式を実際に解けるとは思っていなかったが、実際に計算して、あれこれ数式を変形していると、一様等方な膨張宇宙を表す一般解が見つかった。ビクトリアに到着後、数日で論文にまとめることができたのだが、今考えると相当運が良かった。これを契機に、私はブレーン宇宙論にのめり込んでいった。今でも、ほかの研究と並行して、この分野の研究を続けている。

現在に至るまでに、多くの研究者によって「ワープした余剰次元」についての詳細な研究がなされ、そのアイデアを使った様々なブレーン宇宙モデルが生まれてきた。インフレーション宇宙論の伝道者と称されるアンドレイ・リンデ博士は、数々あるインフレーション宇宙モデルに対して常々、〝これらはみんな、私の可愛い子供たちだ〟と言う。ランドール博士も、数々のブレーン宇宙モデルに対して、似たような感情を抱いていることだろう。

ここで、六部編成からなる本書の概略を述べておこう。Ⅰ部は、そもそも次元とは何なのか？　なぜ見えない次元を考えるのか？　といった疑問に答えることから始まる。そして、芸術家たちが三次元空間をいかにして二次元の絵画として表現してきたかを引き合いに出して、物理学者が描く高次元時空とはどのようなものかを説く。私たちの見る宇宙は時間も含めて四次元であるから、五番目以降の余分な次元（余剰次元）は隠されていなければならない。カルツァとクラインによって八十年以上も前に提唱されたコンパクト化と、この本の後半の主題でもあり、近年注目をあつめるブレーン宇宙という描像がここで導入される。なお、この部分は、物理学の知識がなくても理解できるように構成されている。

II部からIV部では、相対性理論と量子力学からはじまり、素粒子物理の標準理論、そして最新の超ひも理論に至るまで、物理学の発展をユーモアを交えながらたどっていく。この部分は、V部で紹介されるブレーン宇宙モデルを理解するための準備とも考えられるが、現代物理学への入門として、それだけで完結したものともなっている。また、物理学の知識のない読者にも理解できるように、そして偉人たちがたどった思考過程と興奮が伝わるように工夫されている。ここでは、現代物理学の抱える大きな謎の一つ「階層性問題」とは何なのか、そして「超ひも理論」が究極の理論の候補と称されるのはなぜなのか、が浮き彫りにされる。

V部では、いよいよ、ランドール博士とサンドラム博士が提唱した、三つのブレーン宇宙モデルが紹介される。隔離された超対称性の破れのモデル、階層性問題を解決するワープした余剰次元のモデル、ワープした余剰次元が無限に広がるモデル、の三つである。いずれも、「超ひも理論」の発展に刺激され、「階層性問題」に導かれてそこに至ったモデルだ。提唱者本人による、数式に頼らずに直感に訴える解説が印象的だ。

この本は、〝そもそも次元とはなにか?〟という素朴な疑問で始まっていたが、VI部にて、また同じ疑問に戻ってくる。無論、そこでは疑問のレベルがI部とは全く異なり、時空次元の数が違う理論の間の双対性を論ずることで、次元そのものの意味を再び問うている。理解を深めればこそ生じる謎もある。この宇宙を理解しようと知識を広げれば広げるほど新しい疑問や問題が生じ、それを解決するとまた新しい謎が生まれるという、科学の本質を伝えようとしているのかもしれない。最後に、理論の正否の判断を、近い将来の実験と観測に委ねて筆を置いている。

私が原書の題名を知ったのは、二〇〇三年九月のことだったと思う。私は、ランドール博士が教授を務めるハーバード大学の高エネルギー理論物理学グループにおいて、博士研究員として研究に携わっていた。当時、ランドール博士が一般向けの本を執筆していることはグループの誰もが知っていたが、題名は一人として知らなかった。ある日、ほかの博士研究員数人と共に自宅にディナーに招待されたのだが、食事の最後にデザートを楽しんでいると、その中の一人が、本の題名は何なのかと唐突に質問した。ワインが入っていたことが影響したのかは分からないが、意外なことに、ランドール博士は躊躇なく〝Warped Passages〟という題名を私たちに教えてくれた。その直後に「しまった！」と思ったのか、これはまだ秘密だから黙っているようにと、口止めされたのは言うまでもない。もちろん質問したほうは有頂天だ。彼の、「明日のNew York Timesの一面は『リサ・ランドールの本の題名はWarped Passages！』」という少々大げさなジョークは、今でも記憶に残っている。

今回、翻訳のお手伝いをすることになったのは、ランドール博士に直接依頼されたからであるが、その役目をどこまで果たせただろうか。翻訳は、熱力学第二法則に従い、エントロピーを増大させるという。少しでも増大が抑えられたなら幸いである。訳は塩原通緒氏によるが、原書の躍動感はそのままにして、専門的なことをわかりやすく伝えられるよう、言葉を慎重に選んでいるように思う。読者には、原書にも匹敵するこの本を通じて、科学の素晴らしさを堪能していただきたい。

二〇〇七年五月

東京大学ビッグバン宇宙国際研究センター助教　向山信治

訳者あとがき

お待たせしました。本書は二〇〇五年にアメリカで出版された *Warped Passages: Unraveling the Mysteries of the Universe's Hidden Dimensions* の全訳です。著者のリサ・ランドールは、プリンストン大学、マサチューセッツ工科大学、ハーバード大学の物理学部で女性初の終身教授となった理論物理学者で、「女優のジョディ・フォスターにも似た風貌」（ミチオ・カク『パラレルワールド』より）の研究者です（ただし、ご本人は、男性ばかりの物理学の世界で女性であることについての質問には飽き飽きしているとのことですが）。その彼女が現代物理学の最新理論を一般向けに説明したこの本は、本国アメリカでたいへん話題となりました。そして昨年、NHKの番組「未来への提言」で紹介されたのをきっかけに、ここ日本でも科学の専門家や愛好家のみならず、多くの人が異次元の存在というテーマに興味を引かれ、原書の翻訳を待っていたと聞きます。諸事情から邦訳書の刊行に時間がかかったことを初めにお詫びしておきます。

本書のあらましや主題についての詳細は、専門家の向山信治先生が「監訳者あとがき」で書いていますので、そちらをごらんいただき、ここでは本書をいちはやく読ませてもらった素人の一人として、リサ先生の楽しい講義で学んだことなどを、いくつか申し添えたいと思います。

まず、この講義で何よりもありがたかったのは、数式がほとんど出てこないことです。複雑な理論や概念も、数式を使えば一発で明瞭に伝えられる――というのは容易に想像がつきます。しかし数学や物理をまじめに勉強してこなかった身には、数式は見るも恐ろしく、理解しようとする意欲をいっきに萎えさせるものでもあるのです。その点で、イメージのわきやすい比喩と言葉による論理を使って難解な物理をいきいきと説明してくれる本書は、先への興味をずっと持続させてくれました。

講義は「見えない次元」についての話から始まります。次元とは何か。私たちに見えない別の次元も存在するのか。存在するなら、なぜ見えないのか。このあたりは、とても興味深く、わかりやすい説明が続きます。しかしながら、そもそもどうして「見えない次元」などという突拍子もないアイデアが出てきたのでしょうか。それは、近年の物理学の発展の必然的な（と思える）帰結だったからです。

そこで講義は、いったんアインシュタインにさかのぼり、以後の物理学理論を順々に見ていくことになります。相対性理論、量子力学、素粒子物理学、ひも理論……。これらについての説明が、じつは本書の半分以上を占めています。つまり本書は、現代物理学の発展を追って最前線へとたどりつく長い物語でもあるのです。それぞれの理論が各章で丁寧にわかりやすく述べられていますが、いずれも単独で一冊の本が書けるような重厚なテーマですから、「わかりやすい」といっても限度はあります。これらの概念に初めて接する人であれば、疑問の残るところも出てくるでしょう。リサ先生は、この部分の論述について「面倒なら飛ばしてもらってもかまわない」と大胆な助言もしていますが、「それをしたらもったいない」とも言っています。実際、これらの発展の経緯をすでに知っている人にとっても、あとで本書の肝となる「ワープした余剰次元」を見るにあたっての格好の復習となるでしょうし、知らなかった人にとっては、まちがいなく有益な準備となるでしょう。後者の一人としては、ここで立ち止まって読むのをやめてしまったらもったいない、と言っておきたいと思います。訳者もがんばってついていきましたので、ひととおり眺めていただけたらありがたいです。その後に展開される魅惑的な仮説が、よりいっそう楽しめることでしょう。

各章の冒頭には、この物語をいろどるもう一つのパラレルな物語が描かれています。無鉄砲なイカルス（Icarus）と賢いアシーナ（Athena）の兄妹を主人公にした愉快なショートショートは、ギリシャ神話とルイス・キャロルの『不思議議の国のアリス』を連想させながら、あわせて現代のアメリカの世相もうかがわせ、読者の笑いを誘うとともに、振り返ってみれば各章のみごとな要約になっています。さて、この物語にハッピーエンドは訪れるのか？　こちらも興味の尽きないところです。

そして各章の内容を要約するもう一つの工夫が、やはり冒頭に付されている、絶妙にセレクトされたポップソングの一節です。よくこれだけぴったりな歌詞を見つけてきたなあと、訳しながら感心しました。読者のみなさんのお気に入りの歌も出てくるかもしれませんから、見逃さずにチェックしてみてください。ただし一部の楽曲に関しては、著作権の問題で訳詞の掲載が許可されず、著者の了解を得て、省略および原書と異なる楽曲への差し替えで対処してあります。どうぞご了承ください。

先日、新聞に「ヒッグス姿現すか」という記事が載っていました。本書を読んだ人ならおわかりでしょうが、ヒッグスとは物質に質量を与える仮説上の素粒子のことです。このヒッグス粒子の質量がこれまで考えられていたより小さい可能性があり、そうであれば、すでに稼動中の加速器（テヴァトロン）でも充分に捕捉できるかもしれないとの報告でした。未発見の素粒子がついに姿を現すのかと思うと、わくわくします。とはいえ、本書を読んでいなかったら、おそらくこの記事は私の目にとまらなかったでしょう。新しい知識と新しい興味をまた一つ増やしてくれた本書に感謝するほかありません。この二〇〇七年には、さらに高エネルギーの大型ハドロン加速器（ＬＨＣ）が完成します。そこでの実験によって、ヒッグス粒子はもちろんのこと、本書のテーマである余剰次元の証拠も発見されるの

ではないかと期待されています。リサ先生と同様に、私もその日を楽しみ
に待ちたいと思います。

この翻訳書の刊行にあたっては、著者のランドール博士の信頼厚い、監訳の向山信治先生にたいへんお世話になりました。ご多忙中にもかかわらず訳文のすみずみまで目を通して、「複素数（complex）」をうっかり「複雑な」と書きそうになった訳者の恥ずかしい誤りを未然に防いでくださるなど、はかりしれない力添えをいただきました。この場を借りてお礼を申しあげます。

また、本書を訳すにあたって参考にさせていただいた種々の資料の著者と訳者のみなさま、訳稿を丹念にチェックしてくださった校正者のみなさまにも感謝します。そして、この刺激的な一冊を翻訳する機会を与えてくださった日本放送出版協会の猪狩暢子氏、こまごまとした調整をすべて取り計らってくださった編集担当の長尾美穂氏に、深く感謝します。ありがとうございました。

二〇〇七年五月

塩原通緒

NHK出版の本

ダークマターと恐竜絶滅
新理論で宇宙の謎に迫る

リサ・ランドール

向山信治 監訳　塩原通緒 訳

新種のダークマターが彗星を地球に飛来させ、恐竜絶滅を引き起こしたのか？　衝撃の新説「二重円盤モデル」を提唱し、宇宙論の地平を開く大注目の一冊！

宇宙の扉をノックする

リサ・ランドール

向山信治 監訳　塩原通緒 訳

科学するとはどういうことか？　ヒッグス粒子、暗黒物質とは？　世紀の実験の成果とともに、宇宙の起源と運命の謎に迫り、現代物理学の最前線へと読者を誘う。

NHK 未来への提言

リサ・ランドール　異次元は存在する

リサ・ランドール＋若田光一

私たちは見えない異次元空間に組み込まれている…。現在の宇宙観を覆すような理論が、実証されようとしている。世界的な理論物理学者が語る、最先端宇宙論。

ワープする宇宙　5次元時空の謎を解く

2007(平成19)年6月30日　第1刷発行
2016(平成28)年6月25日　第15刷発行

著　者　リサ・ランドール
監訳者　向山信治
訳　者　塩原通緒

発行者　小泉公二

発行所　NHK出版
〒150-8081 東京都渋谷区宇田川町41-1
0570-002-245(編集)
0570-000-321(注文)
ホームページ　http://www.nhk-book.co.jp
振替 00110-1-49701

印　刷　三秀舎／大熊整美堂
製　本　ブックアート

乱丁・落丁本はお取り替えいたします。定価はカバーに表示してあります。

Printed in Japan
ISBN978-4-14-081239-6 C0042

【著者紹介】

リサ・ランドール　Lisa Randall

理論物理学者。ハーバード大学卒業。現在、ハーバード大学物理学教授。専門は、素粒子物理学、ひも理論、宇宙論。プリンストン大学物理学部で終身在職権をもつ最初の女性教授となる。また、マサチューセッツ工科大学およびハーバード大学においても理論物理学者として終身在職権をもつ初の女性教授となる。1999年にサンドラム博士とともに発表した「warped extra dimensions（ワープした余剰次元）」により、物理学会で一躍注目を集める。

【監訳者紹介】

向山信治　むこうやま しんじ

東京大学数物連携宇宙研究機構特任准教授。京都大学理学部卒業後、同大学大学院理学研究科博士課程修了。理学博士。ビクトリア大学、ハーバード大学の博士研究員を経て、現職に。ハーバード大学ではリサ・ランドールと理論物理学で難問とされる宇宙項問題に取り組み、共著論文を発表。専門は初期宇宙論、重力理論。

【訳者紹介】

塩原通緒　しおばら みちお

翻訳家。立教大学英米文学科卒業。主な訳書にマーク・S・ブランバーグ『本能はどこまで本能か』、サラ・ブラファー・ハーディー『マザー・ネイチャー　上・下』（ともに早川書房）、クライブ・ブロムホール『幼児化するヒト』（河出書房新社）、ダライ・ラマ『幸福論』（角川春樹事務所）などがある。

校正　（株）白鳳社　酒井清一

Permissions

JASRAC 出 0706726-615

P32
GO YOUR OWN WAY
Words & Music by Lindsey Buckingham
© NOW SOUNDS MUSIC
Permission granted by EMI Music Publishing Japan Ltd.
Authorized for sale only in Japan

P57
NO WAY OUT
Words & Music by Ina Wolf and Peter Wolf
© JOBETE MUSIC CO INC.
Permission granted by EMI Music Publishing Japan Ltd.
Authorized for sale only in Japan

P81
Stuck On You
Words and Music by Aaron H. Schroeder and J. Leslie McFarland
Copyright © 1960 by Gladys Music ELVIS PRESLEY ENTERPRISES LLC
Copyright Renewed and Assigned to Gladys Music and Rachel's Own Music
All Rights for Gladys Music Administered by Cherry Lane Music Publishing Company, Inc. and Chrysalis Music
All Rights for Rachel's Own Music Administered by A. Schroeder International LLC
International Copyright Secured. All Rights Reserved
© 1960 by GLADYS MUSIC
All rights reserved. Used by permission.
Print rights for Japan administered by NICHION. INC.

P98
DAS MODELL
Words by Ralf Huetter, Emil Schult
Music by Ralf Huetter, Karl Bartos
© Copyright by POSITIVE SONGS EDITION
All rights reserved. Used by permission.
Print rights for Japan administered by YAMAHA MUSIC PUBLISHING, INC.
© Copyright by Kling Klang Musik GMBH
The rights for Japan licensed to Sony Music Publishing (Japan) Inc.

P167
ONCE IN A LIFETIME
Words and Music by David Byrne, Christopher Frantz, Tina Weymouth, Jerry Harrison and Brian Peter George Eno
© 1980 by INDEX MUSIC INC.
All rights reserved. Used by permission.
Print rights for Japan administered by YAMAHA MUSIC PUBLISHING, INC.
© by Universal Music MGB Limited.
Rights for Japan controlled by Universal Music MGB Publishing K.K.
Authorized for sale in Japan only.

P249
ONE WAY OR ANOTHER
Words and Music by Deborah Harry and Nigel Harrison
© 1978 CHRYSALIS MUSIC INC.
The rights for Japan assigned to FUJIPACIFIC MUSIC INC.

P263
DON' T YOU FORGET ABOUT ME
Words and Music by Keith Forsey and Steve Schief

P279
CHAIN OF FOOLS
Words and Music by Donald Covey

P302
IMAGINE
Words & Music by John Lennon

P325
ANGEL
Words and Music by Madonna and Steve Bray

P345
YOU WERE MEANT FOR ME
Words and Music by Nacio Herb Brown and Arthur Freed

P372
I' VE GOT THE WORLD ON A STRING
Words by Ted Koehler
Music by Harold Arlen

P405
INSANE IN THE BRAIN/MILLENIEUM
Words and Music by Louis Freeze, Larry Muggerud and Senen Reyes

P428
WELCOME HOME (SANITARIUM)
Words & Music by James Hetfield, Lars Ulrich, and K. Hammett

項目索引

【サ】

【タ】

【ナ】

【ハ】

【マ】

【ヤ】

【ラ】

人名索引

【タ】

【ナ】

【ハ】

【マ】

【ヤ】

【ラ】

【ワ】

用語解説

【ア】

アインシュタイン方程式【Einstein's equations】……物質やエネルギーの分布からメトリック(計量)——ひいては重力場——を定める一般相対性理論の方程式.

アップクォーク【up quark】……陽子と中性子を構成する基本クォークのひとつ.

アノマリー【anomaly】……物理的相互作用への量子補正から生じる対称性の侵害.ただし,対応する古典理論には存在しない(古典理論では量子補正が考慮されていないため).

アノマリー仲介【anomaly mediation】……量子効果による超対称性の破れの伝達.

アノマリーフリー理論【anomaly-free theory】……古典理論の対称性が,量子補正を含めたあとも理論の対称性として残っている理論.

アルファ粒子【alpha particle】……ヘリウムの原子核(陽子2個と中性子2個からなる).

イオン【ion】……電荷を帯びた,原子核と電子の束縛状態.このときの原子または原子団は,ともなう電子が多すぎるか少なすぎる.

一般相対性理論【general relativity】……あらゆる基準系において,物質とエネルギーのあらゆる源から生じる重力場を記述する重力理論.一般相対性理論は重力場を時空の曲率によって表現する.

ウィークスケールエネルギー【weak scale energy】……弱い力に付随する対称性が自発的に破れる段階のエネルギー.素粒子の質量はウィークスケールエネルギーによって決まる.

ウィークスケール質量【weak scale mass】……光の速さを通じてウィークスケールエネルギーに結びつけられる質量(250GeV).一般的な質量単位では,10^{-21}グラムに相当する.

ウィークスケール長さ【weak scale length】……10^{-16}センチメートルの長さ.1センチメートルの1兆分の1の,さらに1万分の1.ウィークスケールエネルギーに(量子力学と特殊相対性理論を通じて)対応する.粒子どうしが弱い力を通じて互いに影響を及ぼせる最大距離で,弱い力はこの範囲でしか作用しない.

ウィークボソン【weak gauge boson】……弱い力を伝える素粒子(W^+, W^-, Zの3種類がある).

宇宙定数【cosmological constant】……物質によって担われていない一定の背景エネルギー密度の値.

宇宙論【cosmology】……宇宙の進化を研究する科学.

運動エネルギー【kinetic energy】……運動に起因するエネルギー.

エーテル【aether】……仮説上の目に見えない物質(現在では存在しないとわかってい

る). この振動が電磁波の正体であると考えられていた.

遠隔作用【action at a distance】……物体が別の離れた物体に及ぼす仮説上の即効効果.

大型ハドロン加速器(LHC)【Large Hadron Collider】……CERNの高エネルギー素粒子衝突型加速器. 7 TeVの陽子ビームをぶつけあわせて, 質量が数TeVまで達する粒子を生成させる予定.

【力】

階層性(ヒエラルキー)問題【hierarchy problem】……重力がなぜ弱いかという問題. 別の言い方をすれば, 重力の強度を決めるプランクスケール質量は, なぜ弱い力にかかわるウィークスケール質量より16桁も大きいのかという問題.

回転不変性【rotational invariance】……実験の結果が方位(あるいは方向)に依存しないこと.

外部粒子【external particles】……相互作用領域に出入りできる現実の物理的粒子.

カイラリティ【chirality】……スピンをもった粒子の旋進性.

核子【nucleon】……原子核を構成する陽子か中性子のこと.

隔離【sequestering】……異なる種類の素粒子が余剰次元のなかで物理的に分離していること.

確率関数【probability function】……ある粒子がある任意の位置で見つかる確率を定める波動関数の絶対値の2乗.

仮想粒子【virtual particle】……量子力学で考えたときにだけ存在する短命の粒子. 仮想粒子はそれに対応する本物の物理的粒子と同じ荷量を帯びているが, エネルギーが異なる.

カラビ - ヤウ多様体【Calabi-Yau manifold】……6次元のコンパクトな空間. その特殊な数学的性質によって定義され, ひも理論において重要な役割を果たす.

カルツァ - クライン(KK)・モード【Kaluza-Klein mode】……高次元に起源をもつ4次元粒子. 余剰次元での運動量によって識別される.

慣性系【inertial frame of reference】……静止系のような固定した基準系に対して一定の速度で運動する基準系.

基準系【frame of reference】……空間や時空の事象を記述するときの観測者の視点, あるいは一連の座標.

基礎構造【substructure】……物質を構成するさらに基本的な要素.

逆2乗法則【inverse square law】……2つの対象間の距離が伸びるにしたがって, 力の強さが距離の2乗に逆比例して減少していくことを記述した法則. 古典的な重力と電磁気力は逆2乗法則にしたがう.

局所集中した重力【localized gravity】……重力場が空間のある特定の領域に極度に集中している状態. 重力が余剰次元に入って弱められないため低次元であるかのようにふるまう.

局所相互作用【local interaction】……隣接する物体どうしや同時発生する物体どうしの相互作用.

局所的に局所集中した重力【locally localized gravity】……4次元重力が感知されるのは,4次元グラビトンのように働く粒子の確率関数が集中している空間領域だけで,それ以外のところでは感知されないとする理論.

曲率【curvature】……物体,空間,時空の曲がりぐあいを記述する物理量.

クォーク【quark】……強い力の作用を受けるフェルミオン.

グラビティーノ【gravitino】……グラビトンのスーパーパートナー.

グラビトン【graviton】……重力を伝える粒子.

繰り込み群【renormalization group】……異なるエネルギーや距離での物理量を関係づけるための計算手法.

グルーオン【gluon】……強い力を伝える素粒子.

ゲージーノ【gaugino】……力を伝えるゲージボソンのスーパーパートナー.

ゲージーノ仲介【gaugino mediation】……ゲージーノによる超対称性の破れの伝達.

ゲージボソン【gauge boson】……基本的な力を伝える粒子.

結合定数【coupling constant】……相互作用の強さを定める数値.

原子【atom】……物質の基本構成要素で、正の電荷を帯びた原子核とそのまわりを回る電子からなる.

原子核【nucleus】……固く密集した原子の中核部.

光子【photon】……電磁気力を伝える素粒子.光の量子.

構造【structure】……物質の構成.

黒体【blackbody】……あらゆる熱とエネルギーを吸収し,それを温度によって定められる分布でふたたび放射する理想的な物体.

黒体放射【blackbody radiation】……黒体から発せられる放射.

古典物理学【classical physics】……量子力学も相対性理論も考慮に入れない物理法則.

固有スピン(スピン)【intrinsic spin (spin)】……あたかも回転しているかのような粒子のふるまいを特徴づける数.整数か半整数の値をとる.

コンパクト化【compactified】……有限の大きさに巻き上げられた空間をコンパクト化された空間という.

コンパクトな空間【compact space】……有限の空間.

コンプトン散乱【Compton scattering】……電子から光子が散乱すること.

【サ】

ジェット【jet】……エネルギーを帯びたクォークやグルーオンのまわりを取り囲みながら特定の方向に向かって運動する,強い相互作用をする粒子のエネルギーを帯びた集まり.

紫外発散【ultraviolet catastrophe】……高い振動数で放射される無限大のエネルギー.古

典的な黒体の理論で予言された.

時空【spacetime】……空間と時間をひとつの枠組みに統合した概念. 物理過程が生じうる領域を数学的に定式化したもの.

次元【dimension】……空間や時間における独立した方向.

次元数【dimensionality】……1点を特定するのに必要とされる物理量の数.

思考実験【thought experiment】……想像上の物理実験. これを通じて任意の物理的な仮定の帰結を概算できる.

自発的対称性の破れ【spontaneously broken symmetry】……対称性が物理法則によっては保存されるが, 実際の系の物理状態によっては破られること.

射影【projection】……高次元の物体を低次元で表すための, 明確に定められた方法.

重力レンズ【gravitational lensing】……光が重い物体の近くで曲げられること. 結果として, 複数の像を結ぶこともある.

準結晶【quasicrystal】……高次元で生じる結晶構造をもつ固形物.

真空【vacuum】……エネルギーが可能なかぎり最も低くなっていて, 粒子がいっさい含まれていない宇宙の状態.

真空エネルギー【vacuum energy】……粒子が存在しない状態の真空が帯びているエネルギー. 宇宙定数ともいう.

深非弾性散乱【deep inelastic scattering】……陽子と中性子から電子を散乱させることによってクォークを発見した実験.

スーパーパートナー【superpartner (of a particle)】……ある粒子と超対称性によって対となる粒子. もとの粒子がボソンであれば, そのスーパーパートナーはフェルミオンであり, 逆もまた同じ.

スクォーク【squark】……クォークのスーパーパートナー.

ストレンジクォーク【strange quark】……ダウンクォークと同種だが, それより重い短命のクォーク.

スペクトル【spectrum】……あらゆる振動数にわたって放射されるエネルギーの広がりを示す関数.

スペクトル線【spectral lines】……イオン化されていない原子が光を放射または吸収するところを示した不連続な振動数.

スレプトン【slepton】……レプトンのスーパーパートナー.

赤方偏移【redshift】……波の振動数の低下. これが生じるのは, 波を発している物体が遠ざかるとき(ドップラー赤方偏移), あるいは強い重力場によって速さが減ずるとき(重力赤方偏移).

世代【generation=family】……各種類の粒子(電荷を帯びた左回りと右回りのレプトン, アップ型のクォーク, ダウン型のクォーク, 左回りのニュートリノ)をすべてそろえたグループで, 全部で3世代ある.

摂動【perturbation】……既存の理論に加えたわずかな修正.

摂動理論【perturbation theory】……考えている理論と可解な(通常は相互作用しない)理論の違いが小さなパラメーター(相互作用の強度など)で表されるとき,摂動理論を用いることにより,可解の理論から当該の理論への外挿ができる.規則にしたがって,その小さなパラメーターに関する展開をする.最終結果は,対応するパラメーター——通常は結合定数——についての冪《べき》展開として表される.

セレクトロン【selectron】……電子のスーパーパートナー.

前期量子論【old quantum theory】……量子力学の先行理論で,量子化の法則は仮定していたが,それを体系的に定めてはおらず,時間の経過にともなう量子状態の変化も記述していなかった.

旋進性【handedness】……右か左へのスピンの方向.

相対性理論【relativity】……時空に関するアインシュタインの2つの理論.特殊相対性理論は空間と時間を統合する理論で,一般相対性理論は重力を時空の曲率として説明する理論.

双対な理論【dual theories】……ある1つの理論に対する2つの同等な記述.外面的にはまったく違っていることもある.

測地線【geodesic】……空間における2点間の最短経路.時空では,自由落下する(何らかの力の作用をまったく受けない)観測者がたどる経路.

速度【velocity】……運動の速さと方向の両方を特定する物理量.

素粒子物理学【particle physics】……物質の最も基本的な構成要素を研究する学問.

【タ】

ダークエネルギー【dark energy】……測定されている宇宙の真空エネルギー.宇宙のエネルギーの約70パーセントを占めているが,どのような物質もこのエネルギーを担っていない.

ダークマター【dark matter】……宇宙のエネルギーの約25パーセントを占めている光を発しない物質.

対称性【symmetry】……物体や物理法則の性質の1つで,特定の物理的作用が観測可能な効果を生じないこと.

対称変換【symmetry transformation】……物理系の性質やふるまいを変えずに,その物理系を操作すること.対称性によって関連づけられた別個の配置を互いに変換する.

大統一理論(GUT)【Grand Unified Theory】……重力以外の3つの既知の力が高エネルギーで1つの力に融合するという仮説.

タウ【tau】……電子,ミューオンとまったく同じ電荷を帯びているが,それよりも重い短命の粒子.

ダウンクォーク【down quark】……陽子と中性子を構成する基本クォークのひとつ.

タキオン【tachyon】……不安定性のしるしとなる粒子で，外面的には質量の2乗が負になるように見える．

縦偏極【longitudinal polarization】……運動の方向に沿った波の振動．

地平線【horizon】……そこに入ったらなにものも脱出できなくなる領域の境界．

チャームクォーク【charm quark】……アップクォークと同種だが，それよりも重い短命のクォーク．

仲介【mediate】……粒子の影響を（仲介役の粒子を通じて）伝えること．

中間（内部）粒子【intermediate (internal) particles】……これの受け渡しによって別の粒子間の相互作用を仲介する仮想粒子．

中性子【neutron】……原子核の構成要素で，その内部では2個のダウンクォークと1個のアップクォークが固く結合している．

中性の物体【neutral object】……力の作用を受けていない物体．中性の物体の正味荷量はゼロに等しい．

超空間【superspace】……おなじみの4次元とともに理論上のフェルミオン次元（反交換する）を組み込んでいる抽象空間．

超重力【supergravity】……重力を含めた超対称理論．

超対称性【supersymmetry】……1対のボソンとフェルミオンを入れ替える対称性．

超ひも理論【superstring theory】……超対称性を取り入れた，タキオンを含まないひも理論．重力とゲージボソンに加えてフェルミオンを含める．

超立方体【hypercube】……立方体を3つより多くの次元に一般化したもの．

張力【tension】……引き伸ばされることに対するひもの抵抗力．ひもの振動のしやすさと，重い粒子の生みだしやすさを定める．

強い力【strong force】……既知の4つの力の1つ．陽子や中性子の内部でクォークが結合しているのも，この強い力の作用の一例．

テヴァトロン【Tevatron】……現在フェルミ研究所で稼動中の高エネルギー衝突型加速器．TeV単位のエネルギーを帯びた陽子ビームを，同じくTeV単位のエネルギーを帯びた反陽子ビームと衝突させる．

デザート仮説【desert hypothesis】……標準モデルに含まれる粒子を除き，統一エネルギーより低いエネルギーで生みだされる粒子はないとする仮説．

電子【electron】……負の電荷を帯びた非常に軽い素粒子．

電磁気力【electromagnetism】……既知の4つの力の1つ．電磁気力は電気力と磁気力の両方を記述する．

電弱理論【electroweak theory】……電磁気力と弱い力を組み込んだ理論．素粒子物理学の標準モデルの基本的な構成要素．

ド・ジッター空間【de Sitter space】……一定の正の曲率をもつ時空．

等価原理【equivalence principle】……均一な加速と重力は識別不可能であるという原

理.

特異点【singularity】……一部の物理量が無限大になるために，物体の数学的記述が機能しなくなる領域.

特殊相対性理論【special relativity】……慣性系での運動を記述した理論.

閉じたひも【closed string】……環になっていて端がないひも.

トップクォーク【top quark】……アップクォークと同種だが，それより重い短命のクォーク. 既知のクォークのなかで最も重い.

【ナ】

内部対称性【internal symmetry】……対称性のうち，対応する対称変換が粒子の幾何学的位置を変えず，一部の内部的な性質や標識だけを変えるようなもの.

ニュートリノ【neutrino】……弱い力を通じてしか相互作用しない基本素粒子.

ニュートンの重力定数【Newton's gravitational constant 】……ニュートンの重力法則で重力の引く強さを定める係数. プランクスケール質量の2乗に逆比例する.

ニュートンの重力法則【Newton's gravitational force law】……質量のある2つの物体間の重力の強さは、それらの物体の質量に比例し，物体間の距離の2乗に逆比例するという，古典的な重力理論.

人間原理【anthropic principle】……多くの考えられる宇宙のうち，私たちが住めるのは構造が形成できていたところだけだったとする論法.

【ハ】

場【field】……空間の各点で特定の値をもつ物理量. 古典的な電場や量子場もその一例.

パウリの排他原理【Pauli exclusion principle】……2つの同一のフェルミオンは同じ位置を占められないとする原理.

波動関数【wavefunction】……対応する物体が空間のある1点にいる相対的な確率を決める量子力学の関数. 正確には，波動関数の絶対値の2乗が確率となる.

波動関数の崩壊(収縮)【collapse of the wavefunction】……厳密な測定によって測定される物理量の値が決まったあとの量子状態の収縮.

ハドロン【hadron】……クォークを構成要素とする強く結合した物体.

場の量子論【quantum field theory】……素粒子物理学の研究に用いられる理論で，これにより，粒子の相互作用，生成，消滅の過程の確率を計算できる. 場の量子論にしたがえば，場の揺らぎが粒子として現れる.

バルク【bulk】……高次元空間の全体.

反ド・ジッター空間【anti de Sitter space】……一定の負の曲率をもつ時空.

反粒子【antiparticle】……通常の粒子と質量が同じでありながら，荷量が逆になっている粒子.

微調整【fine-tuning】……非常に限定的な(そして非現実的な)値にパラメーターを合わせることによってなされる補正.

ヒッグス機構【Higgs mechanism】……電弱対称性の自発的な破れ. これによってゲージボソンやその他の素粒子が質量を獲得できる.

ヒッグス場【Higgs field】……ヒッグス機構にかかわる場で, 電弱力に付随する対称性を破る原因となる.

ひも【string】……1つの(空間)次元に広がった物体で, その振動が素粒子を構成する.

ひも結合【string coupling】……ひもどうしの相互作用の強さを定める物理量. ひもの結合定数ともいう.

ひも理論【string theory】……宇宙はすべての根本であるひもで構成されていると仮定する理論で, 量子力学と一般相対性理論を矛盾なく組み入れられる理論だとされる.

標準モデル(素粒子物理学の)【Standard Model (of particle physics)】……既知のすべての粒子と重力以外の力を, その相互作用とともに記述した有効理論.

開いたひも【open string】……2つの端をもったひも.

ファインマン図【Feynman diagram】……生じうる素粒子物理の相互作用をわかりやすく描いた図.

フェルミオン【fermion】……スピン 1/2, スピン 3/2といった半整数スピンをもつ粒子(量子力学の定める2種類の粒子のうちの1種で, もう片方の種類をボソンという). クォークと電子はフェルミオンの一例.

フェルミ研究所【Fermilab】……イリノイ州にある衝突型加速器施設. テヴァトロンの所在地.

フェルミ相互作用【Fermi interaction】……電弱理論以前に考えられていた, 4つのフェルミオンが同時に関与する相互作用. 電弱理論では, 質量のあるウィークボソンの1つを受け渡すことによって生じる.

フォティーノ【photino】……光子のスーパーパートナー.

不確定性原理【uncertainty principle】……量子力学の基盤にある基本原理で, 1対の物理量(位置と速さなど)が同時に測定されるときの正確さに制限を与えるもの.

ブラックホール【black hole】……非常に密度が高いため, それを取り巻く重力場からはなにものも脱出できないというコンパクトな物体.

プランクスケールエネルギー【Planck scale energy】……重力が強くなり, 量子補正を考慮する必要が出てくる段階のエネルギー.

プランクスケール長さ【Planck scale length】……重力が強くなり, 重力の予言に量子効果を含める必要が出てくる長さスケール.

プランク定数【Planck's constant】……エネルギーを振動数に, 運動量を波長に関連づける, 量子力学的な物理量.

フレーバー【flavor】……異なる種類のクォークやレプトンを区別する標識(通常, 別の世代

のクォークやレプトンと区別するのに用いられる).
フレーバー対称性【flavor symmetry】……特定の粒子のカテゴリーの異なるフレーバーどうしを入れ替える対称性.
フレーバー問題(超対称性の)【flavor problem (of supersymmetry)】……フレーバーを変えてしまう過程(仮想のスクォークやスレプトンによる)が異様に多く予言されてしまうことで,超対称性の破れのモデルの大半がこの問題に悩まされる.
ブレーン【brane】……高次元空間に存在する膜状の物体.エネルギーを帯び,粒子と力をそこに閉じ込めることができる.
ブレーンの次元数【dimensionality of a brane】……ブレーンにとどめられた粒子が移動できる次元の数.
ブレーンワールド【braneworld】……物質と力がブレーンに閉じ込められている物理的構成.
分子【molecule】……電子が共有されている2つ以上の原子の束縛状態.
並進不変性【translational invariance】……物理法則が空間での位置に依存しないこと.
ベータ崩壊【beta decay】……中性子が陽子と電子とニュートリノに分かれる放射性崩壊.
ヘテロひも理論【heterotic string theory】……ひも理論の一種.時計回りに動く振動モードと,反時計回りに動く振動モードが異なる性質をもつ.
偏極【polarization】……波の振動の方向.
ホジャヴァ-ウィッテン理論【Hořava-Witten theory】……強く結合したヘテロひもを想定するひも理論の一種で,ヘテロひもの力を収容する2つのブレーンに11番めの次元がはさまれているひも理論の一種と(双対性によって)等しい.
ボソン【boson】……スピン1,スピン2といった整数スピンをもつ粒子(量子力学で定められる2種類の粒子のうちの1種で,もう片方の種類をフェルミオンという).光子とヒッグス粒子はボソンの一例である.
ポテンシャルエネルギー(位置エネルギー)【potential energy】……運動エネルギーとして放出される,蓄えられたエネルギー.
ボトムクォーク【bottom quark】……ダウンクォーク,ストレンジクォークと同種だが,それよりも重い短命のクォーク.

【マ】

マトリックス理論【matrix theory】……10次元の量子力学理論で,ひも理論に等しいかもしれないとされる.
マルチバース【multiverse】……宇宙のなかに互いに相互作用しないか,するとしても極度に弱くしか相互作用しない別々の領域があるとする,仮説上の宇宙.
ミューオン【muon】……電子と同種だが,それよりも重い短命の粒子.
無政府主義原理【anarchic principle】……対称性によって禁じられない相互作用はすべ

て起こるとする見方.

メトリック(計量)【metric】……物理的な距離や角度を定める測定スケールの基準となる物理量.

モデル【model】……ひとつの可能性としての理論.

【ヤ】

有効場の理論【effective field theory】……ある特定のエネルギー範囲で定義される場の量子論. 適用されるエネルギーに適切な粒子と力を記述する.

有効理論【effective theory】……適用される距離やエネルギースケールにおいて, 原則として観測可能とされる要素や力を記述する理論.

陽子【proton】……原子核の構成要素で, その内部では2個のアップクォークと1個のダウンクォークが固く結合している.

陽電子【positron】……正の電荷を帯びた電子の反粒子.

横偏極【transverse polarization】……運動の方向と垂直になる波の振動.

弱い力【weak force】……既知の4つの力の1つ. 中性子がベータ崩壊して陽子に変わるのも, この弱い力の作用の一例.

【ラ】

粒子加速器【particle accelerator】……粒子を加速して高エネルギーにさせる高エネルギー物理学装置.

粒子衝突型加速器【particle collider】……粒子をぶつけあわせて多大なエネルギーを生成する高エネルギー加速器.

量子【quantum】……測定可能な物理量の分割不可能な不連続単位. その量の最も小さい単位.

量子重力【quantum gravity】……量子力学と一般相対性理論の両方を組み込んだ重力理論.

量子補正【quantum contribution】……仮想粒子によって物理過程に加えられる補正.

量子力学【quantum mechanics】……付随する波動関数をもった離散的な素粒子ですべての物質はなりたっているという仮定にもとづいた理論.

理論【theory】……規則と方程式をともなった一連の要素と原理の限定的な集合で, それらの要素がどう相互作用するかを予言する.

レプトン【lepton】……強い力の作用を受けないフェルミオン.

ワープ係数【warp factor】……座標に依存してメトリック全体のスケールを変える係数.

歪曲した時空の幾何【warped spacetime geometry】……ある特定の方向には位置によって各スライスの全体的なスケーリングが変わるが, それ以外の点では, 平坦な時空と何ら違わない(より一般的に言えば, 各スライスが同じ形状となる)時空.

【A〜Z】

CERN【CERN】……欧州合同原子核研究機構．スイスにある高エネルギー加速器施設．大型ハドロン加速器(LHC)を将来の稼動に向けて建設中.
Dブレーン【D-brane】……ひも理論において，開いたひもの端が接しているとされるブレーン.
eV(電子ボルト)【electronvolt】……1ボルトの電位差に対抗して電子を動かすのに必要とされるエネルギー.
GeV(ギガ電子ボルト)【gigaelectronvolt】……10億eV(電子ボルト)に相当するエネルギーの単位.
M理論【M-theory】……これまでに出てきたすべての10次元ひも理論と11次元超重力理論を包含するとされる仮説上の統一理論.
pブレーン【p-brane】……アインシュタインの方程式に対するひとつの解で，ある空間方向には無限に伸びているが，それ以外の次元ではブラックホールのように作用し，そこに近づきすぎた物体を閉じ込めてしまう.
QCD(量子色力学)【quantum chromodynamics】……強い力の場の量子論.
QED(量子電磁力学)【quantum electrodynamics】……電磁気力の場の量子論.
TeV(テラ電子ボルト)【teraelectronvolt】……1兆電子ボルトに相当するエネルギーの単位.
T双対性【T-duality】……巻き上げられた小さな次元をもつ宇宙での物理現象と，大きな次元（もとの半径の逆数になる大きさ）をもつ別の宇宙での物理現象の同等性.

数学ノート

【1】これは決して数学的な注記ではないが，「サタデーナイトベイビー」は三次元である．【図M1】

【図M1】サタデーナイトベイビー

【2】簡単な場合，空間でのメトリックはこのように表される．$ds^2 = a_x dx^2 + a_y dy^2 + a_z dz^2$．$x, y, z$ は空間の3つの座標を表し，a_x, a_y, a_z は数字か，x, y, z の関数となる．このメトリックは線分間の長さ，距離，角度を定める．たとえば起点から座標 (x, y, z) の点にいたるベクトルの長さは，$\sqrt{(a_x x^2 + a_y y^2 + a_z z^2)}$ となる．もし $a_x = a_y = a_z = 1$ であれば，そこは平坦な空間で，距離と長さはおなじみの手法で測定される．たとえば，起点から (x, y, z) にいたるベクトルの長さは $\sqrt{(x^2 + y^2 + z^2)}$ となる．もっと複雑なメトリックなら，$dxdy$ のような座標の混合する項が入ることもある．その場合，メトリックは添字が2つあるテンソルで記述されなければならず，それによって，$dx_i dx_j$ で表されるメトリックの各項の係数 a_{ij} がわかる（i と j は1, 2, 3のいずれかを表し，$x_1=x, x_2=y, x_3=z$ である）．あとで相対性理論について見るときには，このメトリックに dt^2 の項が含まれ，場合によっては，$dtdx_i$ のかたちの項が入ることもある．

【3】超球は，$x_1^2 + x_2^2 + \ldots + x_n^2 = r^2$ と定義される．x_i は，i 番めの座標（i 番めの次元での位置）を表し，r は超球の半径を表す．超球が n 番めの次元のある一定の位置を横切るとき，その超球の断面，$x_n = d$ は，$x_1^2 + x_2^2 + \ldots + x_{n-1}^2 = r^2 - d^2$ という方程式で記述される．これは次元が1つ少なく，半径が $\sqrt{(r^2 - d^2)}$ である超球の方程式だ．したがって，たとえば $n = 3$ のときに球がフラットランドを横切ったとすれば，フラットランドの住人は円を見ることになる（彼らが円とその内部を見るのであれば，それは数学的には不等式で記述されるので，円盤を見ることになる）．

【4】ひも理論での隠れた多様体として考えられるのはカラビ－ヤウ多様体だけではない．たとえば G_2 ホロノミーのような他の多様体でも有効なモデルが考えられるかもしれない．

【5】ひも理論では，高次元空間と同じ数の次元をもち，空間全体を満たす場合にも「ブ

レーン」という言葉を使うことがある．ただし本書では，全体の高次元空間より少ない次元をもつブレーンだけを扱うので，この用語を本文で述べた意味合いに限定する．

【6】x_1, ……, x_j の次元に伸びるブレーンは，$n-j$ の方程式により，$x_{j+1}=c_{j+1}$, $x_{j+2}=c_{j+2}$……, $x_n=c_n$ というふうに記述される．x_i は座標を表し，n は空間の次元の数，c_i はブレーンの位置を記述する定数を表す．任意の座標系で湾曲しているもっと複雑なブレーンは，その表面を記述するさらに複雑な方程式によって記述される．

【7】方程式のかたちでニュートンの法則を表すと，重力が Gm_1m_2/r^2 になる．G はニュートンの重力定数で，m_1 と m_2 は互いに引きあう2つの質量，r はそのあいだの距離を表す．

【8】ニュートン理論の重力はユークリッド幾何学にしたがう．ユークリッド幾何学では，(x, y, z) の座標をもつ点を指し示すベクトルの長さ，$\sqrt{x^2+y^2+z^2}$ が，座標系に依存しない．つまり，その座標は回転させられるが，個々の座標は変わっても，原点から任意の点への距離は変わらない．特殊相対性理論はここに時間も含める．それにしたがえば，$x^2+y^2+z^2-c^2t^2$ はどのような慣性系においても同じである．ただし，この不変の物理量には空間も時間も含まれるが，c^2t^2 の項の前にマイナスの符号があるため，時間は違うふうに扱われる．また，この量が慣性系に依存しないためには，基準系の変化が空間座標の値と時間座標の値を組み合わせていなければならない．ある基準系がある別の基準系に対して x の方向に v の速さで運動しているなら，(t, x, y, z) から (t', x', y', z') への座標変換は $x'=\gamma x-c\beta\gamma t$, $t'=\gamma t-\beta\gamma x/c$, $y'=y$, $z'=z$ と表される．このとき，$\beta=v/c$, c は光の速度，$\gamma=1/\sqrt{(1-\beta^2)}$.

【9】アインシュタイン方程式により，わかっている物質とエネルギーの分布からメトリック $g_{\mu\nu}$ をどう導けばいいかがわかる：$R_{\mu\nu}-\frac{1}{2}g_{\mu\nu}R=8\pi GT_{\mu\nu}/c^4$．$R_{\mu\nu}$ は，リッチ曲率テンソルで，メトリック $g_{\mu\nu}$ に結びつけられる．$T_{\mu\nu}$ は物質とエネルギーの分布を記述する応力エネルギーテンソルで，G はニュートンの重力定数，c は光の速さを表す．たとえば，質量密度 ϱ の物質が静止している場合，$T_{00}=\varrho$ となる一方，テンソルのほかの要素はすべて0となる．

【10】温度 T の黒体が放射する単位振動数あたりのエネルギーは振動数 f に依存しており，$f^3/(e^{hf/kT}-1)$ となる．ここで $k=1.3807\times10^{-16}erg\ K^{-1}$ はボルツマン定数で，これが温度をエネルギーに変換する．低い振動数では，エネルギーが振動数とともに増加する．しかし量子のエネルギー hf が kT に比較して大きい振動数では，スペクトルが急激に減少する．つまり高い振動数では，放射されるエネルギーは指数関数的に小さくなる．

【11】波動関数はじつのところ複素数値関数である．量子力学の奇妙な性質の多くは，こ

れが原因となっている．二つの複素数値関数を足し，その和の絶対値の二乗をとると，最初に絶対値の二乗をとってから足した場合とはたいてい違う結果が出てくる．干渉現象が起こるわけだ．たとえば二重スリット実験でスクリーンに記録される確率は，電子の二通りの経路を記述する波の干渉から生じた結果である．

【12】より正確には，2つの物理量の交換子の絶対値とプランク定数の積を2で割ったものである．

【13】特殊相対性理論により，静止質量 m_0 をもつ静止した物体の帯びているエネルギーは $E=m_0c^2$ となる．より一般的には，速度 $v\,(\beta=v/c,\ \gamma=1/\sqrt{(1-\beta^2)})$ で運動している物体が帯びるエネルギーは $E=\gamma m_0c^2$ となる．静止質量は（基準系に依存しないという意味で）不変質量ともいう．特殊相対性理論の変換法則にしたがえば，$E^2-p^2c^2=m_0c^4$ の物理量はどの基準系でも同じだからである．質量 m_0 の物体を生みだすには少なくとも m_0c^2 に等しいエネルギーがつねに必要となる．また，ある物体がそのエネルギー（実際にはエネルギー $/c^2$）に比較して低い質量をもつ場合，エネルギーと運動量は $E=pc$ によって近似的に関連づけられる．このため高エネルギーでは，エネルギーと運動量がほぼ互換性をもつ．

【14】マクスウェルの方程式は以下のとおり．

$$\nabla\cdot\mathbf{E}=4\pi\varrho$$

$$\nabla\times\mathbf{E}=-\frac{1}{c}\frac{\partial\mathbf{B}}{\partial t}$$

$$\nabla\cdot\mathbf{B}=0$$

$$\nabla\times\mathbf{B}=\frac{4\pi}{c}\mathbf{J}+\frac{1}{c}\frac{\partial\mathbf{B}}{\partial t}$$

Eは電場，Bは磁場，ϱは電荷，Jは電流を表す．これらは一階微分方程式である．これらのうちの2つを組み合わせることで，電場か磁場だけを含めた二階微分方程式が導ける．この方程式は波動方程式のかたちをとるので，その解は，正弦波になる．

【15】ただし特殊相対性理論の根本的な原理にしたがえば，時間の方向に振動する4つめの偏極もありえた．しかし，そのような偏極も実際には存在せず，3つめの（縦）偏極を排除するのと同じ内部対称性が「時間偏極」も排除する．この偏極はここでの話にも次章での話にもかかわってこないので，これ以上は考えないこととする．

【16】どの力にかかわる対称性でも，実際にはもっと微妙であり，複素数値の場を互いに回転させる．対称性はただ場を入れ替えるのではなく，1つの場を別の場の線形結合に変

える．電磁気力が1つの複素数値の場を回転させるのに対し，弱い力は2つの複素数値の場を互いに回転させ，強い力は3つの場を回転させる．

【17】ヒッグス機構のモデルが機能するためには，少なくとも1つのヒッグス場が非ゼロ値をとるようにしなければならない．それには，少なくとも1つのヒッグス場が非ゼロ値をとっているときにエネルギーが最小になっていればよい．これが起こるのは，たとえば図M2のような場合だ．この図はいわゆるメキシカンハット型のポテンシャルを示したもので，2つのヒッグス場の値のさまざまな組み合わせに対して系がとるエネルギーをプロットしている．下の2本の軸は2つのヒッグス場の絶対値で，3次元の表面の高さは，その特定の配置のエネルギーを表している．この特定のポテンシャルは，$\lambda(|H_1|^2+|H_2|^2-v^2)^2$ で表され，λ はポテンシャルがどれだけ弓なりに曲がるかを定め，v はポテンシャルが最小のときに $|H_1|^2+|H_2|^2$ がとる値を定める．このポテンシャルの重要な特徴は，両方の場がゼロ値をとるときにポテンシャルが極大となることだ．したがってエネルギーの観点から，ヒッグス場がどちらもゼロになることはないとわかる．その代わりに，ヒッグス場は，原点を取り囲む環状のくぼみの底の部分に位置するような値をとる．

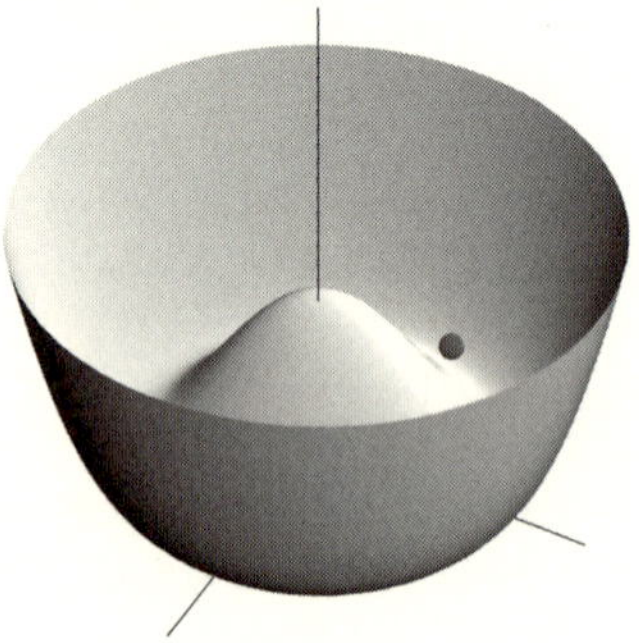

【図M2】ヒッグス場の「メキシカンハット型」ポテンシャル

【18】弱い力の対称性をもっと正確に表現するなら，これは場を入れ替えるのではなく，2つの場を回転させることに相当する．

【19】この言い方はじつのところ，対称性の破れを単純化しすぎている．x と y の両方がゼロでなかったとしても――たとえば x と y が両方とも5であっても――回転対称性は破れる．ある特定の方向，つまり $x=0$，$y=0$ の点から $x=5$，$y=5$ の点までをさす方向が特別な方向になるからだ．同様の「回転」対称がヒッグス場1とヒッグス場2にも当てはまるが，ここでは単純化して，対称性を単に入れ替え可能な対称性として説明してある．本来の記述であれば，たとえ両方のヒッグス場が同じ値をとっても，弱い相互作用の対称性は破れる．$x=5$，$y=5$ の点が自発的に回転対称性を破るのと同じである．

【20】このモデルでは，最初は2つの複素数値のヒッグス場があるが，最終的にはヒッグ

ス粒子が1つだけとなる．というのも，ほかの3つの（実数値の）場は，それぞれ2つの物理的偏極をもった無質量粒子3つがそれぞれ3つの偏極をもった質量のある粒子に変わるのに必要な，3つの余分の場になるからである．3つのヒッグス場は，重い3つのウィークボソン——2つのWボソンと1つのZボソン——それぞれの3つめの偏極となる．そして残った4つめのヒッグス場が，本物の物理的なヒッグス粒子を生成するとされる．このモデルが正しければ，LHCがそれを生成するだろう．

【21】それぞれの力の強さは数係数によって決まる．繰り込み群の計算によれば，これらの数係数の値はエネルギーの大きさにしたがって対数的に変わる．

【22】弱い力の対称性が2つの場をともない，強い力の対称性が3つの場をともなうのに対し，ジョージアイ－グラショウのGUTの対称群は，5つの場をともなう．そしてGUTの力にかかわる対称変換の一部は，弱い力の対称変換や強い力の対称変換と一致する．力が統一されるのは，単一の対称変換群のなかに，標準モデルの対称変換がすべて含まれるからである．

【23】この空間と時間との関係が最も顕著となるのは，超対称変換が2回連続して行なわれたときだ．最初にある順番で変換し，つぎに別の順番で変換し，その引き算をする．この場合，フェルミオンはフェルミオンのままで，ボソンはボソンのままだが，系は移動している．超対称変換の最終的な結果は，従来の時空の対称変換とまったく同じになる．2回の超対称変換の交換子〔訳注　上記のように2つの演算を別の順序で行ったときの両方の差をいう〕が時空の対称変換とまったく同じ結果をもたらすことは，時間と空間に作用して対象を動かす対称性と超対称変換とのつながりを明らかにしている．

【24】粒子の軌道は，粒子の位置を時間の関数として示す世界線だ．ひもの軌道は，ひも全体が動いているあいだの位置を時間ごとに示す面になる．この世界面は開いたひもの運動を表しているが，閉じたひもの運動を表すのは世界管になる．これを示したのが図M3だ．時間ごとの運動と，ひもの「柔らかい」相互作用が表されている．

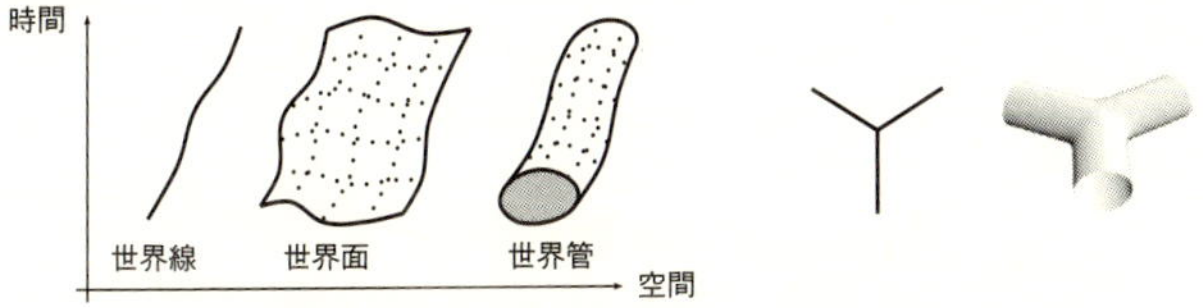

【図M3】　（左の図）粒子の世界線，開いたひもの世界面，閉じたひもの世界管．
（右の図）3つの粒子の相互作用と，3つのひもの相互作用．

【25】ひもの張力はかならずしもプランクスケールエネルギーの大きさから想像されるほど高くはない．張力はひもがどれだけ強く相互作用するかによって決まる．ジョー・リッケンらも，張力がずっと小さい可能性を考えてきた．その場合，ひも理論から生じる新たな粒子はずっと軽くなると考えられる．

【26】ただし，この章で見る双対性にしたがえば，どういう種類のひも理論でも結合が強くなれば，それを調べるための探測装置でさえも，その特徴が変わる．したがって，アイクが本当にひも世界の一部だったら，やはり彼も変えられていたはずだ．

【27】ブレーンはゼロ次元に広がることもありえる．その場合は D_0 ブレーンという一種の新たな粒子になる．また，1次元に伸びる場合は D_1 ブレーンという一種の新たなひもになる．

【28】ブレーンはかならずしも通常の荷量を通じて相互作用をするわけではない．荷量が高次元に一般化されたものを通じて相互作用をする．

【29】対称性はたしかにブレーンを互いに回転させるが，これはかなり専門的な話となるので本書では扱わない．

【30】通常，ゲージーノの質量は，1：3：30 の比率に落ち着く．フォティーノが最も軽く，次がウィーノで（ジーノの重さもウィーノとほとんど差がないが），グルイーノが最も重い．隔離モデルでは，この比率が 1：2：8 になる．ここではウィーノが最も軽く，フォティーノのほうが重くなり，グルイーノはやはりいちばん重い．

【31】カルツァ－クライン・モードの波動関数は，高次元波動関数の一般化されたフーリエ分解で生じるモードである．

【32】これには時空の幾何に特異点がないという仮定もある．つまり，空間がゼロの大きさに縮小する場所がないということだ．

【33】D・クレマデス，S・フランコ，L・イバネス，F・マルケサーノ，R・ラバダン，A・ウランガは，もう一つの興味深い可能性を提案した．彼らの考えでは，粒子が1枚のブレーンにとどめられているのではなく，複数のブレーンの交差する部分にとどめられている．隔離された平行ブレーンの場合と同様に，ブレーンとブレーンのあいだに伸びるひもは総じて重い．だが，長さがゼロのひもからは軽い粒子や無質量の粒子が生じる．それがこの場合では，ブレーンの交差する領域に閉じ込められている．

【34】これは，もう少し数学的な言い方で示すこともできる．次元が巻き上げられている場合，質量のある物体から発する力線は，短い距離では高次元理論の重力法則にしたがってふるまい，長い距離では4次元重力にしたがってふるまう．この2つの力の法則を整合させ，一方からもう一方へと円滑に移行させる唯一の方法は，余剰次元の大きさにほぼ対応する距離では，力線が4次元しかないような広がり方をする一方で，その強さが巻き上げられた空間の余剰容量の分だけ弱まると気づくことだ．余剰次元の大きさを超えると，重力は4次元でのようにふるまうが，余剰次元の部分にも広がるために強さが抑えられてしまう．

ニュートンの重力法則では，3つの空間次元がある場合，力は $1/M_{pl}^2 \times 1/r^2$ に比例する．余剰次元が n 個あれば，力の法則は $1/M^{n+2} \times 1/r^{n+2}$ になる．M_{pl} が4次元重力の強さを定めるように，M が高次元重力の強さを定める．ただし，高次元の力の法則のほうが r にしたがって急速に変わる．力線が広がる超球の表面は $n+2$ 個の次元をもつためだ（それに対して3次元空間の力の法則は，2次元の球の表面から生じる）．しかし，余剰次元の容量が有限で，n 個の余剰次元の大きさが R の場合，r が R より大きければ力線はもはや余剰次元に広がれなくなり，力の法則は $1/M^{n+2} \times 1/R^n \times 1/r^2$ となる．$M_{pl}^2 = M^{n+2} R^n$ と同定するなら，これは一種の3次元空間の力の法則だ．R^n は高次元空間の容量なので，重力の強さは容量が大きくなるにつれて減少する．あるいは別の言い方をすれば（重力の強さはプランクスケールエネルギーが大きくなるほど弱まるので），余剰次元の容量が大きいほどプランクスケールエネルギーは大きい．

【35】空間次元が3つの平坦時空のメトリック（計量）は，$ds^2 = dx^2 + dy^2 + dz^2 - c^2dt^2$．空間や時間に依存した係数はないので，測定は観測者の位置や向かう方向に依存しない．これは時空が完全に平坦であることを意味する．3つの空間の座標も時間の座標もすべて（かならず時間だけにつくマイナス符号を除いて）同じように扱われる．つまりメトリックにおける項の係数は，時間と空間の位置にまったく依存しない．

【36】歪曲した幾何のメトリックは，$ds^2 = e^{-k|r|}(dx^2 + dy^2 + dz^2 - c^2dt^2) + dr^2$ で，r は5番めの次元の座標を表す．これを見ると，一定の r に相当する5番めの次元上のどの位置においても，時空は完全に平坦である．しかし，全体の r に依存した係数は，5番めの次元上における位置に応じて測定される大きさが変わってくることを示している．係数は $|r|$ が増加するにつれて指数関数的に急落する．これがワープ係数で，グラビトンの確率関数が指数関数的に落ちるのはこのためである．また，同じ理由で，単一の4次元有効理論を立てるためには質量とエネルギーと大きさをスケール修正しなければならない．

【37】空間が平坦でないため，4次元の M_{pl} を計算するときに入ってくる余剰次元の容量への依存性は，空間が平坦な場合のように単純に M^3R とはならない．M_{pl} の値は曲率に

よって変わる．rを5番めの次元の座標として，仮にメトリックが $ds^2 = e^{-k|r|}(dx^2 + dy^2 + dz^2 - c^2dt^2) + dr^2$ であれば，おおよそ $M_{pl}{}^2 = M^3/k$ となる．言い換えれば，空間の大きさRはほとんど関係がない．それというのも，余剰次元の大きさではなく，空間の曲率が余剰次元での力線の広がり方を定め，ひいては4次元重力の強さを定めているからだ．ただし実際には，少しばかりRへの依存がある．本当の公式は，$M_{pl}{}^2 = M^3/k\,(1 - e^{-kR})$ だが，kR が大きい場合，指数項はほとんど関係ないので無視できる．

【38】アンドレアス・カーチと私が開発した局所的に局所集中した重力モデルのワープ係数は，減少する指数関数（まえに歪曲した幾何で見たのと同じような）と，増加する指数関数の和である．この係数は，$\cosh(kc - k|r|)$ に比例する．k はバルクのエネルギーに比例し，c はブレーンのエネルギーに比例する．すでに見た，局所集中した重力のワープ係数と同様に，このワープ係数もあなたがブレーンから遠ざかるにつれて指数関数的に減少する．しかし前の場合と違って，こちらのワープ係数は途中で向きを変え，指数関数的に増加しはじめる．4次元グラビトンは，ブレーンと，この「転換」点のあいだの領域に局所集中する．その距離を超えると，4次元重力はもう適用されない．

【39】T双対性のもとでは，コンパクト化された次元の半径rが，その逆数$1/r$と入れ替えられる（ひもの長さを単位として測定された距離で）．

【40】ただし物理学者のチャバ・チャキ，ジョシュア・アーリック，クリストフ・グロージャンは，光の速さと重力の速さが異なる場合があるという興味深い観測をしている(重力の速さのほうが速いというのだ)．それは時空が非対称的に歪んだ場合で，そこでは5番めの次元に沿ったスケーリングが，時間座標と空間座標とで異なるのである．